"全国油气资源战略选区调查与评价"专项
专 题 成 果

油气藏地质与开发工程
国家重点实验室资助

南华北叠合盆地新元古界—中生界沉积、层序及生储盖特征研究

田景春 张 翔 王 峰 朱迎堂 等著

科学出版社
北 京

内 容 简 介

本书在前人众多研究成果的基础上，从系统性、整体性、阶段性对南华北盆地"新元古代—中生代"沉积演化、层序演化、层序古地理演化及层序格架内的生储盖组合特征进行综合研究。

本书共七章，内容包括：区域地质背景，沉积体系类型、特征及岩相古地理演化，层序地层划分、特征和对比，沉积盆地演化与层序充填，重点层段层序-岩相古地理特征及演化，烃源岩特征、层序格架中分布规律及其发育的主控因素，层序格架中储盖特征、生储盖组合及储层发育的控制因素。本书可做为广大油气地质工作者、基础地质工作者参考用书，也可供高等院校有关专业硕士、博士研究生学习参考。

图书在版编目（CIP）数据

南华北叠合盆地新元古界－中生界沉积、层序及生储盖特征研究/田景春等著. —北京：科学出版社，2014.5
ISBN 978－7－03－040587－6

Ⅰ.①南… Ⅱ.①田… Ⅲ.①石油天然气地质－盆地－沉积体系－研究－华北地区 ②石油天然气地质－盆地－沉积序列－研究－华北地区 ③石油天然气地质－盆地－盖层（油气）－特征－研究－华北地区
Ⅳ.①P618.130.2

中国版本图书馆 CIP 数据核字（2014）第 092161 号

责任编辑：杨 岭 刘 琳/责任校对：王 翔
责任印制：余少力/封面设计：墨创文化

科学出版社 出版
北京东黄城根北街 16 号
邮政编码：100717
http://www.sciencep.com

成都创新包装印刷厂 印刷
科学出版社发行 各地新华书店经销

*

2014 年 5 月第 一 版 开本：889×1194 1/16
2014 年 5 月第一次印刷 印张：21.5
字数：680 000

定价：198.00 元
（如有印装质量问题，我社负责调换）

本 书 作 者

田景春 张 翔 王 峰 朱迎堂 夏青松 何明喜
王 敏 邱荣华 杨道庆 张长俊 王 峻 时 国

序

南华北盆地位于华北板块南缘，北到太康隆起以北，南到东秦岭－大别山前，东到郯庐断裂，西到豫陕边界，面积约 $15\times10^4\,\mathrm{km}^2$。该盆地的油气勘探始于1955年，至今经过50余年的油气勘探，先后在古近系、下白垩统、上三叠统、石炭－二叠系等多个层位发现不同程度的油气显示，表明该盆地具有广阔的油气勘探前景，是我国陆上重要的油气资源战略接替地区之一。

该专著在前人众多研究成果的基础上，首次从系统性、整体性、阶段性对南华北盆地新元古界－中生界沉积演化、层序演化、层序古地理演化及层序格架内的生储盖组合特征进行了综合研究。

在对南华北地区新元古界－中生界进行清理、对比并提出相应的地层划分对比方案基础上，对南华北地区新元古界－中生界沉积体系进行了系统研究，首次建立了统一的沉积体系划分方案，系统描述了南华北地区新元古代－中生代不同时期各类沉积体系特征，进而深入研究了不同时期岩相古地理特征及演化并建立了不同时期、不同沉积体系的沉积模式。

在上述基础上，对南华北地区新元古界－中生界系统开展了层序地层研究，首次建立了统一的层序划分方案，系统研究了各层序特征，进行了层序对比，建立了层序地层格架。在构造演化阶段和沉积盆地类型研究的基础上，结合层序地层学研究成果，较深入地讨论了不同类型盆地层序结构特征，建立了碳酸盐岩克拉通盆地、碎屑岩克拉通盆地、陆内坳陷盆地和断陷盆地的层序地层模型。

首次以层序体系域为编图但愿，系统编制了南华北叠合盆地青白口纪－侏罗纪不同层序发育期层序岩相古地理图，详细描述了不同体系域沉积发育期的岩相古地理特征及其演化。

系统总结和研究了南华北地区青白口纪－侏罗纪烃源岩沉积学特征、发育控制因素，揭示了层序地层格架中的储集岩和盖层特征，进而深入、系统研究了南华北叠合盆地新元古界——中生界生储盖组合关系。

总之，该专著成果具有基础性、系统性和实用性。该专著的出版不仅为南华北盆地进一步的油气勘探提供了最新的基础资料，也为从事基础地质、油气地质研究的科研人员提供了重要的参考资料。在该书出版之际，特作序表示祝贺，并祝专著编写者在我国油气地质研究中取得更大成绩，并希望此研究成果能在生产实践中发挥重要指导作用。

中国科学院院士 刘宝珺
2014年2月18日

前　言

南华北盆地位于秦岭—大别造山带之北、华北陆块南部，地跨华北陆块稳定块体、陆块南部边缘变形带和秦岭—大别造山带北部边缘。从行政区划上看，南华北盆地位于河南省、安徽省、江苏省、山东省四省交界处，主体在河南省境内，总面积约 $15 \times 10^4 km^2$。

南华北盆地的油气勘探始于 1955 年。1959 年，当时的华北石油勘探处在太康隆起邸阁构造上钻探的华 5 井为本区的第一口区域探井。南华北盆地经过 50 余年的油气勘探，已在古近系、下白垩统、上三叠统、石炭—二叠系等多个层系见到不同程度的油气显示，但至今没有取得重大突破，这里是中国东部目前唯一在前古近系中没有发现油气田的大型盆地。但已有的勘探实践证明，南华北盆地存在着诸多有利于油气形成和成藏的因素，并具有良好的勘探前景。所以，系统、深入、扎实地开展南华北盆地沉积、层序、生储盖特征等方面基础性综合研究，对在该盆地进一步开展油气勘探、寻找油气突破具有重要的实际意义。

为此，本专著以国家油气资源战略调查与选区评价项目《东秦岭—大别造山带北侧油气资源潜力分析与区带评价》（编号：XQ-2007-02-3）为依托，针对南华北叠合盆地目前研究现状和存在的问题，以已有的研究成果为基础，充分利用野外露头剖面资料、钻井资料、测井资料、地震资料及测试分析资料，在沉积学、层序地层学、石油地质学、构造地质学等多学科理论指导下，以沉积演化—层序演化—岩相古地理演化—生储盖组合及时空展布与演化为主线，系统开展南华北叠合盆地新元古代—中生代地层、沉积、层序地层及岩相古地理研究，深入分析南华北叠合盆地新元古代—中生代海相-海陆过渡相-陆相地层的沉积体系类型、特征及演化；全面研究层序地层特征，建立层序地层格架；探讨盆地类型、沉积演化特征及层序充填模型；系统分析层序格架内烃源岩和储集岩特征及储盖组合，分析储层发育的控制因素，为南华北盆地进一步油气勘探提供系统的基础资料和科学依据。主要成果和认识如下。

1. 在建立新的统一的南华北叠合盆地新元古界—中生界地层划分对比方案基础上，首次系统研究了南华北盆地新元古界—中生界沉积体系类型、特征及岩相古地理演化。

2. 首次对南华北叠合盆地新元古界—中生界进行了系统、深入的层序地层学研究。在层序界面的特征及成因类型研究基础上，提出了切实可行的新元古界—中生界层序划分方案，并进行了层序对比。

3. 对南华北叠合盆地类型及演化、盆地内层序充填模型进行了系统研究。南华北叠合盆地自青白口纪—白垩纪经历了五个演化阶段，形成了不同类型盆地层序结构特征。首次建立了碳酸盐岩克拉通盆地、碎屑岩克拉通盆地、陆内坳陷盆地和断陷盆地的层序地层模型。

4. 首次以层序体系域为单元，系统编制了南华北盆地青白口纪—侏罗纪层序岩相古地理图 38 张，详细描述了不同体系域沉积发育期的岩相古地理特征及其演化。

5. 系统总结和研究了南华北叠合盆地青白口纪—侏罗纪烃源岩沉积学特征、时空分布规律及发育控制因素。

6. 揭示了层序地层格架中的储集岩和盖层特征，讨论了生储盖组合关系。在南华北盆地青白口纪—侏罗纪沉积演化过程中，发育碳酸盐岩储集体和碎屑岩储集体两类；盖层以膏盐岩、铝土岩、泥岩、页岩、泥晶灰岩封盖性最佳；发育 8 套区域性生储盖组合。

7. 对盆地内影响储集岩性能的主控因素进行了研究，其中深入系统研究了成岩作用类型及特征。

本专著共分七章：第一章介绍了区域地质背景，在地层划分方面采用有关新的地层划分方案，对南华北盆地寒武系—奥陶系、石炭系—二叠系进行了清理和划分；第二章在地层划分对比的基础上，对南华北叠合盆地新元古代—中生代沉积体系类型、特征及岩相古地理演化进行了深入、系统研究。第三章系统对南华北盆地新元古界—中生界开展了层序地层学研究，在层序界面识别的基础上，进行了层序划分、对比，建立了层序地层格架；第四章对南华北盆地形成演化及盆地内层序充填模型进行了分析；第五章对重点层段开展了层序-岩相古地理编图与研究；第六章深入研究了南华北盆地演化过程中烃源岩特征、层序格架中的分布规律及其发育的主控因素；第七章，系统研究了层序格架内储盖特征、储盖组合及储层发育的主控因素。

本专著第一章由田景春、何明喜、张长俊执笔；第二章由王峰、王敏、夏青松执笔；第三章由张翔、田景春、时国执笔；第四章由朱迎堂、杨道庆、何明喜执笔；第五章由田景春、张翔、王峻执笔；第六章由田景春、邱荣华、张翔执笔；第七章由田景春、张翔、杨道庆、时国执笔。全书由田景春、张翔、王峰通稿。

在专题研究及本专著编写过程中，围绕制约南华北地区油气勘探的关键地质问题，在"造山带北侧油气资源战略选区"项目办、中国石油化工集团公司油田勘探开发事业部、中国石油化工集团公司勘探开发研究院、中国石油化工集团公司河南油田分公司的支持、帮助下，在相关兄弟单位的密切协作下，采取"共同研究、相互交流、抓住关键、协同攻关"的研究形式，完成了专题研究任务，取得了重要进展。专题研究自始至终得到了中国石油化工集团公司河南油田分公司各级领导的大力支持、帮助和关心；在具体工作中，中国石油化工集团公司河南油田分公司研究院及相关兄弟单位有关同志给予了大力帮助和通力合作。在本专著出版之际，向给予帮助的领导、专家、同仁表示深深的敬意和衷心的感谢。

同时，在本书完成过程中，参考和引用了大量相关学者、专家的研究成果，在此表示诚挚的感谢。此外，专著的出版得到了"油气藏地质与开发国家重点实验室"的资助，特此表示衷心感谢。

最后，还要特别感谢刘宝珺院士在百忙之中审阅本专著并为之作序。

作者
2014 年 3 月于成都理工大学

目 录

第一章 区域地质背景 ……………………………………………………………………… (1)
  第一节 区域构造背景 ……………………………………………………………………… (1)
  第二节 区域地层划分 ……………………………………………………………………… (8)
  第三节 新成果、新认识小结 ……………………………………………………………… (21)

第二章 沉积体系类型、特征及岩相古地理演化 ………………………………………… (23)
  第一节 沉积体系识别标志 ………………………………………………………………… (23)
  第二节 沉积体系类型划分 ………………………………………………………………… (36)
  第三节 青白口系沉积体系特征及岩相古地理演化 …………………………………… (37)
  第四节 震旦系沉积体系特征及岩相古地理演化 ……………………………………… (47)
  第五节 寒武系—奥陶系沉积体系特征及岩相古地理演化 …………………………… (58)
  第六节 石炭系—二叠系沉积体系特征及岩相古地理演化 …………………………… (79)
  第七节 三叠系—侏罗系沉积体系特征及岩相古地理演化 …………………………… (103)
  第八节 新成果、新认识小结 ……………………………………………………………… (124)

第三章 层序地层划分、特征和对比 ……………………………………………………… (125)
  第一节 层序界面特征和成因类型 ………………………………………………………… (125)
  第二节 层序划分 …………………………………………………………………………… (137)
  第三节 层序特征 …………………………………………………………………………… (147)
  第四节 层序对比 …………………………………………………………………………… (174)
  第五节 新成果、新认识小结 ……………………………………………………………… (180)

第四章 沉积盆地演化与层序充填 ……………………………………………………… (185)
  第一节 新元古代—中生代构造演化及盆地类型 ……………………………………… (185)
  第二节 不同类型盆地的层序充填模型 …………………………………………………… (200)
  第三节 新成果、新认识小结 ……………………………………………………………… (205)

第五章 重点层段层序-岩相古地理特征及演化 ………………………………………… (206)
  第一节 编图思路及成图单元选择 ………………………………………………………… (206)
  第二节 重点层段层序-岩相古地理特征及演化 ………………………………………… (208)
  第三节 新成果、新认识小结 ……………………………………………………………… (233)

第六章 烃源岩特征、层序格架中分布规律 ……………………………………………… (234)
  第一节 烃源岩的产出层位、形成环境及岩石类型 …………………………………… (236)

  第二节 烃源岩发育的板块构造和沉积盆地背景 …………………………………………………（238）
  第三节 烃源岩的沉积学特征及其在层序格架中的展布规律 …………………………………（248）
  第四节 烃源岩发育的主控因素与展布特征 ……………………………………………………（254）
  第五节 新成果、新认识小结 ……………………………………………………………………（259）

第七章 层序格架中储盖特征、生储盖组合及储层发育的控制因素 ……………………………（261）
  第一节 层序格架中的区域性储集岩特征 …………………………………………………（261）
  第二节 层序格架中的区域性盖层 ………………………………………………………………（288）
  第三节 层序格架中的生储盖组合特征 ………………………………………………………（294）
  第四节 层序格架中储层发育的控制因素 ……………………………………………………（300）
  第五节 新成果、新认识小结 ……………………………………………………………………（321）

参考文献 ………………………………………………………………………………………………（324）
索 引 ………………………………………………………………………………………………（331）

第一章 区域地质背景

南华北地区，即华北地台南部，地处中原和两淮地区，包括河南省和安徽省的大部以及江苏省的西北部、山东省的西南部，主体位于河南省中、南部。该地区地势西高东低、南高北低，其西部和南部为山地，即东秦岭伏牛山脉和桐柏—大别山脉；中部和东部为平原，由黄河、淮河冲积而成，总面积约 $15\times10^4\ km^2$，大地构造位置属于华北板块南部及其边缘。

第一节 区域构造背景

一、大地构造位置

南华北盆地位于东秦岭—大别山构造带北缘，华北地台的南部，横跨华北地块、华北地块南缘构造带，同时紧邻北秦岭褶皱带，是发育于中—新元古界结晶及中—新元古代杂岩之上的叠合盆地。其南界（盆山边界）以栾川—方城—明港—（斜交）舒城断裂与秦岭—大别造山带相邻；东以郯庐断裂为界与下扬子区（扬子板块）接邻；北以焦作—商丘断裂为界与渤海湾盆地（北华北地区）相邻，西接豫西隆起区。南华北地区构造线走向以 EW 向为主、NW 向斜切，具南北分带、东西分块的特征（图 1-1）。

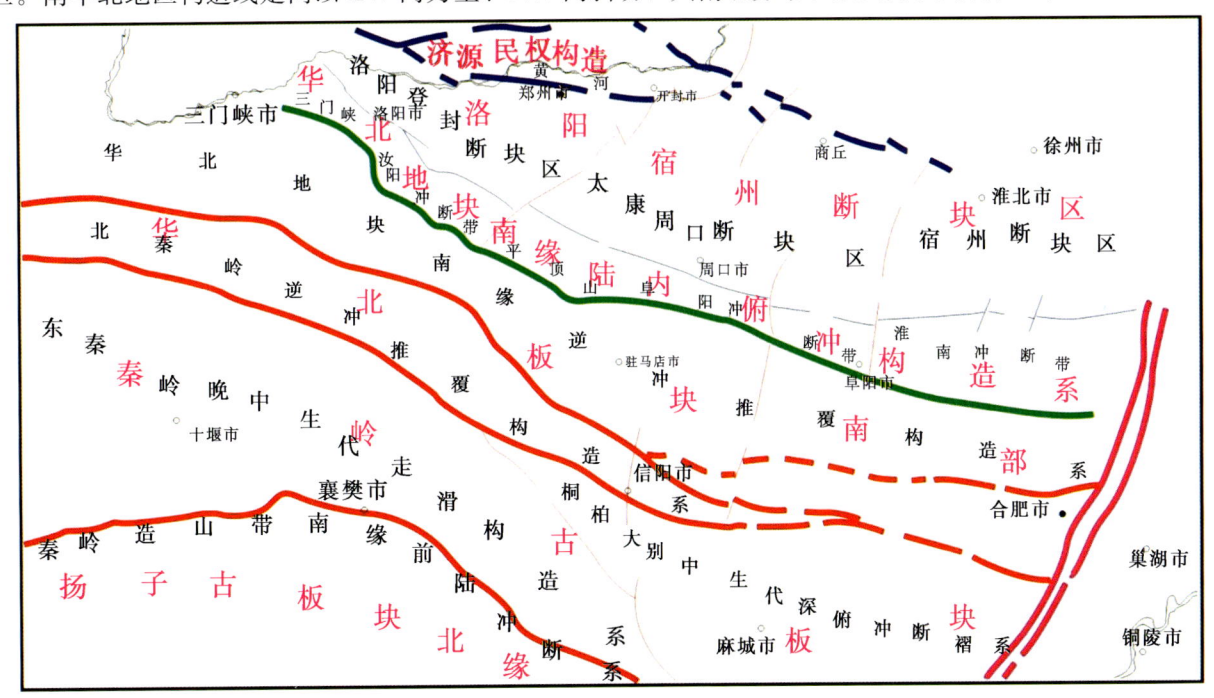

图 1-1 南华北地区中生代构造单元划分

二、新生代构造格局

南华北盆地经历了漫长的地质演化，现今的构造格局定型于新生代。根据其内部新生界的展布特征，可以将其划分为如下构造单元（表 1-1）：开封坳陷、太康—徐州隆起、周口坳陷、固镇（泗县）坳陷、长山—

蚌埠隆起、信阳—合肥坳陷。它们与豫西地区的临汝盆地、洛阳—伊川盆地、三门峡盆地等一起，构成了所谓的"南华北盆地群"（图1-2）。

表1-1 南华北盆地新生代构造单元划分

盆地（群）	隆起/坳陷（盆地）		边界断裂
Ⅰ 南华北（EW向）盆地	Ⅰ 南华北盆地	I₁ 开封坳陷	F16 黄河断裂（废黄河）
		I₂ 太康—徐州隆起	
		I₃¹ 周口坳陷	
		I₃² 固镇（泗县）凹陷	
		I₄ 长山—蚌埠隆起	
		I₅ 信阳—合肥坳陷	
Ⅱ 南华北新华夏系（NNE向）盆地群	Ⅱ₁ 南华北新华夏系西部盆地群（豫西断陷盆地群）	Ⅱ₁¹ 临汝盆地	F14 郑州—南阳隐伏断裂（北接太行山东断裂）
		Ⅱ₁² 外方山隆起	
		Ⅱ₁³ 伊川、嵩县、潭头盆地	
		Ⅱ₁⁴ 熊耳山隆起	
		Ⅱ₁⁵ 济源、洛阳、卢氏盆地	
		Ⅱ₁⁶ 崤山隆起	
		Ⅱ₁⁷ 三门峡盆地	
		Ⅱ₁⁸ 中条山隆起	
	Ⅱ₂ 南华北新华夏系中部盆地群	开封坳陷	F14 郑州—南阳隐伏断裂（北接太行山东断裂）
		周口坳陷	
		信阳坳陷	
		（含：南襄盆地）	
	Ⅲ₃ 南华华新华夏系东部盆地群	固镇坳陷	F13 夏邑—阜阳—商城—麻城断裂（商麻断裂）
		合肥坳陷	

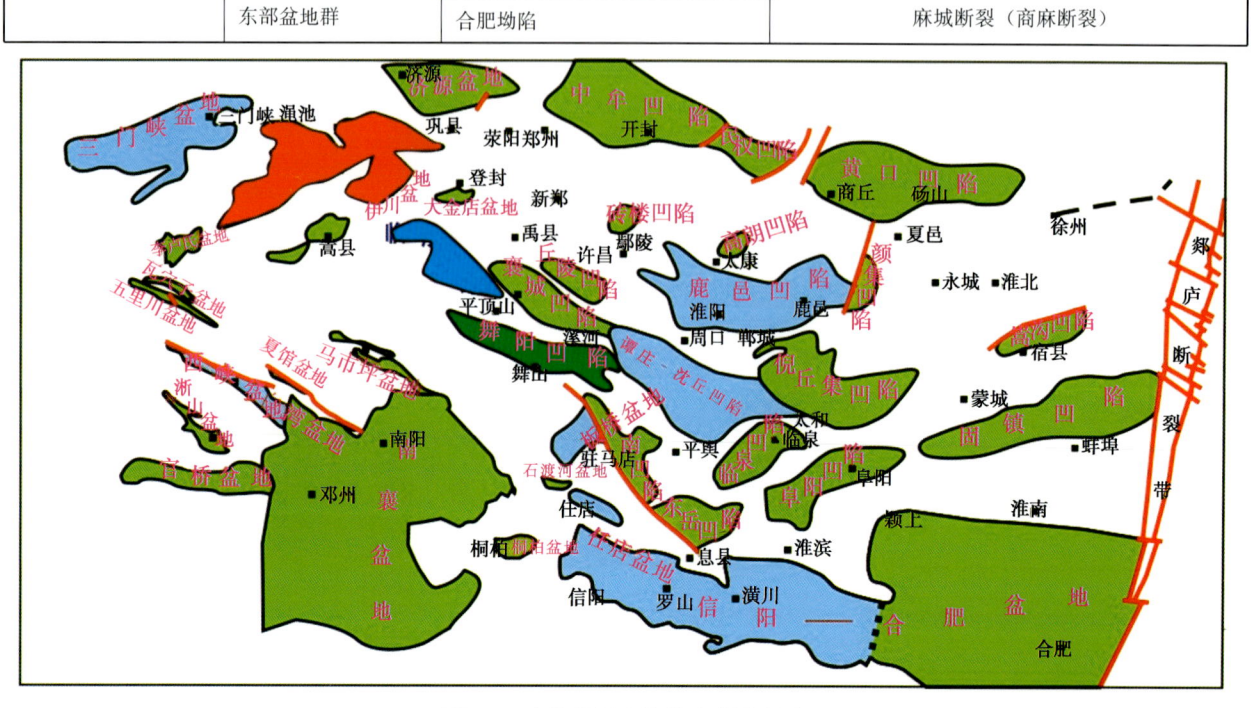

图1-2 南华北新生代盆地群展布图

三、区域断裂特征

研究区处在秦岭—大别造山带和华北板块之间的过渡带，其构造格局主要受控于南部的秦岭—大别造山带和东部的郯庐断裂系。在盆地演化的早、中期，即中生代扬子—华北板块拼合和秦岭—大别造山带活动的时期，研究区断裂系统主要受控于近EW-NWW展布的秦岭—大别造山带的构造作用；在中生代末—新生代，研究区则在原有呈EW-NWW展布断裂系统的基础上，叠加了与郯庐断裂构造作用相伴生的NE-NNE向断裂系统。区域上NWW至近EW向和NE-NNE向断裂系统一起控制了南华北盆地群的次级构造单元的形成和演化。其中，近SN向断裂则在上述断裂形成、发展过程中起构造应力调节作用，多具走滑断裂性质（图1-3）。NW-NWW向和NE-NNE向两组断裂系统的基本特征分别如下。

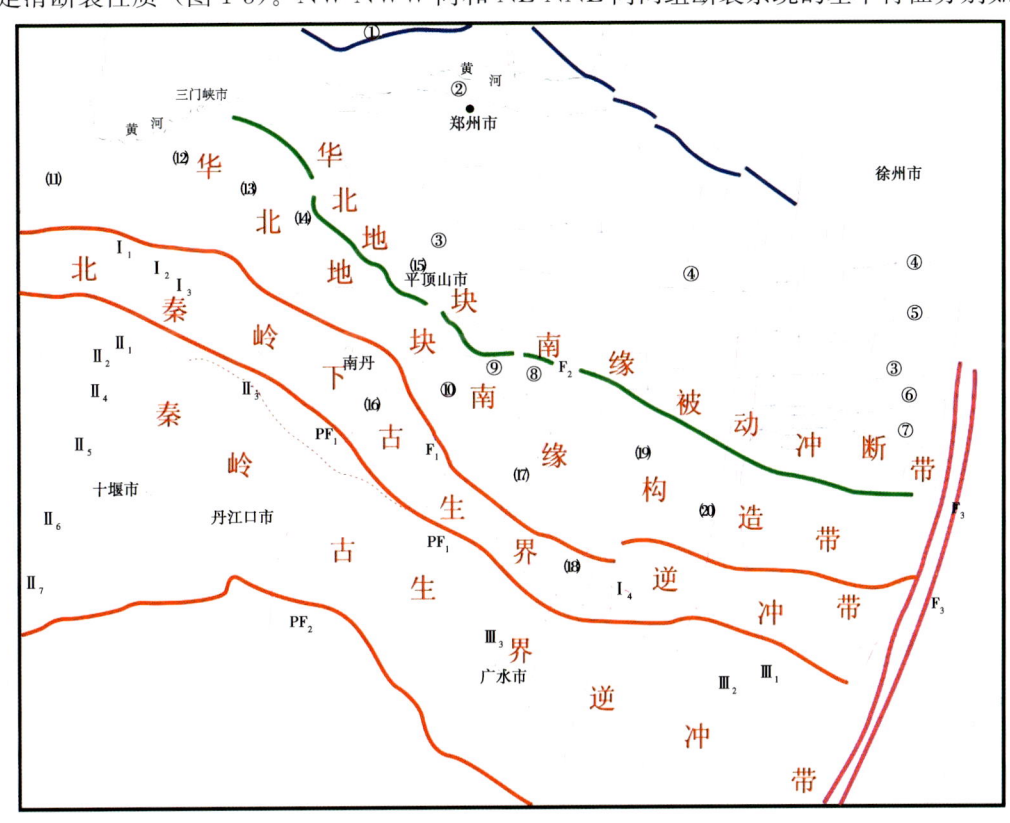

一、区域大断裂系
PF₁商丹—北淮阳断裂系（古缝合带）
PF₂巴山—大别山南缘断裂带
F₁洛南—方城—固始断裂带
F₂三门峡—叶县—寿县断裂带
F₃郯城—庐江断裂带

二、北秦岭断裂系（Ⅰ）
I₁陶湾断裂
I₂北宽坪—沁阳断裂
I₃宋阳关—镇平断裂
I₄罗山—叶集断裂

三、北秦岭断裂系（Ⅱ）
Ⅱ₁山阳断裂
Ⅱ₂镇安断裂
Ⅱ₃西峡—内乡断裂
Ⅱ₄郧县断裂
Ⅱ₅公馆—十堰断裂
Ⅱ₆安康断裂
Ⅱ₇岚皋断裂

四、桐柏—大别断裂系（Ⅲ）
Ⅲ₁金寨断裂
Ⅲ₂磨子潭—晓天断裂
Ⅲ₃殷店—广水断裂

五、南华北断裂系
1.南华北NNW向及EW向断裂系
①济源—黄口—虞城断裂
②中牟断裂
③新安—汝州—商城断裂
④宿北断裂
⑤泗县断裂
⑥怀远断裂
⑦刘府断裂
⑧沈丘断裂
1.南华北NE及NNE向断裂系
⑪蓝田断裂
⑫宋阳—五亩断裂
⑬故县—宜阳断裂
⑭嵩县—伊川断裂
⑮郏县—禹川断裂
⑯南阳—方城断裂
⑰汝南断裂
⑱泉县断裂
⑲新蔡东断裂
⑳阜阳—固始断裂

图1-3 南华北断裂体系图

（一）NW-NWW向断裂

NW-NWW向断裂是研究区的主要断裂，它开始形成于晚加里东运动，主要为压性构造，兼具走滑特征。在中新生代，该组断裂发生构造反转，使其转变为正断层。研究区的NW向构造主要为走滑构造，常切割和改造NWW向构造，该组断裂主要形成于晚古代末期，中生代为其强烈活动期，新生代该组断裂也发生构造反转，使其转变为正断层。

1. 栾川—方城—明港—舒城断裂

该断裂向东可与肥中断裂相连，终止于郯庐断裂，走向NWW，长达550km，断裂切割至古元古界及以下地层，它在区域上是华北板块与秦岭大别造山带的分界断裂。断裂以北为华北板块稳定沉积区，以南为北秦岭沉积区，断裂两侧的地层层序、古生物、沉积岩相与建造以及变质作用和构造特征等均有较大的差别。航磁异常图上表现为：以北地区为平缓的正负磁异常，以南则为NWW向串珠状正负交替异常区。

2. 焦作—商丘断裂

该断裂位于济源、焦作、兰考、商丘一带，走向近EW，长400多公里，断距落差高达1000～6000m，纵向延伸至太古界，是两种不同方向构造的分水岭，也是南华北盆地的北界。

3. 三门峡—鲁山—舞阳—阜阳—淮南断裂

该断裂是华北板块稳定区与其南缘构造带的大致分界。资料表明，它是一条倾向南或南西、上陡下缓、间歇活动并切入地壳深部的大断裂，不同时期以不同方式的活动决定了断裂两侧地质发展历史的差异。

4. 阜阳—淮南断裂

东起定远，西经凤台到阜阳以南，或称舜耕山—定远断裂，被NNE向的夏邑—涡阳—麻城断裂（亦称蚌埠—长丰断裂）截断，是一条长120km，由南向北逆冲的逆断层。该断裂已为地质、物探、钻井资料所证实，下盘为石炭—二叠系和下三叠统，上盘为太古界和下古生界，断距可达4000～5000m。

5. 砖淮断裂

该断裂北起砖楼、经淮阳到光武，是一条斜贯周口坳陷的断裂，走向NW，倾向NW，长达100km。南华北地区的石炭—二叠系主要分布于该断裂北侧，而断裂南侧的石炭—二叠系则分布零星或缺失。

（二）NE-NNE向断裂

NE向构造主要为新生代的拉伸构造，明显切割EW向和NW向构造，并使后者出现分段现象。南华北地区NE-NNE向断裂除东缘的郯庐断裂系外，最主要的断裂就是位于该区中部的夏邑—涡阳—麻城断裂。该断裂由3条不连续、呈右行雁行排列的走滑断层组成。新生代以来，由于中国东部大陆块体在太平洋板块向西北俯冲和地幔隆起双重作用下而向东南蠕散，区内构造应力体制发生转换，以NE向裂陷作用为主。但本区裂陷作用又是在早期NW向构造断裂体系基础发育的，因此，早期构造和断裂对NE向断裂的发育有一定的限制作用，造成NE向断裂规模较小。资料表明，夏邑—涡阳—麻城断裂形成于扬子板块与华北板块的碰撞后期，形成后活动十分频繁，不仅对南北两大板块的碰撞后期和折返过程具有控制作用，而且在横向走滑的转换调节下，在断裂的南部导致了断裂两侧地块（红安地块和大别地块）的差异升降以及二者的相对旋转，从而影响了大别造山带的构造格局（徐汉林等，2003b）。

四、构造演化阶段与盆地演化史

南华北地区特殊的大地构造位置：华北板块南部及其与秦岭—大别造山带结合部，东临著名的NNE向走滑断裂系统——郯庐断裂系，决定了南华北地区具有独特而复杂的构造演化历史。南华北地区自青白口纪到新近纪经历了被动陆缘盆地—克拉通坳陷盆地—拉张/拉分盆地—伸展盆地的演化历史，最终形成现今格局（图1-4）。其构造演化与盆地演化史具体可分为以下几个阶段（主要内容参考《华北盆地南部上古生界储层地质与油气成藏研究》，刘志武、王崇礼，2007）。

（一）变质结晶基底形成阶段（Ar-Pt）

太古宙至古元古代是地壳大规模活动期，也是形成各种规模不等的古陆核的时期。古元古代末期（1850Ma）发生强烈的构造——热运动：嵩阳运动，使得太古宙沉积物及岩浆杂岩发生强烈褶皱变质，同时还发生了强烈的酸性岩浆侵入和区域混合岩化，导致了华北古陆最终固结。秦岭—大别造山带内部及华北板块南缘地区出露的同时期的变质结晶基底主要为：华北板块南缘的登封群、太华群、下五河群、霍邱群、熊耳群、五佛山群、汝阳群、管道口群及奕川群等，以及秦岭—大别造山带内部的大别群、信阳群、卢镇关群、宽坪群、佛子岭岩群等。到古元古代末，原先各自以太古代陆核为中心增生的华北、扬子及塔里木等陆块联合成一个大型古陆——原中国古陆。

（二）拗拉槽—裂谷盆地阶段（长城纪Ch）

中元古代，华北陆块南部边缘中段，东起汝南、确山，西至晋、豫、陕交界的潼关，南临秦岭海槽，北到侯马、长治形成一个拗拉槽——豫西拗拉槽。中元古代长城纪初，在豫、晋、陕结合部位，形成了三叉裂谷，南东与北西两臂演化成为秦岭海槽，而北东一支延伸进入华北陆块的内部，以栾川—确山断裂、沁阳—绛县—潼关断裂及铁山河—洛阳—背孜街断裂为界，其间形成了面积约 50000km² 的拗拉槽。中元古代长城纪晚期的中条运动使熊耳群褶皱变质，结束了豫西拗拉槽的发育历史。

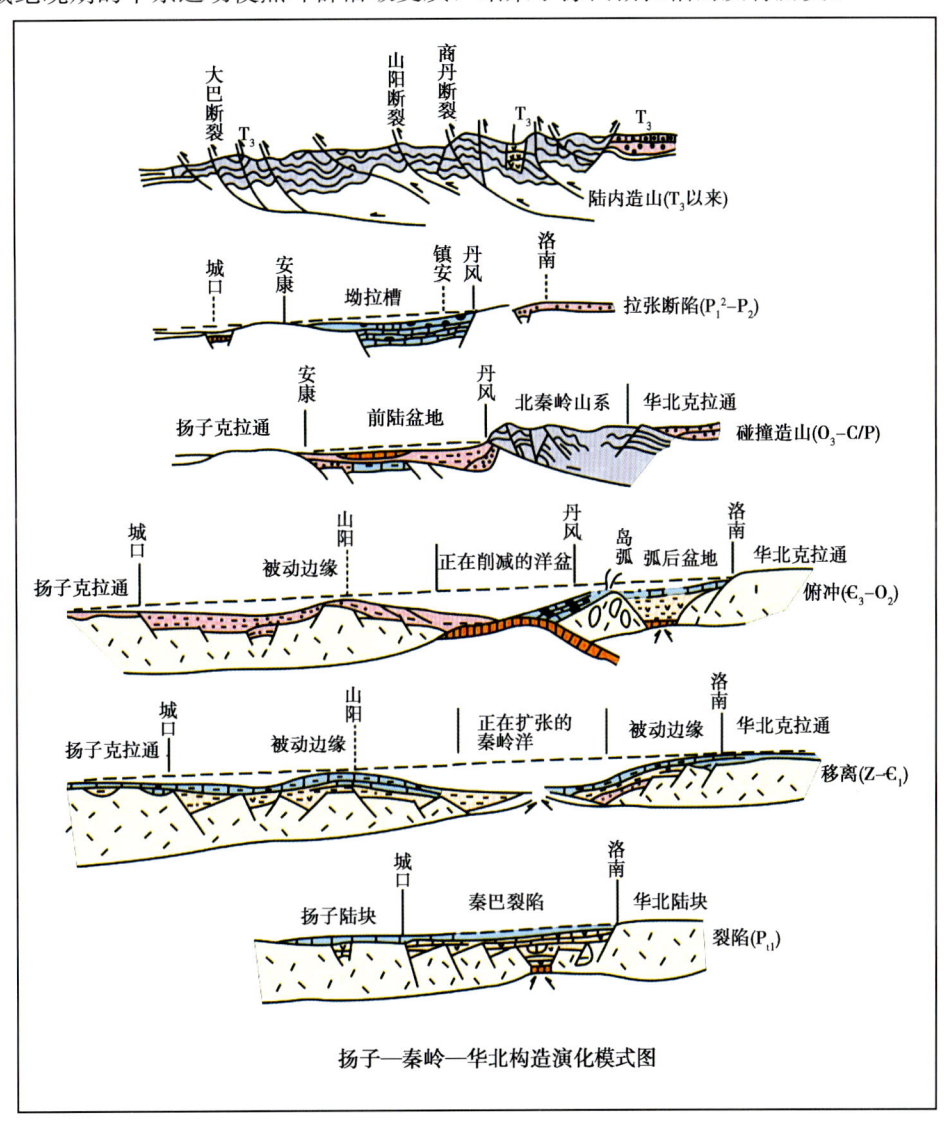

图 1-4　南华北地区构造与盆地演化史

（三）克拉通—裂谷盆地阶段（中元古代蓟县纪—新元古代青白口纪）

中元古代晚期蓟县纪—新元古代早期青白口纪，以栾川—确山—固始—肥中断裂为界，其北属典型克拉通盆地，其南的北秦岭区仍为裂谷环境。表现在沉积-火山岩建造上，栾川—确山—固始—肥中断裂两侧截然不同。北侧华北盆地南部地区由北向南分别发育了五佛山群、汝阳群、管道口群及栗川群，总体上，它们主要为一套以石英砂岩、长石石英砂岩、页岩为主，夹少量白云岩，底部普遍含砾岩的滨岸-潮坪相碎屑岩建造，厚度向南加大达 1000~4000m；仅分布于栾川—方城地区的管道口群及栗川群以碳酸盐岩建造为主（以白云岩为主，夹大量燧石条带、团块，含丰富叠层石），说明向南海水变深、演变为以局限台地相为主的沉积环境。分布于合肥盆地北缘淮南—凤台及其西缘四十里长山地区的青白口系八公山群则属于一套陆棚相为主的沉积（以泥岩及具丘状交错层理的泥质泥晶灰岩为主），说明海水更深了，这些沉积均属典型克拉通稳定型建造。

分布于北秦岭区（栾川—确山—固始—肥中断裂以南）层位相当于汝阳群的宽坪群中上部——四岔

口岩组及谢湾岩组，则为一套复理石杂砂岩夹基性火山岩、泥质碳酸盐岩建造，厚达3000～6000m，说明北秦岭区仍为裂谷盆地环境。安徽境内的新元古代—早古生代佛子岭岩群为一套绿片岩系，其下部郑堂子岩组的原岩为双峰式火山岩及碎屑岩，反映了北淮阳地区亦处于裂陷环境。

沿商丹断裂带发育的中新元古代松树沟蛇绿岩及宽坪蛇绿岩属小洋盆型蛇绿岩，说明在秦岭中部已经裂开很宽，出现了洋壳。

(四) 克拉通—被动大陆边缘盆地阶段 (Z-C_1)

新元古代开始，原中国陆块已经分离出几个较小的陆块，此时扬子和华北陆块之间已经形成了秦岭—大别洋（松树沟—宽坪洋的继续发展）。以栾川—确山—固始—肥中断裂为界，北侧华北盆地南部地区仍保持稳定克拉通的沉积-构造环境；其南侧因北秦岭裂谷的继续发展，逐渐演化成比较成熟的被动大陆边缘。

华北盆地南部克拉通盆地沉积了一套厚度稳定（1000～1500m）的寒武系及中、下奥陶统。震旦系在河南境内主要分布于叶县—鲁山断裂以南，安徽境内主要分布于徐州—淮南地区，一般厚约500m，以发育滨浅海相石英砂岩及白云岩为特征。震旦系—奥陶系属连续沉积，寒武—奥陶系总体以台地相及潮坪、潟湖相白云岩、颗粒灰岩为主，夹粉细砂岩及泥岩，为典型台地型沉积。沉积环境分析显示水体总体向南加深。

(五) 整体隆升—弧后盆地阶段 (C_2-D_2)

中寒武世之后，南华北地区沉积格局发生重大变化，由于秦岭—大别洋进入了以汇聚收缩及扬子板块向华北板块之下俯冲为主的阶段，主俯冲带的位置可能为勉略—岳西缝合带，导致了华北板块南缘性质发生了根本变化，由前期的被动大陆边缘转化为活动大陆边缘，并形成完整的沟-弧-盆体系。整个华北板块主体因同时受其南、北两侧的板块汇聚俯冲作用的影响，表现为整体抬升剥蚀，因而缺失了上奥陶统—泥盆系沉积。

(六) 克拉通—（弧后）前陆盆地阶段 (D_3-T_1)

北秦岭及北大别岛弧大致沿商丹—桐柏—信阳—六安断裂带与华北板块南缘发生弧-陆碰撞拼贴后，随即形成以北淮阳地区河南商城—固始地区石炭系含煤磨拉石沉积及安徽金寨地区梅山群为代表的华北板块南缘（弧后）前陆盆地，从南向北地层发育起始层位由上泥盆统—中石炭统—上石炭统逐渐变新，厚度逐渐减薄（南部商城—固始地区石炭系厚约3000m，华北盆地南部地区上石炭统—二叠系厚约1000～1500m）等地质事实反映该前陆盆地的存在；沉积相及沉积建造特征的研究也表明北淮阳地区的石炭系及梅山群属较为典型的前陆磨拉石含煤建造；洛南—栾川—确山—固始—肥中断裂一线以北的华北地区则表现为典型克拉通盆地的稳定沉积。

加里东运动使得华北板块整体抬升，经历了大约150Ma的剥蚀夷平，形成了西北高、东南低的平缓单斜古地形。

晚石炭世起，海水从北东方向侵入并不断向西南方向扩展，抵达三门峡—郑州—都陵一带，沉积一套滨浅海沙滩相砂泥岩建造，夹灰岩和薄层煤。底部则为穿时的铁铝质风化壳层，与下伏地层呈平行不整合接触，厚度20～40m。

早二叠世，华北板块与西伯利亚板块对接、碰撞完成，华北板块的北部地区—阴山—燕山古陆不断隆升、剥蚀，古地势转变为北高南低。此时的海水已从早先的北东方向的侵入转变为东南方向的入侵，在华北地区形成了广阔的陆表海环境，由于各种环境适宜，沉积了一套准碳酸盐台地相和三角洲-潟湖潮坪相的暗色砂泥岩、灰岩和煤层。在徐州、淮南等地发育了多层灰岩，累计厚度超过50m，向西呈指状分岔减薄。

早二叠世晚期，随着华北板块南、北两侧的持续不断的挤压作用，整个华北盆地抬升，海水向东南方向退却。其间的沉积为深灰、灰黑色泥岩、砂质泥岩和粉砂岩，夹碳质泥岩和煤层，厚度大约在40～80m，大体上南厚北薄、东厚西薄，这时期也是华北主要的成煤期之一。

中二叠世，华北盆地南部地区的沉积特征与北华北地区出现了差别，主要表现在华北盆地南部地区当时为适合植物生长的温湿气候环境，因而植被茂盛，沉积了一套以三角洲相带为主的黄绿、灰绿色砂泥岩含煤建造，中上部夹多层硅质海绵岩，东部含煤性较好而西部较差，沉积厚度也明显比北华北厚。

从晚二叠世开始，随着华北板块南、北部挤压作用的增强，华北盆地整体抬升，海水完全退出，盆地进入陆相沉积发展阶段。华北板块北部强烈隆升，一方面产生了北高南低的古地形，另一方面也提供了沉积物源。此时的气候由温暖转变为炎热，湿润变成干旱，沉积了以河流相为主的红色碎屑岩建造夹淡水灰岩及石膏。早三叠世—中三叠世，随着古特提斯关闭，华北板块南缘挤压造山作用渐强，形成了NWW向展布的熊耳—伏牛山地。随着盆地南部的抬升，其沉积中心逐渐向北迁移，沉积了一套河湖相紫红-黄绿色砂泥岩建造，由下往上组成了多个粗-细的旋回，表明地壳活动性大大加强。

（七）印支运动阶段（T_2-T_3）

印支运动在不同地区所表现出的构造性质有所差异。扬子板块与华北板块沿勉略—岳西缝合带发生了由东向西的"剪刀式"碰撞拼合，即大别—合肥地区大致于早三叠世末—中三叠世即已发生对接，而西部三门峡地区可能至中三叠世末—晚三叠世拼接，到西秦岭区迟至晚三叠世后期—早侏罗世才完全碰撞。

冲断作用而引起的抬升剥蚀，造成三门峡—鲁山—淮南断裂以南地区基本缺失三叠系，仅在北秦岭南召地区等沉积了较薄的山间盆地上三叠统含煤碎屑岩。在华北盆地南部表现为以济源—伊川—洛阳一带为沉降-沉积中心、向四周沉积厚度逐渐减薄的克拉通陆相坳陷盆地沉积，中、下三叠统碎屑岩最厚可达2500m以上。

华北盆地南部地区西部洛阳—义马地区三叠系基本为连续沉积以及下侏罗统与上三叠统仅表现为微角度不整合或平行不整合的事实表明，印支运动在华北盆地南部中西部地区表现微弱。

（八）类前陆盆地阶段（T_3-J_2）

秦岭—大别造山带强烈的碰撞挤压作用使得造山带向华北板块的反向逆冲，在华北盆地南部地区产生构造沉降。南北间大洋呈剪刀式关闭，秦岭—大别造山带向北的反向逆冲推覆自东向西也必然存在先后关系。华北盆地南部地区的东部坳陷——合肥盆地缺失三叠系，而存在着厚度较大的早、中侏罗世沉积，为一套山麓冲积扇-湖沼相沉积，下统防虎山组为灰白、灰黄色砂砾岩夹碳质泥岩和煤线等，厚度为0~1500m。地震资料解释表明：由南向北呈上超关系，即南部（舒城凹陷）厚、北部薄及向北逐渐超覆尖灭，反映出类似前陆盆地的沉积特征。太康—蚌埠为前陆隆起，推测早、中侏罗世时期其缺失沉积并很可能成为其南、北侧盆地的剥蚀物源区。以济源为沉降中心的豫西及开封—黄口地区则主要表现为一套上三叠统—中下侏罗统的稳定克拉通型陆相沉积，以砂岩、粉砂岩夹泥岩为主，总体上沉积物粒度较南部类前陆盆地要细，且其成分成熟度较高，厚度除济源地区可达2000~2500m以外，大多1000m以下。

（九）压扭背景下的挤压冲断—走滑拉分盆地阶段（J_3-K_1^1）

由于库拉—太平洋板块晚侏罗世—早白垩世对中国陆块东部的强烈NNW-NW向斜向俯冲，造成整个中国东部地区总体呈左旋压扭性构造应力场环境，郯庐断裂带的大规模左旋走滑活动即发生在这一时期，特别是早白垩世。

三门峡—鲁山—淮南断裂以北的华北盆地南部地区发生了不同程度的冲断、褶皱及抬升剥蚀改造，从济源地区白垩系角度不整合于中、下侏罗统之上，反映了华北盆地南部地区已普遍遭受断褶改造。这期断褶改造及抬升剥蚀对早期及同期形成的油气（藏）有很大的破坏作用。

与此同时，华北盆地南部局部地区如谭庄—沈丘、黄口、成武等凹陷，因受深大断裂走滑作用的影响而形成拉张环境，形成上述的走滑拉分盆地。沿郯庐断裂的徐州—邦城地区及栾川—确山—固始—肥中断裂北侧的板桥—汝南凹陷带、三门峡—鲁山—淮南断裂北侧的临泉—阜阳凹陷带（可能为谭庄—沈丘凹陷的东延部分）、汝阳及鲁山—宝丰下白垩统火山岩断陷等，推测也具走滑拉分性质。

华北盆地南部地区中、古生界的主要构造格局就是这期构造运动改造的结果。这时期形成的褶皱具有向斜南翼陡而北翼缓,背斜则与向斜相反,且变形程度由南向北逐渐变弱。

（十）冲断抬升剥蚀阶段（$K_2-K_1^2$）

各种资料显示,华北盆地南部地区至今尚未发现早白垩世晚期—晚白垩世地层。这可能是该时期区域性冲断抬升剥蚀的结果。冲断作用使得一些老断层复活,产生了一系列的逆冲推覆构造,使老地层逆冲到下白垩统之上。由于冲断作用大多沿原先的断裂面发生,因此在这些逆冲断裂的上盘柔性较大的地层中产生了一些牵引褶皱,如谭庄凹陷周23井所钻的高庄背斜等。华北盆地南部地区广泛存在的古近系与白垩系或更老地层之间的角度不整合,也反映了这期冲断抬升剥蚀作用的存在。

（十一）裂陷盆地阶段（E）

从晚白垩世开始,受区域构造应力影响,郯庐断裂左行走滑与秦岭—大别造山带右行走滑的共同作用在华北盆地南部地区形成了NE和NWW两组张剪性断裂,这两组张剪性断裂的多期次活动联合控制该区古近纪凹陷的沉降和沉积过程。

从华北盆地南部地区古近系沉积特征来分析,该区的凹陷演化又可划分出3个阶段：断陷初始阶段（$E_1-E_1^2$）、断陷发展阶段（$E_2^2-E_1^3$）和断陷萎缩阶段（E_2^3-N）。自下而上是一个较为完整的湖盆演化旋回,分别充填了玉皇顶组红色冲积扇相粗碎屑岩系—大仓房组紫红色河流冲积平原碎屑岩系,并向上过渡为滨浅湖相红灰色过渡岩系—核桃园组湖相暗色岩系—廖庄组湖退时期的河流冲积平原相碎屑岩系。

（十二）坳陷盆地阶段（N-Q）

从始新世中晚期开始,太平洋板块运动方向再次发生显著的变化,板缘的俯冲、消减作用造成了地幔物质的调整和运动,引起板块内部不均衡升降以及岩浆活动。由于印度板块继续北移,青藏高原急剧隆升,对周围块体产生侧向挤压。华北盆地南部地区于渐新世末期整体隆升及遭受一定程度的剥蚀,从而形成新近系与古近系之间的沉积间断及角度不整合,这是喜马拉雅运动的主要表现。

中新世,华北盆地南部地区普遍整体下沉,形成了新近纪华北盆地南部统一的大型坳陷型盆地,现今所谓的华北盆地南部也就是指该期盆地而言。本区新近系和古近系在全区分布广泛,厚度在平面上变化不大,沉积中心位于北西向展布的中牟—西华—周口一线,向两侧逐渐减薄,其中最大厚度可达2000m。

综上所述,南华北地区自震旦纪到新近纪经历了被动陆缘盆地—克拉通坳陷盆地—拉张/拉分盆地—伸展盆地的演化历史,即Z-ϵ_1古秦岭洋拉张,华北南部随之下沉形成被动陆缘;ϵ_2-S古秦岭洋关闭,华北南部隆升;C_2-P_1古勉略洋扩张鼎盛期,华北南部下沉发育近海克拉通内聚煤坳陷;T_{2-3}大别造山,华北南部沉积区由南向北、由东向西萎缩;J-E叠加陆内分隔型盆地,沉积差异明显。

第二节 区域地层划分

以2006年度国际地层表为依据,结合前人在地层方面的众多研究成果以及野外调查成果,本书对南华北地区地层进行了梳理,并重点提出了寒武系四分〔始寒武统（名称待定）、早寒武统、中寒武统、晚寒武统〕、二叠系三分（早二叠统、中二叠统、晚二叠统）的新划分对比方案。

一、新元古界及寒武系—奥陶系新的划分对比方案

对于南华北地区新元古界—寒武系划分对比历来存在分歧,有不少问题急待深入研究。本书紧密结合生产实际,依据事件地层学、主要沉积界面及上下岩石组合、古生物等证据,提出一个华北南部新元古界—寒武系地层的新的划分对比方案（表1-2）。

表 1-2 华北南缘下古生界—新元古界地层划分对比方案

原方案				本书初步方案						
				豫西地区				两淮地区		
寒武系	上统	炒米店组		寒武系	上统	炒米店组		炒米店组		
		崮山组				崮山组		崮山组		
	中统	张夏组			中统	张夏组		张夏组		
		馒头组	三段（徐庄组）			馒头组	三段（徐庄组）	馒头组	三段（徐庄组）	
			二段（毛庄组）				二段（毛庄组）		二段（毛庄组）	
			一段（馒头组）				一段（馒头组）		一段（馒头组）	
	下统	朱砂洞组			下统	朱砂洞组		昌平组		
		辛集组				辛集组		猴家山组		
震旦系		东坡组				东坡组		雨台山组		
		罗圈组			始统	罗圈组		凤台组		
		董家组		震旦系		董家组	红岭组	四顶山组		淮南群
		黄连垛组				黄连垛组		九里桥组		
南华系				南华系						
青白口系		洛峪口组	洛峪群	青白口系		洛峪口组	何家寨组 砂岩	四十里长山组		八公山群
								灰岩夹砂岩段	刘老碑组	
								泥灰岩互层段		
		三教堂组				三教堂组	骆驼畔组	页岩夹砂岩页岩段		
								灰岩段		
		崔庄组				崔庄组	葡峪组	伍山组/曹店组		
				鲁山		登封/偃师		淮南		

（一）青白口系

豫西地区青白口系洛峪群，自下而上包括崔庄组、三教堂组和洛峪口组，为一套滨岸-陆棚环境内所形成的以碎屑岩为主的陆源碎屑岩-碳酸盐岩沉积组合，厚度 592m。有轻微变质。

1. 崔庄组

称为"崔庄页岩"，为灰绿色页岩，风化后为紫红、灰黑等色，夹石英砂岩和菱铁矿层，厚 120～214m；

2. 三教堂组

称为"三教堂砂岩"，为紫色厚层石英砂岩，厚 30～232m；

3. 洛峪口组

称为"洛峪口层"，为白云质灰岩夹页岩（包括灰黑色炭质页岩），厚 50～180m；含丰富的微古植物、叠层石等。

洛峪群与下伏中元古界蓟县系汝阳群平行不整合接触，与上覆震旦系平行不整合接触。豫西地区洛峪群与淮南地区青白口系八公山群可以对比。淮南地区缺失长城系—蓟县系，青白口系八公山群为一套海岸-陆架单陆屑建造-潮坪陆屑石英砂岩和局限台地相藻礁碳酸盐岩组合，厚度＞1200m。与下伏古元古界凤阳群角度不整合接触，与上覆震旦系平行不整合接触。自下而上包括曹店组、伍山组、刘老碑组、四十里长山组。下部曹店组为铁质砂砾岩，厚 18～21m；中部称为"伍山石英砂岩"，厚 64m；上部称为"刘老碑页岩"，以灰绿色页岩夹薄层灰岩为特征，厚 685～837m，含陆相微古植物、叠层石等。在上为四十里长山组，由钙质石英砂岩组成。

（二）震旦系

豫西震旦系原地层划分方案包括下统黄连垛组、董家组，上统罗圈组和东坡组。

据研究，凤台砾岩或与其层位相当的一套砾岩（罗圈组），东起安徽淮南、凤台、霍邱，经河南确山、鲁山、临汝，沿秦岭北坡，经宁夏、青海、甘肃直至新疆，在长达2000km的范围内，与含早寒武世三叶虫 *Hsuaspis*（盾壳虫）等化石的含磷层位（辛集组/猴家山组底）形影不离，超覆在下伏不同层位之上；说明该套砾岩与寒武系的关系较之震旦系更为密切。根据安徽省地质调查院孙乘云、杜森官（2008）意见：雨台山组化石，主要属于沧浪铺阶早期；但朱兆玲（2005）等认为鲁山辛集组底部跨筇竹寺阶，那么，鲁山辛集组下伏的东坡组、罗圈组时代可能会更老一些。另外，罗圈组上部海绿石Rb-Sr年龄503Ma，页岩Rb-Sr等时线年龄528±23Ma。而国际地层表寒武系底界年龄542Ma，因此，罗圈组以划归早寒武世为宜。由于缺乏进一步的化石证据，本书仍认为华北南部缺失始寒武统（华南滇东统）地层，主要是缺失梅树村阶地层。

霍邱、淮南、凤阳一带的淮南群，是一套以碳酸盐岩为主的地层，自下而上包括九里桥组和四顶山组两组地层；其下与四十里长山组含钙石英砂岩不整合接触，其上与凤台组或猴家山组砾岩平行不整合接触。

根据安徽淮南地区详细的古生物研究资料，九里桥组开始富含多门类生物化石，包括软躯体后生生物、微体植物，大型疑源类和叠层石、核形石等。其中，微古植物 *Micrhystridium* 和 *Bavlinella* 组合，在我国各地主要见于相当于南沱冰碛层以上的层位中；而软躯体后生生物，在世界范围内都出现在新元古界冰期沉积层以上层位中。九里桥组由大量环节动物和须腕动物组成的后生生物群，与埃迪卡拉生物群（腔肠动物和环节动物为特征）应处于同一生物演化阶段；九里桥组其层位可稍低；但均表明已进入后生生物的多样化（生物大爆炸）阶段。与新元古界冰期沉积以下层位以球藻亚群为主的单细胞藻类生物相比，在生物演化历程中，已发生了根本性的大变化（国际前寒武系分会已将埃迪卡拉系划归显生宙）。因此，淮南群主体应属于我国新划的震旦系，与国际地层表埃迪卡拉系可以对比。

淮南群与豫西黄连垛组、董家组大致可以对比。董家组下部砂岩中，海绿石4个K-Ar年龄分别为617Ma、656Ma、656Ma、674Ma，推测650±23Ma应代表董家组下部地质时代。考虑到早期测试技术的限制，以上年龄与国际上埃迪卡拉系下限年龄630Ma矛盾不大。

豫西董家组/黄连垛组之间为平行不整合接触。而黄连垛组底部石英质砾岩与下伏青白口系顶部洛峪口组平行不整合接触，代表华北南部晋宁运动界面。

（三）寒武系四分方案

20世纪90年代以来，随着寒武系和奥陶系的底界全球层型剖面和点位的相继确立，全球寒武系年代地层研究进入到系内的再划分阶段。对寒武纪各动物门类，特别是"小壳动物"、三叶虫和牙形刺的生命过程和演化阶段的研究，以及精确的放射性同位素测年研究相继取得了重要进展，使得传统划分的一些弊端逐渐显露了出来。其中主要包括：①系内的两条重要的次级界线即传统的下寒武统—中寒武统、中寒武统—上寒武统界线选在很不恰当的位置，因而使这两条界线在全球范围内很难准确对比和应用（Geyer et al.，2000）；②精确的测年数据表明，在时间跨度上，传统的早寒武世明显地超过了中寒武世与晚寒武世两者之和（Landing et al.，1998）。因此唯有对寒武纪（系）做3个以上的世（统）的划分才较为合理。

1. 国际寒武系四分方案

2004年9月，彭善池在韩国举行的第九届国际寒武系现场会议上，提出了寒武系4统10阶的划分方案；其后又公开发表（彭善池等，2005）。在2004年底和2005年初以88%的高得票率获得通过，形成了目前2006年版《国际地层表》寒武系四分方案。国际寒武系分会通过的划分框架，还包括有确定各内部界线的主导化石（表1-3）。

表 1-3　华北南缘下古生界—新元古界地层划分对比方案

系 SYSTEMS	统 SERIES	阶 STAGES	阶的分界层位（含 GSSPs）或暂定纽带点 Boundary horizons (GSSPs) or provisional stratigraphic tie points
奥陶系 Ordovician	下统 Lower	特马豆克阶 Tremadocian	
寒武系 Cambrian	芙蓉统 Furongian Series	第 10 阶（待命名） Stage 10 (Undefined)	*Iapetognothus flucgtiyagus* 的首现 (FAD of Iapetognathus Fluctivagus, GSSP) *Lotagnostus americanus* 的首现 (FAD of Lotagnostus americanus) *Agnostotes orientalis* 的首现 (FAD of Agnostotes orientalis)
		第 9 阶（待命名） Stage 9 (Undefined)	
		排碧阶 Paibian Stage	
	第 3 统（待命名） Series 3 (Undefined)	第 7 阶（待命名） Stage 7 (Undefined)	*Glyptagnostus reticulatus* 的首现（金钉子） (FAD of Glyptagnostus reticulatus, GSSP) *Lejopyge laevigata* 的首现 (FAD of Lejopyge laevigata) *Ptychagnostus atavus* 的首现 (FAD of Ptychagnoslus atavus) *Oryctocephalus indicus* 的首现 (FAD of Oryctocephalus indicus)
		第 6 阶（待命名） Stage 6 (Undefined)	
		第 5 阶（待命名） Stage 5 (Undefined)	
	第 2 统（待命名） Series 2 (Undefined)	第 4 阶（待命名） Stage 5 (Undefined)	*Olenellus or Redlichia* 的首现 (FAD of Olenellus or Redlichia) 三叶虫的首现（FAD of trilobites） 小壳化石或古杯类的首现 (FAD of SSF or archaeocyathid species)
		第 3 阶（待命名） Stage 3 (Undefined)	
	第 1 统（待命名） Series 3 (Undefined)	第 2 阶（待命名） Stage 2 (Undefined)	*Trichophycus pedum* 的首现（金钉子） (FAD of Trichophycus pedum, GSSP)
		第 1 阶（待命名） Stage 1 (Undefined)	
埃迪卡拉系 Edicacaran			

2. 中国寒武系四分方案

鉴于全球寒武系顶部芙蓉统和排碧阶在我国华南的确立，不仅我国华南的寒武系年代地层系统需做必要的修订；而且全国的寒武系年代地层系统也需做必要的修订。

（1）华南寒武系年代地层框架方案。我国科学家为了规范寒武纪的年代地层系统，并尽可能与全球标准接轨，在早期提出的华南 4 统 9 阶划分方案（彭善池，2000）的基础上，彭善池等（2005，2006）依据我国华南寒武系 GSSP 研究，提出了全国寒武系 4 统 10 阶的再划分方案（表 1-4）。

表中芙蓉统取代了原湖南统，排碧阶取代了原瓦儿岗阶。根据全球寒武系年代地层研究的发展趋势，华南寒武系年代地层框架仍需不断加以修订。中石化"海相碳酸盐气油气"前瞻性项目中，寒武系亦采用四分方案。其中，芙蓉统和排碧阶的底界，在湖南花垣排碧剖面位于花桥组内，下距底界 369.06m，与网纹雕球接子（*G. reticulates*）首现点位一致。芙蓉统的顶界由奥陶系特马豆克阶的底界限定，该底界与牙形石（*Iapetognat hus fluctivagus*）的首现点位一致。根据庄氏虫（*Chuangia*）在排碧剖面的产出层位，芙蓉统的底界应略低于我国华北地区长山组（长山阶）的底界。而芙蓉统桃园阶可能包含下部桃园阶和上部风山阶两部分。彭善池等（2005，2006）虽然依据我国华南寒武系 GSSP 研究，提出了全国寒武系 4 统 10 阶的框架方案，但朱兆玲等（2005）仍坚持全国 3 统 10 阶方案。

表 1-4 中国华南寒武系年代地层框架方案

寒武系（纪）	芙蓉统（世）	桃源阶（期）	凤山阶
		排碧阶（期）	长山阶
	武陵统（世）	西水阶（期）	
		王村阶（期）	
		台江阶（期）	
	黔东统（世）	都匀阶（期）	
		南皋阶（期）	
	滇东统（世）	梅树村阶（期）	
		晋宁阶（期）	

（2）华北与华南寒武系地层对比本书采用彭善池（2009）方案，对南华北地区寒武系进行了初步的梳理，但华北与华南地区寒武系的地层对比仍有许多问题尚需继续深入研究。

①华北地区缺失四分方案中的滇东统（第一统）和黔东统（第二统）底部地层。华北南部的河南登封、鲁山以及安徽霍邱、淮南地区，普遍缺失寒武系下部梅树村阶和筇竹寺阶的地层。因此，华北南缘缺失的是寒武系四分方案中的滇东统（第一统）和黔东统（第二统）底部地层，而仅发育四分方案中的武陵统、芙蓉统地层对比。

②芙蓉统（第四统）底界大致在长山阶底界附近。武陵统（第三统）与芙蓉统（第四统）的界线，目前不少学者提出界线置于网纹雕球接子首次出现的位置，即大致相当于我国长山阶的底界；而不是传统的张夏阶与崮山阶之间。芙蓉统桃碧阶底界低于华北长山阶底界。那么，华北地区原长山阶—凤山阶地层，大致可与华南芙蓉统地层对比。

（四）奥陶系（上、下马家沟组）

南华北地区奥陶系（上、下马家沟组）是指平行不整合覆于三山子组之上，平行不整合伏于石炭系本溪组之下的一套厚层—巨厚层灰岩夹白云岩、角砾状灰岩、角砾状白云岩的岩石组合。自下而上可分八段：一段、二段、三段组成下马家沟组；四段、五段、六段组成上马家沟组；七段、八段相组成峰峰组（图 1-5）。

1. 下马家沟组

华北南部的下马家沟组主要分布于三门峡、禹县、确山一线以北地区。

一段即贾汪页岩，豫西厚 11.73~33m，淮北厚 4~19m，淮南厚 4~34m。自北向南白云质增加，为海岸氧化—弱氧化环境、局限台地相砂泥坪沉积。

二段为中厚层灰岩夹白云质灰岩和角砾状灰岩、泥质灰岩和含硅质结核灰岩。下部常具有一层灰色厚层角砾状灰岩，是与一段分界的良好标志。该段在禹州方山、新密市石板岗、巩义市涉村以北及两淮地区发育完整。在巩义市涉村厚 41.3~101m。在萧县老虎山厚 108.61m，萧县小家峪厚 80.3m，淮北市滂汪厚 67.52m，宿县武家厚 107.39m，宿县韩家厚 107.61m，淮南市洞山厚 112.53m。

三段发育在新安县庙上—巩义市大凹岩—新密市崔庙以北地区和两淮地区。在豫西地区主要为灰黑色白云质灰岩、白云岩、花斑状白云岩，厚 55.6m~148m。

萧县老虎山厚 68.11m，淮北发电厂厚 65.17m，萧县尤庄厚 153.84m，宿县夹沟厚 142.70m，淮南市老龙眼水库厚 24.51m，淮南市洞山厚 100.74m。整个下马家沟组在渑池县雷雁坡厚 14.1m，禹县方山厚 16.5m，密县石板岗厚 79.1m，新安西沃厚 95.2m，巩县小关厚 106.7m，济源莲东厚 128.2m。在太康—周口地区，太参 1 井厚度大于 102m，太参 2 井厚 148.5m，太参 3 井厚 138.5m，周参 7 井厚 107m，可见由西南向东北逐渐增厚。在两淮及霍丘地区，该组厚度由北向南逐渐变厚，萧县老虎山厚度大于 185.59m，萧县小家峪厚 170.39m，萧县龙庄厚 249.22m，宿县韩家夹沟厚 264.42m，淮南市洞山厚 217.03m，定远县将军山仅一段和二段厚度就大于 258.59m。

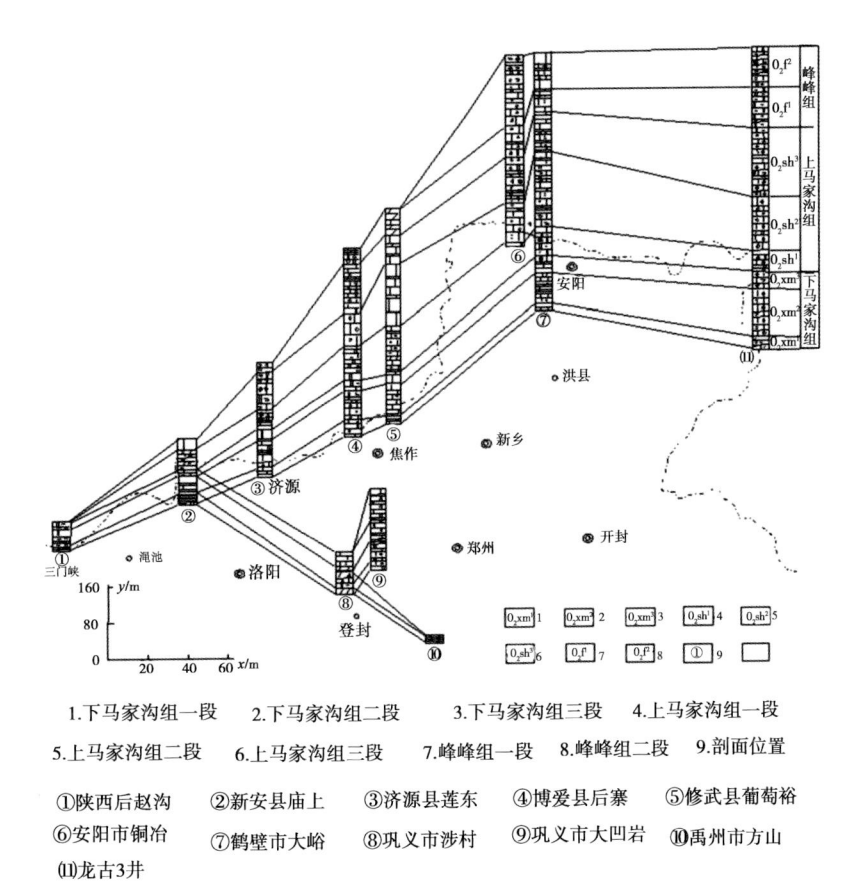

图 1-5 南华北地区奥陶系上、下马家沟组柱状对比图

2. 上马家沟组

华北南部的上马家沟组主要出露于新安西沃、巩县小关、确山一线以北及两淮地区。四段主要为灰黄色薄层微晶白云岩夹中层含白云质灰岩，局部夹灰岩透镜体；五段主要为深灰色厚层花斑状泥晶灰岩、含白云质灰岩、白云岩等；六段为浅灰色、浅黄色中薄层灰质白云岩、白云岩与深灰色厚层泥晶灰岩互层。

在豫西地区，本组在巩县小关厚70.5m，新安西沃厚168.9m，沁阳云台山厚191m。由西南向东北加厚。在太康—周口地区，新太参1井厚243m，太参2井厚225m，太参3井厚236.5m，周参7井厚258m，周参8井厚224.5m，厚度变化极小。在两淮地区，萧县老虎山厚241.57m，萧县小家峪厚241.12m，淮北市发电厂厚180.85m，濉溪县大山头厚258.58m，淮北市老龙眼水库厚72.24m，淮南市洞山厚156.78m，由淮南向淮北厚度逐渐增大。

3. 峰峰组

主要分布于博爱以北地区，在南华北地区缺失。

华北南部地区的奥陶系马家沟组各地发育差异较大，由西南向东北厚度逐渐增加，地层发育越来越全。渑池仁村、禹县方山一带仅出现下马家沟组一段和二段下部，至新安西沃、巩县大凹岩一带，下马家沟组始见完整，并出现上马家沟组一段和二段，厚度177～264m，博爱一带上马家沟组完整，并出现峰峰组一段，厚415m。

二、上古生界

上古生界主要包括上石炭统和二叠系，为连续沉积，含煤层系划分为八个含煤段（图1-6）。其中，周口坳陷上古生界仅在鹿邑、倪丘集一带保存完整，钻厚约1000m，最大厚度1375m。向西南方向地层依次剥蚀缺失，在凸起区剥蚀殆尽，凹陷区最小残厚90m。

南华北地区的石炭系和二叠系分布广泛，发育良好，沉积类型多样，生物化石丰富，是研究中国海

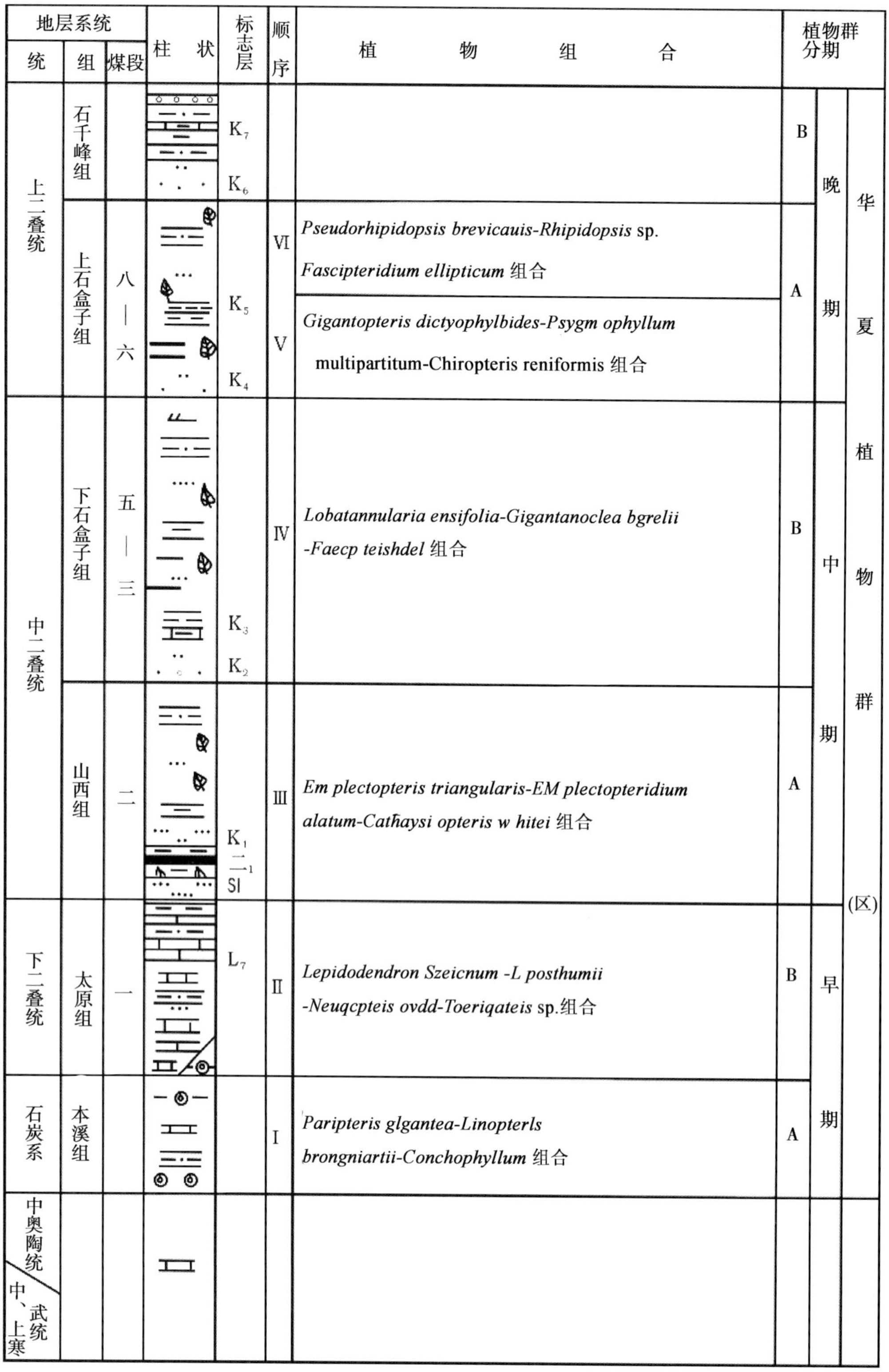

地层系统			柱状	标志层	顺序	植物组合	植物群分期	
统	组	煤段							
上二叠统	石千峰组			K₇ K₆			B	晚	华夏植物群期（区）
^	上石盒子组	八—六		K₅ K₄	Ⅵ Ⅴ	*Pseudorhipidopsis brevicauis-Rhipidopsis* sp. *Fascipteridium ellipticum* 组合 *Gigantopteris dictyophylbides-Psygm ophyllum multipartitum-Chiropteris reniformis* 组合	A	^
中二叠统	下石盒子组	五—三		K₃ K₂	Ⅳ	*Lobatannularia ensifolia-Gigantanoclea bgrelii -Faecp teishdel* 组合	B	中
^	山西组	二		K₁ 二¹ SI	Ⅲ	*Em plectopteris triangularis-EM plectopteridium alatum-Cathaysi opteris w hitei* 组合	A	^
下二叠统	太原组	一		L₇	Ⅱ	*Lepidodendron Szeicnum -L posthumii -Neuqcpteis ovdd-Toeriqateis* sp.组合	B	早期
石炭系	本溪组				Ⅰ	*Paripteris glgantea-Linopterls brongniartii-Conchophyllum* 组合	A	^
中奥陶统 中、上寒武统								

图1-6 华北南部石炭系—二叠系综合柱状图

陆交互相石炭系和二叠系的最佳地区之一。同时华北南部石炭系和二叠系又是主要的煤炭和生、储油层，是该区诸盆地油气勘探获得重大突破的关键性层系。因此，近年来南华北地区的石炭系和二叠系的研究已经成为广大古生物学家、地层学家、石油地质学家关注的热点之一，众多地质学家和石油地质学家已先后对本区的石炭系、二叠系开展过不同地区、不同学科的专项研究，且取得了许多重要成果。

但纵观南华北地区石炭系和二叠系研究成果，在石炭系和二叠系的分布和二叠系的划分与对比方面仍存在许多问题和较大分歧，直接影响着对该区石炭系和二叠系油气勘探前景的客观评价。为此，本节研究在前人已有工作的基础上，通过资料收集以及典型露头剖面和钻井剖面的观察、丈量和地震测井资料的系统解释等手段，试图对研究区内石炭系和二叠系的分布、地层接触关系、岩性岩相组合特征、古生物组合特征等进行较系统的总结，为开展本区石炭系—二叠系残余盆地分析和油气勘探前景的综合评价提供基础资料和依据。

（一）石炭系二分问题

我国早年的石炭系划分虽曾有过下统（或称丰宁统）、上统（或称壶天统）的二分方案，但自李四光、赵亚曾研究了我国北方本溪组和太原组的䗴类和腕足类，并将其和莫斯科盆地的相关地层对比而引入了石炭系的三分方案后，我国长期沿用了石炭系三分（下、中、上石炭统）方案。自第二届全国地层会议后，国际石炭纪地层委员会关于石炭系中间界线的决议，已被我国广大地质工作者采纳，石炭系二分的意见已渐趋统一，只是上、下石炭统的具体分界尚有不同看法。

从我国的地质实际情况看，石炭纪的海相动物群和陆相植物群都存在两个显著不同的发展阶段，生物的二分性比较明显（杨敬之等，1982；沈光隆等，1982）。在岩性上，我国华南的下石炭统为碎屑灰岩和煤层，而中、上统却完全由灰岩组成。从年龄值判断，国外下石炭统持续约40Ma，上石炭统持续约34Ma，两者大体相近。因此，石炭系以二分为宜。按照国际地层委员会通过的石炭系划分方案，上、下石炭统的界线大体对应于我国华南地区的罗苏阶和德坞阶之间。本书初步总结了国际、国内石炭系年代地层划分的最新方案，并以此为标准来开展华北南部及邻区石炭系的划分与对比。

（二）二叠系三分问题

1. 国际二叠系三分问题

自20世纪60年代开始，地层学家和古生物学家分别以海相地层中的菊石、牙形石和腕足类等生物地层格架为主要基础，提出了一系列由海相地层为标准剖面的区域性阶所组成的二叠纪复合年代地层序列，以期替代传统的标准序列。经过数十年的艰辛努力，Waterhouse（1976）对国际二叠纪年代地层划分提出了初步的划分方案。

1994年，金玉玕等为了避免重新陷入旷日持久的"二分"和"三分"之争论，提出乌拉尔统、瓜德鲁普统和乐平统组成国际二叠纪年代地层表的地层序列。1996年，在美国得克萨斯州的阿乐派恩举行的第二次"国际瓜德鲁普统研究会"期间，通过了采用乐平统及其两个次级单位——吴家坪阶和长兴阶作为二叠系上部的上统，采用瓜德鲁普统及其次级单位——罗德阶、沃德阶和卡匹敦阶作为二叠系上部的下统的建议。同年，二叠系国际地层分会一致通过采用乌拉尔统及所属阶作为二叠系的下部，采用瓜德鲁普统及所属阶作为二叠系上部的下统，采用乐平统及所属阶作为二叠系上部的上统。

另外，国际上最新同位素年龄研究表明石炭系与二叠系的界线年龄为296±2Ma，二叠系与三叠系界线的年龄为251±0.4Ma（Bowring et al.，1998；Renne et al.，1995）。与1989年公布的国际地质年代表对比，石炭系—二叠系的界线年龄由原来的290Ma下移到296Ma，二叠系—三叠系的界线同位素年龄由原来的245Ma下移到251Ma，但其整个二叠系持续的年代时限未变，只是整体下移了6Ma。根据最新对澳大利亚东部凝灰岩层的研究结果，早乌菲姆期的Greta煤系的同位素年龄为272.2±3.2Ma，晚瓜德鲁普世Mulberg粉砂岩的同位素年龄值为264.1±2.2Ma，Bowring等（1998）已测得美国瓜达卢佩山的沃德阶顶部凝灰岩层的同位素年龄值为265.3±0.3Ma，对这些资料综合分析，乌拉尔统与瓜德鲁普统的界线同位素年龄值应大于272.2±3.2Ma，瓜德鲁普统与乐平统之间的界线同位素年龄值推测大体应在260Ma左右。

2. 关于国内二叠系的三分问题

早在20世纪30年代初，我国著名的科学家黄汲清教授已经把中国南部的二叠系划分为三部分：下二叠统（船山统）、中二叠统（阳新统）及上二叠统（乐平统）。1986年黄汲清教授提出了松辽盆地二叠系的三分问题。1987年黄汲清教授在《中国及邻区特提斯海的演化》一书中明确提出将中国南部二叠系三分的新方案,并且将中国南部二叠系与俄罗斯二叠系的划分方案进行了对比。

1994年和1998年金玉玕等明确提出了中国二叠系的三分方案,并且与国际部分二叠纪地层序列进行了对比。在这个对比方案中将中国南部的二叠系自下而上划发为三个统,分别是:二叠系下部船山统包括紫松阶和隆林阶;二叠系中部阳新统,自下而上分为栖霞亚统和茅口亚统,前者包括罗甸阶和祥播阶,后者包括孤峰阶和冷坞阶;二叠系上部乐平统,包括吴家坪阶和长兴阶。与国际二叠纪年代地层划分新方案对比,中国南部二叠系中部的栖霞亚统相当于国际二叠系下部乌拉尔统上部的空谷阶,二叠系中部的茅口亚统与国际新方案中的瓜德鲁普统可以对比(表1-5),由此确定了中国二叠系三分的新方案。

表1-5 石炭系—二叠系年代地层划分

国际年代地层				中国年代地层划分			
系	统	阶	年龄 Ma	统(亚系)(正式名称)	统(亚系)(非正式名称)	阶	阶(中国地层典)
二叠系	乐平统 P3	p9 长兴阶	251 253	乐平统 P3	上二叠统	长兴阶	长兴阶
		p8 吴家坪阶	260			吴家坪阶	吴家坪阶
	瓜德鲁普统 P2	p7 卡匹敦阶	265	阳新统 P2	中二叠统	茅口阶 冷坞阶	茅口亚阶 冷坞阶
		p6 沃德阶				孤峰阶	孤峰阶
		p5 罗德阶	272			栖霞亚统 祥播阶 罗甸阶	祥播阶 罗甸阶
	乌拉尔统 P1	p4 空谷阶		船山统 P1	下二叠统	栖霞阶 祥播阶 罗甸阶	隆林阶
		p3 亚丁斯克阶	280			隆林阶	
		p2 萨克马尔阶	290			紫松阶	紫松阶
		p1 阿瑟尔阶	296				
石炭系	宾夕法尼亚统 C2	c7 格则尔阶		壶天统 C2	上石炭统	马平阶(小独山阶)	马平统(小独山阶)
		c6 卡西莫夫阶	310			达拉阶	威宁统 达拉阶
		c5 莫斯科阶				滑石板阶	滑石板阶 罗苏阶
		c4 巴什基尔阶	320				
	密西西比统 C1	c3 谢尔普霍夫阶	325	丰宁统 C1	下石炭统	德坞阶	大塘统 德坞阶
		c2 维宪阶	345			大塘阶	上司阶 旧司阶
		c1 杜内阶	355			岩关阶	岩关统 汤粑沟阶

(三)关于南华北地区石炭系二分和二叠系三分的划分方案

南华北地区及邻区的石炭—二叠系,由于受传统标准方案的影响一直采用石炭系三分和二叠系二分的方案。但是由金玉玕等(1999)编制完成的中国地层典石炭系和中国地层典二叠系已经采用了石炭系二分和二叠系三分的划分方案。王鸿祯等(2000)在完成《中国层序地层研究》中也将石炭系二分和二叠系三分。沈光隆等在完成国家"九五"重点科技攻关项目"鄂尔多斯盆地上古生界划分与对比研究"

子专题时,也采用了石炭系二分和二叠系三分的方案,且取得了良好的效果。石炭系二分和二叠系三分已经成为地质学研究的趋势。

南华北地区的石炭系和二叠系分别采用二分和三分的划分方案,具有这样几方面的优势和特点:①能比较客观地反映华北南部地区石炭系,尤其是二叠系的岩性组合特征、生物组合特征、沉积体系特征明显地呈三阶段的演化特征;②有利于协调南华北地区的石炭系和二叠系与国际、国内其他地区的石炭系、二叠系对比关系;③在能源勘探实践中更适宜进行盆地煤炭和油气资源的评价和油气勘探部署,具有极强的可操作性;④与国际、国内目前呈现的石炭系二分和二叠系三分的趋向性划分方案进行对比,有利于与国际石炭系和二叠系研究接轨。鉴于上述,并根据国际地层表(2006)意见,考虑到南华北地区石炭二叠系缺乏连续的海相地层沉积序列,各门类化石在地层中的分布很难鉴别出它们的始现层位和末现层位,难以达到单相内建阶的基本要求,因此本书主要参考《中国各地层时代地层划分对比》,以及《中国豫西二叠纪华夏植物群——禹州植物群》有关华北地块南部石炭—二叠系年代地层、岩石地层、生物地层单位的划分方案,提出新的有关南华北地区石炭—二叠纪地层的划分对比方案(表1-6)(据金玉玕等,1998)。

表1-6 南华北地区石炭—二叠纪年代地层、岩石地层划分对比表

年代地层					岩石地层(谷峰、冯少南、张森等,2005)		年代地层			岩石地层(杨关秀等,2006)		本书
					河南禹州	安徽淮北				河南禹州		
界	系	统	阶	组	段	组	统	阶	组	段	
上古生界	二叠系	乐平统	长兴阶	孙家沟组(82~406m)		孙家沟组(394m)	上二叠统	长兴阶	三峰山组	上段	孙家沟组
										中段	
										平顶山砂岩段	
			吴家坪阶	上石盒子组(348m)	六、七、八煤段	上石盒子组(>705mm)		吴家坪阶	云盖山组	八煤段	上石盒组
										七煤段	
										六煤段	
		阳新统	冷坞阶	下石盒子组(306m)	三、四、五煤段	下石盒子组(255m)	中二叠统	茅口阶	小风口组	五煤段	下石盒子组
			茅口阶							四煤段	
									三煤段		
			祥播阶								
			栖霞阶	山西组(50~120m)	二煤段	山西组(100m)		栖霞阶	神垕组		二煤段	山西组
		船山统	隆林阶				下二叠统	隆林阶	朱屯组	一煤段	上中下	太原组
			紫松阶						紫松阶			
	石炭系	马平统	小独山阶	太原组(99m)	一煤段	太原组(141m)	上石炭统	小独山阶			本溪组
						本溪组(20~40m)					
		威宁统	达拉阶					达拉阶				
			滑石板阶					滑石板阶				
			罗苏阶					罗苏阶				

1. 上石炭统(本溪组)

本组主要分布于三门峡—郑州—鄢陵—阜阳—寿县一线以北地区,平行不整合于奥陶系之上。由滨海潟湖相铁铝岩、泥岩、滨岸相碎屑岩及正常海相灰岩组成,其厚度受基底风化壳地形控制,为5~45m,一般为10~30m,呈西南薄、东北厚和北厚南薄的趋势。在两淮地区的萧县和砀山一带厚度达32m,而在宿县—涡阳和淮南厚度逐渐变薄,为3~12.5m。

2. 二叠系

华北南部二叠系自下而上划分为五个岩石地层单元，它们是下统太原组，中统山西组、下石盒子组，上统目石盒子组和孙家沟组。

（1）下统太原组（P_1t）。本组是一套陆表海碳酸盐岩、滨岸碎屑岩和潟湖铝铁质岩沉积。主要由泥岩、灰岩、砂岩、粉砂岩及煤层组成，厚22.5～169m，平均68m。东北及东部厚，西南部薄。在三门峡—郑州—鄢陵—阜阳—寿县一线以北地区连续沉积于本溪组之上，该线以南铝质岩、铝质泥岩（与本溪组同相异时）与下伏寒武系呈微角度不整合接触。

（2）中统山西组（P_2s）。山西组为华北南部最主要含煤地层之一。它整合于太原组灰岩或含腕足类黑色海相泥岩之上，其顶以砂锅窑砂岩之底面为界。为一套以三角洲沉积体系为主的潮坪、潟湖、泥炭沼泽及三角洲沉积。北厚南薄、东厚西薄，在河南安阳、鹤壁厚达100m左右，在临汝—平顶山厚50～60m；在安徽淮北厚度80～130m，宿县桃园一带厚度90～110m，淮南地区厚60～80m，与下伏太原组和上覆石盒子组均为整合接触。

（3）中统下石盒子组（P_2x）。华北南部的下石盒子组为一套三角洲相含煤沉积，主要岩性为砂岩、粉砂岩、泥岩和煤层。总体呈南厚北薄，砂岩厚度变化不大，泥岩和煤层（线）多在黄河以南分布，黄河以北基本不含煤。

（4）上统上石盒子组（P_3s）。华北南部的上石盒子组分布广泛。它是由以田家沟砂岩底为底界，以平顶山砂岩底为顶界的一套灰绿色泥岩、粉砂岩夹白色砂岩、紫斑泥岩、灰黄色硅质海绵岩及煤层的一套岩石组合。总体呈南薄北厚，大风口一带最薄。砂岩夹层向北多变厚，煤层向北减少以至消失。硅质海绵岩夹层向北减少，紫色粉砂质泥岩向北逐渐增多。

（5）上统孙家沟组。该组为一套不含煤层的陆缘近海湖沉积，下界起于平顶山砂岩之底，大致于洛阳以西，与上石盒子组呈平行不整合接触，以东则由冲刷逐渐过渡到整合接触。顶界止于金斗山砂岩之底面。该组厚160～380m，一般为200～300m，自西南而东北具明显变厚趋势。

三、中生界

（一）三叠系

南华北地区三叠系在全区具可对比性，自下而上包括下三叠统刘家沟组（T_1l）、和尚沟组（T_1h）、中三叠统二马营组（T_2e）、油房庄组（T_2y）、上三叠统椿树腰组（T_3c）、谭庄组（T_3t）。其中，油房庄组、椿树腰组和谭庄组合称延长群（表1-7）。

周口坳陷三叠系主要分布在北部凹陷带的鹿邑凹陷以及淮阳、倪丘集凹陷，向南大部分地区缺失。残存地层为中、下三叠统，与上覆古近系呈不整合接触。周参13井钻厚652m，顶部产赫尔末克星孔轮藻和直轮藻未定种，属二马营组，根据地震资料解释，其下与二叠系孙家沟组之间应属刘家沟组和和尚沟组。中、下三叠统岩性主要为河流相发育的棕红色砂岩、泥岩互层夹砾岩层。

1. 刘家沟组（T_1l）

刘家沟组主要分布在济源、开封、洛阳、伊川、登封、临汝、襄城、沈丘、鹿邑等盆地和凹陷中，在淮南、淮北也有大面积分布。其岩性以灰紫、紫红色细砂岩、长石砂岩、石英砂岩为主，夹紫红色薄层黏土岩。以岩性单调、颜色紫红为主要特征，岩相稳定，厚度变化为378～100m。为干旱炎热条件下的河流、湖泊沉积。它以底部砂（砾）岩（金斗山砂岩）作为该组的起始标志，在两淮地区顶部以含锰结核或云母片细砂岩消失为标志。

该组产脊椎动物化石 *Dycin.D.n* sp.，孢粉 *Pteruchip.Llenitesretic.rpus*，*Taeniaesp.rites* sp.，*Pinusp.rites latilus*，*Triadisp.ra fissilis* 等，其中孢粉以裸子植物花粉占优势，约占65.37%，蕨类孢子仅占31.37%。中生代早期孢粉组合的特征分子 *Pr.T.carpinites*，*C.nife-rales*，*Bennettitaceuminella* 等占较大优势，古生代—中生代的分子 *Strat.pinus*，*Strahipl.xypinus* 等较多，该组合显示出浓厚的早三叠世早期色彩，与山西层型剖面的孢粉组合可以对比。时代属早三叠世早期，属印度阶。区域上，刘家沟组与下伏孙家沟组和上覆和尚沟组均呈整合接触。

表1-7　南华北地区三叠纪岩石地层划分简表

孙健初 1933	刘国昌 1947	彭世福 1958	河南石油队 1960	河南地科所 1962	河南区调队 1964	焦作矿业学院 1982	河南地质志 1989	河南岩石地层 1997
三叠系 石千峰统	三叠系 石千峰统	下侏罗统	谭庄组 延长群 (T₃)	谭庄组 延长群 (T₃)	谭庄组 延长群 (T₃)	上统 (T₃) 谭庄组 椿树腰组	上统 (T₃) 谭庄组 椿树腰组	上三叠统 (T₃) 延长群 谭庄组 椿树腰组 油房庄组
		三叠系延长群	椿树腰组 上油房庄组 下油房庄组	椿树腰组 上油房庄组 下油房庄组	椿树腰组 上油房庄组 下油房庄组	中统 (T₂) 油房庄组	油房庄组	
			二马营群 (T₁₋₂)	大沟河层	中统 (T₂) 二马营群	中下统 (T₁₋₂) 二马营群	中统 (T₂) 二马营组	中统 (T₂) 二马营组	中三叠统 (T₂) 二马营组

2. 和尚沟组（T₁h）

其分布基本类同于刘家沟组。在豫西和周口地区岩性为紫红、鲜红色钙质黏土岩、粉砂岩夹灰白色细晶灰岩。含钙质结核，厚度变化不大，济源地区厚438m，宜阳厚353m，义马厚275m，登封厚365m，周参8井厚232m。在淮北地区以棕红、浅棕色细砂岩、粉砂岩、粉砂质泥岩为主。基本不含砾石。淮南地区以紫红色中—细粒石英砂岩、砂质泥岩为主，泥质成分增高，含砾较多，厚度大于123m。属干热气候条件下的滨湖-浅湖环境沉积。

该组产植物化石：*Pleur.meiac f. Jia.chengensis*，*Yuccites* sp.，*Cremat.pteris* sp.，*Ne.calamites shanxiensis*，*Peltaspermum cf. usense*等，时代为早三叠世，属奥列尼奥克阶。

3. 二马营组（T₂e）

在豫西地区有广泛分布，在周口地区也有分布，两淮地区缺失同期地层，为一套中细粒陆相沉积建造，岩性为暗紫、灰紫色黏土岩、粉砂质黏土岩与灰、灰紫色长石石英砂岩互层，夹灰绿色长石砂岩和鲜蓝色泥灰岩，属河流三角洲-滨湖环境沉积，济源地区厚552m，义马厚609m，宜阳厚598m，登封厚320m。

该组产轮藻共计有6属20种。主要有：*Stellat.chara h..llvicensis*，*S.hanchengensis*等星孔轮藻多种；*Masl.vichara dengfengensis*，*M.anmia.ensis*等马氏轮藻多种；*Sten.chara.vata*，*S.Schaihini*等直轮藻多种；登封大金店南及茶亭产介形类化石：*Darwinula accuminata*，*D.dengfengensis*，*D.c.ntracta*，*Shensinella praecipua*，*Sh.gauyadiensis*，*Sh.d.ngjindianensis*，*Lutkevichinella minuta*等。登封李沟产脊椎动物化石 *Parahannemeyeria* sp.，济源县王屋乡东高楼产脊椎动物化石 *Travers.d.nt.ides wangwuensis*等。可与山西省宁武、沁水、陕甘宁盆地含中国肯齿兽动物群的中三叠统下部二马营组对比，时代为中三叠世早期，属安尼阶。

4. 油房庄组（T₂y）

该组分布于济源、洛阳、伊川、登封、临汝等盆地和凹陷中，为一套中细粒陆源碎屑沉积建造，以杏黄、黄绿色长石石英砂岩为主，夹杂色黏土岩。自下而上，由粗到细组成两个完整的沉积旋回，属于湿热气候条件下的河流滨湖相沉积。本组厚度变化较大，最大厚度达975m，由济源向西、向南东逐渐变薄或尖灭。

该组在济源县油房庄及义马市许沟等地含有较丰富的植物化石，主要有：*Ne.calamites carrerei*，

N.carcin.ides Equisetites arenaceus，*E.t.ngchuanensis*，*E.sthen.d.n*，*E.delt.d.n*，*E.brevidentatus* 等为主的有节类，次为 *Danae.psis fecunda*，*Bera.ullia zeilleri* 等真蕨类。时代为中三叠世晚期，属拉丁阶。

5. 椿树腰组（T_3c）

分布同油房庄组，为一套灰黄、黄绿色长石石英砂岩与灰紫色粉砂质黏土岩互层，夹碳质页岩、泥灰岩、油页岩及煤层（线）。在义马地区砂岩多为肉红色，为钙、泥质胶结。含丰富的双壳类和植物化石，韵律明显，为湿热气候条件下内陆河流-沼泽-湖泊相，沉积厚度变化较大，最大厚度 1093m（济源县油房庄—谭庄），向南变薄。

该组化石较丰富，植物化石主要有 *Ne.calamites h.erensis*，*Equiseties sarrani*，*E.ferganensis* 等，次为 *Clad.phlebis ichuanensis*，*Dan.E.psis fecunda*。该组所产双壳类化石为以 *Shaanxic.ncha chin.vata*，*Sh.elliptica Sh.cf.triangulata* 为主的三个类群。时代为晚三叠世早期。

6. 谭庄组（T_3t）

该组主要分布于济源、伊川、洛阳、登封等盆地和凹陷中。尤以在济源盆地发育较好，岩性以黄绿、紫红、灰绿色黏土岩与灰黄色长石石英岩互层，夹碳质页岩、泥晶灰岩、煤层（线）及菱铁矿结核。在义马地区颜色以浅红色为主，该组自下而上由粗变细组成多个正粒级韵律层，尤其以上部夹多层煤层（线）为特征，局部可采。该组是在湿润气候条件下的沼泽-湖泊相沉积。该组厚度变化较大，由北向南逐渐变薄。济源地区厚 773m，义马厚 563m，登封厚 96m。

谭庄组在济源县西承留、义马市石佛、登封县李沟等地产有丰富的植物、双壳类、介形虫、叶肢介、轮藻、鱼类及有孔虫等多种化石。植物化石主要有：真蕨类的 *Danae.psis fecunda*，*Bern.ullina zeilleri* 及 *T.dites shensiensis*，*Clad.phlebis ichuanensis*，*Cl.racib.rskii*，*Cl.ka.iana* 等，节蕨类的 *Ne.calamites carrerei*，*N.carcir.ides*，*Equisetites brevidentatus*，*E.delt.d.n*，*E.sthen.d.n* 等。双壳类的 *Shaanxic.ncha mianchiensis*，*Sh.elliptica* 等，时代为晚三叠世晚期。

（二）侏罗系

侏罗系井下揭示较少，研究不深，可以划分为中下侏罗统和中上侏罗统两套地层。前者为暗色含煤岩系，后者为红色砂泥岩地层。

研究区河南境内侏罗系零星分布，主要见于渑池、义马、济源等地，岩石地层单位划分沿革如表 1-8 所示。

表 1-8 河南侏罗纪岩石地层划分沿革简表

149队 1960	石油队 1961		区调队 1964		地质志 1989		岩石地层 1997 洛阳—泌阳	济源
J_1 义马统	J_3	韩庄组	J_2	马凹组	J_2	马凹组	J_3	韩庄组
	J_2	马凹组					J_2	马凹组
	J_1	上鞍腰组	J_1	上鞍腰组	J_{1-2}	义马组	J_{1-2} 义马组	鞍腰组
		下鞍腰组	T_3	谭庄组	T_3	谭庄组	T_3	谭庄组

1. 义马组

河南煤田地质局 104 队（1960）于义马市西露天矿将含煤岩系命名为义马统，时代划归早侏罗世。

义马组岩性为灰黑色黏土岩、粉砂质黏土岩和灰、土黄色黏土岩、细砂岩底部为灰绿色砂砾岩。主要分布于渑池、义马地区。岩性主要为一套灰、灰黑、浅灰色黏土岩、粉砂岩、长石石英砂岩，夹多层煤层，底部为灰绿色砂砾岩。底部砂砾岩具不明显的正粒序层理，板状、洪积层理也很发育。长石砂岩、粗砂岩具水平层理、波状层理及斜层理发育，富产植物化石。黏土岩及粉砂质黏土岩水平层理及波状层理发育。下与谭庄组不整合接触，上被东孟村组平行不整合覆盖。义马组保存有丰富的植物化石，产裸子植物的 *Cyathidites-Cycadopites* 孢粉组合。

2. 鞍腰组

鞍腰组由河南石油队（1960）创名于济源县西承留乡鞍腰村，原称鞍腰统。

该组岩性为灰绿色长石石英砂岩、黏土岩夹泥质灰岩。下以深灰绿色长石石英砂岩为标志与谭庄组连续沉积；上以灰黑色黏土岩为标志与马凹组整合接触。

该组分布局限，仅见于济源县鞍腰、马凹、谭庄、张庄一带。岩性主要为灰绿、灰黄、浅灰色钙质黏土岩与褐灰、灰黄色薄—中厚层状钙质粉砂岩互层。上部夹长石石英砂岩，下部夹砂质灰岩，砂岩钙质胶结，厚度在250m左右，纵、横方向上变化不大，为温湿气候条件下浅湖相-滨湖相沉积。该组含有丰富的植物、双壳及鱼化石。

3. 马凹组

马凹组由河南石油队（1960）创名于济源县西承留乡马凹村，原称马凹统，指马凹附近的鞍腰统之上，张庄组之下的一套地层。

该组底部为砾岩；下部灰白、灰绿色中粗粒长石石英砂岩夹黏土岩；中部杂色黏土岩夹粉、细砂岩；上部杂色黏土岩与灰黄色泥灰岩呈不等厚互层，夹含双壳灰岩。下以黄褐色砾岩为标志与鞍腰组整合接触；上以灰绿、黄绿色黏土岩为标志与韩庄组呈不整合接触。

主要出露于济源县谭庄东山、马凹及鞍腰村一带，岩性以灰绿、黄绿、紫红色钙质黏土岩为主，灰褐黄色长石石英砂岩、粉砂岩及灰色泥灰岩次之。黏土岩与泥灰岩、粉砂岩与黏土岩往往组成层对，每个层对厚0.5~3cm。该组底部砾岩稳定，厚3m左右，铁锰质胶结。上部夹两层含双壳灰岩，可作本组的标志层。马凹组厚达230m，向东、向西有逐渐减薄的趋势，为温暖潮湿气候条件下的河湖相沉积。

马凹组产丰富的双壳、叶肢介、介形虫及鱼类、植物化石。

4. 韩庄组

河南石油队（1960）于济源县西承留乡韩庄创名韩庄组，指济源县韩庄一带砖红色长石石英砂岩与紫红色黏土岩互层，夹砂砾岩及砂质灰岩的一套地层，与下伏马凹组假整合接触，与上覆古近系聂庄组为不整合接触，厚31.1m。

该组仅见于济源县西承留乡马凹、韩庄及虎岭等地。下部砖红色砾岩，中部紫红色黏土岩，上部砖红色长石石英细砂岩，构成一个粗-细-粗完整的沉积旋回。颜色以砖红、紫红为特征，生物化石稀少，为干热气候条件下坳陷盆地的河流-湖泊相沉积。该组未发现化石，以下伏马凹组产中侏罗世化石，划为上侏罗统。

在盆地钻井中，侏罗系使用的名称不同，大致对应情况如下：油田使用的老庄组（$J_{1-2}l$）和义马组（$J_{1-2}y$）对应于本方案的侏罗系下统鞍腰组，油田的中侏罗统朱集组（J_2z）、防虎山组（J_2f）、园筒山组（J_2y）对应于本方案的中统马凹组，上侏罗统段集组（J_3d）、周公山组（J_3z）、毛坦厂组（J_3m）对应于本方案的韩庄组。

第三节　新成果、新认识小结

本章节系统总结了南华北地区区域构造背景和区域地层划分，主要取得以下新成果和新认识：对南华北地区寒武系采用四分方案，但南华北地区的河南登封、鲁山以及安徽霍邱、淮南地区，普遍缺失寒武系下部梅树村阶和筇竹寺阶的地层，而仅发育四分方案中的下寒武统、中寒武统、上寒武统。其中下寒武统下部包括罗圈组、东坡组及其对应的雨台山组。此套地层原归属于震旦系，本书在前人众多成果的基础上，将其划归为寒武系，依据如下：

（1）凤台砾岩或与其层位相当的一套砾岩（罗圈组），东起安徽淮南、凤台、霍邱，经河南确山、鲁山、临汝，沿秦岭北坡，经宁夏、青海、甘肃直至新疆，在长达2000km的范围内，与含早寒武世三叶虫等化石的含磷层位（辛集组/猴家山组底）形影不离，超覆在下伏不同层位之上，说明该套砾岩与寒武系的关系较之震旦系更为密切。根据孙乘云、杜森官（2008）意见：雨台山组化石，主要属于沧浪铺阶早期；但朱兆玲（2005）等认为鲁山辛集组底部跨筇竹寺阶，那么，鲁山辛集组下伏的东坡组、罗圈组时代可能会更老一些。

（2）从同位素测年上看，罗圈组上部海绿石 Rb-Sr 年龄 503Ma，页岩 Rb-Sr 等时线年龄 528±23Ma。而国际地层表寒武系底界年龄 542Ma，因此，罗圈组以划归早寒武世为宜。

第二章 沉积体系类型、特征及岩相古地理演化

沉积体系的概念由 20 世纪 60 年代后期 Fisher、Brown 和 McGowen 等人提出，"古代的沉积体系是成因上被沉积环境和沉积过程联系起来的相的三维组合"，沉积体系是指过程相关的沉积相的组合体，或者在沉积环境和沉积作用方面具有成因联系的三维岩相组合体。每一沉积体系中可以包含有许多沉积环境，每一沉积环境以自身特有的沉积物、动物群、植物群以及相关过程为特征。沉积体系的基本建造块体或单元是沉积相。这些建造块体代表了特定的沉积环境，而这些成因相关的建造块体（沉积相）的组合体即构成一个沉积体系。

沉积体系原理已广泛地应用于沉积地质学研究中，早年对此领域作出杰出贡献的学者包括 Fisher（1970）、Brown（1973）、McGowen（1974）、Galloway（1975）、Frazier（1975，1976）、Weimer（1976）、Busch（1977）、Crowell（1977）、Ferm（1978）、Lowensarm（1978）、Newell（1979）、Wanless（1980，1982）。其中，最典型的沉积体系专著是 Davis 的《沉积体系》。国内的研究学者吴崇筠、薛叔浩等（1992）及李思田（1995）、薛叔浩等（2002）等，对沉积体系的研究首先是在岩心观察的基础上，结合测井资料及有关测试分析资料，对研究区内钻井进行单井相分析。在此基础上对不同钻井之间的沉积微相进行综合对比，进而结合沉积相平面展布规律揭示不同沉积时期各类沉积体系的时空演化规律。

第一节 沉积体系识别标志

沉积体系分析是从详细观察和描述相标志开始的。确定沉积体系的标志主要包括沉积学标志、古生物学标志、地球物理学标志和地球化学标志。它们是沉积岩在沉积过程中对应沉积环境的地质记录和物质表现。其中，沉积构造是划分沉积体系类型及特征的重要特征之一，沉积岩中的沉积构造，特别是物理成因的原生沉积构造最能反映沉积物形成过程中的水动力条件。因此，在野外剖面实测及岩心观察过程中，对反映沉积体系类型及特征的相标志进行了系统观察和研究。

一、岩石的颜色

颜色能较好地反映岩石的外貌特征。一般来说颜色可分为原生色（继承色和自生色）和次生色。原生色是指自生矿物或母岩机械风化产物原来所具有的颜色。次生色是风化过程中，原生组分发生次生变化，由新生成的次生矿物所造成的颜色。自生色与沉积环境关系密切，如红色、紫色、黄色反映氧化环境，黑色、灰黑色、深灰色反映还原环境，绿色、灰色反映弱氧化-弱还原环境。在应用颜色判断沉积的氧化、还原环境时必须注意区分自生色及次生色。岩心颜色的深浅直接反映沉积时的水体氧化还原环境（刘孟慧，1993）。

本区碎屑岩在河流、三角洲平原沉积环境中以浅灰色、灰黄色、灰色为主；在三角洲前缘分流间湾及湖泊环境中则多为灰黑色至黑色。碳酸盐岩的颜色呈黄灰色、浅灰色和深灰色，分别代表了不同的沉积环境。黄灰色、浅灰色为自生色，与干燥气候条件下的氧化咸水沉积环境相适应，反映潮上-潮间上带

环境，如襄 5 井第七次取心，为紫红色泥岩与灰白色泥岩互层，太参 3 井第九次取心为浅灰色泥岩，均反映了潮上氧化的沉积环境；深灰色反映潮间-潮下带及潟湖环境，如太参 3 井第三次取心为深灰色泥岩，反映了潮间-潮下还原的沉积环境。

二、岩石的类型

岩石类型是分析岩石生成环境和水动力条件的重要标志。南华北地区岩石类型发育齐全，分布广泛，主要为灰岩、白云岩、陆源碎屑岩和黏土岩。

（一）灰岩

1. 泥晶灰岩

该类岩石广泛分布于寒武系及奥陶系，主要包括含颗粒泥晶灰岩、泥质泥晶灰岩、条带状泥晶灰岩。主要由泥晶碳酸盐岩组成，具微晶-泥晶结构，可以含少量生屑、鲕粒及陆源泥、粉砂等。颜色一般为灰色、浅灰色。呈薄层或中薄层状，发育水平、波状层理。一般形成于较弱的水动力环境或安静的水体中，如开阔台地、潮坪、潟湖、局限台地中均可出现。分析古地理沉积环境时，应根据其沉积构造等各种标志综合分析加以判断。

据其沉积构造特征，泥晶（灰泥）灰岩可分为纹层状泥晶灰岩、叠层石泥晶灰岩和生物扰动泥晶灰岩。纹层泥晶灰岩呈灰色、黄褐色，水平纹理发育，局部含砂屑，常见泥裂和鸟眼构造，泥质含量多为 5%~10%，生物化石少，说明环境条件恶劣，不利于生物生存。这种灰岩通常在潮坪或潟湖环境中形成。叠层石灰岩呈深灰色，中至厚层状，叠层石为层状或短柱状，通常沉积于潮坪环境。生物扰动灰泥灰岩呈深灰色，较纯，呈薄层至块状，生物搅动强烈，水平虫孔发育，可见少量介形虫、腹足类化石。这类灰岩通常沉积于局限台地沉积环境中，蠕虫等广盐性生物可以生存。

2. 颗粒灰岩

南华北地区下古生界颗粒灰岩以鲕粒灰岩、竹叶状灰岩、砂屑灰岩为主，次为砾屑灰岩、生物屑灰岩、核形石灰岩，其中张夏组及上寒武统炒米店组下部中颗粒灰岩含量高。

（1）鲕粒灰岩。主要见于张夏组、馒头组中，崮山组和馒头组有少量分布。张夏组鲕粒灰岩中鲕粒含量 50%~75%，多以放射鲕或同心鲕、复鲕为主，有的以生屑为鲕核，以亮晶方解石为胶结物，含量 15%~30%。一般形成于高能的开阔台地潮下环境中，鲕粒灰岩中常见到冲刷面及板状交错层理、楔状交错层理、人字形和羽状交错层理等。如在渑池北坻坞张夏组中发育冲刷面，常出现鲕粒灰岩或竹叶状砾屑灰岩冲刷底部的泥晶灰岩或泥质条带灰岩。在河南登封、山东莱芜、山东滕州等地区寒武系的鲕粒灰岩中常见人字形交错层理。而馒头组则多为泥晶鲕粒灰岩，鲕粒含量 70%~75%，以灰泥为基质，含量 25%~30%。

（2）砾屑灰岩。砾屑灰岩区内的崮山组、炒米店组及亮甲山组中均有分布，以上寒武统炒米店组中最为发育。砾屑成主要为泥晶灰岩、鲕粒灰岩、砂屑灰岩及粉晶灰岩等。砾屑之间常充填一些小的砾屑、砂屑、生屑和鲕粒等，砾屑呈扁圆状至长椭圆形、竹叶状等。基质多为灰泥，少量砂屑亮晶，按竹叶状砾屑的大小、排列方式及内部结构，可以分为原地和异地风暴成因。

（3）砂屑灰岩。广泛分布于寒武系、奥陶系各组中，砂屑成分为灰泥、磨圆度较好，含量 60%~75%，颗粒中含少量鲕粒、生屑和陆源粉砂。当基质为亮晶时，则为亮晶砂屑灰岩，基质为灰泥则为泥晶砂屑灰岩。砂屑灰岩一般形成于潮下高能带或潮间带，如河北唐山亮甲山组、曲阳下马家沟组的砂屑灰岩主要形成于开阔台地高能潮下环境中。

（4）粉屑灰岩。粉屑灰岩也是区内常见的岩石类型之一，粉屑颗粒以泥晶为主，少量生物屑、可含少量陆源砂，基质为灰泥，含量 10%，多形成于潮坪及局限台地中。

（5）生屑灰岩。为区内常见的岩石类型，生物碎屑种类多，有有孔虫、藻类、三叶虫、介形虫、腕足、双壳、棘皮类、腹足类、介形虫等。发育水平虫孔、垂直虫孔，有时见海绿石质自生矿物。可以通过生屑灰岩中的生物组合、含量及填隙物性质等方面的研究，有助于分析环境中水体的深度、水动力条件、盐度等。如局限台地中形成的生屑灰岩，其生屑种类单一，含量低。

（6）核形石灰岩。核形石灰岩常与鲕粒灰岩相伴生，核形石一般呈椭圆状、常由非同心状藻类泥晶纹层围绕生物碎屑组成，多形成于低能浅滩、潮坪或潮渠等间歇能量带中。

3. 生物层灰岩

区内生物层灰岩以叠层藻灰岩最为发育，见于馒头组、张夏组上部和上马家沟组上部。叠层石灰岩的结构特征和叠层石的构造形态具有重要的指相意义。区内叠层构造的类型多样复杂，层纹构造或席藻构造一般形成于潮上带和潮间带上部的低能环境中。张夏组中与鲕粒灰岩伴生的藻灰岩常呈柱状、球状和半球状，为潮下高能中—强动荡水动力条件形成。

（二）白云岩

白云岩按生成机理可分为，准同生白云岩、准同生后白云岩。按晶粒大小可分为泥-粉晶白云岩、中细晶白云岩、中粗晶白云岩。一般情况下泥-粉晶白云岩为准同生白云岩，中细晶白云岩为准同生后白云岩。

1. 泥-粉晶白云岩

泥-粉晶白云岩主要由泥晶、粉晶白云石组成，呈土黄色、灰黄色。岩层较薄，呈薄层状，泥质含量高（5%～30%），见叠层石、石膏假晶和结核，化石少见。常见的构造有水平-微波状纹层、泥裂、鸟眼构造。这类白云岩主要分布于冶里组、亮甲山组、下马家沟组下部、上马家沟组上部、寒武系炒米店组及朱砂洞组部分地层中。

2. 中细晶白云岩

岩石多呈浅灰色、深灰色，中厚层状为主。白云石以细晶为主，晶体表面较污浊，半自形-他形，具雾心亮边。白云石含量一般大于90%，泥质、方解石等含量一般小于10%。岩石风化后呈细砂糖状，古称之为细砂糖状白云岩，是由固结了的石灰岩白云化形成的，是准同生后白云岩，主要见于冶里—亮甲山组中及马家沟组东黄山段、土峪段。

（三）碎屑岩

1. 砾岩及角砾岩

硅质砾岩主要出现于崔庄组底部、董家组、辛集组底部，南秦岭区中泥盆统底部，北秦岭区中石炭统，属滨岸海相砾岩，呈层状或透镜状产出，分布较稳定，多以底砾岩出现，代表海侵初期滨岸沉积产物。磷质砾岩主要见于鲁山、叶县一带辛集组底部，砾石成分主要为磷块岩、磷质石英砂岩、含海绿石石英砂岩等，分选磨圆好，是浅海环境下胶磷矿形成之后，在动荡海水的作用下形成的一种具砾状结构的特殊岩石。角砾岩可按岩石类型分为灰质角砾岩和白云质角砾岩两大类。灰质角砾岩主要见于马家沟组和峰峰组，由膏溶塌陷而成，灰质角砾岩呈灰—深灰色，有铁染呈紫红色。角砾为棱角状，多有方解石脉充填或隔开，大多可见"鸡笼铁丝"构造，晶洞构造发育，风化后外观具"渣状"特点，故认为是暴露地表的"喀斯特化角砾岩"。白云质角砾岩主要见于鲁山辛集组上部、豫西下马家沟组、淮南—寿县一带凤台组中，由白云岩塌陷形成，呈暗灰黄至灰红色，砾内白云岩晶体污浊，晶体彼此紧密镶嵌，有的角砾具裂纹，角砾间被细碎的白云岩岩屑及亮晶方解石充填，部分岩石见少许陆源石英岩岩屑。

2. 砂岩

南华北地区砂岩分布广泛，中元古代以来的地层中都有砂岩分布，依据粒度可分为粗砂岩、中砂岩、细砂岩、粉砂岩；依据成分可分为石英砂岩类、长石砂岩类及岩屑砂岩类。砂岩可在多种沉积环境中出现，如河流、三角洲、潮坪、障壁砂坝等。

石英砂岩主要见于研究区中上元古界、古生界、中生界。青白口系崔庄组、四十里长山组多为沉积石英砂岩；舞阳—临汝一带下寒武统辛集组以灰黑色含磷石英砂岩为主；南华北地区上古生界、中新生界可见长石石英砂岩、岩屑石英砂岩为主，下古生界则以多见白云质石英砂岩。长石砂岩见于南华北地区中上元古界、震旦系、二叠系及中生界，常与长石石英砂岩、长石岩屑砂岩砂岩共生。岩石具有砂状结构，各种胶结类型都有，以孔隙式、接触式胶结为主，块状、似层状构造。岩屑砂岩见于南华北地区二叠系及中生界、常与长石砂岩、岩屑石英砂岩共生，属于结构成熟度和成分成熟度较低的岩石类型，为快速堆积的产物。

（四）黏土岩

黏土质岩石是南华北沉积岩中分布最广泛的一类岩石，几乎各时代中都有分布。包括单矿物质的高岭石、蒙脱石、伊利石黏土岩，也有复矿物质的黏土岩等。

研究区碳酸盐黏土矿物主要有以下五种组合类型（表2-1）：①I+K+C组合，主要分布于馒头组一段、馒头组三段、张夏组、崮山组、炒米店组、毛庄组碳酸盐岩中；②I+C组合，主要分布于太一段、太二段、上马沟组、下马沟组、张夏组碳酸盐岩中；③I+K组合，主要分布于上马家沟组、本溪组、张夏组碳酸盐岩中；④I组合，主要分布于张夏组、崮山组、上马家沟组碳酸盐岩中；⑤I/S+I+K+C组合，主要分布于上马沟组、下马沟组碳酸盐岩中。

表2-1 南华北地区黏土矿物X射线衍射分析数据表

样品号	井号	层位	高岭石（K）	绿泥石（Ch）	伊利石（I）	伊/蒙间层（I/S）
Tc3-1	太参3井	太一段		15	85	
Tc3-2	太参3井	本溪组	98		2	
Zc6-7	周参6井	馒一段	22	43	35	
DFTY-94	登封唐窑	崮山组			100	
DFSB-1	登封十八盘	马家沟组	8	7	55	30
DFSB-8	登封十八盘	马家沟组	35	45	12	8
SJ3	宿县夹沟	张夏组	1	1	98	
SJ4	宿县夹沟	张夏组			100	
SJ58-2	宿县夹沟	张夏组	3		97	
SJ70-1	宿县夹沟	崮山组		4	96	

根据泥质含量可分为砂质泥岩和泥岩两大类，主要发育于低能环境中，如三角洲平原分流洼地、潟湖及河漫滩，湖泊的滨湖泥和浅湖泥等。根据成岩后生作用的强度，将其分为泥岩和页岩两类。

泥页岩主要为伊利石黏土岩经过成岩后生作用而成，含炭较高者为炭质页岩，常产于中元古界—中生界地层中，与粉砂岩、粉砂质黏土岩、砂岩等共生，主要发育于潟湖、潮坪、三角洲环境中。

油页岩是一种含一定数量干酪根（>10%）的页岩，主要见于三叠系、侏罗系及古近系中。颜色多样，有淡黄、黄褐、暗棕、黑色等，风化后颜色变浅。页理发育，比普通页岩轻，具弹性，用小刀刮之往往形成刨花状的薄片，烧之有沥青味。油页岩主要是在闭塞海湾或湖沼环境下，由低等植物（如藻类）及浮游生物遗体沉积后，在隔绝空气的还原条件下形成的，常与生油岩系或含煤岩系共生。

铝土页岩见于华北地区中本溪组、太原组，与铝土矿紧密共生，呈逐渐过渡关系，如太参3井第八次取心，发育有紫色泥岩和铝土岩。岩石呈层状、似层状，透镜状产出，层内常夹铝土矿小透镜体。

三、岩石的结构特征和特征构造

（一）岩石的结构特征

岩石的结构特征是沉积时介质条件的直接反映，不同介质条件下形成的沉积物具有不同的结构特征，即使是同种介质条件下形成的，随着水动力条件的由强变弱，沉积物颗粒也会出现由粗到细的变化。另外，沉积速度快慢、遭受改造时间的长短在沉积物结构方面也有反映。沉积岩的粒度是受搬运介质、搬运方式及沉积环境的因素控制的，反过来这些成因特点必然会在沉积岩的粒度性质中得到反映。因此，粒度资料是确定沉积环境的重要依据，而粒度概率累积曲线则是最常用的相分析方法。本书在野外剖面和钻井岩心观察的基础上，利用取心井粒度分析资料，进行了大量的粒度概率累积曲线分析，总结了南华北地区主要粒度概率累积曲线类型，分析了每种粒度概率累积曲线的特征及反映的沉积环境（表2-2，图2-1）。

表 2-2 南华北盆地概率累积曲线类型及反映的主要环境

类型	亚类	主要特征	反映主要沉积环境
一段式	宽缓上拱式	由一条宽缓上拱形的圆滑曲线所组成	洪积扇 扇三角洲辫状河道 湖底扇辫状沟道
两段式	低斜两段式	由低斜率的跳跃总体和悬浮总体组成	洪积扇扇中辫状河道、漫流 扇三角洲辫状河道 湖底扇辫状沟道
两段式	高斜两段式	由高斜率的跳跃总体和悬浮总体组成	河流 三角洲平原水上分流河道
三段式	滚动、跳跃加悬浮式	由低斜率滚动总体、高斜率跳跃总体和低斜率悬浮总体组成	河流、三角洲
三段式	一跳一悬夹过渡式	由斜率较高的跳跃总体、过渡总体和悬浮总体组成	三角洲前缘水下分流河道、河口坝、远砂坝
三段式	两跳加一悬式	由两段高斜率跳跃总体和一段低斜率悬浮总体组成	三角洲前缘水下分流河道、河口坝、远砂坝 滨浅湖滩坝；风暴岩
多段式	低斜四段式	由低斜率滚动总体、过渡总体、跳跃总体和悬浮总体组成	洪积扇扇中辫状河道、漫流 扇三角洲辫状河道 洪泛期三角洲前缘
多段式	多跳一悬式	三段跳跃总体与一段悬浮总体组成	衰退期风暴沉积 早中期滩坝 三角洲前缘河口坝
多段式	滚动、多跳一悬式	由滚动总体、多段跳跃总体和悬浮总体组成	三角洲水下分流河道、河口坝

（二）岩石的构造特征

沉积构造是指沉积物沉积时由于物理作用、化学作用及生物作用形成的各种构造。其中，层理是最主要也最为常见的原生沉积构造，它可以确定沉积介质的水动力条件及流动状态，从而有助于分析沉积环境。研究区常见的几种层理如下所述。

1. 水平层理

水平层理是指纹层平直、相互平行，并且平行于层系界面的一种层理类型，是在较弱的水动力条件下，由悬浮物沉积而成，主要出现在深灰色及黑色泥岩、页岩中，是在低能环境中，如前三角洲、潟湖、深湖-半深湖、沼泽等环境。

2. 平行层理

平行层理是在较强的水动力条件下，高流态中由平坦的床沙迁移，床面上连续滚动的砂粒产生粗细分离而显出的水平细层。平行层理一般出现在急流及能量高的环境中，如河道、湖岸、海滩、浊流等环境，常与大型交错层理共生。

3. 板状交错层理

板状交错层理中交错层单位的细层面形状呈平面，而且彼此相互平行，各单位的纹层倾向是相同的，大致反映了单向水流的运动方向。板状交错层理主要发育在曲流河边滩、辫状河心滩中。

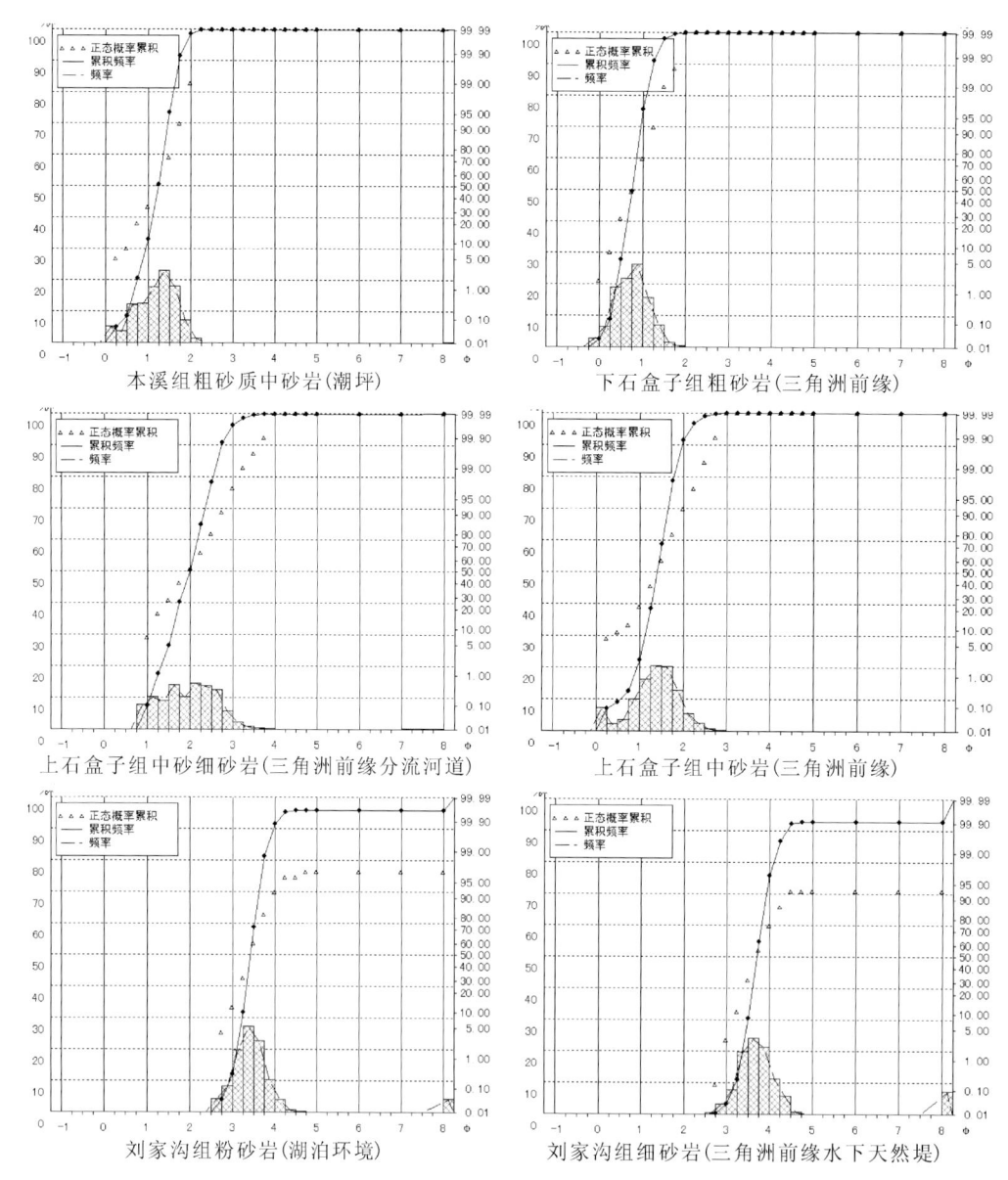

图 2-1 南华北盆地部分粒度分析概率累积曲线类型

4. 楔状交错层理

楔状交错层理层系界面平直但不平行，层系厚度变化如楔状，主要发育在三角洲前缘河口坝、滨浅湖滩坝沉积中。

5. 槽状交错层理

槽状交错层理层系界面为槽形冲刷面，细层在顶部被截切，其前积纹层在垂直水流方向的剖面中显示槽形或下凹的弧形，代表较强的水流条件，大型槽状交错层系底界冲刷面明显，底部常有泥砾，多见于河流环境中，也可在三角洲分流河道，河口坝等沉积环境中出现。

6. 沙纹交错层理

沙纹交错层理主要出现于粉砂岩中，是多层系的小型交错层理，层系下界为微波形，细层向一方倾斜并向下收敛。它是由沙纹迁移形成的。主要形成于水动力条件较弱的环境，如河漫滩、浅湖、前三角洲、分流河道间等环境。

7. 冲洗交错层理

当波浪破碎后，继续向海岸传播，在海滩的滩面上产生向岸和离岸往复和冲洗作用，形成冲洗交错层理又称海滩加积层理。层系界面成低角度相交，一般为2～10°；相邻层系中的细层面倾向可相同或相

· 28 ·

反，倾角不同；组成细层的碎屑物粒度分选好，并有粒序变化，含重矿物多；细层侧向延伸较远，层系厚度变化小，在形态上多成楔状，以向海倾斜的层系为主；层系顶部多被切蚀而底部完整。冲洗交错层理常出现在后滨-前滨带及沿岸砂坝等沉积环境中。

8. 羽状交错层理

羽状交错层理又称人字形交错层理或鱼骨状交错层理，是涨潮流形成的前积层与退潮流形成的前积层交互而成，在剖面上层系互相叠置，相邻层系的细层倾向正好相反，呈羽毛状或人字形，层系间常夹有薄的水平层。常见于潮间带的潮汐沟、三角洲等沉积地带。

9. 丘状交错层理、洼状交错层理

丘状交错层理、洼状交错层理：丘状交错层理是于由一些大的宽缓波状层系组成，外形上像隆起的圆丘状，向四周倾斜，底部与下伏泥质层呈侵蚀接触，顶面有时可见到小型的浪成对称波痕；在一个层系内，横向上有规则地变厚，因此，在垂向断面上它们像"扇形"，倾角有规则减小；层系之间以低角度的截切浪成砂纹分开。丘状交错层理主要出现在粉砂岩和细砂岩中。

洼状交错层理：彼此以低角度交切浅洼坑，其内充填的细层与浅洼坑底界面平行，而向上变成很缓的波状并近于平行的层理。有人认为洼状交错层理是丘状交错层理的伴生部分，即向上凸起的丘之间的向下凹的部分，但在层序上，洼状交错层理常位于丘状交错层理之上。研究区内丘状交错层理和洼状交错层理出现在半深湖的风暴岩中。

10. 复合层理

由砂、泥互层组合形成，包括脉状层理、波状层理及透镜状层理。复合层理的形成，说明环境有砂、泥供应，而且水流活动期与水流停滞期交替出现。主要发育在粉砂岩、泥质粉砂岩与泥岩、粉砂质泥岩互层的地层中。该类沉积构造于研究区主要形成于潮汐环境，如太参3井第49次取心，各类潮汐层理发育，包括透镜状层理、脉状层理和砂纹层理。

11. 块状层理

块状层理也称均质层理，它是层内物质均匀，组分和结构都无分异现象，外貌均质，不具任何纹层构造的层理。其成因为悬浮物质快速沉积，沉积物来不及分异，因而不显细层，如河流洪泛期快速形成的泥岩层；或由沉积物重力流快速堆积而成，如浊流；或由强烈的生物扰动，重结晶或交代作用破坏原生层理。

12. 韵律层理

韵律层理指在成分、结构和颜色方面的不同的薄层有规律地重复出现。其成因为物质搬运或产生方式有规律地发生交替变化造成的。如潮汐环境中形成的韵律层理或季节性变化产生的韵律层理。如太参3井第48次取心中发育的脉状层理，每一细层厚度为0.5～0.8cm。

13. 粒序层理

粒序层理又称递变层理，是在一个层内因粒度从底部到顶部逐渐变化所造成。从层的底部至顶部，粒度由粗逐渐变细者称正粒序，若由细逐渐变粗则称为逆粒序。粒序层理底部常有冲刷面，内部除了粒度渐变外，不具任何纹层。

14. 波痕

由流水、波浪、风等介质的运动，在非黏性沉积物（松散砂）表面所形成的一种波状起伏的层面构造，也称为波纹或砂纹。波痕的形态、大小差别很大，种类繁多，按成因可大致分为浪成波痕、流水波痕、风成波痕。

15. 底冲刷

底冲刷构造的发育与水动力条件突发性地由弱变强过程有关，一般以冲刷面之上的沉积环境水动力条件较之下有显著的增强为特征，故在冲刷面发育之前堆积的沉积物在底冲刷作用进行过程中往往得到程度不同的下切侵蚀改造，底冲刷面（图2-2）表现为一个不平整的冲刷面和岩性突变面，冲刷面上部的岩石粒度明显粗于下部，或含有来自下伏层的泥砾。因此，冲刷面可代表一个不同程度的侵蚀间断面，通常发育在水动力条件强、弱变化频繁的、以水道为主的沉积环境中，位于进积型水道化砂、砾岩体的底部，在辫状河、辫状河三角洲平原等沉积体系中底冲刷构造非常发育。

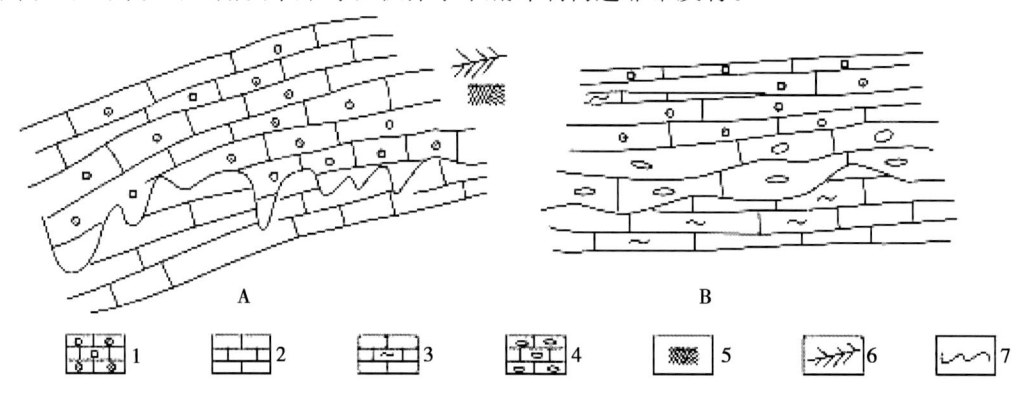

1. 鲕粒灰岩；2. 泥晶灰岩；3. 泥质条带灰岩；4. 竹叶状灰岩；5. 楔状层理；
6. 羽状交错层理；7. 冲刷面

图 2-2 渑池北坻坞剖面张夏组中的冲刷面

16. 槽模

分布在底面上的一种半圆锥形突起构造，它是定向水流（突发性水流、涡流）在尚未固结软泥表面上冲刷的凹槽被砂质充填而成的。槽模的出现说明当时水流环境中有底流及冲刷作用。其长轴平行水流方向，上游方向呈舌尖状，下游趋向层面倾伏消失，是确定古流向，判定浊流环境的重要依据。

17. 滑塌变形构造

在斜坡上已堆积的未固结软沉积物在重力作用下发生滑动和滑塌而形成的变形构造的总称。滑塌构造一般伴随快速沉积而产生，是重力、地震引发水下滑坡的良好标志，多出现在三角洲的前缘、礁前、大陆斜坡及海底峡谷前缘。

18. 干裂

一些深灰色的泥质白云岩层面上常发育干裂构造，干裂缝呈"V"字形，其内被白云石或方解石充填，有些干裂甚至形成干裂角砾，角砾均呈棱角状，无磨圆。这是由于灰泥或泥晶白云质沉积物在成岩之前暴露地表，因蒸发干缩脱水形成。这种构造反映了潮上强蒸发环境，深灰色表明其中富含藻类。干裂与鸟眼、膏盐假晶等构造标志在马五含膏云岩中分布普遍。

19. 缝合线构造

普遍认为缝合线构造是压实与压溶综合作用的结果。根据单元的抗压性或可压性及小片状不溶矿物的存在与否有三种压溶作用：①缝合-缝隙溶孔作用，一般为缝合线构造和颗粒接触缝合线，发育在具抗压单元的无杂基石灰岩中；②非缝合缝隙的溶解作用，微缝合线构造，微缝合线群和黏土夹层，见于混杂有大量黏土、粉砂或碳质物的石灰岩；③无缝隙溶解作用，单元整体变薄，见于无杂基可压性石灰岩中。研究区缝合线大多属于属于微缝合线构造，其中充填物是以黏土和沥青为主。

20. 石膏假晶

石膏假晶往往是沉积期形成的膏盐矿物，在不同期成岩溶解后被其他物质充填，但仍保留原矿物的晶体外形特征，其存在反映蒸发较强的潮上-潮间上带环境。在岩心切面上，石膏假晶如火柴棒状或针状，十分清楚。石膏假晶富存的白云岩大多成浅灰色和黄灰色。

镜下曾见黄铁矿具石膏的板条状外形，可能是交代石膏的方解石溶解后又发生了黄铁矿的充填所致。镜下也可见石盐假晶，在阴极发光下，不发光的石盐假晶被发橙黄色光的方解石交代，后期进一步被白云石交代，现仅在石膏假晶的中心部位偶见方解石残留。

21. 鸟眼构造

在泥粉晶白云岩中常见到一些毫米级大小（0.5～1mm），多呈定向排列，被亮晶方解石、白云石或石膏、石英等成岩矿物充填的孔隙，形似鸟眼，即鸟眼构造，它是由潮上带的碳酸盐沉积物因干燥收缩而成，或由沉积物中的生物腐烂所产生的气泡逸出所致。鸟眼视成因不同，外形各异，如藻腐烂成因孔，外形就可能较为复杂，但不管哪种成因的鸟眼构造，内部一般都不存在泥晶矿物，并以此可区别于示顶底构造。研究区马家沟组中普遍见鸟眼构造，多出现于潮上环境。

22. 生物钻孔及扰动构造

这种现象在野外剖面及钻井岩心中常常可见，岩石为纹层状含泥云岩与泥晶云岩互层，生物钻孔或扰动出现在下部的泥质泥晶云岩表面，钻孔斜交层面，长约1.5mm左右，充填物为上部泥晶云岩。

23. 示顶底构造和溶斑

示顶底构造是指岩石中能够指示岩层顶底方向的任何内部构造或组构。这里是指碳酸盐岩中晶体铸模孔或溶孔内，其下部为泥晶白云石沉积物、上部为亮晶胶结物晶体所组成的一种能够指示岩层顶底方向的沉积构造，为不同期次充填的结果。研究区示顶底界面因受后期溶蚀影响，镜下常呈新月形或不规则凹凸状。

溶斑是指石膏结核和其他易溶的矿物溶解成孔洞状、斑状的构造。在马家沟组可见示顶底构造和溶斑。因为示顶底构造的形成需要原始膏盐物质的溶解作为先决条件，因此它所赋存的白云岩就可判断形成于潮上或朝间上带里。

24. 纹层构造与纹层变形

纹层构造常常是泥晶白云岩中夹有含泥（泥晶）白云岩纹层，纹层常呈水平状或微波状，其他岩类中也可见到，反映弱水动力沉积条件。纹层变形不能单独作为一种相标志，在划相时要与其他标志一起综合使用。造成纹层变形的因素有很多，如下伏岩层垮塌、差异压实、膏盐塑性流动和构造应力等。由下伏岩层垮塌和塑性流动引起的纹层变形对划相才有意义，因为它能反映其下伏岩层中富含膏、盐等易溶蒸发矿物，从而能间接地反映出蒸发潮上-潮间坪或膏盐尘洼地环境。如滑塌构造（塑性沉积物在重力作用下沿斜坡或微凸起地形所发生的滑塌、滑动或位移等运动而产生的各种准同生变形构造），在沉积层内发生了变形，揉皱甚至破碎。

四、古生物标志

生物与其生活环境是不可分割的统一体。不同的生物群落及化石组合面貌大致可以反映其生活的沉积环境及沉积相。化石是区分海相与非海相的重要标志，无脊椎动物中有孔虫、放射虫、腔肠动物、苔藓、腕足类、头足类、三叶虫等为海相所特有；双壳类、腹足类、介形虫、海绵等可以出现在非海相地层中。同时，在环境恢复中，藻类也可以指示海相与非海相的差别。蓝、绿藻的形态呈叠层状是潮坪-潟湖及半咸水环境的特征；树枝状和结核团块状是淡水河流和湖泊的特征。如在研究区马家沟组岩心描述及薄片观察中见到大量藻纹层状白云岩，其中见有生物扰动和虫孔及石膏微晶沿纹层附近分布，反映了潮上-潮间上带海水进退往复和泥质注入相交替的特征及藻纹层和泥质纹层互为消长和交互产出的情况，也反映浅水、蒸发的沉积环境特点。

五、地球物理测井相标志

地球物理相标志主要是在钻井资料丰富的探区，首先将地球物理资料和钻井资料相结合，抽取和提炼适用于研究区的地球物理相标志，然后在将这些地球物理相标志应用于缺少露头和无钻井资料的沉积相研究中。

在油气勘探和开发工程的沉积相和层序地层分析中，应用最多的资料为非取心段的测井曲线。在各类电测曲线中，较为可靠的是自然伽玛、感应电导、视电阻率和微电极等曲线，其次是自然电位曲线。其中应用最广的自然伽玛和视电阻率曲线的响应值主要受沉积物泥质含量、分选性和粒度变化的影响。因此，由测井幅度值和曲线形态的变化，可提供沉积环境的水动力状况、物源供给条件、沉积作用方式（进积、加积、退积）、剖面结构和沉积相演化序列等诸多方面的信息。因而在对非取心段的钻井测井剖面进行沉积相和层序地层分析时，建立不同沉积相和层序类型的测井相模型至关重要，由电测曲线的幅度、形态类型、接触关系和组合特征，作为判别非取心段地层的岩性、岩性组合及沉积相和层序特征的主要依据，但这种判别必须建立在取心段的岩-电转换关系基础上，由此所确定的测井曲线变化规律和测井相模型，可非常准确地反映地层岩性、粒度变化、接触关系及垂向沉积层序等特征。据已有测井资料的岩-电转换对比关系分析，以自然伽玛曲线和视电阻率曲线的测井相分析结果与取心井段的岩性、岩性组合以及沉积相序列的分析结果拟合性最好，因而选取此两类曲线的测井相与取心段的沉积相分析结果的拟合关系，建立不同沉积相类型和层序级别的测井相-沉积相的岩-电转换模型（图 2-3），用以指导非取心井段测井曲线的沉积相解释和层序划分。

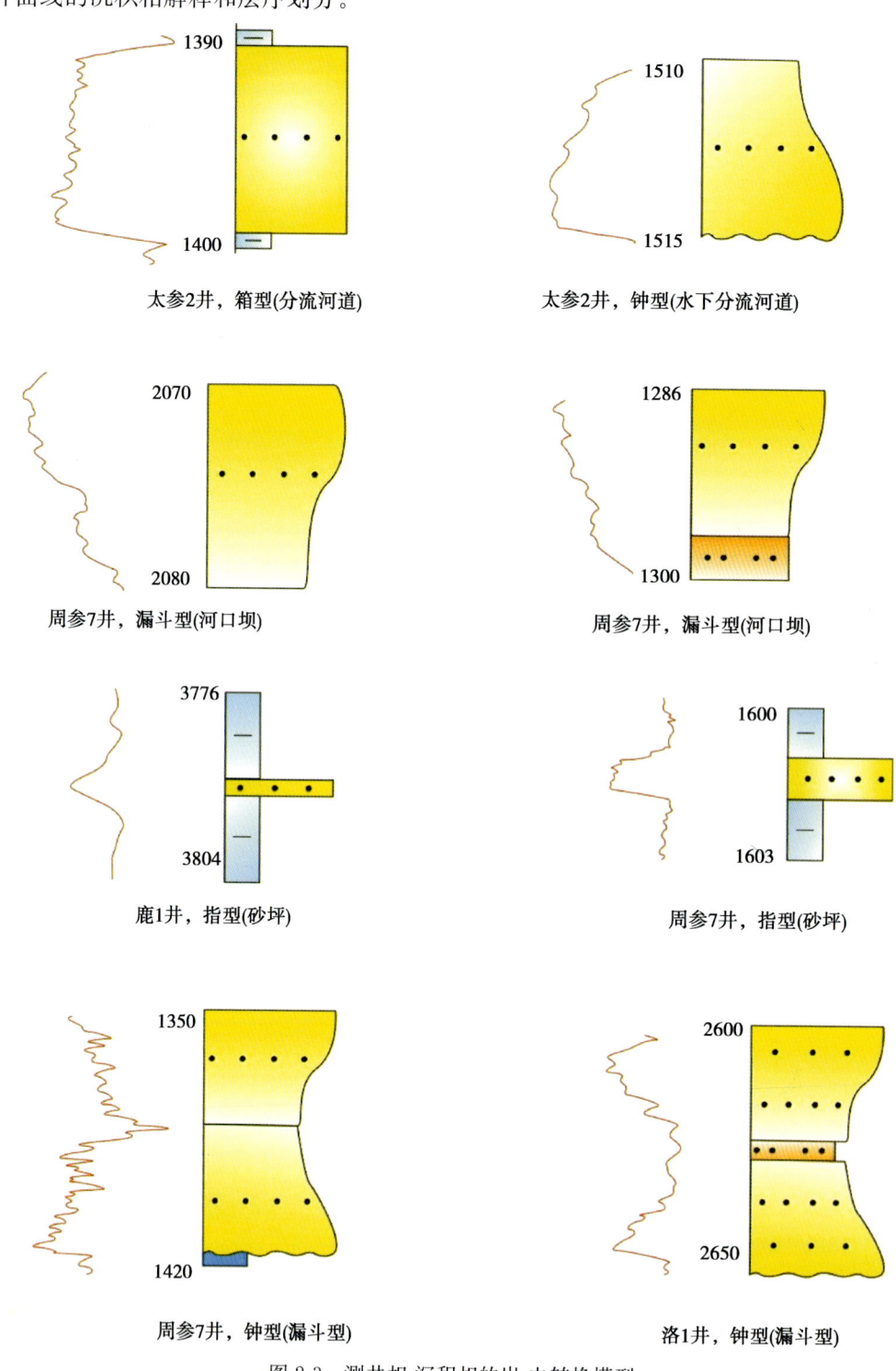

太参2井，箱型(分流河道)

太参2井，钟型(水下分流河道)

周参7井，漏斗型(河口坝)

周参7井，漏斗型(河口坝)

鹿1井，指型(砂坪)

周参7井，指型(砂坪)

周参7井，钟型(漏斗型)

洛1井，钟型(漏斗型)

图 2-3　测井相-沉积相的岩-电转换模型

（1）分流河道和水下分流河道微相自然伽玛曲线：该沉积微相的自然伽玛曲线异常幅度为中—高，光滑程度呈现微齿状或光滑形两种，齿中线水平或下倾，或下部水平上部下倾，曲线形态一般呈箱形、钟形或钟形-箱形的复合形，顶底面突变接触或呈底部突变接触，顶部渐变接触。其自然伽玛曲线为低值，呈微齿状箱形，薄层砂岩的自然伽玛出现尖峰状，自然电位曲线多呈钟形。

（2）天然堤和下天然堤微相自然伽玛曲线：为河道砂体上部连续变细的钟形曲线细尾部分，很少单独出现。

（3）决口扇和水下决口扇微相自然伽玛曲线：其自然电位曲线异常幅度均表现为低—中，曲线光滑或呈微齿状，齿中线向内收敛，曲线形态呈指状或钝指状，顶底一般均呈渐变接触。

（4）分流间湾微相自然伽玛曲线：该沉积微相自然电位曲线呈光滑似直线形或直线形，曲线异常幅度极低或无异常。其自然电位曲线表现为低平，自然伽玛曲线表现为中高值，呈齿形。

（5）河口砂坝微相自然伽玛曲线：河口砂坝自然电位曲线形态多呈漏斗形或漏斗形-箱形的复合型，曲线异常幅度中等和中—高，曲线可含微齿或呈光滑曲线，齿中线可向内收敛，一般顶部呈渐变或突变接触，底部呈渐变接触。

（6）滨湖泥、浅湖泥、前三角洲泥自然伽玛曲线：呈光滑直线形，曲线接近泥岩基线，无异常幅度。

总之，不同沉积微相的测井响应（岩电关系）具明显的差异性，以上通过对研究区不同沉积微相测井响应关系的分析，总结出了研究区不同沉积微相的测井响应特征。

六、地球化学标志

利用沉积地球化学方法探讨沉积物形成时的沉积环境及水介质的物理化学条件，前人已做了大量研究工作，并取得很好成果（牟保磊等，1999；胡以铿 1991；邬金华等，1996；邓宏文等，1993）。本书系统采取了研究区周边野外剖面和钻井岩心的泥岩、粉砂质泥岩和碳酸盐岩样品进行测试分析。利用泥岩和碳酸盐岩中微量元素及稀土元素的组合特征，详细分析了研究区沉积时水体的古盐度条件，这为研究区沉积环境更精确分析提供了定量-半定量依据。

本书系统采用微量元素比值法、散点图法、碳氧同位素法以及稀土元素方法进行沉积环境分析。表2-3为宿县夹沟剖面三山子组微量元素及碳氧同位素分析结果，根据其元素比值及碳氧同位素相关计算（图2-4，表2-4）可以定量-半定量的判断当时的沉积环境。

表2-3 宿县夹沟剖面三山子组部分微量元素及碳氧同位素分析结果表

剖面	层位	Cu	Zn	Ba	Fe	Li	Mn	Sr	$\delta^{13}C$/‰	$\delta^{18}O$/‰
宿县夹沟	三山子组								−0.17	23.80
宿县夹沟	三山子组								−0.08	24.65
宿县夹沟	三山子组								0.09	24.76
宿县夹沟	三山子组	107.48	1131.30	1.31	0.00	4.88	155.52	96.03	0.51	24.42
宿县夹沟	三山子组	11.49	56.29	23.28	0.30	2.59	92.66	75.99	−0.58	24.53
宿县夹沟	三山子组	9.82	44.89	20.47	0.28	1.89	111.91	75.70	−0.86	24.18
宿县夹沟	三山子组	7.53	22.18	29.15	0.38	3.14	108.91	76.31	−0.72	24.64
宿县夹沟	三山子组	9.82	39.10	18.03	0.30	2.88	111.41	76.37	−1.39	24.75
宿县夹沟	三山子组	53.64	1127.16	<0.001	<0.0001	4.88	123.98	80.98	−1.14	24.77
宿县夹沟	三山子组	31.21	199.62	25.92	0.32	2.97	103.33	81.99	−1.20	24.44
宿县夹沟	三山子组	11.60	56.83	41.05	0.42	4.85	118.07	75.38	−1.11	23.72
宿县夹沟	三山子组	14.50	112.12	19.25	0.28	2.48	106.98	82.76	−1.62	23.42
宿县夹沟	三山子组	20.25	130.66	24.50	0.30	2.63	119.25	81.83	−1.11	24.47
宿县夹沟	三山子组	14.67	68.00	18.60	0.28	2.16	158.26	79.10	−1.00	24.61
宿县夹沟	三山子组	9.50	32.81	41.33	0.45	7.14	116.90	86.43	−0.54	24.52
宿县夹沟	三山子组								−1.16	24.47

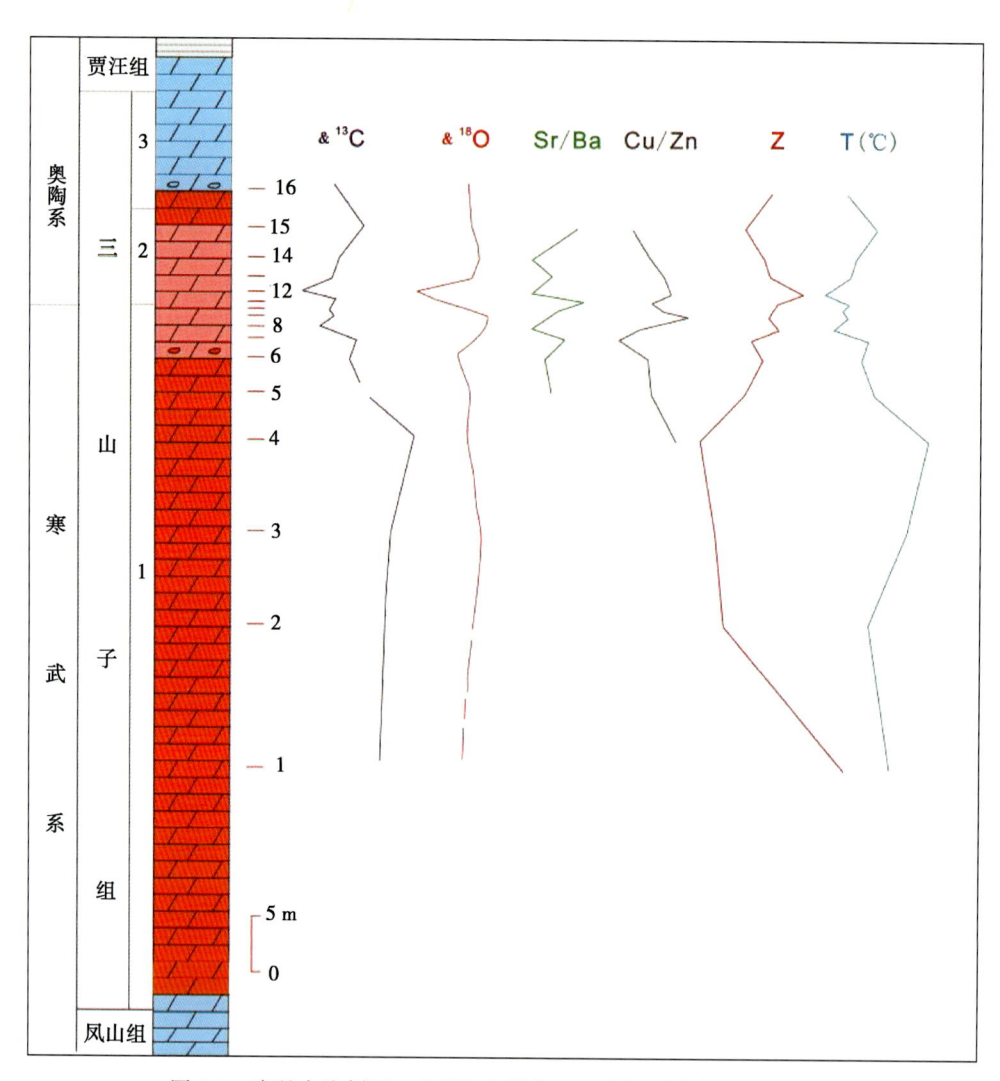

图 2-4　宿县夹沟剖面三山子组取样位置及碳氧同位素变化曲线图

表 2-4　宿县夹沟剖面三山子组各种元素比值表

测试编号	剖面	层位	T/℃	Z	Sr/Ba	Cu/Zn	Fe/Mn
1	宿县夹沟	三山子组	17.65	138.80			
2	宿县夹沟	三山子组	17.25	139.41			
3	宿县夹沟	三山子组	16.51	139.81			
4	宿县夹沟	三山子组	14.69	140.51	73.31	0.10	
5	宿县夹沟	三山子组	19.47	138.33	3.26	0.20	0.003
6	宿县夹沟	三山子组	20.74	137.58	3.70	0.22	0.003
7	宿县夹沟	三山子组	20.11	138.10	2.62	0.34	0.003
8	宿县夹沟	三山子组	23.18	136.78	4.24	0.25	0.003
9	宿县夹沟	三山子组	22.02	137.30		0.05	
10	宿县夹沟	三山子组	22.30	137.01	3.16	0.16	0.003
11	宿县夹沟	三山子组	21.89	136.84	1.84	0.20	0.004
12	宿县夹沟	三山子组	24.26	135.65	4.30	0.13	0.003
13	宿县夹沟	三山子组	21.89	137.21	3.34	0.15	0.003
14	宿县夹沟	三山子组	21.38	137.51	4.25	0.22	0.002
15	宿县夹沟	三山子组	19.29	138.41	2.09	0.29	0.004
16	宿县夹沟	三山子组	22.12	137.11			

1. 环境古盐度的地球化学特征

关于古盐度的测定和判别方法众多，如应用古生物、岩矿和古地理资料定性描述水体盐度，应用常量和微量元素地球化学方法半定量划分水体盐度，应用间隙流体或液相包裹体直接测量盐度，应用沉积磷酸盐或硼和黏土矿物资料定量计算古盐度等方法。

（1）锶（Sr）/钡（Ba）比值法。Sr 和 Ba 的化学性质十分相似，它们均可以形成可溶性重碳酸盐、氧化物和硫酸盐进入水溶液中。当水体矿化度即盐度逐渐加大时，钡以 $BaSO_4$ 的形式首先沉淀，留在水体中的锶相对钡趋于富集。当水体的盐度加大到一定程度时，锶亦以 $SrSO_4$ 的形式和递增的方式沉淀，因而记录在沉积物中的锶丰度和 Sr/Ba 与古盐度呈明显的正相关关系。Ba 的硫酸盐化合物溶解度要低一些，且易在岸边区沉积，而 Sr 的硫酸盐化合物迁移能力较高。根据 Sr/Ba 的研究表明，Sr/Ba 常作为区分淡水和咸水沉积的标志。一般情况是当 Sr/Ba 大于 1 时，为咸水环境，当 Sr/Ba 小于 1 时，为淡水-半咸水环境。

从对宿县夹沟三山子组的测试数据（表2-4）可以看出 Sr/Ba 的变化范围较小（4 号样品外），为 1.84～4.30，其比值均大于 1。三山子组均为白云岩，显然其比值应大于 1，但是 Sr/Ba 的变化表现出海水的变化特征，Sr/Ba 大，反映海水较受限，海平面低。因此，Sr/Ba 亦间接反映了海平面的变化。

（2）Sr-Ba 散点图法。根据 Sr 和 Ba 在图 2-5 中的投点特征，所有样品均位于Ⅲ区，也表明宿县夹沟剖面三山子组为咸水的沉积环境。

2. 环境的氧化-还原条件地球化学特征

根据测试的微量元素，可以根据 Cu/Zn 判断沉积环境的氧化-还原条件。由于 Fe^{3+}/Fe^{2+} 受后期氧化作用，不能准确的反映沉积时的氧化-还原条件，故用 Cu/Zn 可以较准确的判断沉积介质沉积时的氧化-还原环境。①Cu/Zn 小于 0.21，对应还原环境；②Cu/Zn 为 0.21～0.38，对应弱还原环境；③Cu/Zn 为 0.35～0.50，对应氧化环境。宿县夹沟三山子组所有样品值为 0.05～0.34，总体均在 0.21 左右，反映了沉积时为还原-弱还原条件。但样品 7 的 Cu/Zn 为 0.34，接近 0.35，反映了其可能遭受了暴露，受到大气的氧化作用。

3. 海水古温度及古盐度特征

碳酸盐岩碳、氧同位素值（$\delta^{13}C$ 和 $\delta^{18}O$）主要受介质的温度、盐度影响。在成岩作用中，沉积物的埋

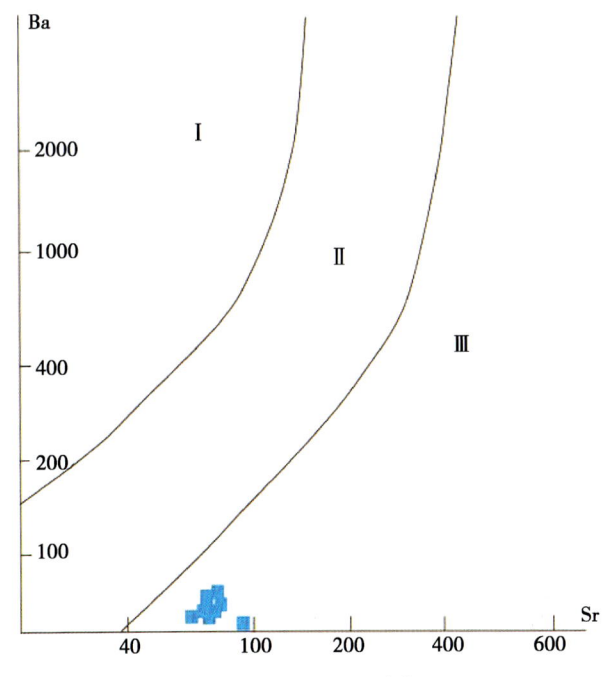

Ⅰ. 淡水区、Ⅱ. 半咸水区、Ⅲ. 咸水区

图 2-5 宿县夹沟剖面三山子组 Sr-Ba 散点图

深、温度、压力增加，大气降水的淋滤溶解，生物有机体降解等都对 $\delta^{13}C$ 和 $\delta^{18}O$ 产生一定的影响。一般来说，盐度升高，$\delta^{13}C$ 和 $\delta^{18}O$ 增大；温度升高，$\delta^{18}O$ 降低；此外，在成岩作用中，淡水淋滤和生物降解均可使 $\delta^{13}C$ 和 $\delta^{18}O$ 降低。因此，根据 $\delta^{13}C$ 和 $\delta^{18}O$ 计算出古温度和古盐度变化特征可以判断判断古气候环境，进而指导沉积环境分析。

（1）古温度特征。在平衡条件下，从海水和湖水中析出的自生碳酸盐矿物的氧同位素组成是水体温度和水体氧同位素组成的函数，当碳酸盐与介质处于平衡状态时，$\delta^{18}O$ 随温度的升高而下降。据此原理，Gasse 等 1987 年在前人研究的基础上给出了以下关系式：

$$t = 16.9 - 4.38(\delta C + \delta W) + 0.1(\delta C + \delta W)^2$$

其中，t 为水体温度（℃），δC 为所测样品的 $\delta^{18}O$（PDB），δW 为当时海水的 $\delta^{18}O$（SMOW 标准），初始 δW 取 0。

根据宿县夹沟剖面三山子组井 δ^{18}O 测试结果（表 2-3），温度范围为 14.7～24.3℃，平均温度为 20.3℃，属于冷湿气候。同时，测得的古温度也可以帮助判断白云岩的成因，由于气温较低，平均为 20.3℃，表明白云岩形成于沉积后不久。其温度绝大部分均在 24℃ 以下，不可能为高温的蒸发泵成因。图 2-3 表明宿县夹沟三山子组白云岩为同生-准同生期混合水白云石化成因。

（2）古盐度特征。海水中氧、碳同位素含量均高于淡水，主要由于水分蒸发时 ^{16}O 逸出，因而海水中 ^{18}O / ^{16}O 高。陆地淡水主要来自大气降水，因而 ^{18}O / ^{16}O 低，海水与淡水氧、碳同位素成分的这一区别，也反映在沉积物中。Epstein 和 Mayeda（1953）发现海水中 ^{18}O / ^{16}O 随盐度的增加而增加，克尔顿和狄更斯（Clayton and Degens，1959）也发现碳酸岩盐的碳同位素随盐度变化而变化。以后许多研究者证实盐度与 δ^{13}C、δ^{18}O 之间呈正相关关系。在进行古水介质盐度定性判别时，δ^{13}C 和 δ^{18}O 都与盐度有关。Keith 和 Weber（1964）把 δ^{13}C 和 δ^{18}O 二者结合起来，用以指示古盐度，以 Z 区分海相沉积和淡水沉积。Z>120 为海相，Z<120 为陆相，其中：

$$Z = 2.048(\delta^{13}C+50) + 0.498(\delta^{18}O+50)$$

其中，δ^{13}C 和 δ^{18}O 为样品测试值，采用 PDB 标准。

计算出的 Z 为 135.65～140.51，平均为 137.9。其值均大于 120，表明均为海水成因。Z 的变化亦反映了海水局限和开阔的，因而可以根据 Z 判断沉积环境。

第二节 沉积体系类型划分

在前人研究成果的基础上，根据野外露头、钻井岩心和测井等资料的综合分析，通过大量薄片鉴定以沉积相标志的研究，对研究区沉积体系进行划分。南华北地区在新元古界—中生界沉积演化过程中发育有陆相沉积体系组、海陆过渡沉积体系组、海洋沉积体系组等 3 个沉积体系组。依据岩石组合、沉积组构、剖面序列，可进一步识别出 9 种沉积体系，每一沉积体系可进一步划分出不同的亚相和微相（表 2-5）。

表 2-5 沉积体系组及沉积体系划分

体系组	沉积体系		主要沉积亚相	分布地区	典型时代
大陆沉积体系组	冲积体系		片泛、河床充填、筛积物、泥石流	河南济源、义马	三叠系、侏罗系
	河流	辫状河	河床、堤泛	河南济源、义马等	二叠系、三叠系、侏罗系
		曲流河	河床、堤泛		
	湖泊三角洲		三角洲平原、三角洲前缘、前三角洲	登封、渑池、义马等	二叠系、三叠系
	湖泊		滨湖、浅湖、半深湖、深湖	渑池、义马等	二叠系、三叠系、侏罗系
海陆过渡沉积体系组	三角洲	河控三角洲	三角洲平原、三角洲前缘、前三角洲	登封、渑池、平顶山、鹤壁等	石炭系、二叠系
		潮控三角洲	三角洲平原、三角洲前缘、前三角洲		

续表

体系组	沉积体系		主要沉积亚相	分布地区	典型时代
海洋沉积体系组	滨岸	无障壁滨岸	沙丘、后滨、前滨、近滨	淮南、登封等	寒武系、石炭系
		有障壁滨岸	潮坪、潟湖、障壁岛、潮道	潮坪、潟湖、砂坝、潮道	广泛发育
	碳酸盐台地	台地潮坪	潮上、潮间、潮下、浅滩、潟湖	鲁山等	寒武系、奥陶系
		局限台地	海湾、潟湖	淮南、登封等	震旦系、寒武系、奥陶系
		开阔台地	浅滩、滩间	鲁山、宿州等	寒武系、奥陶系
	台地边缘-斜坡		台缘礁、台缘滩、滑塌沉积	淅川	寒武系、泥盆系
	陆棚		内陆棚、外陆棚	枣庄、贾旺、宿州等	震旦系、寒武系
事件沉积	风暴沉积		碳酸盐风暴沉积	淮南	震旦系、寒武系
			碎屑岩风暴沉积	巩义西村	石炭系、二叠系
	重力流		海底扇	河南鲁山下汤、淮南—霍邱	寒武系罗圈组、凤台组
	地震沉积			淮北	震旦系望山组

第三节 青白口系沉积体系特征及岩相古地理演化

一、青白口系沉积体系特征

（一）滨岸沉积体系

滨岸沉积体系属于无障壁海岸陆源碎屑沉积体系，位于与大海连通性很好的海岸地带，它与广阔陆棚之间没有被障壁岛、滩或生物礁所隔开。主要岩石类型为砾岩、含砾石英砂岩、石英砂岩、长石石英砂岩。海岸沉积的砂质较纯，石英含量高，重矿物相对较富集；粒度分布特征较均一，磨圆、分选较好。砾石含量由下向上逐渐减少，并向粗砂岩过渡。砾岩中斜层理常见，砂岩中发育冲洗层理、波状层理、板状及楔状交错层理，层面上发育对称及不对称流水波痕，规模一般较大。

滨岸沉积一般是在充分氧化的条件下形成，多呈红色岩系，岩石成分成熟度和结构成熟度较高，该类沉积环境在南华北盆地青白口系三教堂组广泛发育。根据波浪的变形体制和平均高潮线、平均低潮线，可其由海向陆依次划分为后滨带、前滨带和临滨带（图2-6）。

（1）后滨亚相：后滨带位于平均高潮水位与风成沙丘之间，通常都暴露在大气中，仅在特大高潮和风暴潮时才被海水淹没，属于潮上带。岩性以砂质为主，常成薄层状，石英砂岩。发育水平纹砂层，并常伴有小水流波痕形成的小型交错层理。坑洼表面因风吹走了细粒物质而遗留和堆积了大量生物介壳，其凸面向上。风成作用很明显，常见富集有介壳的风蚀地面，潜穴和遗迹化石也常见。

（2）前滨亚相：前滨带位于海滩剖面近上部的平均高潮线与平均低潮线之间的地带，相当于冲流带。地势一般平坦而微向海倾斜。坡度一般为2°~3°，高波能砾质海滩可达20°~30°。坡度受波浪强度和沉积物粒度控制。岩性常为成熟度极好的纯净石英砂。磨圆和分选均好；层系平直，低角度相交的交错层理-

冲洗层理发育；对称和不对称波痕以及菱形波痕大量出现。极浅水的其他标志如冲刷痕、流痕、变形波痕、流水波痕、生物搅动构造亦常见到；生物化石缺乏，但可见破碎贝壳及生物扰动构造。含有大量贝壳碎片和云母等，贝壳排列凸面朝上。属于不同生态环境的贝壳大量聚集，也可以作为鉴别古代海滩砂体的标志。

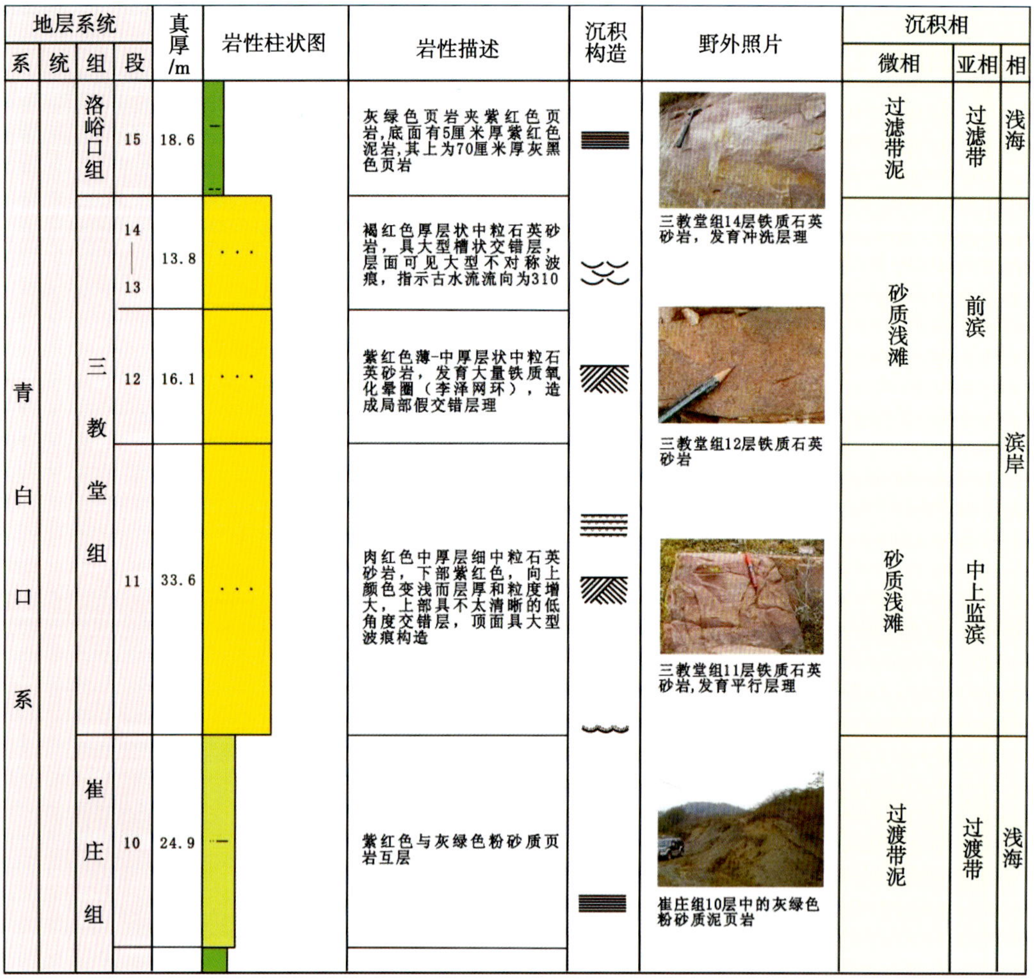

地层系统			真厚 /m	岩性柱状图	岩性描述	沉积构造	野外照片	沉积相		
系	统	组 段						微相	亚相	相
青白口系		洛峪口组 15	18.6		灰绿色页岩夹紫红色页岩，底面有5厘米厚紫红色泥岩，其上为70厘米厚灰黑色页岩		三教堂组14层铁质石英砂岩，发育冲洗层理	过滤带泥	过滤带	浅海
		三教堂组 14—13	13.8		褐红色厚层状中粒石英砂岩，具大型槽状交错层，层面可见大型不对称波痕，指示古水流流向为310			砂质浅滩	前滨	滨岸
		12	16.1		紫红色薄-中厚层状中粒石英砂岩，发育大量铁质氧化晕圈（李泽网环），造成局部假交错层理		三教堂组12层铁质石英砂岩	砂质浅滩	中上监滨	
		11	33.6		肉红色中厚层细中粒石英砂岩，下部紫红色，向上颜色变浅而层厚和粒度增大，上部不太清晰的低角度交错层，顶面具大型波痕构造		三教堂组11层铁质石英砂岩，发育平行层理			
		崔庄组 10	24.9		紫红色与灰绿色粉砂质页岩互层		崔庄组10层中的灰绿色粉砂质泥页岩	过渡带泥	过渡带	浅海

图 2-6 滨岸沉积体系特征（河南鲁山下汤剖面青白口系三教堂组）

（3）临滨亚相：临滨带位于平均低潮线至波基面之间的广阔海域。临滨带全部处于水下环境，是浅水波浪作用带，沉积物始终遭受着波浪的冲洗、扰动。主要形成砂质的沉积，上部砂质较粗，为细砂至中砂，伴有较大规模的交错层理；下部砂质粒度较细，多为粉砂并夹含粉砂泥质，交错层理规模较小，而生物扰动构造增多，且出现水平纹层。砂质沉积常发育成水下沿岸砂坝，波能较强时可有多条砂坝。

（二）碎屑岩潮坪沉积体系

碎屑岩潮坪相属于有障壁海岸陆源碎屑沉积体系。有障壁海岸陆源碎屑沉积体系形成原因以潮汐作用为主，陆源供给充分的滨岸环境，根据其沉积特征可分为碎屑潮坪相、障壁砂坝和潟湖三种沉积相类型，其中以碎屑潮坪最为发育。河南地区洛峪口组下部可见该类沉积相发育。碎屑岩潮坪相的沉积物主要由中-细粒石英砂岩、粉砂岩及泥岩组成，完整的碎屑岩潮坪由潮上带、潮间带、潮下带三个亚相组成，有时发育不全，仅见其中两个部分（图 2-7）。

（1）潮上带主要由紫红色、灰绿色泥岩或泥质粉砂岩、粉砂质泥岩组成，为泥坪沉积。泥岩中具有水平纹层，粉砂岩中常具生物扰动构造、生物潜穴以及变形层理，在局部地区尚可见到泥裂。自然电位曲线（SP）起伏很小，自然伽玛曲线（GR）则呈高频的锯齿状。

（2）潮间带由不等厚互层的棕褐色、灰绿色易碎泥岩、粉砂质泥岩和浅灰色粉细砂岩组成，为砂泥坪沉积，位于平均高潮线与平均低潮线之间。岩石成分成熟度中等，砂岩颗粒呈次棱角状至次圆状，分选中等至好。砂泥坪沉积物中发育泥裂、生物扰动、波状层理、脉状层理、透镜状层理以及浪成交错层理和板状交错层理。砂泥坪沉积在剖面层序上既可表现为下粗上细的正韵律，也可表现为上粗下细的反韵律。在水进层序中通常为反韵律，泥质的含量较少，砂层略厚，自然电位曲线上表现为漏斗状。水退层序中表现为正韵律，泥质的含量较多，自然电位曲线上表现为平滑钟形。

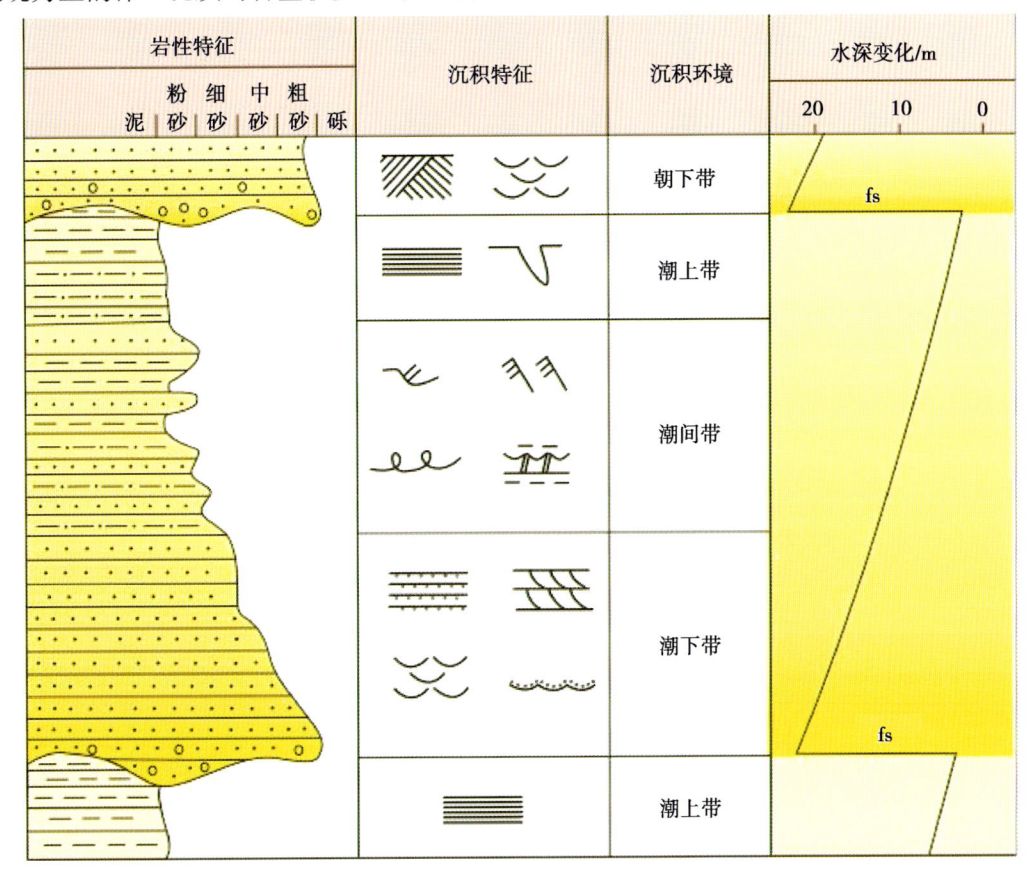

图 2-7　碎屑岩潮坪沉积体系序列

（3）潮下带主要由棕褐色或浅灰色细砂岩、沥青质细砂岩、棕褐色粉砂岩及浅灰绿色泥岩组成，为砂坪沉积。位于平均低潮线以下，长期受海洋潮汐等水动力作用。在砂坪沉积环境中常发育潮汐水道沉积，它是由灰色细砂岩、含砾不等粒砂岩和粉砂质泥岩、泥岩组成。常见数个向上变细的潮道沉积旋回叠置，单个潮道序列由潮道床底、活动潮汐水道、废弃潮道组成。潮道床底岩性为含砾不等粒砂岩组成，其底常为冲刷面，冲刷面上常见滞留的泥砾顺层排列。活动潮道水道岩性主要为灰色细砂岩、中砂岩，废弃潮道或潮道间岩性为粉砂质泥岩和泥岩。由于潮汐水道的侧向迁移和冲蚀作用，其顶部沉积常不易保存，常见潮道下部沉积，形成砂岩间的冲刷面。潮道微相的沉积构造常以底部为冲刷面开始，向上由斜层理、冲洗交错层理、波状层理和水平层理组合为特征。潮道序列的自然伽玛和自然电位曲线自下向上以齿化的钟形组合为特征。潮道底部对应着自然伽玛曲线突变接触面。

砂坪沉积在剖面层序上一般表现为上粗下细的反韵律，砂层的厚度通常较厚，泥质的含量较少。下部为泥质粉砂岩和粉细砂岩，上部是具小型低角度交错层理及平行层理的细砂岩和粉细砂岩。这是由于砂坪沉积物多是在海平面相对上升期间形成的。由于沉积界面坡缓水浅，所以波浪触及海底后的能量消耗较快。当海平面相对上升时，浪底的位置不断向陆方向迁移，也就是说高能沉积区向陆地方向迁移，所以在砂坪沉积区形成了下细上粗的反韵律。

（三）碳酸盐潮坪沉积体系

碳酸盐潮坪形成于陆源碎屑供应不充分或较缺乏的滨岸环境，在青白口系主要发育于洛峪口组上部。

其岩石类型主要为砾屑白云岩、砂屑白云岩、砂质白云岩、叠层石白云岩和泥质白云岩，构成向上变浅的沉积序列。根据其沉积特征，划分为潮上带、潮间带、潮下带三个亚相（图2-8、图2-9）。

地层系统				真厚/m	岩性柱状图	岩性描述	沉积构造	野外照片	沉积相		
系	统	组	段						微相	亚相	相
青白口系		洛峪口组	21	5.7		肉红色、粉红色含叠层石微晶白云岩			云坪	潮上	碳酸盐潮坪
			20	13.7		淡肉红色厚层状含砂屑叠层石粉晶白云岩，下部叠层石呈馒头状，上部叠层石呈长柱状		馒头状叠层石白云岩 洛峪口组20层	云坪	潮间—潮上	
			19	15.5		肉红色、褐红色叠层石白云岩			云坪	潮间	
			18	40.7		肉红色、褐红色叠层石粉晶白云岩，底部、中部叠层石呈长柱状，下部叠层石呈馒头状，上部叠层石呈长短状		馒头状叠层石白云岩 洛峪口组18层	云坪	潮上—潮间	
			17	21.7		肉红色、褐红色微晶白云岩		波状叠层石白云岩 洛峪口组16层	云坪	潮下	
			16	4.8		褐红色厚层泥晶白云岩，含有穹丘叠层石，宽50~80 cm，高20~30 cm，其藻席纹层平滑状			云坪	潮间	

图2-8 碳酸盐潮坪沉积特征（河南鲁山下汤剖面青白口系洛峪口组）

（1）潮上带常为泥质白云岩或水平纹层状叠层石白云岩，序列的底部常常具有明显的冲刷面。

（2）潮间带岩石类型主要为砂屑白云岩、粉屑白云岩，由下向上依次出现半球状叠层石、短柱状叠层石、柱状叠层石和波状叠层石。

（3）潮下带常为砂屑白云岩、砾屑白云岩，砂屑白云岩中常常发育交错层理和平行层理。局限碳酸盐潮下（潟湖）主要为水平纹层十分发育的的泥晶白云岩和泥质白云岩。

（四）浅海陆棚沉积体系

浅海陆棚形成于陆棚浅海环境，在青白口系崔庄组、洛峪口组可见此类沉积相带，根据其沉积特征，可进一分为内陆棚和外陆棚。内陆棚的沉积物主要为泥质粉砂岩、粉砂岩和粉砂泥岩，夹薄层细砂岩，发育小型交错层理、波状层理和水平层理。外陆棚的主要沉积物为泥页岩、黑色炭质泥页岩及少量硅质岩，常见水平层理。在鲁山下汤剖面的洛峪口组还可见到风暴作用影响形成的角砾岩及丘状层理（图2-10）。

（五）碳酸盐风暴流事件沉积

风暴岩的产出与海平面的稳定上升期有关，在南华北地区青白口系刘老碑组、震旦统寿县组和九里桥组以及下寒武统馒头组海侵体系域和高水位体中发育碳酸盐风暴流沉积。

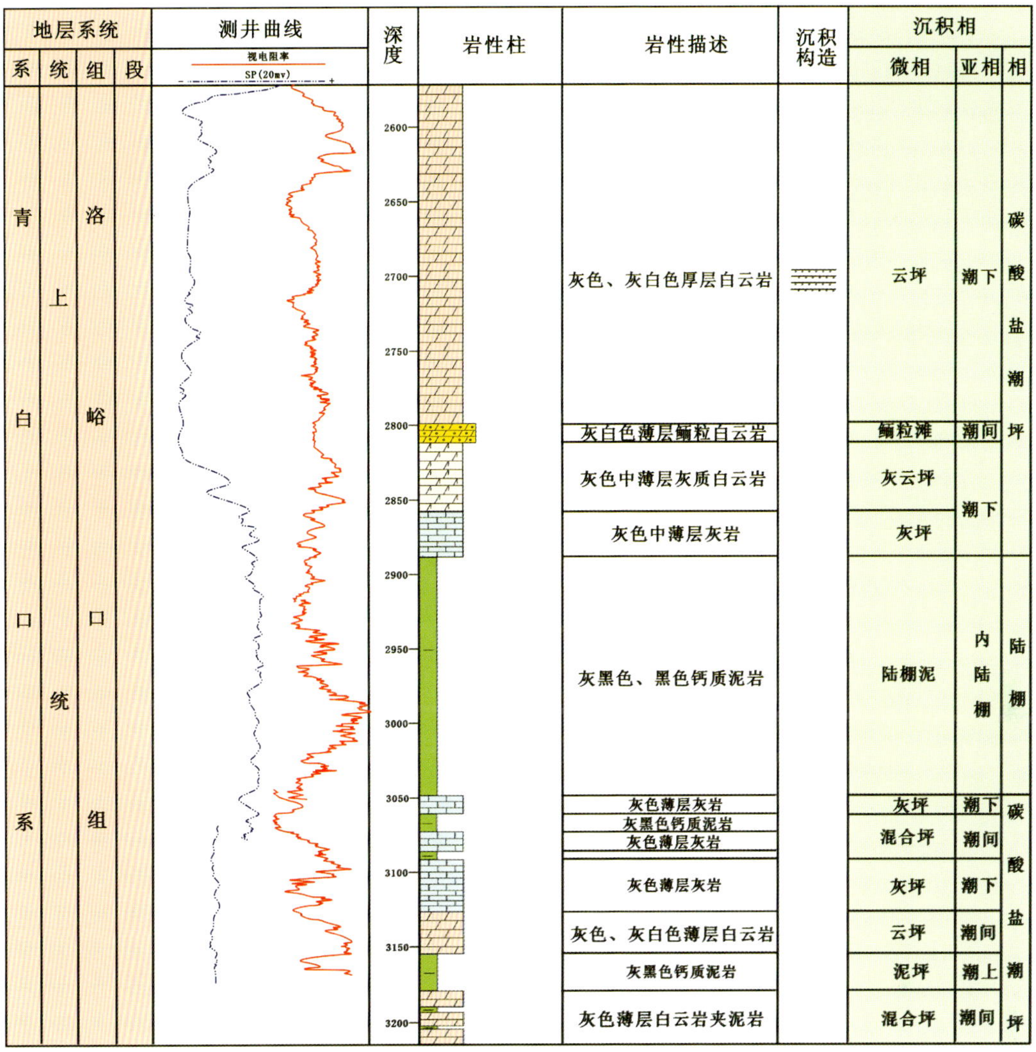

图 2-9　碳酸盐潮坪沉积特征（周参 6 井）

1. 沉积构造特征

（1）底面构造：底面构造是识别风暴沉积的重要标志。本区常见的风暴岩底面构造有冲刷面、底模及撕裂构造等。其中，冲刷面有平坦状、波状、复杂形状等形态；底模主要为多向槽模，模长 10～40cm，高 0.6～1.5cm，底部圆滑，充填物为异地陆屑；撕裂构造突出特征是砾屑层与下伏岩层无明显界线，露头剖面上可见下部个别砾屑的根部仍与下伏薄层泥晶灰岩相连，上部砾屑则多具旋转状、放射状分布，为风暴旋涡流将原地半固结岩层击碎、卷起，部分砾屑被带走，其余砾屑迅速堆积而形成（图 2-11）。

（2）丘状交错层理：具丘状和凹状表面形态，其形成与风暴摆动浪有关，其分成被动式和主动式丘状两类。研究区产出的丘状交错层理大多为主动式，主要特点是各细层向脊部发散增厚而向两端变薄收敛。依产出层位及组合特征分述如下：简单式由单个层系组成丘状体，单个丘状体长约 5～50cm，高 1～15cm，纹层平缓，陆屑灰岩和泥质粉细砂岩中；复合式由两个或两个以上丘状体叠置而成，丘状体间常具截切关系，单个丘状体长 20～80cm，高 1～12cm，发育于泥质灰岩中。

（3）多向流水构造：由风暴旋涡流形成，是风暴沉积特有的沉积构造。研究区多向流水构造主要有放射状、指状、倒"小"字状构造等，发育于砾屑灰岩中，由竹叶状砾屑排列而成，其下部常可见到撕扯构造，顶面多具上凸形态。指状构造则介屑灰岩中，由长条形介屑排列而成，位于砾屑层的中上部，而其下部介屑、砾屑则呈叠瓦状排列，说明下部为定向流水的碎屑流沉积，中上部为旋涡流沉积。

（4）风暴期后构造：即软底，反映风暴停息后生物在刚沉积的灰泥上觅食、栖息，形成扰动灰岩。较典型的软底见于馒头组风暴层段顶部，由含泥质泥晶灰岩构成，层面上生物扰动强烈，生物蚀孔和逃逸迹依稀可辨。

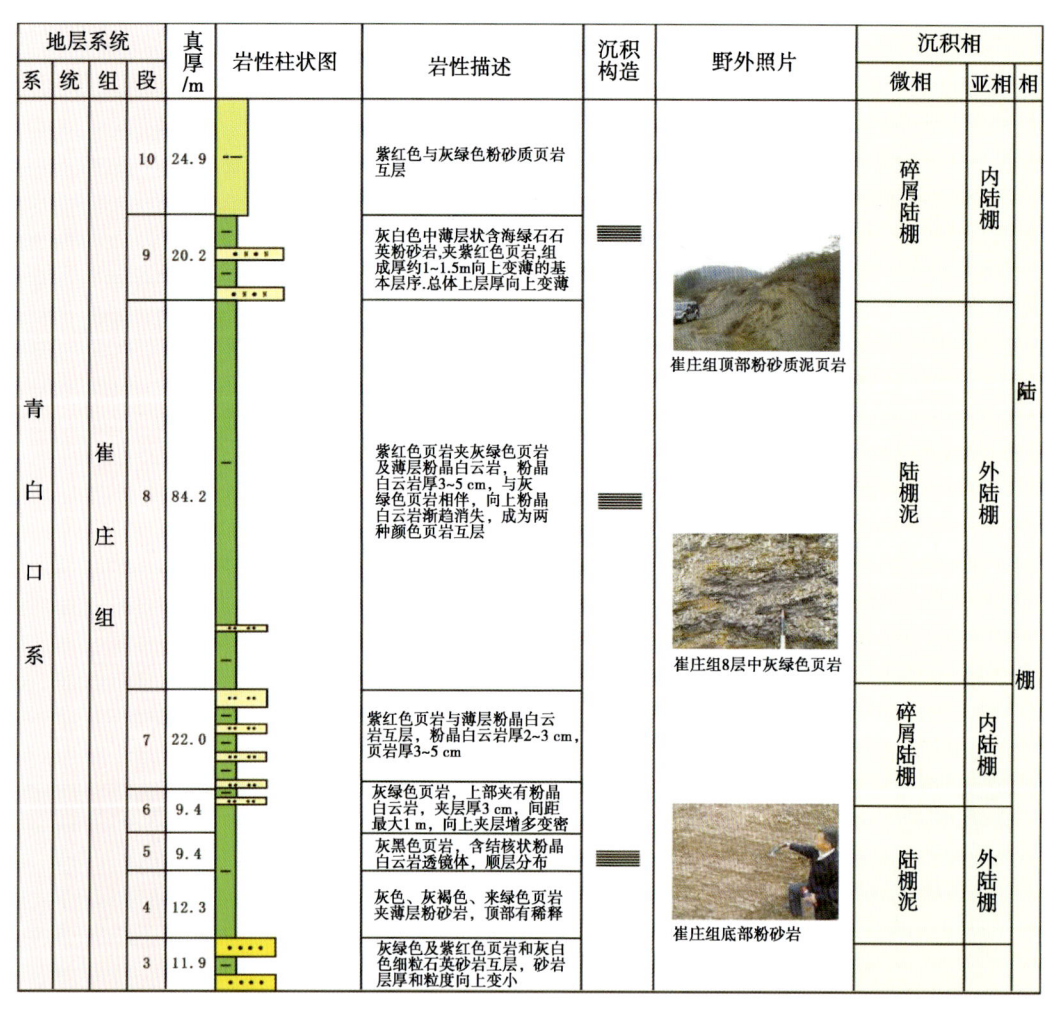

地层系统				真厚/m	岩性柱状图	岩性描述	沉积构造	野外照片	沉积相		
系	统	组	段						微相	亚相	相
青白口系		崔庄组	10	24.9		紫红色与灰绿色粉砂质页岩互层			碎屑陆棚	内陆棚	陆棚
			9	20.2		灰白色中薄层状含海绿石石英粉砂岩,夹紫红色页岩,组成厚约1~1.5m向上变薄的基本层序.总体上层厚向上变薄		崔庄组顶部粉砂质泥页岩			
			8	84.2		紫红色页岩夹灰绿色页岩及薄层粉晶白云岩,粉晶白云岩厚3~5 cm,与灰绿色页岩相伴,向上粉晶白云岩渐趋消失,成为两种颜色页岩互层		崔庄组8层中灰绿色页岩	陆棚泥	外陆棚	
			7	22.0		紫红色页岩与薄层粉晶白云岩互层,粉晶白云岩厚2~3 cm,页岩厚3~5 cm			碎屑陆棚	内陆棚	
			6	9.4		灰绿色页岩,上部夹有粉晶白云岩,夹层厚3 cm,间距最大1 m,向上夹层增多变密					
			5	9.4		灰黑色页岩,含结核状粉晶白云岩透镜体,顺层分布			陆棚泥	外陆棚	
			4	12.3		灰色、灰褐色、浅绿色页岩夹薄层粉砂岩,顶部有稀释		崔庄组底部粉砂岩			
			3	11.9		灰绿色及紫红色页岩和灰白色细粒石英砂岩互层,砂层厚和粒度向上变小					

图 2-10 陆棚沉积特征（河南鲁山下汤剖面青白口系崔庄组）

波状　　平坦状　　不规则状,上部见指状构造

撕扯构造,见放射状、倒"小"字状构造　　生物礁丘截切构造　　槽模

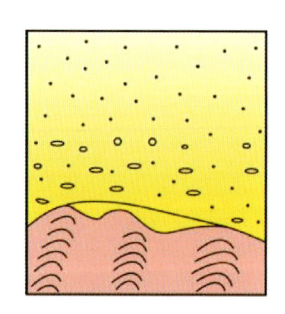

图 2-11 碳酸盐风暴底面构造形态图

2. 剖面结构特征

理想的风暴岩层序除了特征的侵蚀底面外，还包括粒序段（A）、块状段（B）、丘状交错层理段（C）、平行层理段（D）、砂纹层理段（E）和泥岩段（F）。然而在实际剖面中很难见到上述完整层序。研究区见到的风暴岩剖面类型主要有图2-12所示的几种。

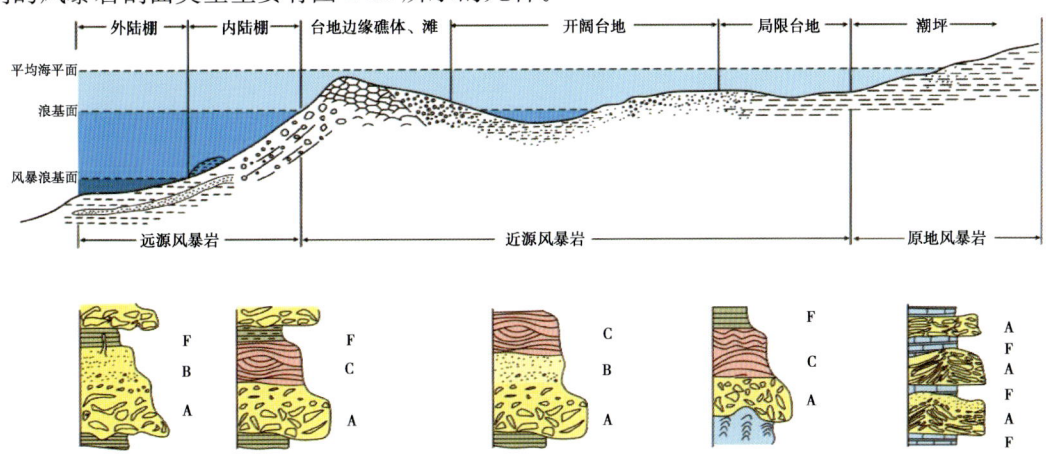

图2-12 南华北地区碳酸盐风暴成因模式图

3. 岩石学特征

本区风暴岩按其成因分为原地风暴岩、近源风暴岩和远源风暴岩。原地风暴岩为未完全固结的碳酸盐岩在风暴高峰期被风暴撕裂、扯起、打碎后就地沉积形成。其岩性主要为砾屑灰岩。砾屑含量70%～85%，呈竹叶状（少数具塑性变形），"竹叶"长度为0.5～15cm，成分为泥晶灰岩。颗粒支撑，杂基为泥晶，砾屑分布杂乱，偶见放射状排列，底部尚见个别砾屑与原地薄层灰岩相连。近源风暴岩中砾屑有两种，其一为片状介屑，含量约40%，大小为1～5cm，其二是次圆状灰岩砾屑，含量为20%，大小为1～3cm。砾屑间为粉屑和泥晶充填，为风暴回流对原地沉积物进行改造及风暴回流携带物沉积而成。粉屑灰岩泥质含量15%～25%，微晶、粉屑含量75%～85%，具丘状交错层理，属风暴衰退期由风暴携带悬浮物沉积而成。粉砂质灰岩、粉砂沿丘状纹层或平行纹层层面集中分布，为风暴携带物差异沉降沉积而成。泥质粉砂岩、细砂岩中粒序层及丘状、凹状交错层理发育，为风暴回流携带物沉积和风暴回流对原地沉积物改造后再沉积而成。远源风暴岩由风暴浊流形成，其岩性为泥晶灰岩及含粉屑泥晶灰岩，主要分布于刘老碑组下部，具砂纹层理和底部冲刷面。

二、青白口系岩相古地理演化

青白口纪受晋宁运动的多期次构造拉张影响，南华北地区沉积盆地的性质具有自南向北由被动大陆边缘裂谷盆地向克拉通内坳陷盆地过渡的构造背景，构造作用相对较稳定。沉积建造上，以栾川—确山—固始—肥中断裂为界，其北属典型克拉通盆地，其南的北秦岭区仍为裂谷环境；以北的南华北地区主要为一套以石英砂岩、长石石英砂岩、页岩为主，夹少量白云岩，底部普遍含砾岩，为滨岸-陆棚沉积体系沉积。由北向南海水逐渐变深、盆地南部以泥岩及具丘状交错层理的泥质泥晶灰岩为主，说明海水更深，由北向南，南华北盆地由滨岸向陆棚沉积环境过渡（图2-13，图2-14）。

（一）青白口纪崔庄期岩相古地理展布（图2-15）

崔庄期，凤阳一带处于沟通黄淮海和胶东海的斜坡地带，形成中—高能环境的陆棚浅滩，主要为紫红色，含铁质，局部富集形成透镜状或者层状赤铁矿，矿石具有鲕状、肾状、砾状、条带状构。洛阳、周口、宿州、徐州等地以滨岸沉积为主，向南至河南鲁山、确山、固始、六安等地区海水加深，主要岩石类型为细砂岩、页岩，夹泥灰岩、菱铁矿和鲕状赤铁矿薄层，砂岩普遍含海绿石，在确山西部有含硅质条带灰岩。下部细砂岩中具楔状层理和水平层理，层面上具波痕和少量泥砾，中上部页岩中无暴露构造，颜色以灰绿色为主，并有炭质沉积，说明海水较深，为环境较安静的浅海陆棚环境。

（二）青白口纪三教堂期岩相古地理展布（图2-16）

三教堂期，南华北盆地继承了崔庄期沉积格局，主体形成中能环境滨岸沉积，淮北一带地层厚度较

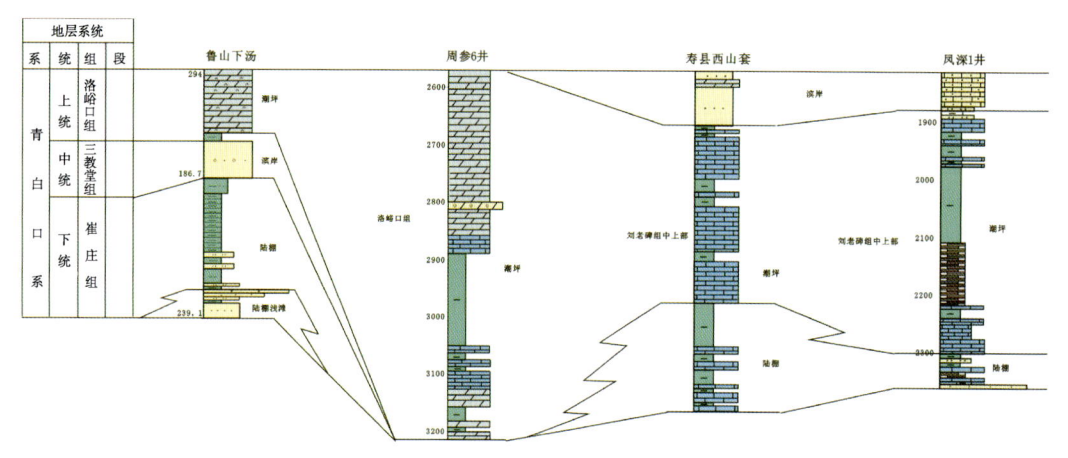

图 2-13 青白口系沉积相对比图

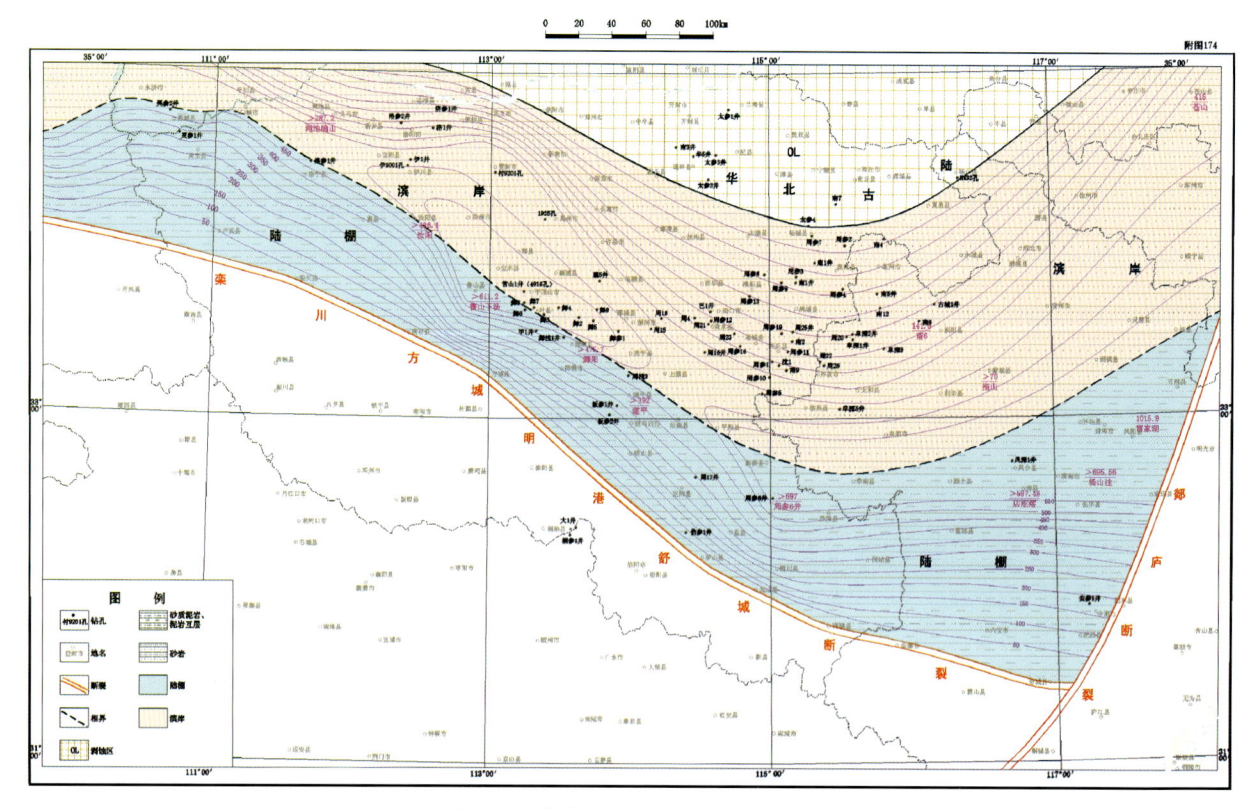

图 2-14 青白口纪岩相古地理演化图

大，以石英砂岩为主，为滨岸沉积。鲁山、舞阳一带地层厚度较大，岩石类型主要为一套细粒石英砂岩，成分成熟度和结构成熟度较高，具水平层理，小型沙纹层理，楔状层理，层面有不对成波痕，属于中能滨岸环境，向南过渡为陆棚沉积环境，岩石成分中泥质含量增多，为页岩夹砂岩。

(三) 青白口纪峪口期岩相古地理展布（图2-17）

洛峪口期，南华北广大地区海水受到限制，在嵩山一带主要沉积类型为碳酸盐岩与细砂陆源碎屑岩互层，颜色为灰黄、灰绿、灰黑色，少量为灰紫和紫红色。灰岩中纹层发育，并含有叠层石，为混合坪沉积。在豫西、豫南其下部为灰绿色页岩和粉砂岩，上部为泥晶白云岩、白云质灰岩，水平纹层发育，含柱状叠层石，为局限潮下-潮间环境。徐淮及其以东区域保持大面积海水覆盖，以潮间-潮下沉积为主。盆地东南部六安、肥西等地发育泥钙质型陆棚相沉积，岩石中含海绿石、电气石和丰富的藻类。

(四) 青白口纪四十里长山期岩相古地理展布（图2-18）

四十里长山期，南华北盆地霍邱、淮南、蒙城、凤阳等安徽广大地区及河南登封、渑池一带发育砂

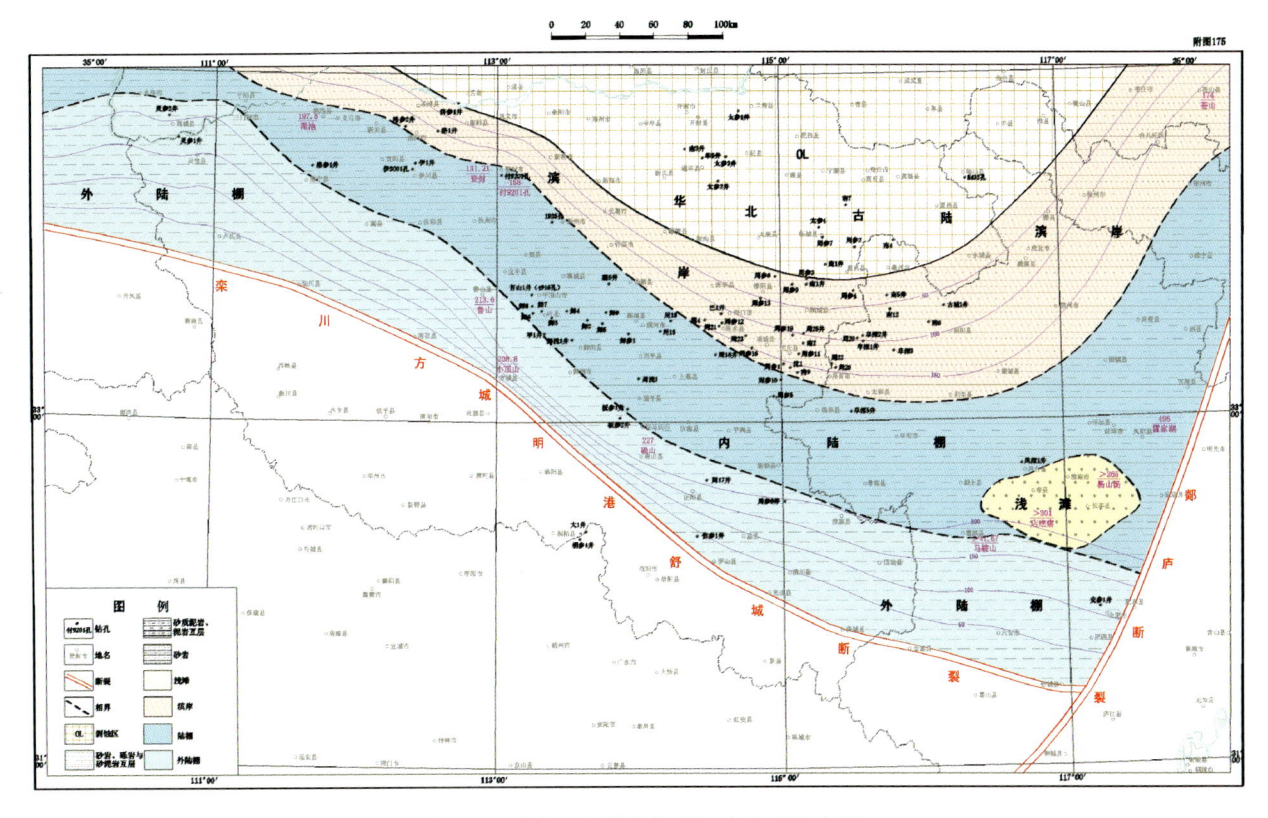

图 2-15　青白口纪崔庄期岩相古地理展布图

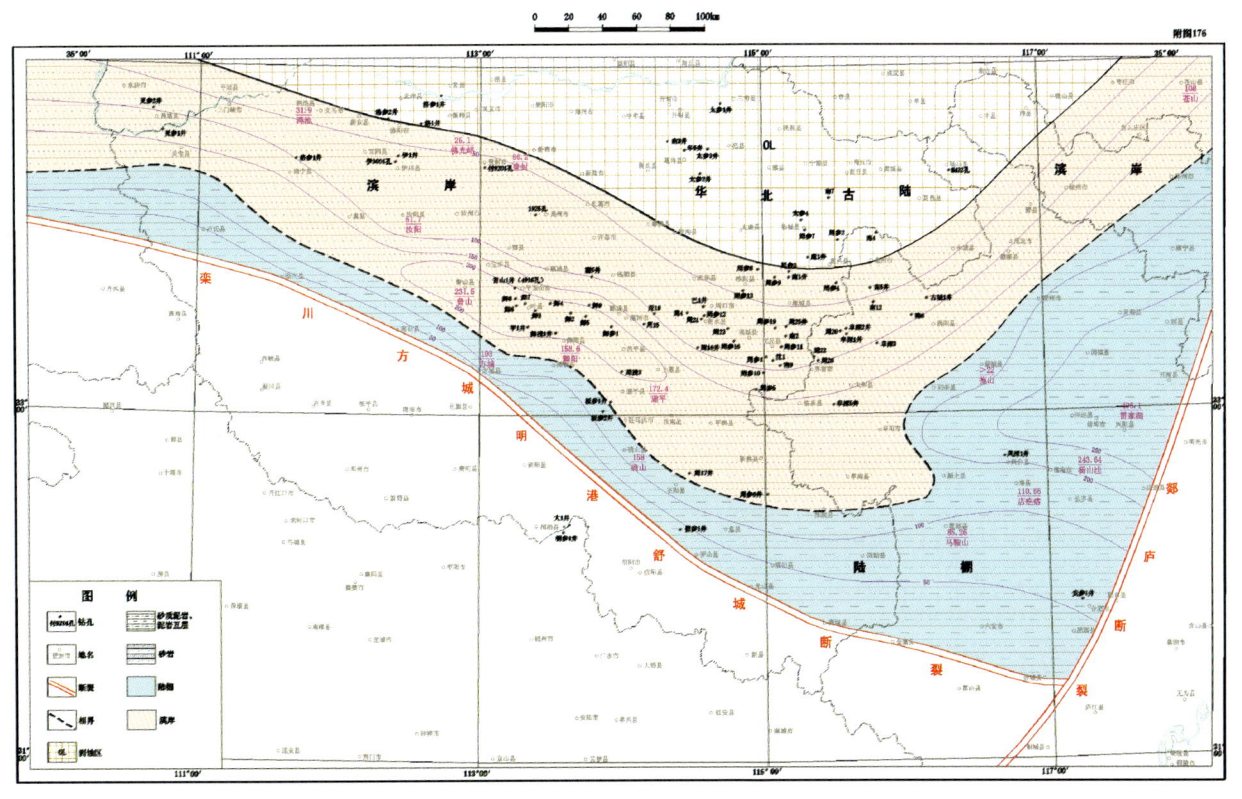

图 2-16　青白口纪三教堂期岩相古地理展布图

钙质型海滩相，岩石类型以石英砂岩、长石石英砂岩、粉砂岩、页岩为主，其中含有钙质、铁质、海绿石，有时可见少量粉砂质灰岩，具平行层理、冲洗层理，可见波痕、包卷层理、枕状构造，含藻类，显示滨岸沉积特征。该时期，黄淮海以陆源碎屑沉积为主。南侧的霍邱四十里长山一带为砂岩，北缘场山一带未出露。地层厚度变化较大，南部在淮南、霍邱一带一般不足100m，北部据邻近江苏省睢宁县岠山剖面厚度大于420m。沉积特征反映出当时气候较为炎热潮湿，海域较为开阔，以无障壁海的陆源碎屑沉积为主，陆源碎屑物质主要由淮阳古陆、华北古陆供应，晚期海水逐渐变浅，并往东北方向撤退。

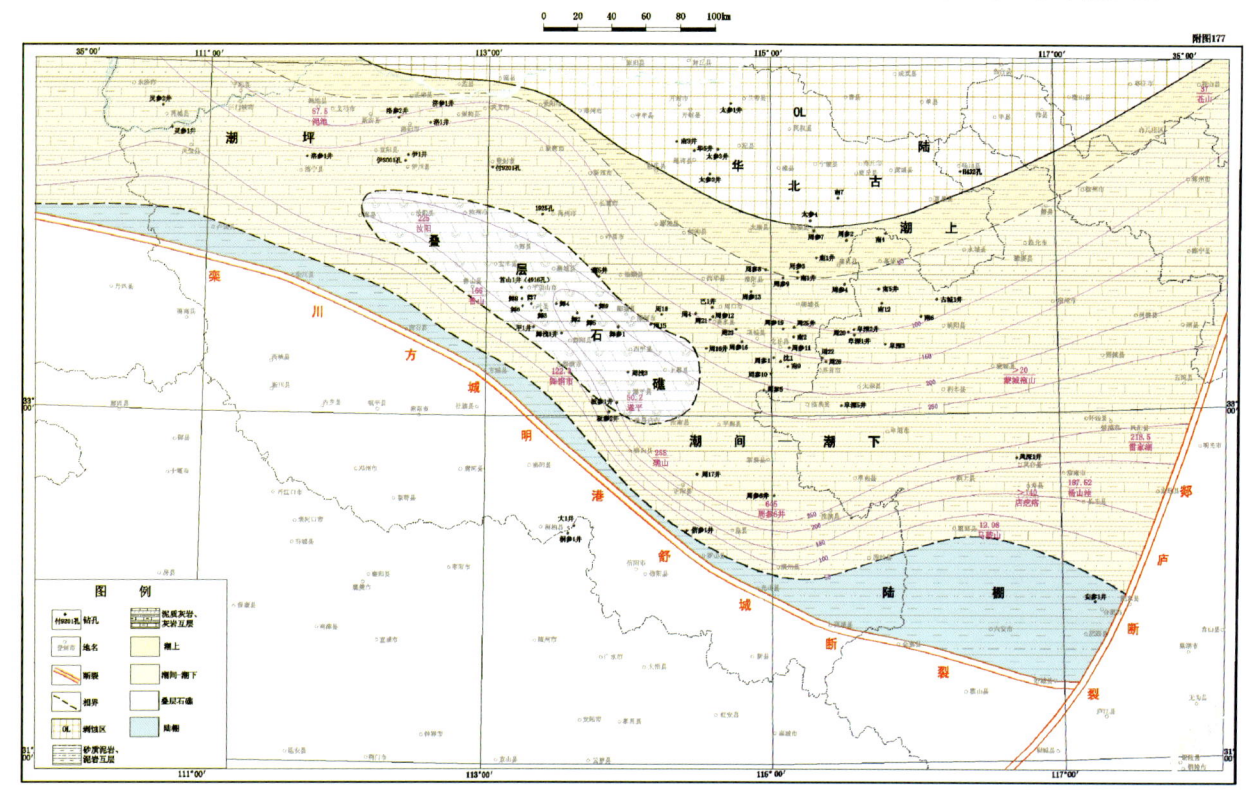

图 2-17　青白口纪崞峪口期岩相古地理展布图

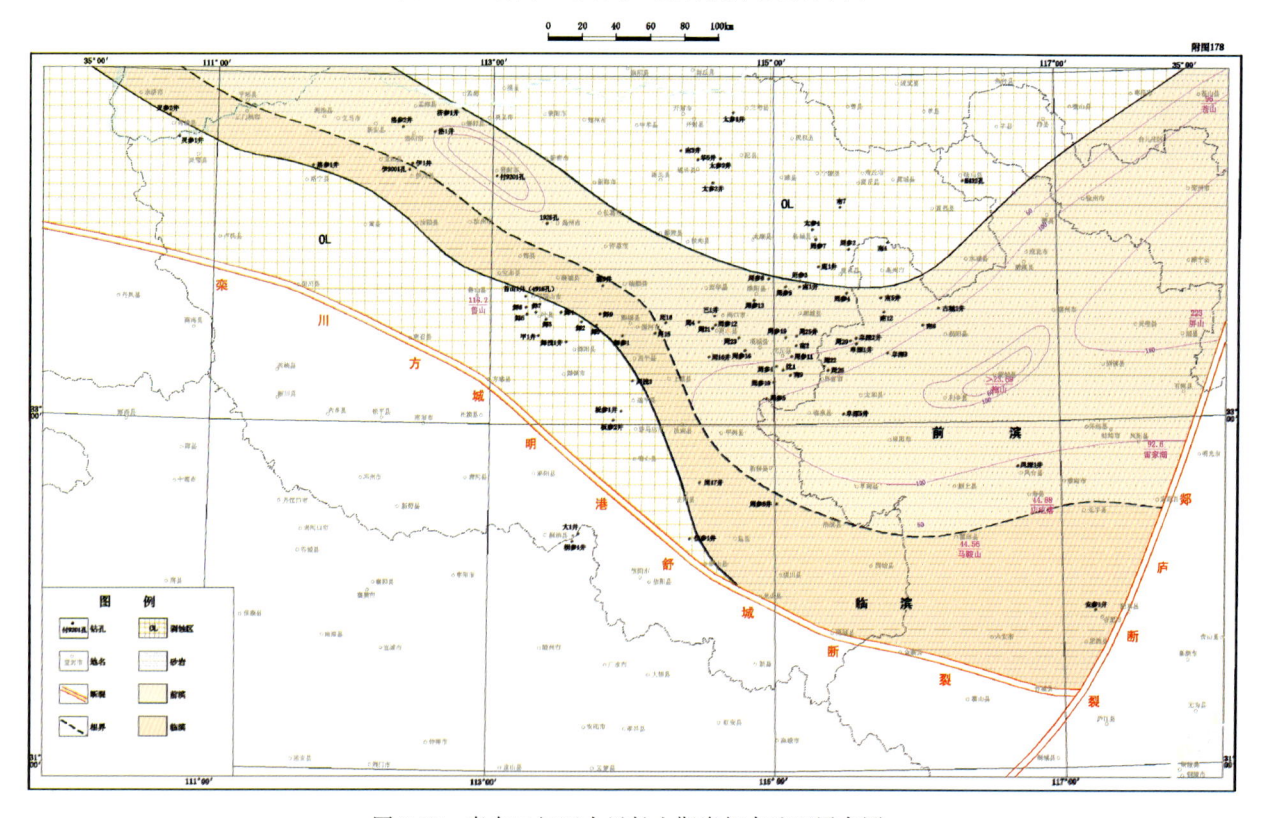

图 2-18　青白口纪四十里长山期岩相古地理展布图

· 46 ·

三、青白口系沉积模式

南华北盆地青白口系属典型克拉通稳定型建造，主要为滨岸-潮坪相碎屑岩建造，向南海水变深，合肥盆地北缘淮南—凤台及其西缘四十里长山地区的青白口系八公山群则属一套陆棚沉积体系为主的沉积（图 2-19）。

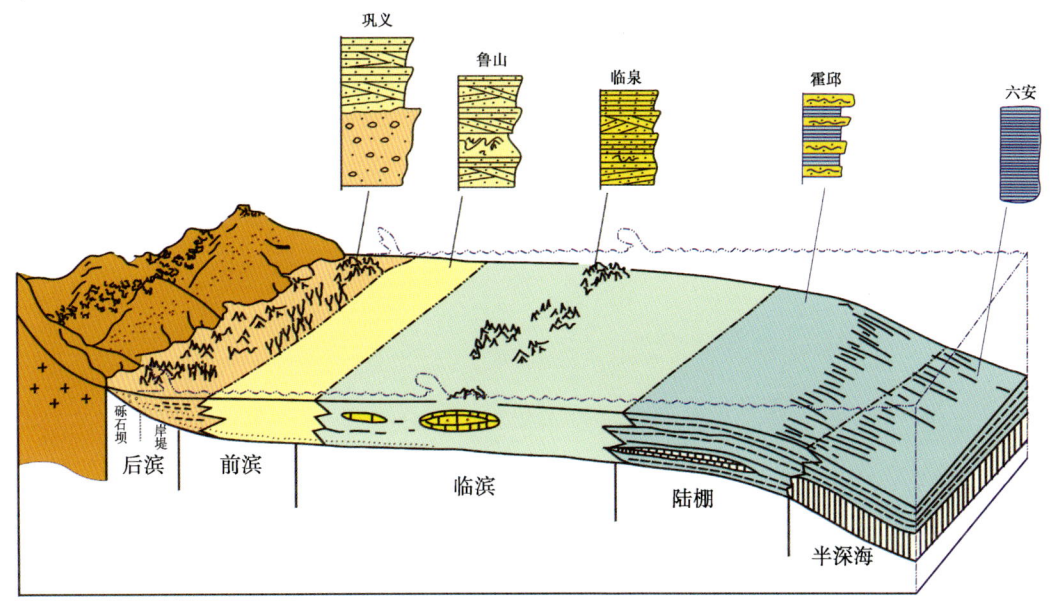

图 2-19 南华北盆地青白口系滨岸沉积模式

第四节 震旦系沉积体系特征及岩相古地理演化

一、震旦系沉积体系特征

（一）滨岸沉积体系

滨岸沉积体系在震旦系黄莲垛组底部可见。形成于有波浪作用控制的开阔且陆源物质供应充足的滨岸环境，主要为砂泥质沉积，局部地段见有砾质海滩沉积。一个完整的砂质海滩相序自下而上分别为下临滨沉积、上临滨沉积、前滨沉积和后滨沉积。下临滨沉积为薄层状细粉砂岩、泥质粉砂岩及细砂岩，仅见水平层理、波状层理和小型交错层理。上临滨多为中粗粒石英砂岩，发育大型板状交错层理、楔状交错层理及平行层理。偶尔可见冲洗层理和浪成对称或不对称波痕。前滨沉积的厚度最大，粒度最粗，以中—粗粒石英砂岩为主，沉积构造十分发育，最典型的是海滩冲洗交错层理，其次为平行层理、板状及楔状交错层理，而且波痕构造特别发育，类型繁多，在前滨沉积的砂岩层面上可发育泥裂、雨痕和遗迹化石等暴露构造。后滨沉积比较少见，一般由粉砂岩或粉砂质泥岩组成，发育水平纹层及波状层理，常见小型波痕和泥裂构造（图 2-20）。

（二）碳酸盐潮坪沉积体系

碳酸盐潮坪沉积体系在空间上一般沿古陆边缘分布，且随古陆边缘地貌条件而宽窄不一。根据其沉积特征，将其划分为潮上、潮间和潮下。在潮坪局部高地，发育有浅滩沉积。碳酸盐潮坪在震旦系黄莲垛组和董家组广泛发育（图 2-21，图 2-22）。

（1）潮上。潮上亚相可进一步划分为云坪、膏云坪、泥云坪、砂云坪和泥坪。平缓的潮上带在干旱炎热气候条件下常形成准同生泥、粉晶白云岩，泥晶、泥质白云岩或藻席白云岩构成云坪，常发育水平纹层，岩石层面上常见多角形干裂、鸟眼构造、膏岩铸模，有时见石膏夹层，生物化石稀少。当有大量的陆源物质混入时，可形成泥云坪、砂云坪和泥坪。

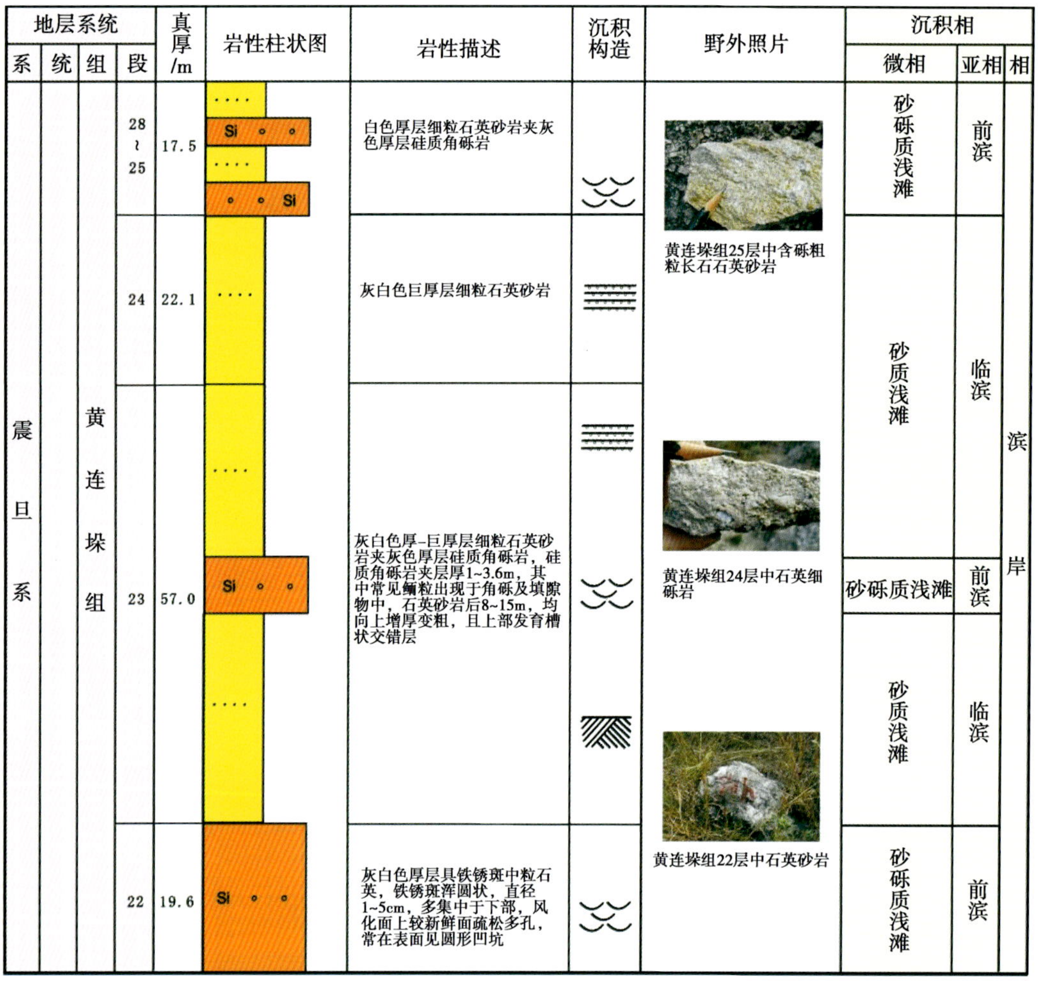

地层系统				真厚/m	岩性柱状图	岩性描述	沉积构造	野外照片	沉积相		
系	统	组	段							微相	亚相	相
震旦系		黄连垛组	28~25	17.5		白色厚层细粒石英砂岩夹灰色厚层硅质角砾岩	≋	黄连垛组25层中含砾粗粒长石石英砂岩	砂砾质浅滩	前滨	滨岸
				24	22.1		灰白色巨厚层细粒石英砂岩	═	黄连垛组24层中石英细砾岩	砂质浅滩	临滨	
				23	57.0		灰白色厚-巨厚层细粒石英砂岩夹灰色厚层硅质角砾岩，硅角砾岩夹层厚1~3.6m，其中常见鲕粒出现于角砾及填隙物中，石英砂岩厚8~15m，均向上增厚变粗，且上部发育槽状交错层	≋	黄连垛组24层中石英细砾岩	砂砾质浅滩	前滨	
									黄连垛组22层中石英砂岩	砂质浅滩	临滨	
				22	19.6		灰白色厚层具铁锈斑中粒石英，铁锈斑浑圆状，直径1~5cm，多集中于下部，风化面上较新鲜面疏松多孔，常在表面见圆形凹坑	≋		砂砾质浅滩	前滨	

图2-20 南华北盆地震旦系滨岸沉积特征（河南鲁山下汤剖面，震旦系黄连垛组）

（2）潮间。潮间亚相可进一步划分为灰云坪、云灰坪、泥灰坪等微相。一般由灰色、灰黄色泥晶灰岩、白云质灰岩、灰质白云岩及含燧石条带或燧石团块细晶白云岩组成，发育鸟眼构造、石膏假晶、水平纹层、垂直或近垂直的钻孔。生物化石稀少，可见牙形石。有时见潮道沉积，以竹叶状灰岩和泥晶鲕粒灰岩为主，厚度相对较薄。另外，潮上坪或潮间坪中的洼地易形成潮上、潮间潟湖环境。但规模较小，介质能量低，多为典型静水沉积。

（3）潮下。该相位于古陆边缘沉积区外侧，滨岸浅滩环境潮汐流较通畅，水体能量间歇性较弱，水浅而盐度正常，有适量异地生物碎屑沉积。岩石类型条带泥晶灰岩或球粒泥晶灰岩为主，有时亦有少量粉砂岩或页岩。

（三）局限台地沉积体系

局限台地指水体运动受限制的潮下地区，水动力条件较弱，向岸过渡到台地潮坪沉积，随海底地形变化，常因浅滩遮挡，相对低洼而形成局限滩间海沉积环境。随海底地形变化，常因浅滩遮挡、相对低洼而形成局限滩间海沉积环境。在研究区震旦系黄连垛组及董家组上部比较发育，由于海水通常局限循环不畅、水动力较弱，因而常见局限海湾和潟湖，盐度较高，生物种类及丰度较低。局限海湾常由微晶灰岩、叠层石灰岩和白云岩组成，有水平纹层、层纹石构造及鸟眼构造；潟湖最特征的岩石类型为枝状层孔虫微晶灰岩、生屑球粒微晶灰岩。在局限台地中，局部地带亦可出现高能环境，由鲕粒灰岩、核形石灰岩及生屑灰岩组成（图2-23）。

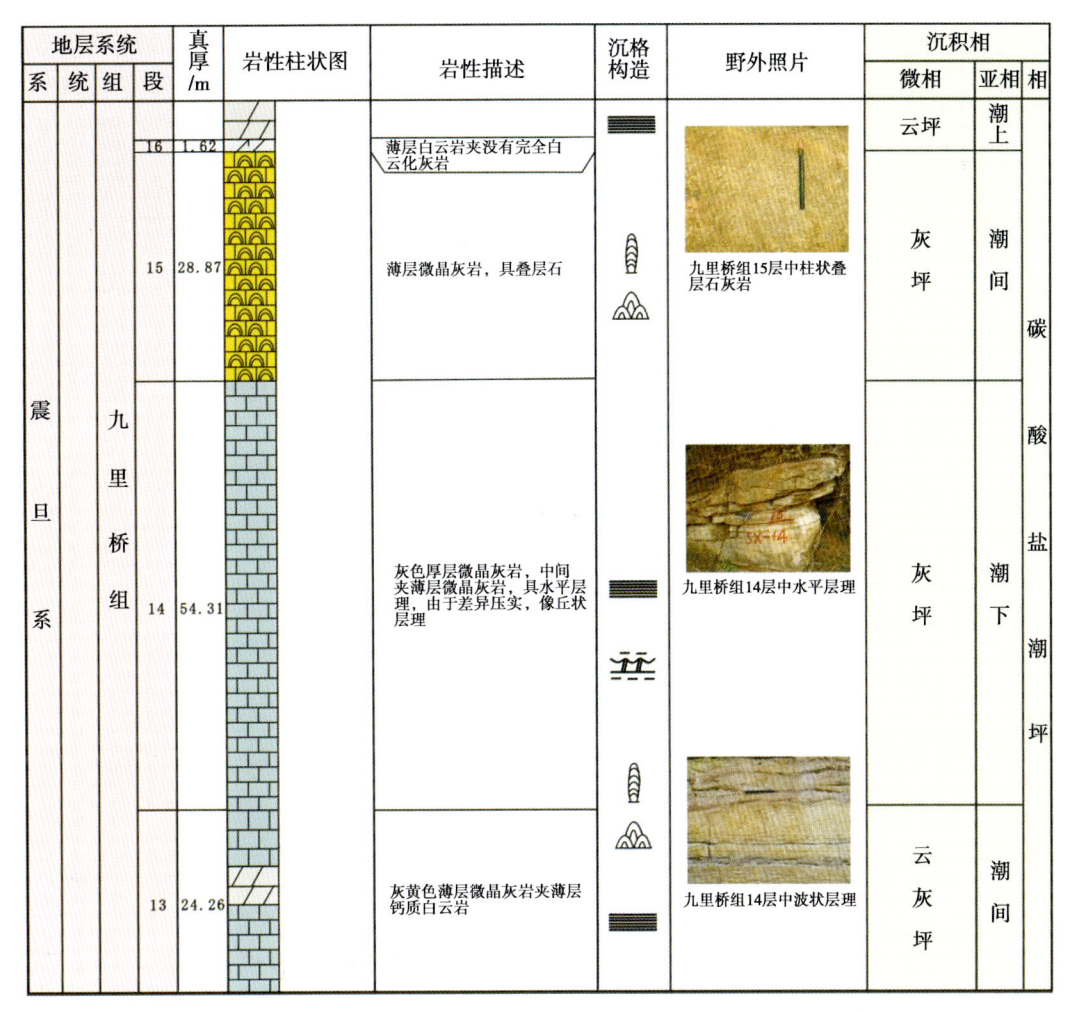

第二章 沉积体系类型、特征及岩相古地理演化

地层系统			真厚/m	岩性柱状图	岩性描述	沉积构造	野外照片	沉积相		
系	统	组 段						微相	亚相	相
震旦系		九里桥组	16 1.62		薄层白云岩夹没有完全白云化灰岩			云坪	潮上	碳酸盐潮坪
			15 28.87		薄层微晶灰岩，具叠层石		九里桥组15层中柱状叠层石灰岩	灰坪	潮间	
			14 54.31		灰色厚层微晶灰岩，中间夹薄层微晶灰岩，具水平层理，由于差异压实，像丘状层理		九里桥组14层中水平层理	灰坪	潮下	
			13 24.26		灰黄色薄层微晶灰岩夹薄层钙质白云岩		九里桥组14层中波状层理	云灰坪	潮间	

图 2-21 南华北盆地震旦系碳酸盐潮坪（安徽寿县西山套剖面，震旦系九里桥组）

（四）开阔台地沉积体系

开阔台地指地台中部或外侧开阔地区及台地与外海畅通的广阔浅水区。在安徽宿州、灵璧地区震旦系董家组较为发育（图2-24）。开阔台地的沉积界面多位于低潮面与浪基面之间，盐度正常，水深一般为数米至数十米，具中等能量。主要岩石类型为厚层亮晶砂屑灰岩、含燧石团块白云石化亮晶砂屑灰岩、生物碎屑灰岩、含颗粒灰岩、泥灰岩夹少量褐灰色砂屑介壳灰岩、灰绿色页岩或含石英砂岩薄层白云岩。岩石中颗粒类型较单一，见有内碎屑、鲕粒等高能颗粒。海相动物化石发育，尤其腕足类和蜓类更为丰富，痕迹化石亦很多，几乎每层灰岩均见有虫迹，且虫迹与层面斜交或近于平行，生物搅动构造常见。根据其沉积特征可以识别出浅滩和滩间（海）沉积。

（1）浅滩：其沉积环境为潮下高能水动力环境，形成于开阔台地中的水下隆起部位，主要分布于开阔台地边缘和开阔台地内部。由厚层生屑灰岩、亮晶砂屑灰岩、亮晶鲕粒灰岩、藻屑灰岩、豹皮灰岩及部分竹叶状灰岩、竹叶状白云岩组成，其底部常发育交错层理、斜层理及冲刷面。按岩石微相组合特征可分为生屑滩、鲕粒滩、竹叶滩等。

（2）滩间（海）：由薄层泥灰岩、泥质条带灰岩、薄层灰质泥质白云岩、少量介壳泥灰岩、生物扰动云化泥灰岩组成，偶夹薄层灰绿色页岩，也可由薄层灰绿色页岩夹薄层泥灰岩组成，常发育水平层理。

（五）地震事件沉积

南华北地区震旦系九里桥组、望山组具有地震沉积特征，其标志主要表现在以下几个方面。

（1）构造标志。地震的构造标志主要包括断裂递变层、断裂均一层、地裂缝、微同沉积断裂（包括层内阶梯断裂）、重力断层、微褶皱纹理等。断裂递变层和断裂均一层是指岩层内存在各种微断裂，微同沉积断裂和重力断层均为层内断裂（区别于后期构造引起的切层断裂），重力断层通常与地震引起的重力滑动有关，与揉皱指示相同的滑动方向（图 2-25）。微褶皱纹理也是属于层内变形，即地震微褶皱纹理局限于地震扰动层之内，一般形态不规则、不协调，定向性差，尺度较小，以区别于后期构造形成的褶皱变形（图 2-26）。

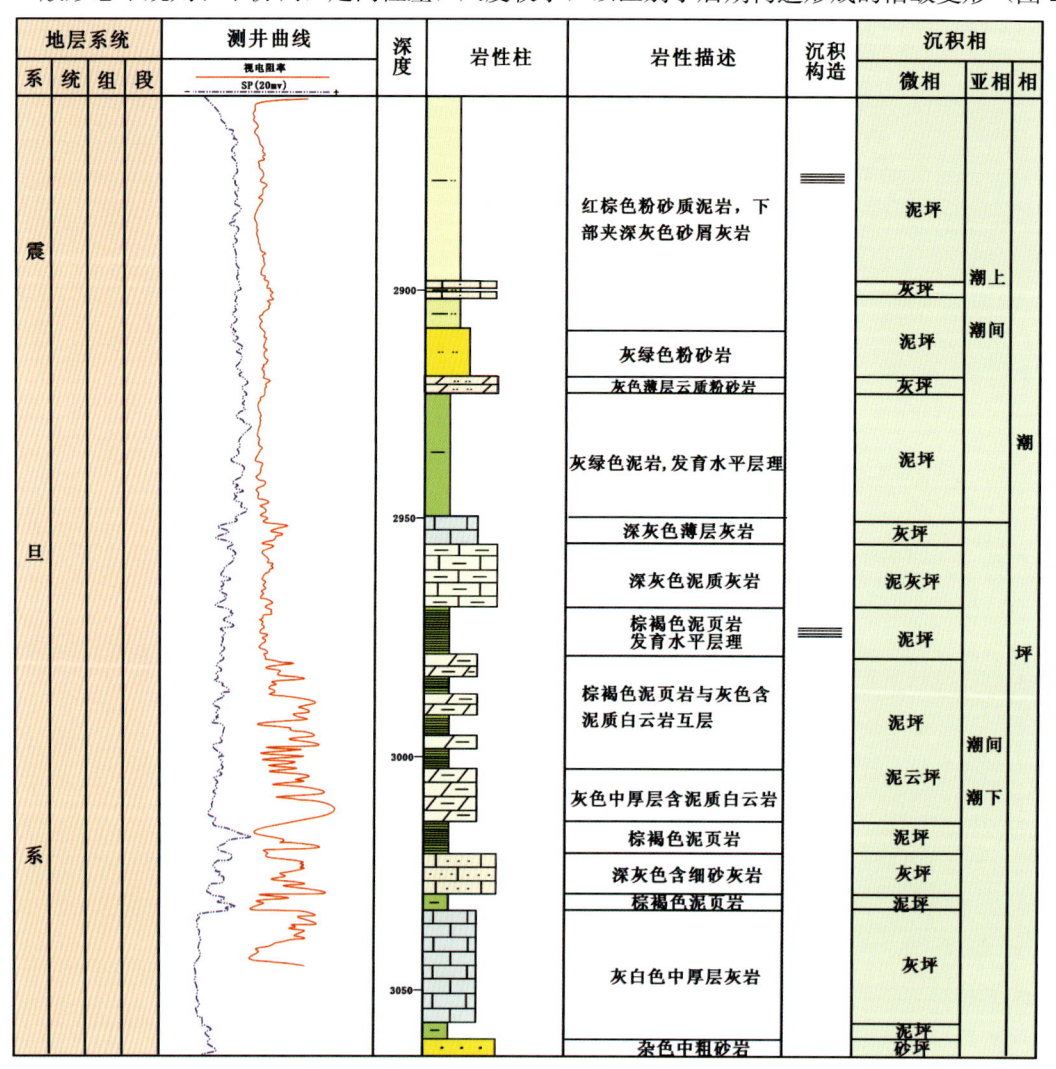

图 2-22 南华北盆地震旦系碳酸盐潮坪（南 6 井）

（2）沉积-成岩标志。岩脉（墙）、泥岩脉（墙）、泥晶脉（文象构造）、砂火山、泥火山是液化的泥沙和灰泥沿地震裂隙溢出、充填或穿插形成的。地震过程中形成大量断裂，这些断裂缝既可以为地下液化的泥或砂所充填（如大陆地震），也可以为震后的碎屑物质所充填。泥晶脉主要见于碳酸盐震积岩中，由泥晶方解石脉体组成。泥晶脉是液化的灰泥穿插软沉积物层或充填地震微断裂形成的。枕状层、负荷构造、枕状构造、球状构造、包卷层理、泄水构造等同沉积变形构造是沉积物沉积之后固结之前的变形构造，它们与沉积物的液化、颤动、沿裂隙泄水有关（图 2-27，图 2-28）。虽然不完全排除非地震成因，但这些构造在地震过程中是可以形成的。

（3）岩石类型。地震作用可以通过各种作用改造已有的沉积物形成记录有地震作用标志的沉积物或沉积岩。震积岩（或地震岩，广义震积岩）主要包括地震过程中原地形成的震积岩（狭义震积岩）、地震引发海啸形成的海啸岩和地震引发重力流形成的震浊积岩。原地震积岩是地震过程中沉积物振动形成的具各种震积构造的岩石（原地相）。乔秀夫等（1990）将其分为震褶岩、震裂岩、震塌岩等类型。海啸岩是与震积岩共生的粗碎屑岩或粗碎屑碳酸盐岩（近原地相）。这些碎屑岩的碎屑磨圆度和分选较差，尤其是碎屑角砾常见塑性变形特征。海啸岩中可具丘状层理（图 2-29），但由于丘状层理规模较大，露头上不易识别，常见不清晰的平行层理。震浊积岩是地震引发的重力流沉积（异地相），包括碎屑流和浊流沉积（图 2-30）。

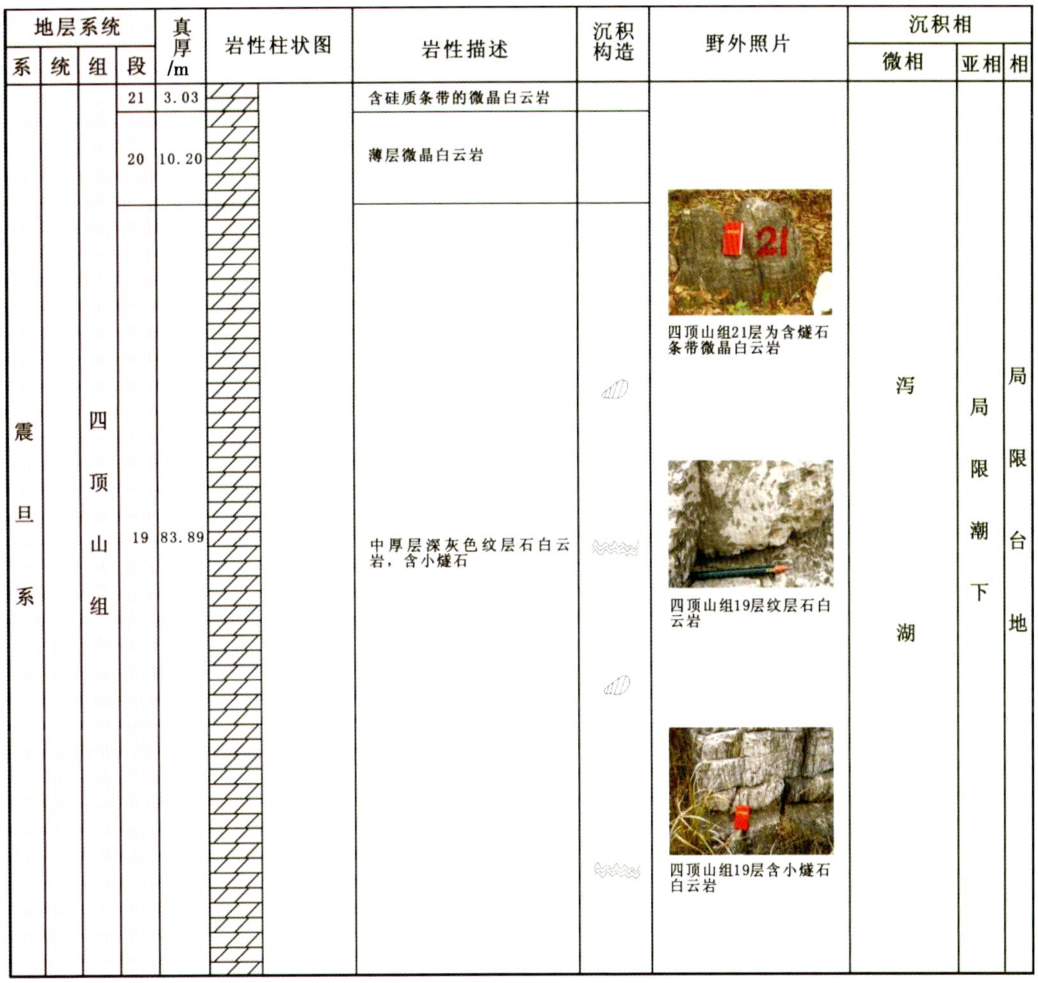

地层系统				真厚/m	岩性柱状图	岩性描述	沉积构造	野外照片	沉积相		
系	统	组	段						微相	亚相	相
震旦系		四顶山组	21	3.03		含硅质条带的微晶白云岩			四顶山组21层为含燧石条带微晶白云岩	泻湖	局限潮下	局限台地
			20	10.20 || 薄层微晶白云岩						
			19	83.89		中厚层深灰色纹层石白云岩，含小燧石			四顶山组19层纹层石白云岩 四顶山组19层含小燧石白云岩		

图 2-23 南华北盆地震旦系局限台地沉积特征（安徽寿县西山套剖面震旦系四顶山组）

（4）沉积序列

震积作用的沉积序列是在地震及其触发的海啸、重力流事件作用过程中形成的沉积单元的规律组合。不少学者从不同角度对震积序列进行了总结。一般认为，由震积作用形成的沉积包括震积岩（原地系统）、海啸岩（准原地系统）、震浊积岩（异地系统），加上背景沉积，组成震积岩沉积序列的基本沉积单元。每个沉积单元的内部组成又有差别（图 2-31）。

震旦系望山组含有大量独特的微晶碳酸盐脉体（文象花纹构造），同时还具有碳酸盐泥块、碳酸盐液化卷曲变形、层内断裂、丘状层理等，为地震液化阶段在地震初期、高潮、衰减及停止等不同时期形成的各种原地构造（图 2-32）。

二、震旦系岩相古地理演化

震旦纪时期，南华北盆地继承着青白口系的海域，总体表现为海水逐渐变浅，范围逐渐缩小的趋势。沉积环境以潮坪为主，盆地北部登封、亳州、微山等地以潮上坪沉积为主；鲁山、蒙城等南华北广大地区以潮间坪沉积为主；盆地南部卢氏、确山、六安等地以潮下坪沉积为主（图 2-33，图 2-34）。

（一）早震旦世黄莲垛期岩相古地理展布（图 2-35）

黄莲垛期，南华北盆地继承了青白口纪沉积格局，华北南缘地壳隆升，海水沿东南方向部分退出，周口、淮阳一带地势较高，成为隆起剥蚀区。此后，地壳又缓慢下降，海水自东南及南部方向侵入，嵩县、驻马店、新蔡、霍邱以北广大地区岩石类型为粉砂质灰岩、砂质灰岩，有时夹海绿石、钙质粉砂岩、石英砂岩。岩石呈灰、青灰色，具水平微细层理、波状层理，低角度交错层理等，含藻类、蠕虫化石，显示出水动力条件较弱—中等的潮上-潮间沉积环境。其中，凤阳一带出现页岩-灰岩组合，地层厚度小于100m，反映了水体较浅，畅流条件较差的特点，这种环境与陆源碎屑较少、淮阳古陆地形较为平缓、气候炎热干燥有关。南华北盆地南部鲁山、确山、固始及六安等地呈一狭窄海盆。下部岩石类型主要为灰、灰白、淡黄色砂岩、砂粒岩、石英砂岩、含砾屑石英砂岩及少量细晶白云岩，硅质条带白云岩；上部主要为灰、深灰色、淡红色细晶白云岩、硅质条带白云岩、泥晶白云岩及硅质岩，厚度由十几米至百余米，具水平层理、波状层理。局部见滑动构造，条带状构造发育，硅质岩中尚见少量砾屑及鲕粒，属于潮下带产物。

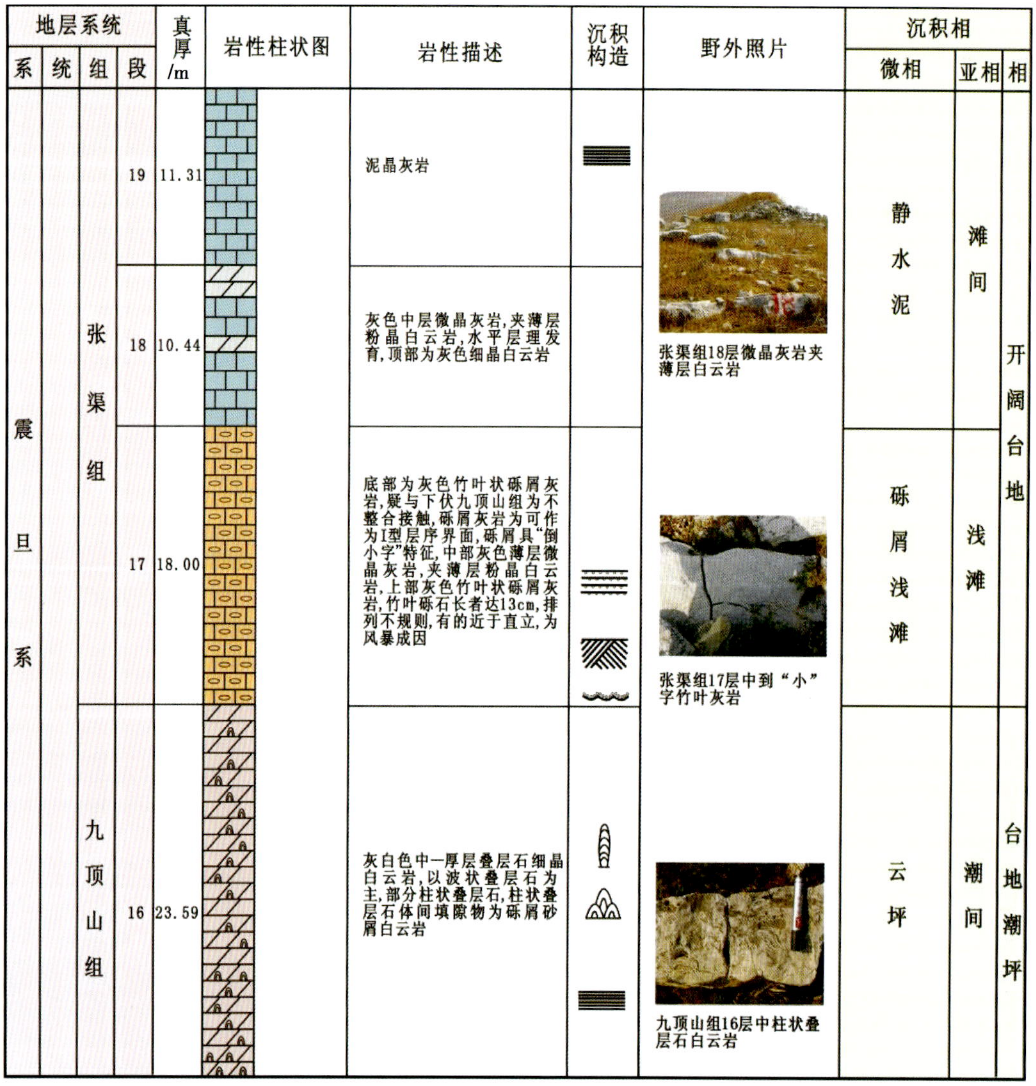

地层系统				真厚/m	岩性柱状图	岩性描述	沉积构造	野外照片	沉积相		
系	统	组	段						微相	亚相	相
震旦系		张渠组		19	11.31		泥晶灰岩			静水泥	滩间	开阔台地
				18	10.44		灰色中层微晶灰岩，夹薄层粉晶白云岩，水平层理发育，顶部为灰色细晶白云岩		张渠组18层微晶灰岩夹薄层白云岩			
				17	18.00		底部为灰色竹叶状砾屑灰岩，疑与下伏九顶山组为不整合接触，砾屑灰岩为可作为Ⅰ型层序界面，砾屑具"倒小字"特征，中灰色薄层微晶灰岩，夹薄层粉晶白云岩，上部灰色竹叶状砾屑灰岩，竹叶砾石长者达13cm，排列不规则，有的近于直立，为风暴成因		张渠组17层中到"小"字竹叶灰岩	砾屑浅滩	浅滩	
		九顶山组		16	23.59		灰白色中—厚层叠层石细晶白云岩，以波状叠层石为主，部分柱状叠层石，柱状叠层石体间填隙物为砾屑砂屑白云岩		九顶山组16层中柱状叠层石白云岩	云坪	潮间	台地潮坪

图 2-24　南华北盆地震旦系开阔台地沉积特征（安徽夹沟剖面震旦系张渠组）

（二）晚震旦世董家期岩相古地理展布（图 2-36）

董家期，南华北盆地地壳隆升，海水沿着东南方向逐渐退出，登封、嵩县以西地区遭受风化剥蚀。鲁山、平顶山地区主体为灰白色厚层粗粒石英砂岩、长石石英砂岩、岩屑石英砂岩、海绿石砂岩、粉砂岩，厚百余米左右。新鲜面呈灰白色，风化面呈黄褐色，磨圆、分选较好，具砂状结构，泥质沉积物较少，局部含有 2~5mm 的石英、钾长石砾石。该地区具大型浪成对称波痕，表明该地区水体较浅，受海浪长时间颠簸、分选，为滨岸沉积环境。上部主要由泥质灰岩、泥质白云质灰岩、泥晶灰岩及少量页岩组成，部分地段见纤状石膏和黄铁矿晶体，颜色为黄、淡红、紫灰、紫红、灰色，厚 10~200m，水平层理、条带状构造发育，属潮间-潮下环境。舞阳、项城一线以东广大地区为潮坪沉积环境。其中亳州、微山靠近华北古陆边缘，泥质含量较高，为潮上带沉积；安徽淮南、凤阳等广大地区主要为叠层石灰岩、泥晶灰岩、砂屑灰岩、砾屑灰岩（砾屑白云岩），有时为泥灰岩、钙质粉砂岩、页岩，地层厚度因剖面较为断续而不完整，据零星剖面拼接后显示，灵碧一带厚度较大，向西、向南有减薄的趋势，结合沉积相特点分析，当时气候炎热干燥，海底地形较为平坦，水体较浅，经常受到潮汐作用影响，为潮间带沉积，南部固始、六安地区为潮下带沉积。

图 2-25 层内断裂

图 2-26 微褶皱层理

图 2-27 文象构造

图 2-28 枕状构造及泄水构造

图 2-29 丘状层理

图 2-30 沉积物重力流剖面特征

三、震旦系沉积模式

震旦纪时期，南华北盆地总体表现为海水逐渐变浅，范围逐渐缩小的趋势，发育低能的碳酸岩沉积，以碳酸盐台地、潮坪沉积环境为主（图2-37）。

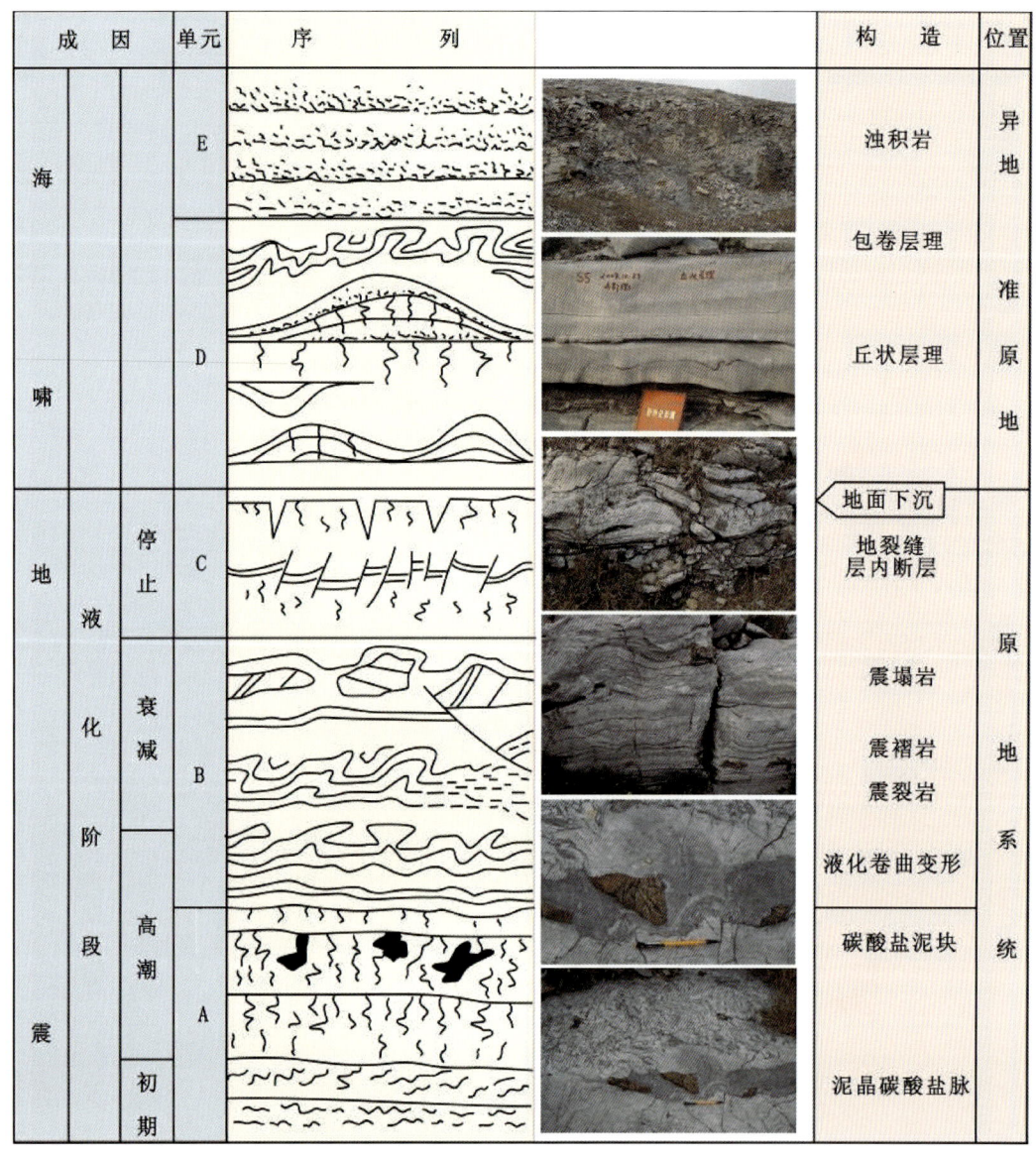

图2-31 南华北盆地震旦系碳酸盐层中振动液化地震序列

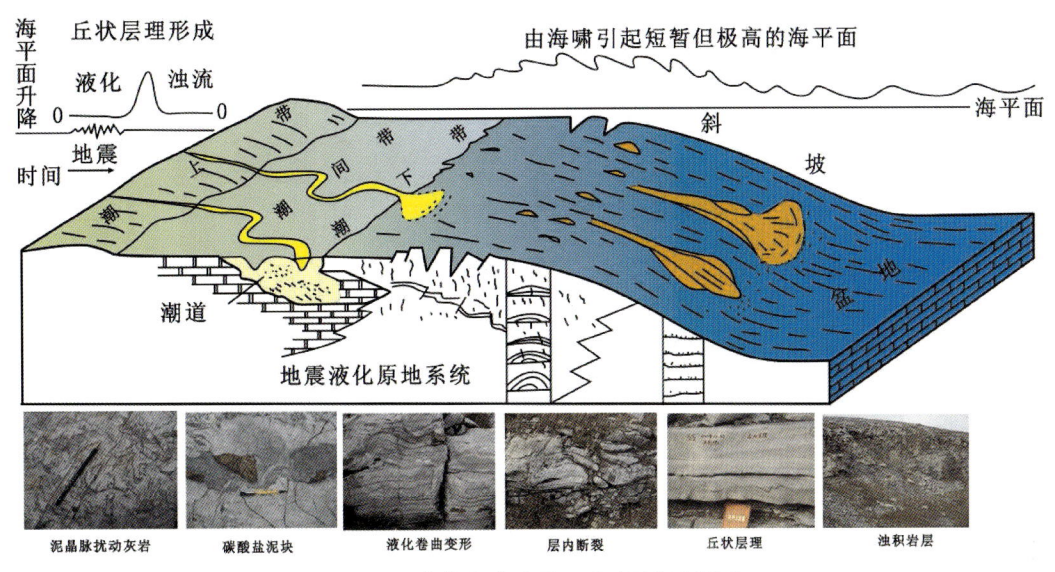

图 2-32 南华北盆地震旦系地震沉积模式

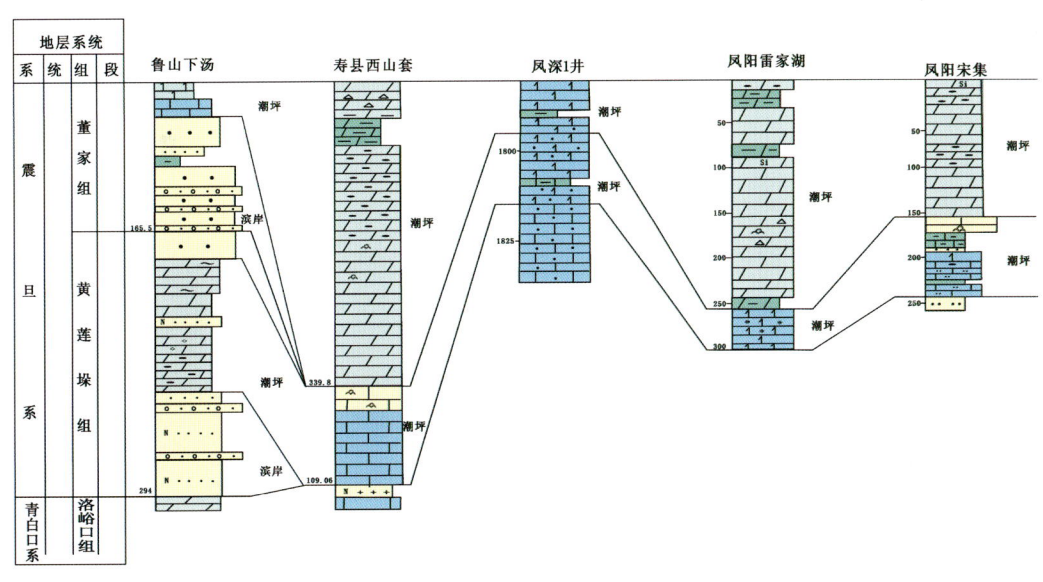

图 2-33 震旦系沉积相对比图

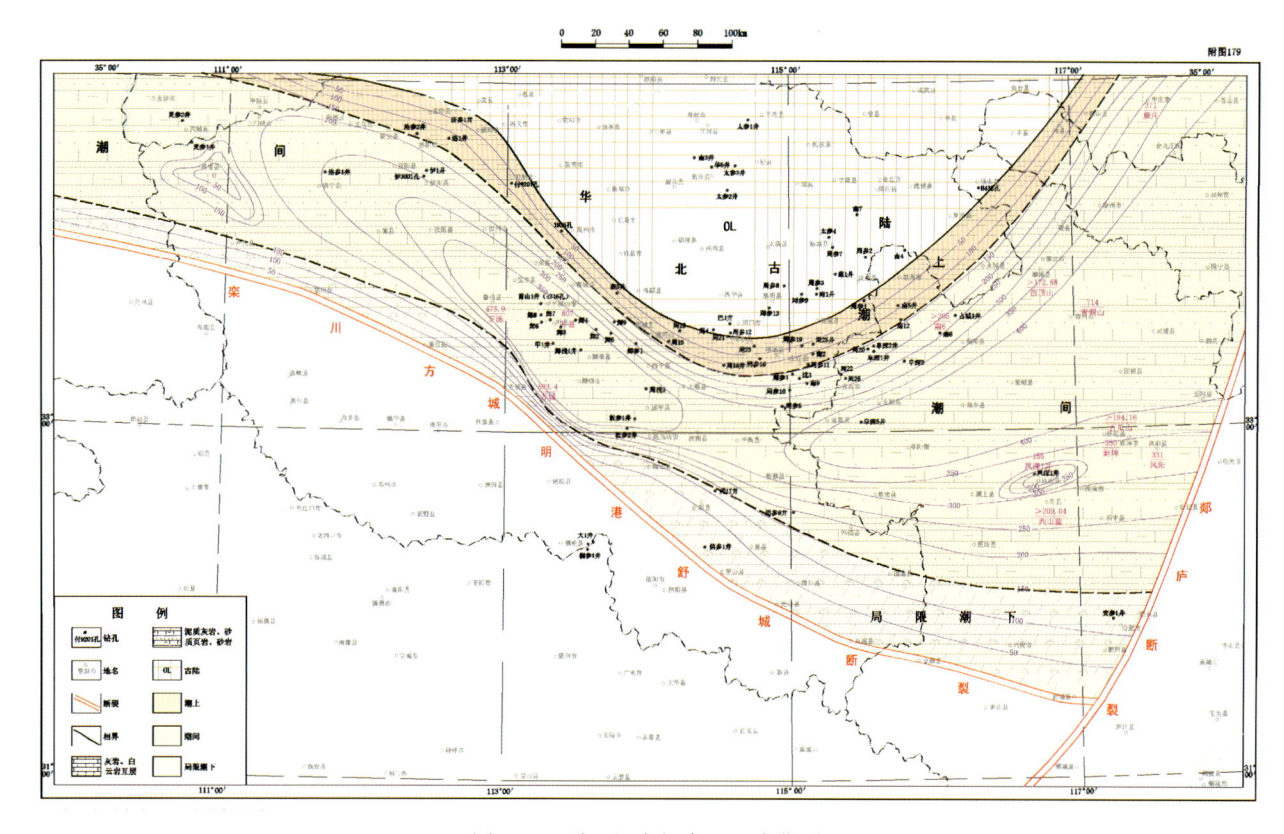

图 2-34 震旦纪岩相古地理演化图

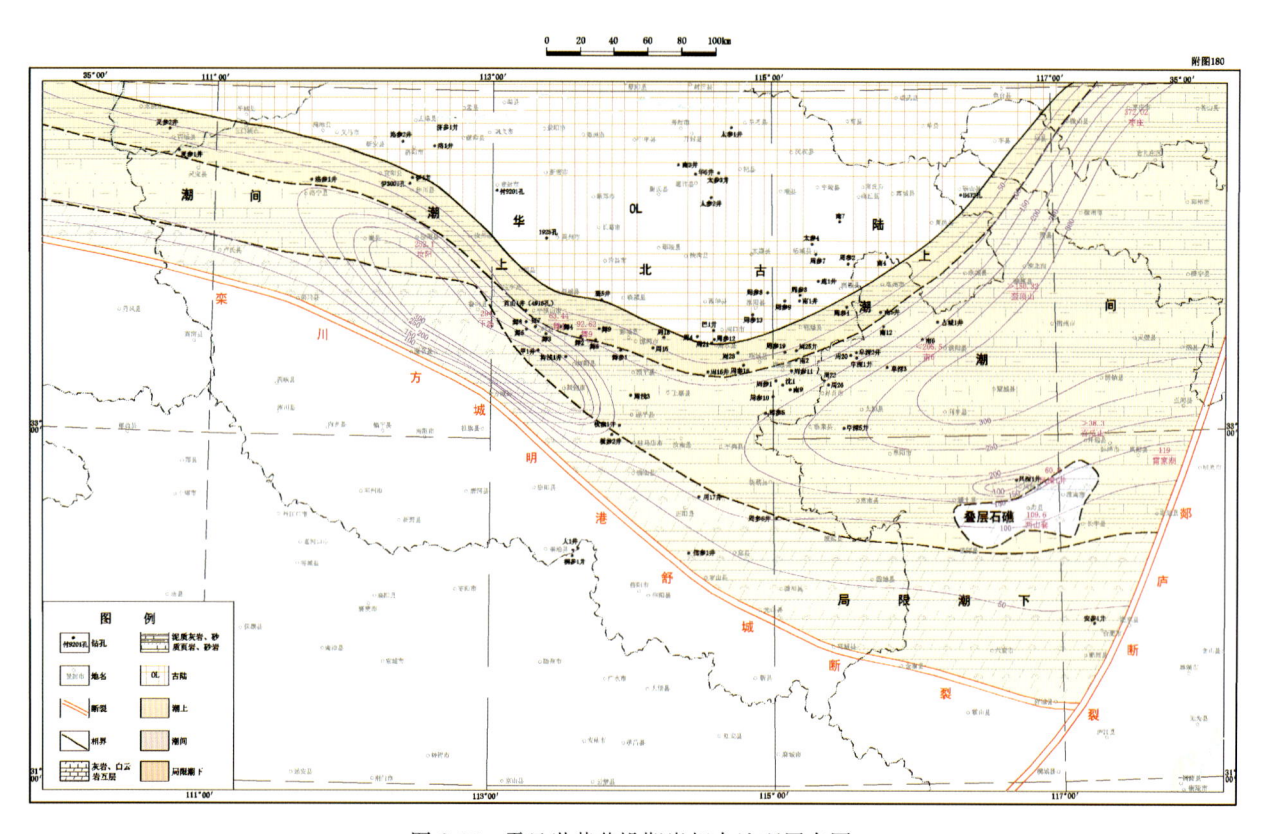

图 2-35 震旦世黄莲垛期岩相古地理展布图

第二章 沉积体系类型、特征及岩相古地理演化

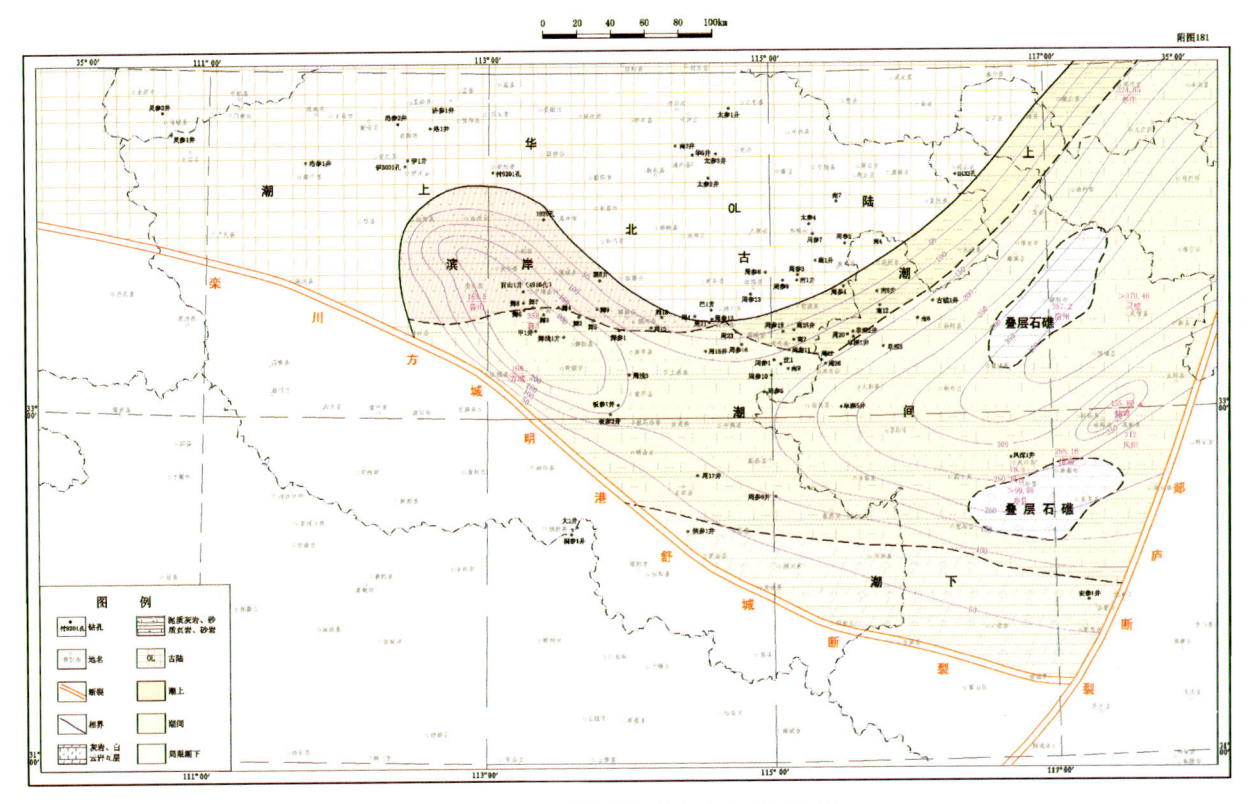

图 2-36 震旦世董家期岩相古地理展布图

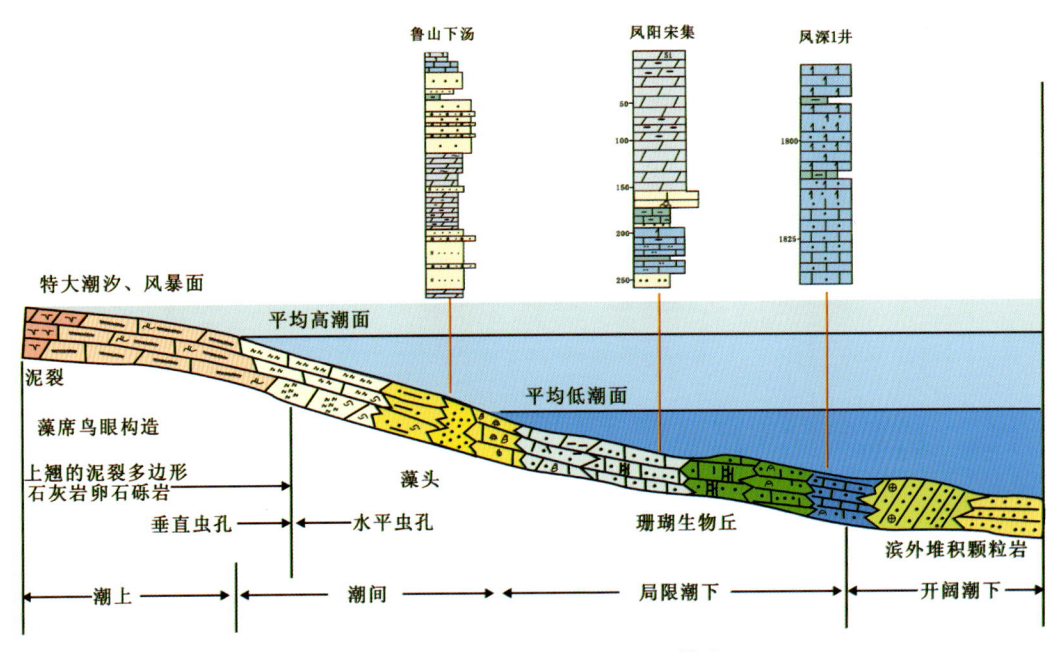

图 2-37 南华北盆地震旦系沉积模式

第五节 寒武系—奥陶系沉积体系特征及岩相古地理演化

一、寒武系—奥陶系沉积体系特征

（一）滨岸沉积体系

滨岸沉积体系发育于无障壁海岸滨岸地带，水动力以波浪为主。该相在南华北地区下寒武统辛集组较为发育。岩石类型主要为中粒钙质石英砂岩、粗粒石英砂岩、含砾石英砂岩、石英细砾岩、砾岩。砂岩中石英磨圆极好，砾岩中砾石的磨圆度也较高，岩石呈现砖红色、黄褐色、灰白色等。可见波痕和低角度交错层理。根据其沉积特征，将其划分为临滨沉积、前滨沉积和后滨沉积（图2-38）。

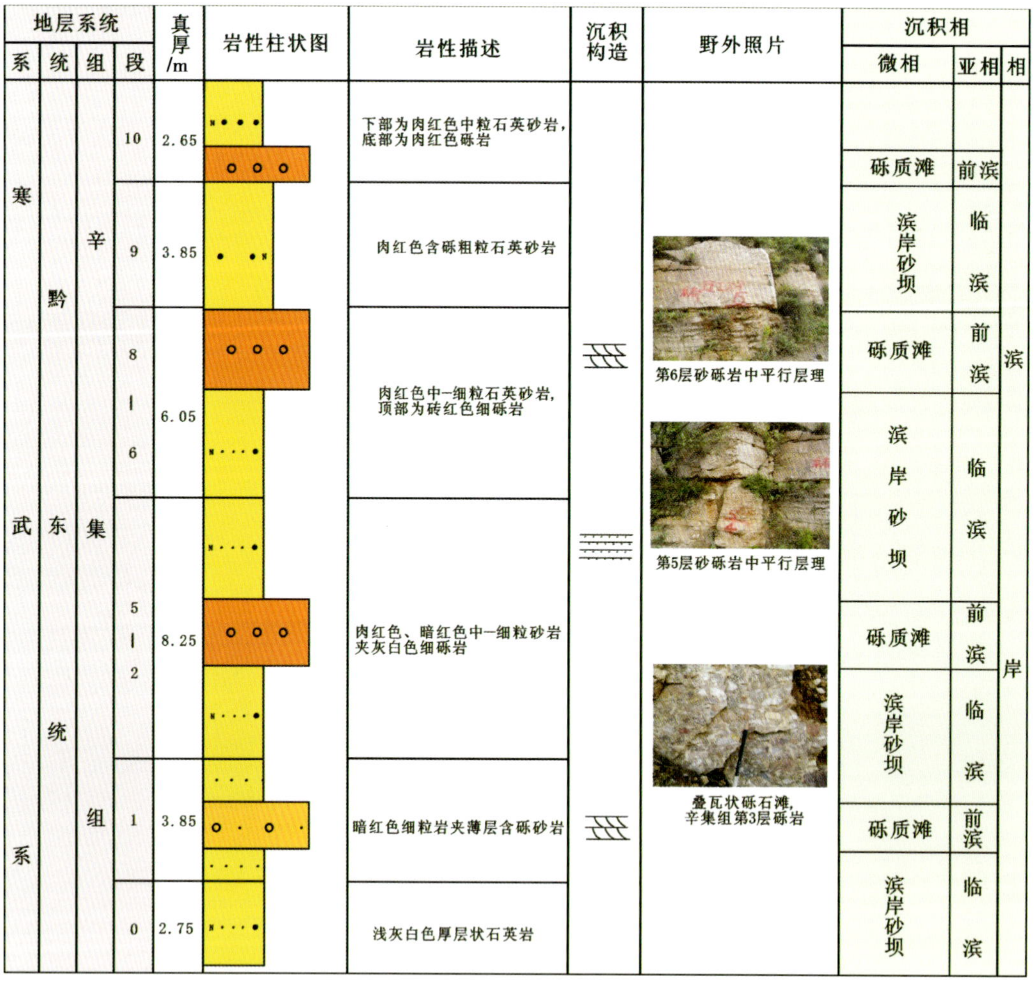

图2-38 寒武系滨岸沉积特征（河南登封唐窑寒武系辛集组）

（二）碎屑岩潮坪沉积体系

潮坪发育在具有明显的周期性潮汐作用的倾斜非常平缓的海岸区，该处没有强烈的海岸作用。潮坪沉积体系在河南广大地区下寒武统馒头组、毛庄组较为发育，主要为一套紫红色砂砾岩、砂岩、粉砂岩和泥岩组成。发育人字形交错层理、脉状潮汐层理、沙纹层理等沉积构造，根据沉积特征又可进一步划分为泥坪、砂泥混合坪和砂坪等微相（图2-39）。

泥坪沉积位于平均高潮线上，岩性为紫红色、灰绿色泥岩和泥质粉砂岩、粉砂质泥岩，泥岩中具有水平纹层，粉砂岩中具生物扰动构造、生物潜穴以及变形层理，在局部地区尚可见到泥裂。

砂泥混合坪沉积位于平均高潮线与平均低潮线之间。砂泥坪岩性为不等厚互层的棕褐色、灰绿色泥岩、粉砂质泥岩和浅灰色粉细砂岩。砂岩颗粒呈次棱角状至次圆状，分选中等至好。发育泥裂、生物扰动以及波纹层构造、波状层理、透镜状层理、板状交错层理等沉积构造。

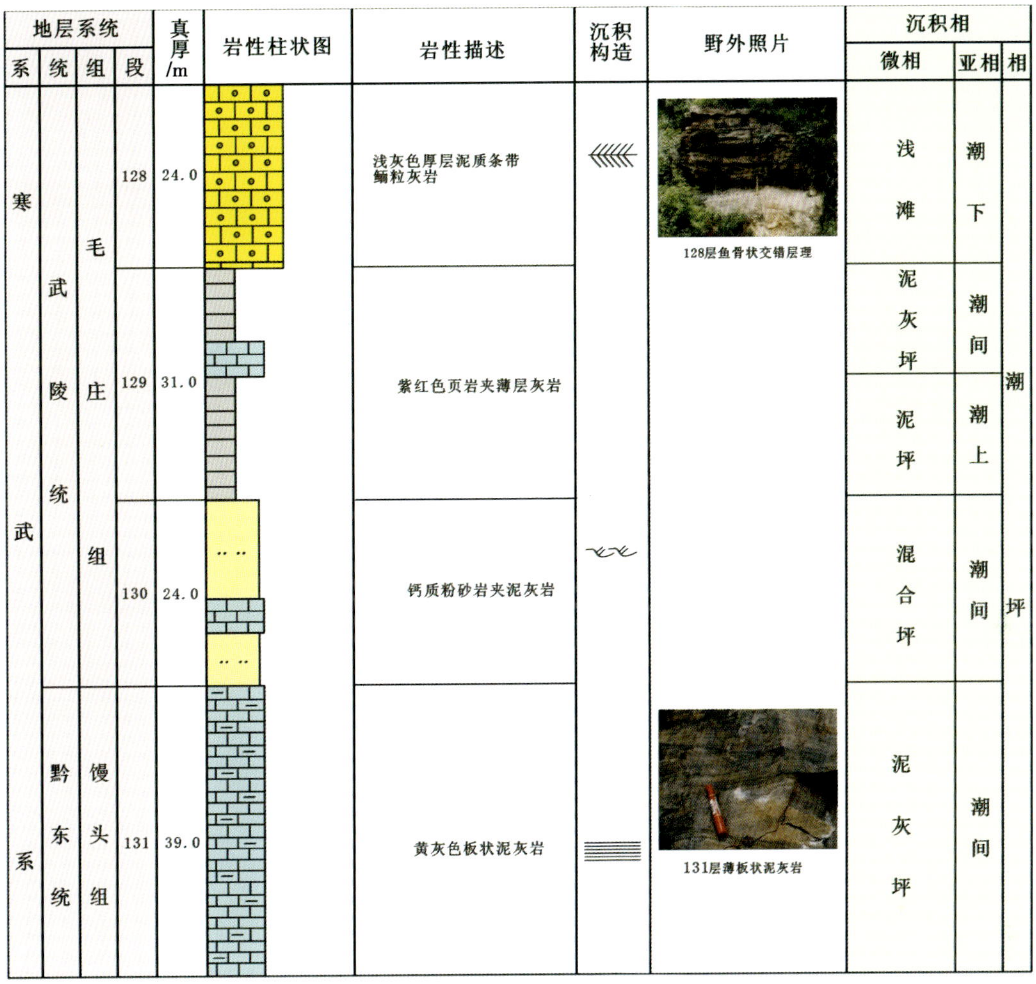

地层系统				真厚/m	岩性柱状图	岩性描述	沉积构造	野外照片	沉积相		
系	统	组	段						微相	亚相	相
寒武系	武陵统	毛庄组	128	24.0		浅灰色厚层泥质条带鲕粒灰岩		128层鱼骨状交错层理	浅滩	潮下	潮坪
			129	31.0		紫红色页岩夹薄层灰岩			泥灰坪	潮间	
									泥坪	潮上	
			130	24.0		钙质粉砂岩夹泥灰岩			混合坪	潮间	
黔东统		馒头组	131	39.0		黄灰色板状泥灰岩		131层薄板状泥灰岩	泥灰坪	潮间	

图 2-39 碎屑岩潮坪沉积特征（河南济源寒武系毛庄组）

砂坪沉积位于平均低潮线以下，长期受海洋潮汐等水动力作用。岩性为棕褐色或浅灰色细砂岩、沥青质细砂岩、棕褐色粉砂岩及浅灰绿色泥岩。发育板状层理、冲洗交错层理、层面的浪成波痕沉积构造以及生物扰动和潜穴。在砂坪沉积环境中常发育潮汐水道沉积，由灰色细砂岩、含砾不等粒砂岩和粉砂质泥岩、泥岩组成。常见数个向上变细的潮道沉积旋回叠置，单个潮道序列由潮道床底、活动潮汐水道、废弃潮道组成。

（三）碳酸盐潮坪沉积体系

潮坪相在空间上一般沿古陆边缘分布，且随古陆边缘地貌条件而宽窄不一。在豫西地区寒武系—奥陶系广为发育，根据其沉积特征，将其划分为潮上亚相、潮间亚相及潮下亚相（图 2-40）。

（1）潮上亚相。潮上亚相包括云坪、膏云坪、泥云坪、砂云坪和泥坪。常发育水平纹层，岩石层面上常见多角形干裂、鸟眼构造、膏岩铸模，有时见石膏夹层，生物化石稀少。当有大量的陆源物质混入时，可形成泥云坪、砂云坪和泥坪。如鲁山辛集下寒武统馒头组属于此种沉积类型。

（2）潮间亚相。潮间亚相可进一步划分为灰云坪、云灰坪、泥灰坪等微相。豫西地区上寒武统崮山组、长山组、凤山组，豫北地区上寒武统长山组、凤山组为典型的碳酸盐台地潮间带沉积。岩石类型为泥晶白云岩、粉—细晶白云岩、燧石团块白云岩及条带状白云岩。发育波状层理、脉状层理、透镜状层理，可见不规则的细条纹，反映潮间带水位变化频繁的特点。白云岩结晶较粗时，原始纹理和层理造破坏而呈厚层状或团块。岩石硅化强烈时，沉积构造亦早多破坏，如嵩山地区凤山组的蜂窝状硅质白云岩。

生物化石稀少，局部可见三叶虫富集，生物遗迹主要为垂直或近于垂直的钻孔及少量简单虫管。豫西地区辛集组及馒头组顶部也发育碳酸盐潮间坪沉积，主要为云斑泥晶灰岩、叠层石灰岩，应属于潮间坪藻席沉积。

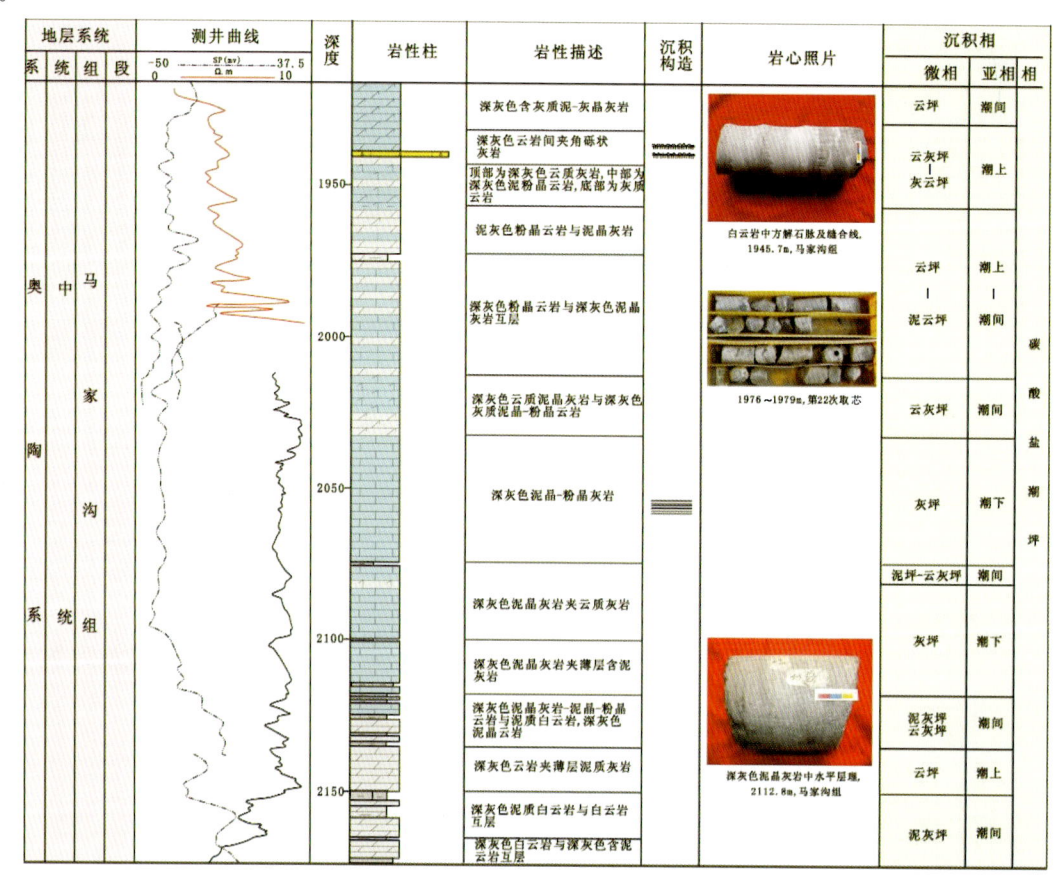

图 2-40 碳酸盐潮坪沉积特征（太参 3 井马家沟组）

（3）潮下亚相。该相位于古陆边缘沉积区外侧，滨岸浅滩环境潮汐流较通畅，水体能量间歇性较弱，水浅而盐度正常，有适量异地生物碎屑沉积。岩石类型为条带泥晶灰岩或球粒泥晶灰岩为主，有时亦有少量粉砂岩或页岩。

（四）局限台地沉积体系

局限台地指水体运动受限制的潮下地区，水动力条件较弱，向岸过渡到台地潮坪沉积，随海底地形变化，常因浅滩遮挡，相对低洼而形成局限滩间海沉积环境，导致盐度较高，如宿县夹沟炒米店组 Sr/Ba 为 18.8～29.5，生物种类及丰度较低。局部地带亦可出现高能环境，由鲕粒灰岩、核形石灰岩及生屑灰岩组成。在威尔逊的碳酸盐标准相带中，局限台地相包括碳酸盐台地中的潟湖、潮坪沉积。在塔克的模式中该相仅指潟湖。刘宝珺等（1985）在总结碳酸盐沉积相时也采用了潟湖与潮坪分开的方案，研究区中的局限台地代表碳酸盐台地的局限潮下潟湖沉积为主，局部发育台内浅滩、云坪等亚相。主要由灰、灰黄或灰白色交代成因的细晶白云岩、中晶白云岩及含燧石团块或条带白云岩、白云质灰岩、灰质白云岩及杂色角砾状灰岩或角砾状白云质灰岩组成。缺少生物化石，可见牙形石。发育水平纹层、鸟眼构造。该类沉积相在南华北地区寒武系—奥陶系广为分布（图 2-41）。

根据太参 3 井和登封十八盘剖面白云岩碳同位素分析（表 2-6），白云岩形成温度为 16.03～36.02℃，属于冷湿气候。测得的古温度也可以帮助判断白云岩的成因，由于气温较低，平均为 22.37℃，不可能为高温的蒸发泵成因。表明太参 3 井登封十八盘剖面上马家沟组白云岩为同生-准同生期混合水白云石化成因。

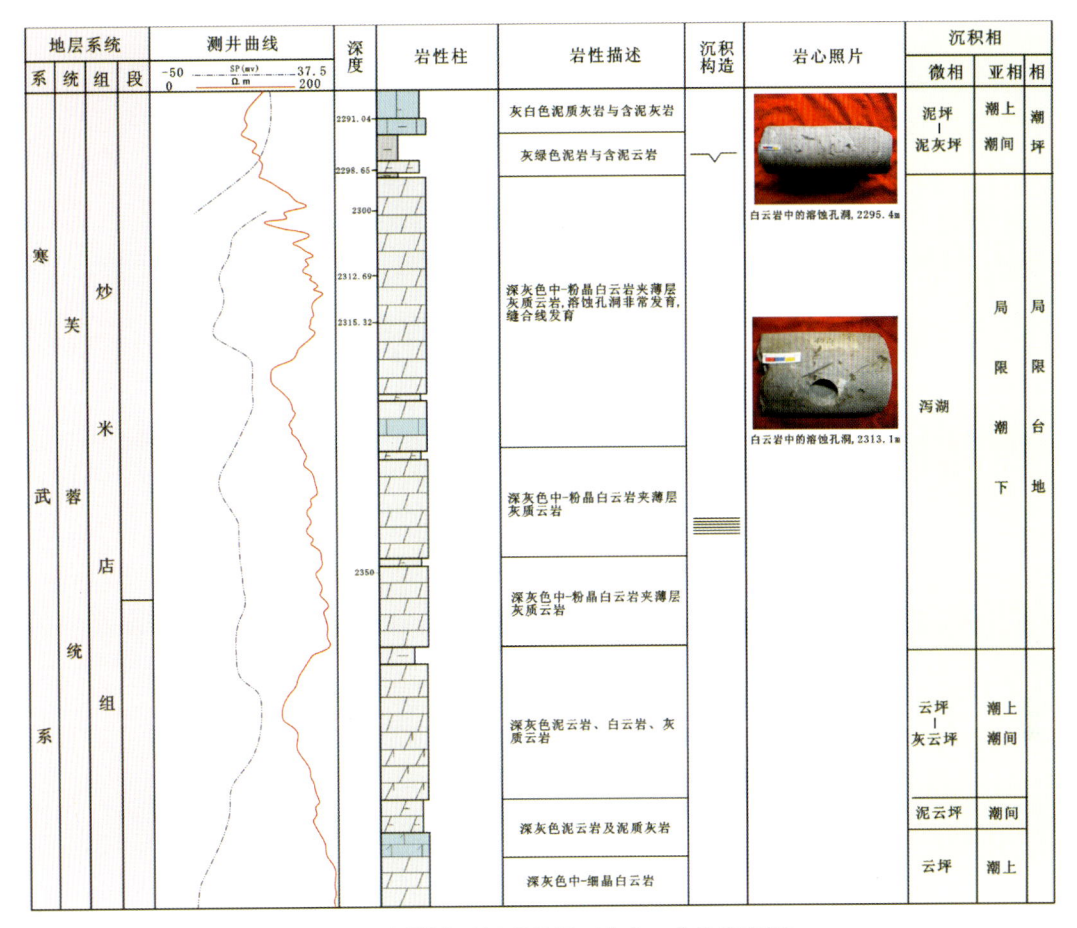

图 2-41 局限台地沉积特征（太参 3 井炒米店组）

表 2-6 南华北地区太参 3 井、登封十八盘剖面上马家沟组碳氧同位素分析表

样号	井号	井深/m	层位	岩性	$\delta^{13}C$‰（PDB）	$\delta^{18}O$‰（PDB）	T/℃
TC3—21	太参 3 井	1935.00	上马家沟组	深灰色白云岩	−1.8	−6.9	25.11
TC3—17	太参 3 井	1925.00		浅灰色白云岩	−4.0	−8.2	36.02
TC3—30	太参 3 井	2004.53		灰黄色白云岩	0.3	−6.9	15.60
DFSB—1	十八盘			深灰色泥晶白云岩	−2.2	−6.5	27.02
DFSB—2	十八盘			浅灰色灰质白云岩	−0.8	−5.3	20.47
DFSB—3	十八盘			深灰色白云岩	0.1	−6.8	16.46
DFSB—4	十八盘			深灰色泥晶白云岩	0.2	−5.8	16.03

（五）开阔台地沉积体系

开阔台地相发育于在台地中部及外侧开阔地区，沉积界面一般在浪基面之上，平均低潮面以下，是与外海畅通的广阔浅水区。在古地理位置上一般位于局限台地靠滨岸一侧；在时间上开阔台地相从早寒武世到晚寒武世均有发育。该类沉积相岩性主要为浅灰色、灰色厚层状生屑灰岩、鲕粒灰岩及泥晶灰岩。在塔克的碳酸盐沉积模式中，开阔台地相又分为浅水碳酸盐沙滩和静水碳酸盐泥两部分，这种划分与南华北地区的沉积情况基本吻合。因而，本书将开阔台地进一步划分为浅滩和滩间两种沉积亚相（图 2-42）。

（1）浅滩。位于开阔台地高能浅水环境中，多沿着水下高地或古岛屿边缘分布。岩石类型主要由厚层亮晶鲕粒灰岩、亮晶砂屑灰岩、亮晶生屑灰岩、亮晶核形石灰岩、藻屑灰岩及亮晶鲕粒白云岩组成，有时含海绿石砂岩。发育板状交错层理，低角度楔状交错层理及波状层理、小型交错层理，含三叶虫化石和分离的三叶虫甲壳。此类沉积反映了搅动水浅滩中潮下高能环境，形成于开阔台地中的水下隆起部位。

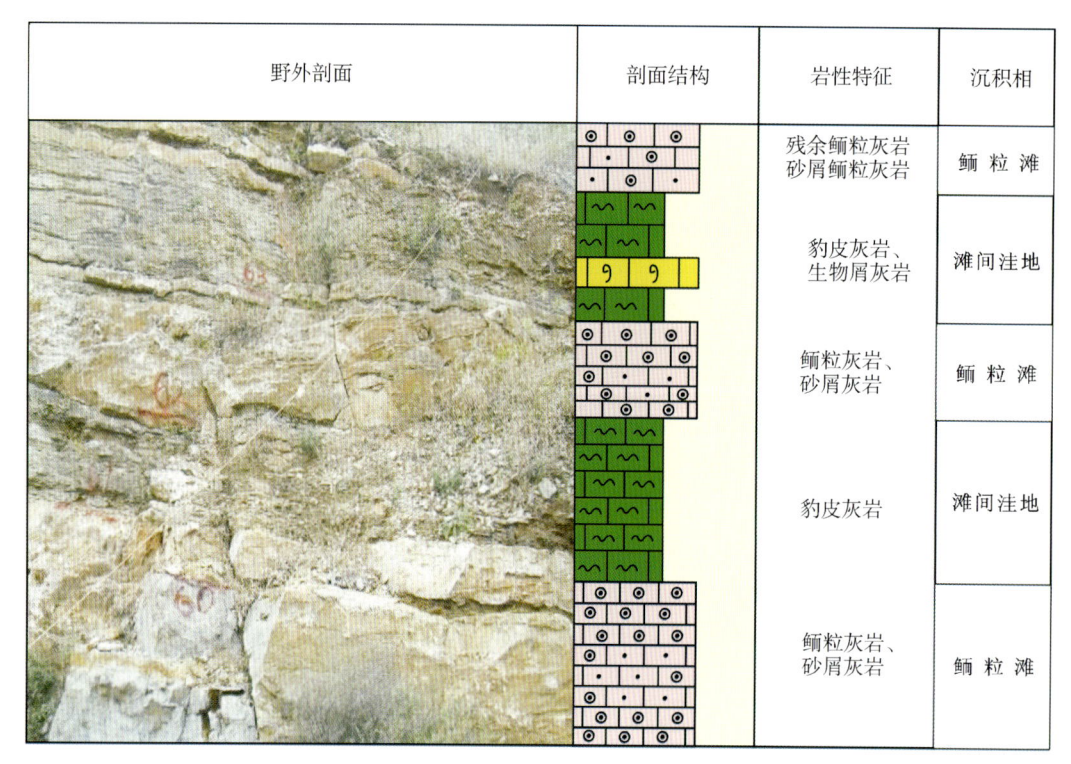

野外剖面	剖面结构	岩性特征	沉积相
		残余鲕粒灰岩 砂屑鲕粒灰岩	鲕粒滩
		豹皮灰岩、 生物屑灰岩	滩间洼地
		鲕粒灰岩、 砂屑灰岩	鲕粒滩
		豹皮灰岩	滩间洼地
		鲕粒灰岩、 砂屑灰岩	鲕粒滩

图 2-42 河南登封唐姚寒武系张夏组 60～63 层鲕粒滩及滩间沉积剖面结构

（2）滩间。由薄层泥晶灰岩、微晶灰岩、泥质条带灰岩、介壳灰岩、含生屑泥晶灰岩、藻灰岩、核形石灰岩、粉屑灰岩等组成，常夹钙质页岩、钙质粉砂岩。岩石颜色较浅，灰岩多呈灰色、灰白色，页岩呈黄绿色或紫红色。层理类型主要为水平层理、波状层理、条带状层理，偶有小型交错层理。生物化石丰富，以保存完整的三叶虫甲壳为主，另有软舌螺、腕足化石，生物遗迹较多，保存有大量三叶虫爬行迹和水平虫管。此类沉积反映了开阔台地中浅滩之间的潮下低能环境。

（六）台地边缘沉积体系

台地边缘相位于开阔台地外侧，发育有台地边缘礁滩相及台地前缘斜坡相，沉积界面大部分位于低潮面和浪基面之间。

（1）台地边缘礁滩。发育在台地边缘浅水高能带，岩石类型以亮晶颗粒灰岩为主。该相带在淅川上寒武统中较为典型，主要由藻礁灰岩、亮晶砂屑灰岩、鲕粒灰岩、亮晶生屑灰岩组成，偶夹薄层泥晶灰岩、白云岩、藻团粒、藻纹层灰岩，具低角度楔形交错层理和逆粒序，底冲刷构造发育（图 2-43）。

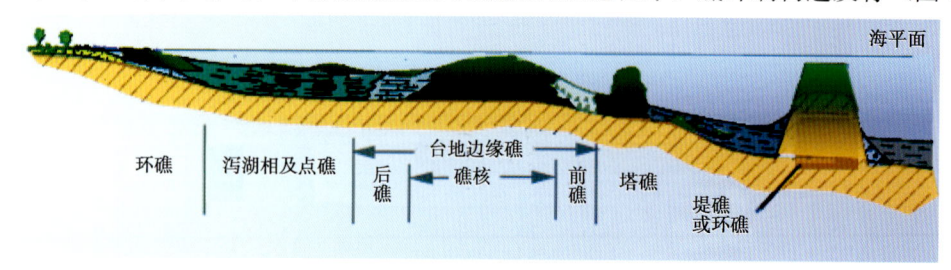

图 2-43 台地边缘礁示意图

（2）台地前缘斜坡。发育在碳酸盐台地边缘靠近陆棚一侧的斜坡地带（图 2-44），沉积界面位于浪基面上下、氧化界面以上。该类沉积在淅川寒武系、泥盆系较为发育，岩石类型主要为泥晶灰岩、粉屑灰岩、细砂屑粉屑灰岩、含生物屑砂屑泥晶灰岩及砾屑灰岩、微角砾灰岩、沉积角砾岩。层理呈薄到中厚层状，在淅川等地可见滑塌构造，多见三叶虫、腕足类等生物化石。

(a) 泥质水平纹层，被上部滑塌的砾石压弯变形　　　　(b) 12层角砾白云岩

图 2-44　台地前缘斜坡（贾汪泉旺头，马家沟组）

（七）浅海陆棚沉积体系

位于开阔台地外侧及浅海盆地之间，沉积界面位于平均浪基面之下，氧化界面之上，水体能量微弱，水循环良好，盐度正常，生物化石丰富。寒武系南华北地区主要见于安徽宿州、山东枣庄地区馒头组，主要由球粒灰岩、海绿石生屑灰岩、泥晶灰岩组成，具水平层理，生物化石主要有三叶虫、腹足、腕足、海百合等。在淅川地区中下寒武统亦可见到该类沉积相，主要岩石类型为深灰色薄层泥晶灰岩、玫瑰色页岩组成，岩石致密，可见三叶虫、腕足等生物化石碎片（图 2-45）。

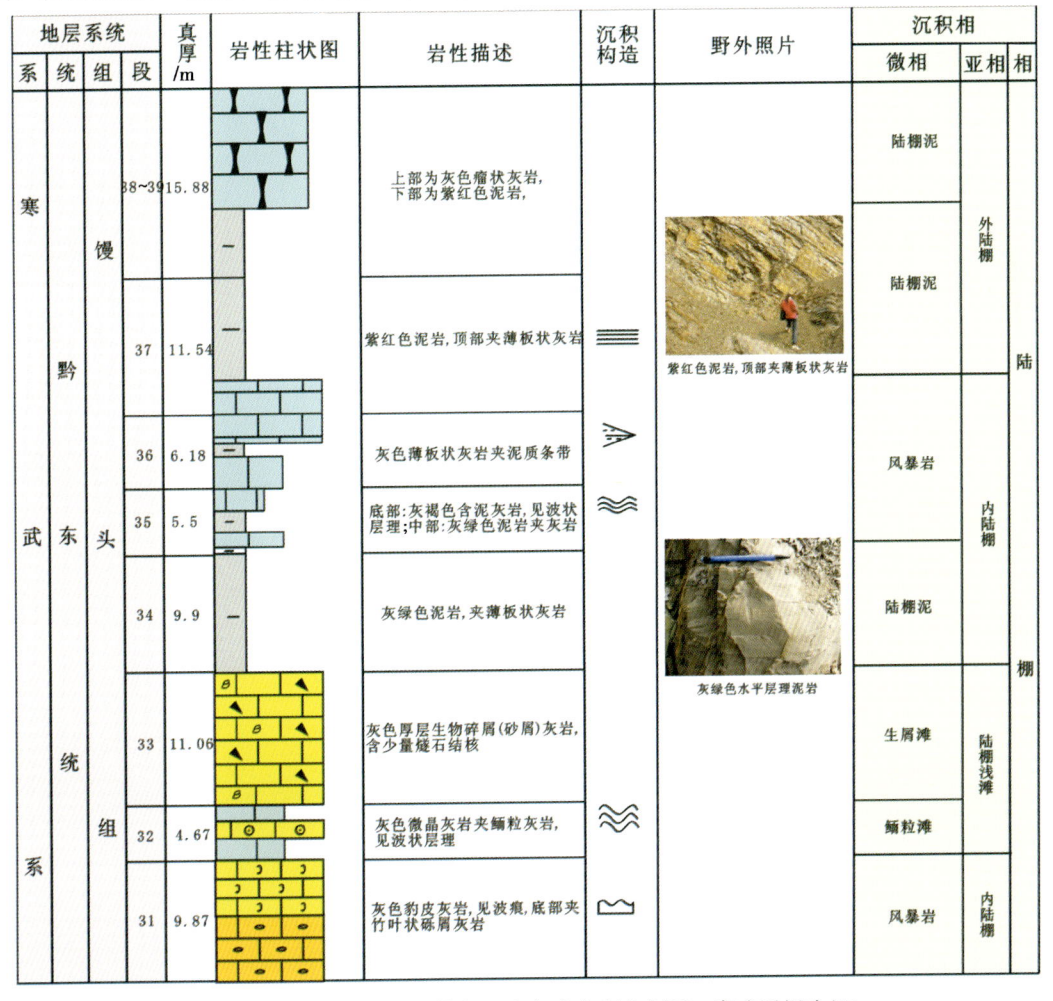

图 2-45　浅海陆棚沉积特征（山东枣庄唐庄剖面，寒武系馒头组）

(八) 深水重力流事件沉积

淮南霍邱一带的寒武系凤台组及其层位相当的罗圈组主体为一套与事件作用有关的特殊沉积。不同学者对此认识不尽相同，本书在大量参阅前人众多研究成果的基础上，结合野外剖面实测及室内微相分析认为，淮南地区下寒武统凤台组砾岩为典型的深海浊流沉积产物。根据对凤台组岩石学特征及沉积学方面的研究，凤台组中重力流及滑塌沉积可以识别出碎屑流、液化流、浊流等沉积物重力流类型（图2-46）。

碎屑流　　　　　　　　液化流　　　　　　　　浊流

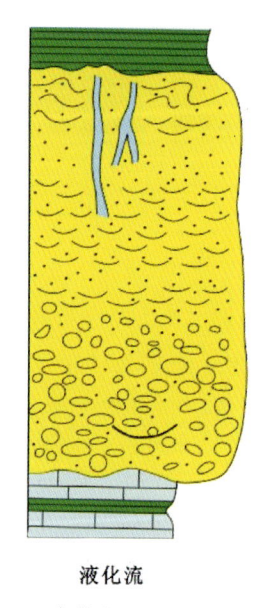

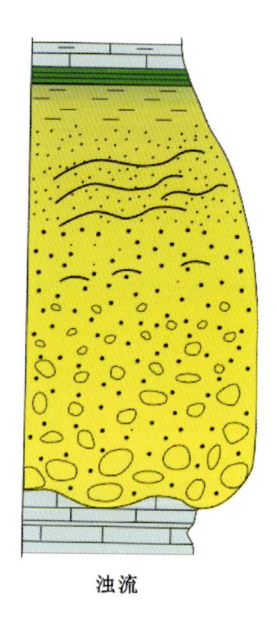

图2-46　南华北地区沉积物重力流类型

（1）碎屑流沉积。碎屑流沉积在霍邱、淮南凤台一带较为发育，主要岩石类型为块状杂砾岩、层状杂砾岩及透镜状杂砾岩。底部为不规则界面，所含砾石以次棱角状-次圆状为主，砾、砂、泥、水组成高密度流体，泥和水组成高密度杂基，砂和砾以悬浮为主，杂基支撑，排列无序，依靠杂基的浮力运动。可见定向或半定向构造，其定向者长轴倾向基本与最大扁平面一致，顶面有大砾石凸出的现象。该类沉积含砾律一般为40%～60%，局部可达80%。无粒序，有时可见到正粒序和反粒序递变共存，底部具不规则的槽状冲刷面，其沉积多有水道充填性质（图2-47）。在剖面中，此类沉积物内部还可发育较好的惯性流拖曳产物。

图2-47　碎屑流沉积（安徽淮南王八盖东山，凤台组）

（2）液化流沉积。液化流在凤台组底部较为常见，主要岩石类型为块状杂砾岩，与其他地段块状杂砾岩不同的是，它具有独特的内部构造，砾岩中围绕大小岩块发育有"透镜状纹层"，其成分为含粉砂及泥质的碳酸盐，"透镜体"为含砾、砂及泥质成分的碳酸盐岩块，富含泥质的纹层部分多发育有扭曲，称之为"碟状构造"。这可能是初始沉积后，因突然的负载或地震等诱发因素诱发的液化作用产生的一种特殊的泄水构造类型。这种液化流沉积物的下伏岩性为具脉状层理的泥质白云岩及泥质沉积物,两者之间为不规则的冲刷面。泥质白云岩之下,为块状杂砾岩,沿横向可见形态复杂的包卷层理,垂向上,这种液化流沉积物厚约2~3m,向上为块状杂砾岩,其砾石大小混杂,磨圆差,排列无序,显示出在横向上与滑塌沉积物伴生,在垂向上与碎屑流伴生的特征(图2-48)。

图2-48 液化流沉积(安徽淮南王八盖东山,凤台组)

(3)浊流沉积。浊流在凤台组较为发育,在一些块状或层状杂砾岩中可以见到粗尾递变和分配粒级递变这些浊流沉积物中常见的粒级递变类型。砾石多为次棱角状-次圆状,可见磨圆较好的卵石。有的层位中较大的砾石磨圆较好,而小砾石则呈棱角状,反映出较大的砾石先前已在其他环境中经历了较好的磨圆,而后于再次搬运过程中因碰撞破碎成较小的棱角状砾石。一些粗尾递变构成的反粒序是因为浊流运动过程中内部剪切面形态显然受到底面形态的制约。同时也表明,对于这类高密度浊流来说,浊流沉积的过程是较快的,在流体上部"悬浮"的砾石是被快速"冻结"的。研究区浊流在横向和垂向上常与碎屑流成因的杂砾岩相伴,且多具不完整的浊积岩剖面结构,一般可见A、B段,局部可见A、B、C段三个组合(图2-49)。

图2-49 浊流沉积(安徽淮南王八盖东山,凤台组)

综上,凤台组杂砾岩为主的碎屑岩系,富含碳酸盐岩成分,在区域上与豫西罗圈组层位大致相当。对于凤台组的成因,研究认为其形成于古斜坡发育的地带,发育滑塌沉积与重力流成因的块状杂砾岩,其中有许多冲刷面,与其伴生的有冲刷充填性的透镜状砾岩,代表了重力流的频繁活动。向海一侧,坡度变缓,重力流沉积仍占优势,但同时也具有一些薄—中层的正常海相夹层。再向外,则以正常海相沉积为主,可形成一些纹层状泥岩、泥质碳酸盐岩,其中多含细小的砾石,或夹有透镜状砾岩,代表正常海相沉积与近海浮冰落石沉积(图2-50)。

(九)膏岩沉积

南华北膏岩主要分布在马家沟组,寒武系辛集组亦有分布。膏岩主要是潮上云坪(或萨勃哈)及其洼地、潟湖中形成的(图2-51)。这些潮上云坪中的洼地或潟湖大小不一、星罗棋布,形成了膏岩厚度横向变化较大甚至减薄为零的特点。研究区潟湖多为漏潟湖，发展到石膏阶段就不再发展了，因此大都没有石盐沉积。

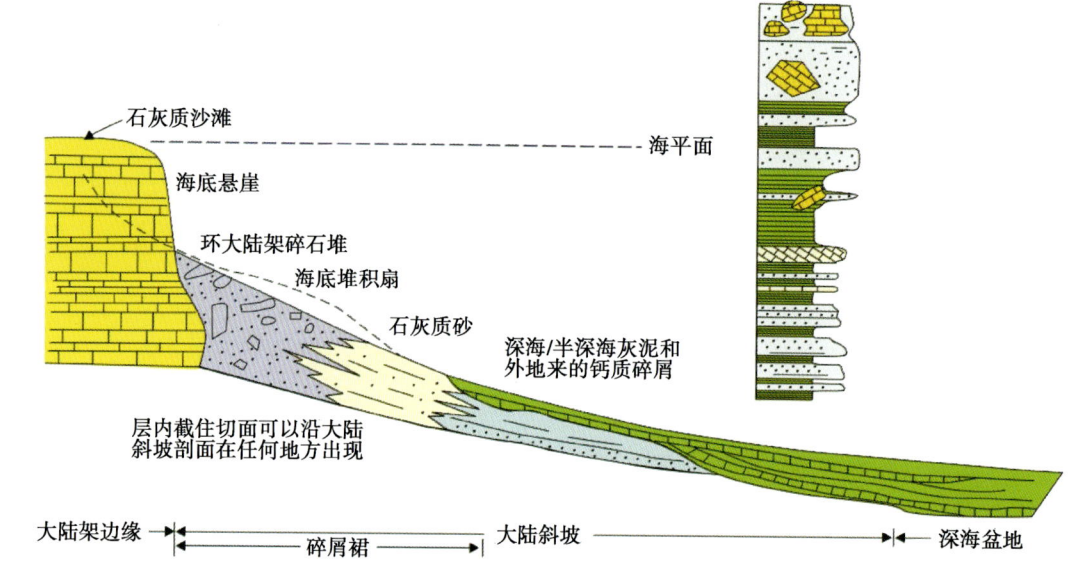

图 2-50 南华北地区寒武系凤台组沉积物重力流模式

图 2-51 南华北盆地膏岩沉积（南 6 井，寒武系辛集组）

膏岩岩层对油气成藏具有重要的影响：①膏盐岩的形成环境中可以形成大量的有机质，并且这种环境（弱氧化-还原环境）有利于有机质的保存和烃类的生成。②膏盐层有利于其下部岩层保持较高的孔隙度。张朝军（1998）认为：由于膏盐岩密度稳定、热导率高、下部易形成异常高压而产生裂缝等性质，使盐下地层压实程度减弱，成岩作用降低，因而使砂岩中的高孔隙率得以保持。膏盐层对储层次生孔隙的影响表现在两个方面。一方面，当埋深达到一定深度时，石膏会脱去大量的结晶水转化成硬石膏，这些水可以富含有机酸，具有溶解作用，增强流体/岩石反应，溶蚀矿物，形成次生孔隙。另一方面，若硬石膏作为胶结物充填在储集层中，并且后来没有流体侵入，即硬石膏没有被溶解，那么将使储集层的孔隙度降低，物性变差。③由于膏盐的易溶、易变、易流动、致密性、可塑性以及石膏在转化为硬石膏时脱出大量结晶水等特点，使其不仅可以成为很好的盖层，而且在一定条件下可以储存油气。

二、寒武系岩相古地理演化

华北陆块与扬子陆块自晋宁运动拼合不久，在震旦纪拉张应力作用下发生裂陷和热沉降，形成早古生代秦岭海槽。寒武纪，秦岭海槽强烈扩张，以栾川—确山—固始—肥中断裂为界，北侧南华北地区仍保持稳定克拉通的沉积-构造环境，沉积了一套厚度稳定的台地相及潮坪、潟湖相白云岩、颗粒灰岩为主，夹粉细砂岩及泥岩的台地型沉积；其南侧因北秦岭裂谷的继续发展，逐渐演化成比较成熟的被动大陆边缘（图2-52，图2-53）。

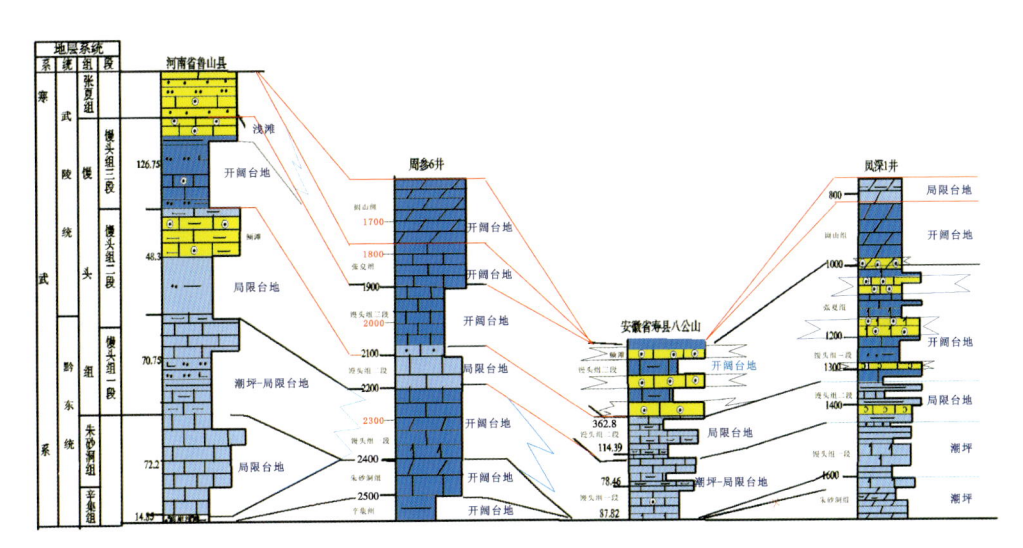

图2-52 南华北地区寒武系沉积相对比图

（一）早寒武世雨台山期岩相古地理展布（图2-54）

震旦系末，霍邱运动使黄淮海上升为陆，经短暂剥蚀后，早寒武世凤台期，在凤台、霍邱一带接受了水下扇沉积，主要岩石类型为白云质砾岩，往霍邱一带出现页岩、泥质白云岩，局部地段还夹有石英砂岩、炭质页岩、石煤层，并见黄铁矿结核和磷结核。砾岩中砾石含量自下而上明显增加，呈反粒序特征，说明水体能量逐渐增大，北部潮坪沉积物沿水下斜坡滑落至南部深水地区，快速堆积而成。凤台组砾岩或与其层位相当的一套砾岩（在河南称罗圈组），东起安徽淮南、凤台、霍邱，西经河南确山、临汝，超覆在下覆不同时代的层位之上。徐州、宿县、睢宁一带主要岩石类型为泥晶白云岩、微晶白云岩、砾屑白云岩，具藻水平纹层，为潮坪沉积环境。灵宝、三门峡、确山、鲁山、固始一带的狭长条带里，下部为杂色砾岩、含砾白云质黏土岩、云泥质砾岩等，上部为灰绿色黏土岩、粉砂岩等，含海绿石，为水下重力流沉积。该区由于先期的地壳强烈下沉，接受了来自北部的陆源碎屑物质，呈密度流的形式堆积下来，而后随着地壳下降幅度的减缓和地表高地的夷平，沉积物粒度变细，出现正常陆棚-浅海沉积。

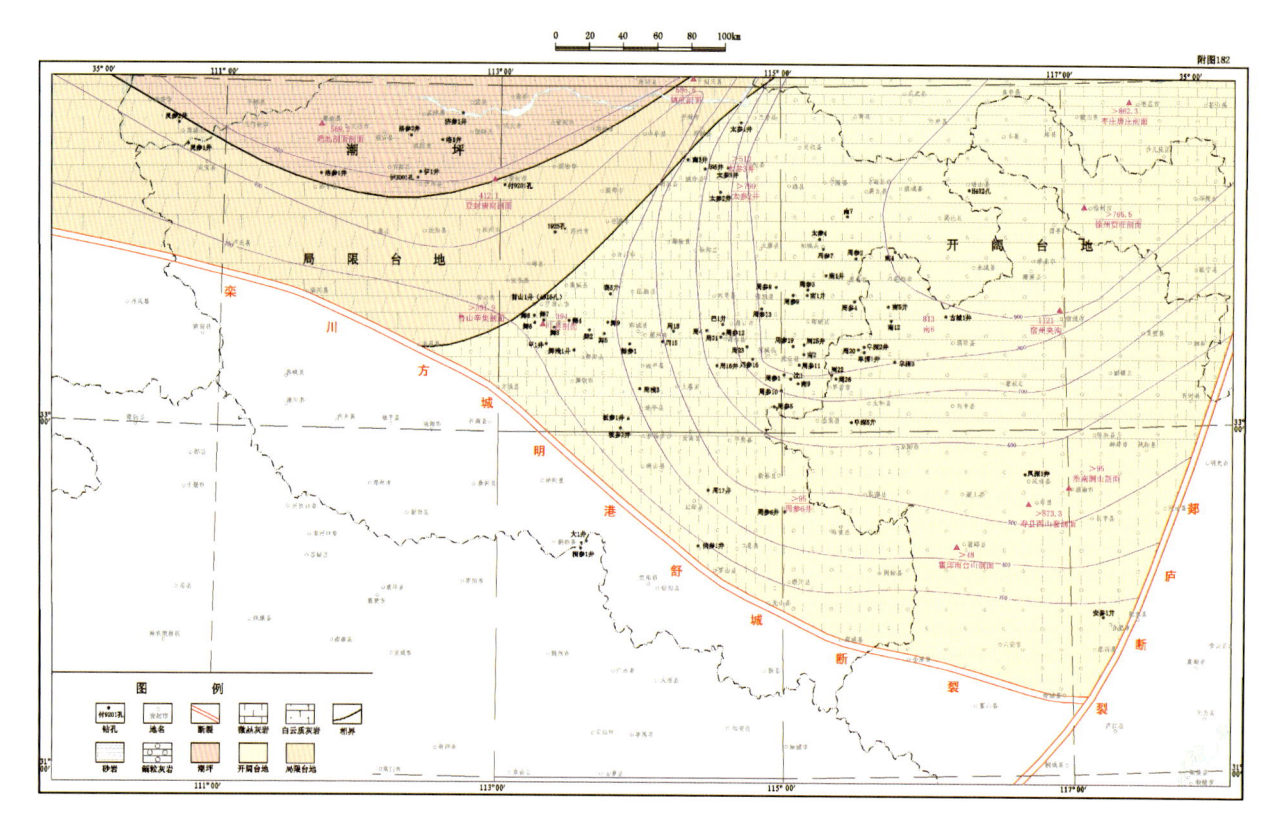

图 2-53 寒武纪岩相古地理展布图

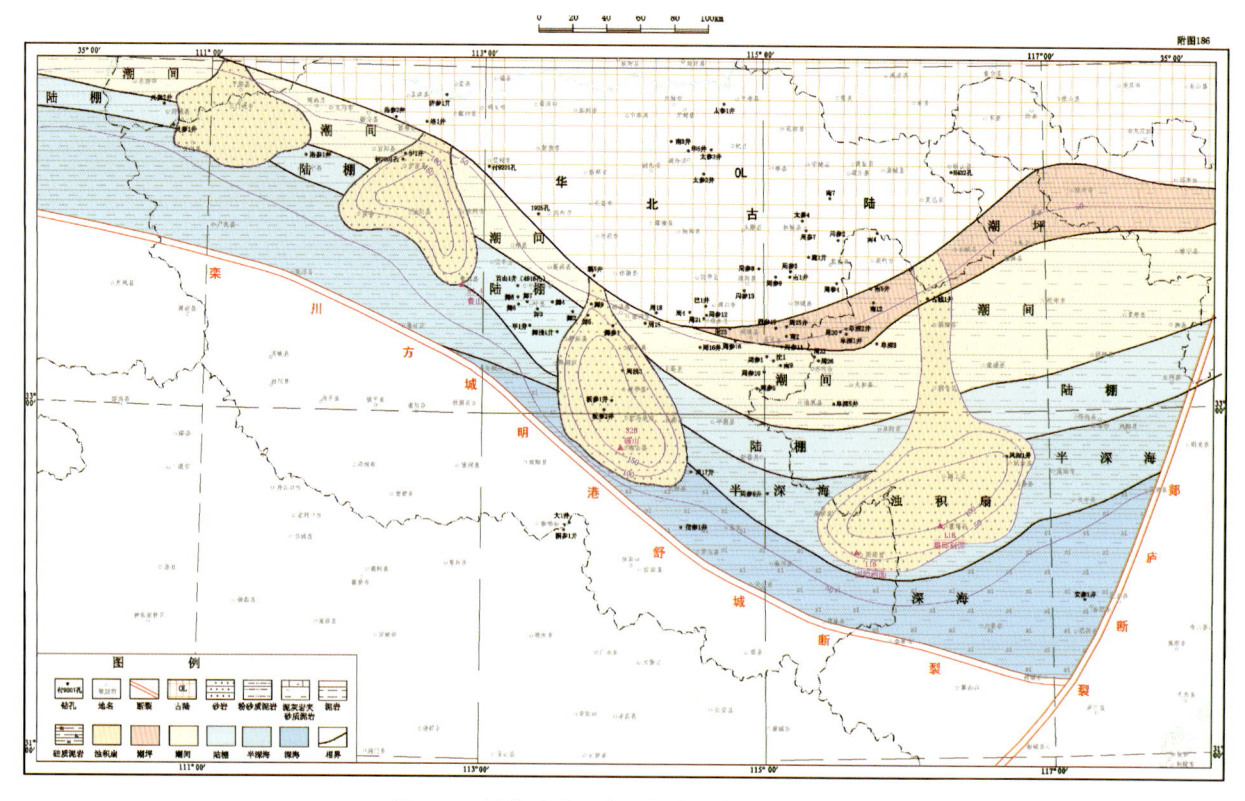

图 2-54 早寒武世雨台山期岩相古地理展布图

(二) 早寒武世辛集期岩相古地理展布 (图 2-55)

早寒武辛集期，海水由东南及西南两个方向侵入，南华北盆地由南向北，海水逐渐变浅，沿卢氏、栾川、方城、确山、固始、肥东一线南部，形成了一个狭窄的陆棚边缘海槽，沉积了一套黑色页岩和砂质页岩，页岩中含磷结核。在叶县、鲁山一带主要形成了一套含磷岩系，即含磷的砾岩、砂岩、粉砂岩等，呈灰色、深灰色、灰绿色及灰黑色，岩层具板状及槽状交错层理，生物碎屑较多，主要为三叶虫、腕足、软蛇螺等。在这套含磷岩系之上，形成了开阔台地砂坪沉积，主要为含砾砂岩、细粒石英砂岩夹砂质页岩及粉砂岩，具底冲刷，层面见浪成波痕。在绳池、登封、济源以及安徽凤阳以北，华北古陆以南广大地区，主要为砂砾岩、含砾砂岩、石英砂岩、黏土岩、砂屑白云岩、泥质白云岩沉积等，石英砂岩多呈紫红色、具水平层理，小型斜层理；黏土岩、泥质白云岩具石盐假晶和泥裂，属潮坪及砂坪沉积。

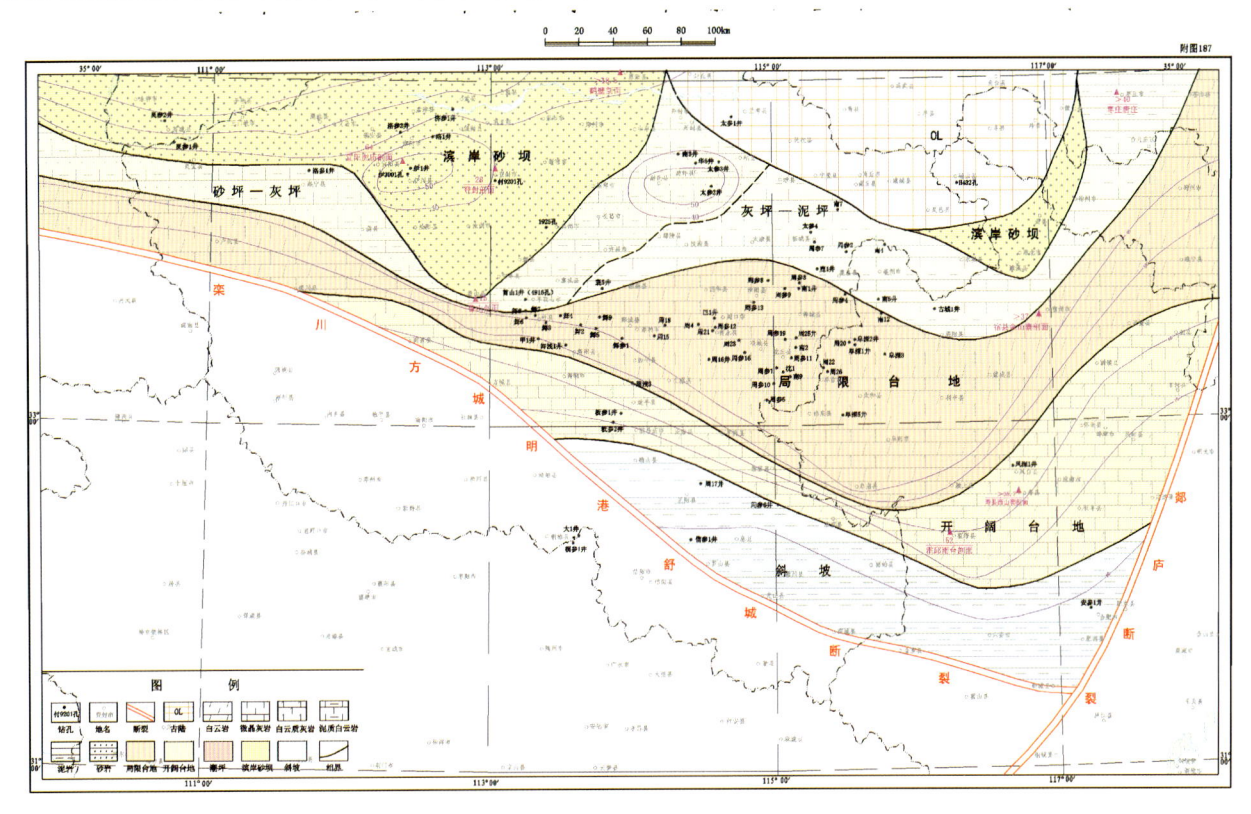

图 2-55 早寒武世辛集期岩相古地理展布图

（三）早寒武世朱砂洞期岩相古地理展布（图 2-56）

早寒武朱砂洞期，海水自南向北侵至太行山南麓，在鲁山、叶县、阜南、霍邱一带，沉降幅度较大，因障壁滩的阻挡作用，海水流通条件差，形成了一系列的潮坪沉积，下部为泥灰岩、泥质白云岩、石膏岩等，岩石呈灰色至灰白色，具水平纹层，生物化石少见；上部则主要为泥晶灰岩和云斑灰岩，含燧石团块白云质灰岩，含三叶虫碎片，沿虫孔白云石化形成的豹皮灰岩发育，沉积环境为潮下潟湖向潮坪过渡。在绳池、登封、淮北等地主要为泥晶灰岩、泥灰岩、泥晶白云岩、钙质页岩、云斑灰岩等，呈灰色、灰黄色，水平纹层发育，具鸟眼构造，含少量三叶虫化石，属潮间沉积环境。

（四）早寒武世馒头Ⅰ期岩相古地理展布（图 2-57）

早寒武世馒头Ⅰ期，海侵范围扩大，海水基本淹没全区，南部方城、确山、临泉一带主要为黄褐色、紫红色泥晶灰岩、泥质条带灰岩夹页岩沉积，为潮下低能带产物，水体较深，为开阔台地环境。绳池、登封及以北地区主要为泥晶白云岩、藻云岩、页岩等，呈黄色、紫红色，水平纹层及波状层理发育，泥裂、鸟眼、晶洞及条带状构造常见，生物化石稀少，属潮坪环境。舞阳—太康—台儿庄以东南地区岩石为泥晶灰岩、泥灰岩、白云质灰岩、膏灰岩、页岩等，颜色呈灰色、灰黄色、紫红色，并发育泥裂等暴露构造，属于潮间-局限潮下环境，局部发育鲕滩沉积。南侧的凤台—霍邱一带的沉积厚度最大，说明此处的沉降幅度仍较大。

（五）中寒武世馒头Ⅱ期岩相古地理展布（图 2-58）

中寒武世馒头Ⅱ期，总体格局与馒头Ⅰ期相似，自南相北，水体逐渐变浅，由于海平面相对下降，

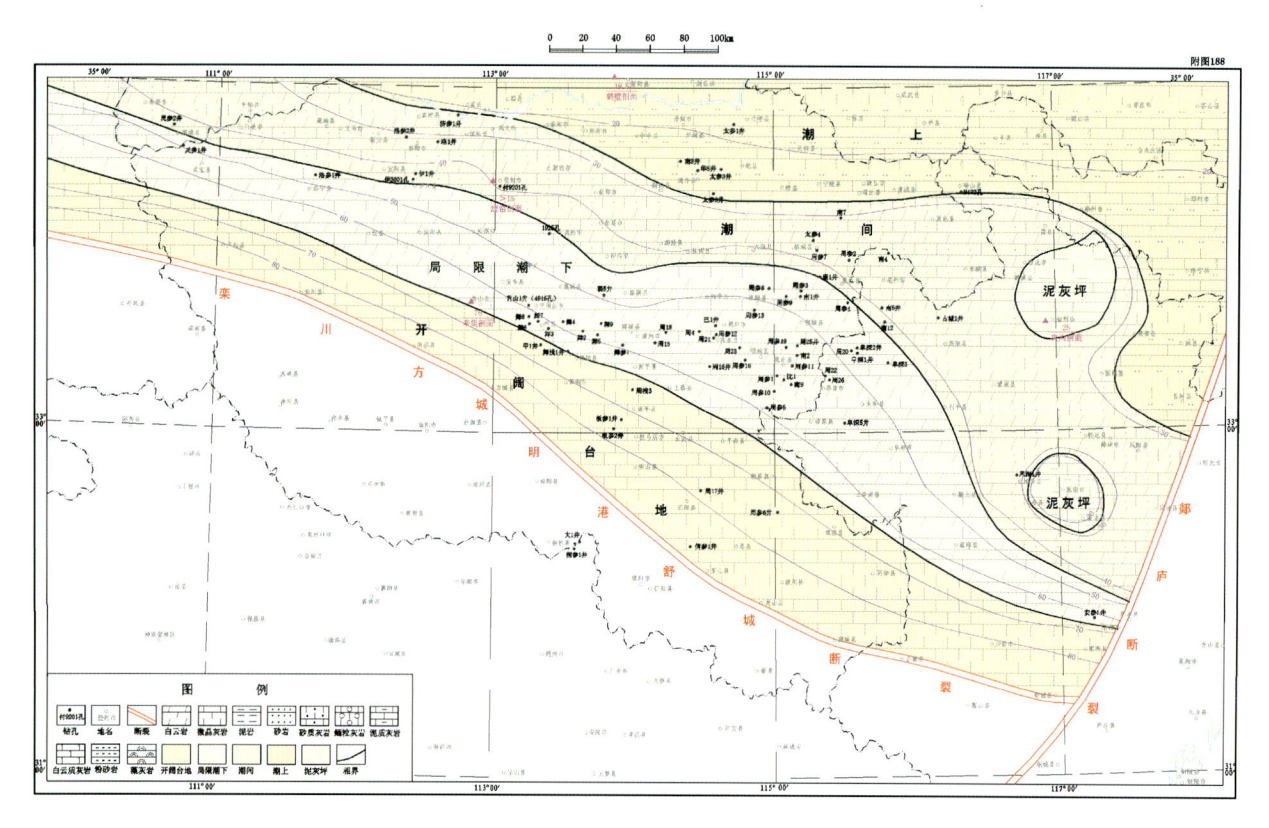

图 2-56 早寒武世朱砂洞期岩相古地理展布图

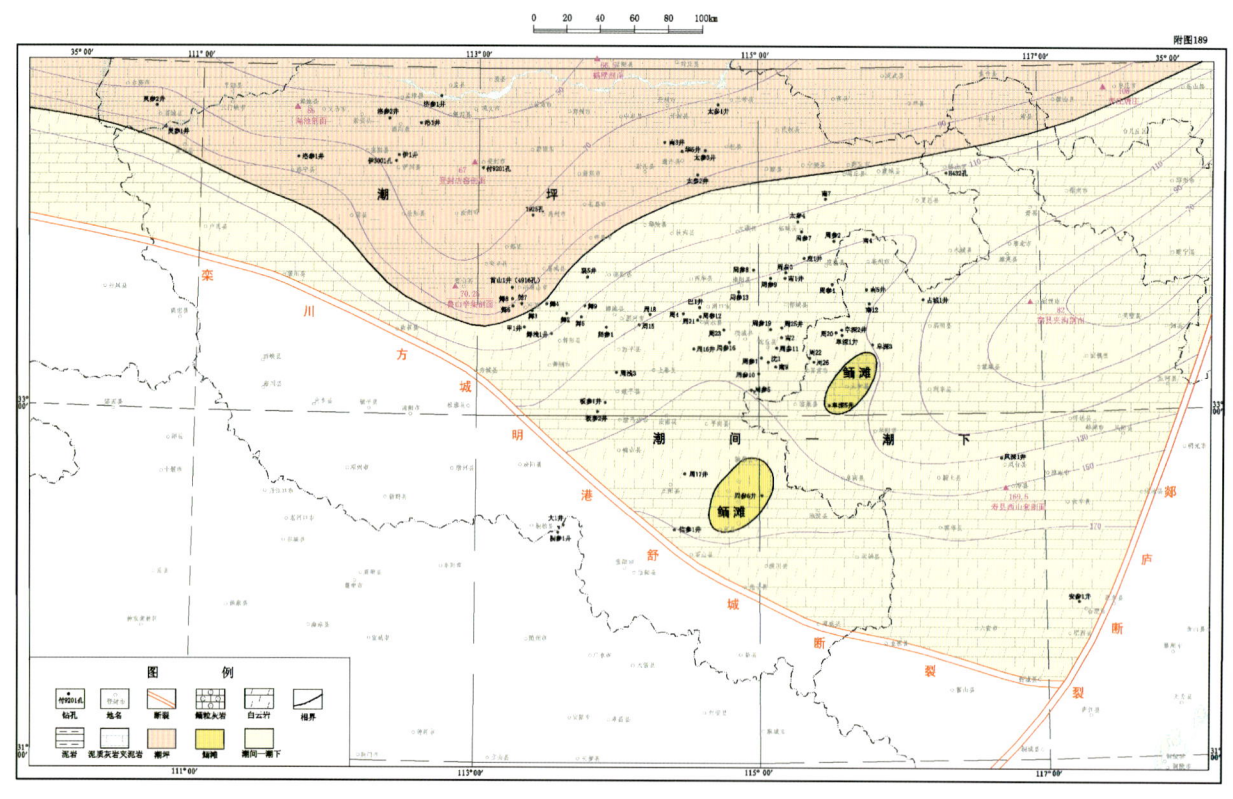

图 2-57 早寒武世馒头Ⅰ期岩相古地理展布图

水体变浅，陆源碎屑及颗粒灰岩含量相对增加。在确山、霍邱一带，沉积物主要为石英细砂岩、粉砂岩、砂质页岩、页岩等，夹泥质条带鲕粒灰岩、生物碎屑灰岩、砾屑及砂屑灰岩等，呈灰色、灰黄色，具水平层理及斜层理，生物化石丰富，含三叶虫、腹足、藻类等，为局限台地沉积。在鲁山—周口—涡阳以北至太行山一带主要沉积紫红色页岩，粉砂岩组成，局部为鲕粒灰岩、泥晶灰岩、泥岩，泥页岩中含大量云母碎片，层面上具小型对称波痕，含较为完整的三叶虫化石，属安静的潮坪环境。

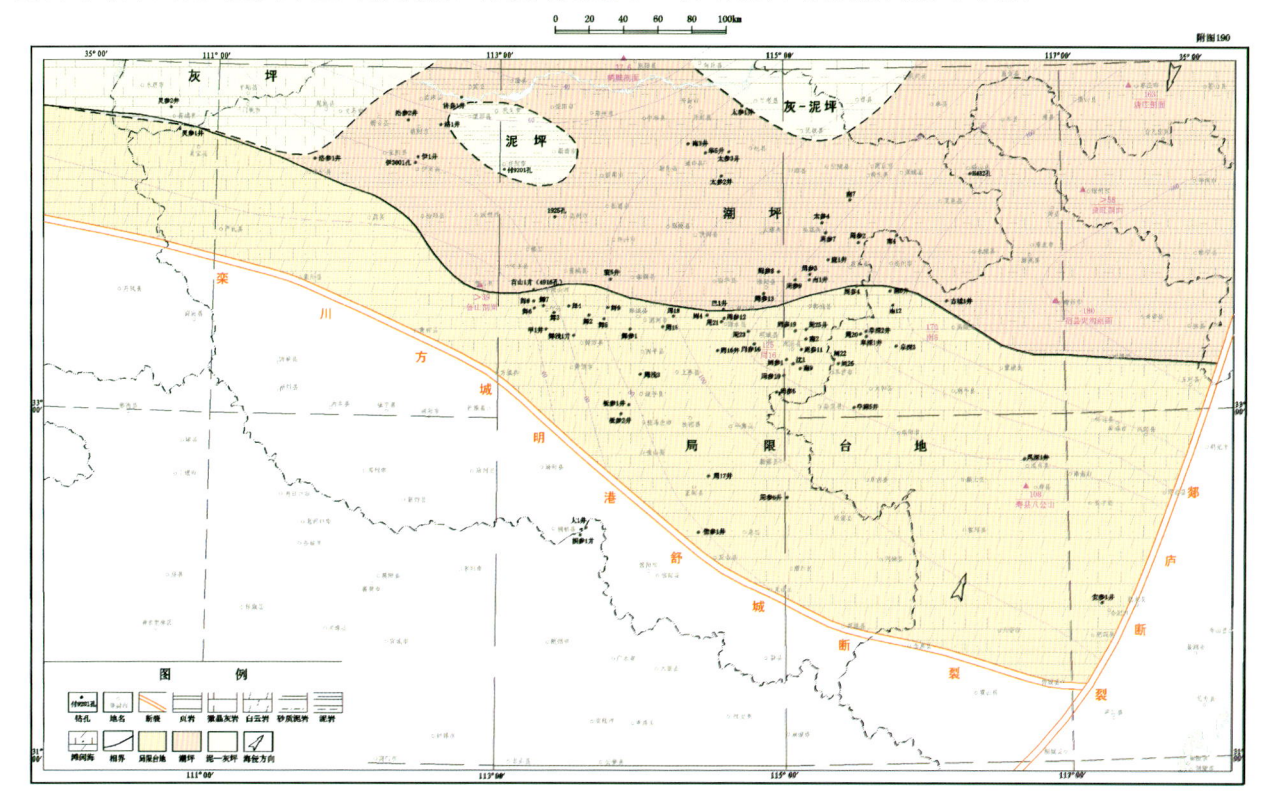

图 2-58 中寒武世馒头Ⅱ期岩相古地理展布图

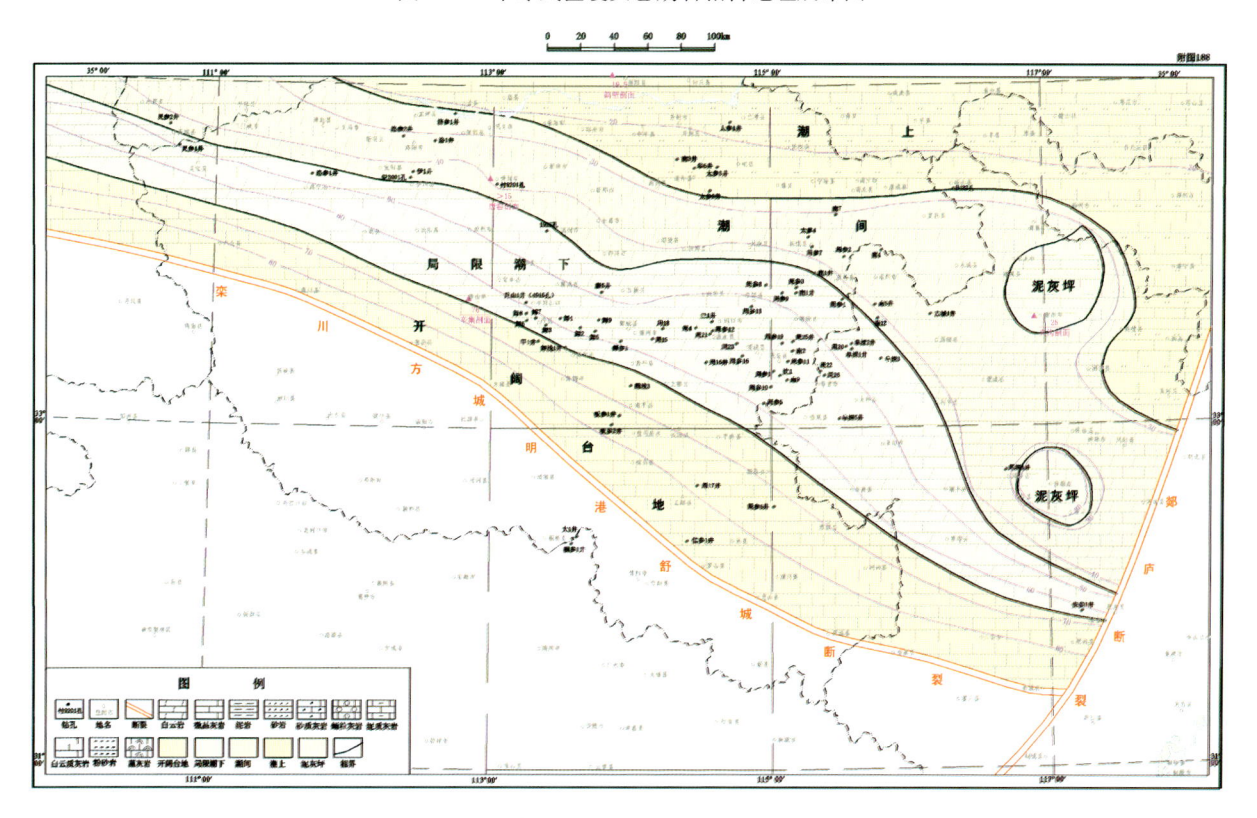

图 2-59 中寒武世馒头Ⅲ期岩相古地理展布图

（六）中寒武世馒头Ⅲ期岩相古地理展布（图2-59）

中寒武世馒头Ⅲ期为大的海侵期，在伊川—登封—太康—枣庄以南广大地区为砂砾岩、砂岩、页岩、鲕粒灰岩、砾屑灰岩、砂屑灰岩、核形石灰岩、泥灰岩等，为黄绿色、紫红色、具交错层理，三叶虫、腕足、腹足等生物化石丰富，为半局限台地-台地滩沉积环境。潮坪及局限台地范围向北收缩，主要分布在伊川—登封—太康—枣庄以北地区，主要为白云岩、白云质灰岩沉积。

南华北地区大环境均为局限-半局限台地，但由于不同地区古地貌特征、海水通畅程度不一致，必然存在不同的微环境差异，其地球化学特征必然存在差异。根据宿县夹沟剖面、登封唐窑剖面和太参3井馒头组三段微量元素分析（表2-7），太参3井和宿县夹沟Sr/Ba最小，表明沉积时沉积介质海水盐度低，海水开阔；而登封唐窑Sr/Ba最大，表明沉积时海水盐度高，海水局限。反映了馒三期太参3井和宿县夹沟附近海水开放，而登封唐窑附近海水更局限。

表2-7 南华北地区馒三段微量元素及其比值数据表

样品编号	序号		Ba/(μg/g)	Cu/(μg/g)	Ga/(μg/g)	Sr/(μg/g)	Zn/(μg/g)	B/(μg/g)	Sr/Ba	Cu/Zn	B/Ga
SJ45-1	宿县夹沟	馒三段	35	1	6	165	115	44	4.71	0.01	7.33
SJ47-1	宿县夹沟		60	1	6	342	75	43	5.70	0.01	7.17
SJ47-3	宿县夹沟		126	1	8	272	114	51	2.16	0.01	6.38
DFTY-66	登封唐窑		66	1	12	388	47	78	5.88	0.02	6.50
DFTY-68	登封唐窑		12	0	9	101	28	25	8.42	0.00	2.78
DFTY-64	登封唐窑		79	1	22	442	46	76	5.59	0.02	3.45
DFTY-72	登封唐窑		25	0	13	275	52	29	11.0	0.00	2.23
Tc3-12	太参3井		376	7	33	103	159	313	0.27	0.04	9.48
Tc3-23	太参3井		225	2	38	134	314	134	0.60	0.01	3.53

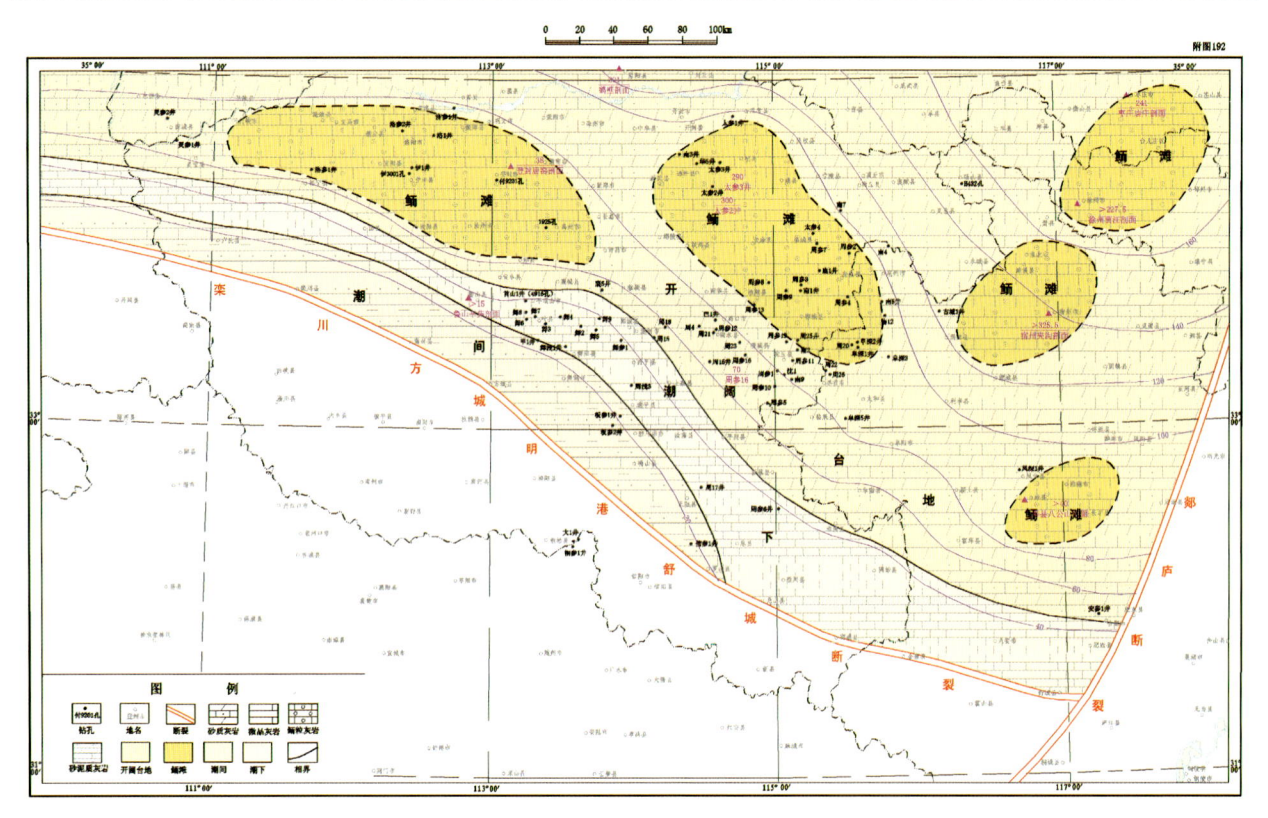

图2-60 中寒武世张夏期岩相古地理展布图

第二章 沉积体系类型、特征及岩相古地理演化

（七）中寒武世张夏期岩相古地理展布（图 2-60）

中寒武世张夏期为寒武纪最大的海侵期，水体大幅度上涨，沉积环境开阔，水体能量高，全区大部分地区为开阔台地相占据，仅在东南部的合肥—固始—鲁山一带出现潮间-潮下相区。虽然张夏期整个南华北地区均为开阔台地沉积环境，但由于所处的古地理背景、海水开放程度不同，必然存在不同的微环境，相应的沉积环境的地球化学特征不一致。根据宿县夹沟剖面、登封唐窑剖面、太参 3 井和周参 7 井张夏组微量元素分析（表 2-8），太参 3 井（Sr/Ba 为 49.06）和宿县夹沟（Sr/Ba 为 42.48）最大，表明沉积介质海水盐度大，海水局限；而周参 7 井 Sr/Ba 最小（27.11），表明海水盐度低，海水开放。反映了张夏期周参 7 井附近海水开放，而太参 3 井和宿县夹沟附近海水更局限。

表 2-8 南华北地区张夏组微量元素及比值数据表

样品编号	资料点	层位	Ba/(μg/g)	Ga/(μg/g)	Sr/(μg/g)	Zn/(μg/g)	B/(μg/g)	Sr/Ba	平均值
Tc3-18	太参 3 井		12	30	774	34	40	64.50	
Tc3-3	太参 3 井		9	22	404	33	68	44.89	49.06
Tc3-22	太参 3 井		14	34	529	47	33	37.79	
Zc7-1	周参 7 井		19	41	515	78	35	27.11	27.11
DFTY-80	登封唐窑		30	13	618	48	38	20.60	31.19
DFTY-82	登封唐窑		13	15	543	33	41	41.77	
SJ3	宿县夹沟	张夏组	15	21	282	59	26	18.80	42.48
SJ4	宿县夹沟		12	15	354	49	22	29.50	
SJ51-3	宿县夹沟		15	11	396	58	24	26.40	
SJ53-3	宿县夹沟		8	15	309	20	26	38.63	
SJ54-3	宿县夹沟		10	15	207	31	18	20.70	
SJ55-2	宿县夹沟		7	8	472	30	13	67.43	
SJ56-1	宿县夹沟		8	16	357	28	20	44.63	
SJ58-2	宿县夹沟		14	12	559	36	18	39.93	
SJ58-4	宿县夹沟		7	18	362	34	20	51.71	
SJ62	宿县夹沟		5	17	412	35	15	82.40	
SJ63-1	宿县夹沟		7	18	326	32	20	46.57	

该时期的开阔台地相主要沉积大量的鲕粒灰岩、砾屑灰岩、砂屑灰岩，灰岩中含大量化石，虫迹发育。可能受古地貌变化的影响，南华北盆地呈现出高能量鲕粒滩与较低能量滩间海相间分布的古地理格局。

（八）晚寒武世崮山期岩相古地理展布（图 2-61）

晚寒武世崮山期，华北板块南缘平缓抬升和熊耳古陆的不断扩大，华北海逐渐向北退缩，因此该期潮坪和局限台地范围向南扩展到开封—洛阳以北，沿伊川—阜南—霍邱以西南主体也为潮坪-局限台地沉积，主要为泥-粉晶白云岩、泥质白云岩、鲕粒白云岩、细晶白云岩，含少量燧石团块，呈灰色、灰黄色，生物化石稀少，仅见少量的三叶虫及腕足类，沉积厚度较小。在开封—巩义—伊川—阜南—霍邱一线东北为开阔台地环境，主要为鲕粒灰岩、泥质条带灰岩、砾屑灰岩、疙瘩状白云质灰岩和少量泥晶白云岩沉积等，呈深灰色，含三叶虫、腕足、软舌螺等较多生物化石，受古地貌影响在宿州、淮北等地发育高能鲕粒滩。

（九）晚寒武世炒米店期岩相古地理展布（图 2-62）

晚寒武世炒米店期，熊耳古陆继续向北扩大，海平面相对下降，海水向北退缩，水体循环更加局限。开封—亳州—五河一线西南地区，包括河南大部分地区及安徽淮南、霍邱等地，主要为泥晶白云岩、细晶白云岩，偶含燧石，呈深灰色、灰黄色，生物化石稀少，沉积厚度较小，为潮坪-局限台地沉积环境。开封—亳州—五河以东北地区主要为细晶白云岩、叠层石白云岩，含较多燧石团块，呈灰、灰白、灰黄色，生物稀少，为典型的局限台地环境。

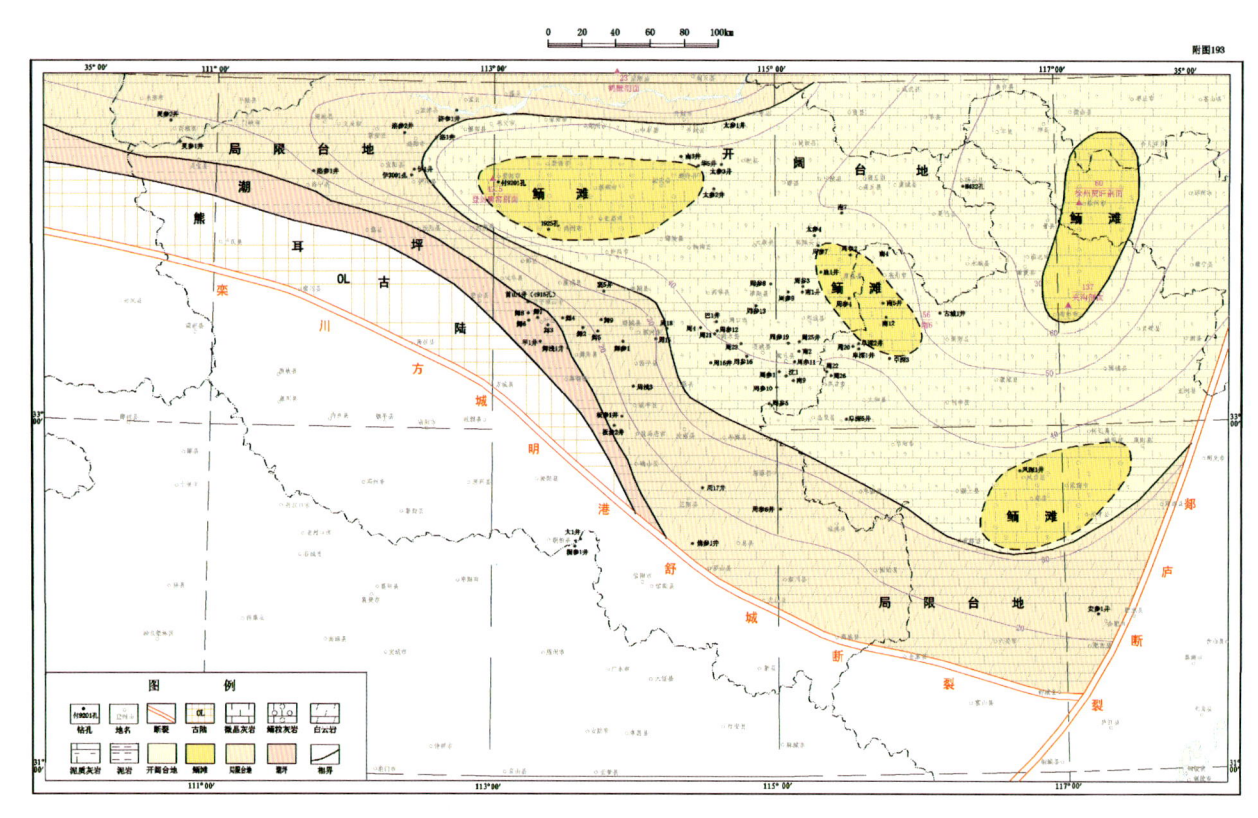

图 2-61 晚寒武世崮山期岩相古地理展布图

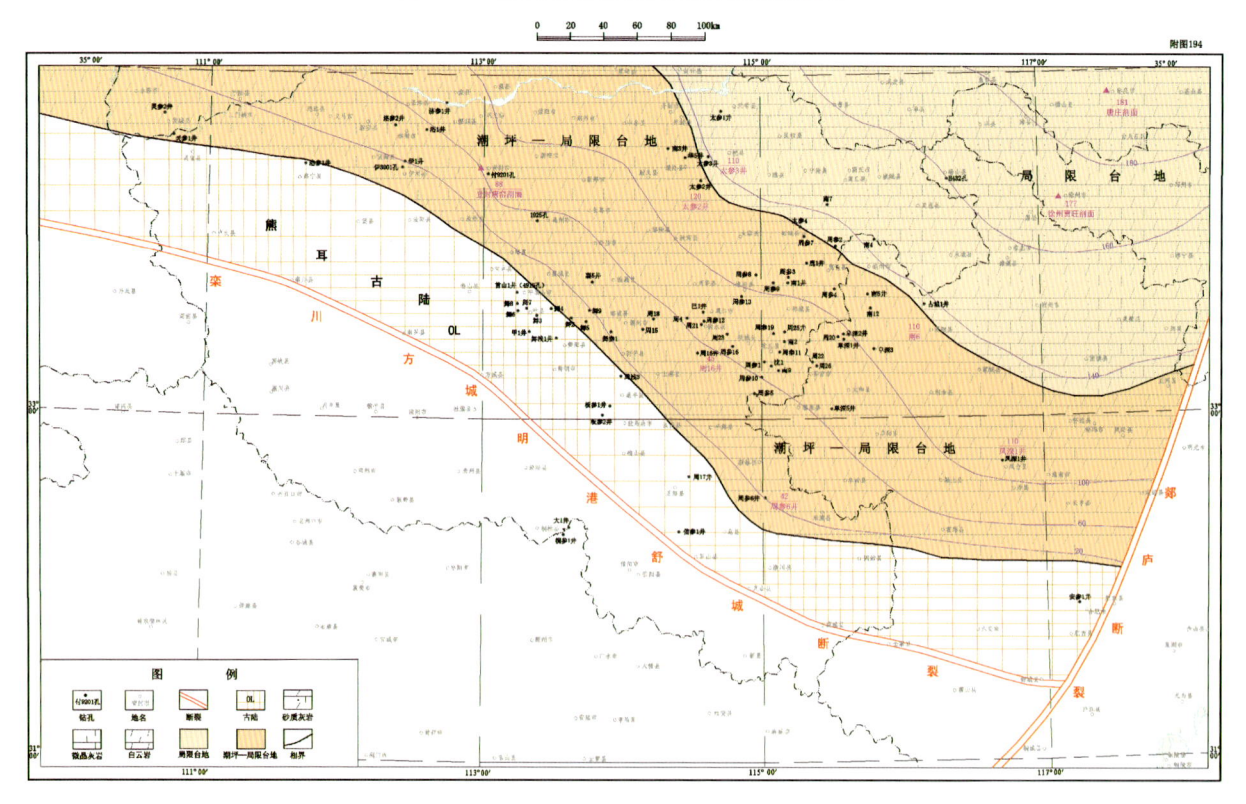

图 2-62 晚寒武世炒米店期岩相古地理展布图

根据登封唐窑剖面碳同位素分析,该时期白云岩形成时的温度为 17.339～20.923℃(表 2-9),温度低,不可能为高温的蒸发泵成因,应该属于沉积后又暴露的混合水白云石化。

· 74 ·

表 2-9 南华北地区登封唐窑剖面炒米店组白云岩碳氧同位素分析

样号	剖面	层位	岩性	$\delta^{13}C/‰$（PDB）	$\delta^{18}O/‰$（PDB）	温度/℃
DFTY—101	登封唐窑	炒米店组	浅灰色白云岩	−0.9	−6.1	20.923
DFTY—104	登封唐窑	炒米店组	灰色细晶白云岩	−0.1	−6.0	17.339
DFTY—112	登封唐窑	炒米店组	深灰色白云岩	−0.1	−6.1	17.339

三、奥陶系岩相古地理演化

早奥陶世，南华北盆地继承了晚寒武纪的沉积格局，以栾川—确山—固始—肥中断裂为界，北侧南华北地区仍保持稳定克拉通的沉积-构造环境，沉积了一套厚度稳定的台地相及潮坪、潟湖相白云岩、颗粒灰岩为主，夹粉细砂岩及泥岩的台地型沉积；其南侧因北秦岭裂谷的继续发展，逐渐演化成比较成熟的被动大陆边缘。中、晚奥陶世以后，秦岭—大别洋进入了以汇聚收缩及扬子板块向华北板块之下俯冲为主的阶段，主俯冲带的位置可能为勉略—岳西缝合带（张国伟等，1988；董树文等，1993），导致了华北板块南缘性质发生了根本变化，由前期的被动大陆边缘转化为活动大陆边缘，并形成完整的沟-弧-盆体系。整个华北板块主体因同时受其南、北两侧的板块汇聚俯冲作用的影响，表现为整体抬升剥蚀，因而缺失了上奥陶统—泥盆系沉积（图 2-63，图 2-64）。

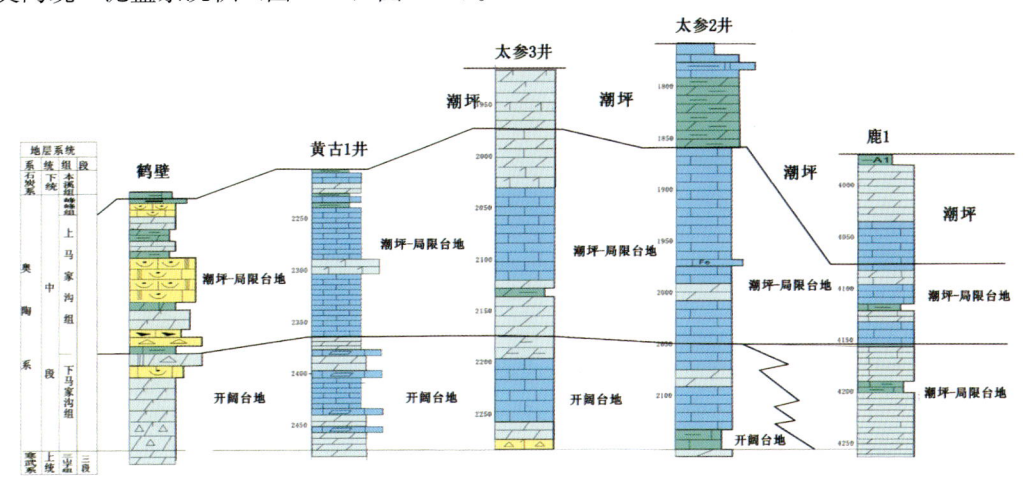

图 2-63 奥陶系沉积相对比图

（一）早奥陶世冶里期岩相古地理展布（图 2-65）

晚寒武世之后，由于受加里东运动初期的影响，整个华北板块抬升为陆，遭受风化剥蚀，有一较长时间的沉积间断。早奥陶世冶里期古地理面貌在继承晚寒武世面貌的基础上，古陆范围大大扩大，沉积范围更小，大部分地表和钻井中多缺失冶里组或沉积厚度较小，仅 0~69m。海水从北部、北东方向侵入，仅在温县—开封—商丘—永城—宿州一线以东北才有沉积，南部为华北古陆，北部岩石主要为细晶白云岩、含燧石团块和条带细晶白云岩、含灰质粉晶白云岩，灰色及深灰色，具水平纹层、微波状层理，仅发现少量牙形石，属潮坪沉积环境。

（二）早奥陶世亮甲山期岩相古地理展布（图 2-66）

早奥陶世亮甲山期与冶里期岩相古地理面貌大致相似，南部为大面积的华北古陆，受怀远运动影响进一步抬升，海平面进一步下降，沉积范围较冶里期进一步向北退缩，沉积范围局限与商丘—永城—宿州以北的狭小地区。主要为云坪相环境，沉积厚度较薄，由细晶白云岩、含燧石团块和条带细晶白云岩、含灰质粉晶白云岩组成。

（三）中奥陶世下马家沟期岩相古地理展布（图 2-67）

中奥陶世下马家沟早期，出现了一次较大规模的海侵，海水自北向南侵入，南界平陆—漯河—固始一线，主要沉积了灰黄色的含砂质白云岩、含泥质白云岩、泥晶白云岩、页岩等，水平层理及柱状叠层石发育，为潮坪-局限台地沉积环境；下马家沟晚期，水体进一步加深，岩石类型为灰色泥晶灰岩、白云质灰岩、泥粉晶白云岩、角砾状白云质灰岩，厚度较小，呈深灰色—灰白色，为潮坪沉积环境。研究区东北的徐州、淮北地区水体相对较深，为局限台地沉积。

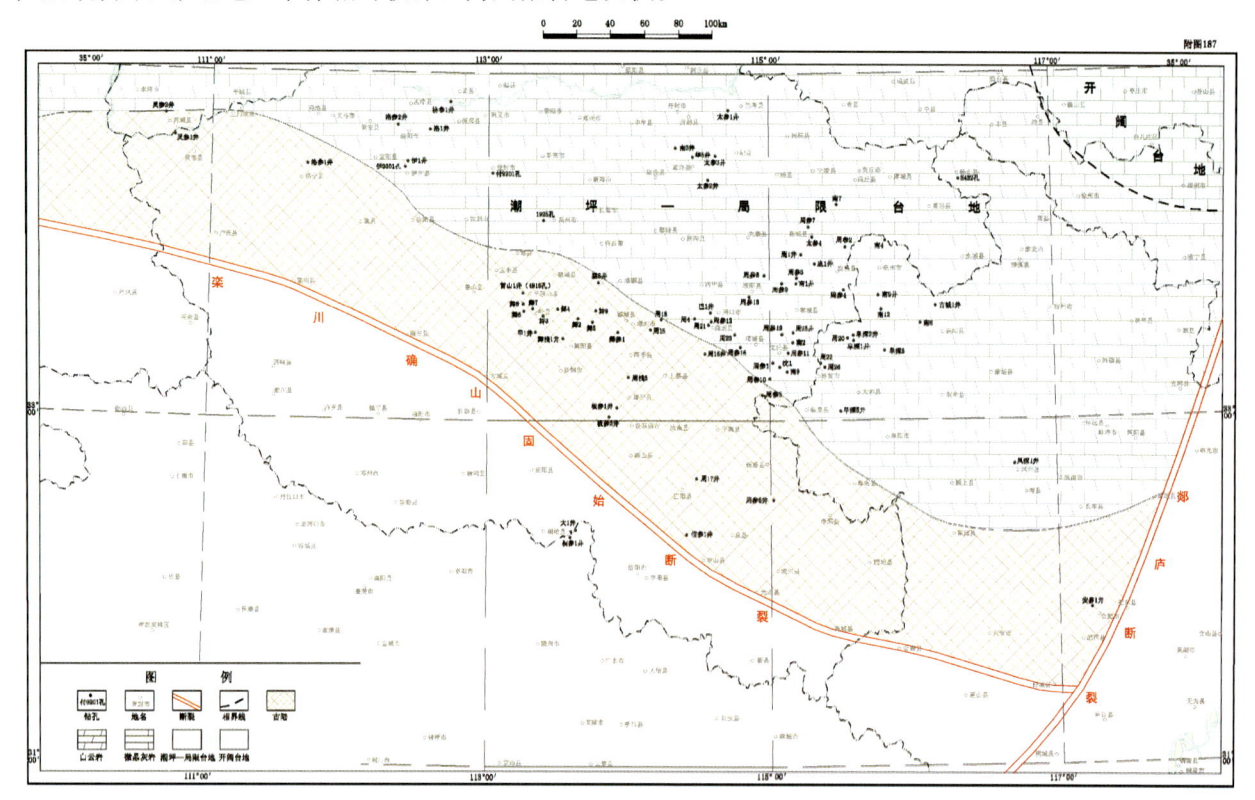

图 2-64 奥陶纪岩相古地理展布图

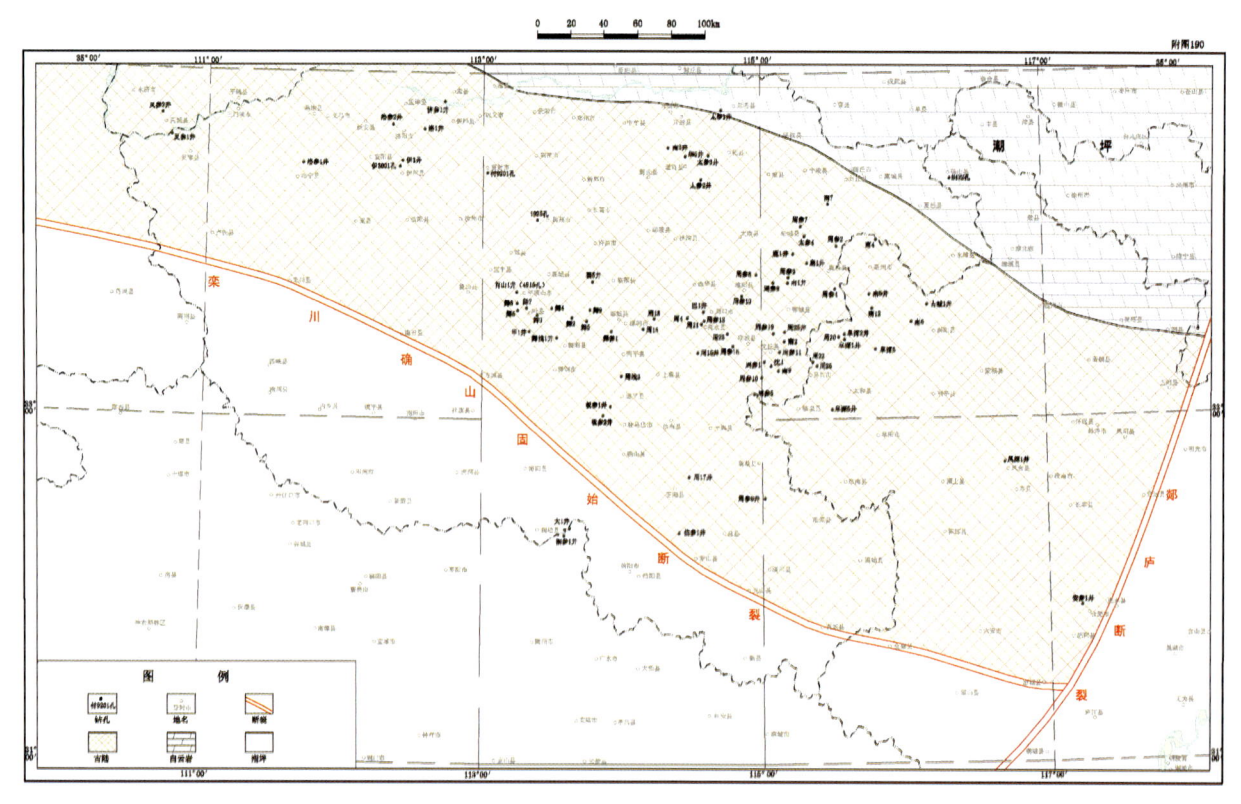

图 2-65 早奥陶世冶里期岩相古地理展布图

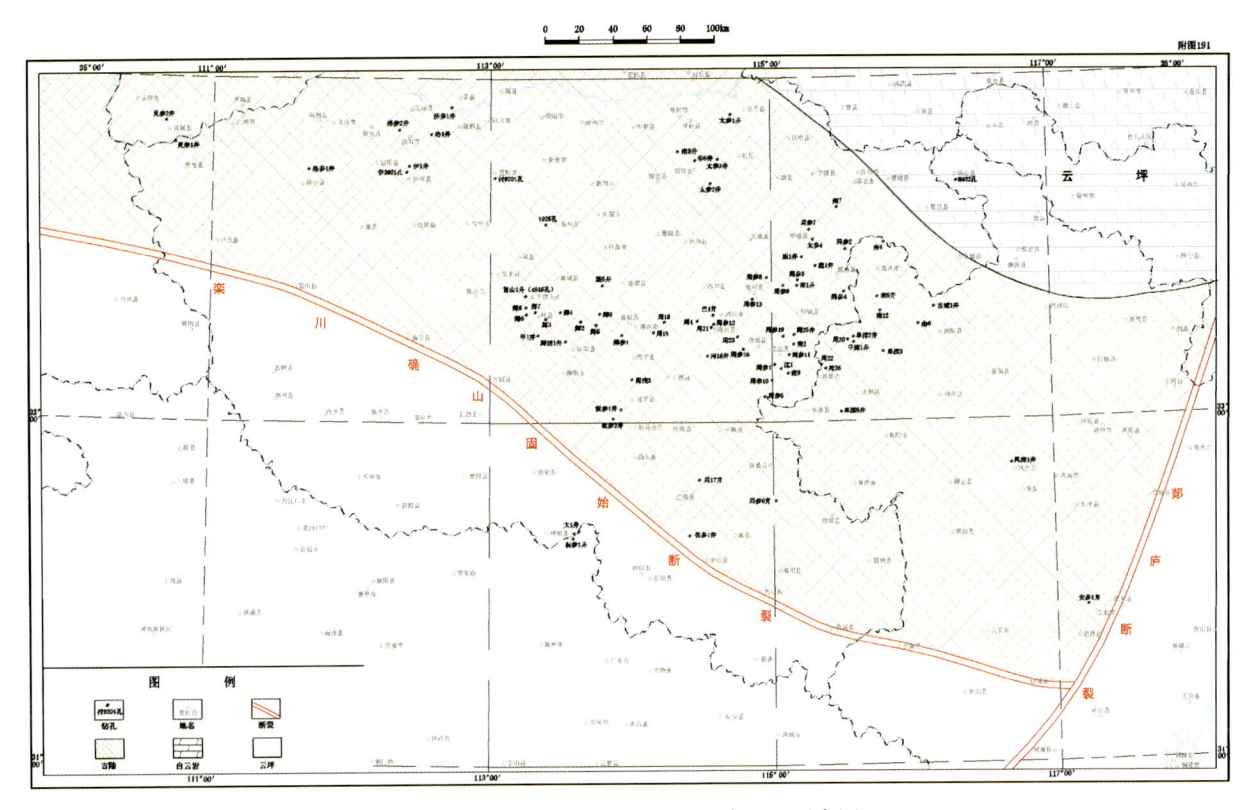

图 2-66 早奥陶世亮甲山期岩相古地理展布图

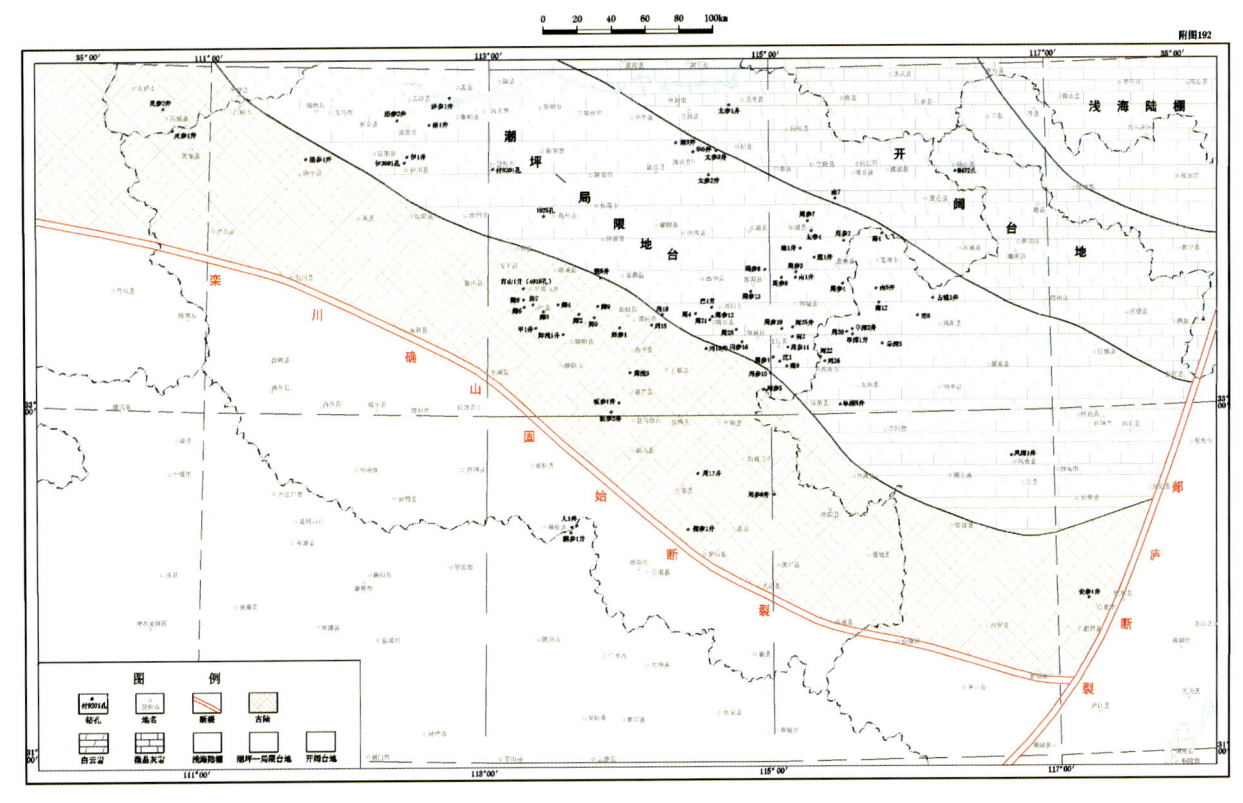

图 2-67 中奥陶世下马家沟期岩相古地理展布图

(四) 中奥陶世上马家沟期岩相古地理展布 (图 2-68)

中奥陶世上马家沟早期,海水向东北方向逐渐退去,在中牟—太康—利辛—宿州一线以北主要为粉晶白云岩、泥晶白云质灰岩、少量泥晶砾屑白云岩、球粒灰岩及核形石灰岩,灰—灰黄色,具水平纹层,微波状层理及示底构造，生物较少，仅见头足类、牙形石及藻类，属局限台地沉积环境。在中牟—太康—利辛—宿州一线以西南，岩石类型为泥晶灰岩，含砾屑、砂屑灰岩，含砂屑泥晶灰岩，泥晶白云岩，粉晶白云岩和少量亮晶砾屑灰岩，为灰—深灰色，具水平纹层，为潮坪沉积环境。

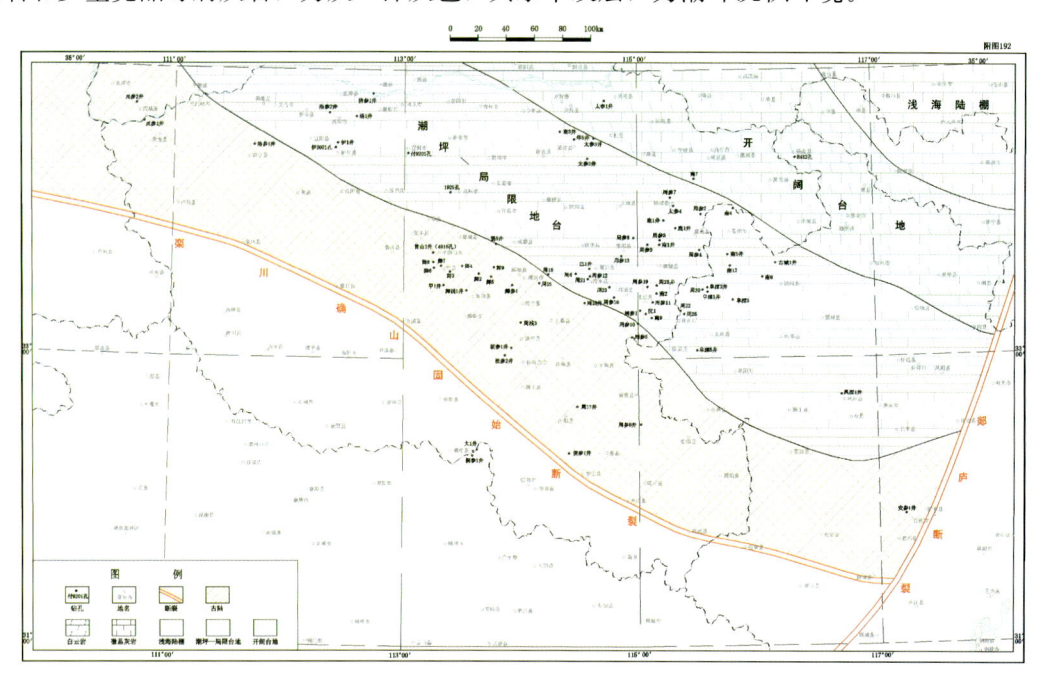

图 2-68 中奥陶世上马家沟期岩相古地理展布图

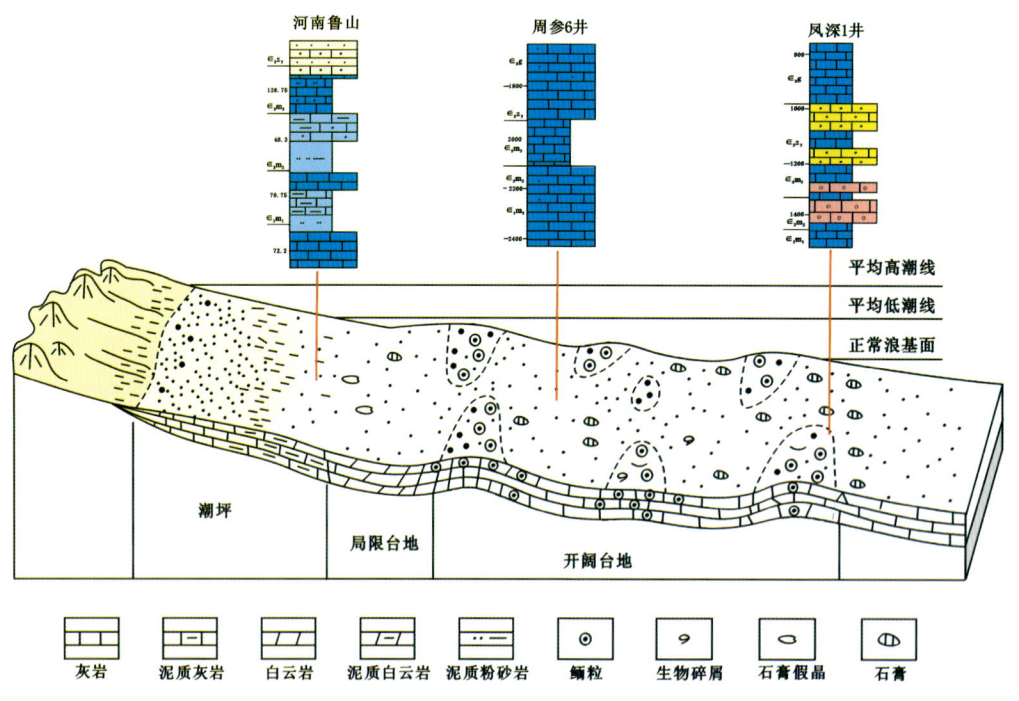

图 2-69 南华北盆地寒武—奥陶系沉积模式

四、寒武系—奥陶系沉积模式

下寒武统以陆源碎屑与碳酸盐岩相混合沉积的潮坪-局限台地沉积为主，中、上寒武统—中奥陶统以潮坪-局限台地-开阔台地沉积为主（图2-69）。寒武纪至奥陶纪，南华北地区陆表海碳酸盐岩台地沉积十分典型，主要由开阔台地、局限台地、潮坪三种沉积环境单元组成。潮坪主要与陆地相接，以潮间带发育最好，可发育潮间藻坪、潮道砾屑灰岩沉积，潮上带以云坪、膏盐坪、泥坪为主；局限台地以潟湖沉积为主,局部发育潮坪中云坪沉积,局部有起障壁作用的障壁滩沉积;开阔台地主要为浅滩(鲕滩、砂屑滩等)和滩间海沉积。发生海侵时,随着水深的增加,其沉积古地貌环境依次由潮坪向局限台地进而向开阔台地演变,形成退积沉积序列,反之,形成进积序列(图2-69)。

第六节 石炭系—二叠系沉积体系特征及岩相古地理演化

一、石炭系—二叠系沉积体系特征

(一)河流沉积体系

在冲积平原上,最主要的地貌特征是河流作用所形成的河谷。河谷又可再细分为次一级的地貌单元,如河床和堤泛等。其中河道不仅是搬运沉积物的通道,同时也是河流发生侵蚀和沉积作用的主要场所。

南华北地区河流沉积广泛发育,根据岩石类型及其组合、剖面结构等特征,冲积平原上主要发育河道和堤泛两个亚相,河道沉积又可分为两类河流体系,即辫状河和曲流河。在不同时期不同区域,河流延伸至三角洲平原后,分流河道保留了原有河流的性质。

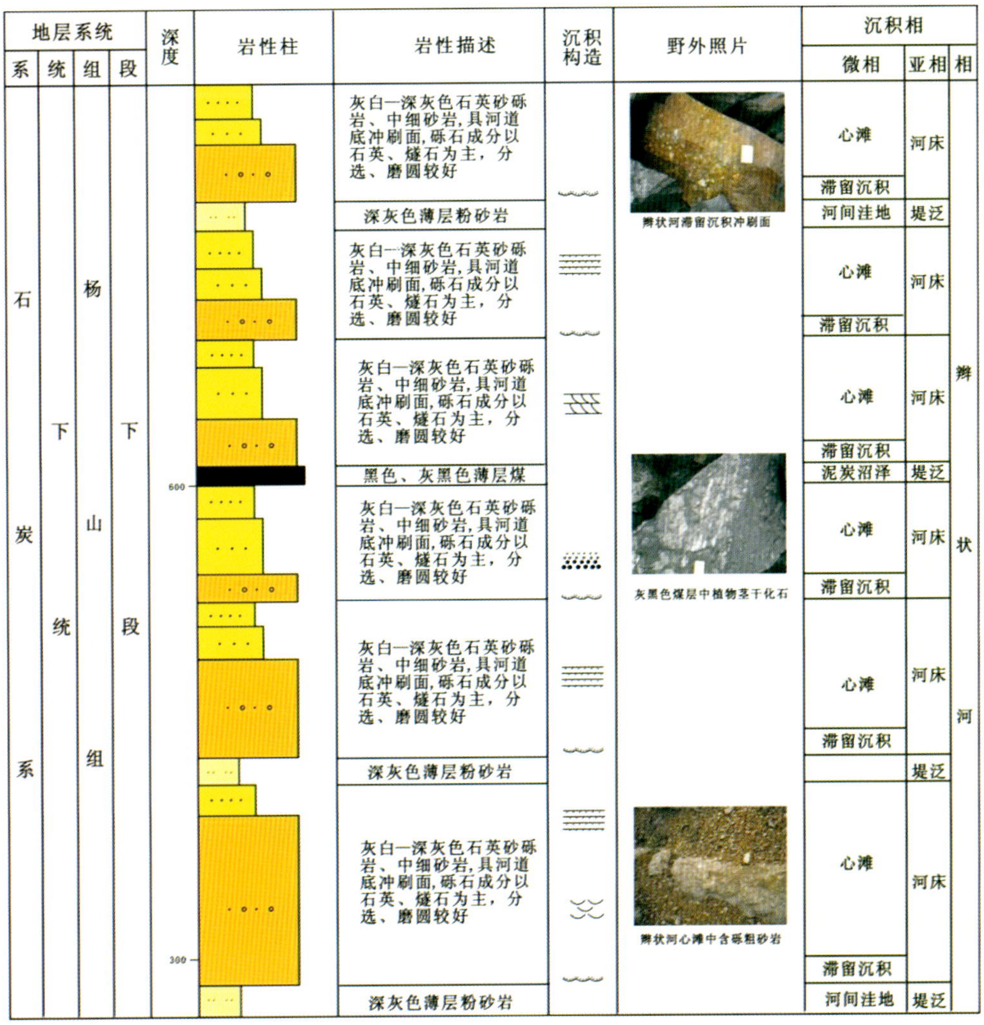

图2-70 辫状河剖面结构(河南固始柳林—商城石炭系)

1. 辫状河

辫状河以河道较直、浅而宽,流量变动大,流速大,床砂载荷量大,河床不固定,心滩发育为特点,其主体为一套细砾岩、含砾粗砂岩或砾质粗砂岩夹细砂岩、砂质泥岩、粉砂岩所组成,根据剖面结构特征，进一步划分为河道亚相和堤泛亚相（图 2-70）。

河道亚相：是河流经常充水的部位，包括接受粗屑物质沉积的河床空间，位于河床内主水流线内，水动力能量强。其沉积主要包括河床滞留沉积和心滩（或称为纵向沙坝）沉积。其中河床滞留沉积为一套中—细砾岩，底面具明显的冲刷面，向上为河道心滩沉积的含砾粗砂岩、粗砂岩、中粒砂岩、细粒砂岩，槽状交错层理极为发育，并见板状交错层理、平行层理等，总体显示向上变细的特征。

堤泛亚相：由于辫状河中河床均不固定，所以该亚相在辫状河沉积体系中极不稳定，厚度薄，主要为一套砂质泥岩夹粉砂岩组成，见水平层理，并含钙质结核，且常为上覆河道亚相沉积所侵蚀。鄂尔多斯盆地辫状河沉积中，堤岸和决口扇一般不发育。由于辫状河具有的强烈侵蚀性、摆动频繁性或快速迁移性，使堤岸沉积和决口扇沉积很难保存下来。辫状河中有时也发育边滩，但与曲流河相比，规模及发育程度均小得多，并且常受到较强烈的改造。

总之，区内辫状河流沉积体系以粗碎屑岩为主，砂岩与泥岩所占比重大，心滩发育为特征，在垂向沉积序列中虽然仍具"二元结构"，但二者发育极不对称，以河道亚相沉积占绝对优势为特点。

2. 曲流河

曲流河以河道弯曲、边滩、河漫滩发育为特征，主要包括河道滞留、边滩、天然堤、决口扇、泛滥平原等微相沉积。

河床滞留沉积：主要由细砾岩、含砾粗砂岩所组成，砾石成分主要为石英岩砾、砂岩砾、泥岩砾，砾石定向排列，底部为冲刷面。

边滩沉积：边滩是曲流河侧向迁移作用的产物，位于曲流河的凸岸。常由成分和结构成熟度较低的中—粗粒石英砂岩组成，砂岩中常发育大型板状交错层理、楔状层理、槽状层理、平行层理等，剖面结构具有明显的向上变细的正粒序特征。

天然堤沉积：天然堤是指在高洪水期河水漫越河岸，湍流河水水位降低时，河水携带来的大量悬浮物很快以片流方式沉积下来形成的由河道向外侧倾斜的长带形的脊形沉积物区，主要由薄层粉砂质细砂岩和泥质粉砂岩、泥岩互层，常见水平层理、沙纹层理等。

决口扇沉积：是在高水位的洪水期，过量洪水冲决天然堤后，在靠平原一侧的斜坡区形成的小规模扇状堆积物。主要由薄层细砂岩、粉砂岩、泥质粉砂岩组成，发育小型单向流水沙纹层理，剖面结构具有正粒序特征。

泛滥平原沉积：泛滥平原沉积在平面上广泛分布于河道两侧，在垂向剖面上与天然堤、决口扇和河道沉积密切共生，岩性主要为紫红色、灰绿色和杂色粉砂质泥岩、泥岩，具水平层理和沙纹层理。

总之，曲流河沉积具有明显的"二元结构"特点，即由下部推移载荷形成的粗碎屑河床、边滩亚相沉积和上部悬移载荷形成的河漫滩亚相沉积构成。从边滩到堤岸原生沉积构造，出现有规律变化，即从平行层理→大中型板状交错层理→小型板状交错层理→沙纹层理→水平层理及流水、浪成波痕等，与辫状河沉积特征显著不同（表 2-10）。

表 2-10 曲流河与辫状河分流河道沉积特征比较

类型特征	曲流河分流河道	辫状河分流河道
代表性微相	边滩	心滩
岩石成分	含砾粗砂岩、粗中粒或中细粒岩屑砂岩和岩屑石英砂岩	粗砂质砾岩、砾质粗砂岩、中粗粒岩屑砂岩和岩屑石英砂岩
结构	以砂级沉积为主，沉积物比较细，在粒度分布上由跳跃总体及悬移总体组成，牵引总体不发育。其中跳跃总体分选中等较好	以砂级或砂级沉积，沉积物比较粗。在粒度分布上主要为牵引总体和跳跃总体。牵引总体分选中等到差
沉积构造	以大中型的板状层理为主，常见平行层理和楔状层理	以大型楔状层理为主，可见槽状层理、平行层理、板状层理
剖面结构	底部冲刷面之上为河床滞留沉积，上面为边滩沉积，再过渡到天然堤沉积，最后是泛滥平原沉积	底部冲刷面之上是河床滞留沉积，上面是心滩沉积，往往都是河床滞留沉积和心滩沉积的重复叠置
电性特征	在自然伽玛到曲线上，常呈钟状	在自然伽玛曲线上，多呈箱状的负异常

· 80 ·

（二）河控三角洲沉积体系

河控三角洲是河流输入泥沙量大，波浪、潮汐作用微弱，河流的建设作用远远超过波浪、潮汐破坏作用的条件下形成的。在研究区主要发育于河南北部安阳—鹤壁、焦作—新郑、济源下冶—偃师一带二叠系地层。岩性主要为砂岩、粉砂岩、泥岩（包括泥炭、褐煤等）。层理构造复杂，见雨痕、干裂、足迹等层面构造。生物化石很少，偶见淡水动物化石和植物残体。呈透镜状分布，横向变化大。以分支河道和沼泽沉积为主体。该类三角洲包括三角洲平原、三角洲前缘、前三角洲三种亚相构成，主要包括分流河道、泥炭沼泽、天然堤和决口扇、水下分流河道、河口坝、分流间湾等沉积微相。

1. 三角洲平原亚相

三角洲平原亚相是三角洲沉积的水上部分，可识别出分流河道、天然堤、决口扇、分流间洼地及沼泽和泛滥平原等微相（图2-71、图2-72）。

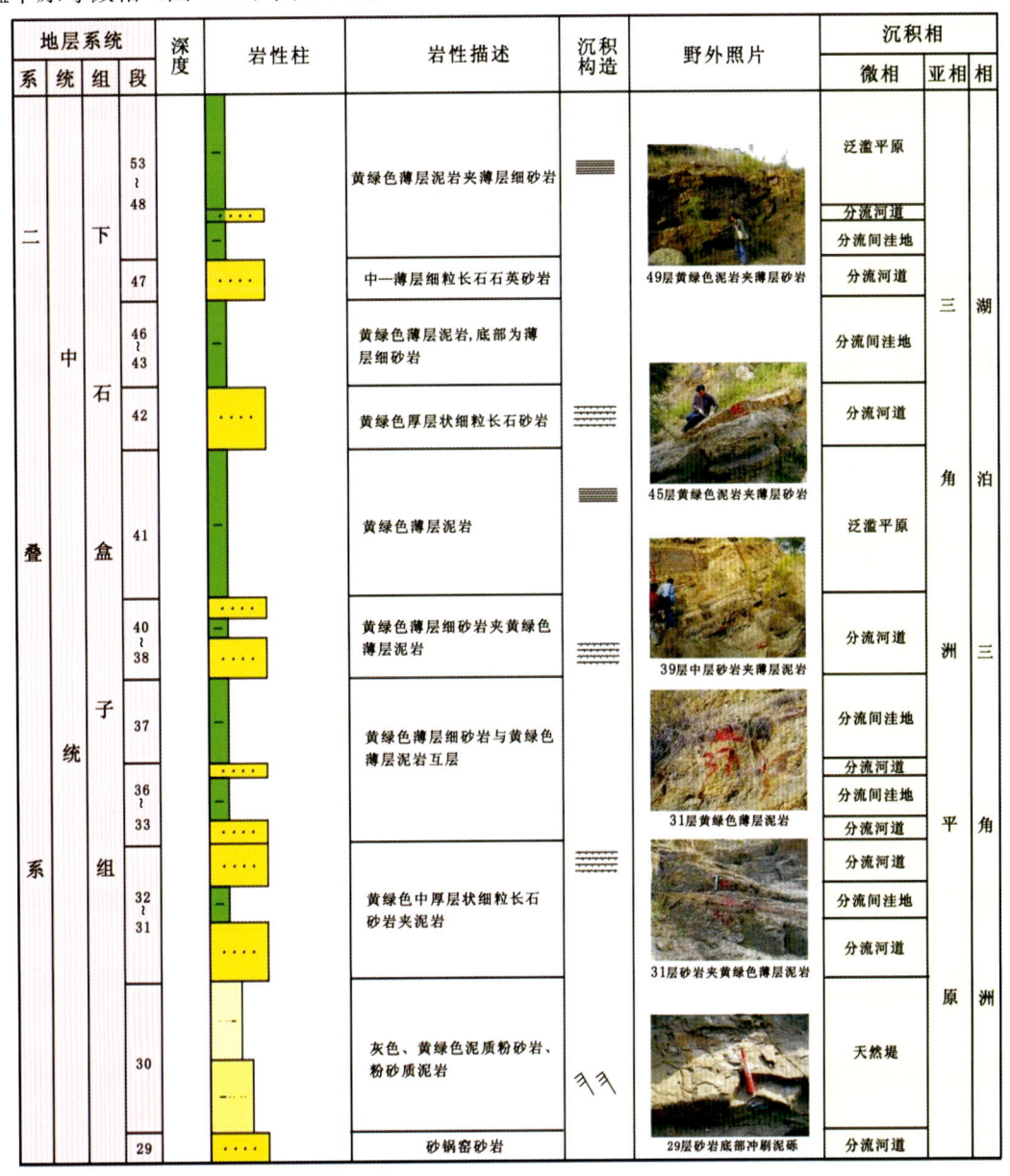

图2-71 三角洲平原沉积特征（登封西村二叠系下石盒子组）

（1）分流河道。由中厚层砂岩组成，厚度多为几米至10m左右。磨圆中等到好，分选中等。发育大型及小型板状、槽状交错层理、冲刷-充填构造。垂向序列为向上变细的正粒序。平面形态为条带状，是三角洲平原亚相的骨架砂体。

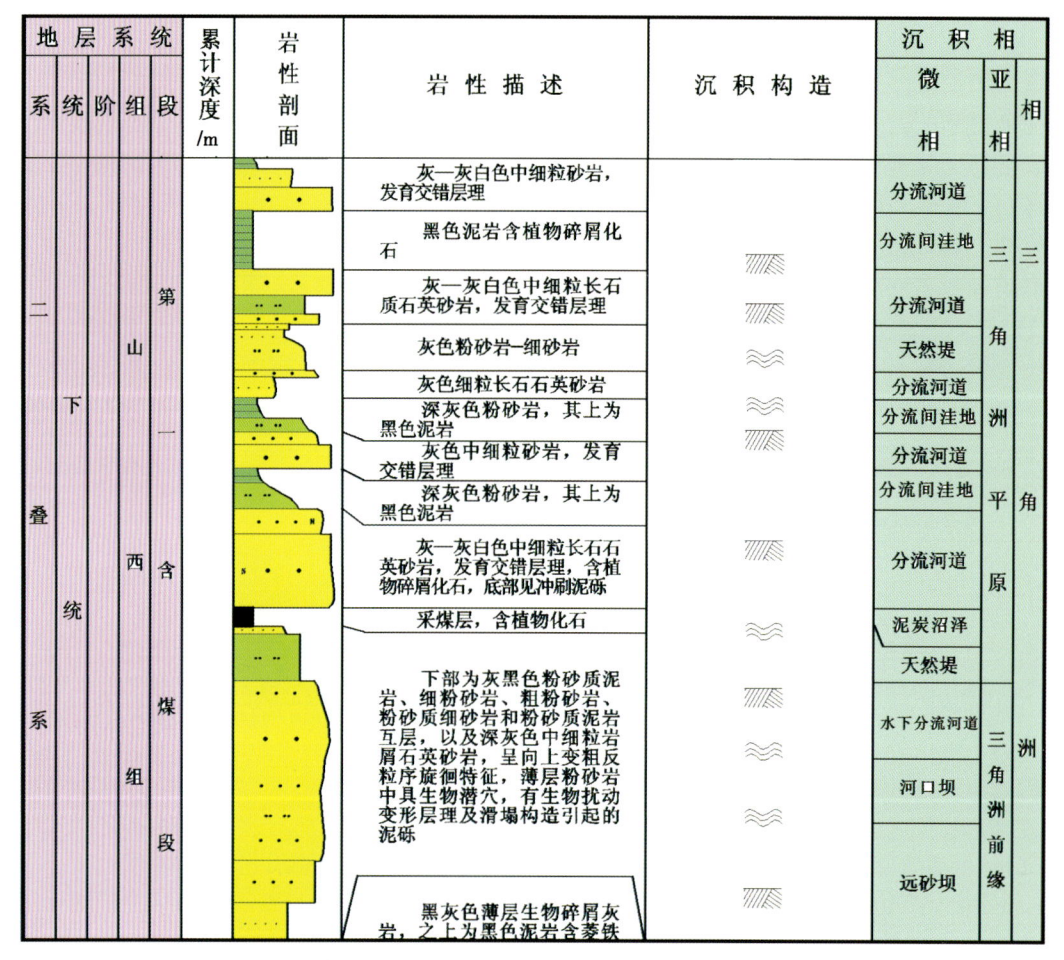

地层系统					累计深度/m	岩性剖面	岩性描述	沉积构造	沉积相		
系	统	阶	组	段					微相	亚相	相
二叠系	下统		山西组	第一含煤段			灰—灰白色中细粒砂岩，发育交错层理		分流河道	三角洲平原	三角洲
							黑色泥岩含植物碎屑化石		分流间洼地		
							灰—灰白色中细粒长石质石英砂岩，发育交错层理		分流河道		
							灰色粉砂岩-细砂岩		天然堤		
							灰色细粒长石石英砂岩		分流河道		
							深灰色粉砂岩，其上为黑色泥岩		分流间洼地		
							灰色中细粒砂岩，发育交错层理		分流河道		
							深灰色粉砂岩，其上为黑色泥岩		分流间洼地		
							灰—灰白色中细粒长石石英砂岩，发育交错层理，含植物碎屑化石，底部见冲刷泥砾		分流河道		
							采煤层，含植物化石		泥炭沼泽		
									天然堤		
							下部为灰黑色粉砂质泥岩、细粉砂岩、粗粉砂岩、粉砂质细砂岩和粉砂质泥岩互层，以及深灰色中细粒岩屑石英砂岩，呈向上变粗反粒序旋回特征，薄层粉砂岩中具生物潜穴，有生物扰动变形层理及滑塌构造引起的泥砾		水下分流河道	三角洲前缘	
									河口坝		
									远砂坝		
							黑灰色薄层生物碎屑灰岩，之上为黑色泥岩含菱铁				

图2-72 三角洲沉积特征（两淮场山地区H013井二叠系山西组）

（2）天然堤和决口扇。天然堤主要由细砂岩、粉砂岩、泥岩薄互层组成。磨圆中等到好，分选中等。发育小型交错层理、波痕，泥岩中可见生物潜穴。偶见植物碎片。决口扇主要由细砂岩组成，厚度多在2～3m以下。磨圆中等到好，分选中等。发育小型交错层理、平行层理。平面形态为扇形、席状（与河流决口扇类似）。垂向序列为向上变粗的逆粒序。

（3）分流间洼地。为分流河道之间局限低洼的蓄水或湿地沉积环境，主要由泥岩组成，夹少量的薄层状粉砂质泥岩，部分泥岩的有机质含量很高，为黑色泥岩或炭质泥岩，水平层理发育，生物扰动构造普遍。

（4）泥炭沼泽。位于三角洲平原分支河道间的低洼地区，其表面接近平均高潮线。沉积物为深色有机质黏土、泥炭、褐煤，夹有洪水成因的纹层状粉砂。富含保存完好的植物碎片。

2. 三角洲前缘亚相

三角洲前缘亚相处于三角洲平原外侧的向海方向，位于海平面以下，为河流和海水的剧烈交锋带，沉积作用活跃，是三角洲砂体的主体（图2-73）。

（1）水下分流河道微相。沉积物以砂、粉砂为主，常发育交错层理、波状层理、冲刷-充填构造。

（2）水下天然堤微相。沉积物为极细的砂和粉砂。粒度概率曲线为单段或两段型，基本上由单一的悬浮总体组成。有流水形成的波状层理。

（3）支流间湾微相。三角洲向前推进时，在分支河道间形成一系列尖端指向陆地楔形泥质沉积体（泥楔），即支流间湾。以黏土为主，含少量粉砂和细砂。具水平层理和透镜状层理，可见浪成波痕及生物介壳、植物残体等，虫孔及生物扰动构造发育。其垂向层序的下部为前三角洲黏土沉积，向上变为富含有机质的沼泽沉积。

(4) 河口坝微相。主要由细砂、粉砂组成，分选好，质纯。发育槽状交错层理，可见流水波和浪成波痕，生物化石稀少。河口坝随三角洲向海推进而覆盖于前三角洲黏土沉积之上。

(5) 远砂坝微相。远砂坝位于河口砂坝前方较远部位，又称末端砂坝。沉积物较河口坝细，主要为粉砂，有少量黏土和细砂。可发育槽状交错层理、包卷层理、流水波痕、浪成波痕及冲刷-充填构造等。垂向上位于河口坝之下，前三角洲黏土沉积之上，形成下细上粗的垂向层序。

(6) 席状砂微相。在海洋作用较强的河口区，河口砂坝受波浪和岸流的淘洗和簸选，并发生侧向迁移，使之呈席状或带状广泛分布于三角洲前缘，形成三角洲前缘席状砂体。席状砂砂质纯，分选好，发育交错层理，化石少。砂体向岸方向加厚，向海方向减薄。

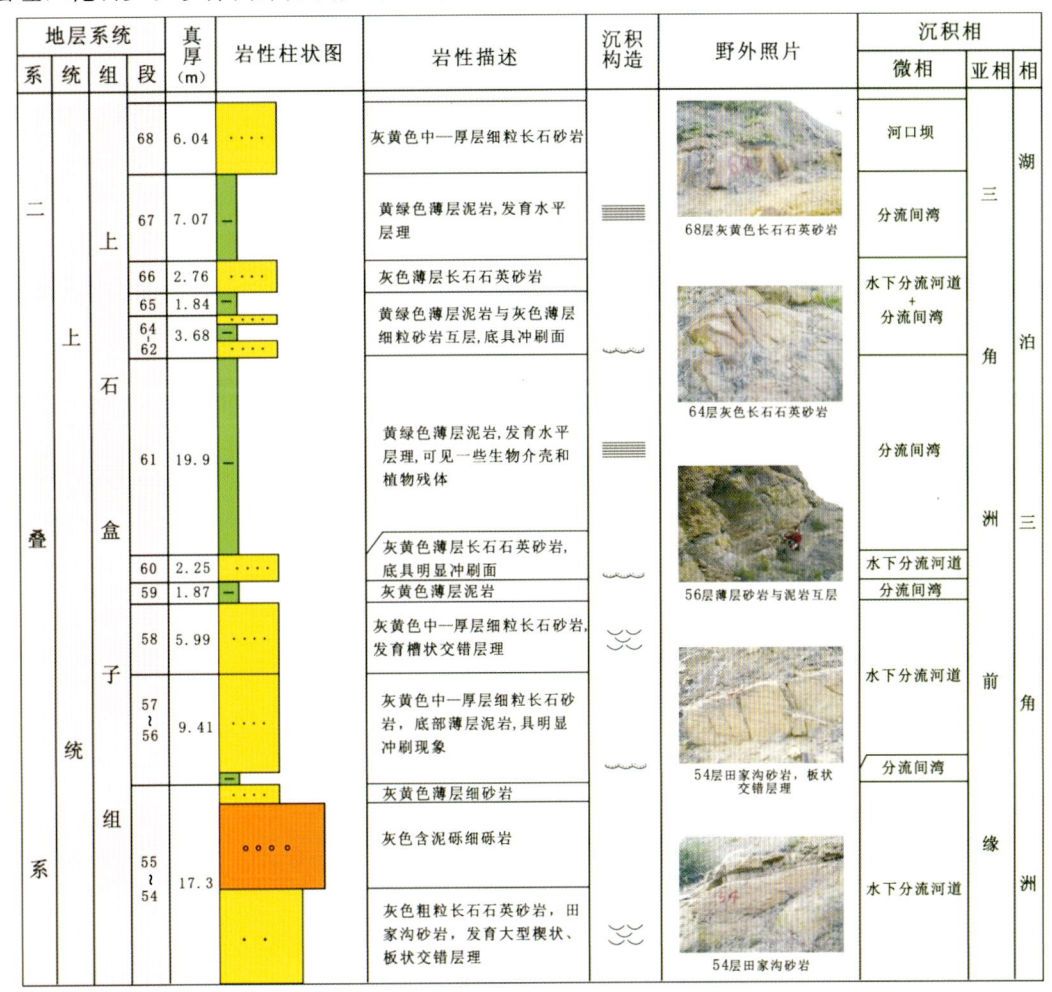

图 2-73 三角洲前缘沉积特征（登封西村二叠系上石盒子组）

3. 前三角洲亚相

前三角洲位于三角洲前缘的前方，实际上为处于浪基面以下的正常海相沉积。主要由暗色黏土和粉砂质黏土组成。常发育水平层理及块状层理。见有广盐性生物化石，如介形虫、双壳类。前三角洲暗色泥岩富含有机质，可作为良好的生油层。

(三) 湖泊沉积体系

湖泊相的沉积界面深度及沉积物的变化较大，随着水深、气候、地形和沉积物来源而变化，边缘往往有坡度大、流程短、季节性变化大的河流作用影响。岩石类型为细砂岩、粉砂岩、泥岩，并有透镜状砂砾岩和钙质砂岩，有时还夹淡水灰岩、砂质页岩，局部夹石膏层及煤线。岩石含双壳类、介形虫、腹足类、轮藻、叶肢介等生物化石碎片。南华北地区石千峰组湖泊沉积较为发育，根据沉积特征，将其划分为滨湖亚相和浅海亚相（图2-74）。

（1）滨湖亚相。主要由砂岩及粉砂岩与泥岩交互组成，偶见含砾砂岩。一般来说该亚相与浅湖泥呈过渡关系，砂岩颗粒分选、磨圆好，常见楔状层理、板状层理和平行层理，还见干扰波痕、变形层理、泥岩撕裂片和干裂。由于河道的摆动变化，河道入湖处的位置往往变化频繁，故在该地区滨湖亚相不发育，更多的情况是以三角洲前缘-滨浅湖的过渡替代了滨湖亚相。

（2）浅湖亚相。浅湖带发育于滨湖沉积带以下到浪基面以上的地区。水动力条件主要是波浪和湖流的作用，以粉砂岩沉积为主，具水平层理、波状层理及块状层理。

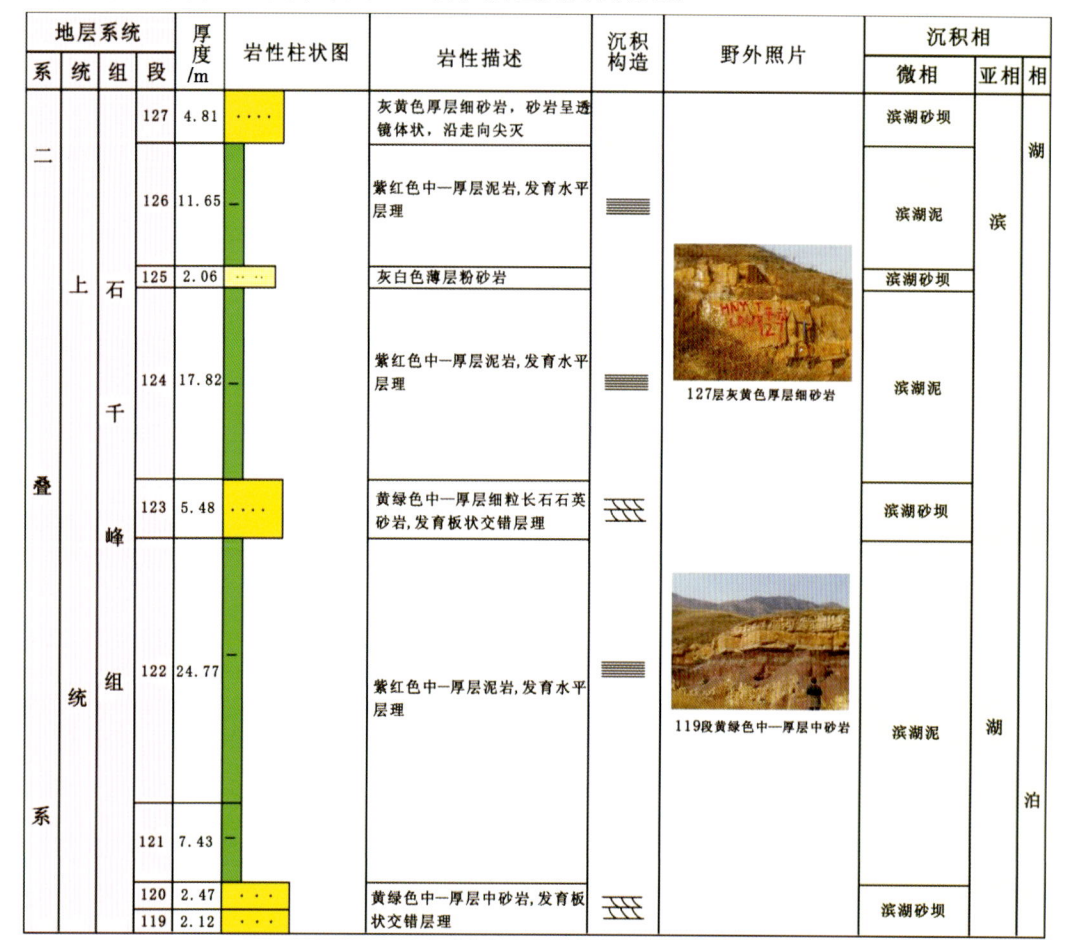

地层系统				厚度/m	岩性柱状图	岩性描述	沉积构造	野外照片	沉积相		
系	统	组	段						微相	亚相	相
二叠系	上统	石千峰组	127	4.81		灰黄色厚层细砂岩，砂岩呈透镜体状，沿走向尖灭			滨湖砂坝	滨	湖
			126	11.65		紫红色中—厚层泥岩，发育水平层理			滨湖泥		
			125	2.06		灰白色薄层粉砂岩		127层灰黄色厚层细砂岩	滨湖砂坝		
			124	17.82		紫红色中—厚层泥岩，发育水平层理			滨湖泥		
			123	5.48		黄绿色中—厚层细粒长石石英砂岩，发育板状交错层理			滨湖砂坝		
			122	24.77		紫红色中—厚层泥岩，发育水平层理		119段黄绿色中—厚层中砂岩	滨湖泥		湖泊
			121	7.43							
			120	2.47		黄绿色中—厚层中砂岩，发育板状交错层理			滨湖砂坝		
			119	2.12							

图 2-74 湖泊剖面结构（河南登封西村剖面石千峰组）

（四）潮控三角洲沉积体系

河流流入三角港或其他形状的港湾，由于潮汐作用远大于河流作用，在港湾中堆积的泥砂受潮汐作用的强烈破坏和改造，仅形成小型三角洲，属于破坏性三角洲的一种类型。因而，潮控三角洲一般发育于中高潮差、低波浪能量、低沿岸流的盆地狭窄地区。潮控三角洲常发育因潮汐作用而形成的呈裂指状散射且断续分布的潮汐砂坝，这一特征是区别其他类型三角洲的重要标志（表2-11，图2-75）。

表 2-11 河控三角洲和潮控三角洲的区别

	河控三角洲	潮控三角洲
平原发育情况	主要由分流河道、间湾中的沼泽及海湾组成	由潮汐水道、潮坪及沼泽组成。
前缘发育情况	厚度较大，以河口坝为主	厚度较薄，并夹有潮坪沉积。
层序完整	建设性阶段较完整，破坏阶段不完整	破坏性为主，不完整
粒度变化	总体下细上粗，局部下粗上细	下细上粗
沉积构造	水流波纹及各种交错层理	双向交错层理、复合层理、潮汐水道

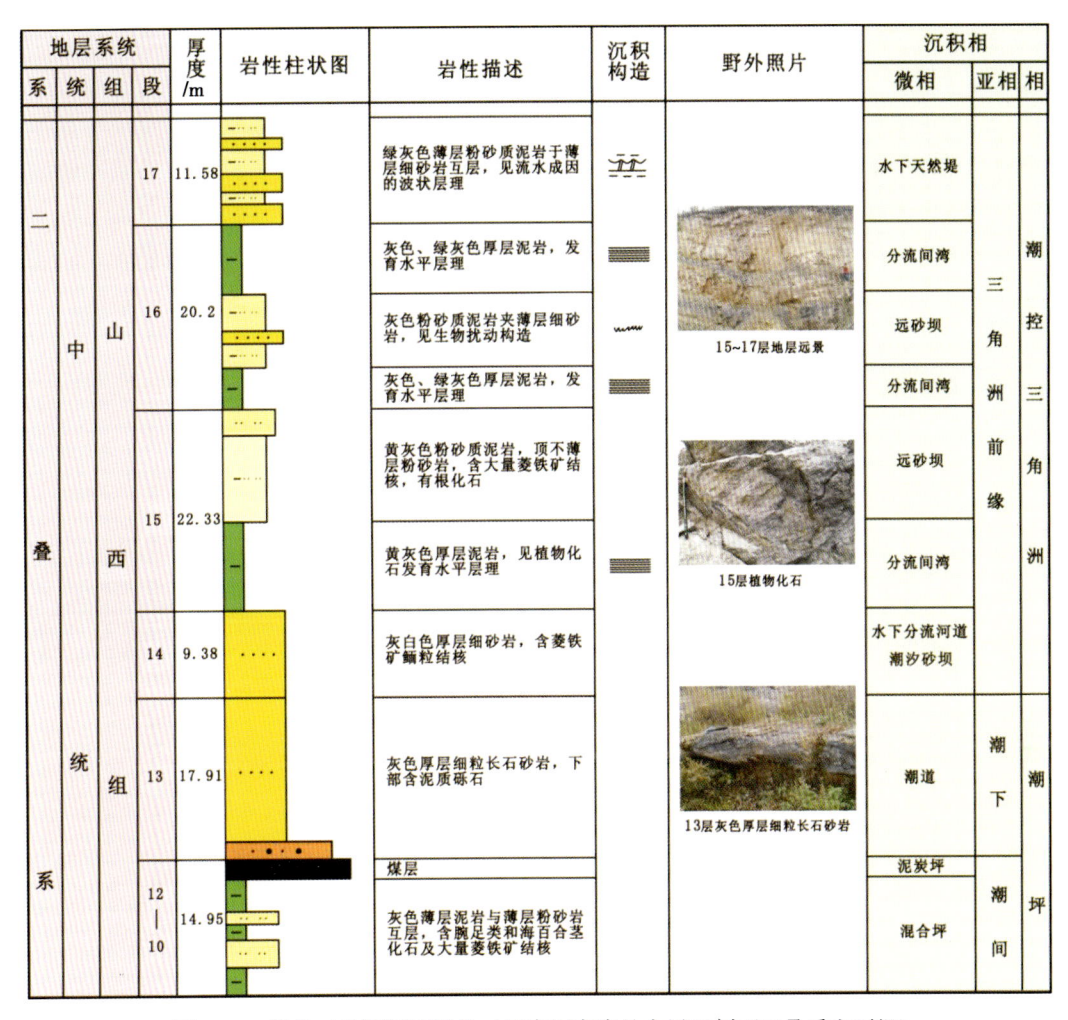

地层系统			厚度/m	岩性柱状图	岩性描述	沉积构造	野外照片	沉积相		
系	统	组 段						微相	亚相	相
二叠系	中统	山西组	17　11.58		绿灰色薄层粉砂质泥岩与薄层细砂岩互层，见流水成因的波状层理			水下天然堤	三角洲前缘	潮控三角洲
			16　20.2		灰色、绿灰色厚层泥岩，发育水平层理		15~17层地层远景	分流间湾		
					灰色粉砂质泥岩夹薄层细砂岩，见生物扰动构造			远砂坝		
					灰色、绿灰色厚层泥岩，发育水平层理			分流间湾		
			15　22.33		黄灰色粉砂质泥岩，顶部薄层粉砂岩，含大量菱铁矿结核，有根化石			远砂坝		
					黄灰色厚层泥岩，见植物化石发育水平层理		15层植物化石	分流间湾		
			14　9.38		灰白色厚层细砂岩，含菱铁矿鲕粒结核			水下分流河道潮汐砂坝		
			13　17.91		灰色厚层细粒长石砂岩，下部含泥质砾石		13层灰色厚层细粒长石砂岩	潮道	潮下	潮坪
					煤层			泥炭坪	潮间	
			12 — 10　14.95		灰色薄层泥岩与薄层粉砂岩互层，含腕足类和海百合茎化石及大量菱铁矿结核			混合坪		

图 2-75　潮控三角洲剖面结构（河南河南豫县大风口剖面二叠系山西组）

（1）潮控三角洲平原。潮控三角洲平原主要由潮坪相组成，还有潟湖、受潮汐影响的河口湾分流河道相，顶部发育泥炭沼泽。涨潮时，潮汐流入分流河道和河道间，潮汐河道具有低弯度、高宽深比和漏斗状的形态，河道中发育规模较大的线形砂体。退潮时，潮流入海，形成潮汐砂坝。因此，潮控三角洲平原分流河道的下游以潮流为主，而在分流间地区则以潮间坪沉积为特征。河道中主要底形是砂丘，在分流河道下游主要是平行于河道走向排列的线状砂脊。一般来说，该砂脊长数千米，宽数百米，高几十米，反映了潮流对河流体系所供沉积物的搬运作用。

潮汐河道间沉积：包括潟湖、小型潮沟、潮间坪、煤层和泥质沉积。沉积类型受潮汐作用和气候控制。

沉积序列自下而上为：含海相生物化石的滞留沉积、砂岩潮道的槽状交错层理、生物扰动多的泥炭沼泽沉积或海岸障壁砂沉积。

（2）潮控三角洲前缘。三角洲前缘为具有呈辐射状分布的潮汐砂坝，潮汐砂坝垂向上具有向上变粗的序列，为泥岩、粉砂岩和砂岩的互层，与前三角洲泥岩呈渐变关系，具低角度纹层的楔状、板状和羽状交错层理。在前缘斜坡沉积区，潮流砂脊呈放射状分布，具下粗上细的正粒序，延伸可达几公里，砂脊之间的潮道里有许多浅滩和河心岛。

（3）垂向层序。层序下部主要是以潮汐砂脊为特征的三角洲前缘进积作用产生的向上变粗的层序，上部主要为三角洲平原的潮坪和潮道沉积，其顶部常发育沼泽和分支河道沉积，以此区别于潮坪和河口湾沉积。

（五）障壁岛（砂质滩、坝）

障壁岛是指"海浪造成的长而低的、狭窄的砂岛"常常是砂洲或生物礁等其他水下隆起。在障壁岛与陆地之间形成了海岸潟湖，潟湖通过潮汐通道与外海相连，潟湖内波浪作用弱，潮汐作用为主，是陆地和外海之间存在阻挡波浪作用的障壁岛（坝）及海岸潟湖系统的海岸。主要发育于南华北盆地太原组和山西组，由灰色细-粗粒石英砂岩、岩屑石英砂岩及少量含砾中粗粒石英砂岩组成。砂岩成分成熟度和结构成熟度较高，分选、磨圆好，杂基含量小。沉积构造以楔形交错层理、板状交错层理、冲洗交错层理、双向交错层理和波浪交错层理为特征，具大型近对称的浪成波痕，偶见蠕虫迹、逃逸迹等生物扰动构造（图 2-76）。常与潮坪、潟湖相共生，在平面上砂体呈不规则的席状或条带状。

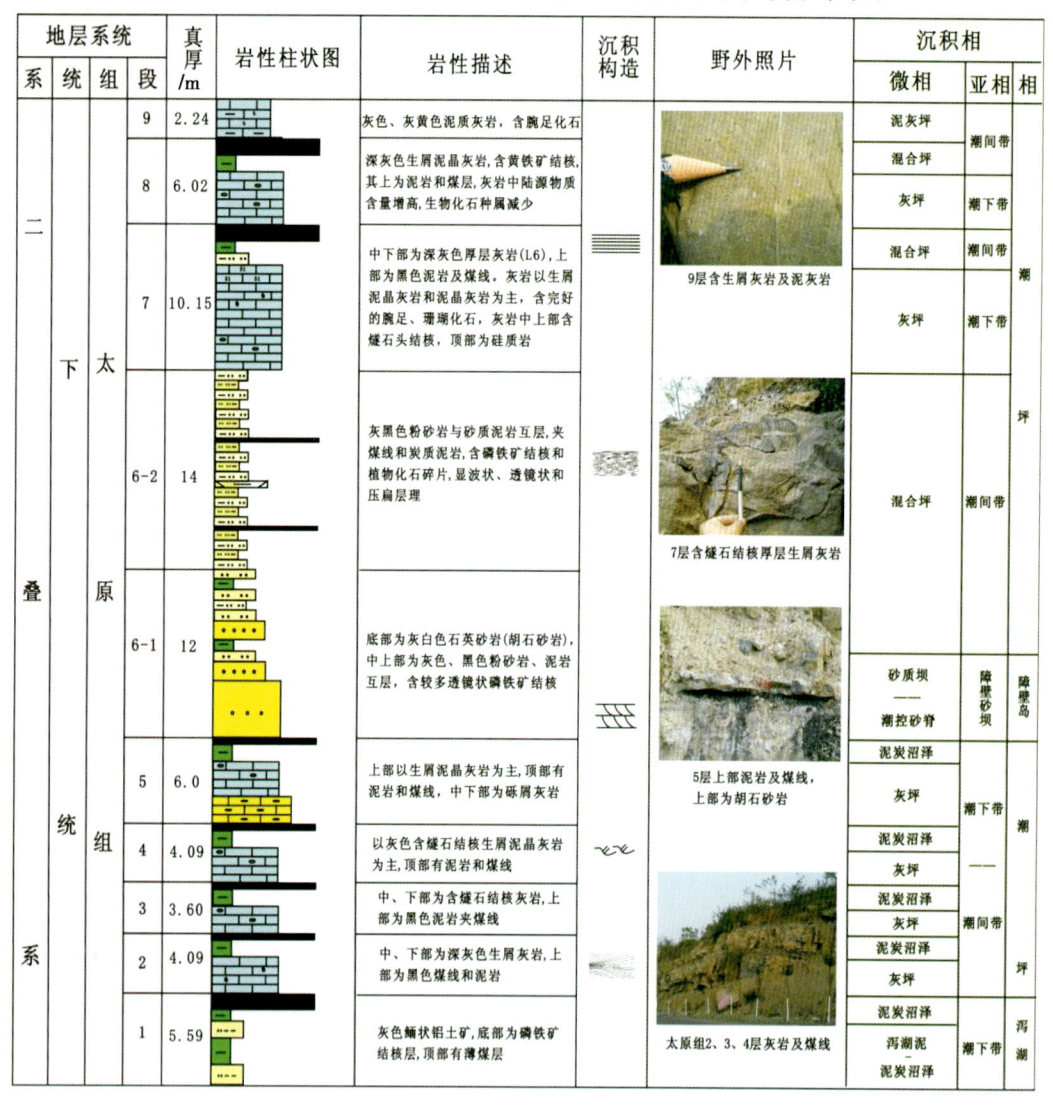

图 2-76 障壁海岸沉积特征（禹州大风口剖面下二叠统太原组）

（六）碎屑岩潮坪沉积体系

碎屑岩潮坪常发育在无强烈风浪作用而具中—大潮差的平缓倾斜的海岸地带，如在障壁岛内侧、潟湖和海湾的沿岸。以泥岩、粉砂岩和砂岩频繁互层为特征，发育脉状、透镜状和波状复合层理，以及楔状交错层理，具垂直、倾斜生物潜穴和大量生物扰动构造，富含植物化石。按其沉积特征，划分出潮下带、潮间带和潮上带。在潮坪上还发育有潮汐水道。潮上带位于平均高潮线以上地带，只有在特大高潮或风暴潮时才被海水淹没，基本上为暴露环境，受气候影响明显，多为泥坪沉积；潮间带位于平均低潮线与平均高潮线之间，其垂直幅度决定于潮差大小，一般从不足一米至数米，其宽度既与潮差有关，更与海岸带坡度有关，多为砂泥坪沉积及混合坪沉积；潮下带位于平均低潮线以下，向下延至波基面附近与陆架浅海逐渐过渡,其部位大致与临滨带相当。潮下带的水动力状况比较复杂。该带始终处于水下环境,受波浪和潮汐共同作用,但潮汐作用较强,是潮汐控制的滨海带中水动力较强的高能地带。

(七) 潟湖、台地及海湾沉积体系

潟湖是为海岸所限制、被障壁岛所遮拦的浅水盆地。波浪作用微弱,潮汐作用明显,且极易受气候影响而淡化、咸化或停滞缺氧。它以潮道与广海相通或与广海呈半隔绝状态。障壁岛的遮拦、温湖水体的蒸发、淡水的注入等,都将使潟湖的含盐度高于或低于正常海水,这是潟湖环境的一个重要特点,如太参 3 井本溪组 Sr/Ba 为 0.59~2.13。盐度的变化引起了生物群的变异,与正常盐度的海洋相比,潟湖中生物群的种属和数量都急剧减少,且个体小、壳变薄,以广盐性生物最发育,这是潟湖环境的又一重要特点。其岩石类型以钙质粉砂岩、粉砂质黏土岩、黏土岩为主,粗碎屑岩极少见;交错层理不发育。若有波浪作用,可发育缓波状层理、水平波状层理及对称或不对称波痕,虫孔少见,偶见干裂。生物化石种类单调,适应淡化水体的广盐性生物,如腹足类、瓣鳃类、苔藓类、藻类等数量。正常海相生物发生畸变,个体变小、壳体变薄等反常现象。在潮湿多雨的气候条件下,发育沼泽化潟湖,可形成一定储量的近海煤田,如南华北地区太原组煤层有很多属于此类(图 2-77)。

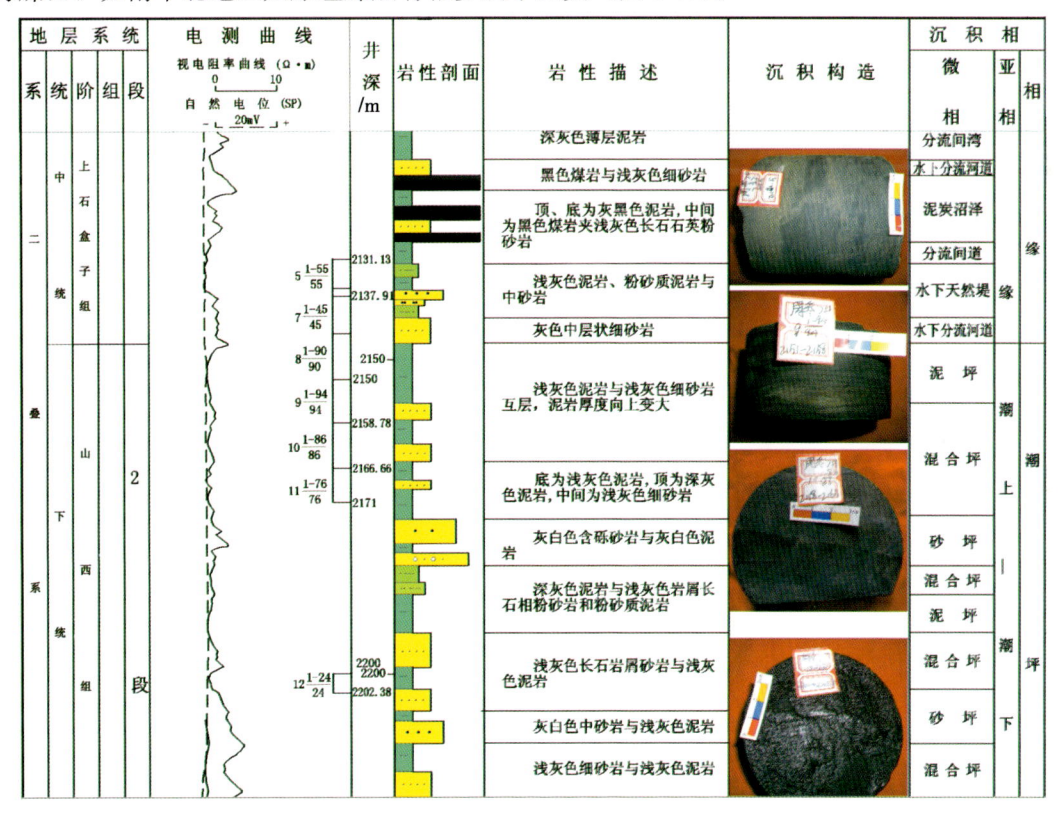

图 2-77　碎屑岩潮坪沉积特征(周参 7 井,山西组)

台地及海湾以灰岩沉积为主,生物化石丰富。主要包括生物碎屑灰岩相(包括海百合碎屑灰岩微相、混合生物碎屑灰岩微相)、生物灰岩相(包括泥微晶有孔虫灰岩微相、泥晶瓣鳃生物灰岩-瓣鳃泥晶灰岩微相、幼体海绵及骨针灰岩微相、泥微晶藻灰岩微相)、泥晶灰岩相(包括生物泥晶灰岩微相、泥晶泥灰岩微相、细粉晶灰岩微相)。

(八) 约代尔旋回

约代尔旋回沉积是由石灰岩、陆源碎屑岩和煤层所组成的一种旋回性沉积,它代表了海侵背景下稳定沉降大陆架广阔浅水区的海陆交互相沉积(图 2-78)。每个旋回底部均以海侵的浅海相灰岩或泥质灰岩开始,随着海退向上逐渐过渡为黑色钙质泥岩、页岩或粉砂岩沉积,再向上过渡为粉砂岩或具交错层理的砂岩沉积,旋回的顶部为煤层,至此该旋回即告结束。下一个旋回也是以石灰岩的突然出现为开始,并直接覆盖在前一个旋回顶部的煤层之上。此时,灰岩代表了开阔陆架的浅海沉积,含较丰富的海洋生物化石，同时也代表了最大海侵和沉积作用的稳定阶段；黑色泥、页岩和粉砂质沉积代表了海湾和前三角洲沉积；粉砂岩和砂岩则属于分流和冲积水道沉积；煤代表了三角洲平原泥炭沼泽或障壁岛后近海泥炭沼泽沉积（图 2-79）。

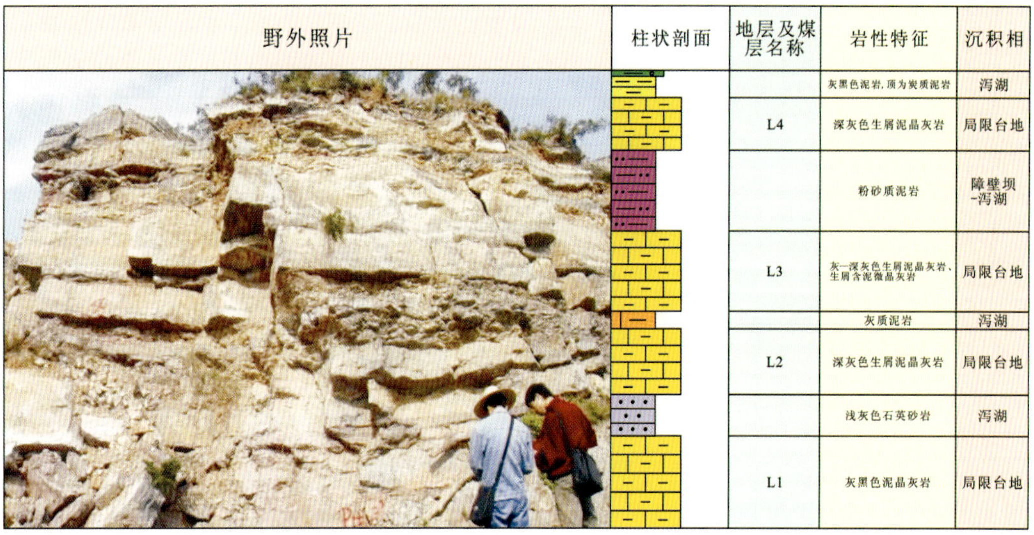

图 2-78 河南登封西村二叠系太原组（1~6）层沉积相剖面结构

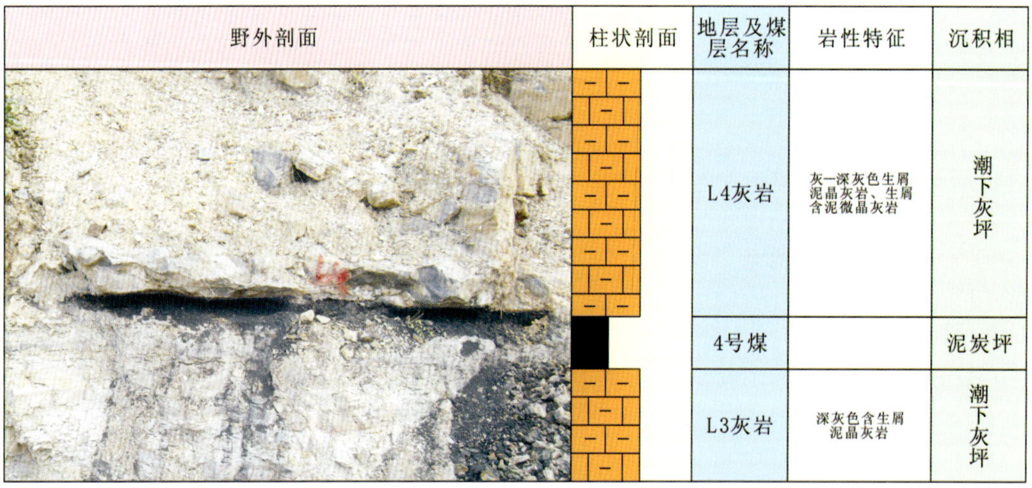

图 2-79 河南禹县大风口剖面二叠系太原组 L3 与 L4 灰岩与煤层组成的约旦尔旋回

约旦尔旋回沉积最早发现于英国彭奈恩山脉的约代尔—温斯利尔地区石炭纪韦先期地层中，以后又发现类似的旋回沉积广泛分布于北美内陆宾夕法尼亚地层中。于是这种特征及分布的广泛性和世界范围内可对比性，引起了沉积和地层学家的极大关注，认为约旦尔旋回沉积是全球晚古生代沉积的重要特征之一（图 2-80）。约旦尔旋回沉积重要地质意义表现在以下方面。

（1）约旦尔旋回层代表了海侵背景下稳定沉降陆架广阔浅水区的海陆交互沉积。沉积区基底经过长期风化剥蚀和海侵初期的填平补齐后变得十分均一平坦，约代尔旋回的出现代表了沉积区的这种古地理面貌。

（2）旋回中灰岩的层数向陆减小，厚度减薄并变得不纯，其变薄尖灭的方向代表了陆地方向和最大海侵范围；而煤层则向海减少减薄，其变薄尖灭方向标志着最大岸进范围。两者间是宽阔的海陆交替地带，可达 250 多公里，这个地带的宽窄也反映了区域构造性质和古地理面貌。

（3）由灰岩、黑色页岩和煤层组成的三相式组合代表了最大的海侵和沉积作用的稳定阶段，由海侵体系到高水位体系域，构成了一个层序，是很好的层序地层标志。

（4）约旦尔旋回是海陆交互的含煤层系沉积，剖面之上下也是有利成煤环境（三角洲平原沼泽或潮上沼泽），因此可在约旦尔旋回层系本身或上、下层序中发现良好的煤层。

图 2-80 约代尔旋回示意图

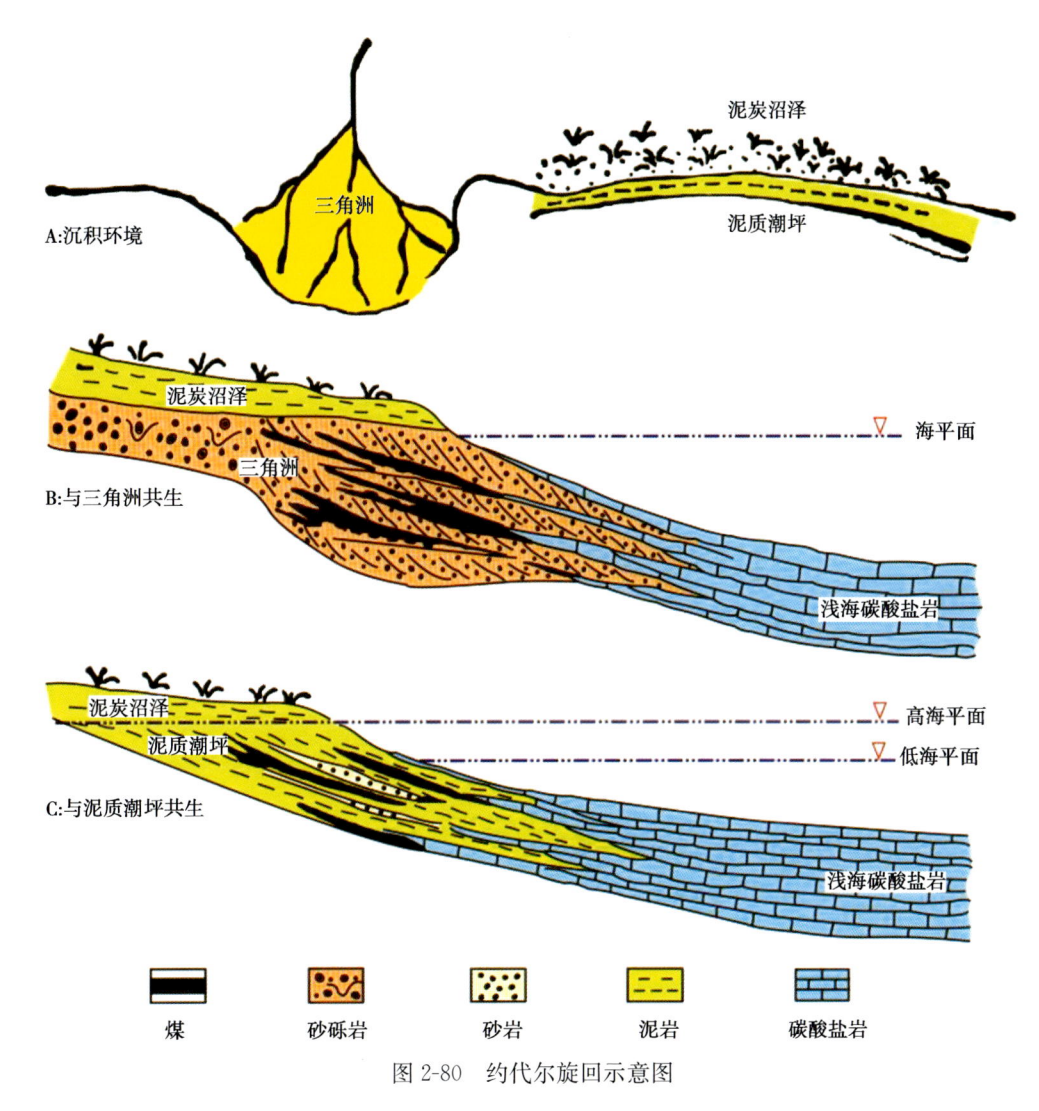

（5）约代尔旋回层系顶部往往为大的三角洲沉积覆盖，如河南渑池、义马地区上石炭统太原组中上部发育的约代尔旋回沉积向上为下二叠统山西组三角洲所替代。因此，根据对约代尔旋回的研究，在时间和空间上可以对有重要意义的三角洲沉积做出预测。

（九）上石盒子组硅质岩特征及其地质意义

1. 硅质海绵岩的分布

河南煤田地质勘探公司和杨起等均在河南禹县、登封、临汝、永城等地区上石盒子组七煤段发现硅质海绵岩，在两淮地区的相同含煤层段也发现硅质海绵岩。区域上，该套硅质岩在滕县—石家庄—忻州一线以南地区普遍分布，而该线以北地区不发育该硅质岩层（图 2-81、图 2-82）。

2. 上石盒子组硅质海绵岩的特点

豫东永城六、七煤组中的海绵岩发育层数较少，在六煤层组中发育了一薄层。七煤组中也仅发育两层，并且都不太厚。豫西七、八煤组中海绵岩也均赋存于部分硅质泥岩中，多与硅质泥岩呈过渡关系，层薄且层数较多，单层厚度由几厘米到几十厘米。野外观察，六、七、八煤组中海绵岩与硅质泥岩、燧石岩不易区分，海绵岩往往产于部分硅质泥岩中，多呈黑色或灰黑色。岩性致密坚硬，裂隙发育。裂缝和地面也多为红褐色铁质侵染。由于岩性致密坚硬，不易风化，在地表上常常呈陡坎状（图 2-83、图 2-84）。室内研究发现，岩石中具大量海绵骨针，有时含少量动物化石碎片。骨针主要为单轴单射针及单轴双射针，矿物成分主要为玉髓及石英，偶见方解石及泥质交代。X—衍射分析显示，岩石的矿物成分中 SiO_2、CaO 和 MgO 的含量较高，分析与海水影响有关，但 Al_2O_3 含量较低，这是黏土矿物减少的缘故（表 2-12）。

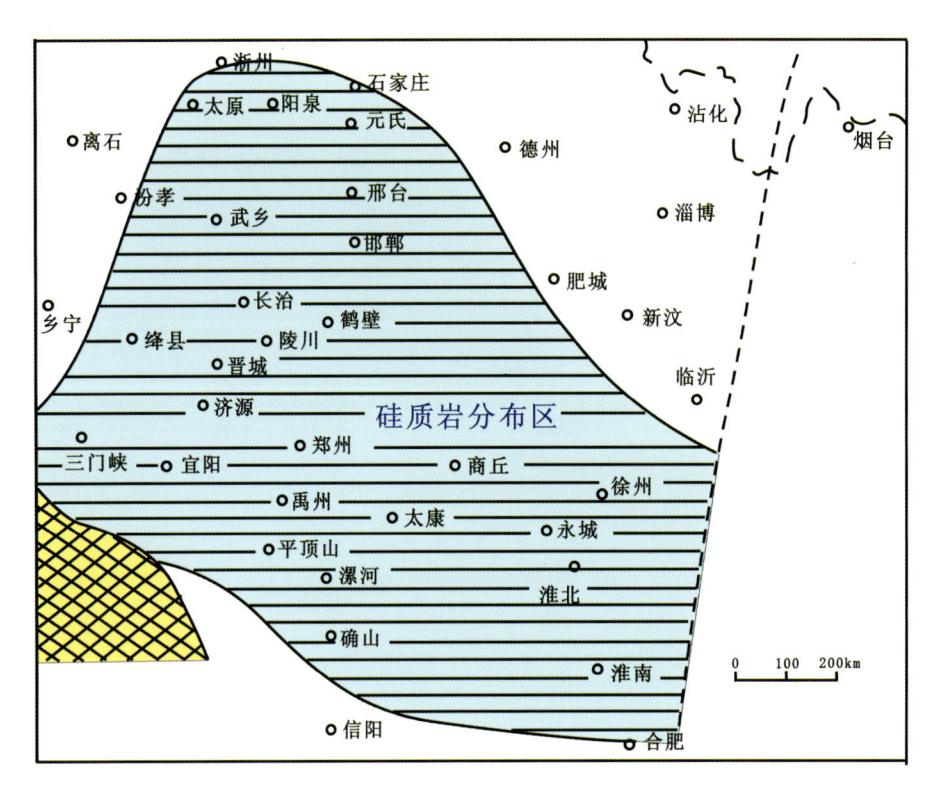

图 2-81 上石盒子组硅质岩分布图

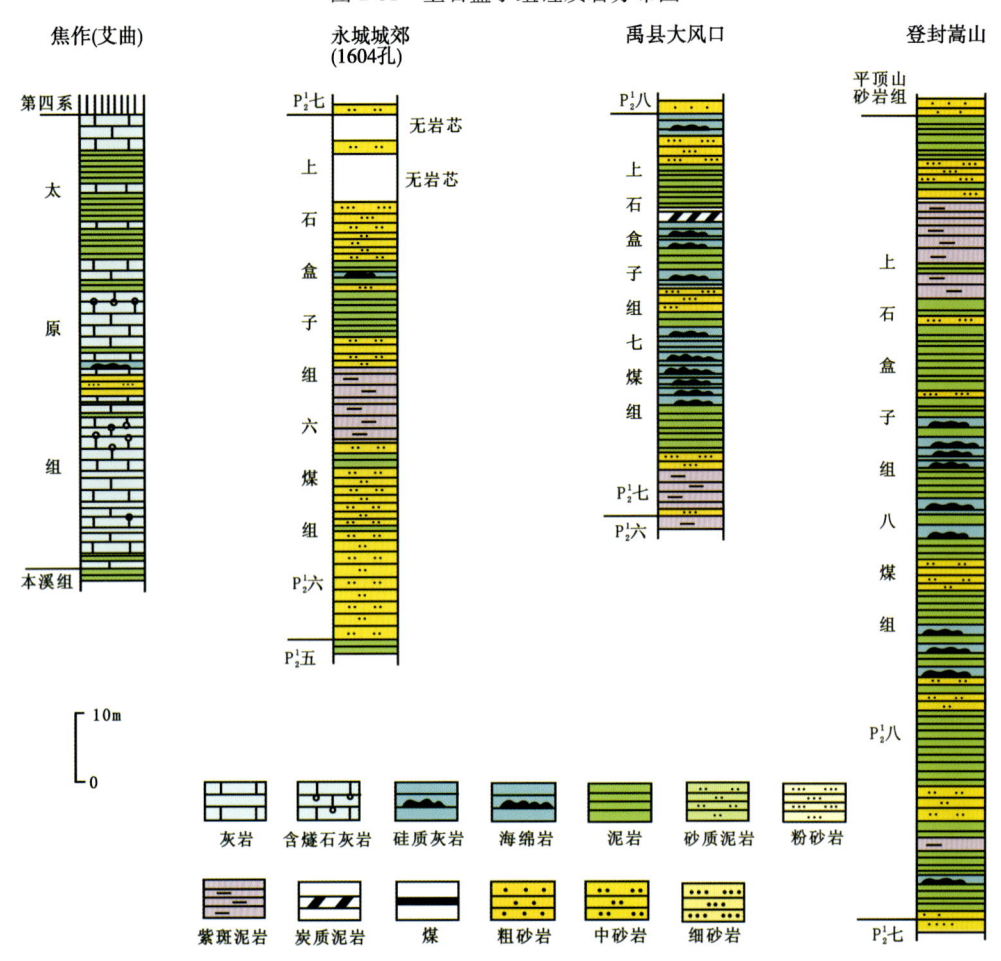

图 2-82 含海绵硅质岩地层柱状图

图 2-83 登封西村上石盒子组 70 层海绵硅质岩　　　图 2-84 禹县大风口砂岩下部 78 层硅质泥岩

表 2-12 海绵岩的化学成分

样品号	分析元素/%											
	SiO_2	Fe_2O_3	CaO	MgO	Al_2O_3	TiO_2	MnO	P_2O_5	FeO	K_2O	Na_2O	烧失量
I-1	87.65	0.23	0.41	0.33	2.92	0.03	0.09	0.04	6.5	0.50	0.20	1.05
Y-2	85.75	0.15	2.44	0.30	2.92	0.03	0.12	0.03	4.55	0.20	0.21	2.8
大-12	83.00	2.96	0.17	0.46	7.40	0.08	0.11	0.03	4.7	0.50	0.16	2.81

3. 上石盒子组硅质海绵岩的成因

海绵是最原始的多孔动物之一，从寒武系一直延续到现在。大多数生活在海水中，只有极少数生活在淡水中，但仅见于侏罗系。海绵在古生代和中生代常与典型的浅海动物如珊瑚、腕足共生。海绵之所以能够保存成为化石，主要是其骨骼构造——海绵骨针。硅质海绵骨针，矿物成分主要为蛋白石。外貌为细粒状，呈灰绿色或黑色，疏松的海绵岩胶结程度较差，其中夹有黏土和砂。坚硬的海绵岩内的骨针被蛋白石、玉髓等硅质矿物所胶结，以海相成因为主。

上石盒子组硅质岩中的黏土矿物以伊利石为主，含少量的高岭石和蒙脱石。扫描电镜观察到了大小约 $2\sim3\mu m$ 的海绵球体，并可见更加细小的针状海绵骨针。这些特征反映，上石盒子组中的硅质岩确实为生物成因及化学成因，主要与硅质海绵以及菌藻类有关，而非火山沉积（图 2-85）。同时沉积特征也说明其为非深海硅质泥岩，而与三角洲沉积体系相伴生。硅质岩的厚度较薄，但分布广泛，尤其是其具有生物成因特征，均反映研究区上石盒子组中的硅质岩属海相成因，这次海侵是研究区石炭纪—二叠纪的最后一次海侵。相对于下石盒子组和上石盒子组下部硅质岩以下，由硅质岩所代表的应是一次海泛期的沉积。

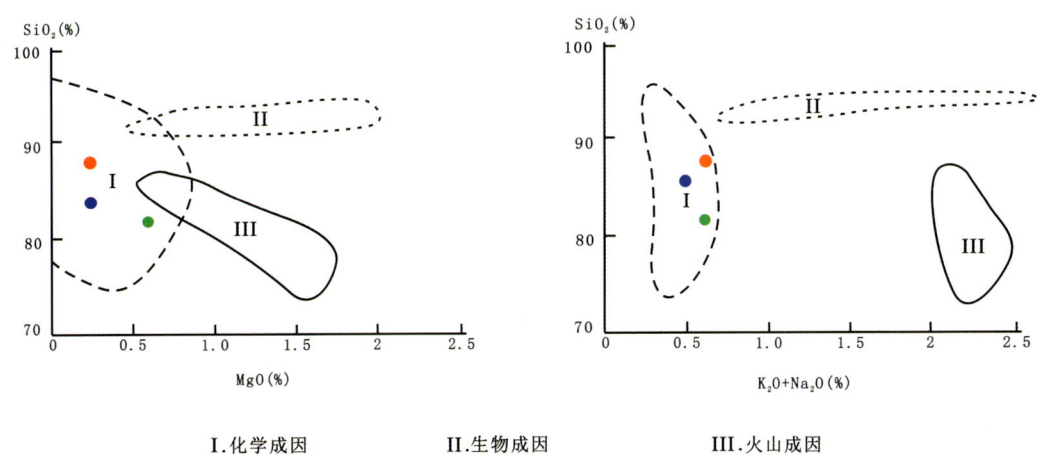

I.化学成因　　II.生物成因　　III.火山成因

图 2-85 硅质岩成因的氧化物散点图

（十）湖泊风暴事件沉积

对于风暴岩的研究，以往的重点多集中在海相碳酸盐岩地层中，对于湖泊风暴沉积，由于其形成规模小，风暴序列薄等因素往往被忽视，因而研究较少。本次研究在登封西村剖面的二叠系石千峰组地层中发现了湖泊风暴沉积，其特征明显。

(1) 沉积构造特征：登封西村剖面中发育典型的风暴沉积构造，如冲刷面、粒序层理、丘状交错层理等，各类型沉积构造具体特征如下。

①冲刷面：是风暴沉积的重要相标志，冲刷面构造在研究区内较发育。冲刷面是强烈的风暴流冲刷沉积基底形成的槽状凹陷或波状起伏的不平坦面，有平坦状、波状、复杂形状等形态，其凹凸程度反映了风暴作用的大小。风暴过后，湖水恢复平静，于是较深湖的泥岩便覆盖在剪切面之上，这是风暴流影响湖底的证据。

②粒序层理：（图2-86a）位于冲刷面之上，是由于风暴高峰过后，风暴密度流按重力分异沉降而形成粒序层理。粒序层代表风涡流减弱的过程。粒序层理的厚度从数厘米至数米不等，不管整个风暴岩体在垂向上是向上变粗或变细的层序，一次风暴流形成的单砂层总是呈向上变细的正粒序，即自下而上由粗砾、中砾、细砾组成，泥砾含量逐渐减少，粒径逐渐变小。

③丘状交错层理（图2-86b）：为典型的风暴沉积构造，在风暴作用衰减期，风暴能量逐渐减弱，由强烈的风暴流逐渐转变为浪成振荡水流，从而形成丘状交错层理。丘状交错层理见于渠模构造之上的砂岩中，底面为极缓的纹层面，纹层近似水平状。丘状交错层理经常与平行层理共生，位于递变层理之上。

④包卷层理（图2-86c）：是在一个层内的层理揉皱现象，表现为连续的开阔"向斜"或紧密"背斜"所组成。研究区发现的包卷层理，其规模中等，波长为20cm，波高为8cm，属于风暴沉积序列中的一种层理，可以出现在砂质风暴岩中，但侧向不稳定。刘宝珺等也曾在扬子地台西缘寒武纪梅树村组风暴岩沉积序列的介壳层中发现包卷层理，这更加证明研究区风暴岩的存在。此外，这一现象还反映沉积速率小，风暴作用持续时间相对较长的沉积构造特征。

⑤波痕（图2-86d）：是波浪活动最常见的鉴别标志，是风暴高潮之后，转为正常天气的波浪运动的结果。波痕虽然不是直接由风暴作用形成的，但是它对风暴作用环境有着明显的指相作用。Aigner提出的理想的风暴层序与浊流层序的主要区别就在于，风暴岩中粒序层顶部常过渡为波浪作用形成的浪成砂纹层理，而浊流及其他重力流形成的粒序层之上则没有波浪作用痕迹。

⑥泄水构造（图2-86e）：石千峰组中的泄水构造多发育在细砂岩、粉砂岩中，泄水构造是迅速堆积的松散沉积物内由于孔隙水的泄出过程所形成的同生变形构造，其典型特征是塑性体尖端指向块体中心，仅局部发育。

⑦平行层段与生物扰动（图2-86f）：平行层段是风暴过后成悬浮状态的细砂沉积的产物。平行层理见于中细砂岩中，代表了风暴流活动的高能环境。研究区的生物逃逸迹常见垂直和倾斜两种，呈管状分布，部分见回填现象。生物逃逸迹是快速沉积的一个重要标志，当快速的沉积作用发生时，生物为了不被埋葬便向上逃逸，也是风暴沉积中常见的遗迹化石之一。风暴期后生物沉积构造，反映风暴停息后生物在刚沉积的泥岩上觅食、栖息。

(2) 垂向序列（图2-87a）：一次风暴的水动力变化，塑造了各阶段对应的沉积层序和沉积特征。依据野外剖面观察和室内资料的综合分析，可概括出研究区风暴岩的理想层序，即似鲍马序列，共由五段组成，具体特征如下：

①块状层理段（Sa），由块状层理砾质砂岩到细砂岩组成，具粒序层理，底见冲刷面，与下伏地层呈突变接触；

②平行层理段（Sb），由具平行层理的粉砂-细砂组成，偶见波痕和丘状交错层理，形成于风暴能量减弱、沙床平坦的条件下；

③丘状交错层理和波状层理段（Sc），主要由发育丘状交错层理、波状层理等的粉砂岩组成，底面常

发育冲刷面，形成于浪成振激发水流作用。与平行层理段有一个沉积间断面；

④水平层理段（Sd），由发育水平层理、波状层理的粉砂岩和泥岩构成；

⑤块状泥岩段（Se），主要由较深水沉积的深灰色泥岩及页岩组成。

a. 粒序层理

b. 丘状交错层量

c. 包卷层理

d. 波痕

e. 泄水构造

f. 平行层理

图 2-86　河南登封地区石千峰组风暴沉积构造

从 Sa 至 Se 为由粗变细的正旋回风暴序列，形成于风暴能量逐渐衰退的过程中。当然，很难见到一个完整的序列，研究区常见的风暴序列组合是：Sa-Sb-Sc（图 2-87b）、Sb-Sc-Sd（图 2-87c）和 Sa-Sb（图 2-87d）。风暴沉积是事件性沉积，纵向上，风暴沉积之上为三角洲或扇三角洲沉积，其下为浊积岩或正常湖相沉积；平面上，向陆方向为三角洲或滨湖，向盆地方向与浅湖砂坝或浅湖-半深湖相泥岩接触。

风暴事件的强度、频率以及构造位置的不同，导致风暴沉积序列也有不同的结构特征。通过风暴沉积构造类型、规模、沉积相序结构和沉积背景分析，伊洛地区石千峰组湖泊风暴沉积序列可识别出原地风暴岩和异地风暴岩，其中异地风暴岩又可分为近缘风暴岩和远源风暴岩。

原地风暴岩与浅水沉积相伴生，是由于风暴流对湖底的搅动和掘起作用，使先期的沉积物（岩）被掀起、搅碎，堆积在原地形成的产物。顶底均为浅水相的红色及灰绿色物源沉积，常见 Sa-Sb 序列，如宜阳庙沟二叠系石千峰组剖面，下部单元 Sa 序列为中厚层砾岩、含砾砂岩，砂砾为次棱角状、次圆状，砾屑杂乱分布，堆积较紧密，其顶界面不规则，发育冲刷面及粒序层理；上部单元 Sb 为粉-细砂岩，发育平行层理。

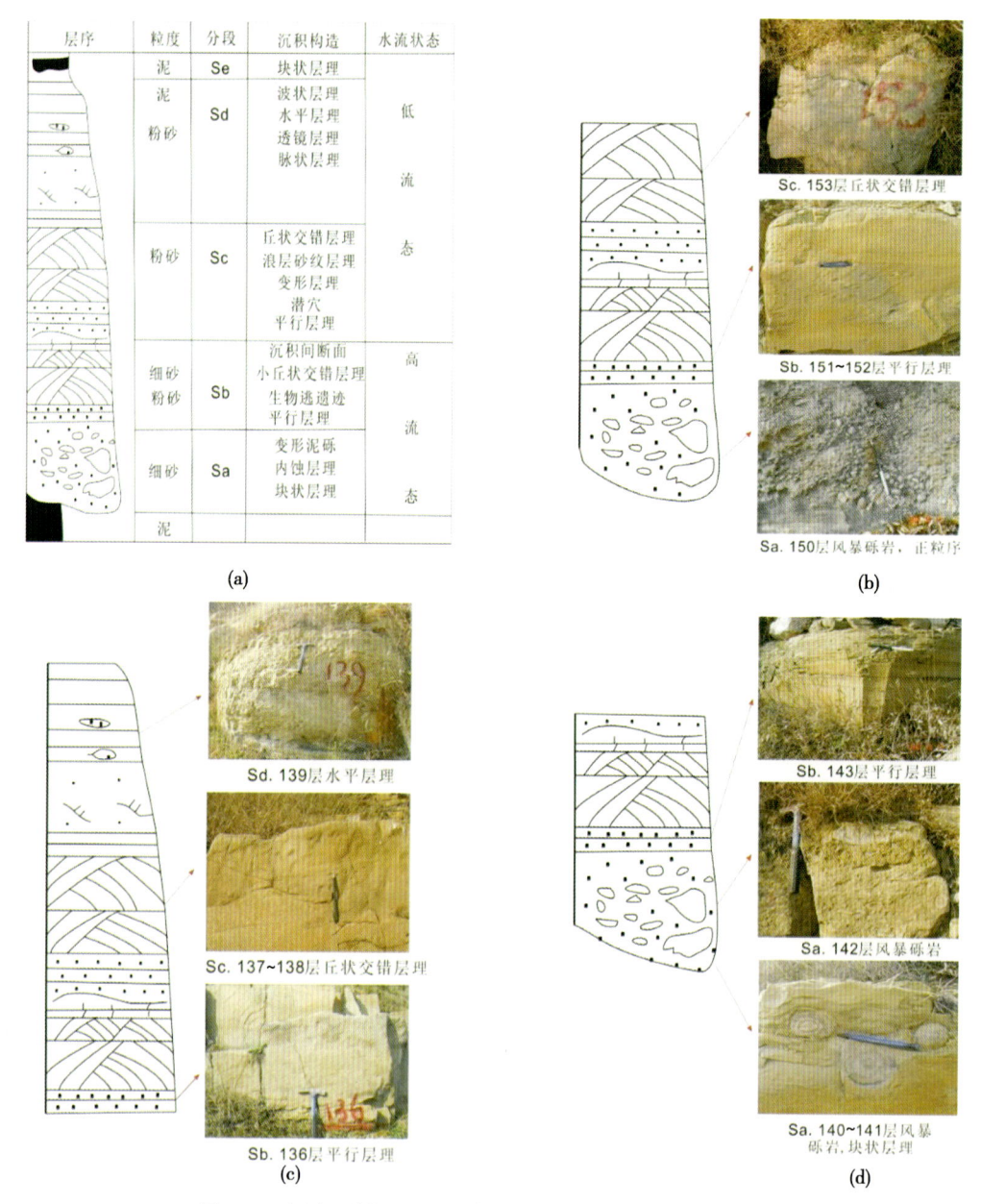

图 2-87 河南登封地区石千峰组风暴岩垂向沉积模式及序列

异地风暴岩是指风暴回流携带的大量从物源区冲刷、侵蚀下来的碎屑物质经过一定距离的搬运后再沉积下来形成的产物，又进一步分为近源风暴岩和远源风暴岩。

近源风暴岩，一般在正常浪基面之下，其顶底为灰绿色和灰色的正常沉积。风暴流在由强到弱或风暴密度流速开始降低的过程中，短距离搬运的碎屑物质按颗粒大小依次沉积，沉积物的粒度较粗，泥砾呈碎片状，砂岩呈透镜状，砾屑排列趋于规则，厚度趋于稳定。这类沉积由于受到风暴浪的冲刷，冲刷面及粒序层段明显，可见生物的倾斜逃逸潜穴，并常常发育丘状交错层理、浪成砂纹层理等沉积构造，构成 Sa-Sb-Sc-Sd 序列组合特征，如巩义西村剖面上部岩性组合段，发育近源风暴岩沉积。

远源风暴岩，一般沉积在风暴浪基面附近，是风暴流由强烈至衰退过程中长距离搬运的碎屑物质在半深湖-深湖堆积形成的产物。沉积物的粒度较细，分选磨圆较好，此时风暴浪作用对湖底影响较小，其底界面冲刷作用不明显。随着风暴流的逐渐减弱，沉积物在搬运的过程中，缺少 Sa、Sb 段沉积，常见 Sc-Sd-Se 序列组合，其中 Sc 段以浪成砂纹层理为主，丘状交错层理不常见，如巩义西村剖面下部岩性组合段，发育远源风暴岩沉积。

风暴沉积的发现对于研究区的古地理位置、古环境特征以及地层学研究都有重要的意义。同时，风暴岩还可作为储集层，经过湖泊风暴和波浪改造作用的砂体，其孔隙更发育，储集性能更良好。风暴岩下伏湖相泥岩，生烃后优先排入邻近的砂岩，易形成砂岩透镜体油藏；另外风暴岩形成的砂岩侧向与三角洲前缘砂体叠置，加上差异性压实构造的配套，可形成具有一定面积的构造岩性油气藏。

二、石炭系—二叠系岩相古地理演化

加里东运动使得华北板块整体抬升，经历了大约 150Ma 的剥蚀夷平，形成了西北高、东南低的平缓单斜古地形。中石炭本溪期，海水从北东方向侵入本区，沉积了一套独特的海陆交互相沉积物。至晚二叠世晚期，随着华北板块南、北部挤压作用的增强，华北盆地整体抬升，海水完全退出，盆地进入陆相沉积发展阶段。华北板块北部强烈隆升，一方面产生了北高南低的古地形，另一方面也提供了沉积物源（徐辉，1987），此时的气候由温暖转变为炎热，湿润变成干旱，沉积了以河流相为主的红色碎屑岩夹淡水灰岩及石膏（图 2-88）。

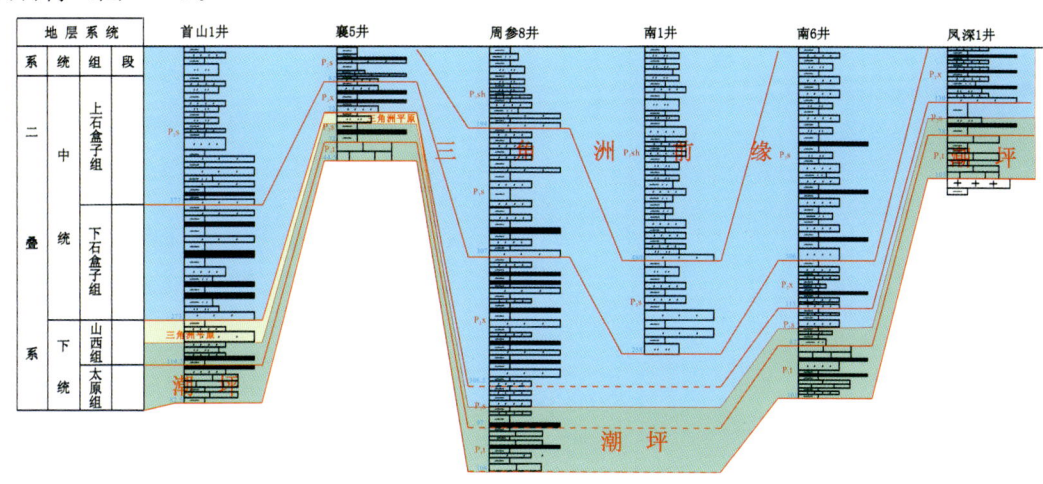

图 2-88 南华北地区二叠系沉积相对比图

（一）晚石炭世本溪期岩相古地理展布（图 2-89）

晚石炭世本溪期，在加里东侵蚀夷平面上，华北地台由北向南发生海侵，在南华北地区形成了一套海陆交互相含煤岩系。古风化壳构成的海底地形十分平缓，呈现为西北高东南低，海平面的升降变化，引起海岸线大规模的进退，造成岩相在垂向上频繁交替。沉积盆地的南缘为洛固古陆，分布在灵宝—洛宁—嵩县—方城—淮滨一线以南的洛宁—固始地区，地势较高，主要由前寒武纪变质岩及火山岩组成，西北侧为中条古陆，主要由前寒武纪变质岩如结晶片岩所组成。由于洛固古陆和中条古陆的制约，使沉积区形成了向西收敛、向东撒开的三角形。盆地内残留有大小不等的丘陵或高地，当晚石炭世海水侵入本区后，这些丘陵高地便形成一个个弧立的岛屿或岛群，在一定程度上起着障壁作用，从而减弱了海水的能量。该时期海水淹没了太行山及研究区西北部新安、绳池一带及南部沿岸地带发育潮坪沉积，沉积了灰色、灰白色含砾石英砂岩、黏土质砂岩、粉砂岩、黏土岩、铝质岩等。东部淮北、徐州等地，岩石类型为灰绿色、紫红色泥晶灰岩、泥晶含生物碎屑灰岩、页岩夹砂岩、瘤状灰岩，上部偶夹煤层，具水平层理、交错层理，含海绿石，生物化石较少，整体呈现为还原环境，属潟湖沉积环境。

（二）二叠纪岩相古地理展布（图 2-90）

二叠纪盆地西南上升为古陆—秦岭大别古陆，沿洛宁—嵩县—确山—凤台以北为沉积区。沉积盆地位于剥蚀区附近，地貌形态比较复杂，产生了负载多变的沉积相。同时，由于大陆河流带来的物质增多，在滨海区形成了三角洲前缘和前三角洲沉积。形成了以陆源碎屑为主的复合三角洲体系，由三角洲前缘-

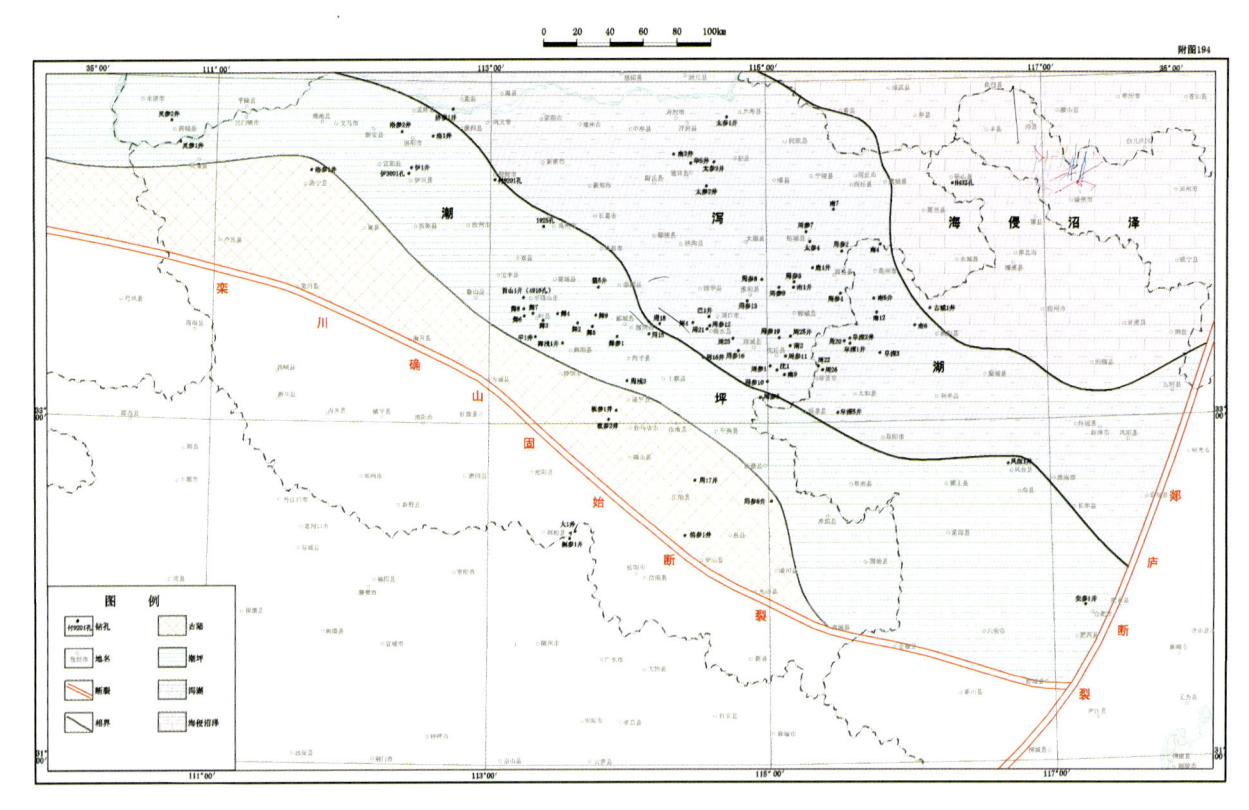

图 2-89 晚石炭世本溪期岩相古地理展布图

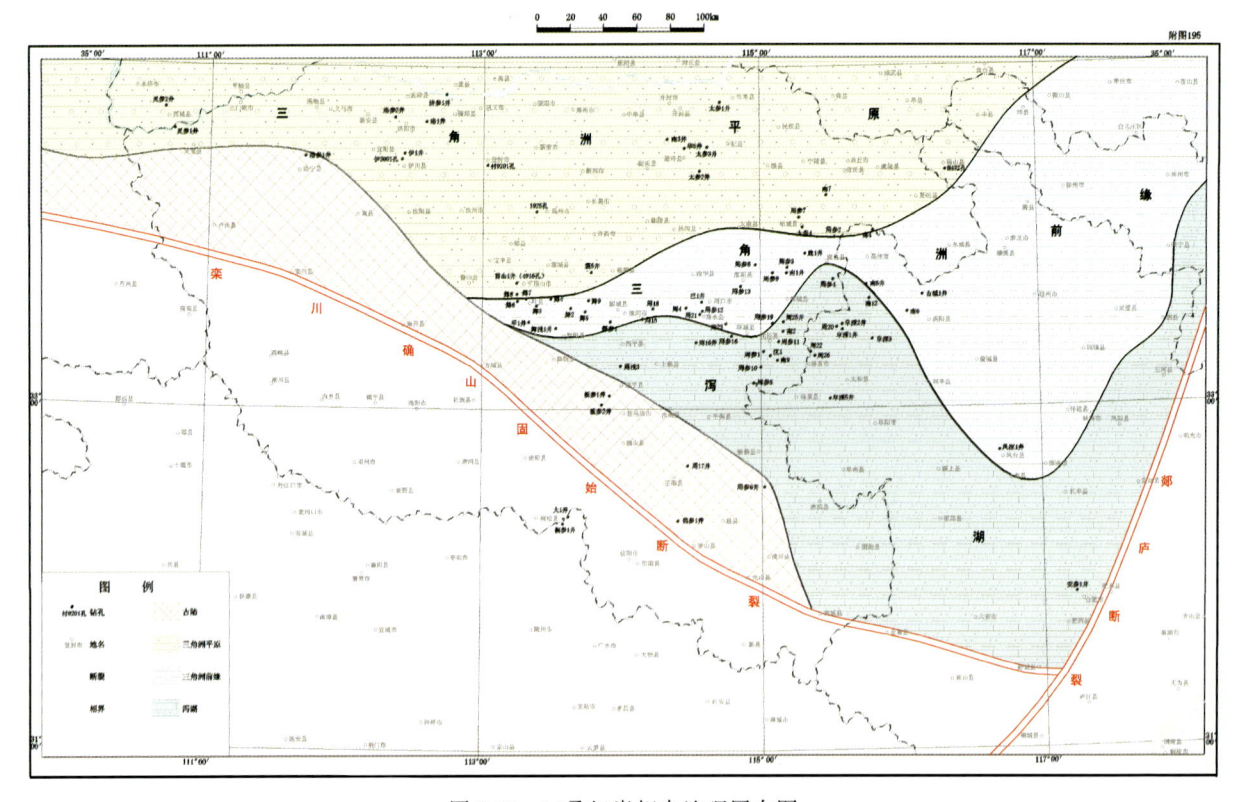

图 2-90 二叠纪岩相古地理展布图

三角洲平原组成的韵律。在盆地中部浅湖沉积区主要为杂色黏土岩，含大量的紫红色斑块或斑点，有时含菱铁矿透镜体。在盆地中部三角洲前缘水下分流河道发育，主要沉积物为中-细粒石英砂岩，含重矿物比较多，普遍含海绿石和菱铁矿结核，具水平层理和小型斜交层理。三角洲平原沉积环境较复杂，主要有分流河道、洼地、沼泽等微相发育。分流河道沉积了粗粒长石石英砂岩、石英砂岩，粒度向上变细，为正粒序，具槽状层理、大型板状斜层理、小型交错层理。洼地主要为细粒长石石英砂岩、粉砂质黏土岩。

（三）早二叠世太原期岩相古地理展布（图2-91）

早二叠世太原期的陆地与晚石炭世本溪期相比略有变化，表现在中条古陆和洛固古陆虽然仍为陆地，但范围有所缩小。晚石炭世的一些岛屿大多沦为水下，变成水下高地。如嵩箕岛群，除晚石炭世早期短时期保留了古岛的面貌外，其他阶段均被海水淹没。受水下高地所制约，豫西地区沉积了一套泥晶生物碎屑灰岩、砂屑灰岩、砂岩、粉砂质黏土岩、炭质页岩及劣质煤线等岩石类型，具水平层理及动植物化石碎片，属潮下沉积环境。淮南、淮阳及郑州等地区岩石类型为深灰色、灰色泥晶灰岩、生物碎屑灰岩、砂岩、粉砂岩、炭质页岩及煤层，生物化石丰富，属潮间沉积环境；阜南、汝阳等地岩石类型呈现为灰岩-泥页岩组合，处在潮上沉积环境中。

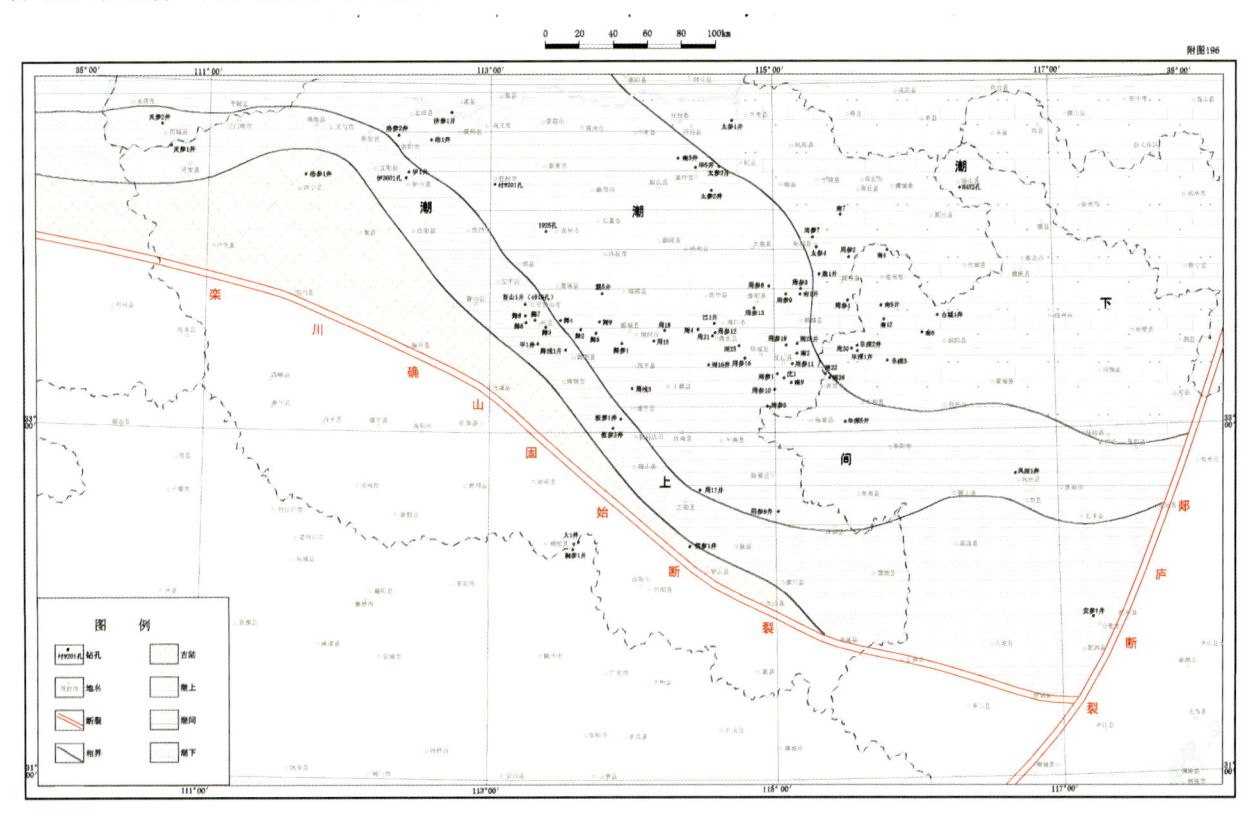

图2-91 早二叠世太原期岩相古地理展布图

（四）中二叠世岩相古地理展布（图2-92）

中二叠世主要发育潟湖沉积和三角洲沉积体系。潟湖沉积主要沿永济—汝阳—西平—蒙城以南发育，主要沉积物为钙质页岩、炭质页岩、灰岩及薄层粉砂岩。沿永济—汝阳—西平—蒙城以北三角洲沉积发育，三角洲前缘主要分布在该线以北和洛阳—新密—杞县—砀山—徐州以南地区，主要沉积物为中-细粒石英砂岩，普遍含海绿石和菱铁矿结核，具水平层理和小型斜层理。三角洲平原沉积主要分布在洛阳—新密—杞县—砀山—徐州以北地区，环境较复杂，主要有分流河道、洼地、湖泊沼泽等；分流河道主要沉积粗粒长石石英砂岩、石英砂岩，洼地主要为细粒长石石英砂岩、粉砂质黏土岩；沼泽沉积主要是薄层煤层和炭质页岩，煤层不稳定。

（五）晚二叠世岩相古地理展布（图2-93）

晚二叠世基本上继承了中二叠世的沉积格局，发育三角洲与浅湖沉积体系。浅湖沉积主要发育在在汝阳—平顶山—漯河—项城—宿州一线以南，主要为杂色黏土岩沉积。三角洲前缘与前三角洲沉积主要

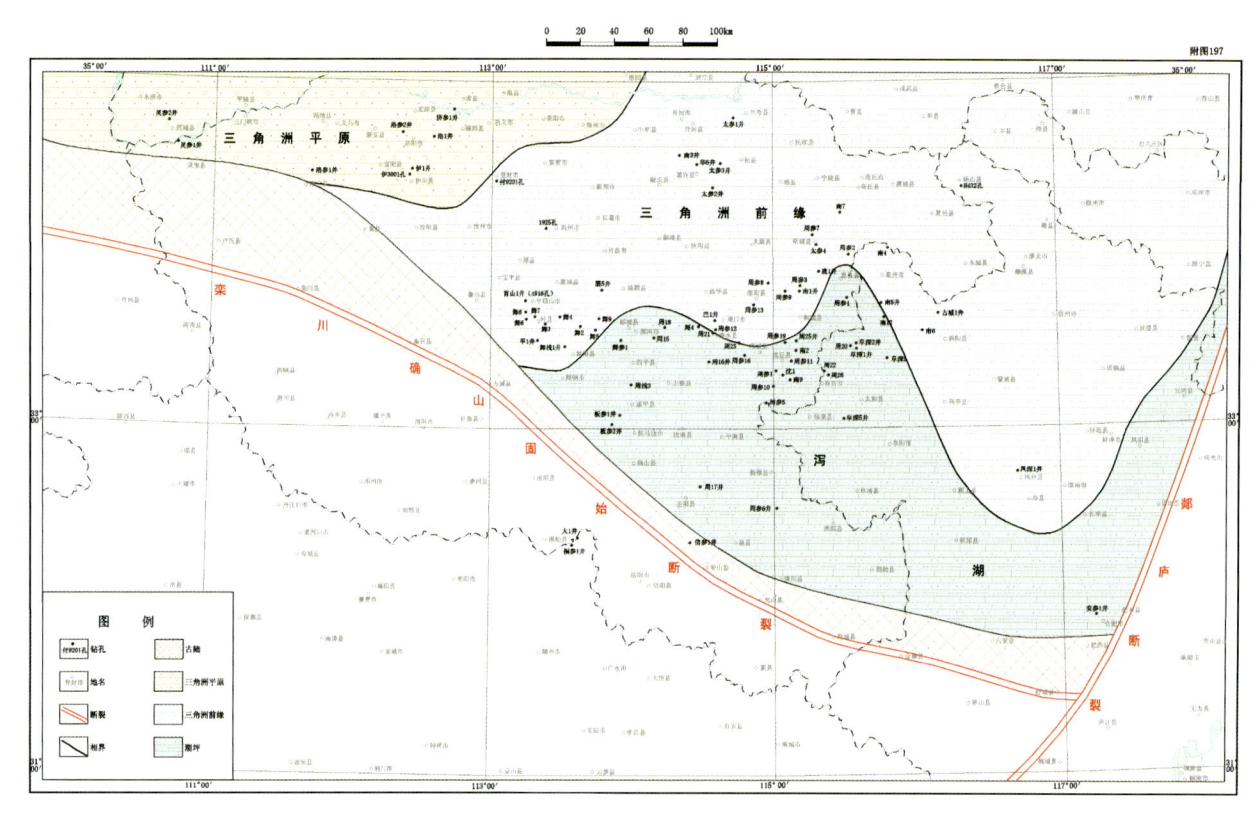

图 2-92 中二叠世岩相古地理展布图

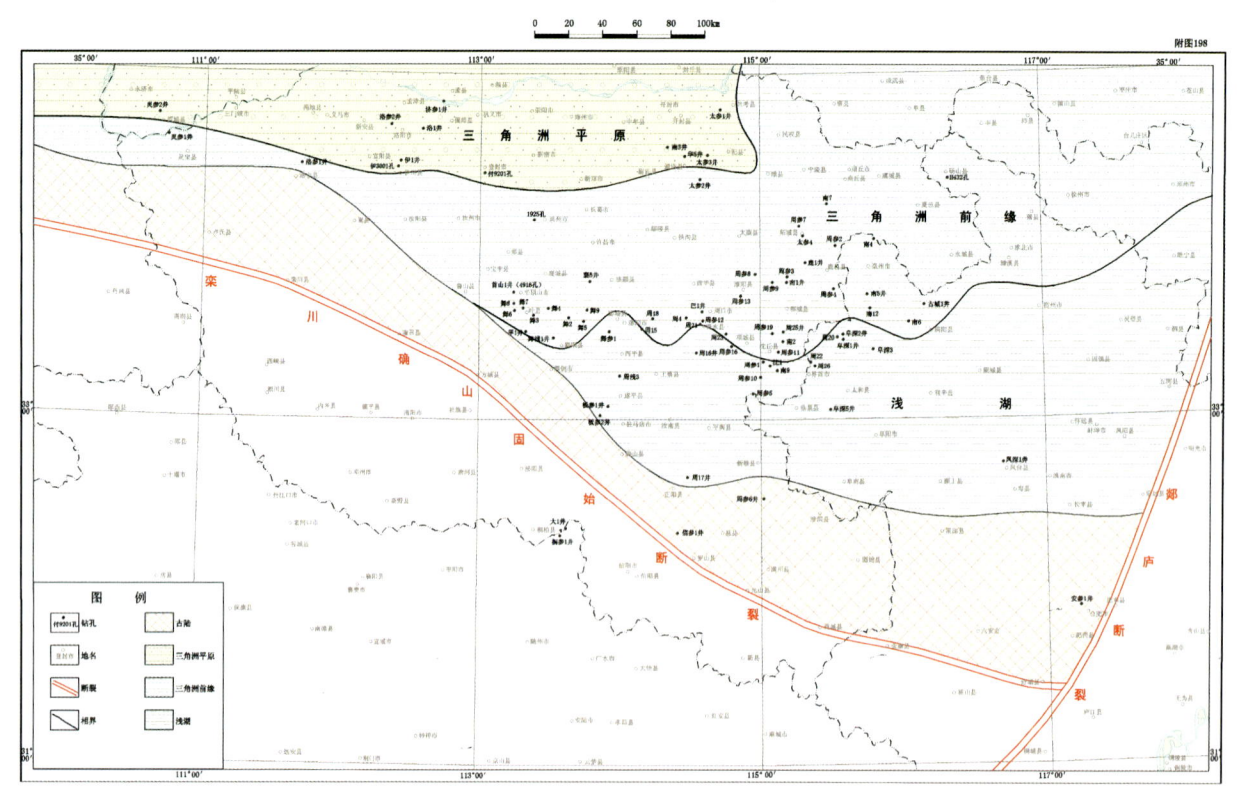

图 2-93 晚二叠世岩相古地理展布图

发育在汝阳—平顶山—漯河—项城—宿州以北。前三角洲主要为暗色页岩、硅质黏土岩和硅质岩，颜色较深黏土岩中产较多的舌形贝和海相双壳类以及植物碎片，硅质黏土岩和硅质岩中含丰富的海绵骨针。三角洲前缘水下分流河道发育，主要为中-细粒石英砂岩、长石石英砂岩、普遍含海绿石、具斜层理和水

· 98 ·

平层理，有时可见不对称波痕。三角洲平原主要发育在渑池—孟津—偃师—开封—砀山以北地区，主要为分流河道相的长石石英砂岩沉积，具板状斜层理，含植物碎片。

（六）中二叠世山西Ⅰ期岩相古地理展布（图2-94）

山西组是由二种截然不同的沉积环境所组成。山西组沉积早期，是在早二叠世太原末期陆表海海水逐渐退出的基础上形成的潮坪及泥炭沼泽，海岸线较太原组沉积期明显向南迁移。潮坪沉积向南达平顶山，从砂泥变化看，北部以泥坪为主，南部砂质增多，豫西等地以砂泥混合坪为主。二1煤是在潮坪的基础上发展起来的泥炭沼泽所形成的，它具有分布广、厚度大、层位稳定，可大范围进行对比的特点。

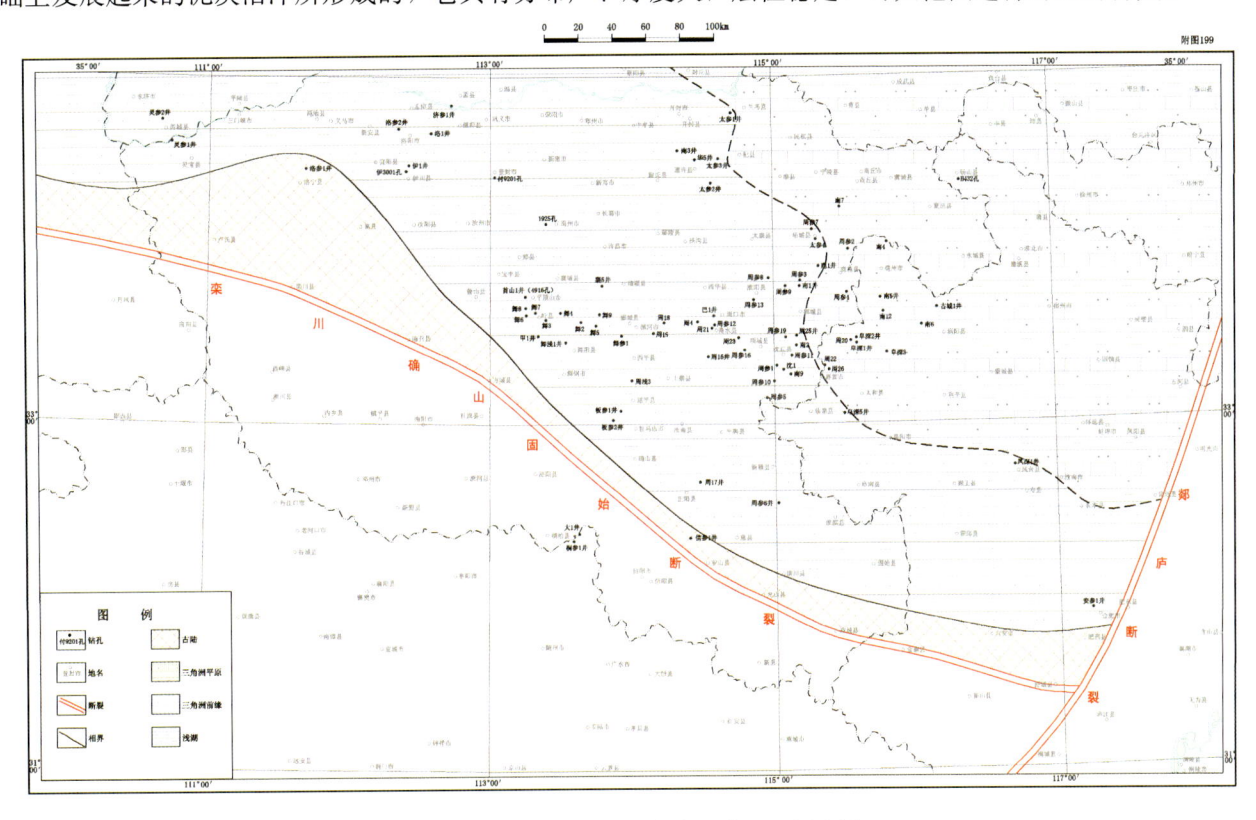

图2-94　中二叠世山西Ⅰ期岩相古地理展布图

（七）中二叠世山西Ⅱ期岩相古地理展布（图2-95）

山西组沉积晚期，沉积环境是以河流-三角洲-潟湖为主的沉积体系。盆地北部岩石类型主要为浅灰、灰色砂岩、粉砂岩、炭质泥页岩及煤层，属三角洲沉积环境；汝南、阜阳及淮南地区岩石类型为深灰色、灰色泥晶灰岩、砂岩、粉砂岩、炭质泥页岩及煤层，为潟湖沉积环境。二2煤及其以上诸煤层则是发育在三角洲体系上。因豫东的山西组山1段（二2煤）是发育在三角洲平原与潮坪环境的交互地带上，使得其煤层发育较好。随着山西组沉积末期的一次海侵而结束了山西组的沉积，开始了中二叠世下石盒子期的沉积。

（八）中二叠世下石盒子期岩相古地理展布（图2-96）

中二叠世下石盒子期，由于海退，三角洲快速建设。南华北盆地自北向南依次呈现三角洲平原—三角洲前缘—潟湖。该时期主要发育四支河道：其一位于新安—伊川—汝阳一线；其二位于温县—登封—平顶山一线；其三位于中牟—尉氏—周口一线；其四位于砀山—亳州一线。其中三角洲平原沉积区位于渑池—中牟—民权—夏邑—萧县一线以北地区，主要由长石石英砂岩、岩屑石英砂岩、石英砂岩、粉砂岩、炭质泥岩及煤岩组成。在渑池—中牟—民权—夏邑—萧县一线以南与洛参1井—鲁山—周16井—周26井—蒙城一线以北地区为三角洲沉积区，主要岩石类型为石英砂岩、粉砂岩、砂质黏土岩、泥岩、炭质页岩、煤层等。具交错层理、波状层理、水平层理等。洛参1井—鲁山—周16井—周26井—蒙城一线以南地区为潟湖沉积区，主要由深灰色、灰色粉砂岩、泥质粉砂岩和页岩夹灰色细砂岩组成。

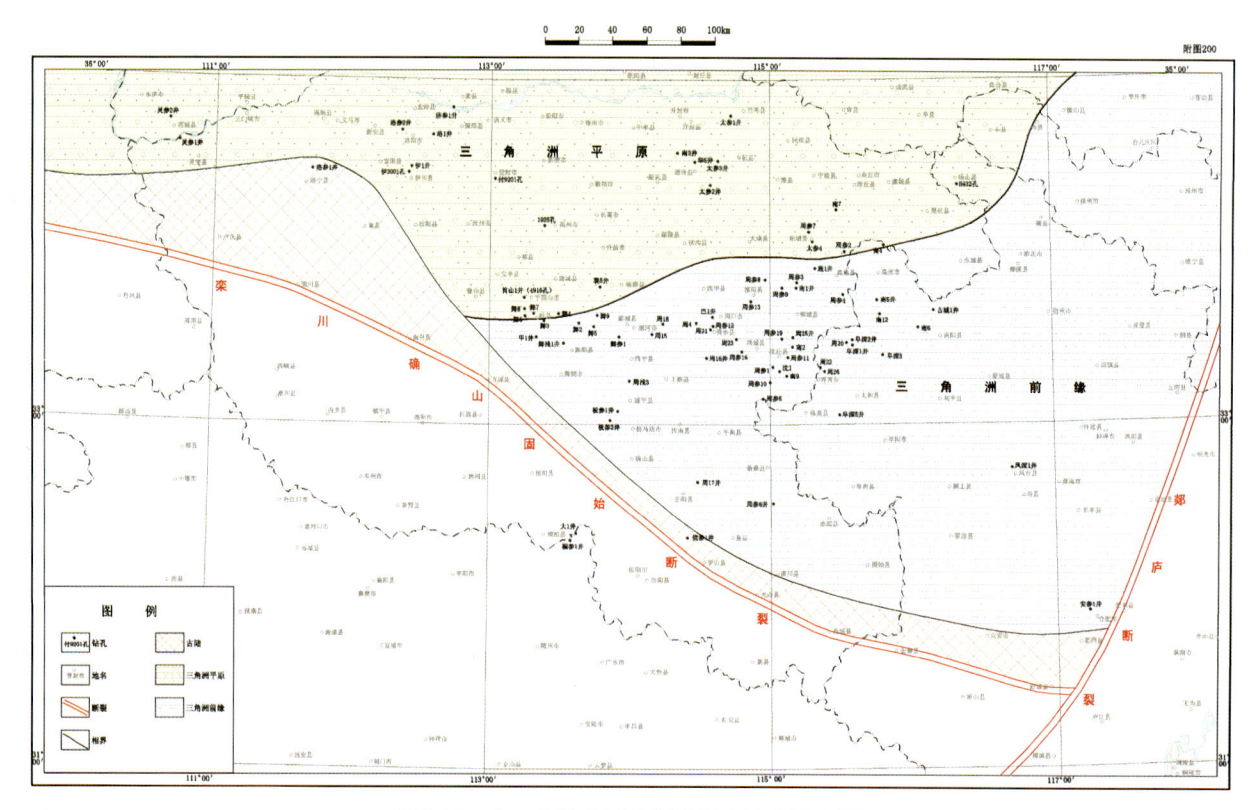

图 2-95　中二叠世山西Ⅱ期岩相古地理展布图

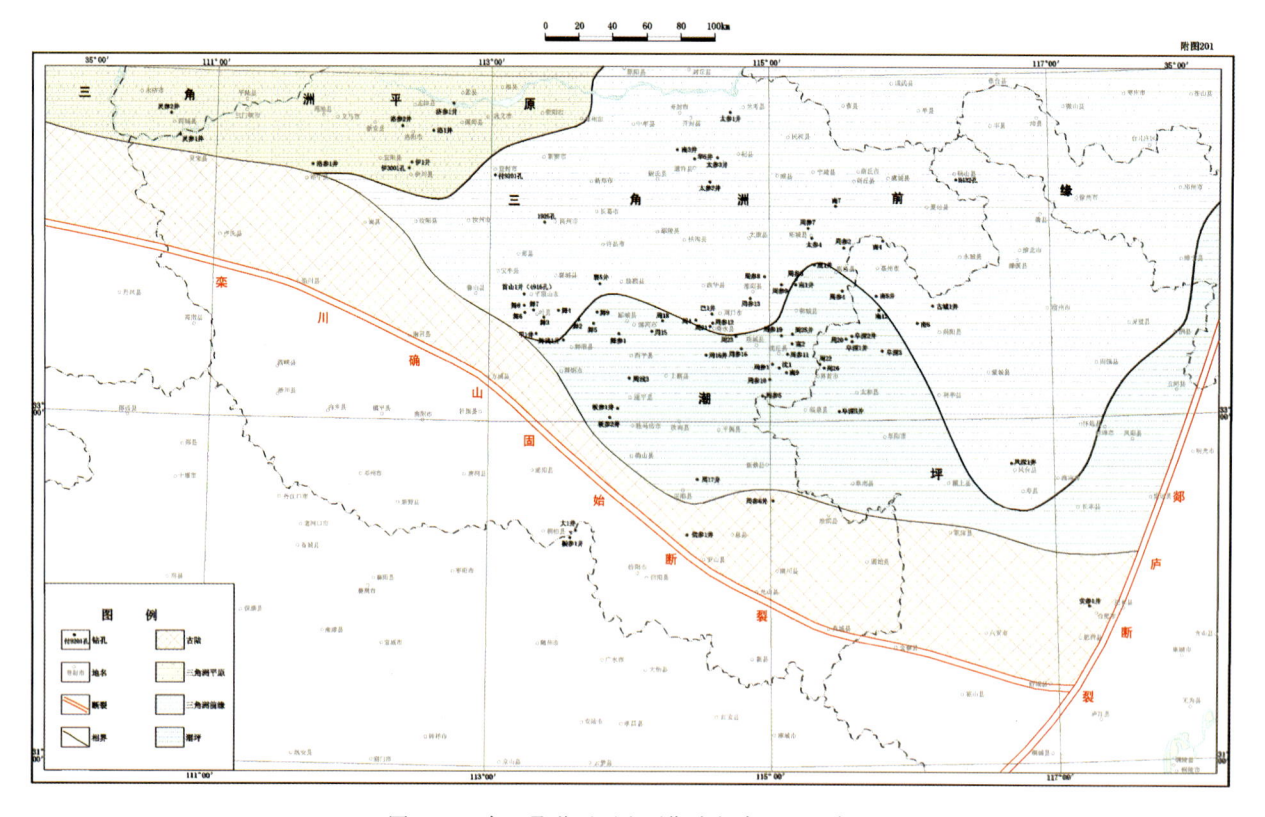

图 2-96　中二叠世下石盒子期岩相古地理展布图

（九）晚二叠世上石盒子期岩相古地理展布（图 2-97）

晚二叠世上石盒子期在西南和西北方向都有相对的隆起存在，整个古地貌为西高东低，表现在沉积层上，盆地东部地层厚度明显大于西部。这种古地貌特征控制了上石盒子组含煤沉积建造的形成和发展。

在这种古地理背景下，南华北盆地沉积相带自北向南依次为三角洲平原—三角洲前缘—潟湖相区。该时期亦发育四支河道：其一位于新安—宜阳一线；其二位于新密—平顶山一线；其三位于开封—通许—扶沟—周口一线；其四位于砀山—夏邑—永城一线。三角洲平原相区位于渑池—孟县—开封—砀山一线以北地区，以灰白色、灰色中、粗粒石英砂岩、岩屑石英砂岩、长石石英杂砂岩为主，具板状交错层理，含大量植物茎干化石碎片；渑池—孟县—开封—砀山一线以南和芮城—汝阳—沈丘—宿州一线以北地区三角洲前缘沉积区，主要为灰色、深灰色中、细粒长石石英砂岩，具水平及交错层理；潟湖区位于芮城—汝阳—沈丘—宿州一线以北地区，由黑色、灰黑色泥页岩、硅质黏土岩组成。沉积相区规律的分布，体现了以河流作用为主的三角洲由北而南向浅水海湾进积的古地理格局。

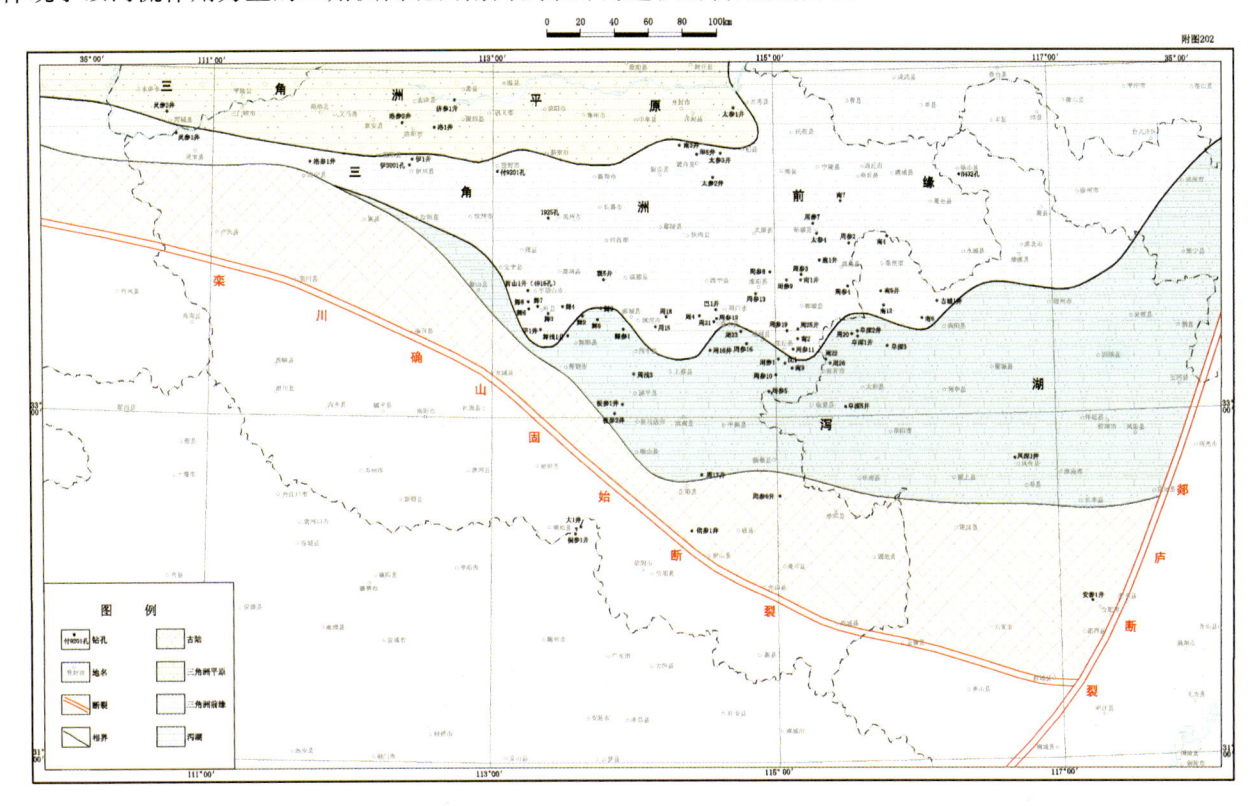

图 2-97 晚二叠世上石盒子期岩相古地理展布图

（十）晚二叠世石千峰期岩相古地理展布（图 2-98）

华北盆地南部的石千峰组沉积期整体属于近山的陆相湖泊沉积环境。向东、向北的两淮—徐州一带水体变深。洛阳—汝州—许昌—项城—阜阳一线以西地区为滨湖沉积，主要由浅灰色、灰色砂岩及粉砂岩与泥岩交互组成，偶见含砾砂岩，常见楔状层理、板状层理和平行层理，还见干扰波痕、变形层理、泥岩撕裂片和干裂。洛阳—汝州—许昌—项城—阜阳一线以东地区为浅湖沉积区，以深灰色粉砂岩、泥岩沉积为主，发育水平层理、波状层理及块状层理等沉积构造。

三、石炭系—二叠系沉积模式

由于受加里东运动的影响，南华北地区缺失上奥陶统、志留系、泥盆系、下石炭统。中晚石炭世开始，盆地发生沉降，发育了稳定型的海岸相、海陆交互相沉积。因而，南华北地区石炭—二叠系沉积发育于平缓地台的构造背景上。沉积相特征和岩相古地理环境分析表明：本溪组、太原组主要为障壁岛、潮坪、潟湖沉积；山西组为河控-潮控三角洲、潮坪、潟湖沉积；上下石盒子组以河流、河控三角洲、潮控三角洲、湖泊、潟湖-潮坪沉积。

陆源碎屑有障壁海岸沉积体系，主要发育在本溪组、太原组，由障壁砂坝、潟湖、潮道、潮间砂坪、潮间混合坪、潮间泥坪和泥炭坪，以及潮上泥坪和沼泽等沉积亚相、微相的韵律交替旋回所组成（图 2-

99）。潮上带以泥岩、炭质泥岩、厚煤层为主；潮间带岩性为泥岩夹粉砂岩、灰岩透镜体和薄煤层、煤线；潟湖主要发育泥岩、泥灰岩；潮坪相岩性为页岩夹砂岩及薄煤层、煤线；障壁砂坝（岛）以粉、细砂岩-中粗粒砂岩为主；正常浅海发育薄层砂泥岩夹薄层灰岩。

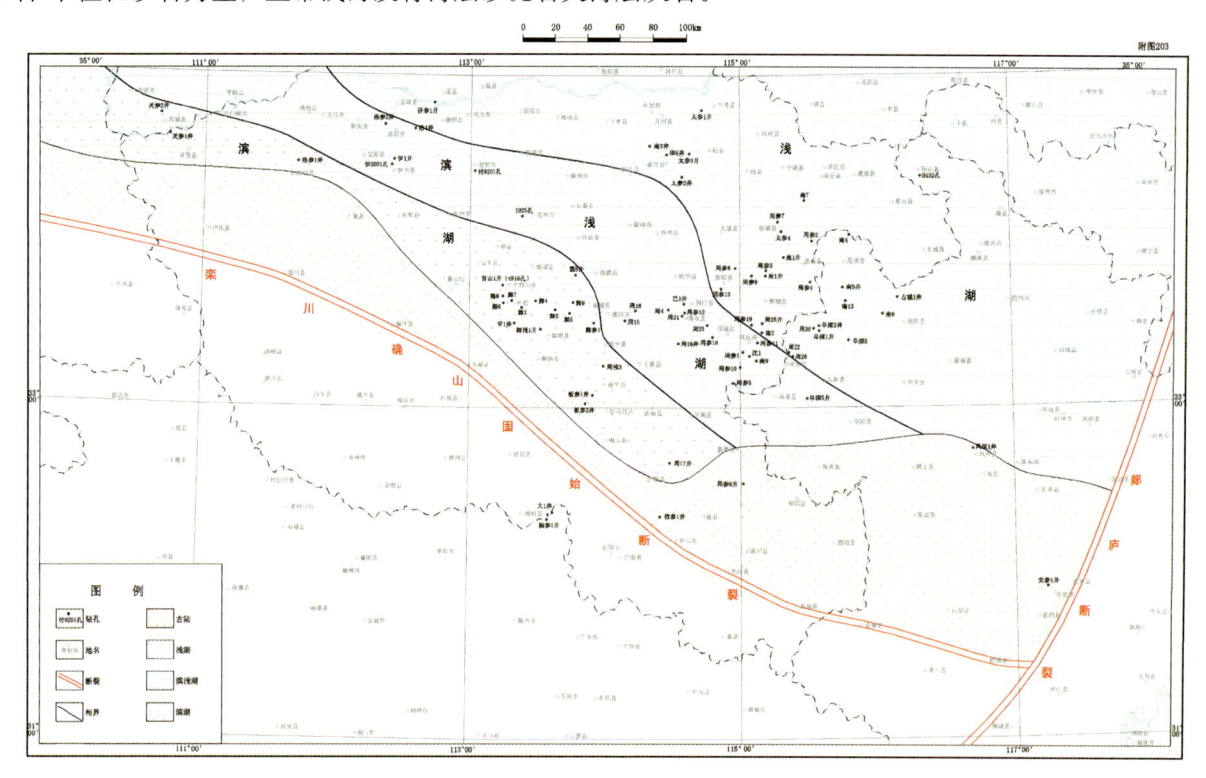

图 2-98　晚二叠世石千峰期岩相古地理展布图

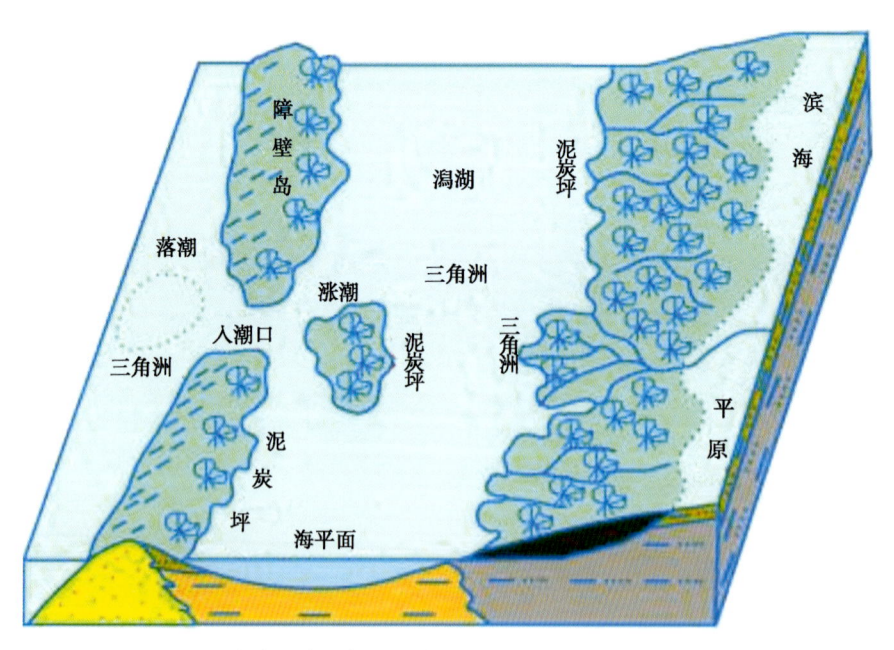

图 2-99　海陆过渡三角洲及陆源碎屑有障壁海岸沉积模式示意图

潮控三角洲在南华北地区山西组、石盒子组较为发育，是河流流入三角港或其他形状的港湾，由于潮汐作用远大于河流作用，在港湾中堆积的泥砂受潮汐作用的强烈破坏和改造，多形成小型三角洲。其重要标志是潮控三角洲常发育因潮汐作用而形成的呈裂指状散射且断续分布的潮汐砂坝（图 2-100）。

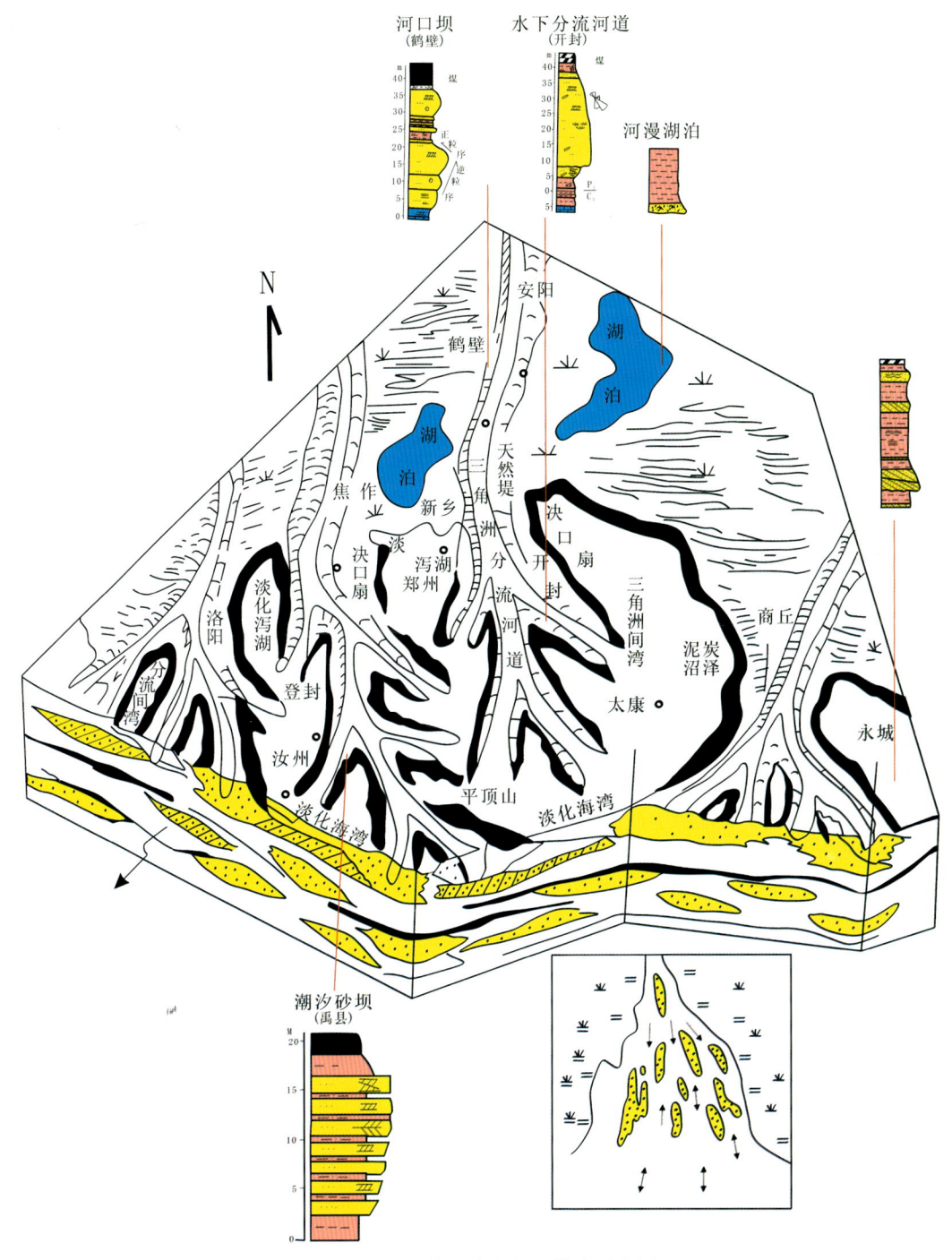

图 2-100　潮控三角洲沉积模式示意图

第七节　三叠系—侏罗系沉积体系特征及岩相古地理演化

一、三叠系—侏罗系沉积体系特征

(一) 冲积扇沉积体系

冲积扇是由山前带或陡崖朝着邻近低地延伸的扇形沉积体，它常常是由携带大量沉积物的河流从狭窄山谷流出并注入到宽阔的山前冲积平原上而形成（李思田，1995）。它代表陆上沉积体系中最粗，分选最差的近源层单元的沉积，它的形成受构造、气候、河流、洪水、地形起伏、物源区母岩性质等因素控制，但由于地形坡度突然降低和河流的搬运能力减小，通常伴有重力的不稳定性的变化是形成沉积扇的主导因素。因此，作用于冲积扇的沉积过程主要是河流的径流和泥石流，从扇根到扇端可由单一或多个主河道到放射状的分支河道，常以辫状河道为主。在冲积扇中河流和泥石流沉积各自所占的比例随距物源远近、沉积结构和气候等因素的变化而不同。一般认为冲积扇是干旱地区季节性河流形成的。冲积扇沉积体系在研究区分布广泛，三叠系主要沿秦岭北坡周至板房子、洛南云架山、豫西南部的南召留山、河南卢氏五里川、马市坪、卢氏瓦穴子、双槐树等地区一线分布（图2-101），侏罗系在义马地区、商城和固始一带均有分布。

板房子冲积扇凝灰质砂砾岩　　　卢氏五里川白云岩砾岩

图2-101　冲积扇沉积的砾岩特征

岩性组成上，冲积扇体系由中粗砾岩、砾质粗砂岩、砾质砂岩及中粗粒杂砂岩所组成，根据岩石类型组合及其垂向变化特征，可进一步划分为扇根、扇中、扇端亚相（图2-102）。

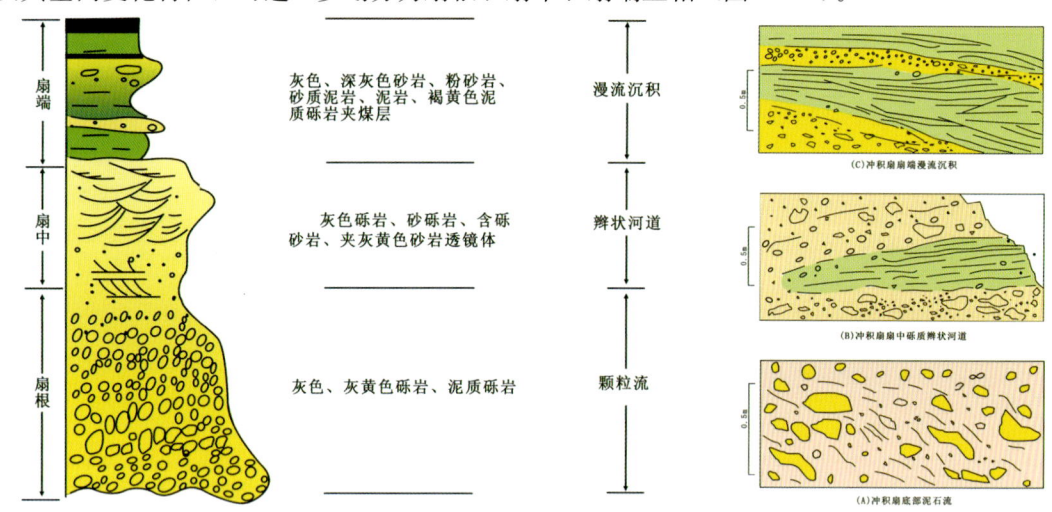

图2-102　冲积扇沉积特征（河南义马地区侏罗系义马组）

（1）扇根：扇根的沉积物主要为泥石流沉积和主河道充填沉积，主要由中-细砾岩所组成，夹有泥石流成因的含砾石质粗粒杂砂岩及底面常见强烈冲刷侵蚀面砾石质泥岩。泥石流是泥水混合的低黏度介质，具有高的屈服强度，在重力作用下能搬运较大的颗粒，泥石流多由雷暴雨所触发，持续时间短，多形成分选很差的砾、砂泥混合，无组构的混杂砾岩。杂乱的砾石在剖面上频繁的粗细交替，可显示出时正、反或反、正不规律递变现象，反映了低密度流体沉积过程中黏度所造成的主河道中辫状河形成碎屑支撑的砾岩常有叠瓦状构造和块状构造。

（2）扇中：主要由辫状河道沉积所组成，岩性由砾质粗粒杂砂岩、砾质砂岩与砾岩混杂组成，并见颗粒支撑的块状砾岩，砾石磨圆度较好，系扇中水道之特征沉积。常见大型槽状交错层理、板状交错层理，在相序上与扇根交替发育，构成多个向上变细的正旋回，在测井曲线上表现为多旋回锯齿状箱形和钟形。

辫状水道：扇中亚相内的水道绝大多数为辫状水道，是扇根主水道的延伸或分支，呈放射状散开。与扇根相比，扇中沉积的砂岩与砾岩之比增大，分选较好的砂岩交错层及砂砾岩透镜体增多，冲刷-充填构造发育。沉积物主要为厚层状砾岩、砂砾岩，岩体由一系列彼此叠置的砂岩透镜体组成，可见颗粒支撑的块状砾岩，砾石直径主要为4～6cm，磨圆较好，具扇中辫状水道沉积的特征。砾岩岩性比为30%～90%，在剖面上砂砾岩呈透镜状叠置，具大型板状交错层理、块状层理及正、反粒序层理。该微相底部常发育冲刷面，电性曲线表现为带齿边的箱形和钟形，中高阻，自然电位幅度中等。

辫状水道间：位于两辫状水道间，洪泛时漫溢的以细粒沉积为主，多为紫红色、浅灰绿色及杂色泥岩与灰色、灰白色的粗、中-细砂岩互层，有砂岩、细砾岩出现，但厚度薄，与辫状河扇中亚相内的水道绝水道呈相变关系。该微相电阻率曲线为参差不齐的齿状，齿峰多而幅度小，幅度有向上减小的趋势。在垂向沉积序列上大多无明显粒序性，局部可以出现正粒序和逆粒序层理。内部常有炭质页岩夹煤线、灰色泥岩、粉砂岩薄夹层或透镜体。

废弃水道：当扇朵体或某些部分不活动时，或辫状水道迁移时，可形成泥质或细粒砂、粉砂、泥质充填沉积，它们覆于粗粒沉积物上，形成泥沼沉积或废弃河道充填沉积，若气候潮湿利于植物生长，在旋回顶部可形成炭质页岩夹煤线或薄煤层。

（3）扇端：一般出现在冲积扇的边部，具较低的沉积坡角。可划分为扇缘辫状水道、漫流沉积、水道间以及沼泽等微相，以漫流沉积为主，具有向上变细剖面结构特征，常见的岩石类型为细砂岩、粉砂岩和泥岩，有时夹煤层。

辫状水道：与扇中相比，这里分支辫状水道已基本消失，只是一些主水道还存在，水流处于四溢状态，总的特征常常和辫状河相似，只是其水流特征常常体现为间歇性洪水特征，在水道底部常有砾石层。沉积特征是以中-粗砂岩为主，常夹泥质、粉砂质及砾石层。水道内部为一系列彼此切割叠置的小透镜体。底部可见冲刷面，正粒序较为明显，常见板状或槽状交错层理及平行层理。

漫流沉积：由于地形平缓，水流处于四溢状态，在洪泛时尤为明显，沉积多以漫溢的细粒悬浮负载沉积为主。沉积以泥岩、粉砂岩等细粒沉积物为主。在底部有时也有细砂岩、细砾岩出现，但厚度薄，为洪泛时的沉积。该微相在垂向沉积序列上大多可出现正粒序。

水道间：在扇端扇面主要辫状水道间形成的细粒沉积物，在研究区厚度往往很大，通常其厚度可达10～25m，与扇中相比，其沉积物粒度明显变细，与辫状河泛滥平原相沉积特征类似，主要为灰色、杂色泥岩、粉砂质泥岩夹薄层状中-细粒石英砂岩及岩屑砂岩，其间甚至有炭质页岩与煤线的透镜体夹层。电测曲线多为锯齿状、微齿状。

（二）河流沉积体系

在大陆环境中，河流不仅是侵蚀改造大陆地形和搬运风化物质到湖海中去的主要地质营力，而且是大陆区重要的沉积环境。河流沉积为氧化环境，沉积物多呈紫红色或棕红色、褐色等，常具泥裂、钙质结核，不利于生物的生长和保存，一般缺乏完整的生物化石，有时可含植物茎干和炭屑。河流沉积体系主要发育于河南固始地区石炭系地层，济源、义马地区的二叠系、三叠系以及侏罗系陆相沉积地层中。根据河流形态及沉积物的组成可识别出辫状河和曲流河两种河流类型。

1. 辫状河

辫状河通常发育在盆地北部地形梯度相对较大的山前冲积平原上，河流经常分叉改道，形成分支河道相互交织的辫状水系，河道被众多心滩分割，水流成多河道绕着心滩不断分叉和重新汇合。在沉积特征上，堤泛沉积不发育，以河道充填相为主。泥质沉积较少，植物难于生长，垂向加积的细粒沉积物厚度小且不连续，故在整个辫状河流沉积中，砂所占的比例明显地多于泥。辫状河沉积体系以心滩沉积为主。心滩是在多次洪泛事件不断向下游移动过程中，垂向加积而成，不具典型向上变细的粒序，表现为大型槽状层理、板状交错层理和高流态的平行层理发育。部分砂体为废弃河道充填砂。辫状河河道废弃一般是慢速废弃，与活动河道错综连系，易于"复活"，因此一般仍充填较粗的碎屑物。辫状河携带的载荷中悬移质少，因而以泥质粉砂质为特征的顶层亚相沉积少，层内泥质夹层少。河道与河道砂坝的频繁迁移是辫状河流的最重要特点，心滩是辫状河河道中的标志性地貌单元。根据其剖面特征，可进一步将其划分为河道和堤泛两种沉积亚相（图2-103）。

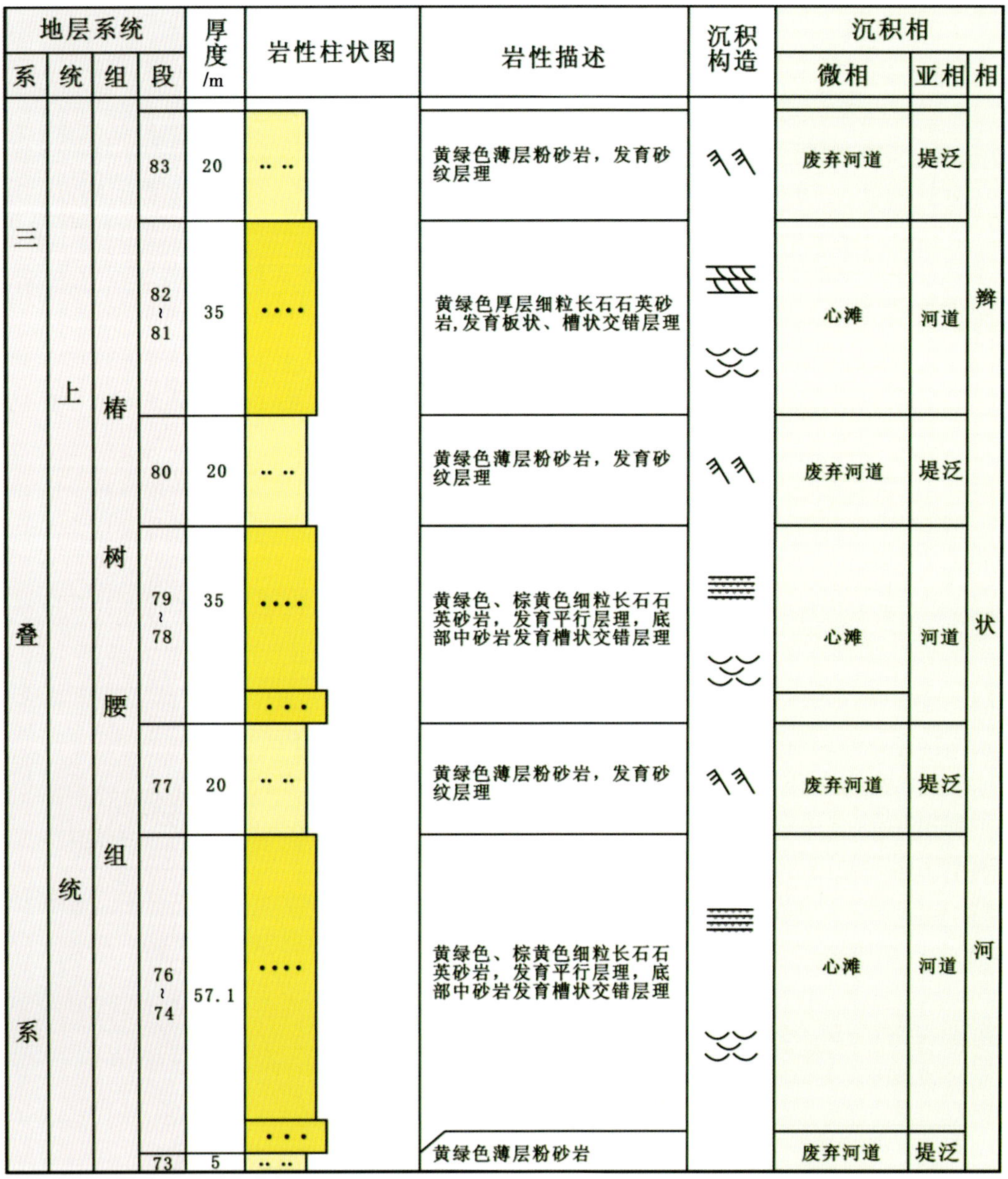

地层系统				厚度/m	岩性柱状图	岩性描述	沉积构造	沉积相		
系	统	组	段					微相	亚相	相
三叠系	上统	椿树腰组	83	20		黄绿色薄层粉砂岩，发育砂纹层理		废弃河道	堤泛	辫状河
			82~81	35		黄绿色厚层细粒长石石英砂岩，发育板状、槽状交错层理		心滩	河道	
			80	20		黄绿色薄层粉砂岩，发育砂纹层理		废弃河道	堤泛	
			79~78	35		黄绿色、棕黄色细粒长石石英砂岩，发育平行层理，底部中砂岩发育槽状交错层理		心滩	河道	
			77	20		黄绿色薄层粉砂岩，发育砂纹层理		废弃河道	堤泛	
			76~74	57.1		黄绿色、棕黄色细粒长石石英砂岩，发育平行层理，底部中砂岩发育槽状交错层理		心滩	河道	
			73	5		黄绿色薄层粉砂岩		废弃河道	堤泛	

图2-103 辫状河剖面结构特征（河南三门峡绳池县三叠系椿树腰组）

（1）河道亚相：是河流经常充水的部位，包括接受粗屑物质沉积的河床空间，位于河床内主水流线内，水动力能量强。其沉积主要包括河床滞留沉积和心滩（或称为纵向沙坝）沉积。

河床滞留沉积为一套中-细砾岩，底面具明显的冲刷面。发育于每一沉积序列底部，辫状河流在下切作用结束之后，河道处于相对稳定时期，开始以沉积作用为主，从上游携带来的泥、砂、砾物质，随着流速的减缓，粗的砾石沉降下来，滞留于河床底，细粒物质向下游漂去。河床底滞流砾石分选很差，磨圆度不高，呈叠瓦状排列，底部见冲刷面，一般厚几厘米至数米。

心滩发育于辫状河道内，又称河道砂坝，是辫状河最典型的沉积类型。辫状河流不断移动、游荡，在两条分叉河道之间发育心滩沉积，主要由含砾粗砂岩、粗砂岩、中粒砂岩、细粒砂岩组成，槽状交错层理极为发育，并见板状交错层理、平行层理等，心滩砂体内次级侵蚀面发育。

（2）堤泛亚相：由于辫状河中河床均不固定，所以该亚相在辫状河沉积体系中极不稳定，厚度薄，主要为一套砂质泥岩夹粉砂岩组成，见水平层理，并含钙质结核，且常为上覆河道亚相沉积所侵蚀。辫状河沉积中，天然堤和决口扇一般不发育。由于辫状河具有的强烈侵蚀性、摆动频繁性和快速迁移性，使堤岸沉积和决口扇沉积很难保存下来。

2. 曲流河

曲流河为稳定单河道，河道坡度较缓，流量稳定，以低流态的牵引流为主，河道弯曲，沉积物较细，一般为泥、砂沉积。河流的侧向侵蚀和加积形成曲的边滩为曲流河最特征沉积单元，河床底部常具冲刷面。由于河流的弯度大，曲流河常发生截弯取直现象，形成牛轭湖。曲流河沉积主要分布于河南三叠系地层中，根据沉积特征，将其分为河床亚相和堤泛岩相，包括河床滞留沉积、边滩、天然堤、决口扇和泛滥平原等沉积微相。

①河床滞留沉积：在河流急速和紊流最大的地区所形成冲刷坑中，以最粗滞留沉积物为特征，主要由细砾岩、含砾粗砂岩所组成，砾石成分主要为石英岩砾、砂岩砾、泥岩砾，砾石具有定向排列，底部为冲刷面。

②边滩：是曲流河主要的沉积单元，它是河床侧向侵蚀和侧向加积作用的产物，是曲流河沉积的主体部分。岩性以砾岩、含砾粗砂岩、粗粒石英（杂）砂岩等为主，砾石一般为2～30mm不等，分选极差，磨圆度差—中等，反映其成分成熟度和结构成熟度都较低，砾石常呈叠瓦状定向排列，也常见有定向排列的大型树干化石和大小不一的泥砾或泥质包体，底部常具冲刷面，砂体多呈透镜状，厚度为0～2m，局部达5m。层理不发育，多呈块状，部分发育大型板状交错层理和楔状交错层理，在垂向序列上河床滞流相位于边滩沉积的底部而与其共生，呈明显的正粒序。粒度概率曲线呈两段式，以跳跃总体发育为特征。

③天然堤：是指在高洪水期河水漫越河岸，湍流河水水位降低时河水携带来的大量悬浮物很快以片流方式沉积下来形成的由河道向外侧倾斜的长带形的脊形沉积物区，分布于河道两侧，主要由悬移载荷中的较粗组分形成，并往往由不同粒度的互层层序构成。岩性组合的一个重要特点是薄层粉砂岩或泥质粉砂岩与泥岩互层，常见水平层理、砂纹层理等，还可见干裂、植物根系（图2-104）。

④决口扇：在高水位的洪水期，洪水冲决天然堤后，在靠平原一侧的斜坡区形成的小规模扇状堆积物。主要为细-中粒岩屑石英砂岩或杂砂岩、长石岩屑石英砂岩和长石砂岩，夹粉砂岩和泥岩，沉积物厚度横向不稳定，一般向盆地方向厚度增大。砂体在剖面上呈透镜体状，平面上呈扇状，砂体常与下伏地层呈冲刷接触或突变接触，常发育小型交错层理。

⑤泛滥平原：在平面上广泛分布于河道两侧，在垂向剖面上与天然堤、决口扇和河道沉积密切共生，由暗灰色、灰黄色及杂色的泥质岩、粉砂岩组成，但以泥岩为主，发育水平层理，另可见到水体扰动构造及虫迹。泥岩中常见植物化石碎片和铁质结核。自然伽玛曲线呈低幅平直或微齿化平直状。

⑥泥炭沼泽：以灰绿、棕红和黑灰色泥岩为主，夹粉细砂岩、炭质泥岩和煤层。发育水平层理及波状层理，富含菱铁矿结核。

（三）湖泊三角洲沉积体系

湖泊三角洲是在河流与湖泊的汇合处沉积形成的大型锥状沉积体系。湖泊三角洲沉积广泛发育于二叠系和三叠系地层中，可划分为三角洲平原、三角洲前缘和前三角洲亚相及众多微相。

（1）三角洲平原亚相是三角洲沉积的水上部分，可识别出分流河道、天然堤、决口扇、分流间洼地及沼泽和泛滥平原等微相（图2-105）。

①分流河道：是三角洲平原的骨架砂体。底部具冲刷面，其上为细-粗粒砂岩，碎屑颗粒分选中等，但磨圆较好，多为钙质和泥质胶结，具板状、楔状和槽状交错层理。自下而上，碎屑粒度变细，层系规模变小。

②天然堤和决口扇：基本特征与河流沉积体系中的天然堤和决口扇沉积相似，也是河水越过堤岸后于分流河道两侧发生悬移载荷垂向快速加积作用的产物。

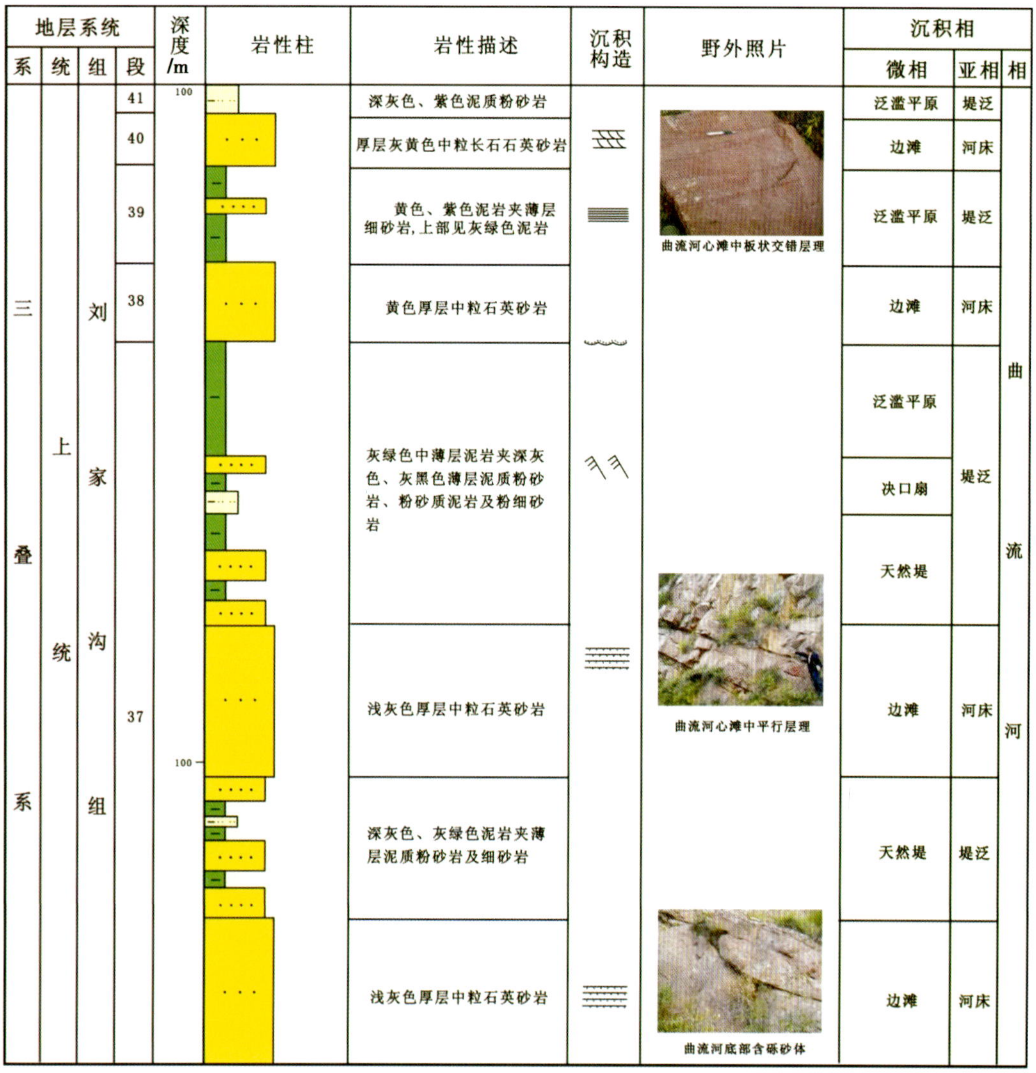

地层系统				深度/m	岩性柱	岩性描述	沉积构造	野外照片	沉积相		
系	统	组	段						微相	亚相	相
三叠系	上统	刘家沟组	41	100		深灰色、紫红泥质粉砂岩			泛滥平原	堤泛	曲流河
			40			厚层灰黄色中粒长石石英砂岩			边滩	河床	
			39			黄色、紫色泥岩夹薄层细砂岩，上部见灰绿色泥岩		曲流河心滩中板状交错层理	泛滥平原	堤泛	
			38			黄色厚层中粒石英砂岩			边滩	河床	
						灰绿色中薄层泥岩夹深灰色、灰黑色薄层泥质粉砂岩、粉砂质泥岩及粉细砂岩			泛滥平原	堤泛	
									决口扇		
									天然堤		
			37	100		浅灰色厚层中粒石英砂岩		曲流河心滩中平行层理	边滩	河床	
						深灰色、灰绿色泥岩夹薄层泥质粉砂岩及细砂岩			天然堤	堤泛	
						浅灰色厚层中粒石英砂岩		曲流河底部含砾砂体	边滩	河床	

图 2-104 曲流河剖面结构特征（河南义马三叠系刘家沟组）

③分流间洼地：为分流河道之间局限低洼的蓄水或湿地沉积环境，主要由泥岩组成，夹少量的薄层状粉砂质泥岩，部分泥岩的有机质含量很高，为黑色泥岩或炭质泥岩，水平层理发育，生物扰动构造普遍。

④泛滥平原：基本特征与河流沉积体系中的泛滥平原相似，也为洪水期淹没而晴天暴露的宽阔平坦沉积环境，以接受洪水期的悬移沉积为主，因而在岩性组合特征上以杂色和紫红色泥岩为主，夹少量岩性以灰色、黑灰色粉砂质泥岩，部分有机质含量很高，为黑色泥岩或炭质泥岩。泥岩中水平层理发育，生物扰动构造普遍，常含有钙质结核。由于该类沉积主要为泥岩沉积，因而在测井曲线上以低幅的平直曲线或微齿化曲线为特征。

⑤泥炭沼泽：发育于三角洲平原或三角洲前缘之上。岩性以灰黑色泥岩、炭质泥岩和煤层为主，煤层累积厚度较大，煤岩组分中的镜质组含量较高。水平层理和波状层理发育，炭化植物碎片及菱铁矿结核十分丰富。富含有机质暗色泥岩及煤层的发育决定了该相成为油气生成的有利相带。

（2）三角洲前缘亚相位于河流入湖后的滨浅湖地带，是沉积类型最复杂和最具特色的部位。按沉积特征可进一步划分为水下分流河道、水下天然堤、水下决口扇、河口坝、远砂坝、席状砂及分流间湾等微相（图 2-106）。

①水下分流河道：是指入湖后继续沿湖底水道向湖盆方向作惯性流动和向前延伸的部分。由于水下分流河道的位置不稳定，分流汇合和侧向迁移频繁，因而同一时期发育的水下分流河道在平面上常呈宽

带状和网状分布，具有成层性好和可对比性强的特点，形成湖泊三角洲前缘的骨架砂体。主要由砂砾岩、含砾砂岩、中粗粒砂岩组成的向上变细的旋回，发育底冲刷面、板状层理、平行层理、单向斜层理等沉积构造。测井曲线上均表现为钟形或齿化钟形或箱形。

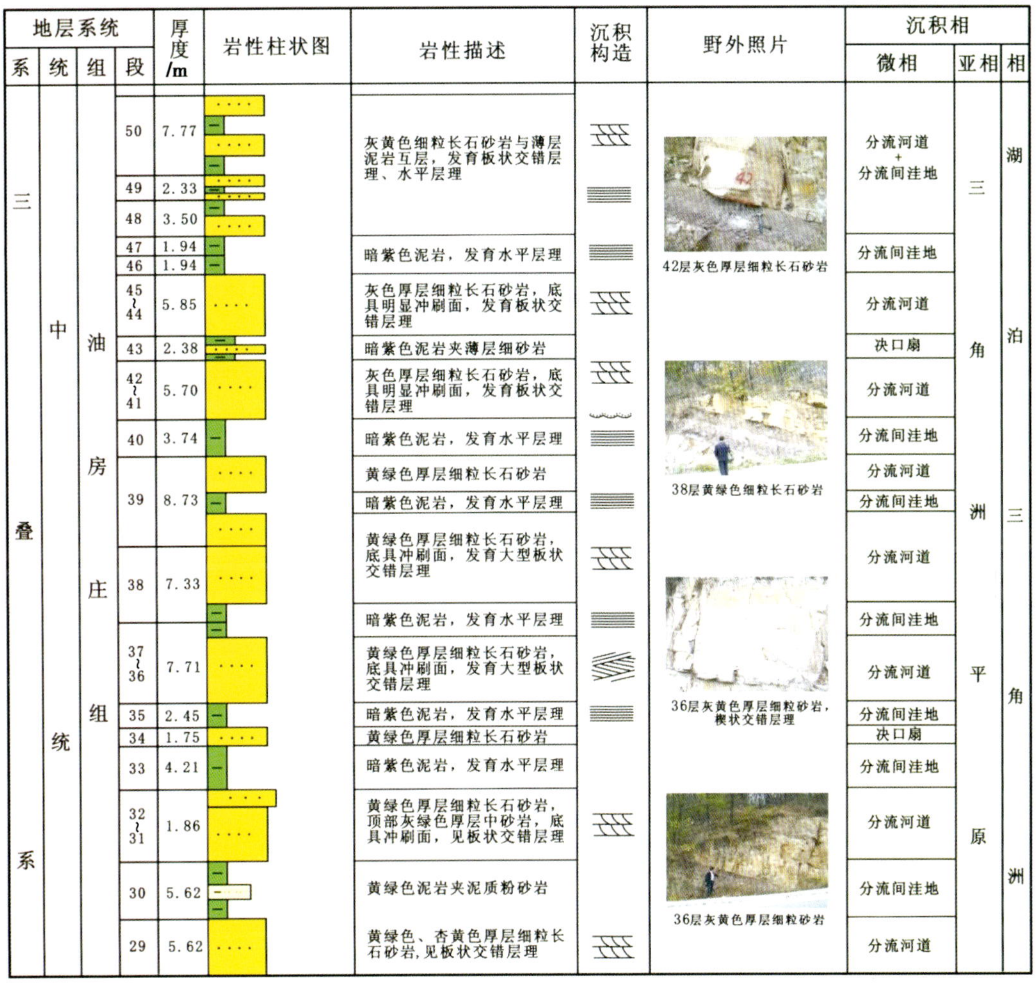

图 2-105 三角洲平原微相特征（河南济源西承留三叠系油坊庄组）

②水下天然堤和水下决口扇：主要发生在水下低能和相对闭塞的还原环境中，有利于有机质的保存，都由粉-细砂岩与泥岩薄互层组成，泥岩富含有机炭组分而大多呈深灰—灰黑色。水下天然堤的测井曲线主要表现为反映水下分流河道沉积结束的高幅钟形收敛尾部，而水下决口扇出现在反映分流间湾低能沉积特征的微齿形和平滑形曲线背景中的中—低幅漏斗形或指形。

③河口坝：河流入湖后不断分叉，促使河流携带的沉积物快速堆积，形成河口砂坝。河口沙坝是三角洲前缘亚相中最具特色的沉积环境，因而众多研究者将其作为鉴别是否存在三角洲沉积的标志，也是组成三角洲前缘相带厚度最大的骨架砂体。由中细粒砂岩组成，总厚度达数米。成分成熟度很高，石英含量在85%以上，分选磨圆也很好，硅质或泥质胶结，发育交错层理和滑塌变形构造。由下而上，层系厚度逐渐增大，粒度也逐渐变粗。砂岩层面含炭化植物碎片。

④远砂坝：是由河流所携带的细粒沉积物在三角洲前缘河口坝与浅湖过渡的地带所形成的坝状沉积体，位于三角洲前缘亚相最前端，所以又称末端砂坝。主要由细砂岩、粉砂岩和灰黑色泥岩互层组成，总厚度仅几米。砂岩分选和磨圆中等至较好，发育水平层理、缓波状层理、砂纹层理、韵律层理、变形层理等沉积构造。

⑤席状砂：是由河口坝和远砂坝经湖浪改造，沿岸侧向堆积形成，其特点是砂体分布面积广泛，厚度较薄，砂质较纯。席状砂多为细粉砂岩组成。其间为薄层泥所隔开，砂岩中发育砂纹层理，在相序上

与河口坝、远砂坝、前三角洲泥或浅湖泥共生，在测井曲线上表现为低幅度的微齿化曲线。

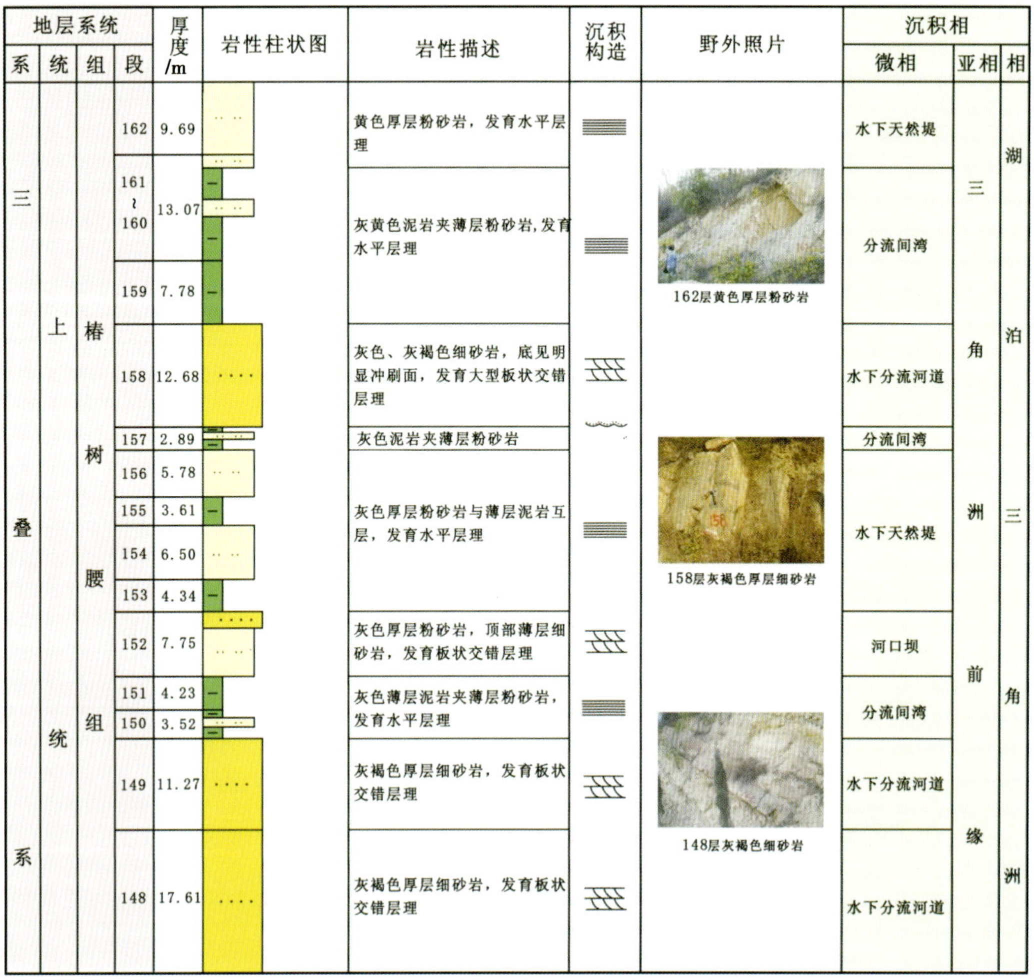

地层系统				厚度/m	岩性柱状图	岩性描述	沉积构造	野外照片	沉积相		
系	统	组	段						微相	亚相	相
三叠系	上统	椿树腰组	162	9.69		黄色厚层粉砂岩，发育水平层理		162层黄色厚层粉砂岩	水下天然堤	三角洲前缘	湖泊三角洲
			161~160	13.07		灰黄色泥岩夹薄层粉砂岩，发育水平层理			分流间湾		
			159	7.78							
			158	12.68		灰色、灰褐色细砂岩，底见明显冲刷面，发育大型板状交错层理			水下分流河道		
			157	2.89		灰色泥岩夹薄层粉砂岩		158层灰褐色厚层细砂岩	分流间湾		
			156	5.78							
			155	3.61		灰色厚层粉砂岩与薄层泥岩互层，发育水平层理			水下天然堤		
			154	6.50							
			153	4.34							
			152	7.75		灰色厚层粉砂岩，顶部薄层细砂岩，发育板状交错层理			河口坝		
			151	4.23		灰色薄层泥岩夹薄层粉砂岩，发育水平层理			分流间湾		
			150	3.52							
			149	11.27		灰褐色厚层细砂岩，发育板状交错层理		148层灰褐色细砂岩	水下分流河道		
			148	17.61		灰褐色厚层细砂岩，发育板状交错层理			水下分流河道		

图 2-106　三角洲前缘微相特征（河南济源西承留三叠系椿树腰组）

⑥分流间湾：指水下分流河道之间与湖水相通的低洼地区即为分流间湾，岩性主要为一套细粒悬浮的成因的泥岩、粉砂质泥岩所组成，发育水平层理和砂纹层理，可见植物碎片。

（3）前三角洲亚相主要出现在每一个三角洲生长小旋回的底部，厚度较薄，由灰黑色和黑色泥岩夹少量粉砂岩薄层组成，富含炭质碎屑，向上粉砂含量增多，厚度通常较小，约1~2m。具生物扰动构造，常含双壳类动物化石并黄铁矿化，常具水平层理和块状层理。电测曲线呈低幅齿形。该相带有机质含量丰富，也是生成油气的主要相带。

（四）湖泊沉积体系

湖泊沉积体系主要发育于二叠纪—侏罗纪沉积地层中。根据湖泊的水深和沉积物特征可进一步划分为滨湖、浅湖、半深湖和深湖四个亚相（图2-107）。

（1）滨湖亚相。滨湖地区的水动力条件比较复杂，受拍岸浪和回流的作用，湖水对其沉积物的改造和冲洗都非常强烈。同时沉积物还可露出于水面，处于强烈的氧化条件和蒸发条件之下。所以滨湖相的岩石类型多，但以砂岩和粉砂岩为主，砂岩的成熟度高，碎屑的磨圆度和分选性都比较好。砂岩中石英含量高，碎屑磨圆度和分选性较好，说明受到湖浪的反复簸选作用。滨湖地区可见到少量的植物根茎化石和碎片，发育交错层理，包括冲洗交错层理、大型槽状层理及板状交错层理。

（2）浅湖亚相。浅湖带发育于滨湖沉积带以下到浪基面以上的地区。水动力条件主要是波浪和湖流的作用，以粉砂岩沉积为主，具水平层理、波状层理及块状层理。

（3）半深湖亚相。半深湖亚相主要发育于浪基面以下的近浪基面地带，无明显的波浪作用。沉积物由黑色泥岩、页岩及粉砂岩组成，在测井曲线上表现为平行于基线的直线或指状直线型为特征（图2-108）。

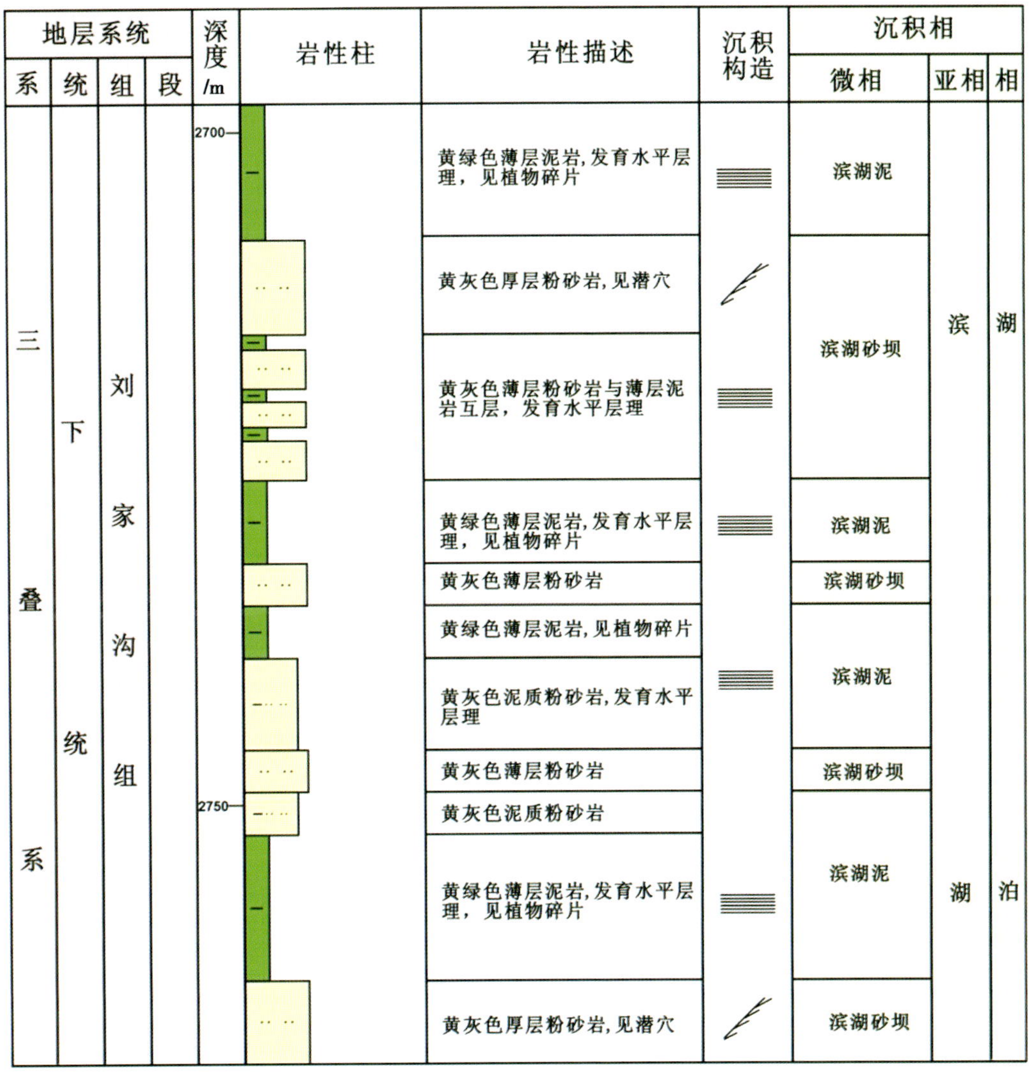

图2-107　滨湖微相特征（周参8井三叠系刘家沟组）

（4）深湖亚相。位于浪基面以下水深大于20m的静水区，属弱还原环境。主要岩石类型为暗色黏土岩、黑色页岩、油页岩、泥灰岩等，多含黄铁矿和菱铁矿及有机质，具水平层理、平行层理。生物主要有介形虫和轮藻。

二、三叠系岩相古地理演化

晚二叠世海水完全退出，南华北海相沉积终止。三叠纪，南华北地区演化为大型陆内坳陷盆地，形成陆相碎屑含煤建造。由南向北三叠纪地层厚度逐渐增厚，并且北部早、中、晚三叠世地层发育齐全，南部主要发育早、中三叠世地层，铜川和济源地区分别为沉积中心，沉积厚度达1000m以上。刘绍龙（1986）研究认为，华北三叠纪沉积中心位于地块西南部的华池—铜川—洛阳—郑州一带。三叠纪岩相古地理构局是，栾川—固始—确山—线以北，方城—正阳—合肥以南为古陆；郯庐断裂以西，灵宝—汝阳—漯河—永城以南，为河流-三角洲沉积区；五里川、栾川—方城一带有零星河湖相沉积，呈北西-南东向展布；灵宝—汝阳—漯河—永城以北，大部分地区为湖泊相沉积区，河流-三角洲仅限于义马—洛阳—偃师一带分布（图2-109，图2-110）。

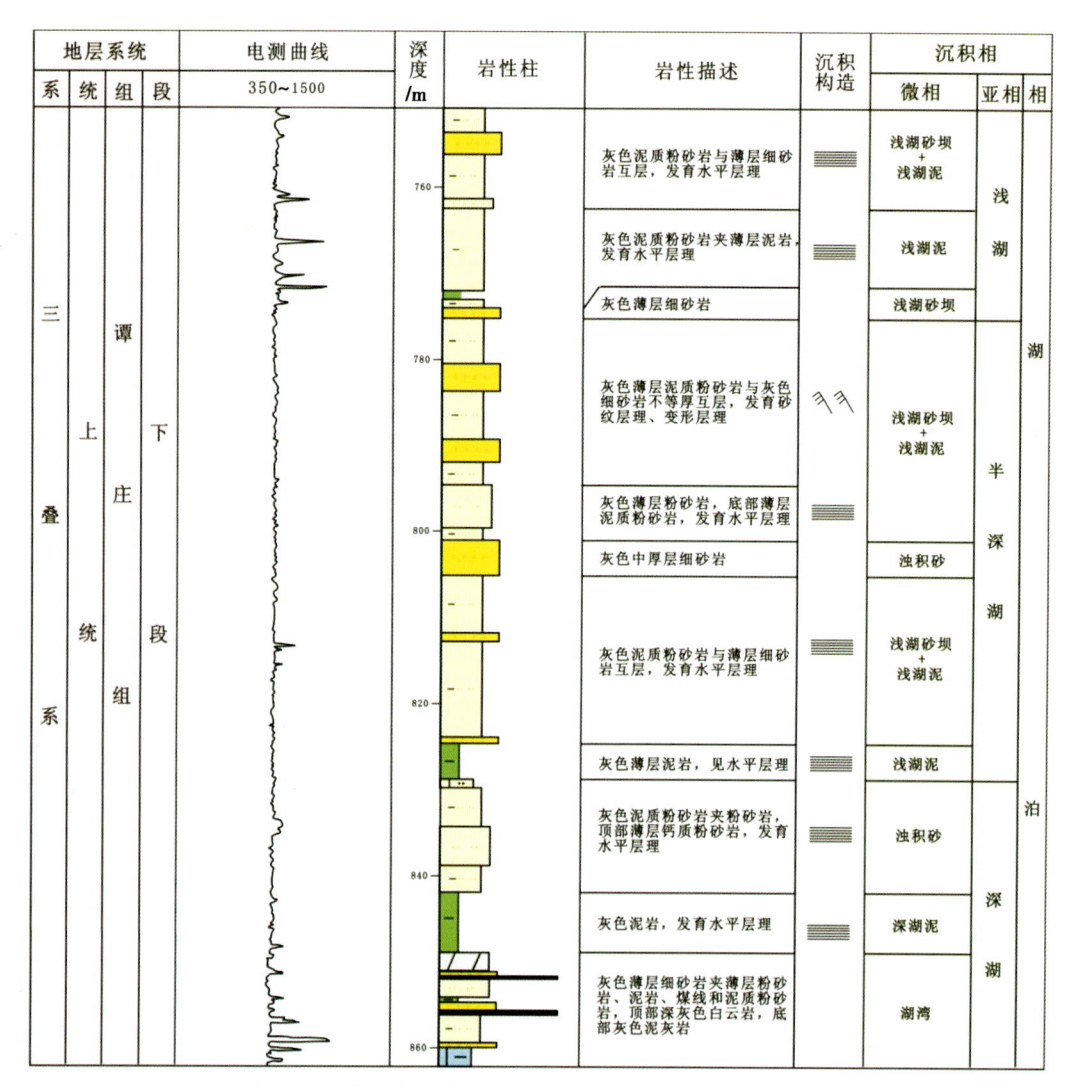

图 2-108 半深湖-深湖微相特征（伊 3001 井三叠系谭庄组）

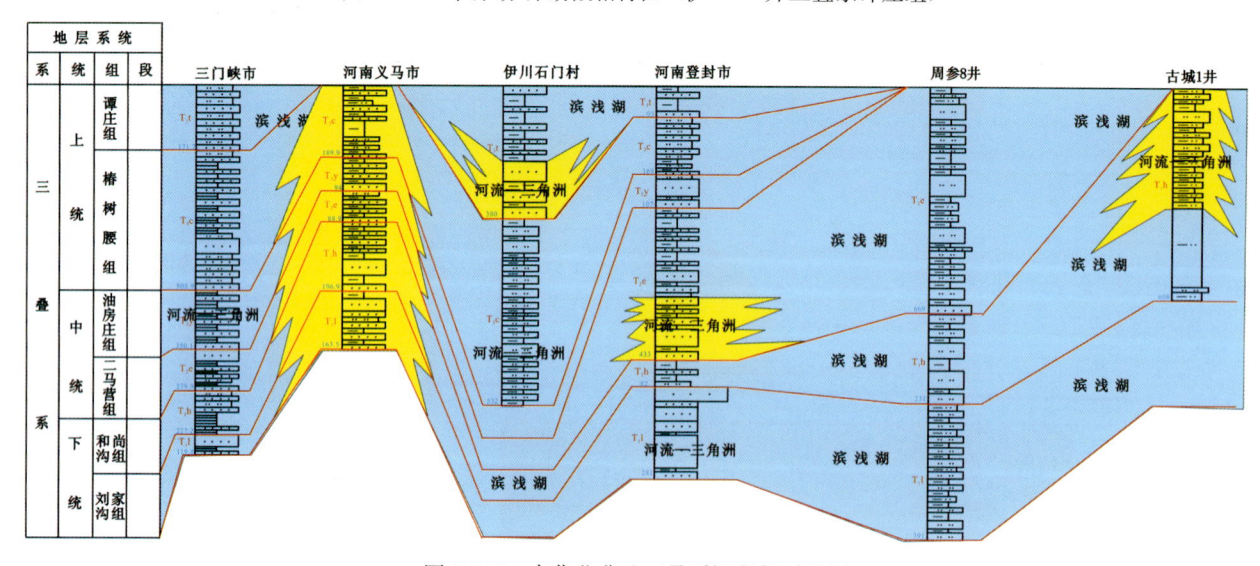

图 2-109 南华北盆地三叠系沉积相对比图

（一）早三叠世岩相古地理展布（图 2-111）

早三叠世，南华北盆地基本继承了二叠纪的格局，湖盆较晚古生代盆地原型略有减小，由湖泊相沉积逐渐转变为河湖相和河流相沉积，粒度明显变粗，气候变干旱、炎热，一般为红色碎屑岩建造。盆地原型属于克拉通陆内坳陷盆地。在栾川—固始—确山一线以北，方城—正阳—合肥以南为古陆，郯庐断裂以西，灵宝—汝阳—漯河—永城以南东，为河流-三角洲相区；灵宝—汝阳—漯河—永城以北西，大部分地区为滨浅湖相沉积区，河流-三角洲限于义马—洛阳—偃师一带分布。

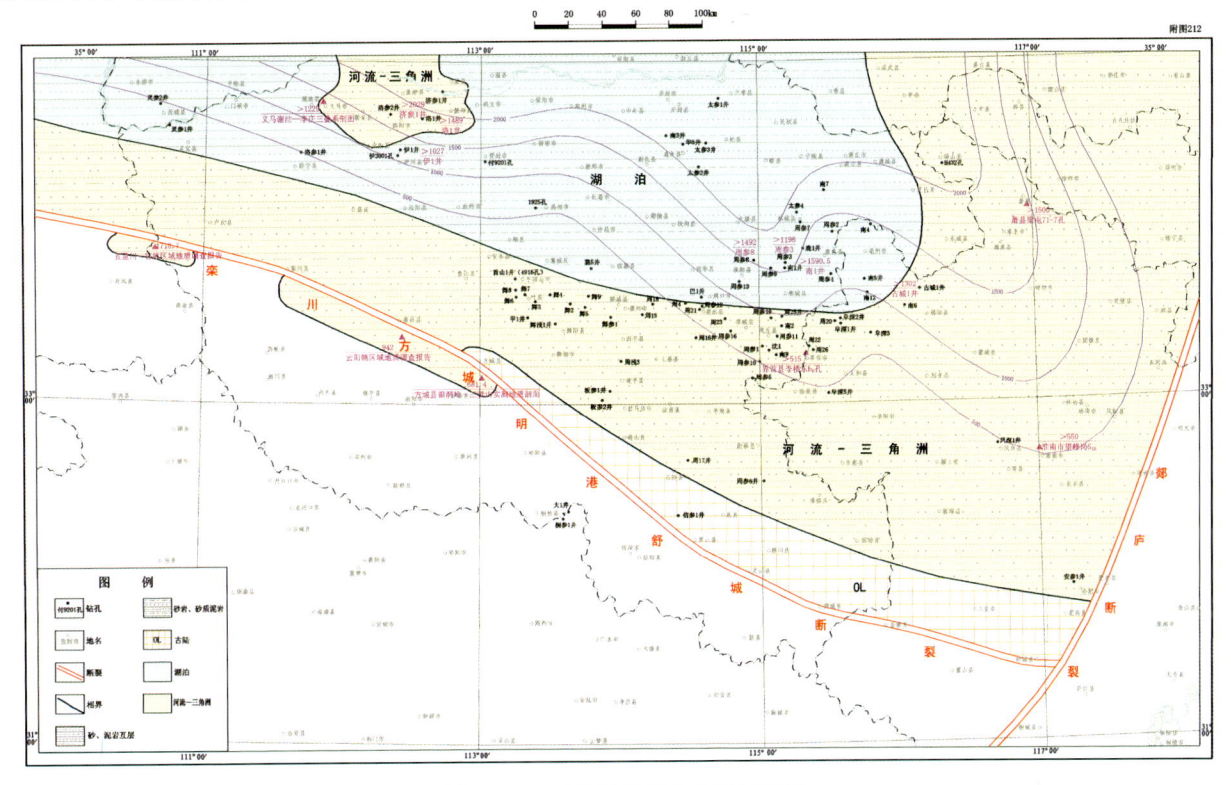

图 2-110 三叠系岩相古地理展布图

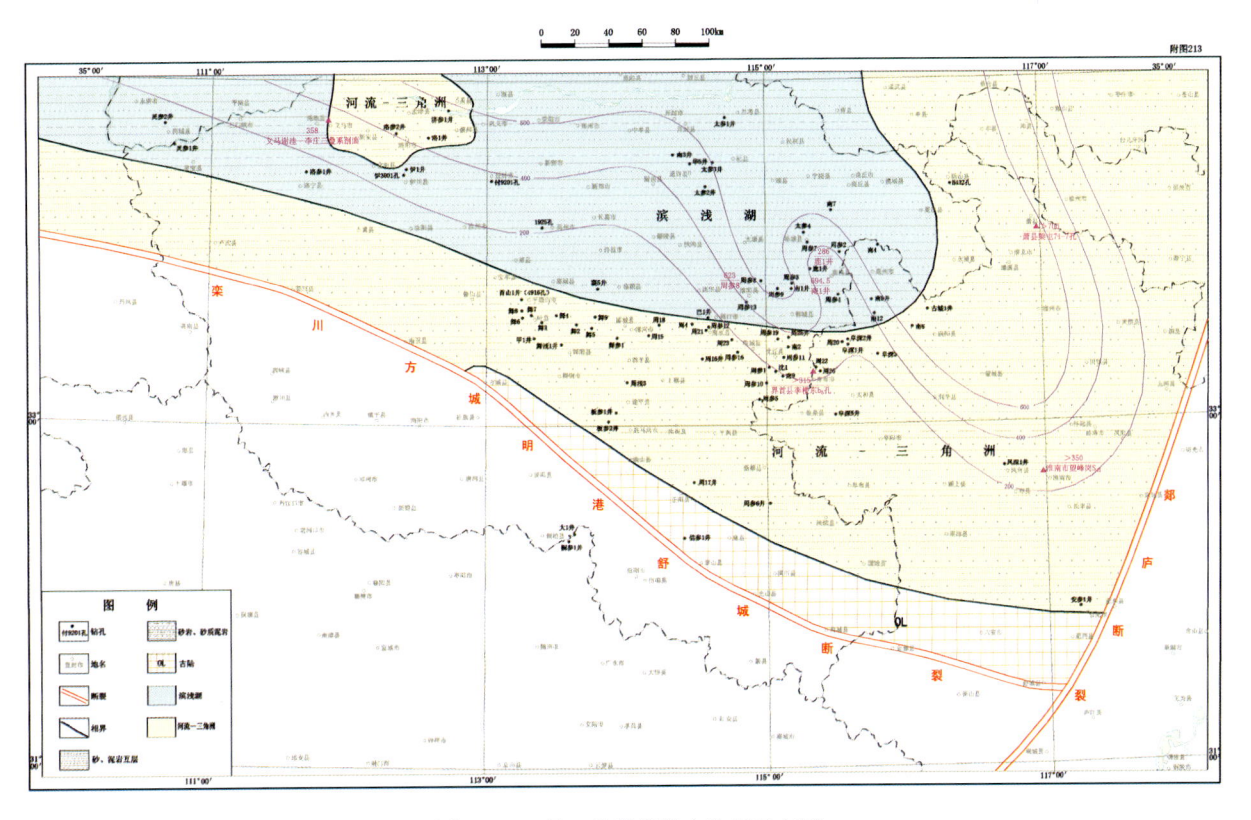

图 2-111 早三叠世岩相古地理展布图

（二）中三叠世岩相古地理展布（图2-112）

中三叠世末的印支早期运动后，大型内陆盆地的面貌发生了剧烈变化，表现为盆地大幅度萎缩。即中三叠纪表现为克拉通盆地萎缩阶段，构造环境为碰撞造山挤压。造成原型盆地内三叠纪地层的大范围的剥蚀，且剥蚀厚度较大，高达3000m。三叠纪末的印支运动结束了三叠纪盆地的发育，使盆地向西北进一步退缩。在栾川—固始—确山一线以北，方城—正阳—合肥以南为古陆，郯庐断裂以西，灵宝—汝阳—漯河—永城以南东，为河流-三角洲相区；灵宝—汝阳—漯河—永城以北西，大部分地区为湖泊相区，河流-三角洲限于义马—洛阳—偃师一带分布。

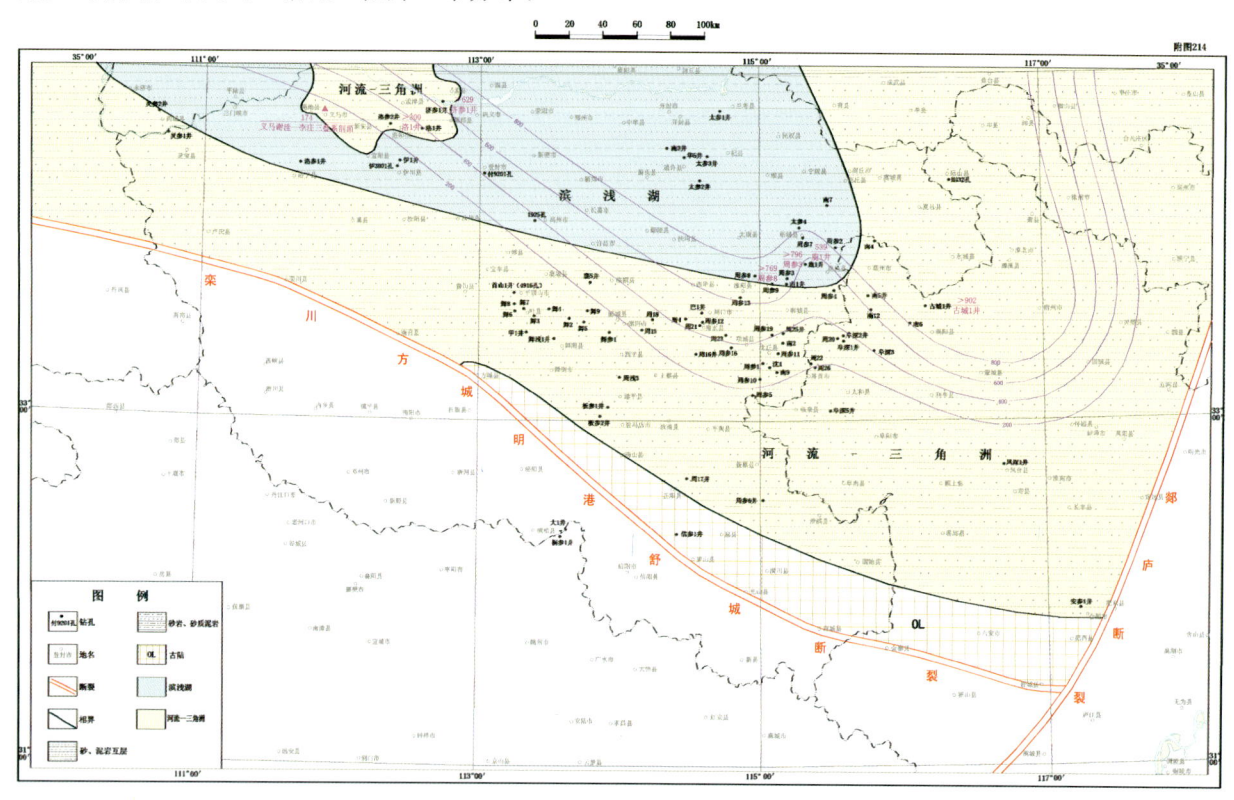

图2-112 中三叠世岩相古地理展布图

（三）晚三叠世岩相古地理展布（图2-113）

燕山阶段早期，南华北地区发生由南向北的逆冲推覆，随着陆内挤压，逆冲作用向前推进，其逆冲前锋达潼关—鲁山—淮南一线。南华北南部已为地形高差很大的古陆，在栾川—确山—固始主逆冲断裂前缘形成晚三叠世—早中侏罗世前陆盆地。北秦岭地区也有上三叠统发育，其露头主要出露于周至柳叶河、商县以东蟒岭南侧、卢氏双槐树—汤河（瓦穴子盆地地层厚1710.70m）、南召县鸭河、马市坪等地（马市坪—留山盆地地层厚942.06～681.4m）。区域上分布于栾川—固始断裂以南，呈东西向条带状展布，由于断层切割及侵蚀缺失，造成现代以隔绝的小盆地形态出露对于其沉积环境，前人多认为是山间断陷盆地。但在南召东南部发育的上三叠统以细碎屑岩沉积为主，属湖泊相沉积，表明了在北秦岭地区曾出现过较大范围的湖相沉积，根据其岩相及植物群均可与延长群对比，且未见到晚三叠世山间盆地磨拉石堆积，推测有可能它们原来与华北是联成一片的，是华北大型坳陷盆地的边缘相带沉积。该时期在秦岭—大别造山带以北可能发育有前陆盆地。研究区在栾川—固始—确山一线以北，灵宝—汝阳—周口—夏邑以南，为古陆区；灵宝—汝阳—周口—夏邑以北，三门峡—登封—商丘以南，为河流-三角洲沉积区；三门峡—登封—商丘以北多为滨浅湖相区，河流-三角洲限于义马—洛阳—偃师一带分布；五里川、栾川—方城一带有零星河湖相沉积，呈北西-南东向展布。

（四）早三叠世刘家沟期岩相古地理展布（图2-114）

早三叠世刘家沟期，大致继承了晚二叠世沉积环境，存在向东、东南倾斜的古斜坡，伏牛古陆和中

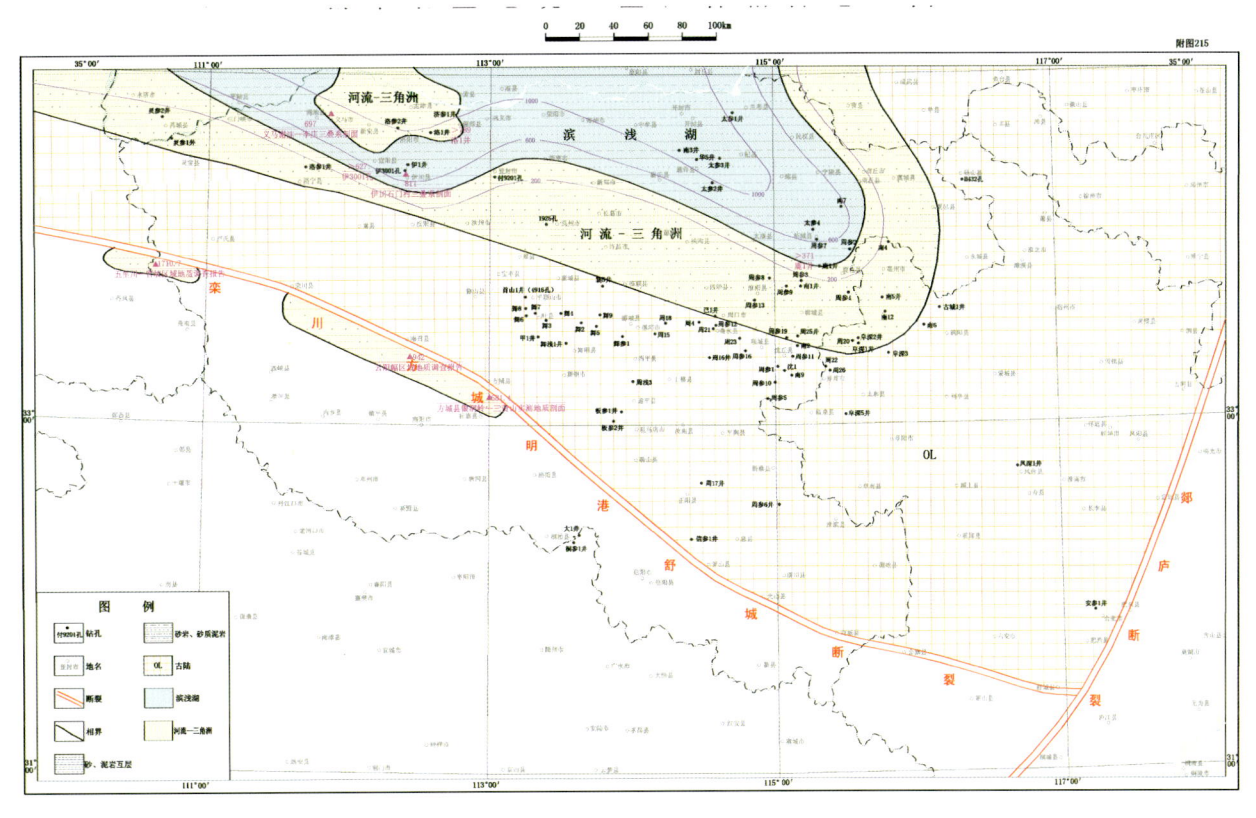

图 2-113　晚三叠世岩相古地理展布图

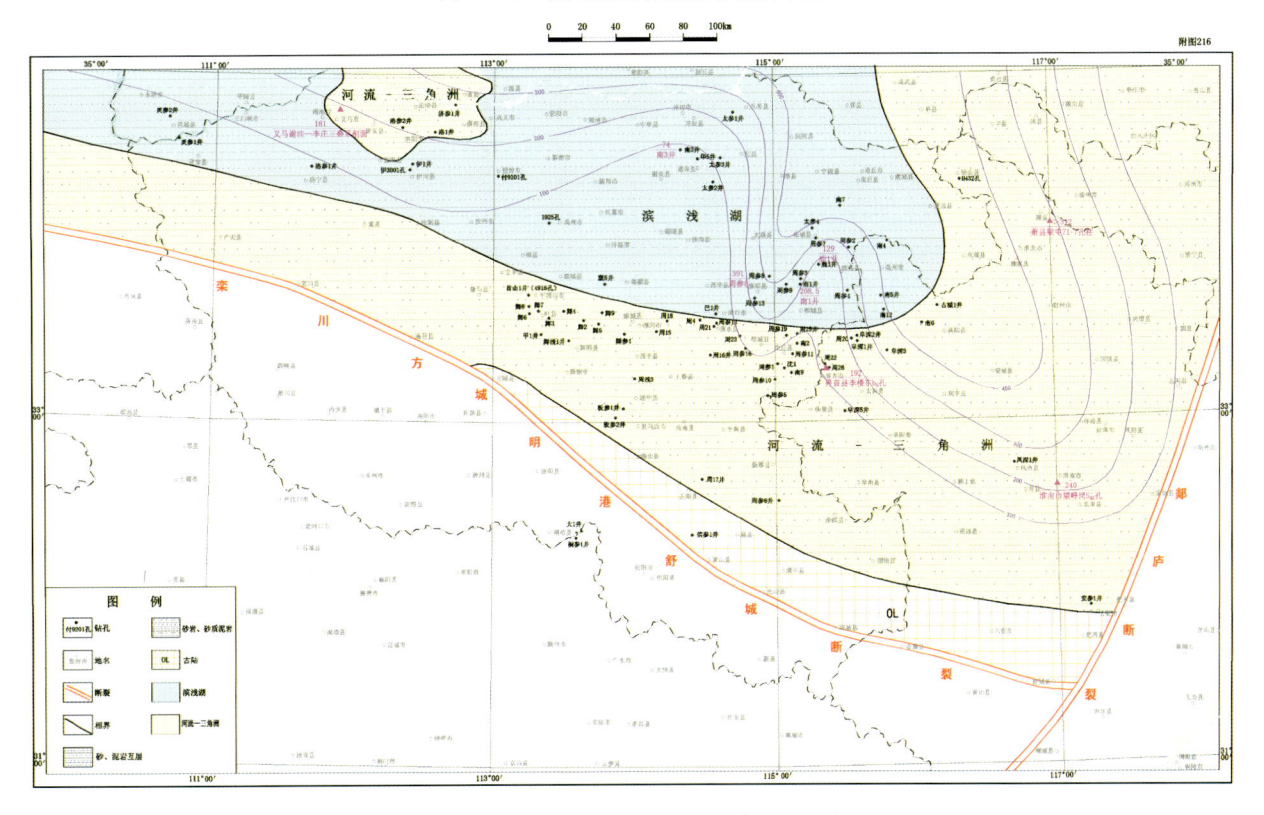

图 2-114　早三叠世刘家沟期岩相古地理展布图

条古陆均向南华北盆地提供碎屑物质，盆地面积较小，南华北盆地全部为陆相沉积，河南大致有两个沉积中心，即济源盆地和临汝—周口盆地，沉积了一套灰紫—紫红色中细粒长石石英砂岩、钙质粉砂岩，砂岩中具板状、楔状及槽状交错层理，含较多黏土岩碎块和钙质结核，层面可见泥裂、雨痕、虫迹及波痕。在方城—正阳—合肥以南为古陆；灵宝—汝阳—周口—夏邑以南东，为河流-三角洲相区；灵宝—汝阳—周口—夏邑以北西，大部分地区为滨浅湖相沉积区，河流-三角洲限于义马—洛阳—偃师一带分布。

（五）早三叠世和尚沟期岩相古地理展布（图2-115）

早三叠世和尚沟期，沉积中心仍为济源盆地和临汝—周口盆地，沉积以鲜红色、暗紫红色砂岩、页岩、泥质粉砂岩和泥质岩为主，仅夹少许紫红色中-细粒石英砂岩，具水平层理，单层厚度大，有时可见变形层理。黏土岩中虫迹发育，大多数呈直径5～10mm的弯曲管状，垂直或者倾斜状密集产出，搅乱了原始层理，含介形虫和少量脊椎动物化石和植物化石碎片。在方城—正阳—合肥以南为古陆；灵宝—汝阳—周口—夏邑以南东，为河流-三角洲相区；其北西地区大部分为滨浅湖相沉积区，河流-三角洲限于义马—洛阳—偃师一带分布，略向北西方向收缩。

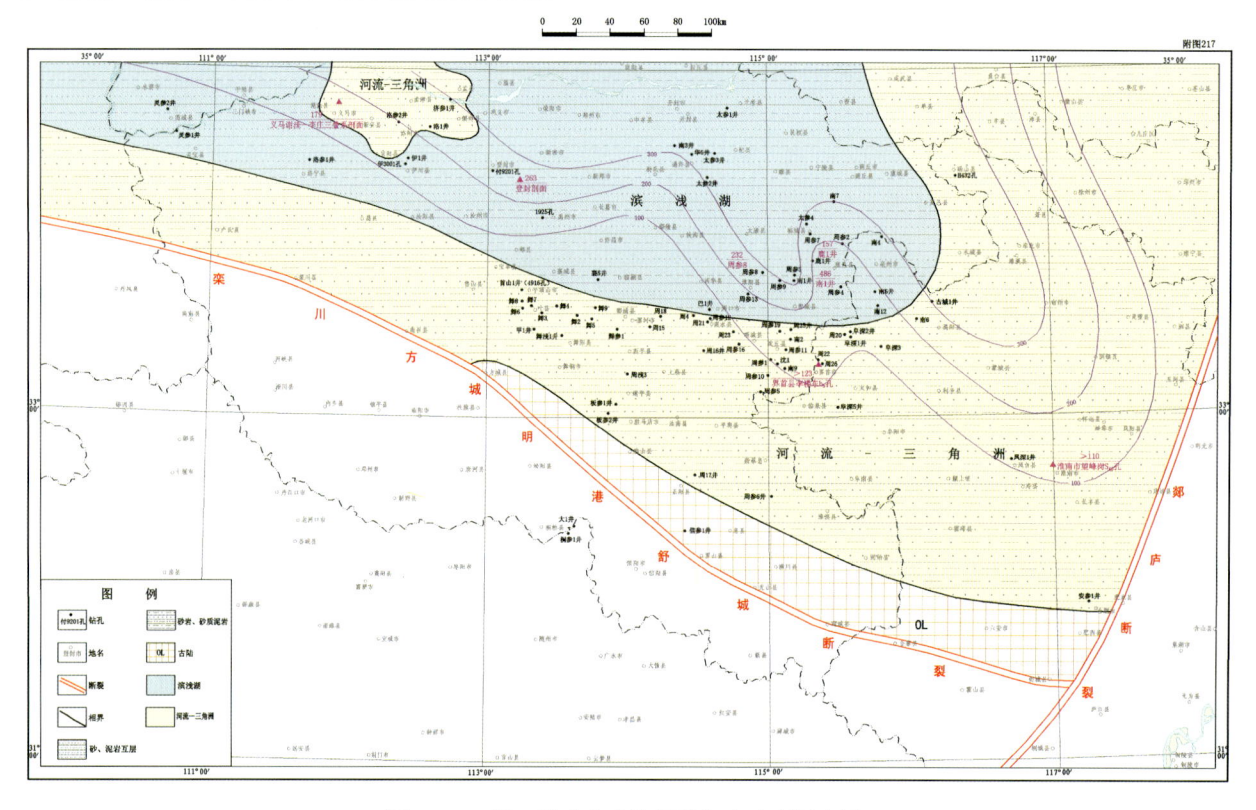

图2-115 早三叠世和尚沟期岩相古地理展布图

（六）中三叠世二马营期岩相古地理展布（图2-116）

中三叠世二马营期，在洛阳、济源等地区，沉积了一套黄绿色细粒长石砂岩、紫红色黏土岩与粉砂岩的互层，整体呈现出较为明显的正粒序。黏土岩中含大量的钙质结核，具水平层理、微波状层理及爬升层理。在方城—正阳—合肥以南为古陆，郯庐断裂以西，灵宝—汝阳—周口—夏邑以南东，为河流-三角洲相沉积区；灵宝—汝阳—周口—夏邑以北西，大部分地区为滨浅湖相沉积区，河流-三角洲限于义马—洛阳—偃师一带分布。

（七）中三叠世油坊庄期岩相古地理展布（图2-117）

中三叠世二马营期末的早印支运动，使得华北板块和扬子板块的自东向西俯冲拼合，秦岭海槽封闭，东部郯庐断裂因强烈挤压首先发生隆起（夏邦栋，1984），陆内造山运动彻底改变了早、中三叠世南华北盆地的沉积格局，盆地地形态势发生了变化，由原来西高东低的古地貌形态改变为东高西低的古地貌形态。在方城—正阳—合肥以南为古陆，郯庐断裂以西，三门峡—伊川—商丘以南东，为河流-三角洲相沉积区；三门峡—伊川—商丘以北西，大部分地区为滨浅湖相沉积区，河流-三角洲限于义马—洛阳—孟县一带分布。

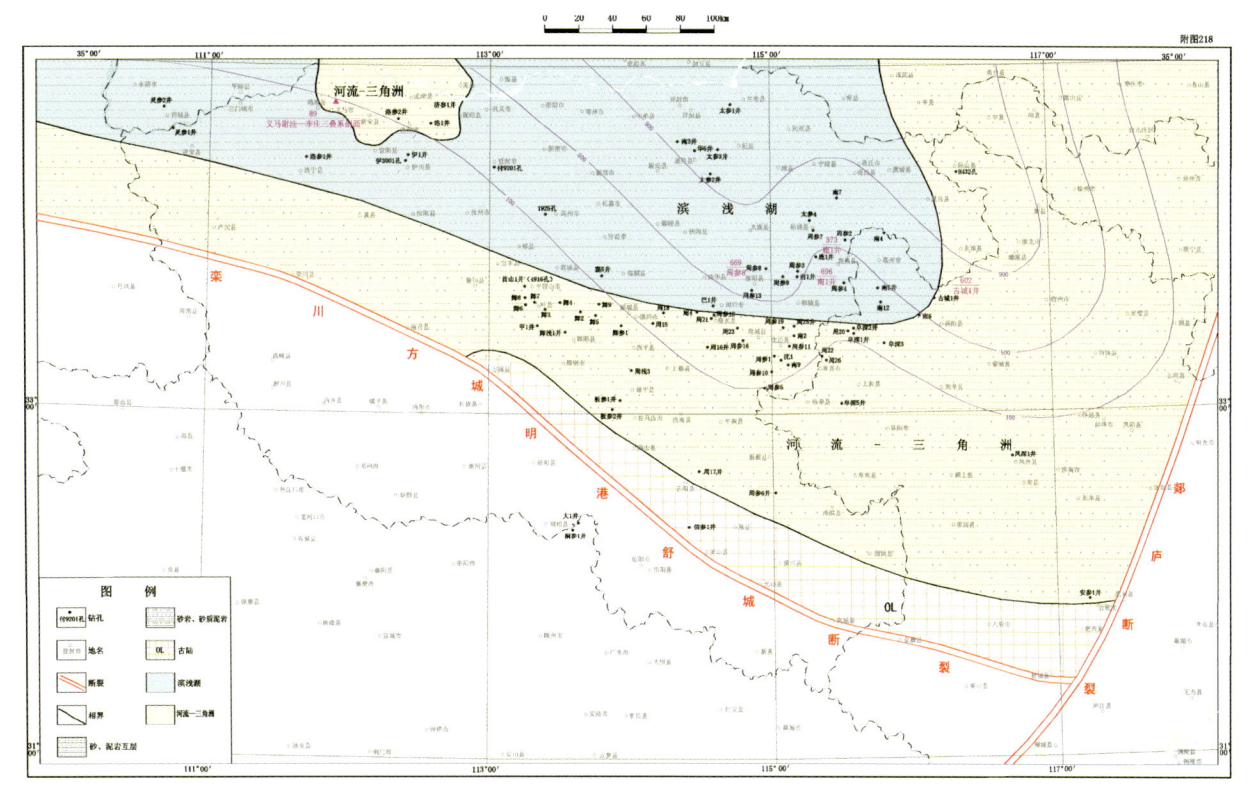

图 2-116　中三叠世二马营期岩相古地理展布图

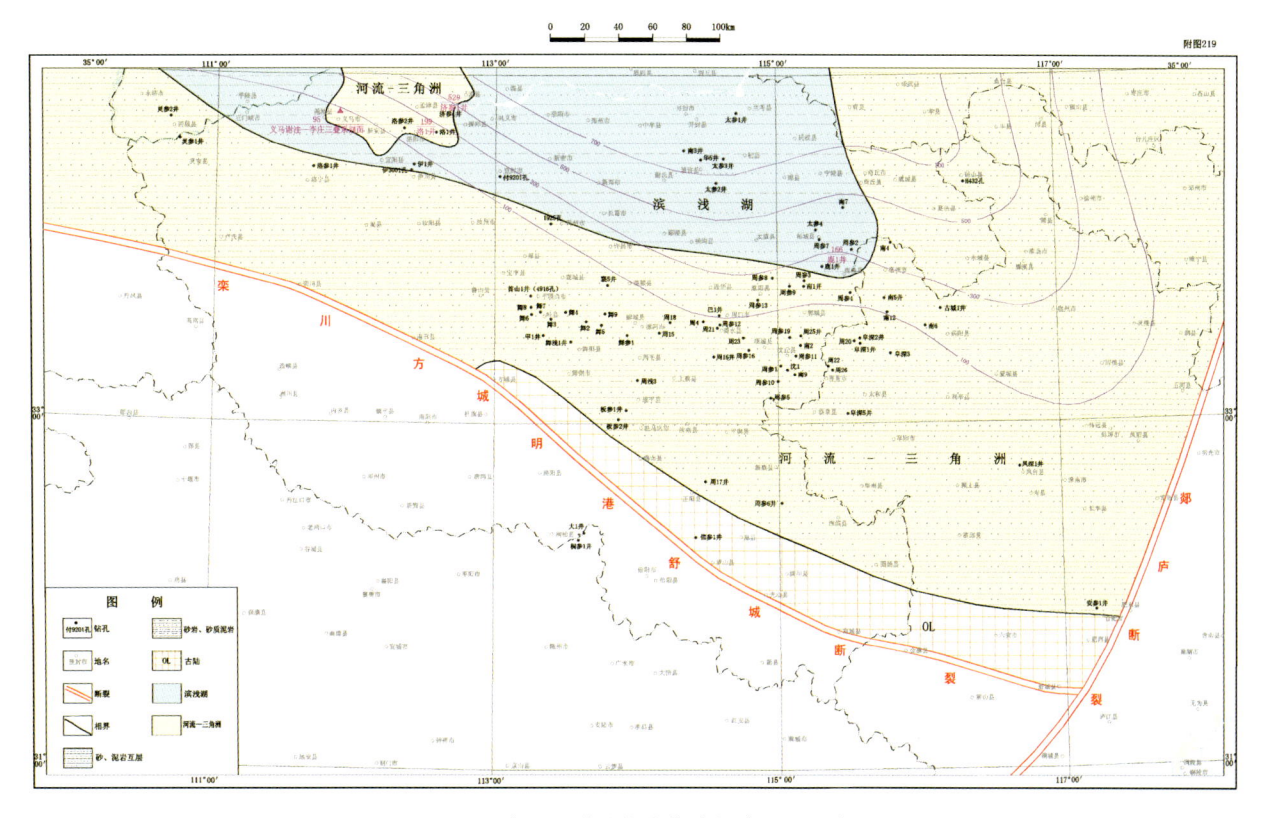

图 2-117　中三叠世油坊庄期岩相古地理展布图

（八）晚三叠世椿树腰期岩相古地理展布（图 2-118）

晚三叠世椿树腰期，中朝地台进一步抬升，湖泊范围由东向西萎缩。洛阳地区北部北西西向的黄河断裂开始活动，石炭—二叠系一度为水下隆起的岱眉寨背斜开始形成，呈现为西翘东倾，嵩山自东向西依次逐渐露出水面，伏牛古陆与嵩山隆起之间的水体不仅未隔断，而且呈现为一片较深的水域，该水域与伊川、临汝、登封等晚三叠世早期水域相互连通。在灵宝—周口—夏邑以南东，为古陆区；灵宝—周口—夏邑以北西，三门峡—登封—商丘以南，为河流-三角洲沉积区；三门峡—登封—商丘以北多为滨浅湖相区，河流-三角洲限于义马—洛阳—偃师一带分布；五里川、栾川—方城一带有零星河湖相沉积，呈北西-南东向展布。

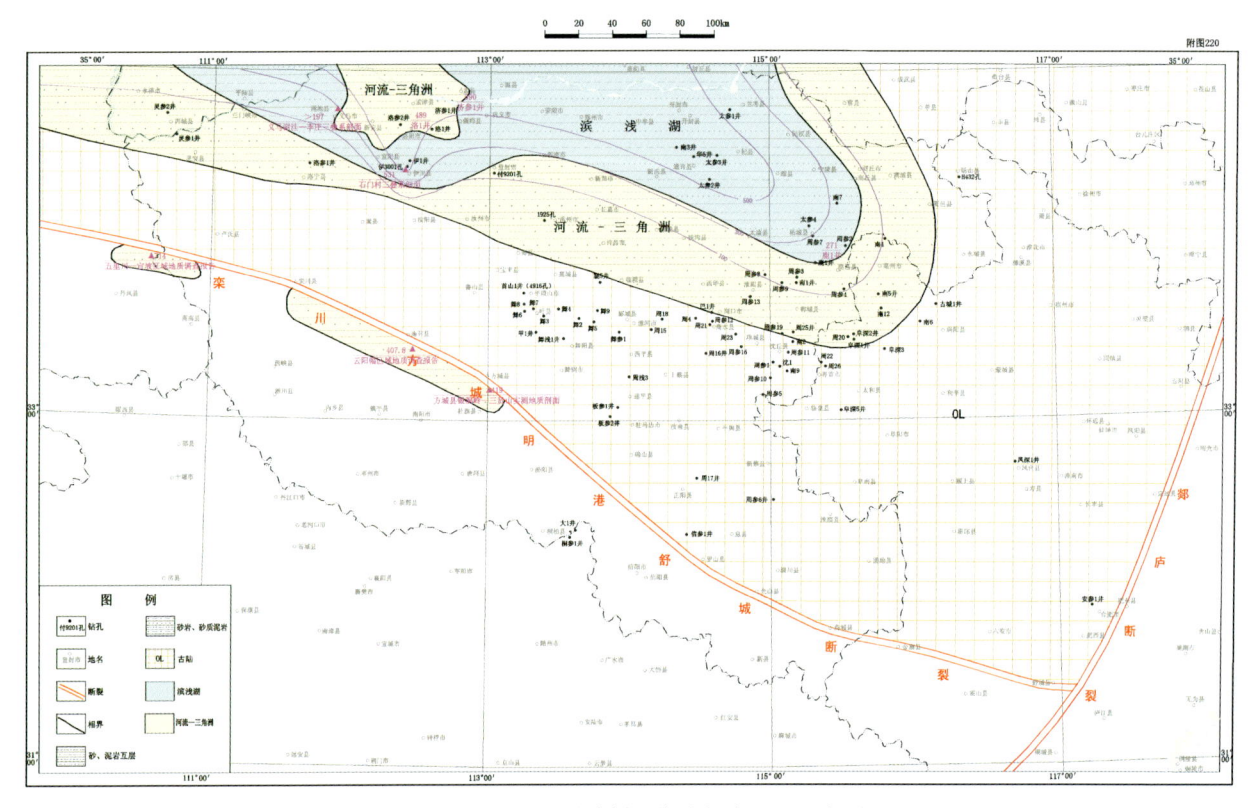

图 2-118 晚三叠世椿树腰期岩相古地理展布图

（九）晚三叠世谭庄期岩相古地理展布（图 2-119）

晚三叠世谭庄期，豫皖断块活动和内部构造急剧分化，沉积区继续向西、向北萎缩，安徽地区此时表现为上升的古陆，洛阳与济源地区基本分割，嵩山明显隆起，与登封、临汝地区水体隔断，沉积集中发育在绳池、义马、宜阳、伊川一带，呈北西-南东向，沉积类型主要为黄色钙质黏土岩、钙质粉砂岩夹长石石英砂岩及少量煤线、油页岩等。在盆地边缘碎屑物增多，颗粒变细，盆地中心有磷铁矿结核出现，沉积物内含大量生物化石，动植物化石以淡水双壳类及叶肢介类为代表，指示了浅水湖泊的沉积特征，在某一阶段里湖泊沼泽化，形成了部分煤和油页岩，在湖盆的边缘出现了河流-三角洲的沉积环境。在灵宝—周口—夏邑以南，为古陆区；灵宝—周口—夏邑以北，三门峡—登封—民权以南，为河流-三角洲沉积区；三门峡—登封—民权以北多为滨浅湖相区，河流-三角洲限于义马—孟津一带分布；五里川、栾川—方城一带有零星河湖相沉积，呈北西-南东向展布。

三、侏罗系岩相古地理演化

在晚三叠世—早、中侏罗世期间，南华北地区发育了合肥盆地为代表的陆内前陆盆地，并与周口坳陷以及位于秦岭—大别褶皱带内信阳盆地组成统一的坳陷型"河淮盆地"。在鲁山—淮南一线以北，印支运动表现为大型的隆拗结构，晚三叠世—侏罗纪时形成复向斜的继承性坳陷盆地，如济源盆地及成武盆地。

其中，早侏罗世在河南渑池和安徽六安一带沉积了下侏罗统含煤层系，它们与中侏罗统之间为连续沉积。中侏罗统下段沉积后，发生了一次构造运动，造成中侏罗统下段与中侏罗统上段之间的区域性不整合。

中侏罗世，在河南省渑池—济源、成武—鱼台和安徽省舒城—合肥地区形成凹陷，沉积了中侏罗统河湖相含煤碎屑岩系（图2-120，图2-121）。

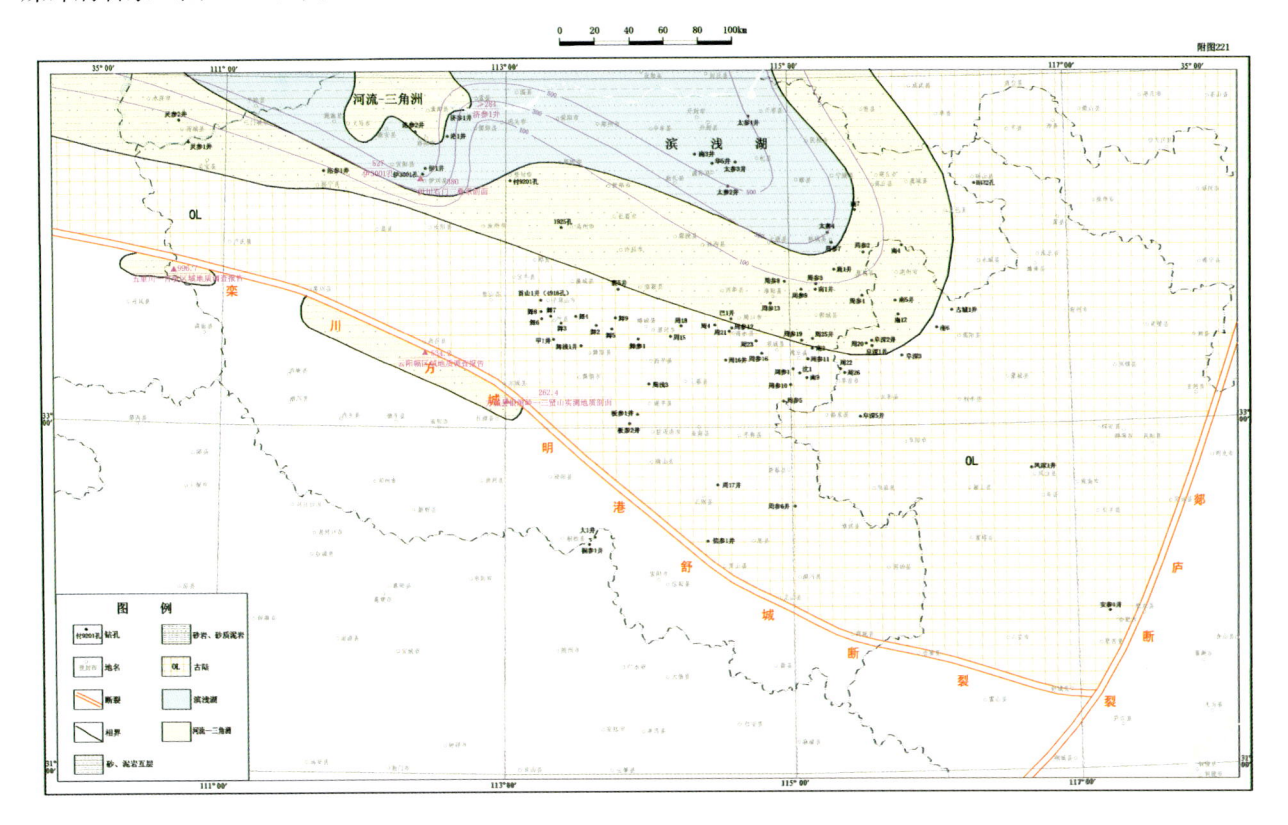

图2-119 晚三叠世谭庄期岩相古地理展布图

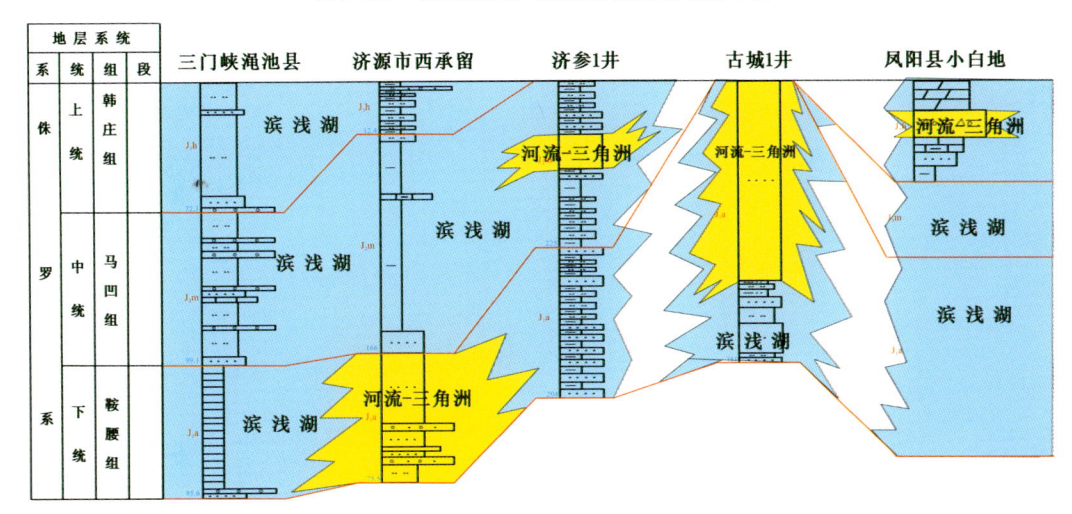

图2-120 侏罗系沉积相对比图

（一）早侏罗世鞍腰期岩相古地理展布（图2-122）

早侏罗世鞍腰期，南华北盆地西部沉积仅限于济源、义马一带，沉积物为浅灰—灰白色长石石英砂岩、粉砂岩、炭质黏土岩及煤层，在盆地边部义马附近底部有砾岩，岩层内产淡水双壳类化石及植物化石碎片，属湖泊沉积环境；栾川—固始—确山一线以北，光山县—长丰县以南为湖泊沉积区，六安市—合肥一带有小型河流-三角洲相沉积进入湖区；另外，在古城1井附近有零星的湖泊相沉积。

（二）中侏罗世马凹期岩相古地理展布（图2-123）

中侏罗世马凹期，南华北盆地西北部沉积范围更加狭小，仅在济源和确山等地分布，沉积物为褐红色-黄绿色钙质黏土岩、泥灰岩夹砂岩，仅在盆地边缘出现较多的砂岩及砾岩透镜体，产大量淡水双壳类及鱼类化石，属淡水湖泊沉积。南华北盆地东南部沉积范围向西有所延伸，肥西、六安等地岩石类型为紫色、黄绿色长石石英砂岩、长石砂岩、粉砂岩、砂质砾岩，夹粉砂质钙质泥岩，含钙质结核，具板状交错层理、波痕和干裂，岩层中见植物化石碎片，属河流-湖泊沉积环境。

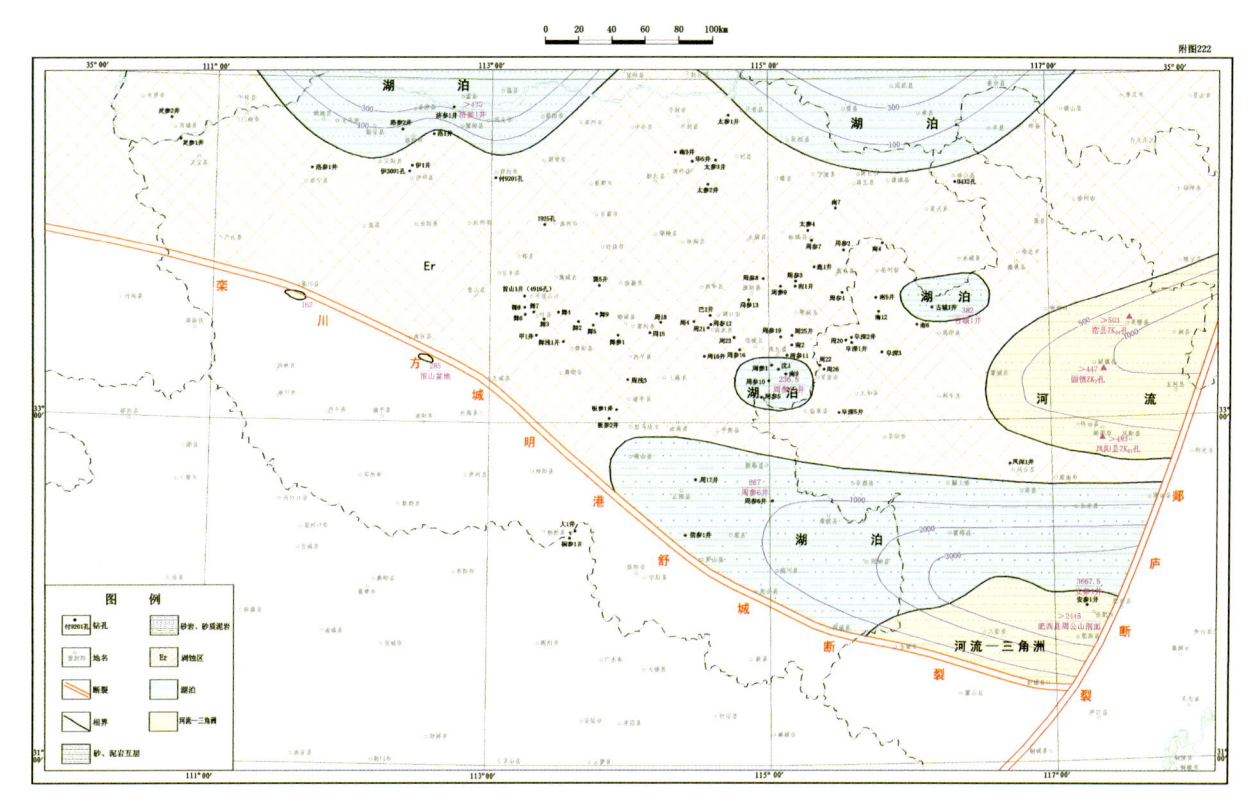

图 2-121 侏罗系岩相古地理展布图

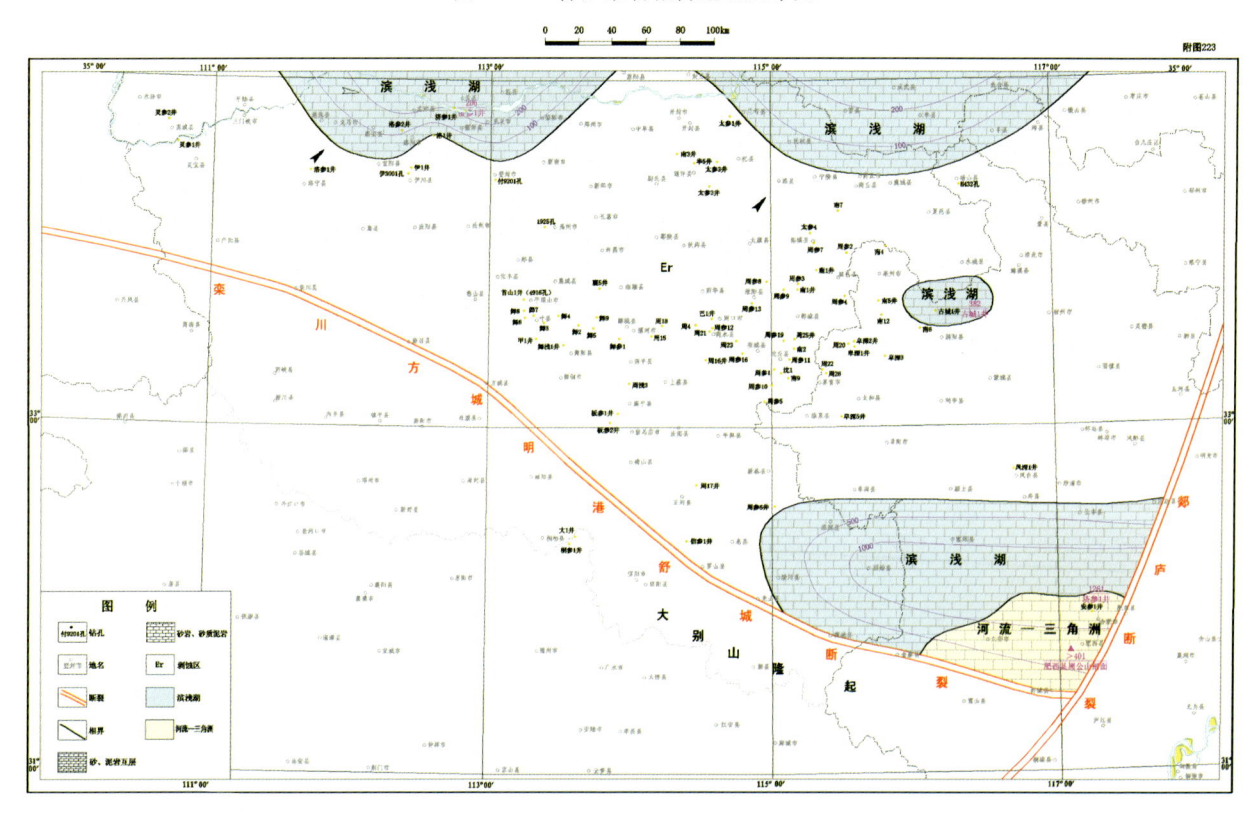

图 2-122 早侏罗世鞍腰期岩相古地理展布图

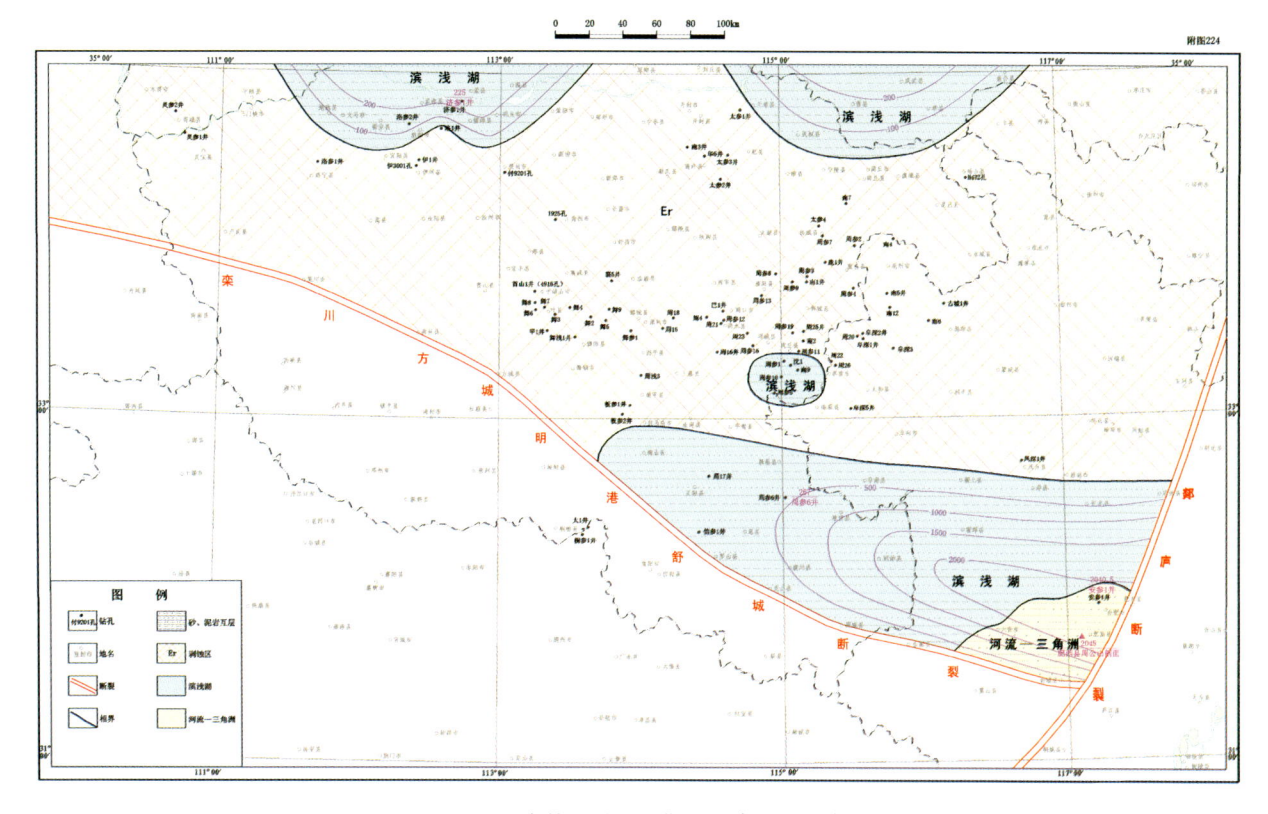

图 2-123　中侏罗世马凹期岩相古地理展布图

（三）晚侏罗世韩庄期岩相古地理展布（图 2-124）

晚侏罗世韩庄期，南华北地区局部出现强烈坳陷，在义马一带出现较深的坳陷盆地，大量碎屑物质堆积在边缘，形成冲积扇。沉积物除了夹杂少许砂岩外，几乎全为块状砾岩所组成分选磨圆极差的碎屑流沉积产物。安徽地区沉积范围较中侏罗世马凹期有所扩大，但更为零星，该时期，在长期的坳陷带、断陷带以及构造破碎地带出现了以安山质为主的火山活动，在其旁侧的低洼地带，形成了大小不等的盆地，主要分布在宿州、固镇、凤阳、肥东等地，岩石类型为灰绿色、紫红色中基性火山碎屑岩、凝灰岩、砂岩、粉砂岩、页岩夹煤线，具细微水平层理、交错层理，主要为火山喷发岩相、河流相沉积。

四、三叠系—侏罗系沉积模式

晚三叠世末，随着扬子板块与华北板块之间强烈的陆陆碰撞，南华北盆地形成了大型的陆内隆坳结构，发育冲积扇、辫状河、曲流河、河湖三角洲、湖泊等沉积相类型。

（一）冲积扇沉积模式

冲积扇是由山前带或陡崖朝着邻近低地延伸的扇形沉积体，它常常是由携带大量沉积物的河流从狭窄山谷流出并注入到宽阔的山前冲积平原上而形成。该模式以三叠纪—侏罗纪沉积期为代表，根据岩性特征可以划分为扇根、扇中和扇端，主要为一套角砾岩夹薄层泥质粉砂岩、粉砂质泥岩沉积，还可进一步划分为泥石流相、筛积相、片流相、河道相和湖沼相等组成（图 2-125）。

（二）河流沉积模式

关于河流类型的分类，本书采用目前较为通用的地貌分类和术语，将研究区河流沉积模式分为曲流河（meandering river）和辫状河（braided river）。

1. 辫状河模式

辫状河在研究区陆相地层中广泛发育，主要由不稳定的心滩分开，且辫状河粒序性不明确，其原因是，辫状河道的砂体是由多次洪泛事件携带的碎屑物在一定的环境下垂向加积而成的，由于各次沉积事件的洪泛能量强弱不同，而且变化无一定规律性，因而其携带、沉积的碎屑物垂向上粗细不同，表现为无粒序性。从发育区域背景上看，辫状河主要是近源，地形坡度大。辫状河主要发育河床滞留和心滩沉积，而堤泛沉积不发育（图 2-126）。

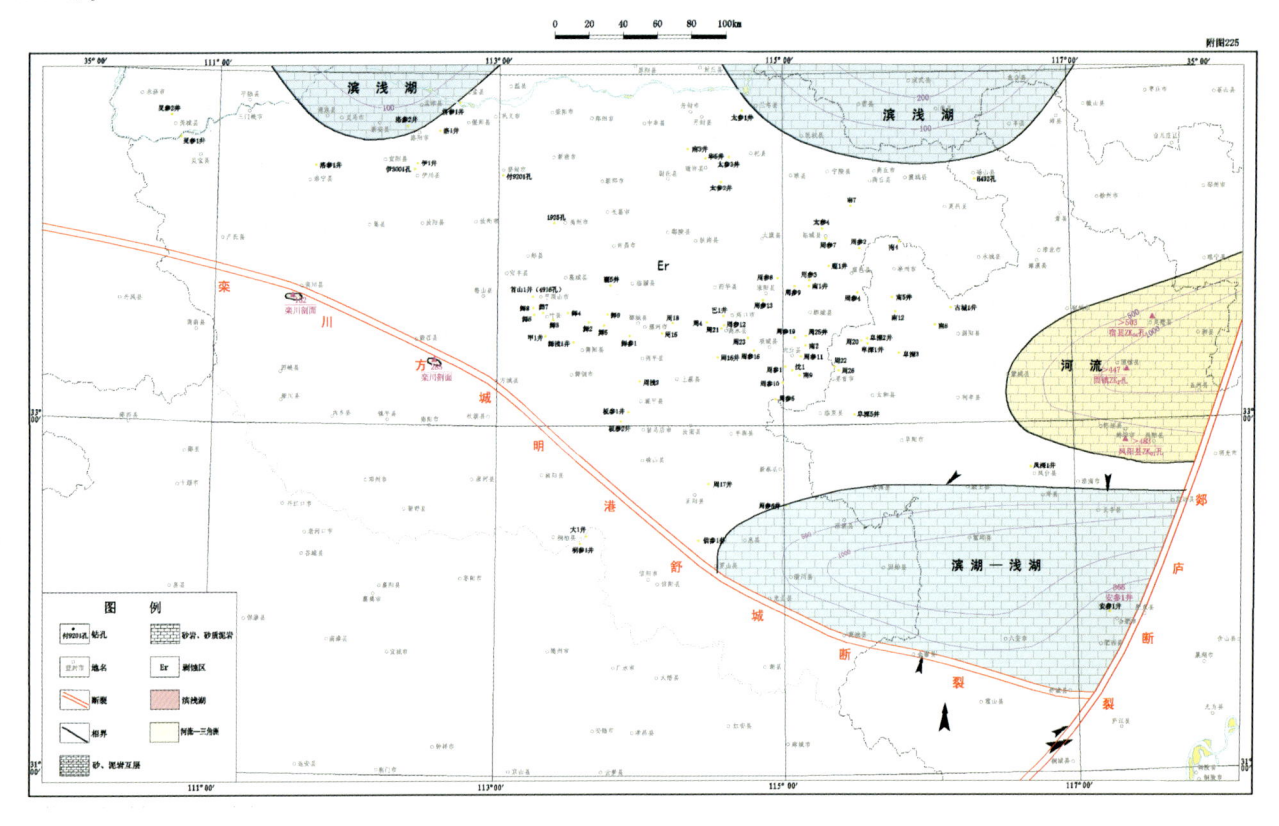

图 2-124 晚侏罗世韩庄期岩相古地理展布图

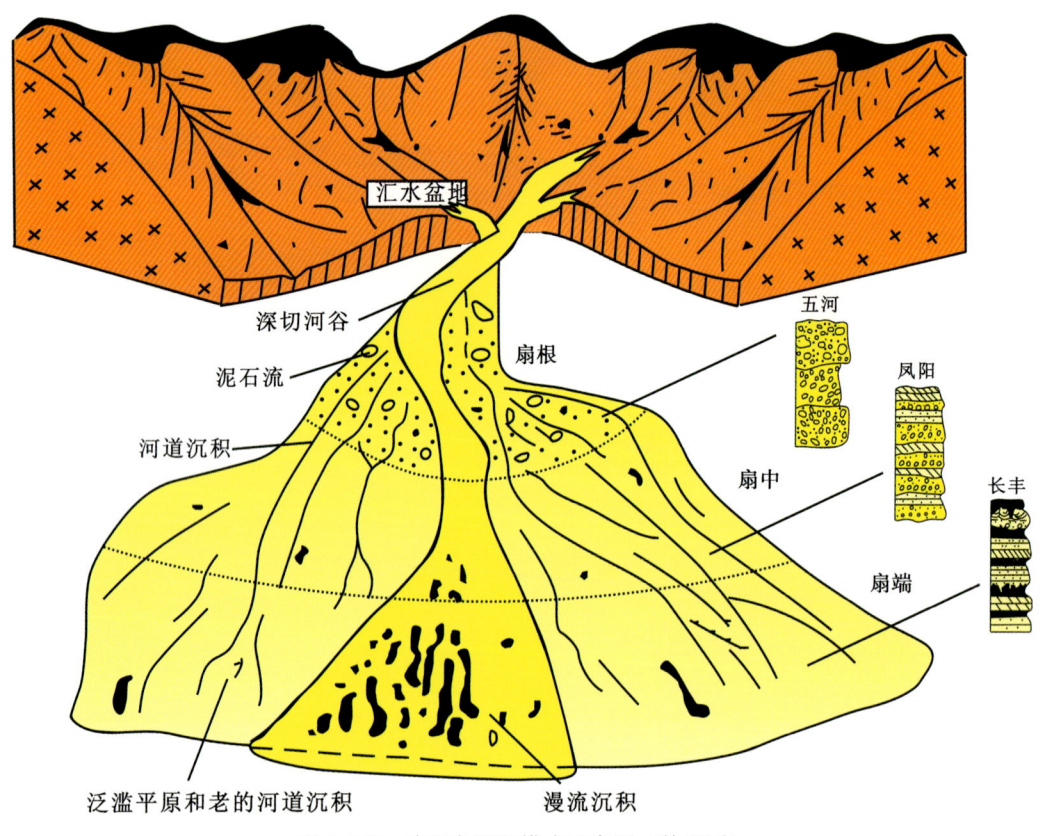

图 2-125 冲积扇沉积模式示意图（侏罗系）

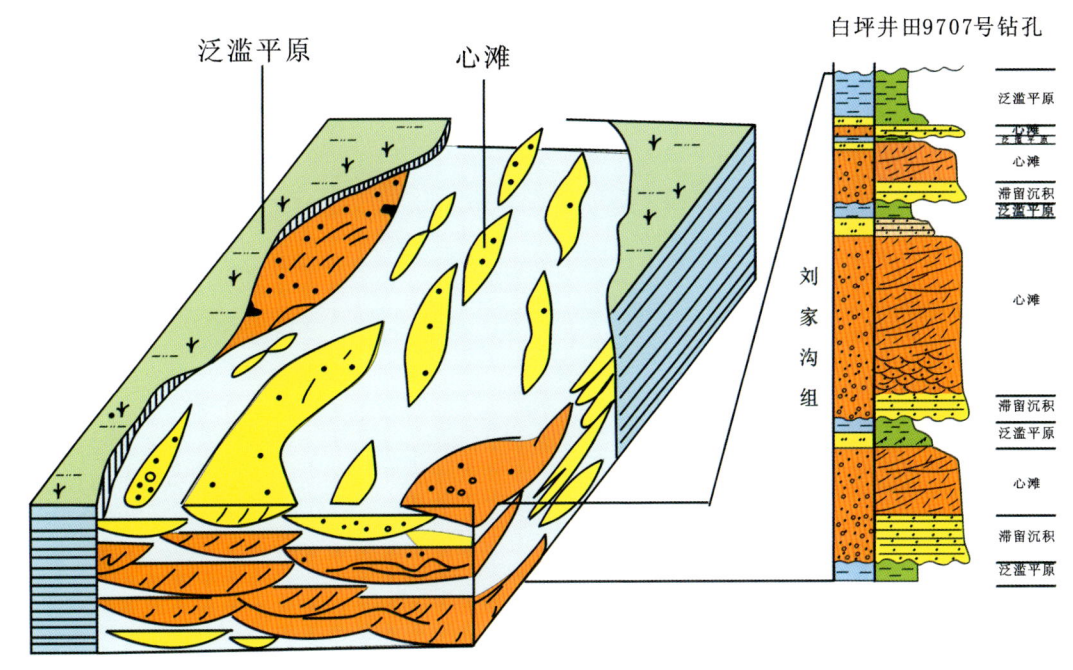

图 2-126 辫状河沉积模式示意图

2. 曲流河沉积模式

曲流河中点砂坝可以占河流层序30%以上的厚度，曲流河中砂坝的砂呈现向上能量逐渐减弱的序列，即交错层理向上变小，粒度变细。曲流河沉积模式在南华北地区主要发育于二叠系及其以后的地层中，以河南登封、禹县上、下石盒子地层剖面为典型代表。具有河道和堤泛的二元沉积结构：河道沉积主要由河床滞留、边滩组成，堤泛沉积主要由天然堤、决口扇、泛滥平原等组成（图 2-127）。

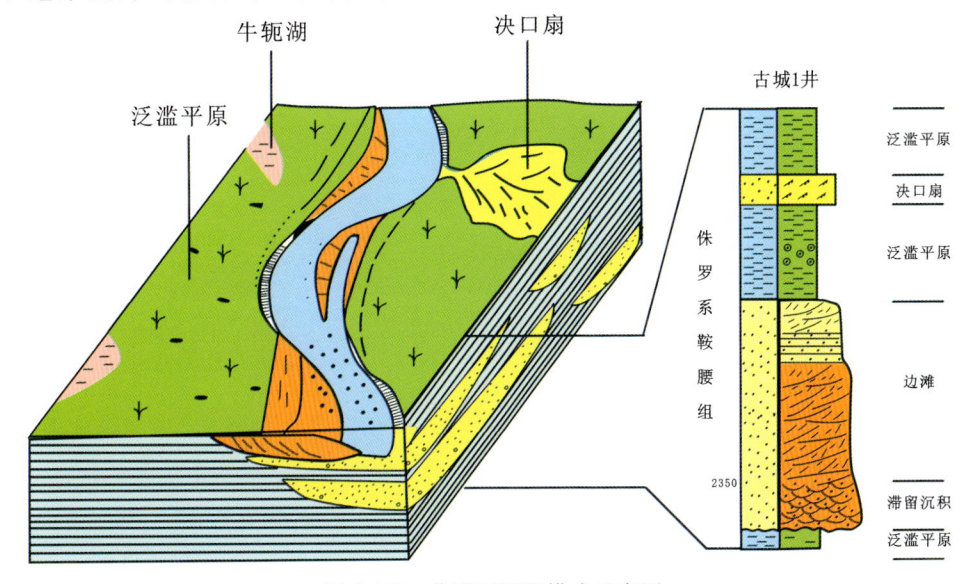

图 2-127 曲流河沉积模式示意图

（三）湖泊三角洲-湖泊沉积模式

在南华北地区的陆相地层中，广泛发育有湖泊三角洲和湖泊沉积，如河南济源、义马、登封三叠系剖面。湖泊三角洲沉积中发育有三角洲平原、三角洲前缘和前三角洲；在湖泊沉积中发育有滨湖、浅湖和半深湖-深湖。在三角洲沉积区，三角洲沉积水下部分进入湖泊，在垂向上形成湖泊沉积与三角洲沉积的叠置（图 2-128）。

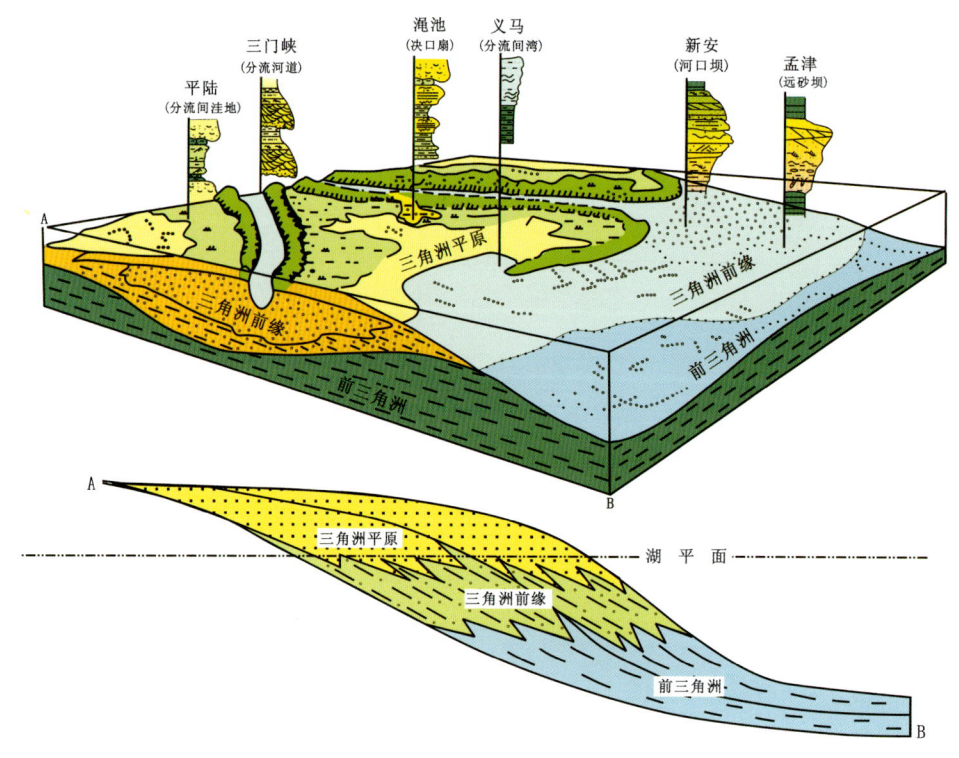

图 2-128 河湖三角洲沉积模式示意图

第八节 新成果、新认识小结

本章节系统研究了南华北地区青白口纪—侏罗纪沉积演化过程中不同时代所发育的沉积体系类型、特征，系统展示了各时期岩相古地理格局及演化，建立了不同沉积体系发育的沉积模式。所取得的新成果和新认识有下述三点。

(1) 在南华北地区震旦系九里桥组、望山组建立了震积岩的识别标志和沉积序列。识别标志表现在以下几个方面：①构造标志；②沉积-成岩标志；③岩石类型。建立了地震初期、高潮、衰减及停止等不同时期形成的各种原地构造及其垂向叠置关系和平面分布规律。

(2) 认为淮南地区下寒武统凤台组砾岩为典型的深海浊流沉积产物。淮南霍邱一带的寒武系凤台组及其层位相当的罗圈组主体为一套与事件作用有关的特殊沉积。不同学者对此认识不尽相同，本书在大量参阅前人众多研究成果的基础上，结合野外剖面实测及室内微相分析认为，淮南地区下寒武统凤台组砾岩为典型的深海浊流沉积产物。根据对凤台组岩石学特征及沉积学方面的研究，凤台组中重力流及滑塌沉积可以识别出碎屑流、液化流、浊流等沉积物重力流类型。

(3) 在石千峰组地层中发现了湖泊风暴沉积，详细研究了风暴沉积特征并建立了风暴沉积序列。研究区常见的风暴序列组合是：Sa-Sb-Sc、Sb-Sc-Sd 和 Sa-Sb。

第三章 层序地层划分、特征和对比

在系统的地层清理、对比，沉积体系类型、特征及岩相古地理演化研究的基础上，本章运用层序地层学理论与研究方法，通过对研究区内基干剖面详细观测和典型钻井剖面的观察，并充分运用测井和地震剖面资料，对南华北地区青白口系—侏罗系的层序界面特征、界面的成因类型进行深入研究，建立层序划分方案，详细讨论各超层序及其所包含的层序特征，并进行了层序对比；为全面认识青白口系—侏罗系构造-沉积演化，编制层序岩相古地理图，研究生、储、盖特征及其组合和时空分布规律奠定基础。

第一节 层序界面特征和成因类型

众所周知，在层序地层学研究中最关键的是有关界面的识别，可用于确定层序的界面包括层序的底界面、初始海泛面和最大海泛面，其中最为重要的是层序底界面的识别，这是层序划分的基础和前提。

一、层序界面特征

通过对研究区内不同时代的基干剖面观测、重点钻井岩心观察，以及测井资料和已有的地震剖面资料的详细研究，区内层序界面的表现形式有8种（表3-1）。

表3-1 南华北地区青白口系—侏罗系层序界面类型特征

序号	层序界面表现形式		典 型 特 征
1	不整合面（古风化壳）		地层缺失、生物化石带缺失、地球化学突变
2	渣状层		淡水淋滤、溶解形成的疏松、似炉渣的黏土层
3	古喀斯特作用面		岩溶角砾岩，溶蚀孔洞，大气淡水胶结物，铁泥质氧化壳，地球化学突变
4	冲刷侵蚀面	河流冲刷侵蚀	河道砂体对下伏洪泛平原冲刷
		水进冲刷侵蚀面	潮道对潮间坪的冲刷
		风暴流	以侵蚀、充填沉积的粗粒（砾）屑段为特征，粗粒（砾）屑段与下伏泥晶灰岩或页岩呈冲刷接触关系
		浊流冲刷侵蚀面	不规则冲刷面及界面之上为典型的浊积岩
5	岩性岩相转换面		岩性突变、沉积环境突变、地球化学突变
6	超覆面	上超面	水平地层对原始倾斜面的超覆关系，或者是原始的倾斜地层对原始倾角更大的斜面，向其倾斜上方作超覆尖灭
		下超面	是原始倾斜地层对原始水平面（或倾斜面）在倾斜下方作底部超覆
		顶超	是层序顶界的超失，出现在原始的倾斜地层及原始斜坡之上
7	最大海泛面		薄层状泥灰岩、薄层硅质岩、泥质条带灰岩、含磷泥晶灰岩、海绿石砂岩
8	最大湖泛面		深灰色泥岩、钙质泥岩、薄层状泥灰岩

（一）不整合面（古风化壳）

不整合是一种重要的地质现象，是地质发展阶段性的重要标志，它是人们研究地质发展和确定地壳运动的重要依据。不整合是地壳运动的产物，它导致上下地层之间缺失了一部分地层。这种缺失代表了没有沉积作用的时期，也可能代表以前沉积的岩层被侵蚀的时期。地层之间的这种接触关系称为不整合。根据不整合面上下地层的产状及所反映的地壳运动特征，不整合可分为两种类型，即平行不整合（也称假整合）和角度不整合（即狭义的不整合面）。这两类不整合的存在代表了地质历史时期地壳上升，海平面下降，原岩暴露于水面之上而遭受风化剥蚀，所以不整合面（古风化壳）是一类典型的层序界面。此类界面在研究区青白口系—侏罗系中广泛发育。在野外剖面、钻井岩心以及地震剖面上均有显示（图3-1）。

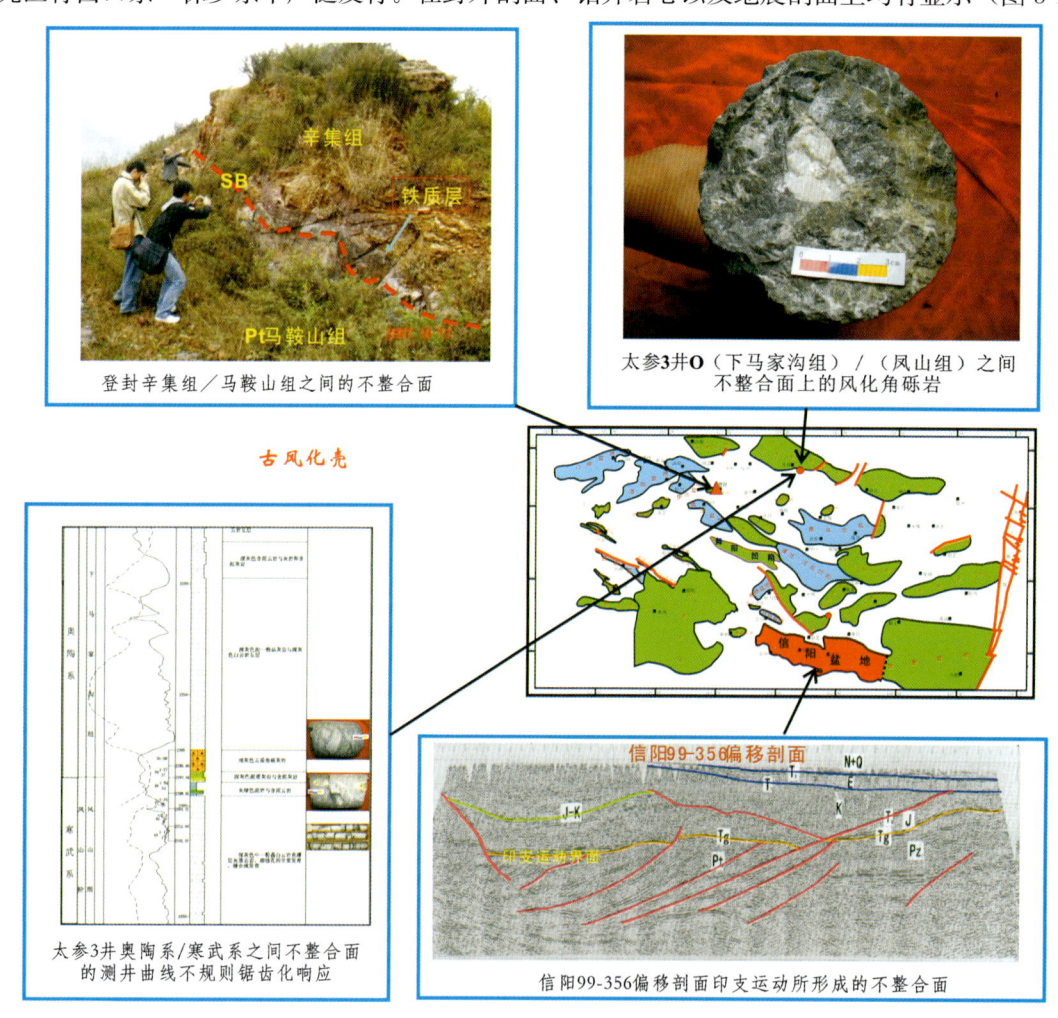

图 3-1 南华北盆地不整合层序界面的地质、测井和地震响应面（寒武系底界面）

如寒武系的底界面为典型的不整合面，具体表现为寒武系在不同地区不整合于不同时代地层之上（震旦系或青白口系），形成明显的区域性角度不整合。又如奥陶系马家沟组的底界面也为典型的不整合面，主要表现为亮甲山组沉积结束之后，中国华北在地史上普遍发生了一次构造运动——怀远运动，此次运动使大部分地区上升成陆，遭受风化剥蚀，从而在华北大部分地区形成不整合，从而也造成了马家沟组在不同地区超覆于不同时代地层之上，这种地层接触关系充分说明了马家沟沉积之前，研究区大部分地区隆升遭受风化剥蚀，形成广泛分布的古风化壳。此外，青白口系与震旦系之间，奥陶系与石炭系之间，中、上三叠统之间，侏罗系与白垩系之间亦为不整合（古风化壳）面。

（二）渣状层

渣状层又称渣状土，是由于海平面下降导致前期沉积暴露，遭受风化剥蚀、淡水淋滤、溶解等地质作用所形成的异常疏松，似炉渣状的土壤，称之为渣状层或渣状土。此类层序界面在研究区也较发育

(图 3-2)。如河南渑池寒武系剖面张夏组中发育于碳酸盐岩之间的紫红色、杂色黏土岩；再如淅川寒武系灰岩中的古土壤。

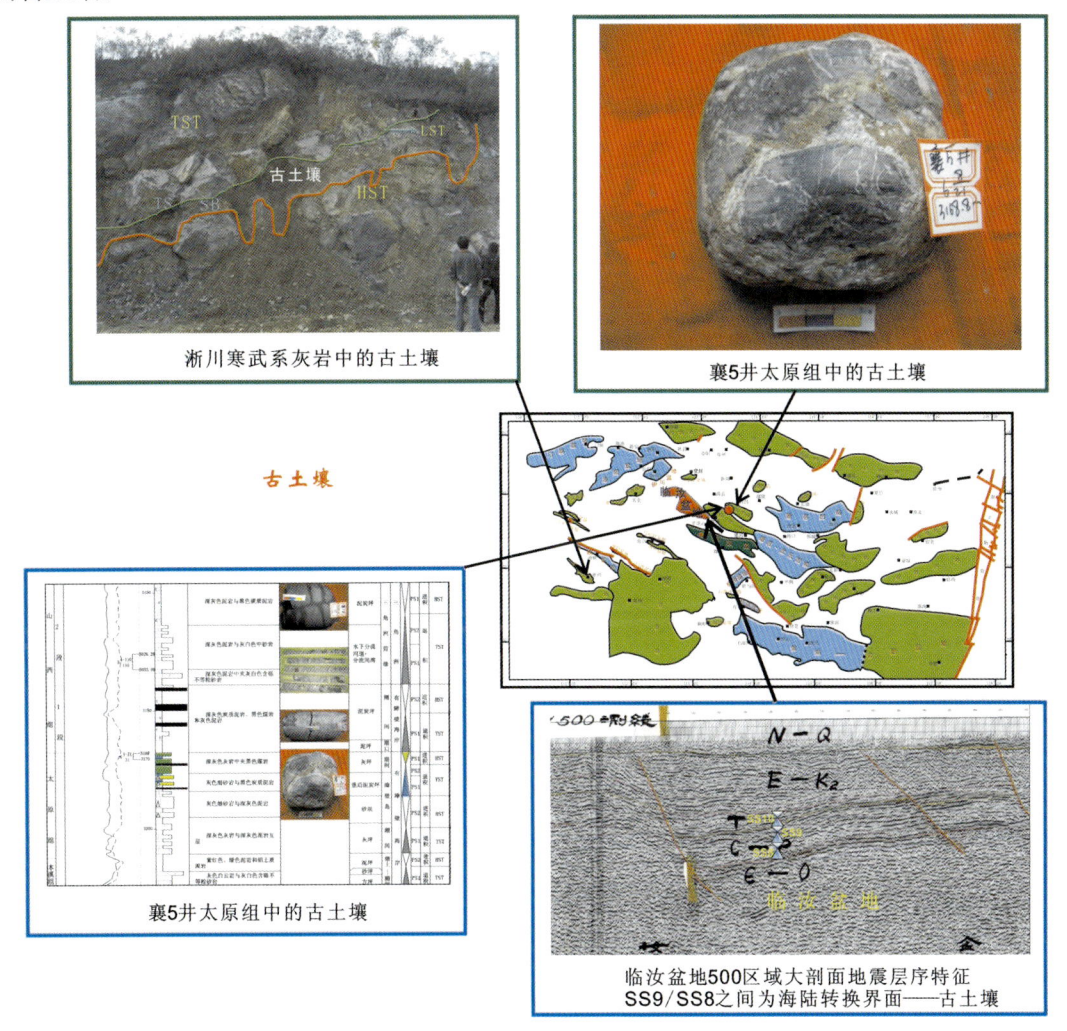

图 3-2 南华北盆地古土壤层序界面的地质、测井和地震响应面

（三）古喀斯特作用面

古喀斯特作用面是指地质历史时期发育的，并被后来沉积物所覆盖的（含有 CO_2 的地下水和地表水对可溶性碳酸盐岩的溶解、淋滤、侵蚀和沉积等）古岩溶作用所形成的作用面。此类型界面的形成过程即是层序界面的发育过程，即原始位于水体之下沉积的碳酸盐岩在构造抬升或海平面下降条件下暴露地表、遭受风化、剥蚀，从而形成古喀斯特作用面。此类界面在研究区露头剖面和钻井及地震剖面上均有表现（图 3-3）。

如在枣庄唐庄剖面震旦系中，古喀斯特溶蚀面非常发育，大量的溶蚀孔洞缝发育，岩溶角砾大小不一，分选差；又如徐州贾汪大南庄剖面中，长山组沉积后暴露在大气中，经过风化剥蚀后，在其顶部形成大量的溶缝体系，被后期的凤山组泥晶白云岩充填在溶缝之中；在盆地中的不少钻井岩心中也有这种古喀斯特作用面，如太参 3 井中马家沟组一段的岩溶角砾岩，周参 6 井中青白口系顶部的岩溶角砾岩，这些都代表了典型层序界面的存在。

（四）冲刷侵蚀面

此类界面在研究区广泛发育（图 3-4），根据成因又可以分为水进的侵蚀冲刷面、河道的侵蚀冲刷面、风暴流及浊流冲刷侵蚀冲刷面。

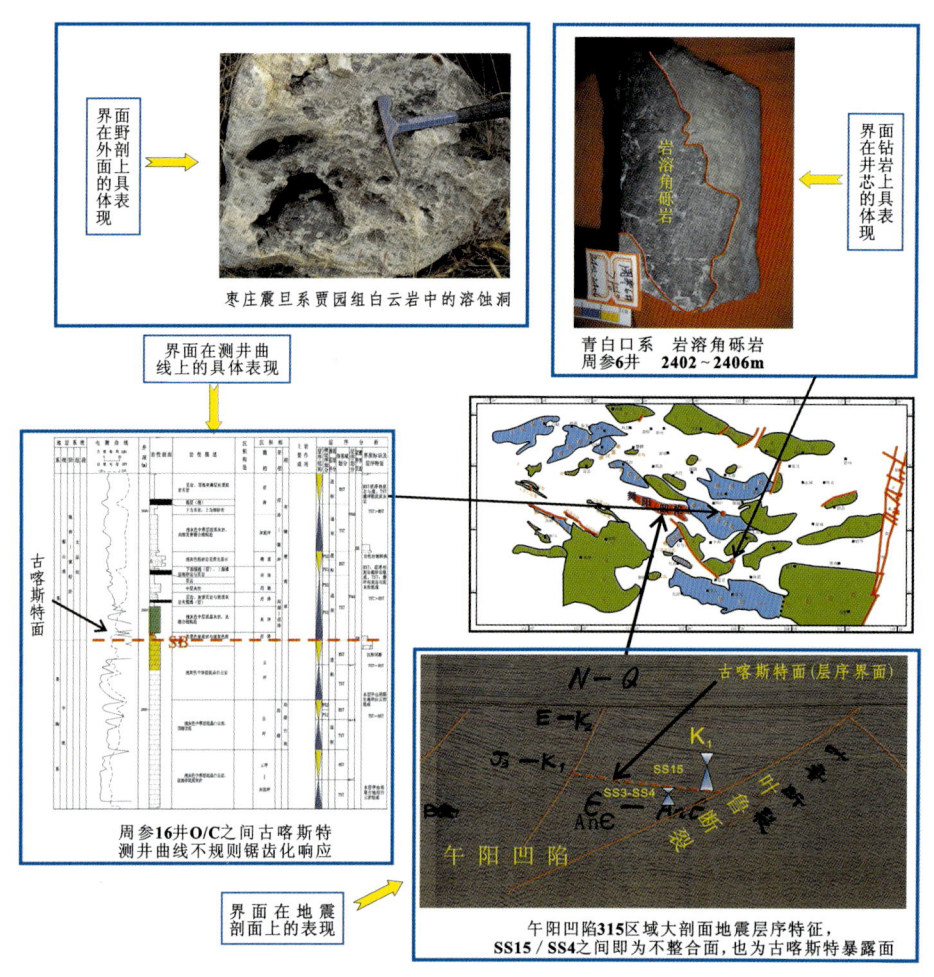

图 3-3 南华北盆地古喀斯特层序界面的地质、测井和地震响应面

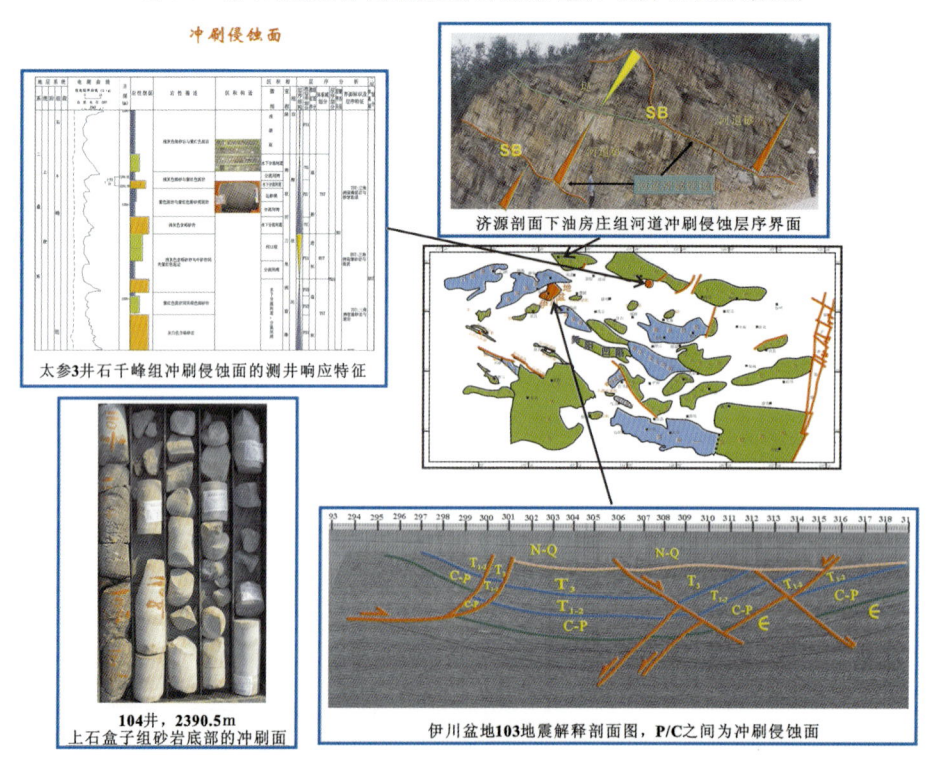

图 3-4 南华北盆地冲刷侵蚀层序界面的地质、测井和地震响应面

1. 水进冲刷侵蚀面

分布于滨岸和潮坪沉积环境中，由于海平面快速上升，滨岸带后退，海水对先沉积地层削切侵蚀。通常表现为滨岸带砂体内部发育的侵蚀冲刷、前滨砂体对近滨沉积物的冲刷、潮下坪对潮上坪或潮间混合坪沉积物的冲刷、潮下坪内部发育的侵蚀冲刷以及潮道砾岩对潮坪沉积物的冲刷）。如河南渑池寒武系张夏组中广泛发育的竹叶状灰岩的底界面即为典型的水进侵蚀冲刷面，冲刷面均凹凸不平，底界面上普遍发育下伏先期沉积的砂屑灰岩被冲刷形成的砾屑灰岩，砾石大小 0.5～3cm，砾屑成分为砾屑灰岩（图 3-5）。

图 3-5　河南渑池南砥坞寒武系徐庄组砂屑灰岩顶部的冲刷面

2. 河道冲刷侵蚀面

分布于陆相冲积扇、河流和三角洲环境中，表现为河道砾岩、砂砾岩对下伏砂砾岩、砂泥质沉积物的冲刷。在研究区二叠系石盒子组沉积期、三叠纪、侏罗纪沉积期河道侵蚀冲刷面非常发育，表现为含砾的粗砂岩冲刷下伏中细粒砂岩，冲刷面凹凸不平，部分准层序界面也表现为这类侵蚀冲刷面，与层序界面的区别在于冲刷作用的强弱差异。如河南济源下冶二叠系上石盒子组中，表现为河道的砂砾岩对下伏沉积物的冲刷（图 3-6）。一般而言，冲刷面之上砾岩的砾石粗，成分杂，杂乱堆积，而冲刷面之下的砾岩中砾石偏细，多具定向排列，常夹砂岩透镜体或薄层。

图 3-6　河南济源下冶二叠系上石盒子组中的河道侵蚀冲刷面

3. 风暴流

南华北地区寒武系的风暴岩较为常见，风暴期间，风暴流携带打碎的岩块对下伏沉积物进行冲刷，形成风暴冲刷侵蚀面。风暴岩按成因分为：海相风暴岩（图 3-7）和湖相风暴岩（图 3-8）。

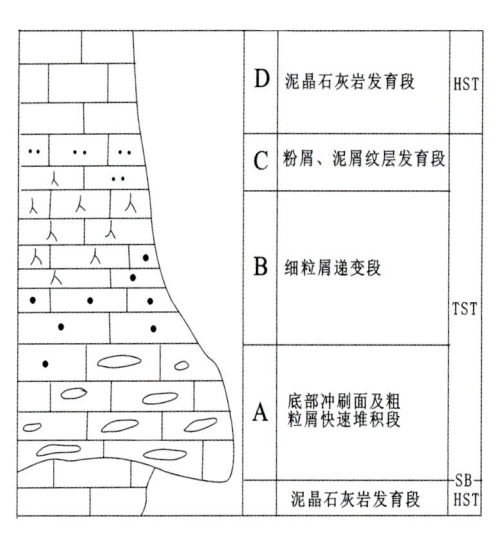

图 3-7 安徽淮南地区震旦系、寒武系风暴岩沉积序列

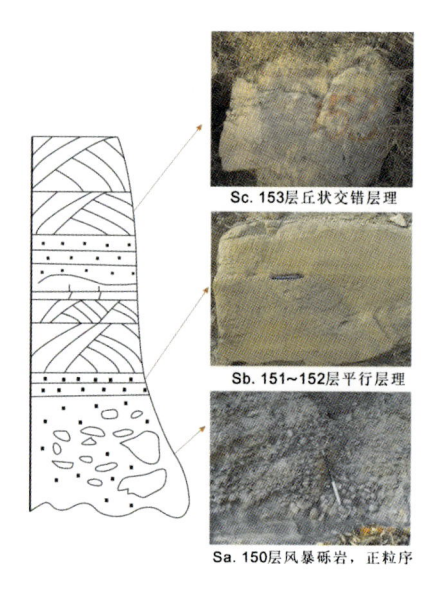

图 3-8 河南登封地区石千峰组（150～153层）湖泊风暴岩沉积序列

4. 浊流冲刷侵蚀面

图 3-9 河南济源承留剖面下侏罗统鞍腰组中的浊流沉积剖面

浊流是由沉积物与水混合而成的一种湍流，沉积物质在其中保持悬浮状态。浊积陆相冲积扇主要发育于基准面下降时期，大量的碎屑物质注入盆地内，发育的浊流对前期沉积冲刷侵蚀形成不规则的界面，

界面之上发育 LST 期浊积砂岩。如在研究区河南济源承留剖面下侏罗统鞍腰组中有浊积岩发育，浊积岩可分为三个沉积亚环境：内扇、中扇和外扇（图 3-9）。其中，内扇主要特征为主水道细砂岩对水道间泥岩的底冲刷作用，细砂岩中发育粒序层理和平行层理，底面发育大型槽模、纵向脊、沟痕和工具痕等沉积构造。中扇以粉砂岩、砂质泥岩和泥岩沉积互层为主，层内沉积构造主要为平行层理、小型波状交错层理及变形层理。底面构造以梳状、网状、枝状和线状细流痕为特征。外扇以泥岩和粉砂质泥岩沉积为主，发育属于低流态的水平层理。

（五）岩性岩相转换面

此类界面在研究区广泛发育，它是在海、湖平面下降速率小于盆地沉降速率条件下形成的，主要表现为岩性及岩相的变化，期间表现为无沉积间断，此类界面无论是在野外剖面、钻井岩心及测井和地震剖面上均有表现（图 3-10）。

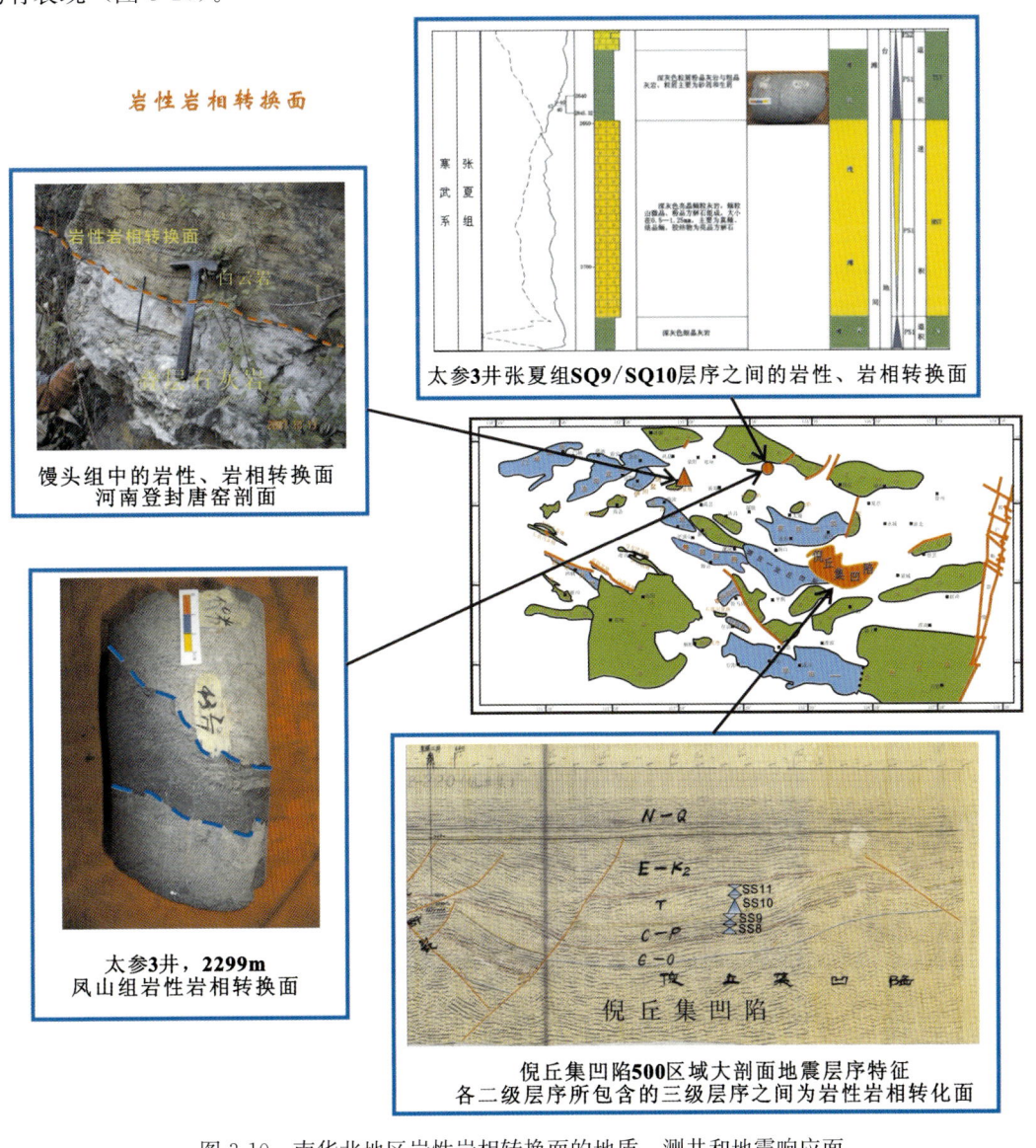

图 3-10 南华北地区岩性岩相转换面的地质、测井和地震响应面

（六）超覆面

超覆面在南华北地区广泛发育，无论是野外露头或钻井岩心及地震剖面上均有显示。超覆面可进一步划分为三种类型。

1. 上超面

上超面是指后期沉积层与前期沉积层之间为上超接触关系，这是海平面下降后又上升这一转变过程的产物。所以上超面也为一个层序界面。此类型的界面在研究区也较发育（图 3-11）。

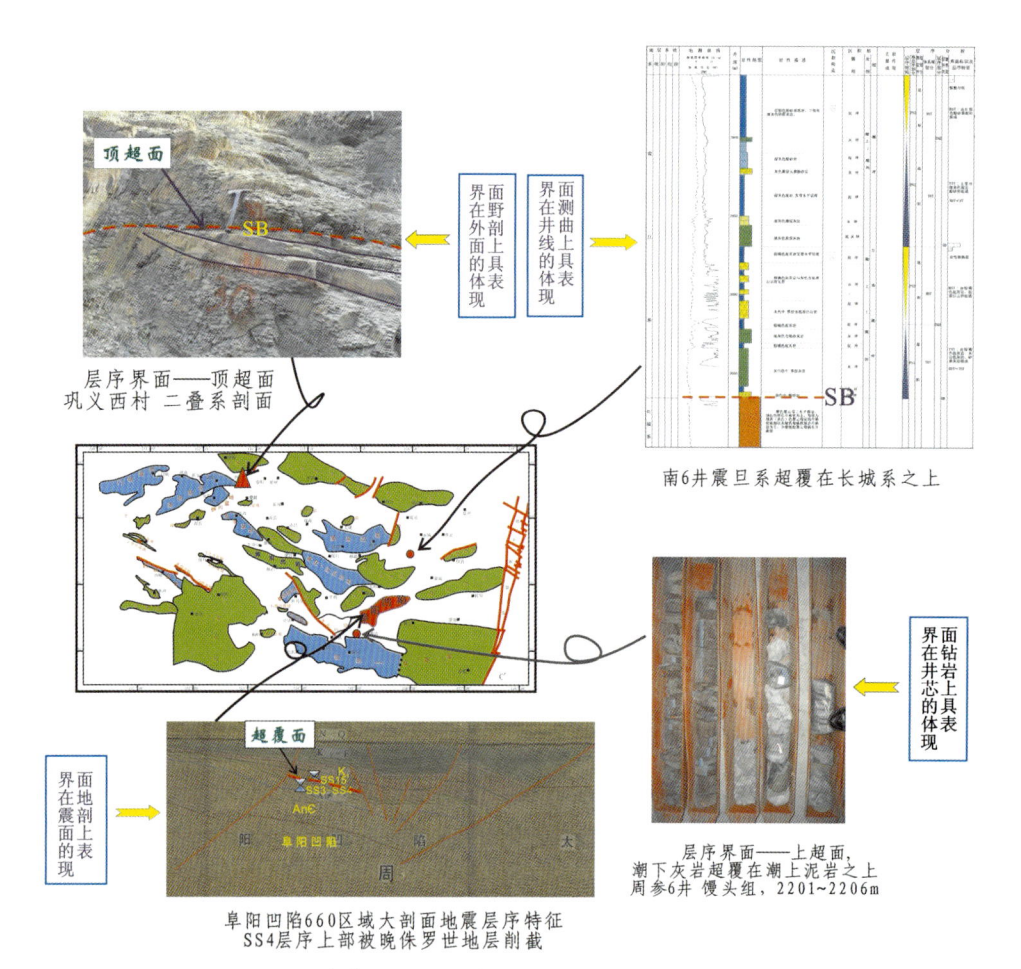

图 3-11　南华北地区超覆面的地质、测井和地震响应面

2. 下超面

下超面是原始倾斜地层对原始水平面（或倾斜面）在倾斜下方作底部超覆。亦可定义为层序内地层对下界面的向盆地方向的超覆（图 3-12）。

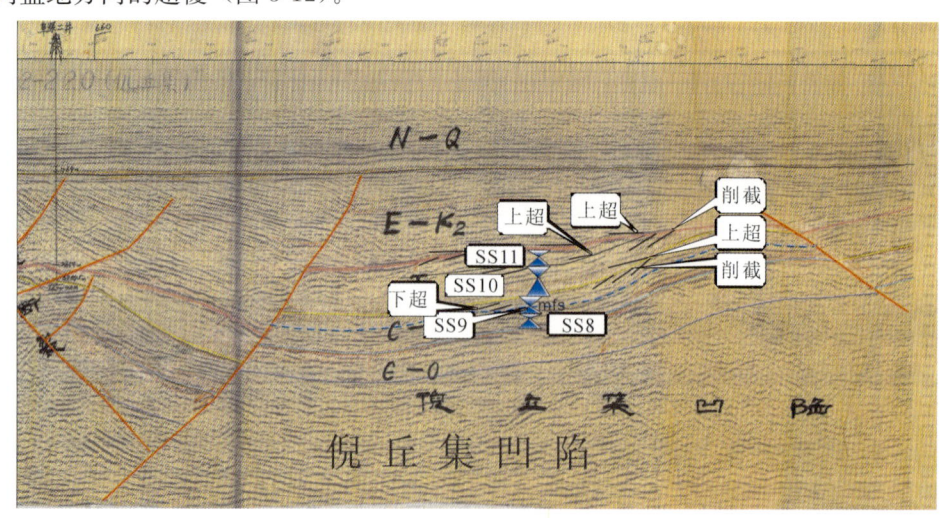

图 3-12　SS9 超层序地震层序特征及下超面（倪丘集凹陷 500 区域大剖面）

3. 顶超面

顶超是层序顶界的消失。原始的倾斜地层及原始斜坡沉积之上，均可出现此种接触关系，是海平面相对静止的标志，其底为层序界面（图 3-13）。

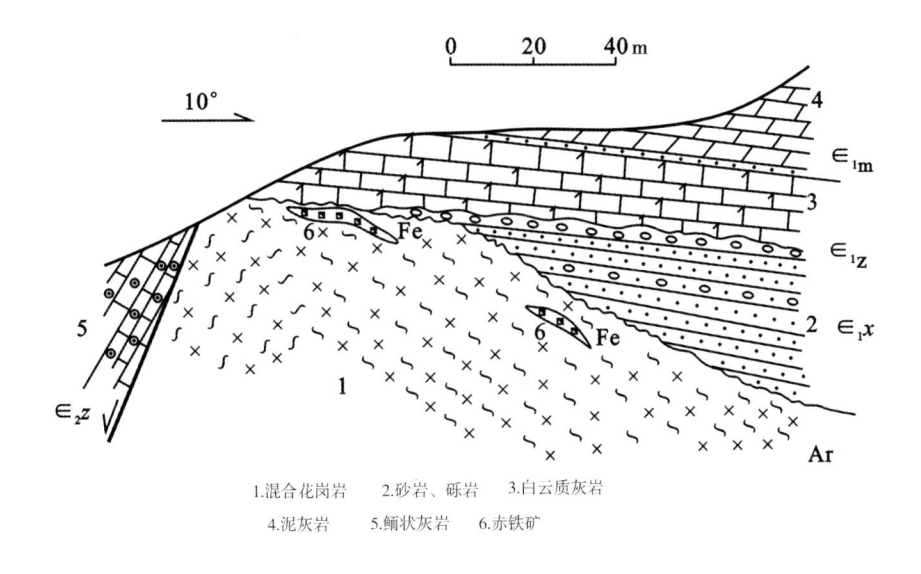

图 3-13 河南济源白涧河下寒武统辛集组、朱砂洞组超覆于太古界地层之上

1.混合花岗岩 2.砂岩、砾岩 3.白云质灰岩 4.泥灰岩 5.鲕状灰岩 6.赤铁矿

（七）最大海泛面

最大海泛面是划分一个层序内海侵体系域与高水位体系域之间的界面，反映最大海泛期的产物也称为凝缩层或凝缩段。此类沉积在研究区广泛发育（图 3-14），表现为薄层状泥灰岩、薄层硅质岩、泥质条带灰岩、钙质泥岩、含磷泥晶灰岩、海绿石砂岩等沉积。

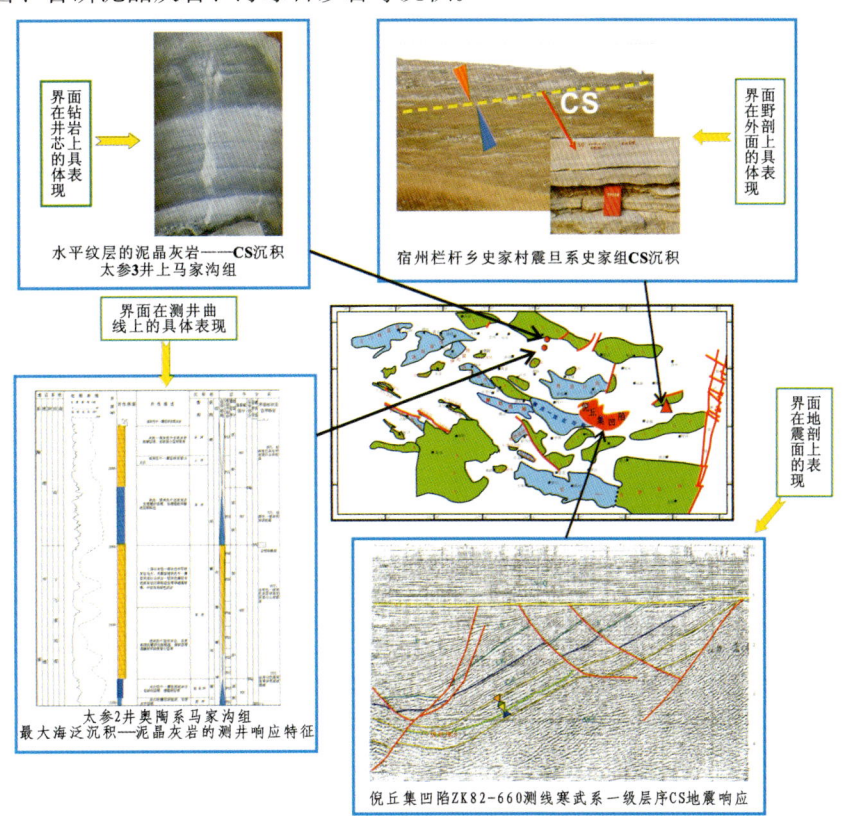

图 3-14 南华北盆地最大海泛面的地质、测井和地震响应面

（八）最大湖泛面

最大湖泛面是划分一个层序内水侵体系域与高水位体系域之间的界面，为最大湖泛期沉积产物，相当于海相层序中的凝缩层或凝缩段。此类沉积在研究区广泛发育，研究区二叠纪—白垩纪为陆相盆地沉积，最大湖泛面沉积主要表现为深灰色泥岩、钙质泥岩、薄层状泥灰岩。

总之，研究区内青白口系—侏罗系中发育的层序界面类型多样，但不同类型的界面可在同一层序中不同相带出现，如同一层序在陆地上表现为古风化壳，在台地上表现为古喀斯特岩溶作用面，在台缘斜坡表现为重力流冲刷侵蚀面，在盆地内表现为浊流侵蚀作用或岩性岩相转换面。同一种类型的界面可在不同相带出现，如古喀斯特作用在局限台地、开阔台地等相带中均可出现。

二、层序界面的成因类型

层序地层学研究中，P. R. Vail 关于层序界面的划分是以海平面的下降速率是否大于陆棚坡折带的盆地沉积速率为标志，将层序界面划分为Ⅰ型和Ⅱ型。层序不整合界面与岩石地层界面、生物地层界面等均有联系，但前者作为一个层序的顶面或底面，在一定的区域内具等时的性质，是等时界面。层序界面是层序研究的核心，不仅反映了海、湖平面升降速度与构造沉降的耦合关系，而且还反映这两者耦合作用之下形成的物质响应和它们两者之间的本质差别，以及形成这些差别的盆地性质及动力学机制。

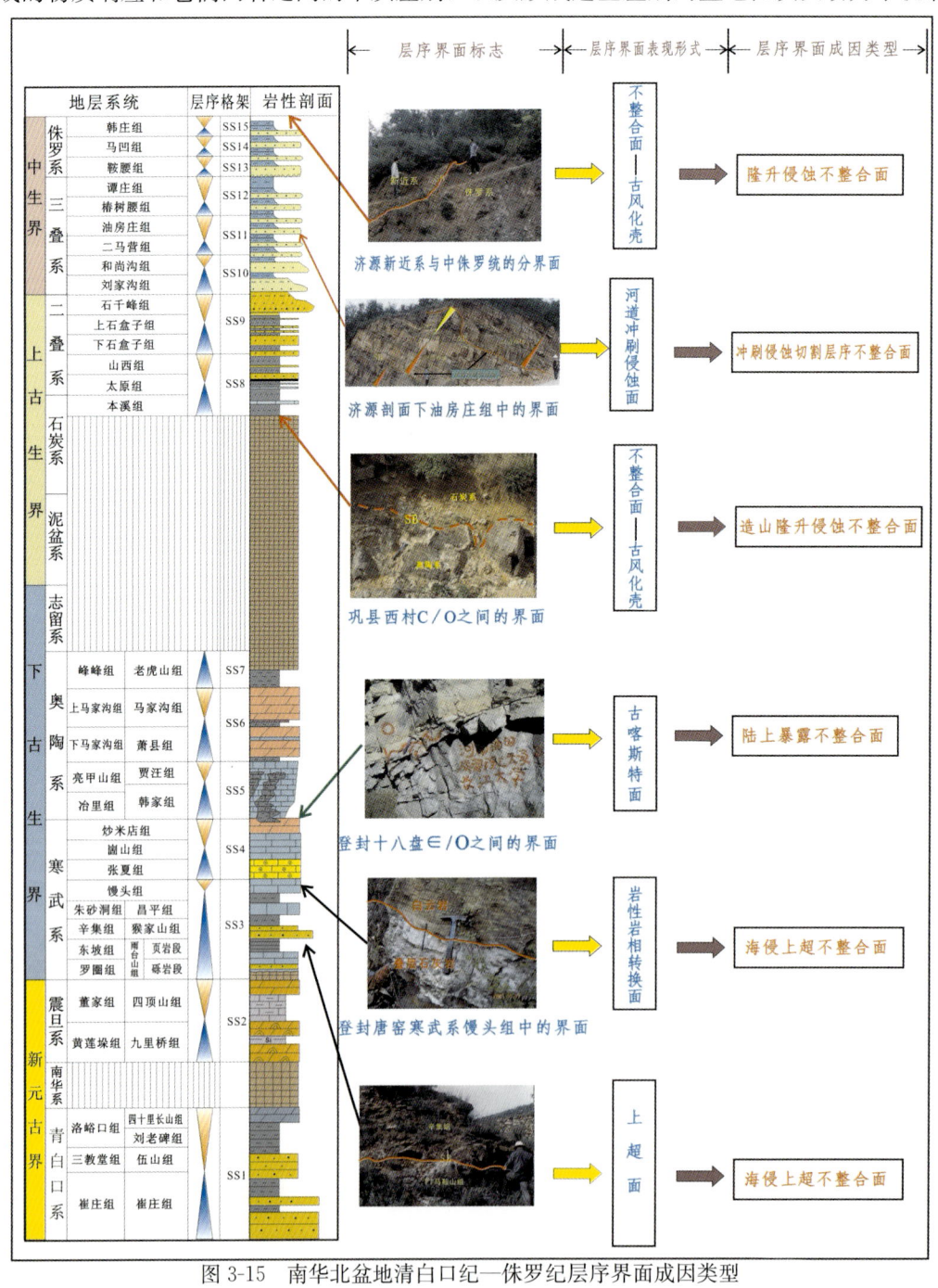

图 3-15　南华北盆地清白口纪—侏罗纪层序界面成因类型

关于层序界面的类型，除一般根据层序结构特点划分为Ⅰ、Ⅱ型外，还可以根据盆地演化特点，区别为4类与盆地构造演化有关的成因类型，现以南华北地区为例讨论各种成因类型的界面特征（表3-2、表3-3，图3-15）。

表3-2 南华北地区青白口系—二叠系层序界面成因类型与盆地演化

地层				层序划分		成因界面类型	演化阶段	南华北地区层序界面成因分析	与Vail层序界面分析
系	统 || 组	二级	三级					
P	P₁		太原组	SS8	S2	B	克拉通—弧后盆地	升隆侵蚀	SB₁
C	C₃		本溪组		S1	C		岩相转换	SB₂
						D		暴露	SB₁
O	O₂		峰峰组	SS7	S9	C	克拉通盆地	岩相转换	SB₂
					S8	D		暴露	SB₁
	O₁		马家沟组	SS6	S7	C		岩相转换	SB₂
					S6	C		岩相转换	SB₂
					S5	D		暴露	SB₁
					S4	B		岩相转换	SB₂
					S3	B		暴露	SB₁
		冶里—亮甲山组	SS5	S2	C		岩相转换	SB₂
					S1	D		暴露	SB₁
€	€₃		炒米店组	SS4	S15	D		暴露	SB₁
					S14	C		岩相转换	SB₂
					S13	C		岩相转换	SB₂
		固山组		S12	C		岩相转换	SB₂
					S11	C		岩相转换	SB₂
	€₂		张夏组		S10	C		岩相转换	SB₂
					S9	C		岩相转换	SB₂
		馒头组	三段		S8	C		岩相转换	SB₂
			二段		S7	C		岩相转换	SB₂
			一段		S6	C		岩相转换	SB₂
	€₁		朱砂洞组	SS3	S5	C		岩相转换	SB₂
					S4	C		岩相转换	SB₂
		辛集组		S3	C		暴露	SB₁
		东坡组		S2	C		岩相转换	SB₂
		罗圈组		S1	A		造山侵蚀	SB₁
Z			董家组	SS2	S2	C	克拉通—被动大陆边缘	岩相转换	SB₂
		黄连垛组		S1	A		造山侵蚀	SB₁
Qb			洛峪口组	SS1	S2	C	克拉通裂谷盆地	岩相转换	SB₂
		三教堂组						
		崔庄组		S1	A		暴露	SB₁

注：SB₁为Ⅰ型层序界面；SB₂为Ⅱ型层序界面；A为造山侵蚀层序不整合界面；B为升降侵蚀层序不整合界面；C为海侵上超层序不整合界面；D为暴露层序不整合界面。

表 3-3　南华北地区主要层序界面所对应的构造运动

序 号	层序界面	层序的级别	所对应的构造运动
1	寒武系/前震旦系	SS1 二级层序底界面	少林运动（蓟县运动）
2	马家沟组/亮甲山组	SS4 二级层序的底界面	怀远运动
3	石炭系/奥陶系	SS6 二级层序的底界面	早华力西运动
4	三叠系/二叠系	SS8 二级层序的底界面	晚华力西运动
5	侏罗系/三叠系	SS11 二级层序的底界面	印支运动
6	侏罗系中统/侏罗系下统	SS12 二级层序的底界面	燕山运动一幕
7	侏罗系上统/侏罗系中统	SS13 二级层底的底界面	燕山运动二幕
8	白垩系/侏罗系	SS14 二级层序的底界面	燕山运动三幕
9	白垩系上统/白垩系下统	SS15 二级层序的底界面	燕山运动四幕

（一）造山侵蚀层序不整合界面（A）

造山侵蚀层序不整合界面是在区域构造应力场发生根本转变、盆地演化消亡，发生盆-山转换或盆地性质发生改变时形成的盆地充填层序的界面。当造山升隆作用远大于海平面的升降作用时，盆地抬升、地层变形并发生升隆侵蚀，造成与上覆沉积物间的角度不整合接触。这类界面和区域构造运动界面一致，并具有如下特点。

（1）界面上下地层存在角度不整合关系；
（2）界面上下常出现超过一个世，甚至一个纪的时间间断；
（3）界面以上地层，超覆于前期不同年代地层之上，表明前期造山运动的存在；
（4）界面以上地层，可能出现连续的上超关系，表明这个界面是穿时的。

这些特点表明：此类界面的形成，与区域的构造活动（简单的隆升活动或褶皱造山运动）有关，并成为不同盆地演化阶段的界面。如前震旦纪的少林运动（蓟县运动）使华北地台发生构造隆升，暴露侵蚀后，早古生代开始了新的沉积-构造格架演化，界面上下为角度-平行不整合接触，界面上发育一套滨岸碎屑岩沉积。

（二）升隆侵蚀层序不整合界面（B）

升隆侵蚀层序不整合界面，是由于构造隆升和海平面下降所形成的盆地层序不整合界面，它是反映盆地新生和盆-盆转换的时间界面。盆地的新生是指由于板块扩张运动或板块运移机制转变导致下伏盆地消亡而形成新的沉积盆地。而盆-盆转化则是指在沉积盆地的演化过程中，由于区域构造应力场转变，使沉积盆地的性质发生变化，如早二叠世末华力西运动使华北地台抬升，同时伴随海平面下降，华北地区由海相盆地转变为陆相盆地。升隆侵蚀层序不整合界面与 Vail 的 I 型层序界面相当。

（三）海侵上超层序不整合界面（C）

海侵上超层序不整合界面是以海侵面构筑的层序不整合界面，形成海侵上超不整合界面的时期是盆地演化处于海平面的主体上升时期，其形成代表了盆地的构造沉降与海平面上升同步。构造旋回性往往对盆地的形成和演化阶段产生一定的影响，对海平面变化、层序的形成可以产生叠加效应，所以海侵上超层序不整合界面的发育通常出现于升隆侵蚀不整合界面形成之后的盆地演化阶段。海侵上超层序不整合形成于两种盆地的构造背景条件下（许效松，1997）：一是已充填组建了碎屑岩大陆架、构筑了碎屑岩垫板的裂谷盆地；二是处于热沉降阶段的盆地。华北地区克拉通盆地的碳酸盐缓坡，多在海平面上升期形成海侵上超层序不整合界面。不整合界面之上为向上变细变深的沉积组合，常为陆架泥上超或海侵碳酸盐上超，这种成因界面通常与 Vail 的 II 型界面相当。南华北地区可以区分出多个海侵上超不整合界面，它们在克拉通盆地内和台地上表现为海侵上超界面，而在盆地内相应地表现为岩性岩相转换面。

（四）暴露层序不整合界面（D）

暴露层序不整合界面是盆地构造活动处于稳定时期，海平面的升降发生转折而形成的暴露层序界面。它主要形成于长周期海平面的主体下降旋回中，与海平面主体上升旋回相反，即短周期海平面下降的速率超过盆地的沉降速率，使原沉积物裸露于地表或处于大气渗滤带，并在早期成岩阶段沉积物界面与大气水发生混合，表现为海平面下降的记录。由于沉降间断的时间、海平面升降周期与幅度等的综合影响，暴露层序不整合界面上的沉积物性质有所差异，暴露界面可以是 Vail 层序的 I 型或 II 型界面。克拉通盆地内这种类型的成因界面特征是发生暴露溶蚀和弱冲刷充填，在台地或台缘往往为暴露带、古土壤层以及淡水溶蚀及白云岩化等。如南华北地区上寒武统白云岩、中下奥陶统的白云岩中，经常存在具有暴露特点的层序界面（如岩溶角砾岩）。在深水盆地中与暴露不整合层序界面相应的界面可以是岩相结构转换面、下超面或水下沉积作用间断面。

（五）冲刷侵蚀层序不整合面

冲刷侵蚀层序不整合面为湖平面快速下降、河道切割充填前期沉积所形成的界面。如登封箕山平顶山砂岩与上石盒子组之间的冲刷侵蚀，形成的河道滞留低位域，是在湖平面快速下降条件下所形成一套河道沉积。

第二节　层序划分

一、层序划分标志

在进行层序地层学研究时，层序界面识别是关键，而层序划分是基础。层序划分的标志是什么呢？概括起来主要包括沉积学标志、古生物学标志、地球物理标志和地球化学标志。

（一）沉积学标志

用于层序划分的沉积学标志包括沉积岩的所有特征，例如岩石的颜色、成分、结构和沉积构造、剖面结构、相序等。它们都是反映沉积环境的重要标志，而环境的变化是反映全球海平面变化的重要体现，所以通过对沉积地层中沉积岩的特征研究，建立沉积相、微相在垂向上的演化序列，可重塑海平面相对升降变化。

（二）古生物学标志

以生物进化不可逆性为基础，其地层单元具有不可重复的性质。这一特点决定了生物地层学在建立地层时空格架方面的可靠性和独立性，在确定地质事件、沉积层序划分、对比方面具有不可替代的作用。在古生物演化历史中，生物面是一个十分重要的事件面，是确定层序和层序内体系域的重要界面，用于层序划分的生物界面主要有 3 种：①生物的衰亡面或绝灭面，在此面之上许多生物衰退或不再出现，这个界面往往与层序界面是一致的；②海进生物面，它往往与一个层序的物理海进面（TS）一致，主要表现在生物分布区的迅速扩展，新生生物群迅速占领新产生的生态空间；③大量游泳或漂浮生物形成的生物岩或生物密集层，它们往往是最大海泛面（MFS）的标志。

（三）地球物理标志

在进行层序划分时，对于有地震反射和钻井测井资料的地区来说，可充分利用测井和地震反射等地球物理资料进行层序划分。其中测井资料具有信息量大、连续性好、求取方便的特点，所以通过对测井资料的研究不仅可确定所研究层段的沉积微相类型以及在垂向上的演化规律，而且在此基础上可进行层序划分。目前可用于沉积学及层序地层学研究的测井资料主要包括自然电位，自然伽玛及电阻率测井曲线，测井曲线的幅度、形态、顶底接触关系，曲线光滑程度以及曲线形态的组合特征均有特殊的沉积学意义。

由于层序地层学是在地震地层学基础上发展起来的。因此，地震勘探中获得的反射波资料是地层的地震响应，同一反射界面的反射波有相同或相似的特征。如反射波振幅、波形、频率、反射波波组的相位个数等等。根据这些特征，沿横向对比追踪同一反射界面的反射，也就实现了同一地质界面的对比，也就实现了层序划分。地震反射的地层之间的接触关系有上超、下超、顶超等，均反映了层序界面的特征及体系域的演化特点。但由于受地震反射分辨率的限制，它常常是划分超、一级层序的重要手段，而三级、四级层序划分必须结合钻井资料。

（四）沉积地球化学标志

层序界面（层序底界面、初始海泛面、最大海泛面和凝缩层等）不仅可通过宏观的野外地质特征来识别，也可通过沉积地球化学标志来辅助研究。海平面变化是控制层序发育的一个主要因素，完整升降旋回中的产物，在其变化过程中随海水的化学组成变化而变化。因此，通过沉积物（岩）中常量元素、微量元素，稀土元素及稳定同位素的分析同样可帮助进行层序划分。如层序界面上下的常量、微量元素、稳定同位素组成常表现为突变，不同体系中各类元素变化具有规律性，如在 TST 沉积期，随着海侵体系域的发生，发展到最大海泛期，$\delta^{13}C$ 也随着增大，并到达最大值，之后随着 HST 沉积，$\delta^{13}C$ 又不断下降。所以可利用地球化学标志来进行层序识别和层序划分。

早寒武世为华北地台形成前的缓坡阶段，构造稳定，海平面上升缓慢，沉积速率较低，潮坪环境发育。但此时的海侵刚刚发生，受淡水的影响依然强烈，因此岩石内氧同位素组成波动幅度大，变化迅速，$\delta^{18}O$ 波动范围为 $-12.0‰ \sim -4.8‰$；在此期间，虽然没有发生较大的生物集群灭绝，但所分析的泥质白云岩与砂质白云岩及灰岩对沉积有机质的保存能力有所差别，使得部分有机质中的碳参与了成岩作用，导致该阶段 $\delta^{13}C$ 的剧烈波动，分布范围为 $-5.1‰ \sim 0.4‰$。在辛集组、朱砂洞组界限处无明显的碳氧同位素组成波动（王大锐，2002）。所以在早寒武世，碳、氧同位素不适合用来进行层序识别和层序划分。

二、层序划分方案

（一）前人的划分方案

华北地台层序地层研究工作始于20世纪80年代末和90年代初，不同时代和地区的层序地层工作都有很多成果发表，并根据中国地层的具体情况，建立了相应的沉积层序和旋回分类级别：乔秀夫等（1990）、孟祥化等（1993）、梅冥相（1993）、史晓颖等（1997）、贾振远等（1997）、王鸿祯等（1998）都先后不同程度地对克拉通碳酸盐台地进行了层序地层学研究。王鸿祯等（2000）的"中国层序地层研究"系统总结了近十余年国内层序地层学成果，提出了各时代层序划分纲要。

与层序地层相关的学科，如生物地层学、岩石地层学、沉积学在华北地台开展得较早，为目前进行的层序地层学研究打下了坚实的基础，这方面的成果主要有近一个世纪的古生物地层研究已建立系统的生物地层分带；50年代中期刘鸿允等基于生物地层资料，以世为单位系统编制了中国震旦系、三叠系主要地质时期的古地理图；1965年卢衍豪等以生物地层资料为基础，以期为单位编制了中国寒武纪各期以海陆分布为特征的岩相古地理图。叶连俊等（1980）根据沉积建造原理，对华北地台中元古代、三叠纪各世的岩相古地理进行了详细探讨，为华北地台沉积地层赋予了更多的沉积学内容。王鸿祯等（1981）以丰富的地质区测资料为基础，以大地构造学为理论指导，实行地层学、沉积古地理学、生物古地理学、古构造学、古气候学等多学科的交叉，系统地编制了全国中元古代以来各世岩相古地理图。冯增昭等（1989）以新的碳酸盐岩石学理论为指导，采用单因素分析综合作图法，对华北地台早古生代沉积岩石学及岩相古地理学进行了详细的研究，通过对华北地台早古生代岩石学研究，探讨了其沉积相类型和模式。

在上述相关学科的基础上，层序地层学在华北地台的研究得到进一步的发展。首先将层序地层理论和工作方法应用于1：5万区域地质调查工作中。孟祥化等（1993）从沉积盆地和建造层序角度论述了华北地台早古生代沉积特征，是沉积学与地层学有机结合的一次尝试，并于1997年对华北地台早古生代层序地层，海平面变化及沉积体系进行了详细讨论。随后，梅冥相，陈建强等用旋回层序方法对华北寒武系进行了高频旋回层序研究。史晓颖等（1996）从更高的理论层次提出地球节律周期，对华北地台早古生代地层进行了详细的层序划分，并建立了相应的层序地层格架。其中专门针对华北地台南缘的层序地层学研究较少，仅周洪瑞对华北地台南部中新元古界进行了层序地层学研究（周洪瑞，1999）。此外，最近几年还有不少学者发表研究成果，如刘波（1997）、张东等（1999）、张俊明等（1999）、杨恩秀等（2001）、梅冥相等（2003）、李明娟等（2004），各家具体划分见表3-4、表3-5。

石炭系、二叠系、三叠系的研究较多，主要以杨长青（1995）、邓宏文等（1998）、李宝芳等（1999）、刘文海等（1999）、朱建伟等（2001）、程爱国等（2001）、杜振川等（2001）、曹忠祥等（2002）、田树刚等（2003）为代表，通过不同地区和不同的研究目的，对地层进行了详细的层序划分，并建立了相应的层序地层格架，具体划分见表3-6、表3-7。

表3-4 前人关于华北寒武系层序划分方案

作者 层序划分 地层系统			杨家䘵,等.1997.川黔湘交境寒武纪二级层序划分及海平面变化.地球科学,(5).	张东,等.1999.峰峰仙庄寒武系层序地层分析(山东矿业学院学报·自然科学版),(3).	史晓颖,等.1997.华北地台东部寒武纪年代格架、层序地层学前缘,(4).	李明娟,等.2004.济阳坳陷古生界层序地层研究.石油与天然气地质,(1).	杨恩秀,等.2001.枣庄地区寒武纪—早奥陶世寒武纪层序地层特征.山东地质,(3-4).	梅冥相,等.2003.华北地台晚寒武世层序地层及其与北美地台海平面变化对比,沉积与特提斯地质,(4).
地层系	系	统	组					
寒武系		上统	凤山组	10	6	16	4	11	4
			长山组	9		15			3
			崮山组	8 7	5	14 13		10	2
		中统	张夏组	6	4	12 11	3	9 8	1
			徐庄组	5	3	10		7	
			毛庄组	4	2	9 8	2	6	
		下统	馒头组	3	1	7 6 5	1	5 4	
			朱砂洞组	2		4 3		3 2	
			辛集组/李官组	1		2		1	

·139·

表3-5 前人关于华北奥陶系层序划分方案

作者层序划分地层	李明娟,等.2004.济阳坳陷古生界层序地层研究.石油与天然气地质,25(1):106–110.		陈建强,等.2005.山东淄博地区奥陶系层序地层划分和层序界面的识别标志.现代地质,3(15):247–253.		张俊明,等.1999.吉林大阳岔上寒武统凤山组—下奥陶统冶里组层序地层和化学地层研究.地层学杂志,23(2):81–89.		刘波,等.1997.晋中南沁水盆地早古生代海平面变化及其对碳酸盐岩储层的制约——以中阳城关剖面为例.地质学报,18(4):429–437.		齐永安,等.2000.河南奥陶系层序地层学研究.焦作工学院学报(自然科学版),21(2):29–32.		马学平,等.1998华北地区冶里—亮甲山期层序地层及其岩相古地理.地质科学,2:166–179.	
奥陶系 中统	八陡组	4	马家沟组	8			峰峰组	4	峰峰组	6		
	上马家沟组	3		7					上马家沟组	5		
下统	下马家沟组	2		6			马家沟组	3	下马家沟组	4	下马家沟组	3
	冶里–亮甲山组	1		5				2	漳河组	3		
				4			亮甲山组	1	亮甲山组	2	亮甲山组	2
				3	冶里组	4	冶里组		冶里组	1	冶里组	
寒武系 上统			三山子组	2		3					凤山组	1
				1		2						
						1						

表3-6 前人关于华北石炭系—二叠系层序划分方案

作者层序划分\地层	李宝芳,等.1999.华北石炭—二叠系高分辨率层序地层分析.地学前缘,6(增刊):81-94.	程爱国,等.2001.华北晚古生代聚煤盆地层序地层与聚煤作用关系的探讨.中国煤田地质,13(2):8-11.	李明娟,等.2004.济阴坳陷古生界层序地层研究.石油与天然气地质,25(1):106-110.	曹忠祥,等.2002.济阴坳陷石炭—二叠系沉积与层序地层分析.山东科技大学学报(自然科学版),21(2):68-71.	杜振川,等.2001.含煤岩系高分辨率层序地层格架及特征研究以河北石炭—二叠纪为例.中国矿业大学学报,30(4):407-411.
二叠系 上统 石干峰组	21	6			11
二叠系 中统 上石盒子组	20	5		7	10
	19			6	9
	18	4		5	8
二叠系 中统 下石盒子组	17		4		7
	16	3		4	6
	15		3		
二叠系 下统 山西组	14			3	5
	13				
	12	2			
	11		2		4
石炭系 太原组	10			2	
	9				
	8				3
	7				
	6	1			
	5			1	2
	4		1		
石炭系 本溪	3				1

· 141 ·

表3-7 前人关于华北侏罗系层序划分方案

作者 层序划分 地层	杨荣凤,等.2001.北京地区侏罗系煤田层序地层与聚煤特征研究.煤炭科学技术,6(29):41-44.	邓宏文,等.1998.陆东凹陷上侏罗统层序地层与生储盖组合.石油与天然气地质,19(4):275-279.	田树刚,等.2003.冀北滦平侏罗—白垩系界线层序地层学研究.中国科学(D辑),33(9):872-881.	刘文海,等.1999.辽西金羊盆地南部陆相红层土城子组旋回层序划分及盆地演化.辽宁地质,16(2):84-92.	朱建伟,等.2001.松辽盆地南部地层格架及油气聚集规律.石油地球物理勘探,16(2):85-93.	杨长青.1995.松辽盆地南部上侏罗—下白垩统层序地层特征及油气勘探意义.石油实验地质,17(4):334-342.
上统		阜新组				
		沙海组	大北沟组 2	土城子组 2	火石岭组 2	火石岭组 1
		九佛堂组 1	张家口组 1	1	白城组 1	
中统						
下统						

· 142 ·

（二）本次研究的划分方案

通过对前人层序划分方案的总结，并根据南华北地区有代表性的基干剖面和大量的辅助剖面及钻井剖面，提出切实可行的层序划分方案（图3-16），其中青白口系包括1个超层序，2个层序（表3-8）；震旦系包括1个超层序，2个层序（表3-8）；寒武系包括2个超层序，15个层序（表3-8）；奥陶系包括3个超层序，9个层序（表3-9）；石炭系—二叠系包括2个超层序，18个层序（表3-10）；三叠系包括3个超层序，13个层序；侏罗系包括3个超层序，10个层序（表3-11）。

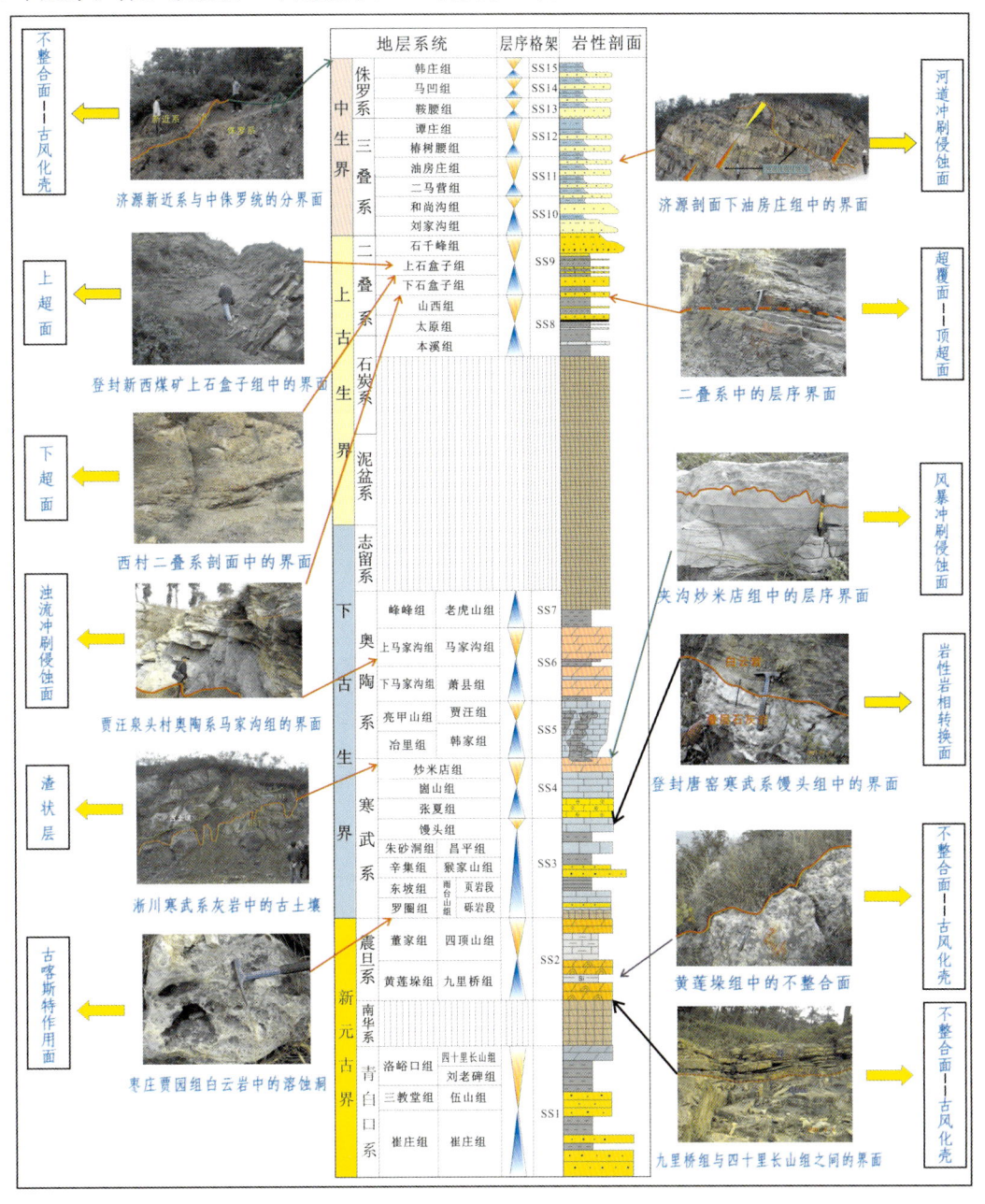

图3-16 南华北盆地青白口系—侏罗系超层序划分方案

具体的层序地层划分方案叙述如下。

1. 青白口系的层序划分

青白口系为一个超层序，记为SS1；其中可识别出2个层序，崔庄组（曹店组）为一个层序，记为QbSQ1；三教堂组、洛峪口组为一个层序，记为QbSQ2；平均每个层序延续的时限为50Ma。最大海泛面位于QbSQ2上部。该超层序的顶底都为Ⅰ型层序界面，顶底界面为暴露不整合面（表3-8）。

2. 震旦系的层序划分

震旦系为一个超层序，记为 SS2；其中可识别出 2 个层序，黄连垛组（九里桥组）为一个层序，记为 ZSQ1；董家组（四顶山组）为一个层序，记为 ZSQ2。最大海泛面位于 ZSQ1 上部。该超层序的顶底都为Ⅰ型层序界面，顶底界面为不整合面（表 3-8）。

表 3-8 南华北地区青白口系—寒武系层序地层划分方案

地层系统				地质年代	层序划分方案	
		豫西地区	淮南地区		超层序	层序
寒武系	第四统	炒米店组	炒米店组	488.3	SS4 最大海泛面 鲕状赤铁矿层	∈SQ15
						∈SQ14
	第三统	崮山组	崮山组	501		∈SQ13
						∈SQ12
		张夏组	张夏组	510		∈SQ11
						∈SQ10
						∈SQ9
		馒头组	三段（徐庄组）	馒头组	三段（徐庄组）	512	SS3 最大海泛面 天秦运动	∈SQ8
			二段（毛庄组）		二段（毛庄组）	513		∈SQ7
			一段（馒头组）		一段（馒头组）	518		∈SQ6
	第二统	朱砂洞组	昌平组			∈SQ5
						∈SQ4
		辛集组	猴家山组	521		∈SQ3
		东坡组	雨台山组	页岩段			∈SQ2
		罗圈组		砾岩段（凤台组）	528		∈SQ1
	第一统					
震旦系		董家组	四顶山组		SS2 最大海泛面 芹峪运动	ZSQ2
		黄连垛组	九里桥组			ZSQ1
南华系						
青白口系		洛峪口组	四十里长山组		最大海泛面	QbSQ2
			刘老碑组	800		
		三教堂组	伍山组/曹店组		SS1 暴露不整合	QbSQ1
		崔庄组		900		

3. 寒武系的层序划分

寒武系中可识别出 15 个层序，寒武系第二统包括 6 个层序，分别为∈SQ1、∈SQ2、∈SQ3、∈SQ4、∈SQ5、∈SQ6；寒武系第三统包括 5 个层序，分别为∈SQ7、∈SQ8、∈SQ9、∈SQ10、∈SQ11；寒武系第四统包括4个层序,分别为∈SQ12、∈SQ13、∈SQ14、∈SQ15。上述13个层序叠加构成两个超层序,分别为SS3超层序和SS4超层序,SS3超层序包含了∈SQ1~∈SQ8八个层序,平均每个层序延续的时限为1.83Ma,SS4超层序包含了∈SQ9~∈SQ15七个层序,平均每个层序延续的时限为4.75Ma。从层序性质看,在上述13个层序中∈SQ1层序底界面为Ⅰ型层序界面,其他层序底界面为Ⅱ型层序界面,详见表3-8。

4. 奥陶系层序划分

在奥陶系中可以识别和划分出9个层序,分别命名为OSQ1~OSQ9。其中,下奥陶统包括OSQ1~OSQ6共7个层序,它们构成了SS5、SS6超层序;中奥陶统包括OSQ8和OSQ9二个层序,构成SS7超层序;上奥陶统普遍缺失。上述9个层序中,从层序底界面性质看,OSQ5层序底界面为Ⅰ型,其余层序底界面均为Ⅱ型。从年代地层学上讲OSQ1,OSQ2,OSQ8,OSQ9平均每个层序延续的时限为5.15Ma,OSQ3~OSQ7平均每个层序延续的时间仅为1.16Ma(表3-9)。

表3-9 南华北地区奥陶系层序地层划分方案

系	统	阶	组 (河南)	组 (安徽)	地质年代/Ma	超层序	层序
奥陶系	中统	达瑞威尔阶	峰峰组	老虎山组	460.9 471.8	SS7 全球海侵事件	OSQ9
		大湾阶					OSQ8
	下统	道堡湾阶	上马家沟组	马家沟组		SS6 最大海泛面	OSQ7
							OSQ6
			下马家沟组	萧县组	478.6	怀远运动——不整合	OSQ5
							OSQ4
		新厂阶	亮甲山组	贾旺组		SS5 最大海泛面	OSQ3
			冶里组	韩家组	488.3	沉积间断剥蚀面——平行不整合	OSQ2
							OSQ1

5. 石炭系—二叠系层序划分

在石炭系—二叠系中识别出2个超层序,记为SS8、SS9。下石炭统缺失,上石炭统中可划分出1个层序,记为CSQ1,层序底界面为Ⅰ型层序界面。在二叠系中识别出17个层序,下二叠统包括2个层序,分别命名为PSQ1和PSQ2;中二叠统包括6个层序(PSQ3~PSQ8);上二叠统孙家沟阶石千峰组包括9个层序(PSQ9~PSQ17)。平均每个层序延续的时限约3Ma。上述18个层序叠加构成二个超层序,其中CSQ1与PSQ1~PSQ4叠加构成SS8超层序;PSQ5~PSQ17叠加构成SS9超层序,SS9超层序转换为陆相湖盆层序(表3-10)。

6. 三叠系层序划分

在研究区三叠系中识别出13个层序,下三叠统发育4个层序分别命名为TSQ1~TSQ4,其中大龙口阶2个(TSQ1、TSQ2),和尚沟阶2个(TSQ3、TSQ4)。中三叠统包括3个层序(TSQ5~TSQ7),其中二马营阶2个(TSQ5、TSQ6),铜川阶1个(TSQ7),上三叠统发育6个层序,其中胡家村阶与永坪阶共4个层序(TSQ8~TSQ11),瓦窑堡阶包括2个层序(TSQ12,TSQ13)。平均每个层序延续的时限为3.9Ma。TSQ1~TSQ4叠加构成SS10超层序,TSQ5~TSQ7构成SS11超层序,TSQ8~TSQ13构成SS12超层序,各超层序界面均为区域沉积间断面(表3-11)。

表 3-10 南华北地区石炭系—二叠系层序划分方案

年代地层					岩石地层（杨关秀等，2006）		本研究	地质年代（Ma）	层序划分方案	
界	系	统	阶			组	段			超层序	层序
上古生界	二叠系	上统 乐平统	长兴阶			三峰山组	上段	石千峰组	251	最大湖泛面	PSQ17
^	^	^	^			^	中段	^	^	^	PSQ16
^	^	^	^			^	^	^	^	^	PSQ15
^	^	^	^			^	^	^	^	^	PSQ14
^	^	^	^			^	平顶山砂岩段	^	253	^	PSQ13
^	^	^	吴家坪阶			云盖山组	八煤段	上石盒组	^	SS9	PSQ12
^	^	^	^			^	七煤段	^	^	^	PSQ11
^	^	^	^			^	六煤段	^	260	^	PSQ10
^	^	^	^			^	^	^	^	^	PSQ9
^	^	阳新统	冷坞阶			小风口组	五煤段	下石盒子组	^	海盆与陆盆转换面	PSQ8
^	^	^	^			^	四煤段	^	265	^	PSQ7
^	^	^	茅口阶			^	^	^	^	^	PSQ6
^	^	^	^			^	三煤段	^	^	^	PSQ5
^	^	^	祥播阶			神口组	二煤段	山西组	^	^	PSQ4
^	^	^	栖霞阶			^	^	^	272	^	PSQ3
^	^	船山统	隆林阶			朱屯组	一煤段	上	太原组	最大海泛面	PSQ2
^	^	^	^			^	^	中	^	^	^
^	^	^	紫松阶			^	^	下	^	SS8	PSQ1
^	^	^	^			^	^	^	296	^	^
^	石炭系	马平统	小独山阶			^	^	^	本溪组	^	CSQ1
^	^	威宁统	达拉阶			^	^	^	^	320	早华力西运动
^	^	^	滑石板阶			^	^	^	^	^	^
^	^	^	罗苏阶			^	^	^	^	^	^

7. 侏罗系的层序划分

侏罗系共识别出 10 个层序，下侏罗统发育 2 个层序，其中八道湾阶与三工河阶共发育 2 个层序（JSQ1，JSQ2）（三工河阶不完整）；中侏罗统发育 3 个层序，其中西山窑阶包括 2 个层序（JSQ3，JSQ4）；头屯河阶包括 1 个层序（JSQ5）；上侏罗统发育 5 个层序，其中土城子阶包括 2 个（JSQ6，JSQ7），待建阶包括 1 个层序（JSQ8），大北沟阶包括 2 个层序（JSQ9，JSQ10）。平均每个层序延续的时限为 5.4Ma，JSQ1 与 JSQ2 构成 SS13 超层序，JSQ3～JSQ5 构成 SS14 超层序，JSQ6～JSQ10 构成 SS15 超层序。各超层序界面均为区域沉积间断面（表 3-11）。

表 3-11 南华北地区三叠系—侏罗系层序地层划分方案

地层系统				地质年代 (Ma)	层序划分方案	
系	统	阶	组		超层序	层序
白垩系		义县阶	花吉营组	145.5	燕山运动（三幕）	
侏罗系	上统	大北沟阶	韩庄组	150.8	最大洪泛面	JSQ10
						JSQ9
		待建		155	SS15	JSQ8
		土城子阶				JSQ7
				161.2	燕山运动（二幕）	JSQ6
	中统	头屯河阶	马凹组	167.7		JSQ5
		西山窑阶			SS14 最大洪泛面	JSQ4
				175.6	燕山运动（一幕）	JSQ3
	下统	三工河阶	鞍腰组	189.6	最大洪泛面 最大洪泛面 SS13	JSQ2
		八道湾阶		199.6	印支运动	JSQ1
三叠系	上统	瓦窑堡阶	谭庄组	203.6		TSQ13
						TSQ12
					最大洪泛面	TSQ11
		永坪阶	椿树腰组		SS12	TSQ10
						TSQ9
				216.5		TSQ8
		胡家村阶		228	区域沉积间断面	
	中统	铜川阶	油房庄组	237	SS11 最大洪泛面	TSQ7
		二马营阶	二马营组			TSQ6
				245	区域沉积间断面	TSQ5
	下统	和尚沟阶	和尚沟组			TSQ4
				249.7	最大洪泛面 SS10	TSQ3
		大龙口阶	刘家沟组			TSQ2
				251	晚华力西运动	TSQ1

第三节 层序特征

在上述层序划分的基础上，本节将详细讨论南华北地区青白口系—侏罗系内的超层序及其所包含的层序特征。本节包括两部分内容：一是通过对地震剖面解释入手，研究地震层序特征；二是从野外剖面和钻井入手，详细研究各级次层序发育特征。

一、南华北盆地地震层序特征

以不整合覆于中—新元古界结晶基底杂岩之上的南华北盆地，在沉积演化过程中由于受构造运动的影响，地层发育不完整，主要发育寒武系、中、下奥陶统、上石炭统、二叠系、中、下三叠统及上侏罗统，整体缺失上奥陶统—下石炭统、上三叠统—中侏罗统。区域上在盆地内各次级凹陷中地层发育相对较全，而在盆地内各次级凸起区、隆起区及斜坡地带地层发育不齐。为了全面认识南华北盆地青白口系—侏罗系内层序特征，首先通过对南华北盆地500区域地震大剖面、315区域地震大剖面及660区域地震大剖面进行地震层序分析（图3-17），建立不同凹陷内二级层序地层格架，为进一步研究各二级层序内所包含的三级层序特征奠定基础。

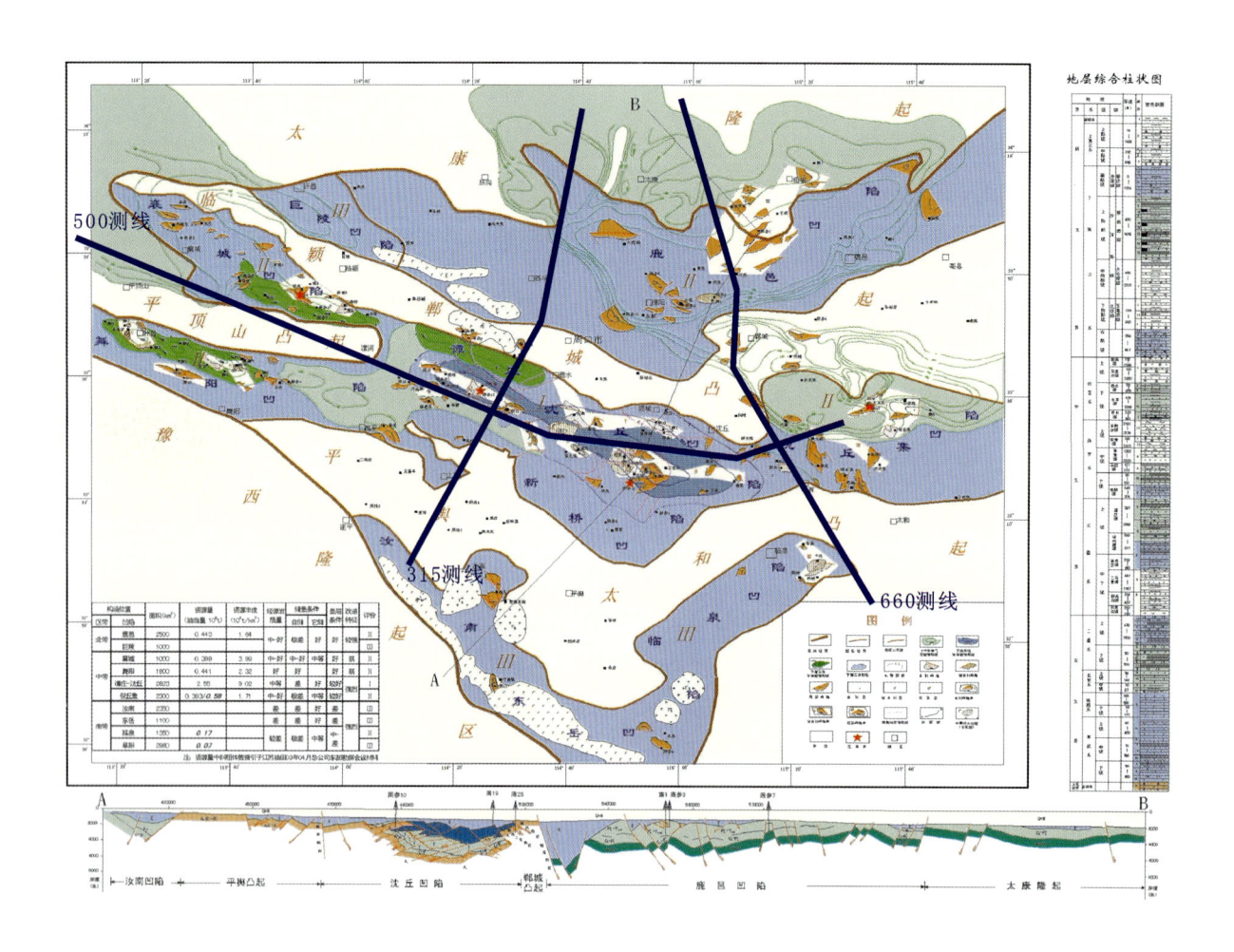

图3-17 南华北盆地区域地震大剖面位置图（中石化勘探北方分公司，2008）

（一）午阳凹陷

午阳凹陷层序发育不全，地震剖面上仅能识别出SS3、SS4、SS15三个超层序（图3-18），其特征分别如下所述。

(1) SS3二级层序：由寒武系中下部地层构成，底界为与前寒武系结晶基底不整合面，为Ⅰ型层序界面，可在地震剖面上识别出对下伏地层的削截。底部可识别一系列的底超，并可见杂乱反射。海侵体系域为海水快速上侵，层序结构不对称，下部明显较上部发育，层序顶界面为岩性岩相转换面，界面上下地震属性差异较大。

(2) SS4二级层序：由寒武系中上部地层构成，底界为岩性岩相转换面，为Ⅱ型层序界面，界面上下地震属性差异较大。层序结构近于对称，层序厚度较薄，表现为1~2个相位。顶界面为侏罗系剥蚀面，并可见侏罗系对其削截。

(3) SS15二级层序：由上侏罗统构成，底界为与寒武系直接接触的不整合面，为Ⅰ型层序界面。底部发育的杂乱反射为低水位体系域的低位楔。水进体系域为湖水快速上侵，在地震剖面上表现为一系列连续叠加的上超。最大洪泛面为上超终止面，为一同相位强反射轴，之上为水退体系域一系列的下超面。

· 148 ·

水退体系域可看到连续叠加的（三角洲）进积复合体。层序结构不对称，层序下部较上部发育，顶界为下白垩统对其削截。

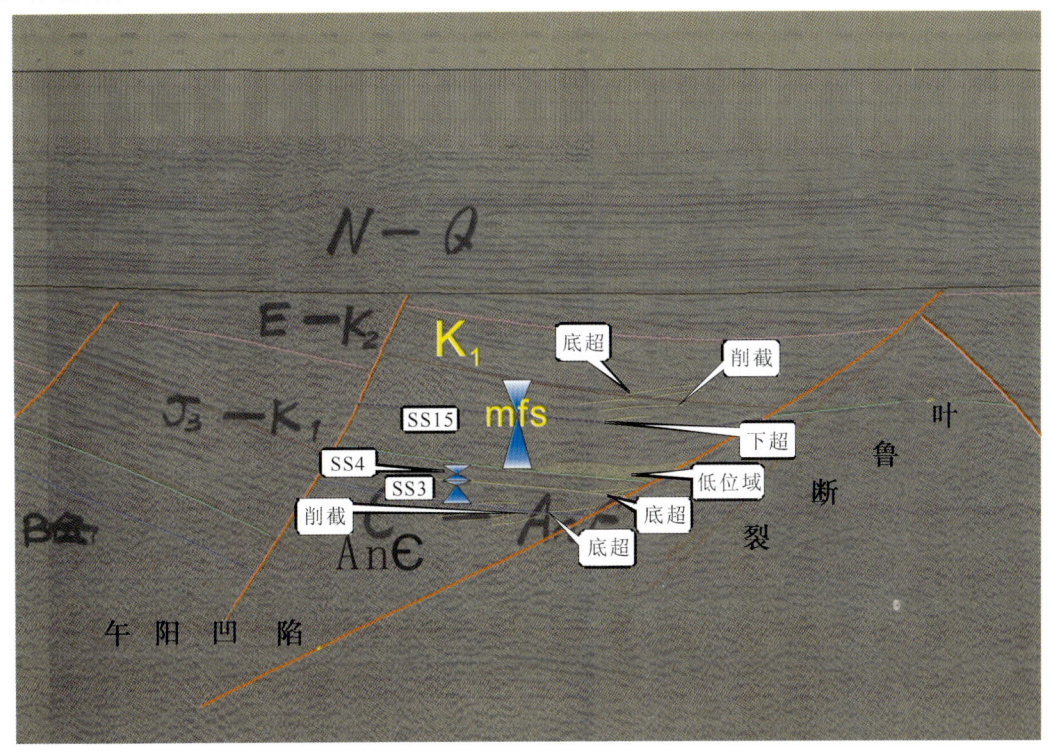

图 3-18　午阳凹陷 315 区域大剖面地震层序特征

（二）阜阳凹陷

阜阳凹陷与午阳凹陷层序发育类似，层序发育不全，只发育 SS3、SS4、SS15 三个超层序（图 3-19），各超层序特征如下所述。

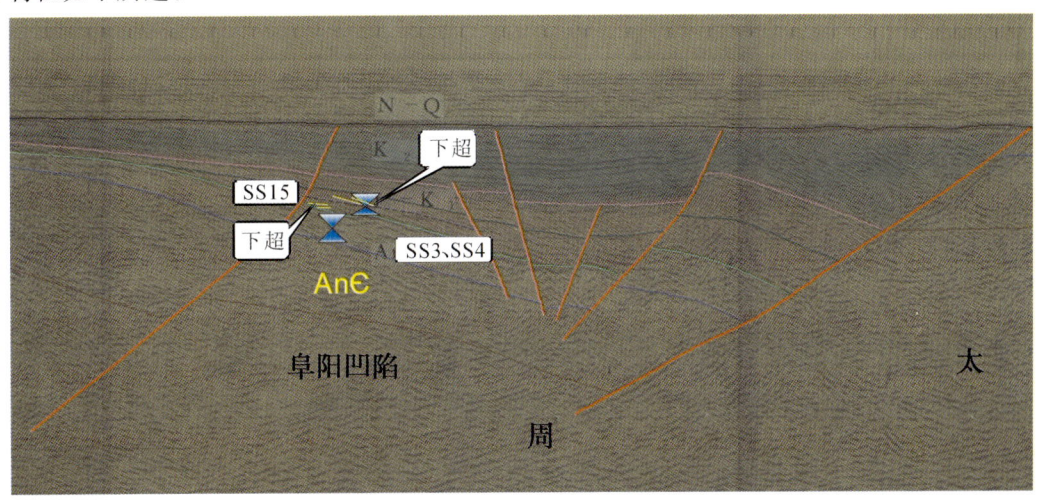

图 3-19　阜阳凹陷 660 区域大剖面地震层序特征

（1）SS3、SS4 二级层序：由寒武系构成，底界为与前寒武系结晶基底之间的不整合面，为Ⅰ型层序界面。受地震剖面品质限制，只能识别出一个超层序。海侵体系域为海水快速上侵，在地震剖面上可隐约识别出叠加的上超面。最大海泛面为上超终止面，之上为高位体系域。层序结构近于对称，层序上部被晚侏罗世地层削截。

（2）SS15 二级层序：由上侏罗统构成，底界为与寒武系接触的不整合面，为Ⅰ型层序界面，界面上下地震反射特征差异较大，之下反射较杂乱。水进体系域为湖水快速上侵，在地震剖面上可看到一系列连续叠加的上超面。最大洪泛面为上超终止面，位于层序中下部，为同相位强反射轴，之上可识别出下超。层序结构不对称，上部较下部发育。顶界面为白垩系底界削截面。

（三）临汝盆地

临汝盆地层序发育相对较全，发育 SS3～SS7、SS8、SS9、SS10、SS11 九个超层序，受地震剖面品质限制，SS3～SS7 等 7 个超层序在临汝盆地内无法识别，并且寒武系—奥陶系在本盆地内保存较薄，被上覆地层石炭系剥蚀，未对 SS3～SS7 地震层序特征进行分析（图 3-20），各超层序特征如下所述。

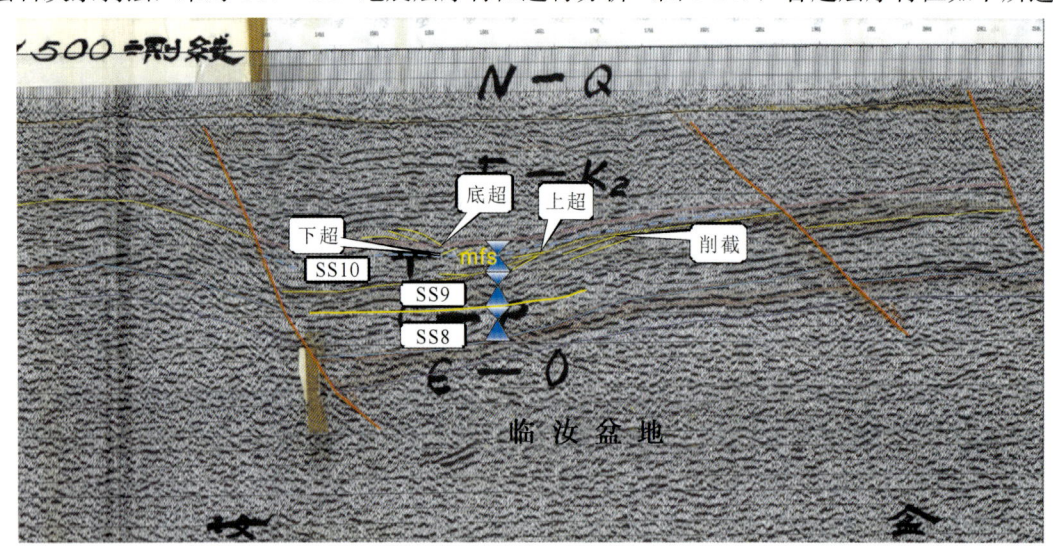

图 3-20　临汝盆地 500 区域大剖面地震层序特征

（1）SS8 二级层序：由上石炭统—中二叠统构成，底界为与奥陶系接触的不整合面，为Ⅰ型层序界面。受地震剖面品质所限，层序特征不明显，层序结构近于对称。

（2）SS9 二级层序：由上二叠统构成，底界中二叠世—晚二叠世之间的海盆与陆盆转换面，为Ⅱ型层序界面。受地震剖面品质所限，地震剖面上层序特征不明显，层序结构近于对称。

（3）SS10 二级层序：由下三叠统构成，底界为与上二叠统之间的不整合面，为Ⅰ型层序界面，在地震剖面上，盆地边缘可识别对下伏地层的削截。水进体系域为湖水快速上侵，在地震剖面上可看到盆地边缘连续叠置的上超面。最大洪泛面为上超终止面，位于层序中部，为一同相位强反射轴，之下为快速上超，之上可识别下超。层序结构不对称，下部较上部发育。

（4）SS11 二级层序：由中三叠统构成，在本区可能保留层序底部部分地层，受地震剖面品质限制，无法识别。

（四）襄城凹陷

襄城凹陷发育 SS3～SS7、SS8 六个超层序，受地震剖面品质限制，SS3～SS7 等 7 个超层序在襄城凹陷内无法识别，并且寒武系—奥陶系在本盆地内保存较薄，被上覆地层石炭系剥蚀，未对 SS3～SS7 地震层序特征进行分析（图 3-21）。

SS8 二级层序由上石炭统—中二叠统构成，底界为与奥陶系之间的不整合面，为Ⅰ型层序界面，局部可识别出削截。地震剖面上可识别海侵体系域和高位体系域，海侵体系域为叠加的上超面。最大海泛面为上超终止面，之上为高位体系域，层序结构近于对称。顶界面为中白垩统底界不整合面，界面上下地震属性差异较大。

石炭系—二叠系在本区较薄，本书认为 SS9 在本区缺失，被上覆地层剥蚀。

（五）谭庄凹陷

谭庄凹陷仅发育 SS3、SS4、SS15 三个超层序（图 3-22），各超层序特征如下所述。

（1）SS3～SS4 二级层序：由寒武系构成，底界为与前寒武系结晶基底不整合面，为Ⅰ型层序界面。受地震剖面品质限制，只能识别出一个超层序。层序结构近于对称，层序上部被上侏罗统削截。

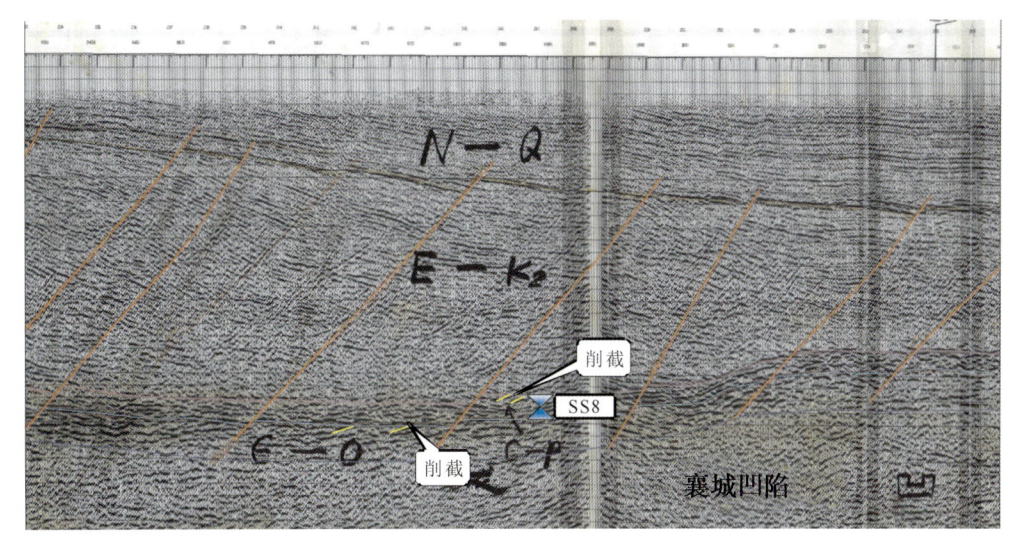

图 3-21 襄城凹陷 500 区域大剖面地震层序特征

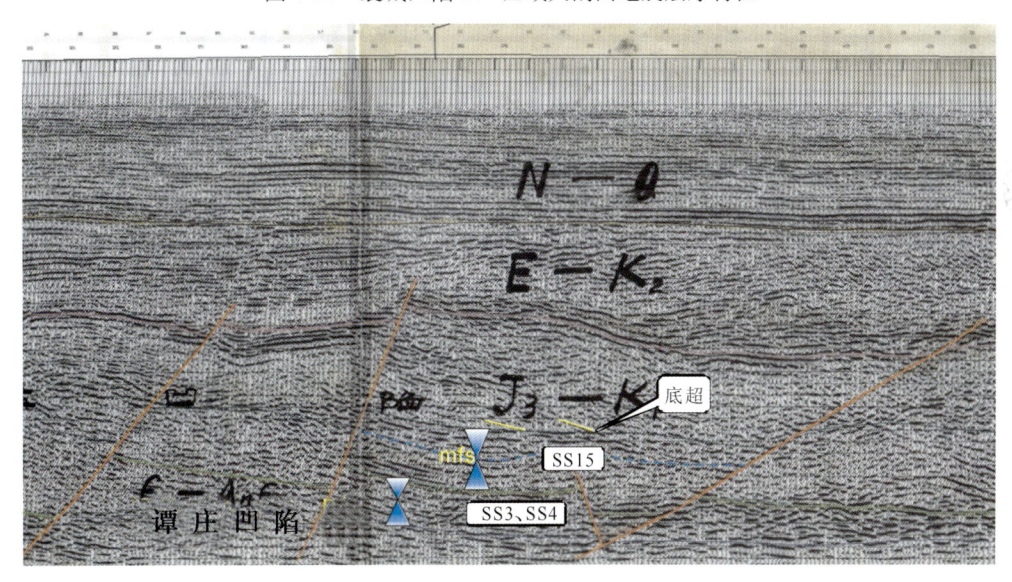

图 3-22 谭庄凹陷 500 区域大剖面地震层序特征

（2）SS15 二级层序：由上侏罗统构成，底界为与寒武系之间的不整合面，为Ⅰ型层序界面。底部发育杂乱反射低水位体系域的斜坡扇。水进体系域为湖水快速上侵，是一系列连续叠加的上超面。最大洪泛面为上超终止面，为一同相位强反射轴，之上为水退体系域，层序结构近于对称。顶界面之上可看到白垩系底超特征。

（六）沈丘凹陷

沈丘凹陷只发育 SS3、SS4、SS15 三个超层序（图 3-23），各超层序特征如下所述。

（1）SS3～SS4 二级层序：由寒武系构成，底界为与前寒武系结晶基底之间的不整合面，为Ⅰ型层序界面。受地震剖面品质限制，只能识别出一个超层序，地震层序特征不明显，层序结构近于对称。

（2）SS15 二级层序：由上侏罗统构成，底界为与寒武系之间的不整合面，为Ⅰ型层序界面。底部发育杂乱反射低水位体系域的低位楔。地震剖面品质较差层序特征不明显，层序结构不对称，层序下部较上部发育，上部被白垩纪地层剥蚀。

（七）倪丘集凹陷

倪丘集凹陷层序发育相对较全，发育 SS3～SS7、SS8、SS9、SS10 及 SS11 九个超层序，受地震剖面品质限制，SS3～SS7 等 7 个超层序在倪丘集凹陷内无法识别，并且寒武系—奥陶系在本盆地内保存较薄，被上覆地层石炭系剥蚀（图 3-24、图 3-25）。SS8～SS10 超层序特征如下所述。

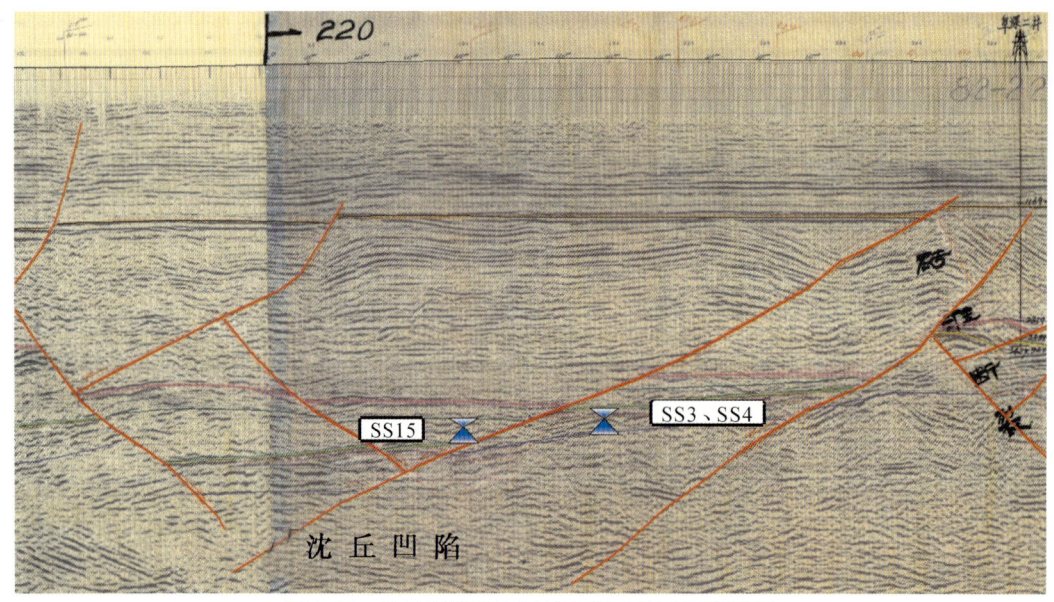

图 3-23　沈丘凹陷 500 区域大剖面地震层序特征

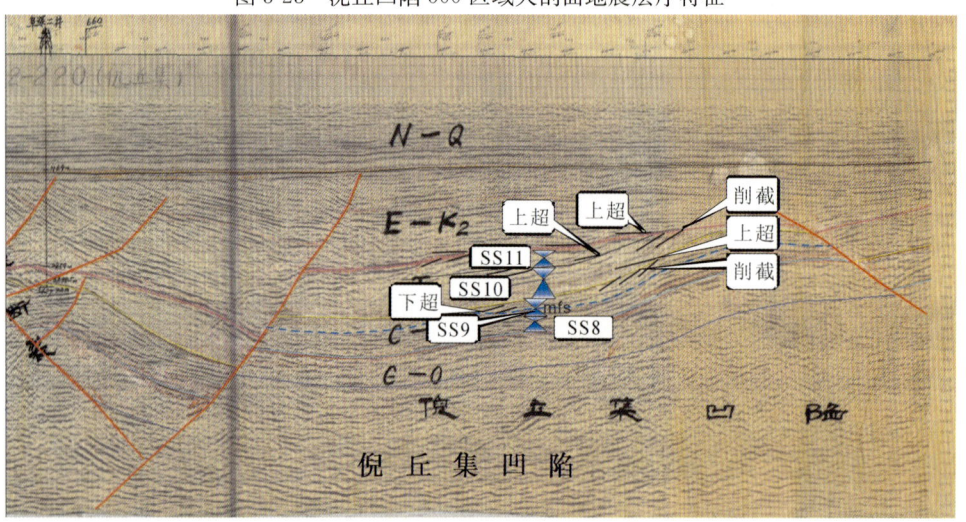

图 3-24　倪丘集凹陷 500 区域大剖面地震层序特征

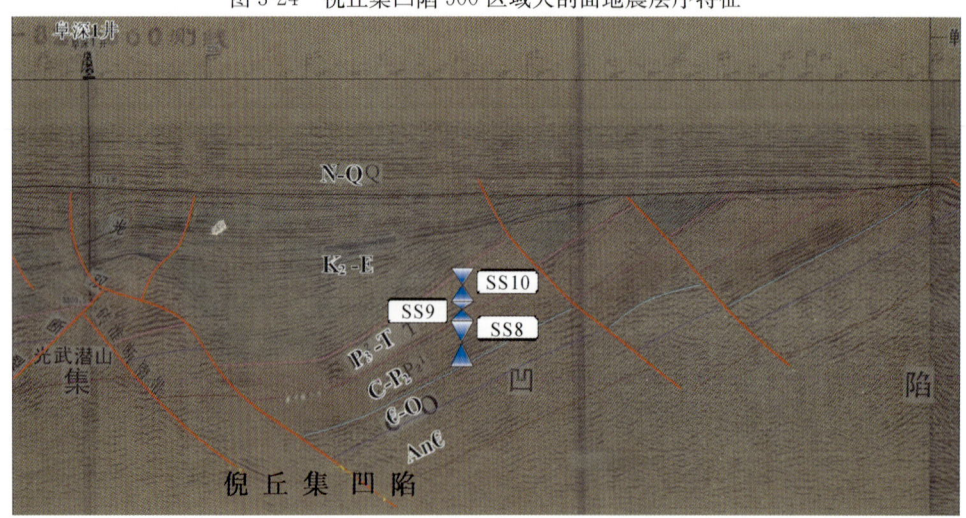

图 3-25　倪丘集凹陷 660 区域大剖面地震层序特征

（1）SS8 二级层序：由上石炭统—中二叠统构成，底界为与奥陶系之间的不整合面，为Ⅰ型层序界面。海侵体系域在地震剖面上为叠加的上超面。最大海泛面为上超终止面，为一同相位强轴反射面，之上为高位体系域。层序结构近于对称。

（2）SS9 二级层序：由上二叠统构成，底界为中二叠世—晚二叠世之间的海盆与陆盆转换面，为Ⅱ型层序界面。地震剖面上为下超到上超的转换面，界面之下为 SS8 高位晚期体系域叠加的一系列下超面，之上为 SS9 水进体系域一系列上超面。水进体系域在地震剖面上可识别出叠加的上超面。最大洪泛面为上超终止面，之上为水退体系域，可识别出叠加的下超面。层序结构近于对称。

SS8、SS9 在倪丘集凹陷中部较厚，东部边缘地区较薄，表现为 660 区域地震大剖面上 C 到 P 地层较厚，在 500 区域地震大剖面上 C 到 P 地层较薄。

（3）SS10 二级层序：由下三叠统构成，底界为与上二叠统接触的不整合面，为Ⅰ型层序界面，为对下伏地层的削截面。水进体系域为湖水快速上侵，在地震剖面上可看到盆地边缘连续叠置的上超面。最大洪泛面为上超终止面，为一同相位强反射轴，之上为水退体系域。在凹陷中部层序结构近于对称。

4．SS11 二级层序：

SS11 由中三叠统构成，在 500 区域地震大剖面上可识别。底界为 T2/T1 沉积间断面，为Ⅱ型层序界面。地震剖面上为下超到上超的转换面，界面之下为 SS10 水退体系域叠加的下超面，之上为 SS11 水进体系域一系列上超面。水进体系域在地震剖面上可识别出叠加的上超面。最大洪泛面为上超终止面，之上为水退体系域，可识别出叠加的下超面。层序结构不对称，上部被白垩纪地层剥蚀。

（八）鹿邑凹陷

鹿邑凹陷发育 SS3~SS7、SS8、SS9、SS10、SS11 九个超层序，受地震剖面品质限制，SS3~SS7 等 5 个超层序在鹿邑凹陷内无法识别，并且寒武系—奥陶系在本盆地内保存较薄，被上覆地层石炭系剥蚀（图 3-26、图 3-27）。并且鹿邑凹陷盆地不同地区层序发育特征不同，SS8、SS9、SS10、SS11 等超层序特征如下所述。

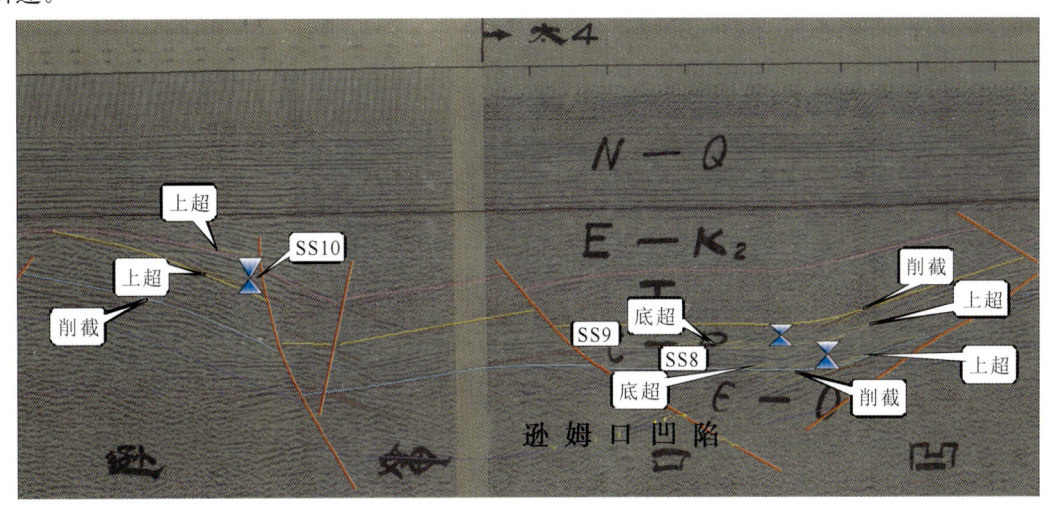

图 3-26　逊姆口凹陷 315 区域大剖面地震层序特征

（1）SS8 二级层序：由上石炭统—中二叠统构成，底界为与奥陶系之间的不整合面，为Ⅰ型层序界面，在其边缘次级凹陷逊姆口凹陷对下部地层的削截现象明显。海侵体系域在地震剖面上可识别出叠加的上超。最大海泛面为为一同相位强轴反射面，之上为高位体系。层序结构近于对称，凹陷中部层序厚度较大。

（2）SS9 二级层序：由上二叠统构成，底界中二叠世—晚二叠世之间的海盆与陆盆转换面，为Ⅱ型层序界面，且界面上下地震属性差别较大，界面之上发育底超现象。水进体系域在地震剖面上可识别出叠加的上超面。最大洪泛面为上超终止面，之上为水退体系域，可识别出叠加的下超面。层序结构近于对称。凹陷中部层序厚度较大。顶界面为三叠系对其的剥蚀面，可识别出削截现象。

（3）SS10 二级层序：由下三叠统构成，底界为与上二叠统不整合面，是Ⅰ型层序界面。水进体系域为湖水快速上侵，在地震剖面上可看到盆地边缘连续叠置的上超面。最大洪泛面为上超终止面，为一同相位强反射轴，之上为水退体系域。层序结构不对称，在中部 660 区域地震大剖面上厚度较大，北部边缘

315区域地震大剖面上逊姆口凹陷内厚度较小。

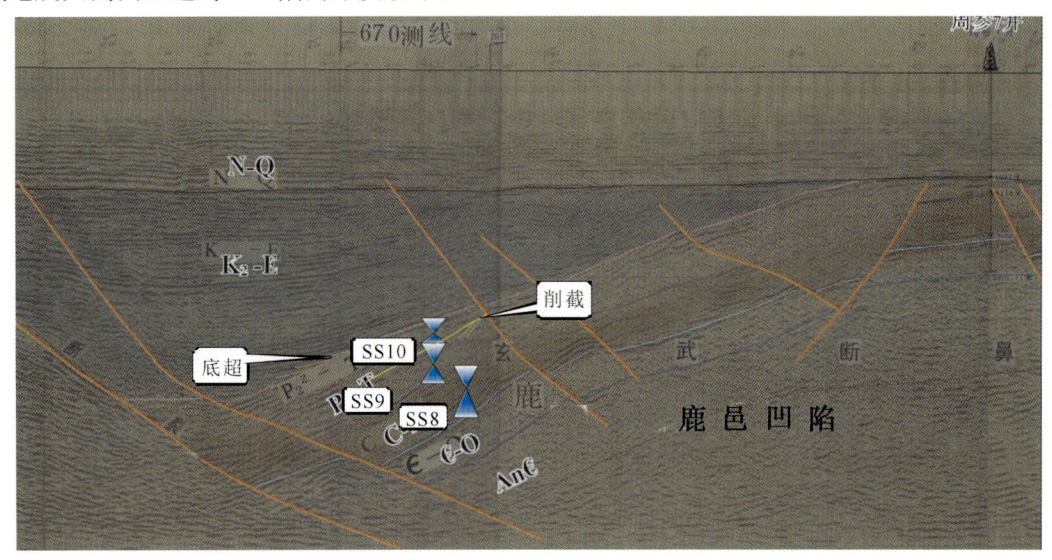

图 3-27 鹿邑凹陷660区域大剖面地震层序特征

（九）开封凹陷

开封凹陷发育SS3~SS7、SS8、SS9、SS10 8个超层序，受地震剖面品质限制，SS3~SS7等5个超层序在开封凹陷内无法识别（图3-28）。对SS8、SS9、SS10、SS11等超层序特征进行了分析，其特征如下所述。

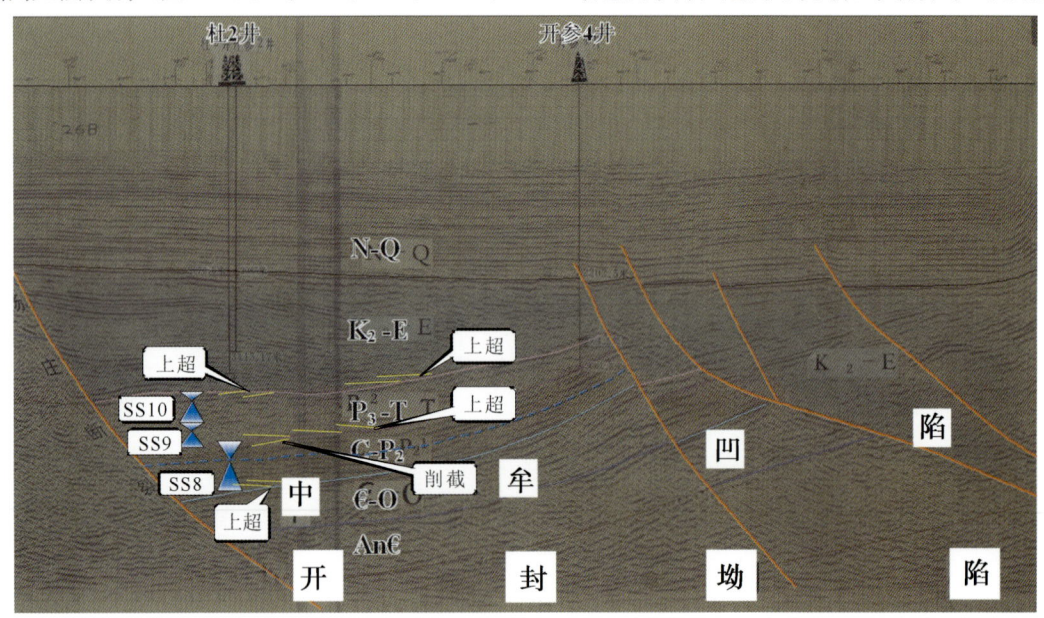

图 3-28 开封凹陷660区域大剖面地震层序特征

（1）SS8二级层序：由上石炭统—中二叠统构成，底界为与奥陶系之间的不整合面，是Ⅰ型层序界面。海侵体系域在地震剖面上可识别出连续叠置的上超面。最大海泛面为上超终止面，为一同相位强轴反射面，易于追踪，之上为高位体系域，顶界面为上二叠统底界削截面。层序结构近于对称。

（2）SS9二级层序：由上二叠统构成，底界是上二叠世与中二叠统之间的转换面，为Ⅱ型层序界面。地震剖面上为下超到上超的转换面，界面之上为SS9水进体系域一系列叠加的上超面。最大洪泛面为上超终止面，之上为水退体系域。层序结构近于对称。

（3）SS10二级层序：由下三叠统构成，底界为与上二叠统之间的不整合面，为Ⅰ型层序界面，界面上下地震反射特征差异较大。水进体系域为湖水快速上侵，为叠置的上超面。层序结构不对称，被上覆白垩纪地层剥蚀。顶界面为中白垩统底界削截面，之上为上超。

· 154 ·

二、野外剖面及钻井剖面层序特征

在上述地震层序特征研究的基础上，本书通过对南华北地区不同时代的野外基干剖面和典型钻井剖面分析，详细研究各级次层序特征。

（一）青白口系层序特征

在南华北地区青白口系中共识别出1个超层序（SS1）和2个层序，下面以鲁山下汤剖面为主（图3-29），结合其他剖面资料，将各层序的特征简述如下。

1. SS1超层序

（1）QbSQ1层序：层序底界面为崔庄组与下伏北大尖组之间的平行不整合面，该界面在下汤、小顶山剖面发育有风化壳，界面凹凸不平，其上的石英砂岩中夹有鲕状、豆状赤铁矿透镜体，在汝阳地区表现为发育于北大尖组顶部钙质砂岩之上的一个大冲刷面。砂岩中央有厚1m的鲕状、豆状赤铁矿层。因此，该层序界面为SBI型界面。海侵面与层序界面重合，缺失LST。该层序的TST为一个退积海滩层序组，在下汤、小顶山剖面上由三个逐渐变深、砂/泥逐渐降低的海滩副层序组成向上变为浅海相杂色页岩。凝缩段最为发育，主要岩性为灰黑色、黑色炭质页岩，厚度3~10m，总体由北向南变厚，形成于外陆棚较深水环境，其区域分布稳定，是进行区域地层对比的最佳标志层。HST为一套浅海、过渡带、下临滨的杂色页岩、粉砂质泥岩、粉砂岩夹细砂岩薄层，向上砂岩含量增高，反映沉积环境水深逐渐变浅、相对海平面逐渐下降。

该层序在鲁山下汤剖面最全，本层序向东基本缺失，仅在安徽凤阳大邬山为厚16m的砾岩。

（2）QbSQ2层序：由三教堂组和洛峪口组构成，层序底界面为三教堂组与崔庄组之间的平行不整合面，该界面在研究区内普遍表现为滨岸前滨-临滨的石英砂岩与其下伏QbSQ1层序之HST的过渡带-浅海相页岩、粉砂岩之间的冲刷面，也是岩性及地层结构转换面，而在泌阳大邓庄水库剖面则可清晰地看到残留的风化面及上覆地层切割下伏地层的现象，故也为一个SBI层序界面。海侵面与层序界面重合，缺失LST。TST为三教堂组临滨-前滨相石英砂岩组成的加积-弱退积的层序组，顶部迅速变为代表最大海泛期的、厚约数米的浅海相灰黑色页岩。HST由洛峪口组碳酸盐岩构成，自下而上可分为三部分，下部为砂质白云岩、钙质砂岩，发育有风暴作用成因的丘状层理，反映形成环境在正常浪基面与风暴浪基面之间，相当于过渡带或内陆棚；中部为叠层石白云岩，丰富的柱状叠层石可构成叠层石礁，形成环境为潮坪或浅水碳酸岩台地；上部为具水平层理的灰色中-薄层泥质白云岩，直接覆于叠层石白云岩之上，并出现干裂、帐篷构造；三者共同构成一个向上变浅的沉积序列。该层序在淮南寿县、凤阳及周参6井保存较好。

（二）震旦系层序特征

南华北地区震旦系包括1个超层序和2个层序（图3-30）。下面以鲁山下汤剖面为主，结合其他剖面资料，将各层序的特征简述如下。

（1）ZSQ1层序：由震旦系黄连垛组组成，层序底界面为黄连垛组与下伏洛峪口组之间的区域性平行不整合面，为I类层序界面。海侵面与层序界面重合，缺失低位体系域。TST在下汤地区下部为临滨-前滨石英砂岩，底部发育有海侵滞留砾岩，上部为由具叠层石的白云岩和硅质白云岩构成的碳酸盐潮坪准层序组。准层序组的堆叠类型为弱加积-退积型，反映相对海平面迅速升高。HST下部为厚约5m的浅海纹层状硅质岩，代表最大海泛期的沉积，上部为由潮坪相白云质硅质岩和硅质白云岩构成的5个准层序组成，总体上具加积-进积特征。

该层序由西向东厚度逐渐变薄，在安徽凤阳主要为开阔台地的泥晶灰岩和碳酸盐潮坪的叠层石灰岩（图3-31），凤深1井为开阔台地的砂屑灰岩。

（2）ZSQ2层序：相当于董家组，其层序底界面也是一区域型平行不整合面，在下汤地区该界面的风化壳和底砾岩均可看到。所以此层序亦为I类层序。海侵面与SBI面重合，缺失LST。TST为由海滩准层序组成的弱加积-退积型准层序组（图3-32）。最大海泛期的沉积为形成于过渡带环境的厚约3m、具水平层理的灰色粉砂质泥岩夹薄层含海绿石细砂岩，高水位晚期沉积为过渡带合海绿石细砂岩—障壁砂坝（临滨带）厚层粗砂岩—潟湖相纹层状泥质白云岩，构成一向上变浅的沉积序列，反映相对海平面逐渐下降。

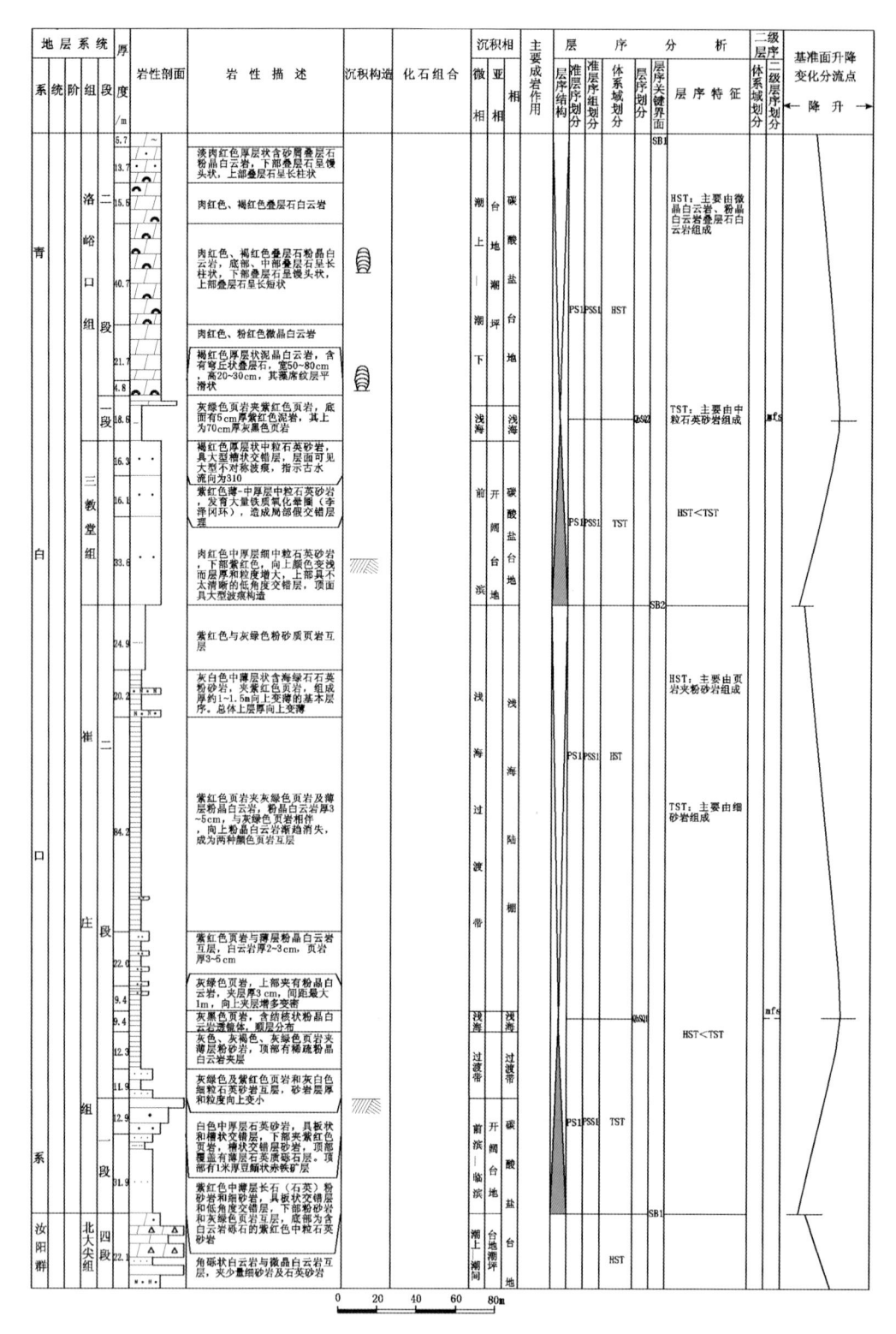

图 3-29 河南鲁山下汤青白口系 SS1 超层序划分及特征

该层序在淮北、淮南及枣庄唐庄地区主要表现为一套白云岩、灰质白云岩沉积，为相对海平面下降期沉积。

（三）寒武系层序特征

整个寒武纪地层划分出两个二级海平面升降周期。其底部寒武系第二统与前寒武系之间为Ⅰ型层序界面。该不整合面上，寒武世第二统沉积期罗圈组和东坡组为海侵之前的沉积，辛集组砂砾岩，含磷质砂岩沉积的底界面为一海侵面，之后形成海侵体系域。其后经过多次（至少3或4次）累进式海平面上升，至中寒武世

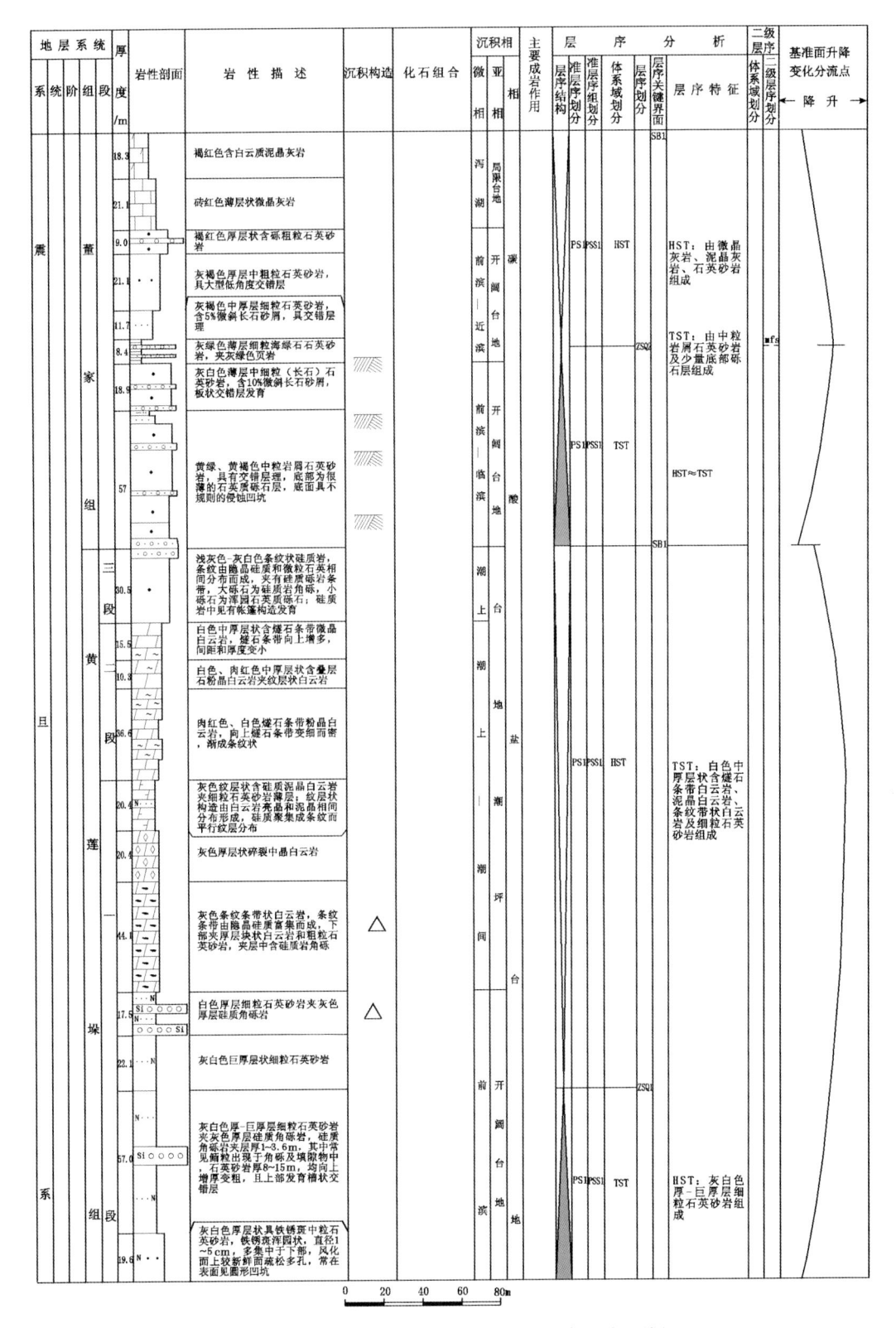

图 3-30 河南鲁山下汤震旦系 SS2 超层序划分及特征

徐庄组中下部，相当 Zhongtiaoshanaspis 和 Pcuichengella 化石带之上，Pagetia 带之下（甚至包括 Pagetia 带），海水达最大海泛期，形成凝缩段。其间的泥质岩层面上广泛发育痕迹化石，并夹有薄层海绿石砂岩，为典型的凝缩段沉积。随后为高水位体系域——砂屑鲕粒滩沉积所代替，海平面开始下降，在经历短暂的下降后，至崮山组沉积期海平面又开始上升，海侵体系域以竹叶状灰岩，鲕粒灰岩为特征。之后海平面逐渐下降，至寒武系第四统沉积期下降达最低点，并广泛形成白云岩化，最后导致陆上暴露，形成喀斯特岩溶沉积。完成两次海平面上升→下降→上升→下降的周期。顶部不整合面的性质为Ⅱ型不整合面。

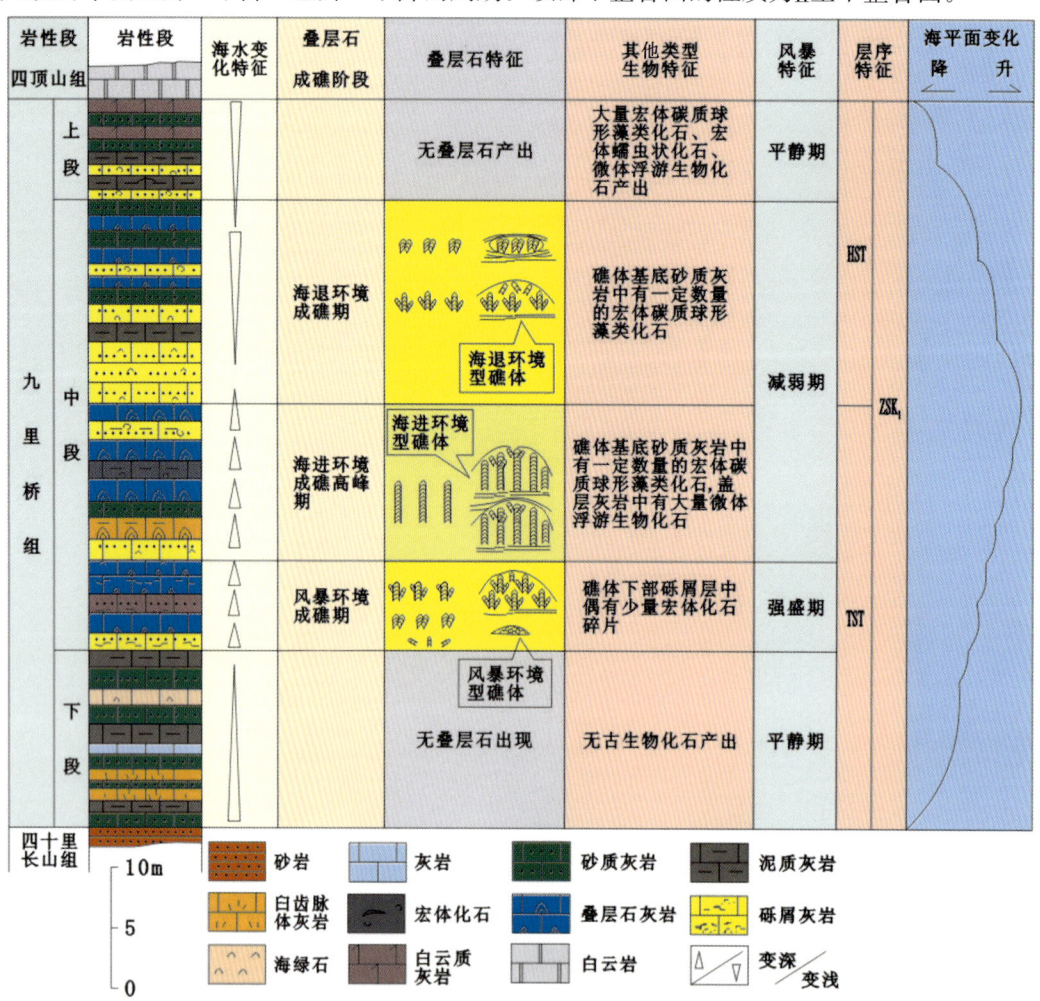

图 3-31　震旦系九里桥组叠层石礁形成演化与层序、海平面变化的关系

图 3-32　河南鲁山下震旦系层序划分及特征

从下到上形成的由陆源碎屑岩演变为碳酸盐岩沉积序列，可识别划分出两个超层序和15个层序（图3-33、图3-34）。南华北地区寒武纪的时限为528Ma～488.3Ma，平均每个层序的周期约为2.5Ma，每个层序均包括海侵体系域（TST）和高位体系域（HST），低位体系域（LST）在ЄSQ1层序不发育，其余的层序中低位体系域（LST）不发育。

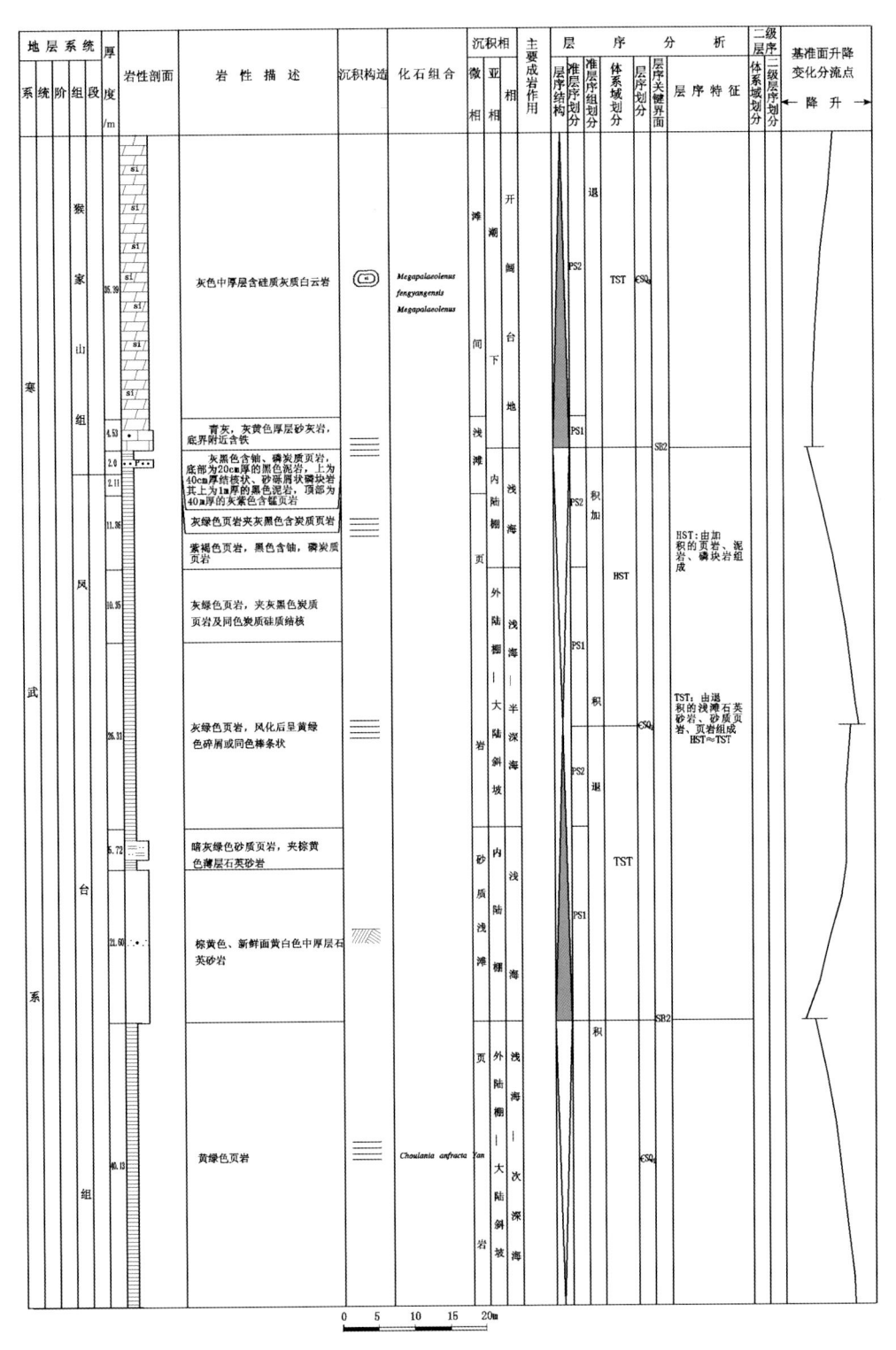

图 3-33 霍邱雨台山寒武系 SS1 超层序划分及特征

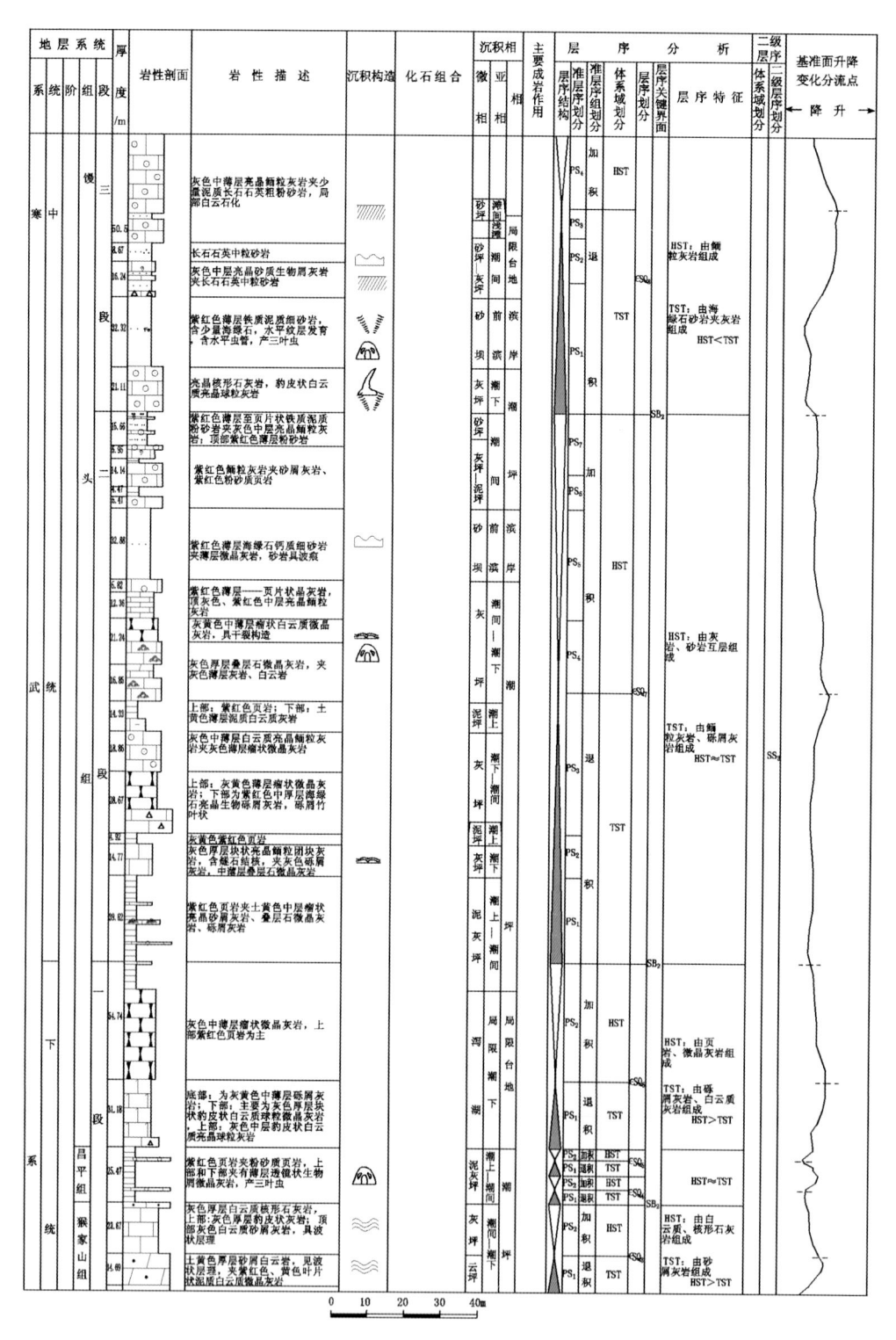

图 3-34 安徽宿县夹沟寒武系 SS3 超层序划分及特征

1. SS1 超层序

SS1 相当于寒武系第二统沉积，由 8 个层序（ЄSQ1～ЄSQ8）组成。TST 由层序ЄSQ1～ЄSQ7 和ЄSQ8 的 TST 构成（表 3-8），HST 由层序ЄSQ8 的 HST 构成。属震旦纪末期冰期结束后，气候开始转暖的干旱气候下形成的碎屑岩-碳酸盐岩潮坪沉积。各层序界面上均有不同程度的暴露标志，如膏溶角砾、泥裂、透镜状层理、波状层理、鸟眼构造等。这些标志是识别碳酸盐台地沉积层序的重要特征。

（1）ЄSQ1 层序：由岩石地层单位罗圈组和东坡组下部构成（图 3-35）。层序底界面为一区域性不整合面，故为SB1层序界面。凤台砾岩或与其层位相当的一套砾岩（罗圈组），东起安徽淮南、凤台、霍邱，经河南确山、鲁山、临汝，横向上厚度变化很大，且在不同地区可覆于不同层位之上。在鲁山下汤其厚约数米，下伏地层为董家组白云岩；而在汝州罗圈村其厚度达100多米，覆于北大尖组砂岩之上。LST为罗圈组的块状砂泥质杂砾岩、似层状杂砾岩，砾石成分复杂，磨圆分选均很差。如霍邱马店实测的雨台山下部砾岩段，属深海扇沉积，为LST沉积。TST由罗圈组上部下部浅海相沉积组成。HST主要为薄层含砾细砂岩、粉砂岩、粉砂质页岩，该体系域厚度相对较小，具快速退积特征。

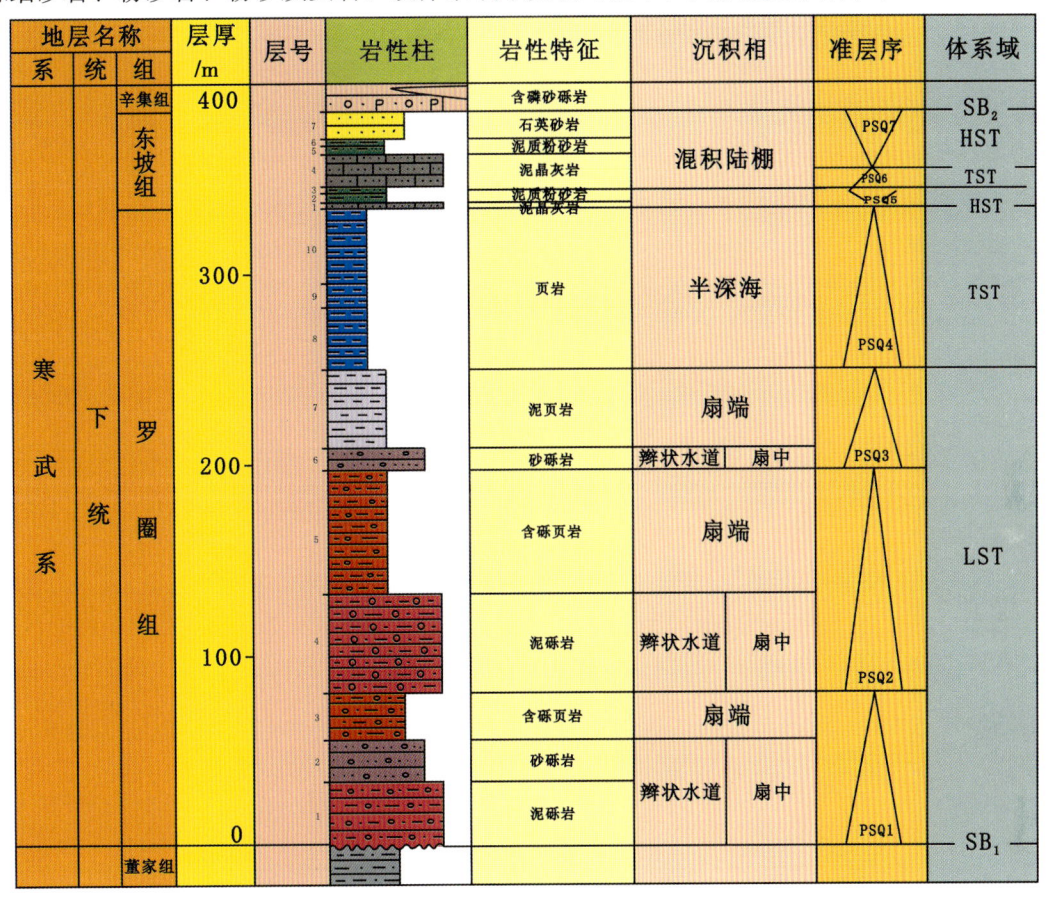

图3-35 河南宜阳寒武系罗圈组—东坡组程序划分及特征

（2）∈SQ2层序：相当于东坡组中、上部地层。鲁山剖面代表最大海泛期的沉积为一层厚约2m的外陆棚深浅海相灰黑色薄层泥岩，其微量元素V、Co、Cr、Ni、Mn、B、Sr等含量均高于上下层位，且含有有机碳。其上为厚度较大的浅海-过渡带沉积的灰绿色粉砂岩、粉砂质页岩夹台海绿石细砂岩，向上砂/泥增大，具加积-进积的特征，反映海平面缓慢下降。该层序由西向东岩性由碎屑岩变为碳酸盐岩，在两淮地区主要为白云岩沉积。

（3）∈SQ3层序：相当于沧浪铺阶辛集组，其层序界面与寒武系第一个超层序层序界面相当。该界面在不同地区表现特征不同，但以地表长期暴露，侵蚀形成的角度不整合为特征，界面起伏不平，在低洼处有底砾岩沉积；该层序包括辛集组含磷砂砾岩，或猴家山组的含海绿石角砾岩，区域上分布不稳定，分布在豫西、淮北的部分地区。TST为灰绿色含磷页岩及砾岩（局部），代表海侵初期的滨岸沉积。HST为灰色角砾状灰岩，或黄绿色薄层泥质白云岩，代表相对高水位期的潮坪环境。

（4）∈SQ4层序：相当于朱砂洞组下部。层序底界面为Ⅱ型界面，为岩性岩相转换面。分布在豫西，淮北的部分地区，区域分布不稳定，海侵体系域为灰色泥晶灰岩，深灰色粉屑灰岩，高位体系域为灰色砾屑灰岩，豹皮灰岩，向上逐渐向白云质过渡，可见潮上带黄色块状膏溶角砾白云岩，角砾大小为1~5cm，层内保存有纹层状藻席结构。

（5）∈SQ5层序：相当于朱砂洞组顶部与馒头组一段下部。层序底界面为Ⅱ型界面，为岩性岩相转换面。海侵体系域为分布稳定的灰-褐灰色粉屑灰岩构成，自下而上单层厚度变化不大，局部夹薄层白云质灰岩。高位体系域分别由两个潮间带上部泥坪和潮上带泥坪环境形成的加积型准层序组成。其中潮间带泥坪主要是钙质含量自上而下降低的褐黄色泥岩，潮上带泥坪以紫红色块状泥岩为特征，夹少量薄层粉砂岩。

（6）∈SQ6层序：相当于寒武系第二统馒头组一段中上部。层序底界面为Ⅱ型界面，为岩性岩相转换面。海侵体系域为深灰色薄层泥灰岩，灰岩，层面平整，成层分布稳定，为潮下带沉积产物。高位体系域由4～5个潮间带进积型准层序组成，主要为浅紫红色—紫红色薄层泥质灰岩，上部为紫红色钙质泥岩。总体来看，自下而上，每个准层序的上部单元紫色钙质泥岩增厚，旋回厚度增大，显示典型高位体系域进积序列特征。

（7）∈SQ7层序：相当于寒武系第三统馒头组二段。层序底界面为Ⅱ型界面，为岩性岩相转换面。主要为紫红色的灰绿色泥页岩和粉砂岩，代表了潮上带沉积，向南厚度增大，碳酸盐含量增多，如徐州贾汪剖面的海侵体系域为灰白色泥质白云岩夹角砾白云岩，下部暗紫色粉砂岩和薄层泥灰岩，代表了潮间-潮上带沉积。高位体系域为灰白色鲕粒灰岩及微晶灰岩组成（图3-36）。又如河南济源一带，海侵体系域为紫红色页岩夹薄层灰岩，高位体系域为浅灰色泥质条带鲕粒灰岩，由南向北表现为逐步海侵的过程。

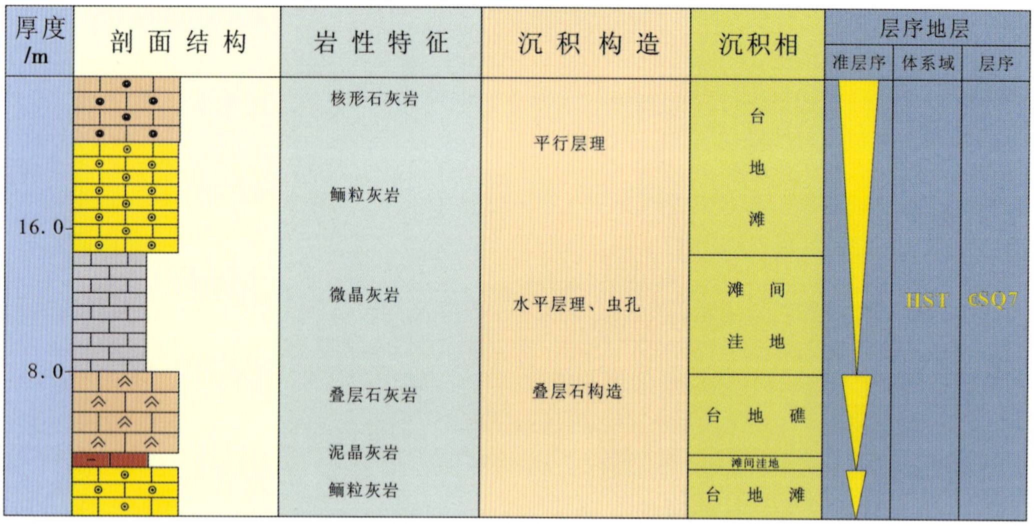

图3-36 安徽夹沟寒武系毛庄组∈SQ7高位体系域沉积特征

（8）∈SQ8层序：相当于馒头组三段。层序底界面为Ⅱ型界面，为岩性岩相转换面。该层序在南华北地区分布稳定，海侵体系域为暗紫色页岩夹砂岩，含海绿石砂岩，发育较好的波状层理，反映了潮间带中上部的沉积环境。高位体系域为浅褐灰色亮晶生物碎屑灰岩，鲕粒灰岩夹薄层页岩。总体上看，由下向上页岩夹层变薄，灰岩变厚，直至顶部厚层灰岩几乎无页岩夹层，如山东唐庄剖面，顶部厚层含海绿石生物碎屑灰岩厚达35m。本层序除发育TST和HST外，还有发育明显的凝缩段（CS）沉积，凝缩段为墨绿色薄层状海绿石沉积层组成（葛铭，1995），一般厚几厘米至数十厘米，它们由海绿石质石英砂岩、海绿石粉砂岩组成，代表寒武系海侵的最大海泛面。

2. SS4超层序

相当于张夏组至凤山组，由∈SQ9～∈SQ15七个层序组成，其中TST由∈SQ9、∈SQ10及∈SQ11的TST构成，HST由∈SQ11的HST和∈SQ12～∈SQ15构成。主要为灰色鲕粒灰岩夹灰岩、灰色厚层白云岩和竹叶状灰岩，代表局限台地-开阔台地沉积（图3-37）。下面就该超层序的层序特征进行描述。

（1）∈SQ9：相当于张夏组下部。层序底界面为Ⅱ型界面，为岩性岩相转换面。海侵体系域为张夏组下灰岩段深灰色巨厚层鲕粒灰岩，鲕粒多为同心鲕，大小0.5～2mm。底部夹少量页岩，在安徽宿县为黄灰色厚层砂屑白云岩，中间夹浅紫红色钙质页岩和钙质粉砂。高位体系域为灰色厚层微晶灰岩和鲕粒灰岩。徐州贾汪为青灰色厚层鲕粒灰岩，薄层竹叶状灰岩，薄层泥灰岩夹钙质泥岩、白云岩。总体上看，南华北地区均为开阔台地滩间-浅滩沉积（图3-38）。

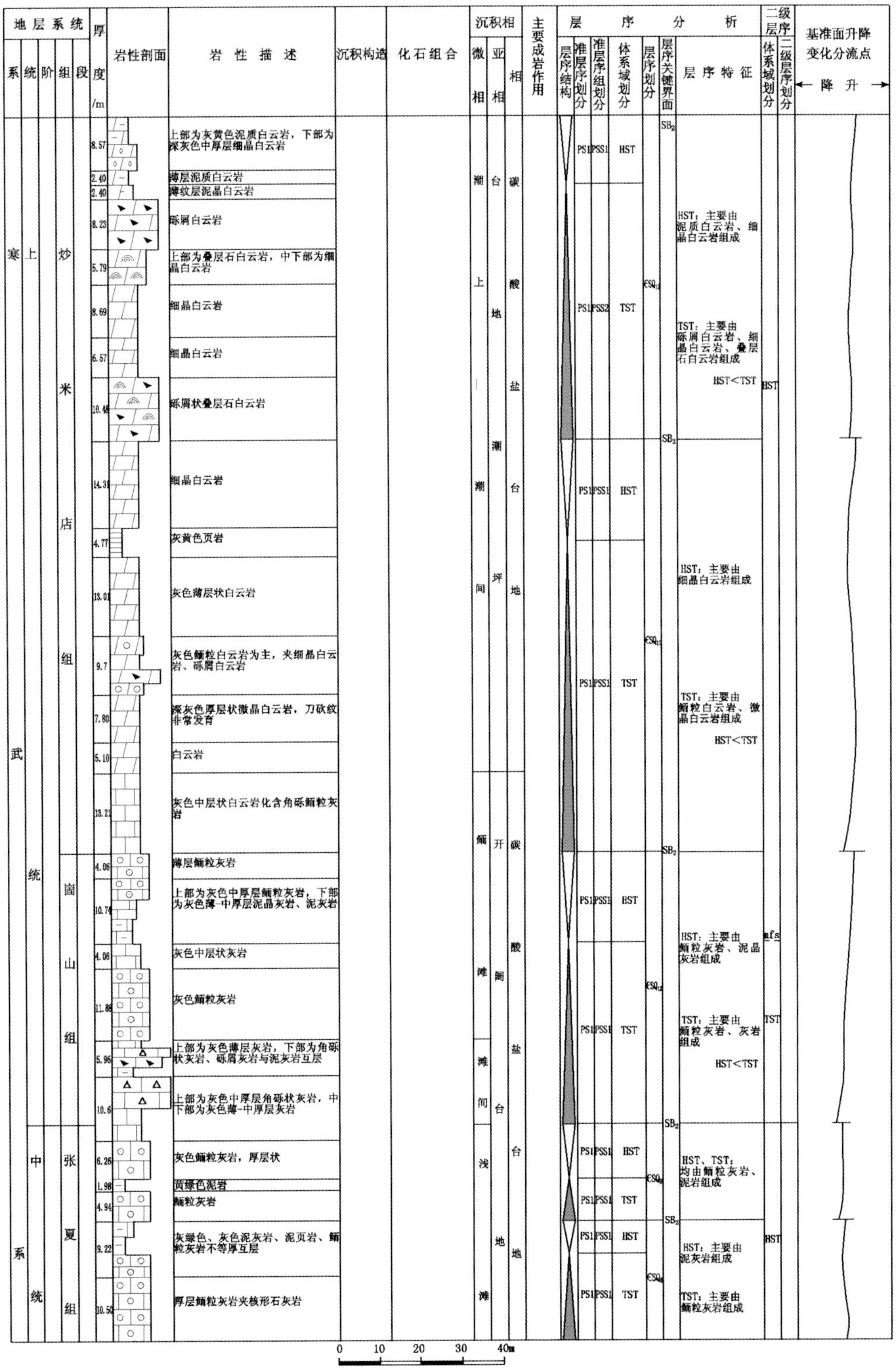

图3-37 河南登封唐窑寒武系SS4超层序划分及特征

（2）∈SQ10：相当于寒武系第三统张夏组上部。层序底界面为Ⅱ型界面，为岩性岩相转换面。∈SQ10层序区域上变化较大，在河南鲁山厚度较大，由西向东厚度逐渐减薄。海侵体系域河南济源为青灰色鲕粒灰岩及薄层生屑灰岩夹泥灰岩组成，鲁山剖面为灰色灰岩夹海绿石砂岩构成；而安徽寿县八公山则为厚层深灰色鲕粒灰岩。高位体系域除周参6井区为生屑灰岩夹泥岩，和少量鲕粒灰岩外，其余地区为青灰色厚层鲕粒灰岩。

· 163 ·

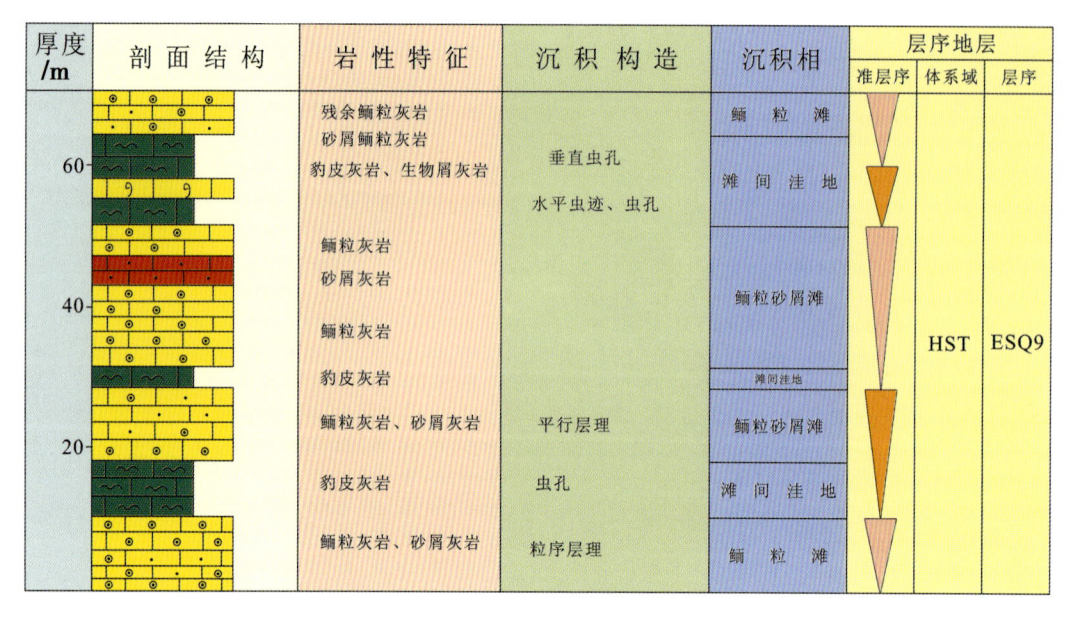

图 3-38 河南登封唐姚寒武系张夏组∈SQ9层序高位体系域沉积特征

(3) ∈SQ11 层序：相当于寒武系第三统崮山组。层序底界面为Ⅱ型界面，为岩性岩相转换面。海侵体系域主要为灰—灰褐色竹叶状灰岩，夹薄层灰岩；河南济源、登封一带为浅灰色白云岩夹灰岩；河南渑池、太参3井为灰色厚层鲕粒灰岩；周参6井为灰色泥灰岩，贾汪大南庄为厚层鲕粒灰岩。高位体系域区域上变化亦较大，山东枣庄、徐州等地为褐灰色泥晶生屑灰岩和竹叶状灰岩夹泥页岩；河南济源登封为浅灰色白云岩；河南渑池、鲁山为灰色鲕粒灰岩和泥晶灰岩；部分钻井如周参6为灰色泥晶灰岩。

(4) ∈SQ12 层序：相当于寒武系第四统长山组下部。层序界面为岩性岩相转换面。海侵体系域区域上变化较大，两淮地区为灰色泥晶竹叶状灰岩，夹薄层泥质条带泥晶灰岩。河南济源、登封等地区为灰白色厚层细晶白云岩。河南渑池为灰色薄—中层状细砂屑灰岩。高位体系域徐州、宿县等地为灰色鲕粒灰岩、竹叶状灰岩；河南济源、登封为灰白色细晶白云岩；河南渑池为灰黄色薄层泥灰岩。

(5) ∈SQ13 层序：相当于寒武系第四统炒米店组下部。层序底界面为Ⅱ型界面，是岩性岩相转换面。海侵体系域：山东枣庄、徐州贾汪、安徽宿县地区为深灰色亮晶鲕粒灰岩，夹竹叶状灰岩；河南济源、登封等地区则为灰色厚层细粒结晶白云岩；太参2、太参3等钻井中则为灰色泥灰岩与白云岩互层。高位体系域：山东枣庄、两淮地区为浅灰色竹叶状灰岩夹鲕粒灰岩；河南济源、登封等地为灰色厚层细晶白云岩；太参2、太参3等钻井中则为白云岩夹灰色泥灰岩。

(6) ∈SQ14 层序：相当于寒武系第四统炒米店组中部。层序底界面为Ⅱ型界面，是岩性岩相转换面，部分地区与下伏层序界面不明显，不易区分。海侵体系域：淮北、淮南为浅灰色厚层细-中晶白云岩，夹竹叶状白云岩；山东枣庄等地为灰色中厚层亮晶竹叶状灰岩夹薄层泥晶灰岩；河南济源、渑池、登封等地及太参2、太参3等钻井为浅灰色厚层白云岩夹薄层泥晶灰岩。高位体系域：山东枣庄等地为灰色中薄层含藻灰岩，生物碎屑灰岩，河南济源、渑池、登封及太参2、太参3等钻井为浅灰色厚层白云岩。

(7) ∈SQ15 层序：相当于寒武系第四统炒米店组上部。层序底界面为Ⅱ型界面，是岩性岩相转换面。海侵体系域：河南济源、渑池、登封为灰色中厚层状白云岩；山东枣庄等地为灰色薄层云质条带灰岩夹云质竹叶状灰岩；淮北为灰色白云质灰岩、薄层白云岩。高位体系域南华北大部分地区均为灰白色，浅灰色白云岩。

(四) 奥陶系层序地层特征

南华北地区只发育下、中奥陶统，地层出露良好。奥陶纪是继寒武纪之后稳定碳酸盐台地发展阶段。寒武系和奥陶系之间为一不整合面。该不整合面之上为陆架边缘体系域或海侵体系域，至亮甲山组中下部达最大海平面，随后海平面下降，造成白云岩化和陆上暴露，形成亮甲山组之上的平行不整合。其间发育的代表最大海泛期沉积的凝缩段和高位体系域沉积由于后期白云石化作用而无法准确地划分出凝缩段和高位体系域；或者因为海平面升降周期短，没有沉积，或者沉积后，在海平面下降期又被剥蚀。

至中奥陶世下马家沟期，海平面开始上升。Ⅱ型层序界面之上的海侵面和海侵体系域中，"贾旺页岩"是海侵体系域的代表。海平面上升达最大海泛面时，形成凝缩段——"贾旺页岩"，上部（靠近顶部）具水平纹层的薄层泥晶灰岩。随后海平面下降，导致膏盐沉积、广泛白云岩化，最后形成陆上暴露。目前所见到的"贾旺页岩"中，海侵面、海侵体系域上部出现云斑灰岩。云斑灰岩的出现、较多的头足类化石的存在和痕迹化石可能代表了海水达最大海泛面对的凝缩段沉积。上覆的角砾岩就是膏溶角砾岩，在膏溶角砾岩（灰岩）顶部有淡水渗滤带（河南济源地区），代表高位体系域的产物。值得指出的是，由于碳酸盐岩产能较高，海平面上升达最大海泛面时，沉积速率比深海盆地大，故而凝缩段的沉积厚度较大，特征也不完全与深海盆地凝缩段特征相同。在奥陶纪中，这样的凝缩段可能有2或3个，层位上相当于下马家沟组3段、上马家沟组2段顶部和3段顶部。

至中奥陶统大湾期，相当于峰峰期，此时海平面又开始上升，海侵体系域包含2或3个灰岩-白云岩组成的准层序，上部有几层薄层灰岩夹层，可能代表该层序的最大海泛期，总体环境为开阔台地。峰峰组顶面的不整合面是海平面下降到最低时形成的陆上暴露，含石膏碳酸盐岩是海平面下降时形成的。从整个南华北地区来看，这时海水可能全部退出（上奥陶统至下石炭统全部缺失），其不整合面的性质应为Ⅰ型不整合面。

奥陶系可识别划分出三个超层序（SS5、SS6和SS7）和9个层序。南华北地区奥陶纪（新厂期至达瑞威尔期）的时限为488.3～460.9Ma，平均每个层序的周期约为3.04Ma，每个层序均包括海侵体系域和高位体系域，低位体系域不发育（图3-39）。

1. SS5超层序

相当于下奥陶统新厂阶，包括冶里和亮甲山组（安徽两淮地区相当于韩家组和贾汪组），由OSQ1、OSQ2两个层序构成。层序底界面为沉积间断剥蚀形成的平行不整合面。TST由OSQ1层序的TST组成，HST由OSQ1的HST和OSQ2组成。各层序特征描述如下。

（1）OSQ1层序：相当于下奥陶统冶里组（两淮地区相当于韩家组）。层序界面为Ⅱ型，冶里组平行不整合于上寒武统之上。海侵体系域：河南登封济源缺失该层序，河南渑池为灰黄色白云质泥灰岩；宿县为灰色细晶白云岩夹泥灰岩；钻井中较少钻遇该层序。高位体系域：河南登封，济源缺失该层序；河南渑池为灰色燧石条带灰岩；河宿县为深灰色中层白云岩，泥灰岩；山东枣庄则为黄灰色中厚层状白云岩，含燧石结核白云岩。

（2）OSQ2层序：相当于下奥陶统亮甲山组（两淮地区包括韩家组的上部和贾汪组）。层序界面为岩性、岩相转换面。海侵体系域：河南登封、渑池为灰色灰岩，白云质灰岩；两淮地区为灰褐色泥灰岩；钻井剖面中多为灰褐色泥灰岩、泥岩夹灰色泥晶灰岩。高位体系域南华北地区多为浅灰色白云岩，或含燧石结核微晶白云岩。如河南登封十八盘剖面高位体系域主要由灰黄色泥晶灰岩、灰色叠层石灰岩组成（图3-40）；淮北为深灰色薄-中层状灰质白云岩及泥质白云岩。

2. SS6超层序

相当于下奥陶统道堡湾阶上、下马家沟组，由OSQ3～OSQ7五个层序组成（图3-41）。受怀远运动影响，下马家沟组不整合于亮甲山组之上，以发育底砾岩和风化壳残积渣状层为标志，故层序界面为Ⅰ型。TST由OSQ3，OSQ4和OSQ5的TST组成；HST由OSQ5的HST和OSQ6、OSQ7组成。各层序特征描述如下。

（1）OSQ3层序：相当于下马家沟组下部。层序底界面为Ⅰ型不整合面。海侵体系域：河南登封、渑池、济源等地为灰至灰白色灰岩，泥灰岩夹白云质灰岩，部分剖面夹角砾状灰岩。山东枣庄、徐州贾汪为灰黄色中层状白云岩、角砾状白云岩；淮南地区主要为灰色泥晶灰岩夹细晶白云岩，钻井剖面中多为细晶白云岩，夹泥质隐晶灰岩。高位体系域：河南登封、渑池、济源等地为灰色灰岩，白云质灰岩；徐州贾汪为灰黄色中层状白云岩、角砾状白云岩；两淮为细晶白云岩夹灰色泥晶灰岩；山东莒县、新泰等地为灰色白云岩；钻井剖面为灰色厚层白云岩。

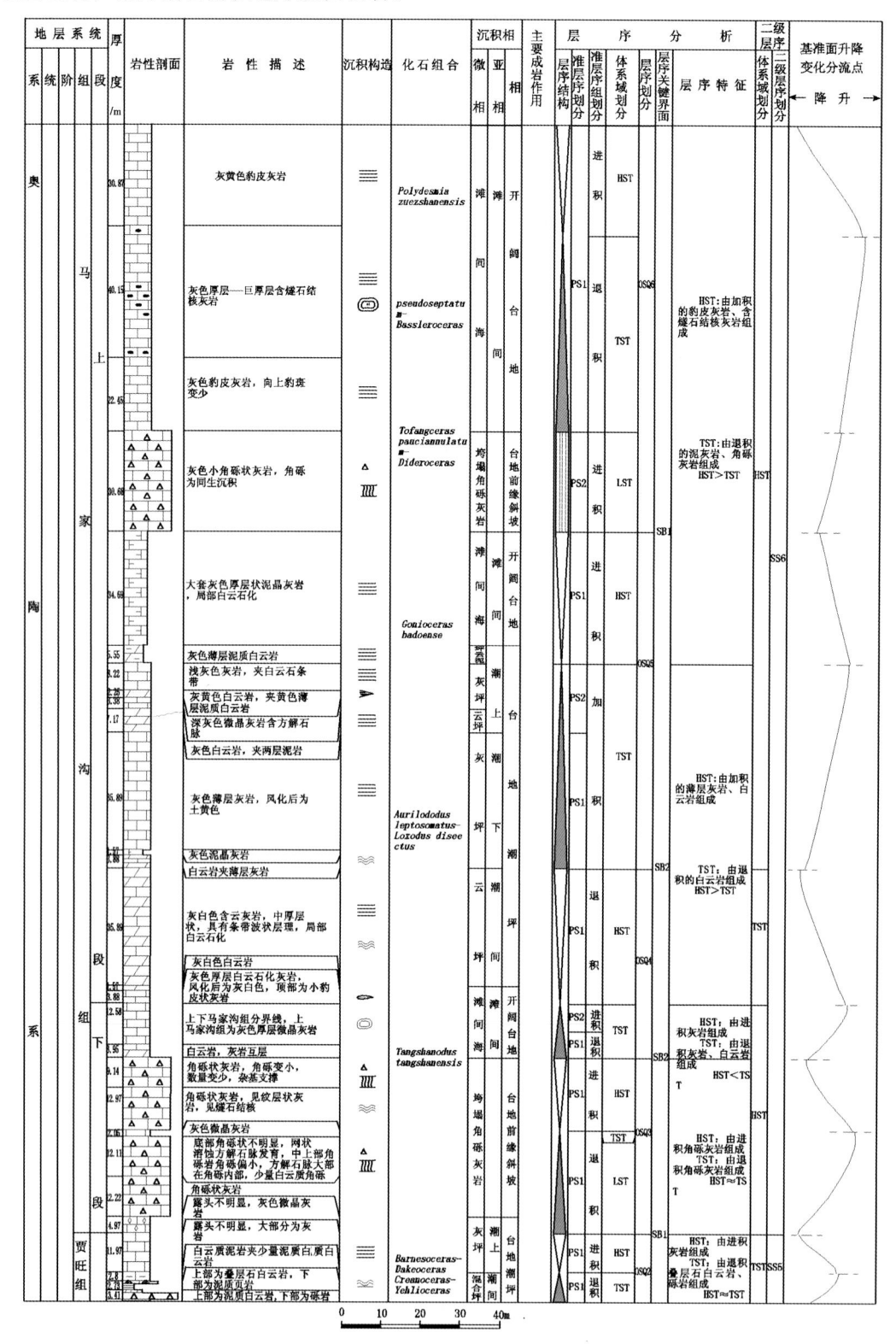

图3-39 安徽宿县贾汪泉旺头奥陶系SS5和SS6超层序划分及特征

（2）OSQ4层序：相当于下马家沟组上部。层序底界面为Ⅱ型界面，是岩性岩相转换面。海侵体系域：河南登封、渑池、济源、山东枣庄等地为灰色灰岩或白云质灰岩，藻灰岩；两淮地区为灰色泥晶灰岩；钻井剖面中太参2、3等钻井为深灰色灰岩夹泥质白云岩，鹿1井等为灰色泥晶灰岩夹泥质白云岩、

· 166 ·

灰质白云岩。高位体系域：豫西大部分地区为灰色中厚层状灰岩，泥晶灰岩；山东枣庄、徐州贾汪、安徽凤阳为灰色白云质灰岩；钻井剖面多为灰色白云质灰岩或白云岩。

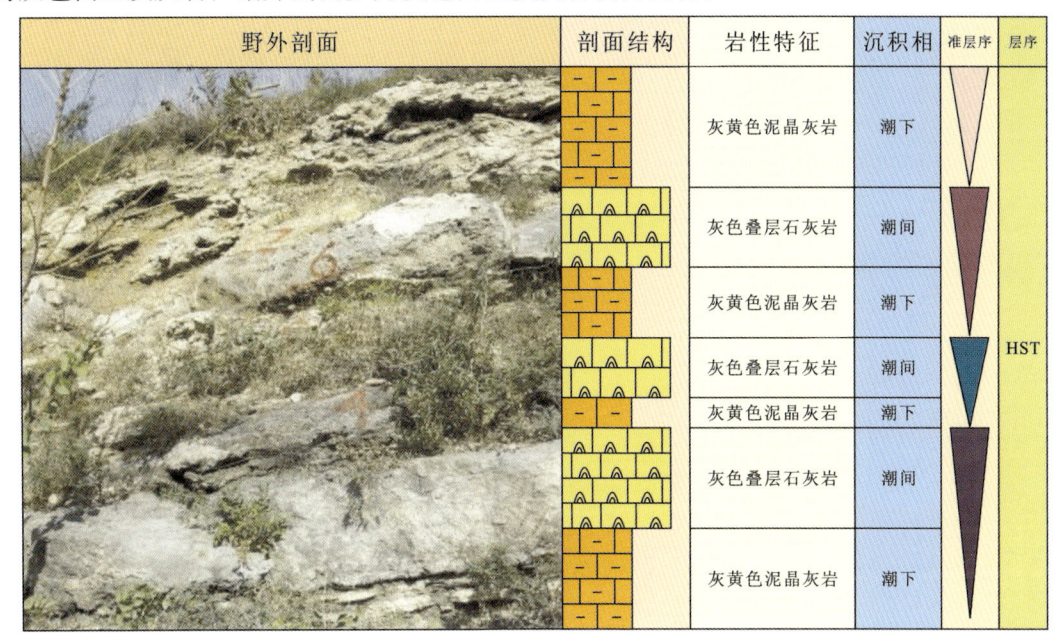

图 3-40 河南登封十八盘奥陶系 OSQ2 层序高位体系域沉积特征

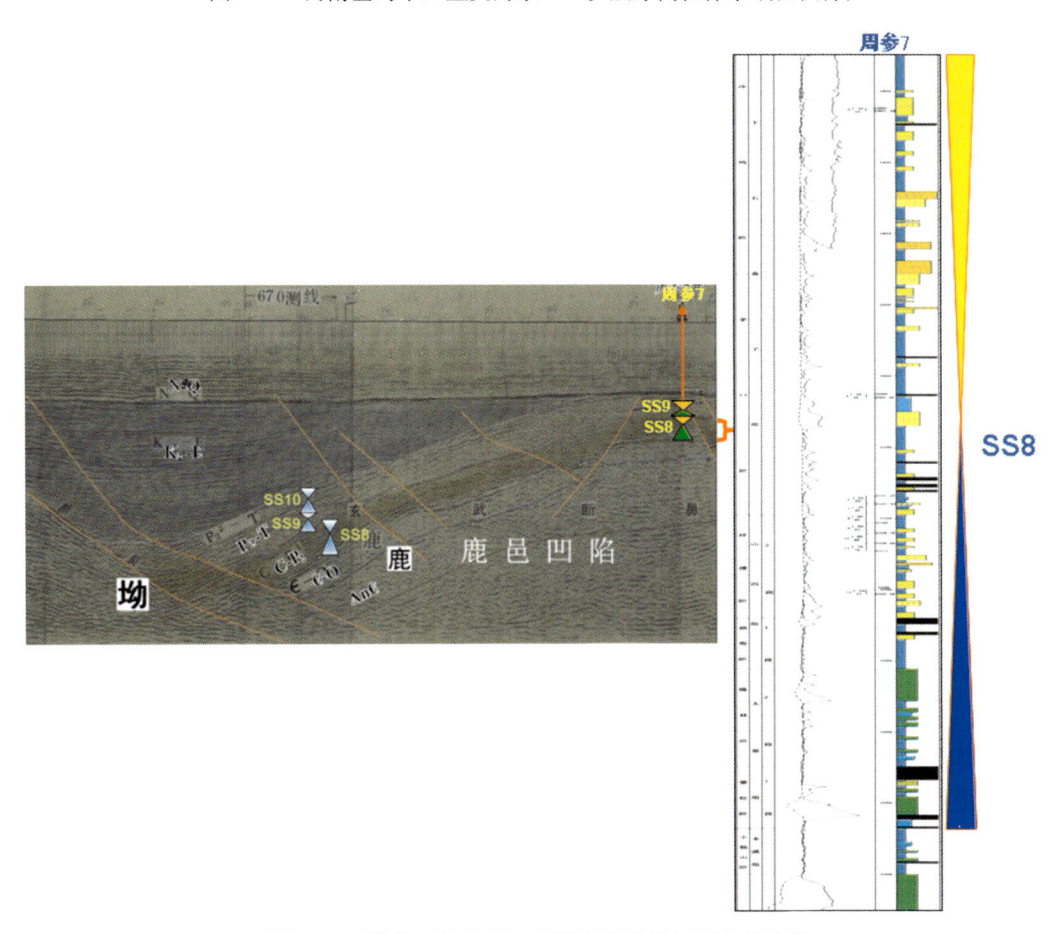

图 3-41 周参 7 井中 SS8 超层序在地震剖面上的追踪

（3）OSQ5 层序：相当于上马家沟组下部。层序底界面为Ⅱ型界面，是岩性岩相转换面。河南登封、渑池、济源地区缺失该层序。两淮地区为灰色泥晶灰岩；钻井剖面中太参 2、3 等钻井为深灰色灰岩夹白云岩，鹿1井等为灰色泥晶灰岩、灰质白云岩。高位体系域：山东枣庄、徐州贾汪为灰色白云质灰岩或白云岩、安徽凤阳为灰色白云质灰岩。

（4）OSQ6层序：相当于上马家沟组中部。层序底界面为Ⅱ型界面，是岩性岩相转换面。河南登封、渑池地区缺失该层序。海侵体系域：河南济源为灰色中厚层状灰岩，顶部白云石化；山东枣庄为灰色豹皮状灰岩；钻井剖面中多为灰色灰岩夹泥灰岩。高位体系域中河南济源、山东枣庄地区为灰色白云质灰岩；安徽宿县为中厚层灰岩夹灰色白云质灰岩；钻井剖面中多为灰色灰岩，白云质灰岩。

（5）OSQ7层序：相当于上马家沟组上部。层序界面为岩性、岩性转换面。河南登封、渑池、淮南及钻井中缺失该层序。海侵体系域：河南济源、山东枣庄等地为深灰色中厚层状灰岩，局部夹灰色泥灰岩，弱白云岩化；宿县夹沟为灰泥晶白云岩。高位体系域：河南济源、山东枣庄等地为灰色白云质灰岩夹灰岩；宿县夹沟为灰色灰岩、泥灰岩。

3. SS7超层序

相当于中奥陶统达瑞威尔阶和大湾阶峰峰组（八陡段），层序底界面为Ⅱ型，顶界面为奥陶系与石炭系不整合界面。由于缺失上奥陶统，该层序区域上变化很大，南华北地区大部分缺失该层序；由OSQ8、OSQ9两个层序组成。OSQ8，OSQ9两个层序组成SS5超层序的TST（不完整）。下面分别叙述各层序特征。

（1）OSQ8层序：相当于中奥陶统大湾阶。层序底界面为Ⅱ型界面，是岩性岩相转换面。山东枣庄海侵体系域为1～3个由灰岩，白云岩组成的准层序构成，高位体系域为厚层白云岩；宿县夹沟海侵体系域为褐灰色泥灰岩，泥岩，高位体系域为灰色泥晶灰岩。

（2）OSQ9层序：相当于达瑞威尔阶八陡段。层序底界面为Ⅱ型界面，是岩性岩相转换面。研究区大部分缺失该层序。山东枣庄地区海侵体系域为黄灰色；缺少高位体系域。

（五）石炭系—二叠系层序地层特征

石炭系—二叠系为一套海陆交互相及陆相沉积，分布虽广，但出露差，结合钻孔和地震资料，将该套地层划分为2个超层序（SS8、SS9）和18个层序（石炭系1个，二叠系17个），顶底均以区域平行不整合面限定。现将各层序特征分述如下。

1. SS8超层序

相当于石炭系本溪组至二叠系山西组，层序底界面为奥陶系中统/下统长期暴露侵蚀面，为Ⅰ型界面（图3-41）。包括5个层序，即CSQ1、PSQ1～PSQ4。TST由层序CSQ1和PSQ1、PSQ2的TST构成，HST由层序PSQ2的HST和PSQ3、PSQ4构成（图3-42）。下面分别叙述各层序特征。

（1）CSQ1层序：该层序相当于石炭系本溪组，底界面为Ⅰ型界面。海侵体系域岩性为含细砾铁质砂岩，泥岩和铝土质泥岩，局部地区底部可见角砾岩，为有障壁海岸沉积。自下而上沉积颗粒逐渐变细，代表水体不断加深，退积作用明显。高位体系域的紫红色铝土质泥岩，含铁鲕粉砂岩，顶部为中细粒砂岩。沉积物颗粒逐渐变粗，沉积水体不断变浅，构成一个明显的进积序列，代表的环境由过渡带到临滨。

（2）PSQ1层序：该层序对应于太原组下部。层序底界面为Ⅱ型界面，是岩性岩相转换面。海侵体系域山东枣庄、河南为太原组底部的灰色厚层含硅质团块生物碎屑灰岩，富含䗴、珊瑚和海百合茎等化石，属Fusulina-Fusulinella带。两淮缺少灰岩段，为深灰色凝灰质砂岩，粉砂质泥岩，代表水体的突然加深。高位体系域为中-细粒砂岩、泥岩，含3或4层煤，富含植物化石，产腕足类化石，发育水平层理。由下往上，沉积物颗粒由细变粗，沉积物颜色由褐黄色到紫红色，明显地反映了水体由深变浅的趋势。

（3）PSQ2层序：相当于下二叠统太原阶，对应于太原组上部。层序底界面为Ⅱ型界面，为岩性岩相转换面。海侵体系域：山东枣庄地区为紫红色砂砾岩夹浅灰色铝土质泥岩，向上过渡为银灰色铝土岩，黑色泥岩，水平层理发育，含植物化石碎片。河南济源、登封等地底部不含砾岩，为1或2个向上变细的准层序构成，岩性为灰色中-细砂岩，顶部深灰色或黑色泥岩、炭质页岩，代表水体向上逐渐加深。高位体系域：岩性为深灰色泥岩、炭质页岩，顶部褐色中细粒砂岩，夹2～5层煤，代表滨岸沼泽沉积环境；由下往上沉积物由细变粗，颜色由深变浅，明显反映沉积时水体由深变浅。

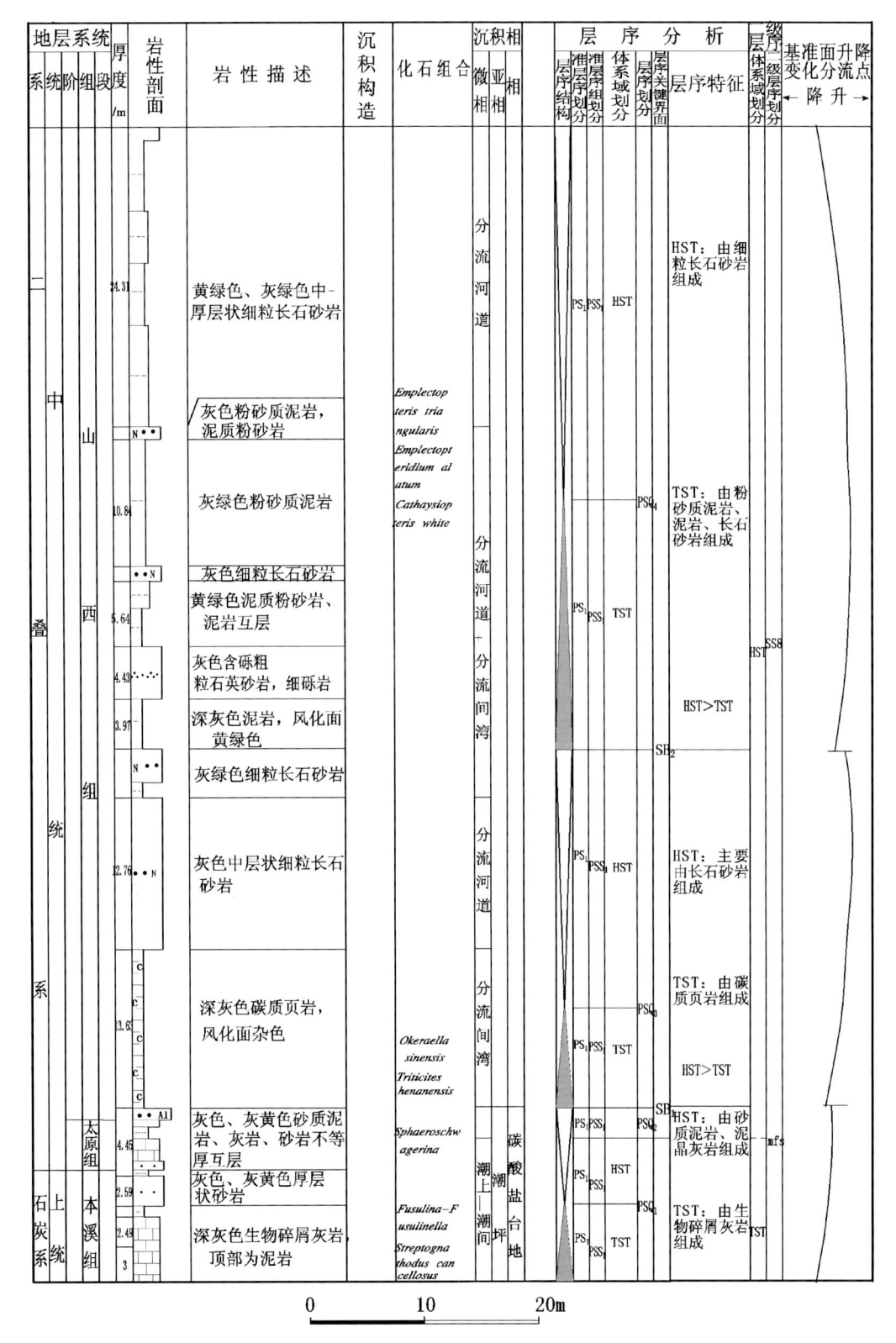

图 3-42 河南登封石炭—下二叠统 SS8 超层序划分及特征

（4）PSQ3 和 PSQ4 层序：相当于下二叠统山西组。层序底界面为Ⅱ型界面，是岩性岩相转换面。南华北地区演变为海陆交互相沉积，河南登封、南华北部分钻井剖面（如南 1 井）为有障壁海岸潮坪沉积，其余地区发育海相三角洲沉积。海侵体系域：河南登封为灰色灰岩，夹薄层燧石层，产䗴化石，中夹鲕状页岩；山东枣庄为浅灰、黑灰色细砂岩、泥岩，富含植物化石；河南济源、淮北、淮南等地为褐灰色细粒砂岩，底部含砾粗砂岩，明显反映水体变深的退积序列。高位体系域：河南济源的 HST 不明显，可能已被剥蚀掉。河南登封、南1井为黑色煤层、灰色细砂岩、粉砂岩，页岩组成，代表潮上带沉积，山东枣庄、两淮地区为三角洲平原分支河道充填的黄褐色中、薄层细砂岩，洼地的粉砂岩，煤线组成。

2. SS9 超层序

相当于中二叠统下石盒子组至上二叠统石千峰组（图 3-43）。

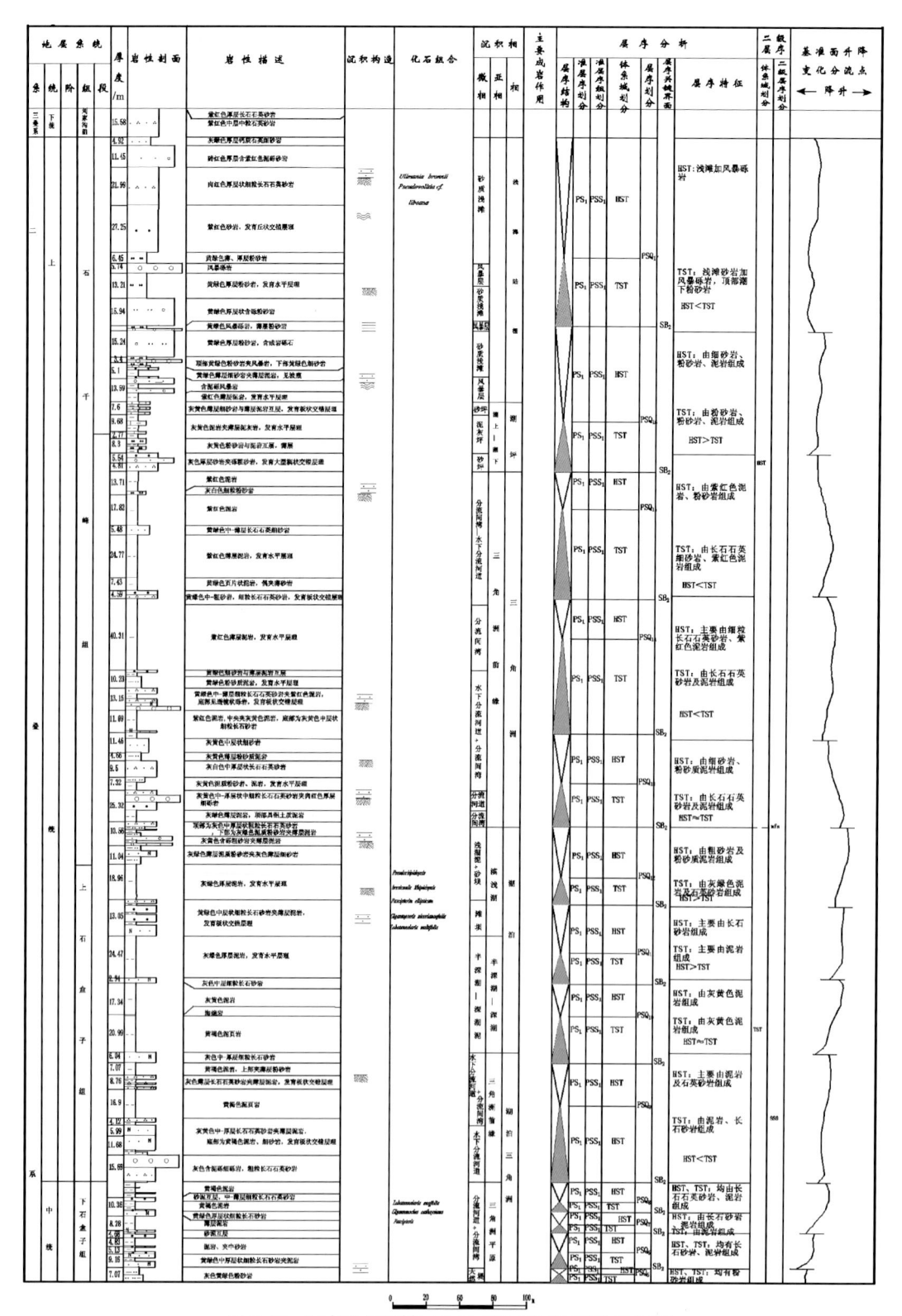

图 3-43 河南登封西村二叠系 SS9 超层序划分及特征

层序底界面为海盆与陆盆转换面；此时的沉积已全部演变为陆相湖盆沉积，南华北地区广泛发育河流-三角洲-湖泊相沉积。SS9 超层序包括 13 个层序（PSQ5~PSQ17）；湖泊扩张体系域（RST）由 PSQ5~PSQ11 和 PSQ12 的 TST 构成；湖泊收缩体系域（PST）由 PSQ12 的 HST 和 PSQ13~PSQ17 构成（图 3-44）。

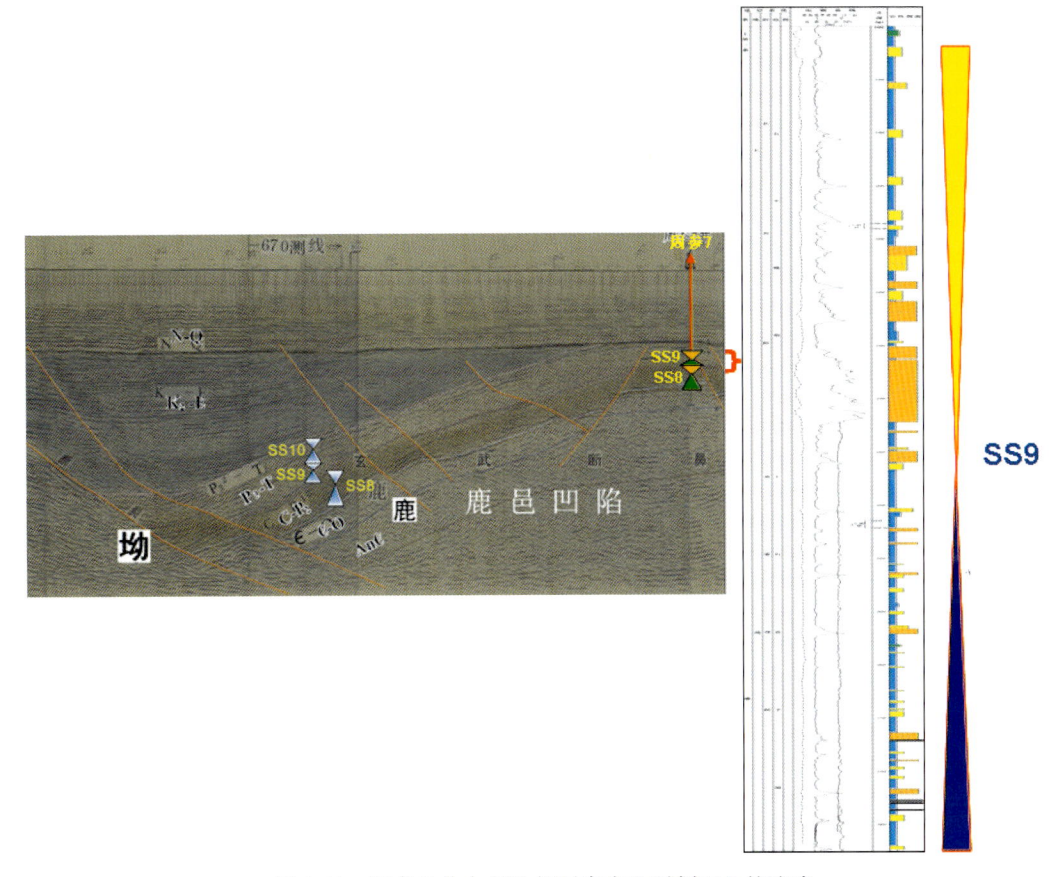

图 3-44　周参 7 井中 SS9 超层序在地震剖面上的追踪

湖泊扩张体系域相当于下石盒子组和上石盒子组中下部；其下部为三角洲平原分流河道砂岩夹洼地的粉砂岩、泥岩或三角洲前缘水下分流河道中-细粒砂岩与分流间湾泥质粉砂岩，泥岩组成，向上逐渐演变为湖泊相的黄绿色泥岩、泥质粉砂岩夹薄层浅湖砂。各层序的 RST＞PST，部分缺少 PST，主要原因是 HST 被剥蚀冲刷掉了。最大洪泛期沉积由灰黄、黄绿色页岩夹薄层凝灰岩组成，显示低能的深湖沉积。

湖泊收缩体系域由下往上由三角洲前缘和三角洲平原相的灰绿色细砂岩夹泥岩，紫红色中细砂岩夹粉砂岩，砾岩组成并向上变粗，变厚和变浅的加积-进积序列，多见平行层理、斜层理、各层序界面为区域沉积间断面。

（六）三叠系层序特征

SS11 超层序相当于下三叠统刘家沟组至上三叠统谭庄组，受晚华力西运动影响，南华北地区继续抬升，区域上变化巨大，山东枣庄、两淮大部分地区被剥蚀掉，豫西保存较完整，下面以河南登封、济源剖面为代表叙述其特征。

三叠系划分出三个超层序（SS10、SS11、SS12）；底界面为下三叠统刘家沟组与上二叠统石千峰组平行不整合面，顶界面上三叠统谭庄组与下侏罗统张庄组平行不整合面。各层序界面均为区域沉积间断面。

1. SS10 超层序

相当于刘家沟组至和尚沟组，由层序 TSQ1~TSQ4 组成。RST 由 TSQ1，TSQ2 和 TSQ3 的 TST 构成，由下而上为三角洲前缘灰绿色石英中细砂岩夹页岩，滨浅湖页岩夹薄层砂岩组成，沉积物颗粒由粗变细，代表水体由浅变深的趋势。PST 由 TSQ3 的 PST 和 TSQ4 组成，由下而上为滨浅湖砂质页岩夹薄层细砂岩，三角洲前缘水下分流河道砂岩和分流间湾泥质沉积，往上砂岩厚度增大，粒度变粗，为明显的进积序列（图 3-45）。最大湖泛面沉积物为浅湖泥。

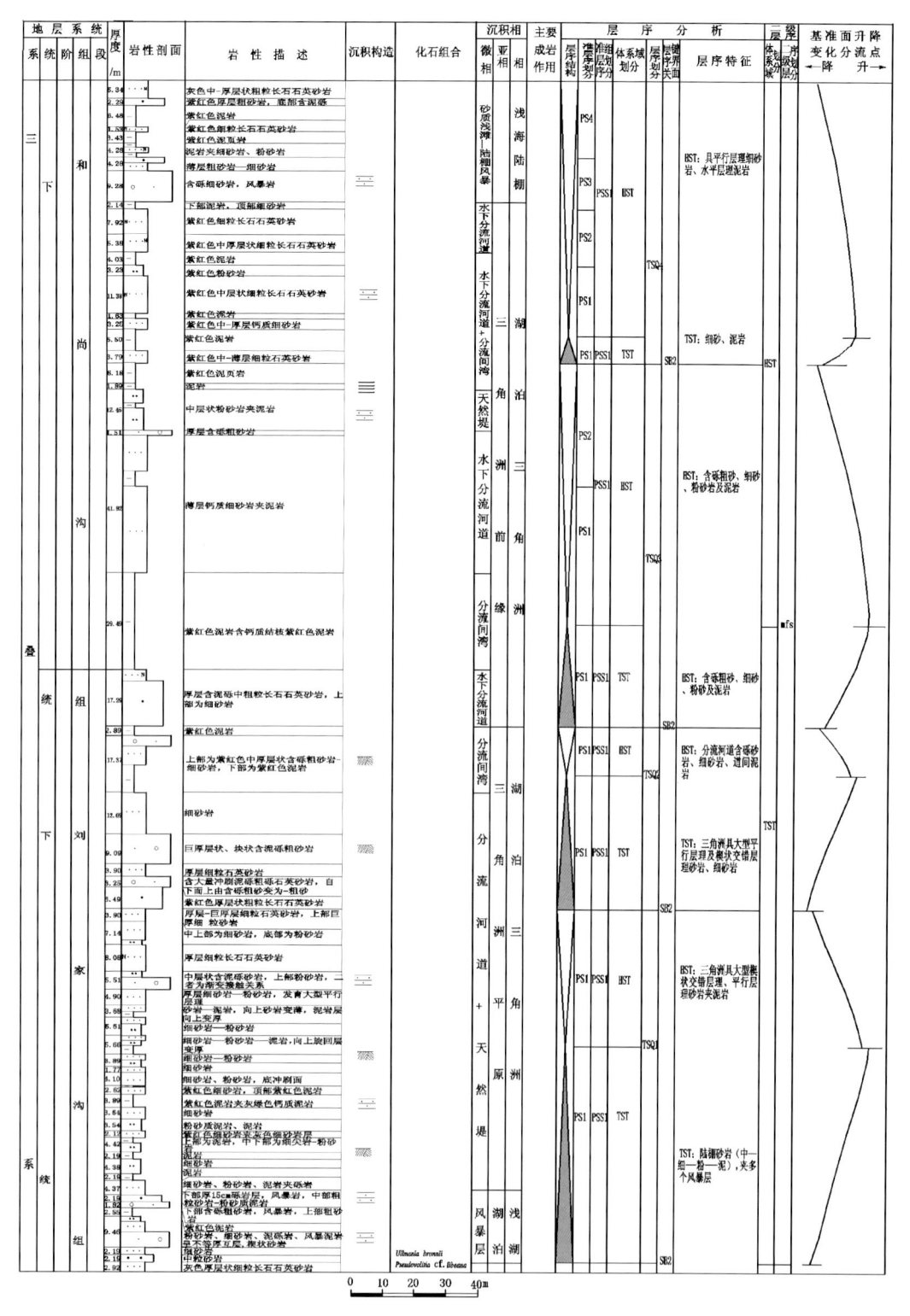

图 3-45 河南义马三叠系 SS10 超层序划分及特征

2. SS11 超层序

SS11 超层序相当于中三叠统二马营组至油房庄组，由层序 TSQ5、TSQ6、TSQ7 组成，底界面为区域沉积间断面。RST包括TSQ5和TSQ6的LST和RST。由下往上为三角洲前缘水下分流河道长石砂岩夹分流间湾泥岩（页岩）、湖相泥岩夹薄层砂岩，由上往下砂岩厚度变小，泥岩厚度增加，水体由浅变深。最大湖泛面为湖相泥岩沉积。PST包括TSQ6的PST和TSQ7；由下往上由滨湖泥岩、三角洲前缘水下分流河道砂岩夹泥岩、三角洲平原分流河道砂岩夹洼地、天然堤泥岩组成。由下往上砂岩厚度增加，粒度变粗，代表水体由深变浅（图3-46）。

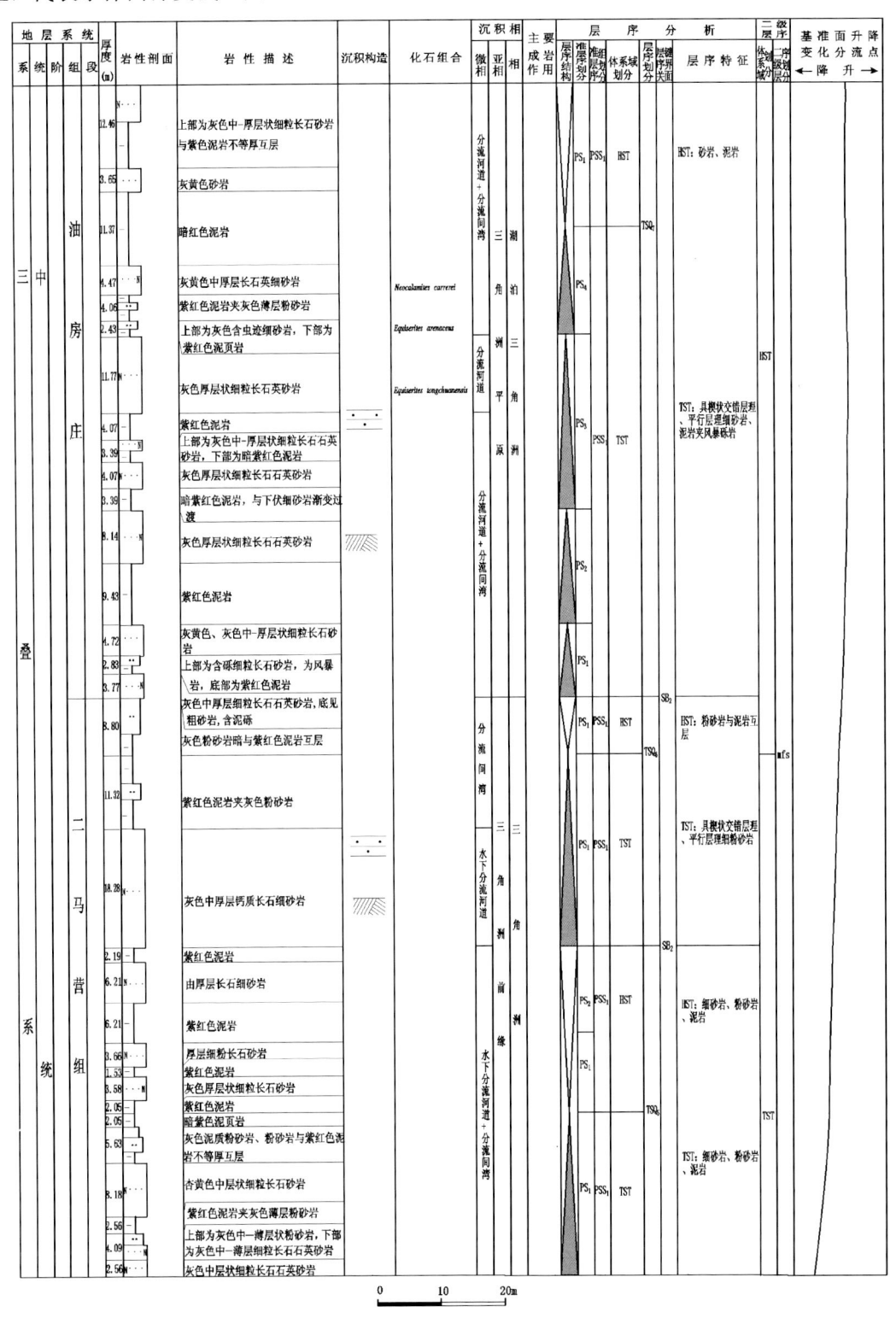

图3-46 河南义马三叠系SS11超层序划分及特征

3. SS12 超层序

SS12 超层序相当于上三叠统椿树腰组至谭庄组。由层序 TSQ8～TSQ13 组成，底界面为区域冲刷蚀面。RST 包括 TSQ8～TSQ10 和 TSQ11 的 LST 和 RST；由下往上为辫状河心滩砂岩夹洪泛平原的页岩、三角洲平原分流河道砂岩、三角洲前缘水下分流河道砂岩、分流间湾页岩组成，砂岩厚度向上往下变小，至顶部为黄绿色页岩夹砂岩，代表水体逐渐变深的趋势。由于地表侵蚀强烈，各层序由 LST、TST 构成，均缺少 PST，界面均为区域冲刷面。最大洪泛面为三角洲前缘分流间湾页岩沉积。PST 包括 TSQ11 的 PST 和 TSQ12、TSQ13；由下往上为三角洲前缘分流河道砂岩夹分流间湾、天然堤泥岩、三角洲平原分流河道砂岩组成。TSQ12、TSQ13 两个层序均为由下往上变粗、变厚的进积序列组成。

（七）侏罗系层序地层特征

受印支运动影响，南华北地区在隆升构造背景下发育一系列小型陆相湖盆，侏罗系地层分布于河南的渑池、义马、济源、确山等地，为一套河流-三角洲-湖泊相沉积，局部有少量火山喷发；两淮地区基本缺失。将侏罗系划分为 3 个超层序（SS13、SS14、SS15）；共包括 10 个层序（图 3-47）。由于各地侏罗系剖面出露不完整，下面选择有代表性剖面叙述其层序特征。

1. SS13 超层序

相当于下侏罗统杏石口组至南大岭组（河南相当于义马组至马凹组），包括 JSQ1 和 JSQ2 两个层序。以河南济源为例，底界面为义马组与上三叠统谭庄组的平行不整合面。湖泊扩张体系域包括 JSQ1 和 JSQ2 的 LST、TST；从下往上为三角洲平原的分流河道砂岩，三角洲前缘水下分流河道砂岩与页岩及湖相页岩，向上砂岩厚度减小，泥岩厚度增加，代表水体明显加深。最大洪泛面为浅湖页岩夹凝灰岩沉积。PST 侵蚀缺失上部沉积。

2. SS14 超层序

相当于中侏罗统下花园组至九龙山组，包括 JSQ3、JSQ4、JSQ5 三个层序。层序结构特征以北京西山为例，层序底界面为下花园组不整合于献岭组玄武岩之上。RST 包括 JSQ3 的 LST、RST，主要由三角洲前缘水下分流河道和分流间湾的黄绿色砂岩、粉砂岩、泥岩组成。

湖泛面为分流间湾泥质沉积。PST 包括 JSQ3 的 HST、JSQ4 和 JSQ5，由下往上为三角洲平原分流河道含砾粗砂岩，细砂岩夹泥岩，曲流河心滩与洪泛平原的砂岩、粉砂岩、粉砂质泥岩组成，向上构成一个粒度变粗的反旋回。

3. SS15 超层序

相当于上侏罗统段韩庄组。由于燕山运动（二幕，三幕）较强烈，加之地面出露点很少，难以找到完整的剖面，就不对该层序进行详细描述。

第四节　层　序　对　比

众所周知，层序的形成是全球相对海、湖平面变化的产物，其中超层序、层序所反映的相对海、湖平面变化是一致的，运用超层序、层序进行区域上的对比，能很好揭示该区域内的沉积作用、构造活动与海、湖平面变化的关系，探讨层序发育的主控因素。所以，在超层序、层序划分及其特征研究的基础上，选择不同地区、不同相带内典型剖面及钻井进行层序对比，可以揭示超层序及其所包含的层序发育的特点。

一、青白口系层序对比

南华北地区青白口系共划分出 1 个超层序（SS1）、2 个层序，南华北地区局部出露，层序发育差别很大，总体上对比差（图 3-48）。QbSQ1 层序在鲁山下汤剖面最全，向东本层序基本缺失，仅在安徽凤阳大邹山为厚 16m 的砾岩。QbSQ1 层序在淮南寿县、凤阳及周参 6 井保存较好。

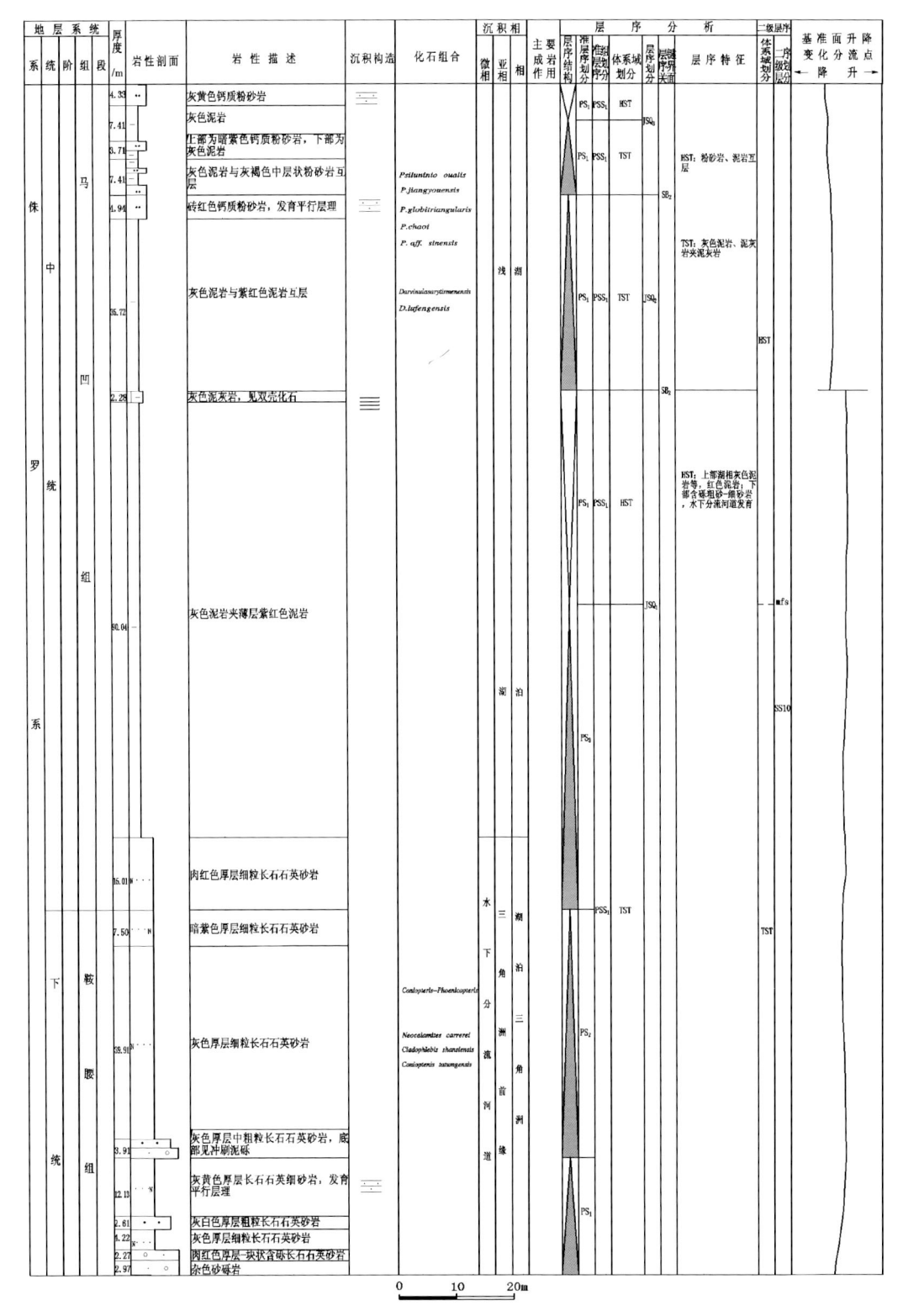

图 3-47 河南济源侏罗系 SS13 超层序划分及特征

二、震旦系层序对比

区内震旦系可划分为 1 个超层序、2 个层序，南华北地区局部出露，层序发育差别很大，总体上对比差（图 3-49）。ZSQ1 层序由西向东厚度逐渐变薄，在安徽凤阳主要为开阔台地的泥晶灰岩和碳酸盐潮坪的叠层石灰岩，凤深 1 井为开阔台地的砂屑灰岩，各地区的剖面岩性差别也较大。ZSQ2 层序该层序在淮北、淮南及枣庄唐庄地区主要表现为一套白云岩、灰质白云岩沉积，该层序在两淮地区对比形相对较好，但与豫西对比性差。

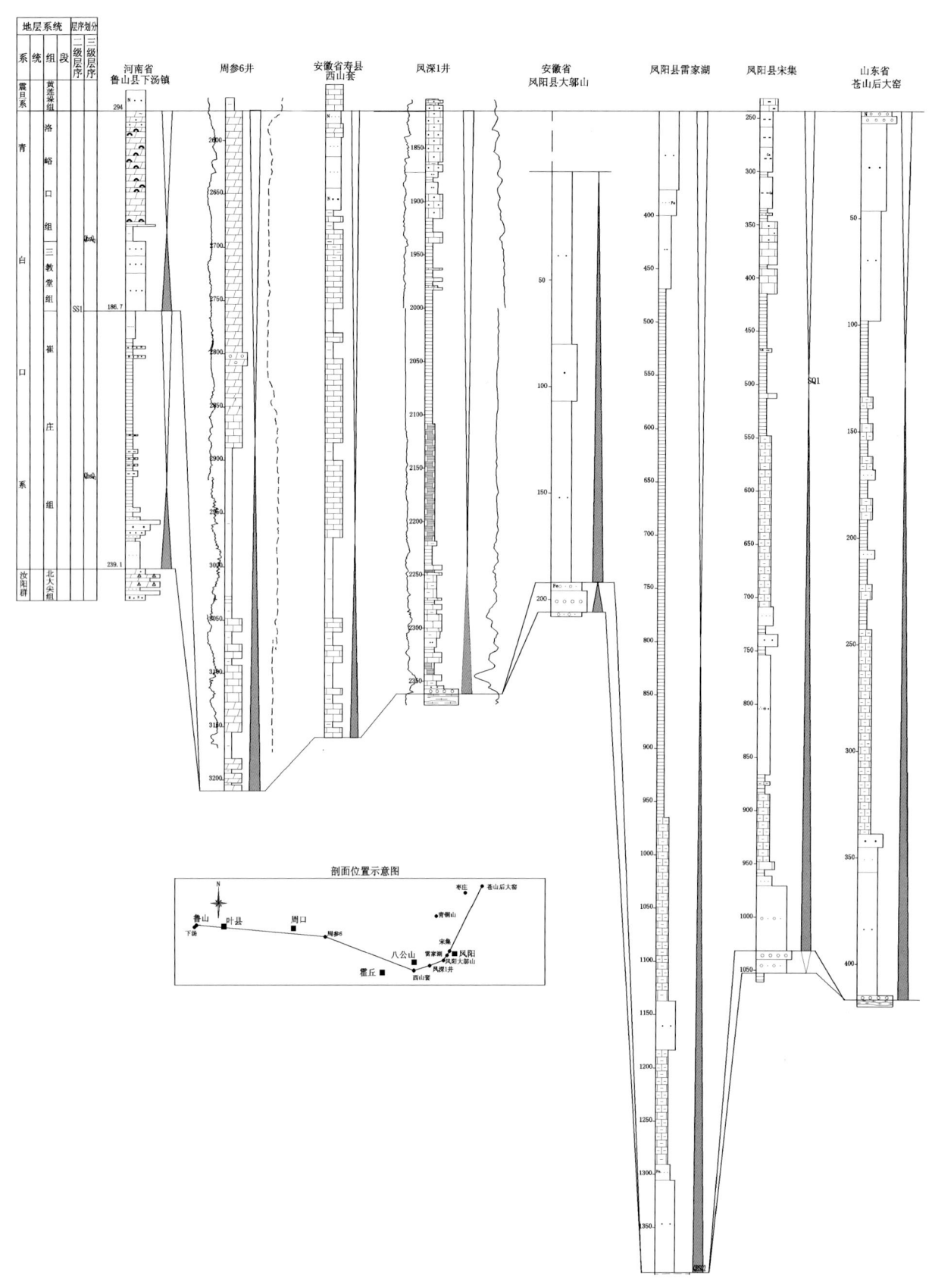

图 3-48 南华北盆地鲁山下汤镇—苍山后大窑剖面青白口系层序地层对比图

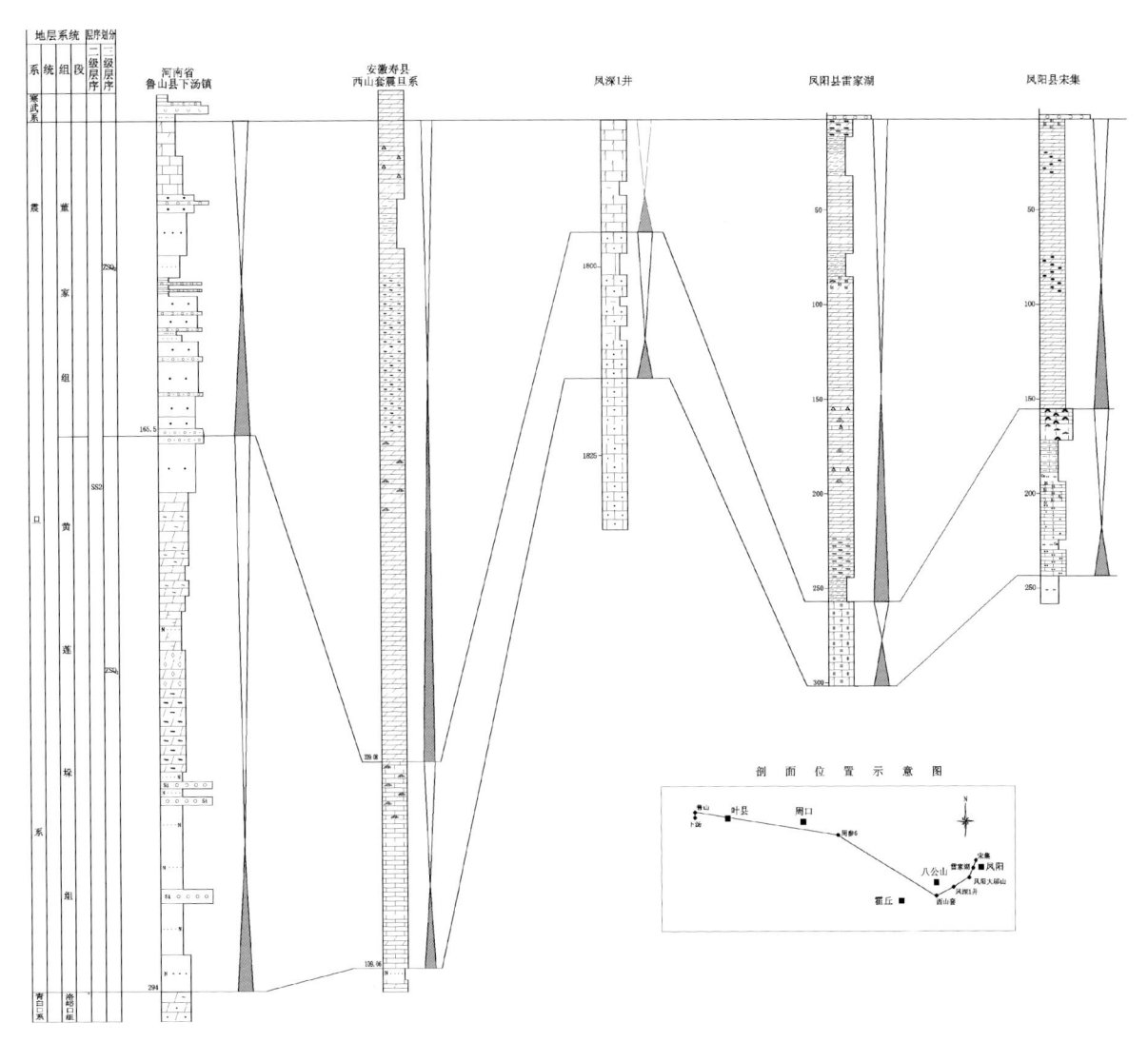

图 3-49 南华北盆地鲁山下汤镇—凤阳宋集剖面震旦系层序地层对比图

三、寒武系层序对比

在寒武系沉积演化过程中发育 2 个超层序（SS3 超层序和 SS4 超层序），其中 SS3 超层序在南华北地区可识别出 6 个层序，张夏组以上层序（∈SQ4～∈SQ13）在不同相带的剖面上均可对比（图 3-50）。∈SQ1～∈SQ2 层序分布局限，对比差，沧浪铺阶和龙王庙阶在不同地区不同剖面上发育的完整程度不一。如在河南登封地区的辛集组底部缺失了一个层序（∈SQ3）；在山东枣庄地区缺失 3 个层序（∈SQ3～∈SQ5）。早古生代，南华北地区进入稳定的克拉通盆地发展时期，寒武纪初，南华北地区仍处于高出海面的古陆状态，直到寒武系第二统沉积期，渑池、燕山、豫淮等地才开始下降接受沉积，之后整体继续下降，导致海侵由南向北进一步扩大，该时期华北板块南缘为稳定的被动大陆边缘。但无论如何，SS3 超层序在整个南华北地区是完全可以对比的，其中所发育的层序也可以对比，且每个层序在不同地区均由对应的化石带所限定，同时，每个层序延续的时限与大家所公认的层序延续的时限也大体相当。

SS4 超层序相当于张夏组至寒武系第四统，南华北地区处于构造稳定时期，该超层序中发育 7 个层序，在从整个南华北地区来看是完全可以对比的（图 3-50），也发育明显的标志层如崮山组的竹叶状灰岩在全区都发育，超层序内的层序绝大多数均有化石带控制，可进行良好的对比。

四、奥陶系层序对比

奥陶纪时，南华北地区处于加里东构造转折期，发育 3 个超层序：SS5 超层序、SS6 超层序和 SS7 超层序（图 3-51）。

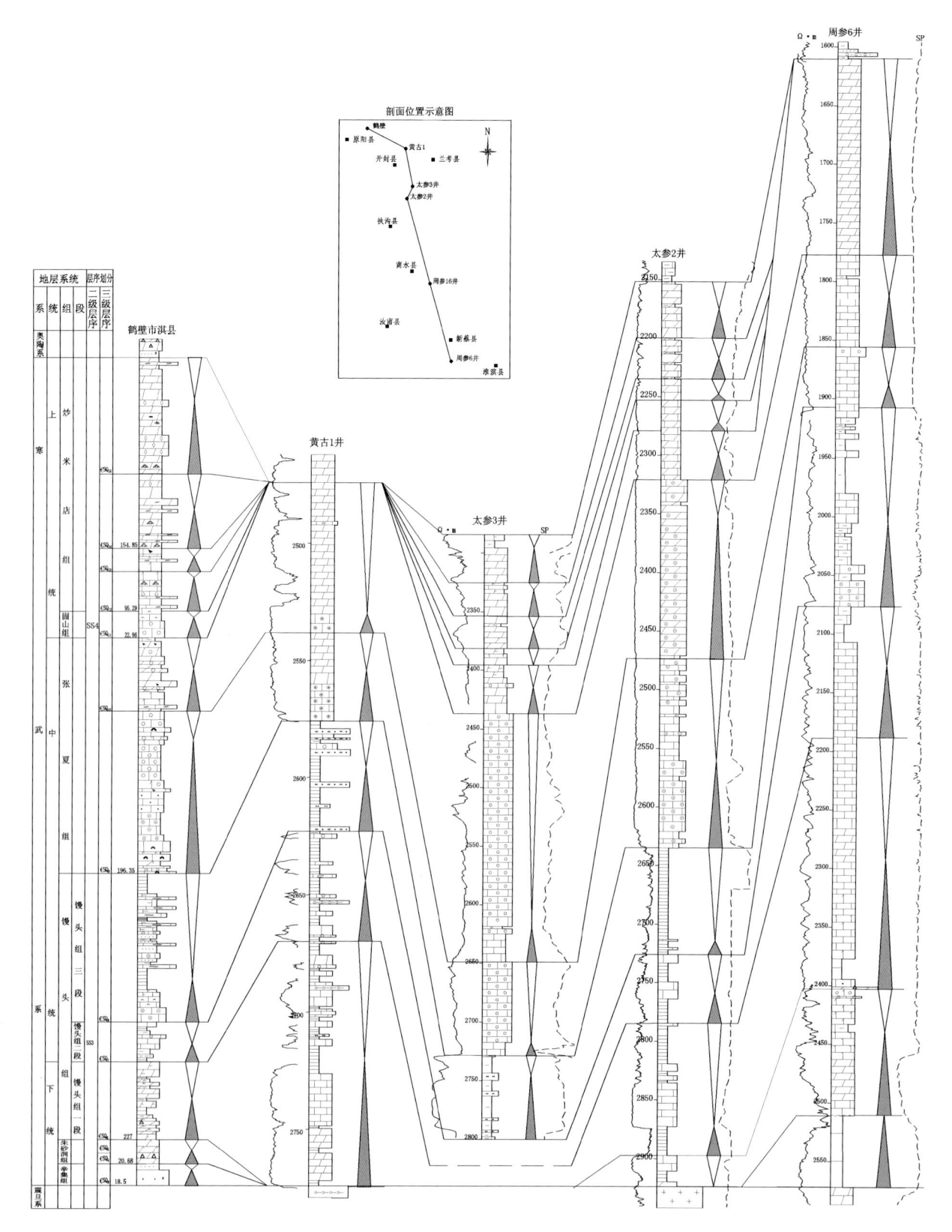

图 3-50　南华北盆地鹤壁淇县—周参 6 井寒武系层序地层对比图

SS5 超层序对应于下奥陶统新厂阶，包括 2 个层序（OSQ1、OSQ2）。受加里东构造运动影响，该超层序在河南大部分地区缺失（图 3-51）。在山东、河北、山西为 2 层白云岩、燧石结核白云岩，界限明显，超层序内的层序的数目能完全对比，超层序内的层序绝大多数均有化石带控制，超层序的对比性强。

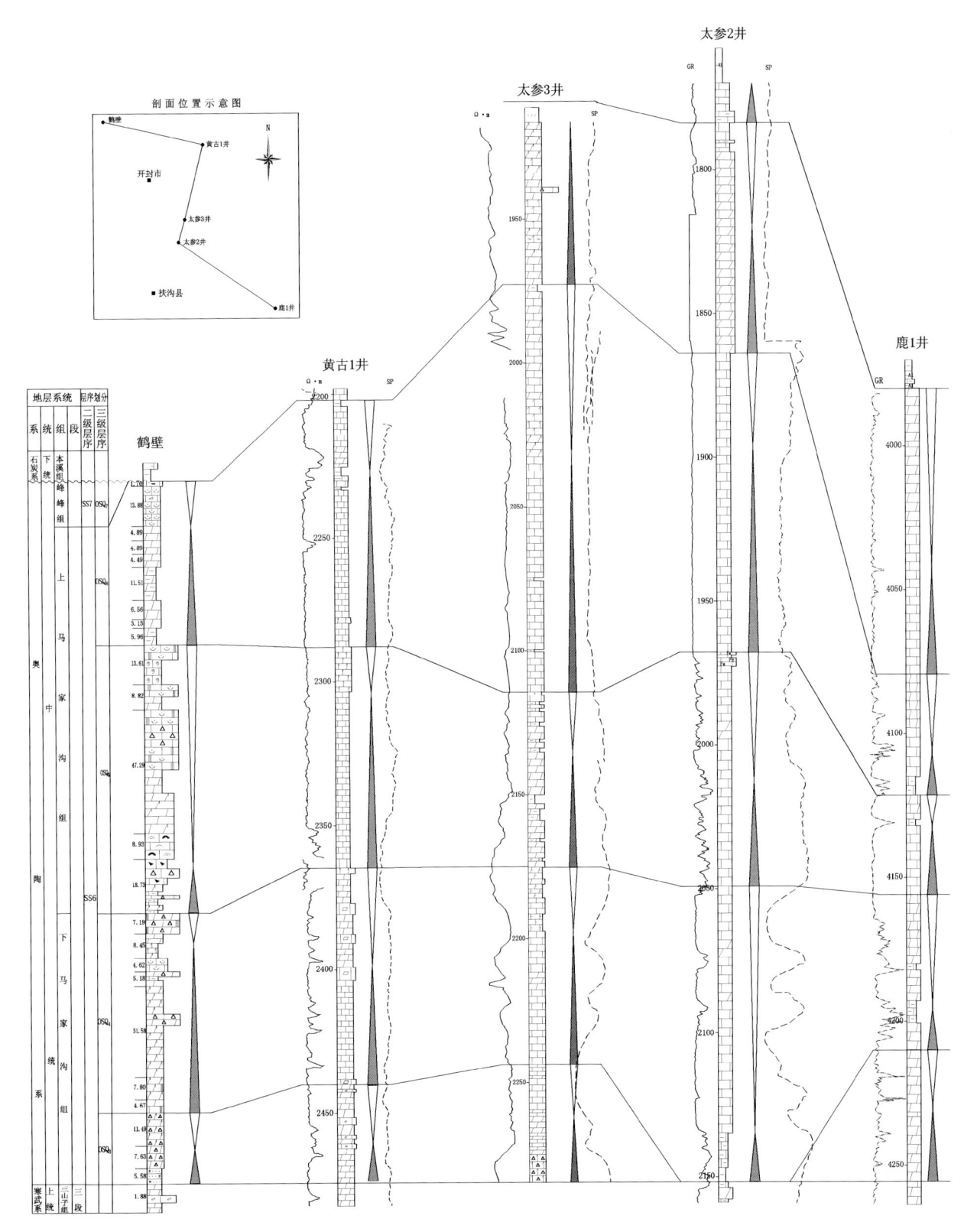

图 3-51 南华北盆地鹤壁—鹿 1 井奥陶系层序地层对比图

SS6 超层序对应于下奥陶统道堡湾阶，包括 5 个层序（OSQ3～OSQ7）。受怀远运动影响，南华北地区抬升部分地区暴露遭受剥蚀，层序发育不全（图 3-51）。如河南登封只发育 OSQ3、OSQ4 两个层序；河南巩县只发育 SQ3～OSQ6 四个层序。其余地区发育较完整，超层序内的层序绝大多数均有化石带控制，因而可以很好的对比。

SS7超层序对应于中奥陶统，包括2个层序（OSQ8、OSQ9），该超层序在南华北地区大部分地区被剥蚀，无法进行全区对比（图3-51）。这是由于中奥陶世末期以后，北缘西北利亚板块向南俯冲挤压，南缘扬子板块继续向北推挤俯冲，导致南华北地区的整体抬升，并长期（130Ma）处于剥蚀状态。

五、石炭系—二叠系层序对比

南华北地区石炭系—二叠系可划分为两个超层序，分别命名为SS8超层序和SS9超层序（图3-52）。

SS8超层序是由CSQ1、PSQ1～PSQ4共5个层序构成，相当于本溪组、太原组和山西组（图3-52）。其底界在研究区表现得非常清楚，区域上存在着广泛的铝土质页岩、铁质页岩，顶界面为海盆与陆盆转换面。该期南华北地区为地台型海陆过渡相铝质岩-碳酸盐岩-含煤碎屑岩沉积，山西组、太原组广泛发育煤层。

SS9超层序内的层序发育齐全，在不同地区均有相对应的化石带所限定和对比，可进行良好的对比（图3-52）。SS9超层序由PSQ5～PSQ17共13个层序构成，相当于中—上二叠统，为河流-三角洲-湖泊相沉积。

六、三叠系—侏罗系层序对比

南华北地区三叠系一般发育有3个超层序（SS10～SS12）（图3-53），侏罗系发育3个超层序（SS13～SS15）（图3-54）。由于该套地层地表出露非常零星和不完整，这是由于后期燕山构造运动抬升剥蚀造成的，所以给层序大区域对比造成了困难。实际上在三叠纪—侏罗纪的沉积演化过程中，南华北地区可能为统一的陆相湖盆沉积，岩性特征、古生物特征是可以对比的，因而层序也是可以对比的。但由于目前地层出露零星和不完整，仅在河南登封、济源、渑池一带发育较全，在所收集到的钻井中钻遇三叠系的钻井也较少。

第五节　新成果、新认识小结

本章节系统研究了南华北地区青白口系—侏罗系层序地层特征。所取得的新成果和新认识有下述几点。

（1）首次在研究区的古生界上石盒子组与石千峰组之间发现了一套厚度不大的风化残积层——鲕状赤铁矿（图3-55）。风化残积层由泥岩、粉砂岩、蜂窝状和串珠状褐铁矿结核组成，厚度0.2～0.5m。因此，从层序地层学的角度分析，此套风化残积层代表了前期沉积之后的暴露条件下的沉积，相当于层序地层学中的LST内的产物。所以，上石盒子组与石千峰组的分界界限应在此套风化残积层的底界。此界面在整个河南登封地区、巩县、新安、济源等地普遍存在，刘和认为是海西运动最后一幕在河南的表现，并命名为"箕山运动"。

（2）首次在登封地区崮山组、张夏组之间发现了铁质风化壳的存在（图3-56）。铁质风化壳的存在既说明两者之间为一个层序界面，同时又说明张夏组沉积之后暴露遭受风化过程也是张夏组鲕粒灰岩发生溶蚀过程，这就为形成岩溶储层创造了条件。同时，层序界面亦为油气的横向运移提供了通道，增加了油气聚集可能。

（3）在上述新发现的基础上，首次系统地对南华北地区青白口系—侏罗系层序界面的特征及成因类型进行了深入系统的研究，识别出8种层序界面的识别标志：①古风化壳；②渣状层；③古喀斯特作用面；④冲刷侵蚀面；⑤岩性岩相转换面；⑥超覆面；⑦最大海泛面；⑧最大湖泛面。上述层序界面可划分为5种成因类型：①造山侵蚀层序不整合界面；②隆升侵蚀层序不整合界面；③海侵上超层序不整合界面；④陆上暴露层序不整合界面；⑤冲刷侵蚀层序不整合面。这一研究成果对于正确识别和划分层序具有重要的意义，进而为编制更为精确的层序-岩相古地理图奠定了基础。

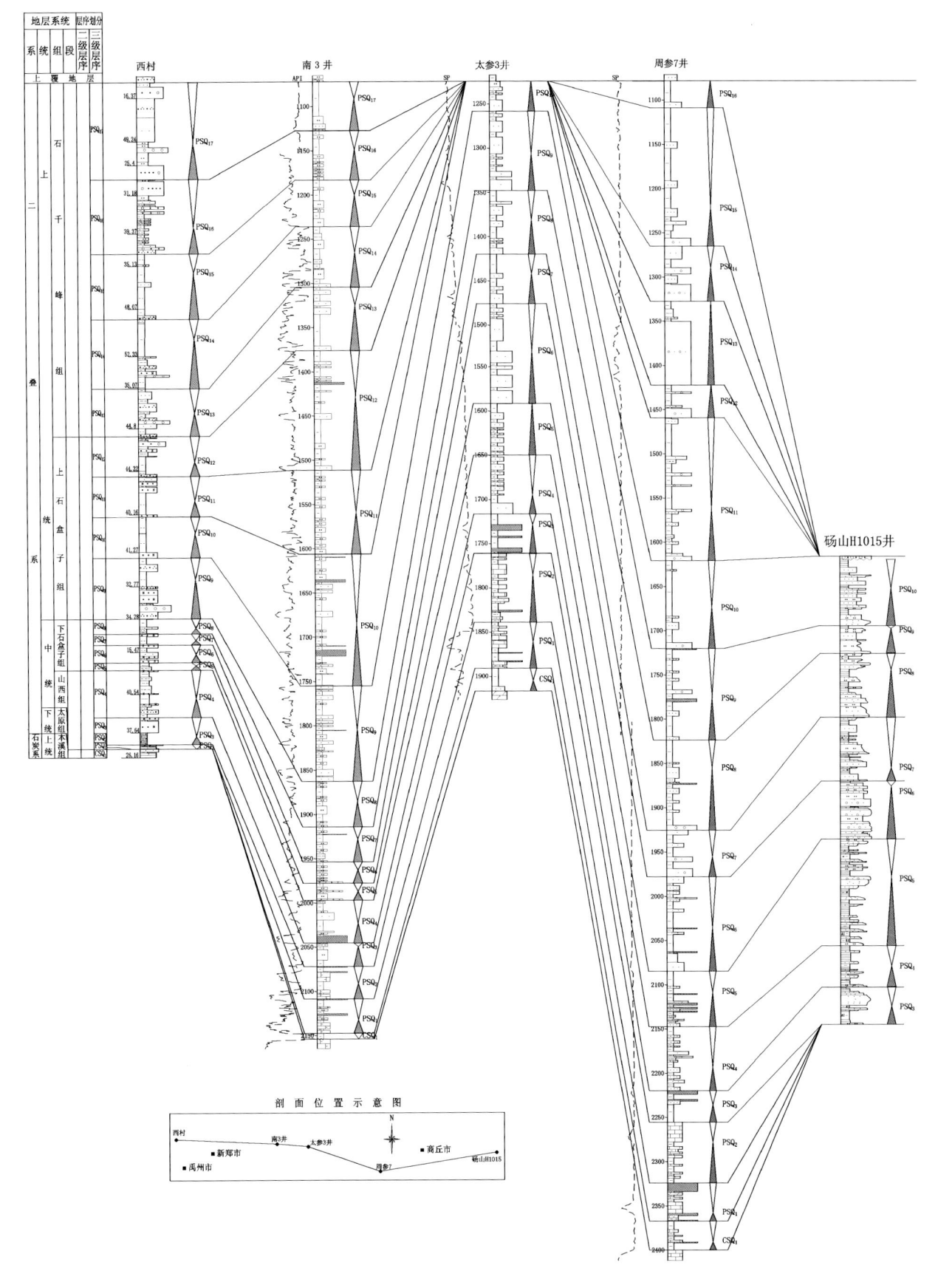

图 3-52 南华北盆地西村—砀山 H1015 井石炭系—二叠系层序地层对比图

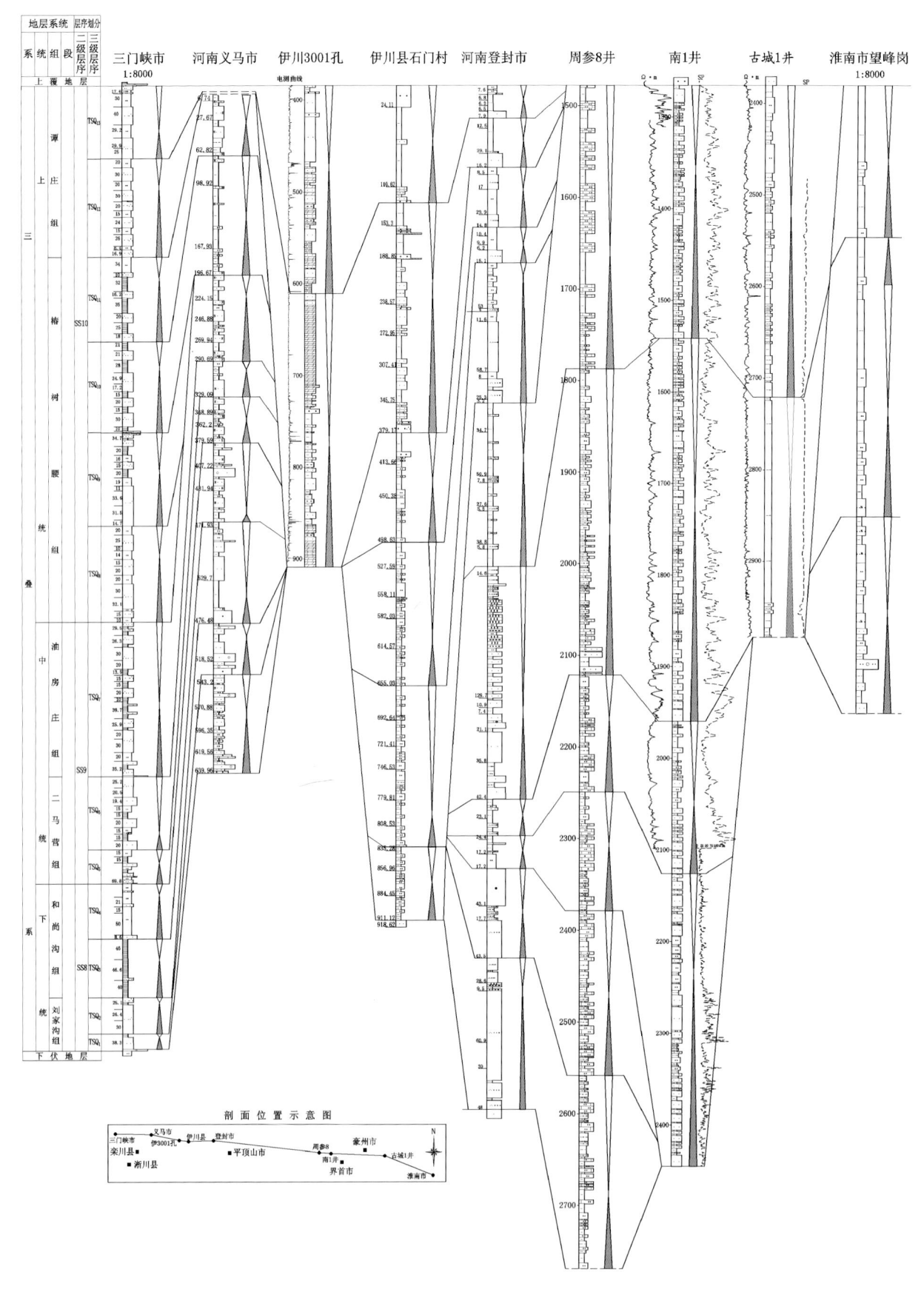

图 3-53 南华北盆地三门峡—淮南望峰岗剖面三叠系层序地层对比图

第三章 层序地层划分、特征和对比

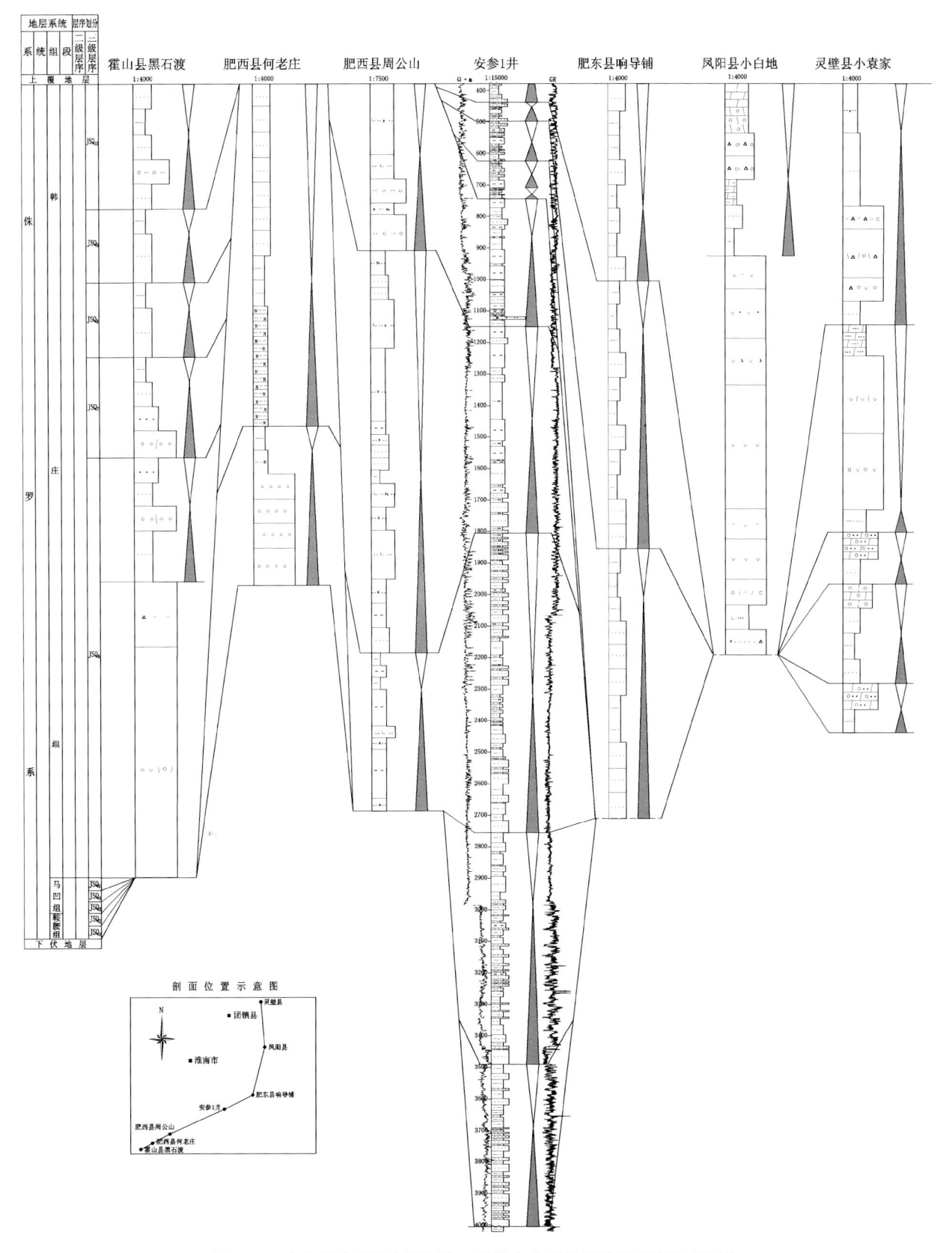

图 3-54 南华北盆地霍山黑石渡—灵璧小袁家侏罗系层序地层对比图

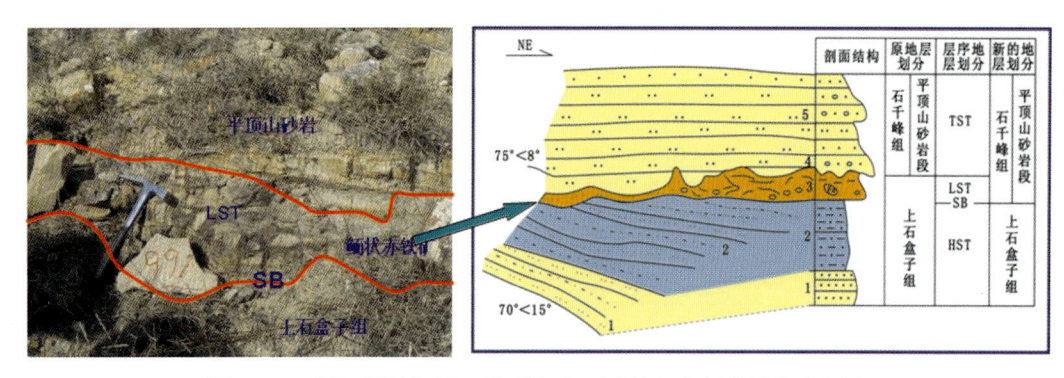

图 3-55　巩县西村剖面上石盒子组与石千峰组之间的风化残积层

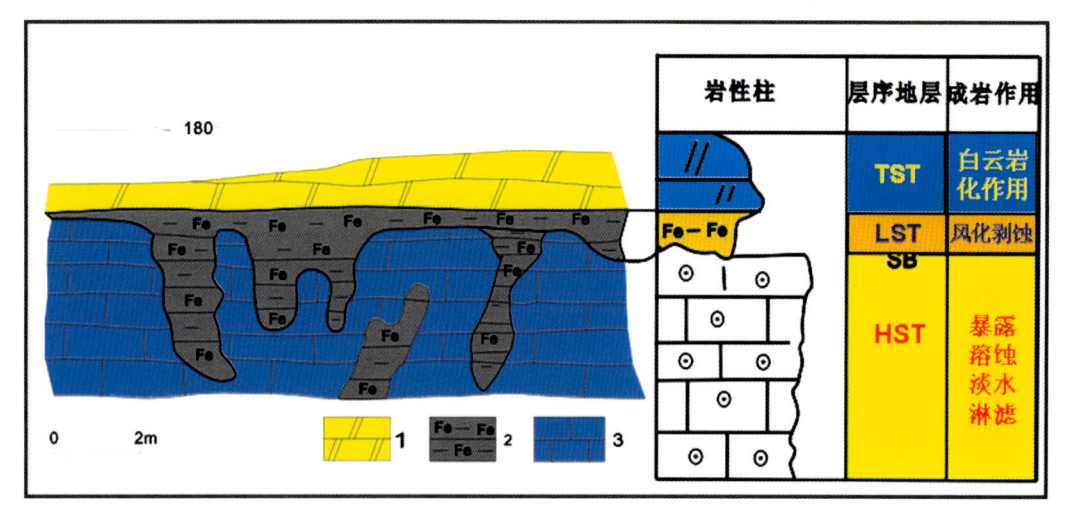

图 3-56　小城沟张夏组与阳坡白云岩不整合素描图
1. 白云岩；2. 铁质岩；3. 张夏组灰岩

（4）在系统收集、分析前人层序划分方案的基础上，通过基干剖面和大量的辅助剖面及钻井剖面的研究，依据层序界面特征、体系域结构，本书提出了切实可行的新元古界—中生界层序划分方案。青白口系包括 1 个超层序、2 个层序；震旦系包括 1 个超层序、2 个层序；寒武系包括 2 个超层序、15 个层序；奥陶系包括 3 个超层序、9 个层序；石炭系—二叠系包括 2 个超层序、18 个层序；三叠系包括 3 个超层序、13 个层序；侏罗系包括 3 个超层序、10 个层序。此划分方案可与中国南方、塔里木盆地、鄂尔多斯盆地、北华北地区进行很好的对比，反映了层序的形成均受全球相对海（湖）平面升降变化的控制。

（5）分别从地震剖面、野外剖面和钻井入手详细研究了各级次层序特征。并进行了层序对比。对比表明，无论是超层序还是层序的体系域结构样式在不同地区、不同相区表现特征不同，具有 TST≥HST、TST≤HST 和 TST＝HST 三种类型。总体上看，南华北地区各时代地层中超层序对比良好，但其中包括的三级层序发育的个数及其物质组成在不同地区的剖面或钻井中有所差异，这是由于古地理背景不同、物源供给不同等所造成的。

第四章 沉积盆地演化与层序充填

南华北新元古代—中生代盆地，地跨河南省南部及安徽省西北部。构造上处于华北板块南部，西南以秦岭—大别造山带为界与扬子板块相隔，东临郯庐走滑断裂。张国伟等（1988）认为东秦岭—大别造山带由华北板块与扬子板块及夹于二者之间的秦岭微板块相互碰撞造山而成的，秦岭微板块北以商丹古缝合带 SF1 为界，南以勉略古缝合带 SF2 为限。华北板块南部以三门峡—鲁山—淮南断裂为界，以北属于华北板块本部，其构造—地层组合与华北板块本部完全相同，以南至栾川—固始断裂之间的华北板块南部是卷入造山带的过渡变形带——长山隆起带，也称为北缘逆冲推覆构造带（何明喜等，1995）或华北地块南缘构造带（河南油田分公司，2000）。商县—丹凤—信阳—舒城断裂（商丹古缝合带 SF1）以北至栾川—方城—舒城断裂之间为北秦岭逆冲推覆构造带。南华北盆地构造演化与构造格局的形成受到古亚洲洋、特提斯洋和太平洋三大全球性动力体系的复合、叠加和交切关系的控制，使得南华北显示出南北有别、东西差异的复杂构造格局，形成了南华北主体两隆（太康隆起、豫西—长山隆起）两坳（开封坳陷带和周口坳陷带）和东部一隆一盆（徐州—蚌埠隆起和合肥盆地）的构造构局。

从现今的构造格局来看，南华北盆地可划分为豫西—长山隆起、周口坳陷、太康隆起、开封坳陷、徐州—蚌埠隆起和合肥盆地六个一级构造区。开封坳陷带次级构造单元自西向东有济源凹陷、中牟凹陷、民权凹陷、成武凹陷及黄口凹陷、周口坳陷带（图 4-1）。

第一节 新元古代—中生代构造演化及盆地类型

通过对深部地球物理、区域地质及大量的地震、钻井等地质资料的系统研究，本书认为南华北地区新元古代—中生代构造演化及形成的不同类型盆地与中元古代泛亚洲古板块（刘长安，1979）裂解，古秦岭洋、古-新特提斯洋形成演化，华北板块与扬子板块碰撞，太平洋板块与欧亚板块俯冲、郯庐断裂走滑有关。其构造演化奠基于太古代—古元古代结晶基底、长城纪—蓟县纪坳拉槽形成演化，经历了 6 个构造演化阶段（表 4-1、图 4-2）：①新元古代被动大陆边缘裂谷—克拉通坳陷阶段（Pt_3）；②早古生代早期被动大陆边缘—克拉通坳陷阶段（ϵ_1-ϵ_2）；③早古生代中期主动大陆边缘弧后盆地—克拉通坳陷阶段（ϵ_3-O_2）；④晚古生代克拉通—陆内坳陷阶段（C_2-P_3）；⑤早中生代陆内坳陷阶段（T）；⑥晚中生代前陆盆地—断陷盆地阶段（J_1-K_2）。其后又经历了新生代断陷盆地阶段（E）、坳陷—走滑盆地阶段（N-Q）两个改造阶段。本书在区域大地构造背景下，从盆地沉积格局和充填层序特征出发，探讨南华北地区新元古代—中生代不同构造演化阶段原型盆地沉积演化特征，更深入地认识盆内充填的沉积体系类型、特征及层序发育模式，为全面系统的认识南华北地区新元古代—中生代沉积演化过程中的生储盖类型及时空演化，为油气战略选取提供依据。

自中元古代始，古中国板块大陆地壳在离散构造背景下导致大陆裂解。由于地幔柱热流活动的不均衡性，即以先存的古元古代线型构造为先导，形成了一系列三叉裂谷，构造演化上是从裂陷向坳陷过渡，沉积上是从火山岩建造向碳酸盐岩过渡，于华北陆块南北边缘演化成为坳拉槽。以栾川—固始断裂为界，其北为豫西坳拉槽及徐淮坳拉槽，其南的北秦岭区仍为裂谷环境，表现在沉积-火山岩建造上，栾川—固始断裂两侧截然不同。北侧的南华北地区由北向南分别发育了五佛山群、汝阳群。总体上，它们主要为一套以石英砂岩、长石石英砂岩、页岩,夹少量白云岩,底部普遍为含砾砂岩的滨岸-潮坪相碎屑岩建造,厚度向南加大达1000~4000m。栾川—方城地区的管道口群及栾川群以碳酸盐岩建造为主,岩性以白云岩为主,夹大量燧石条带、团块,含丰富叠层石,说明向南海水变深。总体上,自北向南由滨岸-潮坪过渡为局限台地沉积环境。

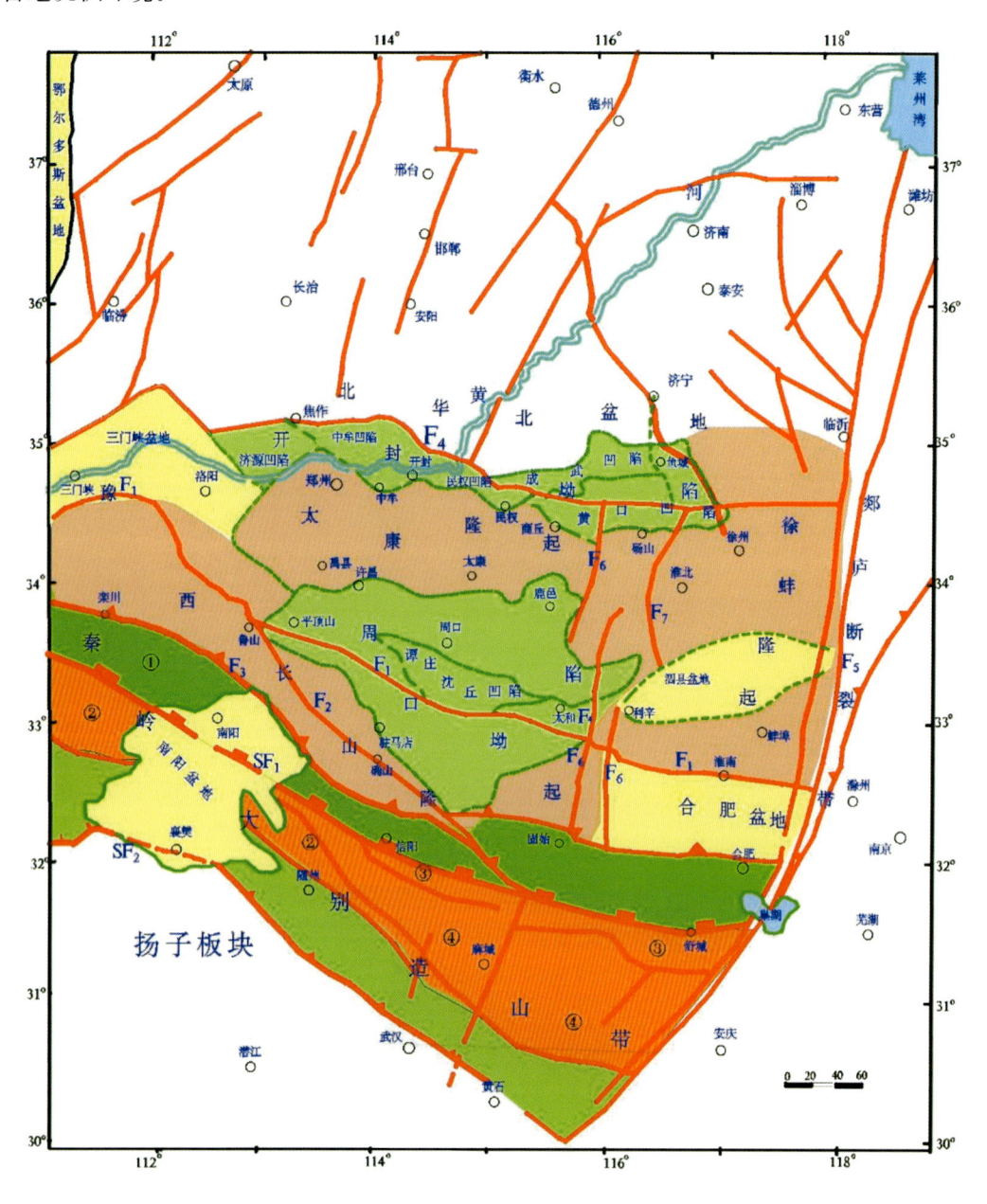

图 4-1 南华北地区构造分区略图

SF₁. 商县—丹凤—信阳—舒城断裂;SF₂. 勉略—襄樊断裂;F₁. 三门峡—临汝—淮南断裂;F₂. 三门峡—鲁山—舒城断裂;F₃. 栾川—方城—舒城断裂;F₄. 焦作—商丘断裂;F₅. 郯庐断裂;F₆. 夏邑—麻城断裂;F₇. 淮北逆冲断裂。

秦岭—大别造山带:①北秦岭逆冲推覆构造带;②南秦岭逆冲推覆构造带;③北淮阳构造带;④桐柏花岗岩穹隆带

表 4-1　南华北新元古代—中生代构造演化阶段及盆地类型一览表

地质时代			岩石地层		沉积建造	盆地类型	盆地沉积组合	构造阶段	区域构造事件
代	纪	世/Ma	豫西区	徐淮区					
新生代	第四纪	Q 0.01 2.60	南阳组 邓县组 潮积层	徐淮组 苘塘组 潘集组 蒙城组	陆源碎屑岩建造（以细碎屑岩为主）	坳陷盆地，如开封、南阳、周口等走滑断陷盆地	第九套组合	喜山阶段	印度板块与欧亚板块碰撞，新特提斯闭合 西太平洋沟弧盆体系形成，发育走滑断陷复合盆地 差异沉降，华北坳陷盆地形成
	新近纪	N₂ 5.3 N₁ 23.3	凤凰镇组 大岭组	正阳关组					
	古近纪	E₃ 32 E₂ 56.5 E₁ 65	卢氏组 张家村组	戚家桥组 定远组	湖相生油岩系		第八套组合		强烈断块运动，发育一系列箕状断裂，沉积湖相生油岩系
中生代	白垩纪	K₂ 96 K₁ 137	九店组 大营组 韩庄组 马凹组 鞍腰组/义马组	张桥组 响导铺组 朱巷组 园筒山组 防虎山组	粗碎屑建造 陆相碎屑含煤建造	断陷盆地 合肥盆地为前陆盆地	第七套组合	燕山阶段	太平洋板块斜向俯冲，产生北西-南东拉张构造应力场 郯庐断裂左行走滑进入高峰期，后转换为张性，引发青山期大规模火山喷发，秦岭—大别强烈走滑造山 秦岭—大别陆内挤压
	三叠纪	T₃ 205 T₂ 227 T₁ 241 250	谭庄组 椿树腰组 油坊庄组 二马营组 和尚沟组 刘家沟组		陆相碎屑含煤建造	陆内坳陷盆地	第六套组合		
古生代	二叠纪	P₂ 257 P₁ 277 295	孙家沟组 上石盒子组 下石盒子组 山西组 太原组	孙家沟组 上石盒子组 下石盒子组 山西组 太原组	海陆交互相含煤建造	克拉通-陆内坳陷盆地	第五套组合	海西-印支阶段	古特提斯开合 晚二叠世海水完全退出南华北，海相沉积终止
	石炭纪	C₂ 320 354	本溪组	本溪组					华北与西伯利亚陆块拼合，北秦岭叠覆造山 南华北长期隆升剥蚀 秦岭海槽关闭 华北与扬子陆块拼贴碰撞 秦岭海槽俯冲、消减，华北边缘拼贴、增生 怀远抬升，华北中部发育大型台地蒸发相膏盐坪
	泥盆纪	D₃ 372 D₂ 386 410			主动大陆边缘 俯冲碰撞 整体隆升				
	志留纪	S₂ S₁ 438							
	奥陶纪	O₃ O₂ 490	峰峰组 上马家沟组 下马家沟组 萧县组	老虎山组 上马家沟组 下马家沟组	陆表海碳酸盐岩建造	主动大陆边缘弧后盆地-克拉通坳陷盆地，如淮北台坳	第四套组合		扬子古板块向华北古板块俯冲（岛弧）、碰撞型花岗岩（392 Ma）
	寒武纪	∈₃ 500 ∈₂ 513 ∈₁ 543	炒米店组 崮山组 张夏组 馒头组三段二段一段 朱砂洞组 立集组 东坡组 罗圈组	炒米店组 崮山组 张夏组 馒头组三段二段一段 昌平组 猴家山组 凤台组	陆表海碳酸盐岩及碎屑岩建造	被动大陆边缘克拉通盆地，淮南台坳、鹿邑台坳	第三套组合	加里东阶段	早-中寒武世秦岭海槽扩张，洋壳增生
新元古代 Pt₃	震旦纪	Z 680	董家组 黄莲垛组	徐淮群 西顶山组 九里桥组	碎屑岩-碳酸盐岩建造	被动大陆边缘-克拉通盆地，如徐淮台坳及周口台隆	第二套组合		
	青白口纪	800 1000	汝阳群	八公山群 洛峪群 教庄组 祖庄组	碎屑岩-碳酸盐岩建造	被动大陆边缘裂谷-克拉通坳陷盆地，如豫西台坳、徐淮台坳及周口台隆	第一套组合		华北、扬子等陆块拼合，形成古中国大陆克拉通盆地
中元古代 Pt₂	蓟县纪	1400	汝阳群 熊耳群		碎屑岩-碳酸盐岩建造	坳拉槽，如豫西坳拉槽、徐淮坳拉槽		晋宁阶段	地幔柱活动，地壳S N拉张，裂陷，形成坳拉槽 陆块边缘高山河群、官道口群稳定台地沉积 熊耳群大陆裂谷火山喷发（沉积）（1.6-1.8Ga） 古陆块裂解
	长城纪	1800	熊耳群		碎屑岩-碳酸盐岩-火山沉积建造				
古元古代 Pt₁		2500	嵩山群	凤阳群 宋集组 五指峙组 白云组	滨浅海相陆源碎屑岩-碳酸盐岩建造			五台阶段	
新太古代 Ar₃			太华岩群	霍邱群	中性火山沉积岩系			吕梁阶段	NE向裂陷 陆核增生，中国古陆形成

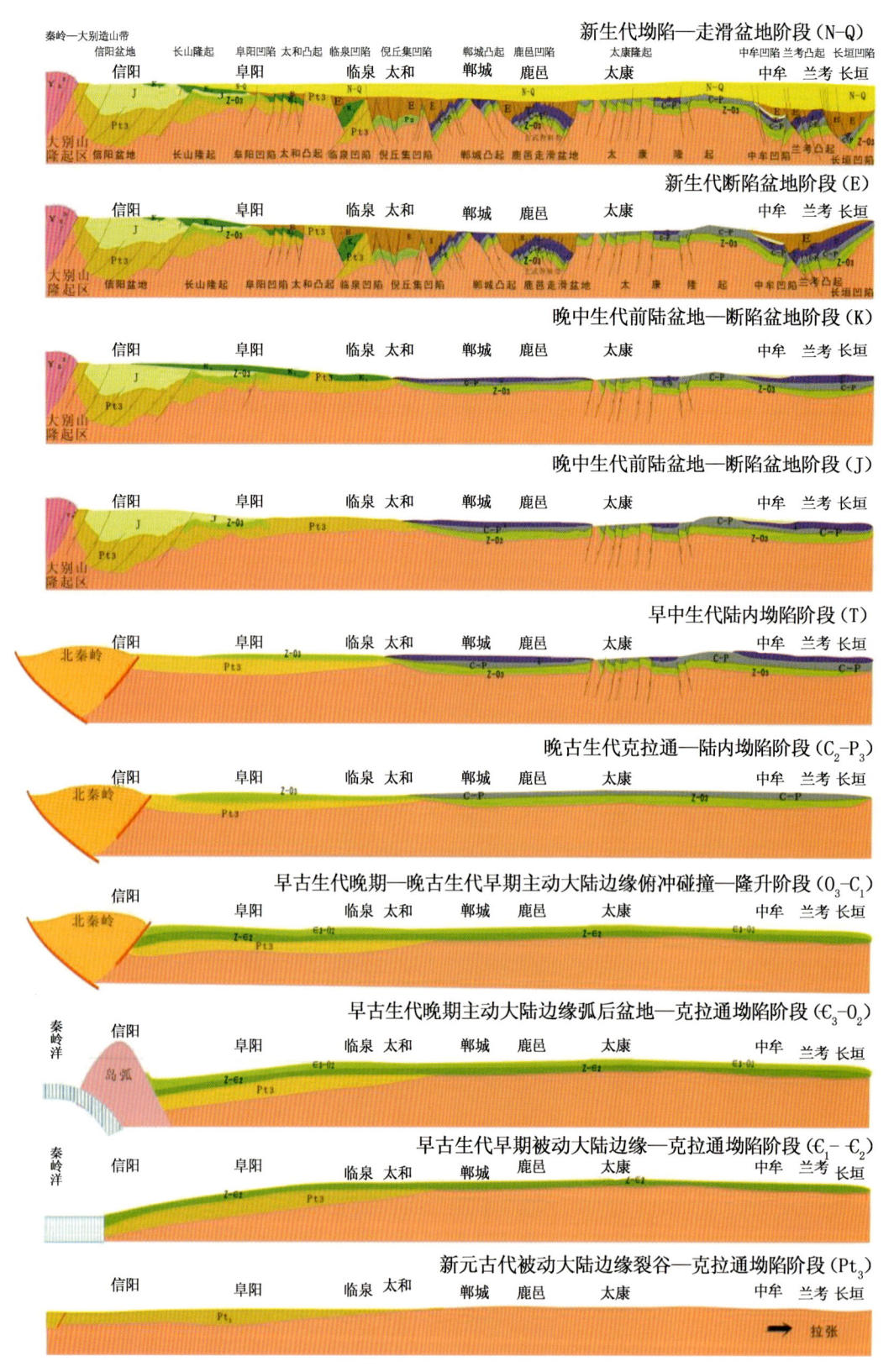

图 4-2 南华北新元古代—中生代构造演化及盆地类型

豫西坳拉槽位于华北陆块南部边缘中段,东起汝南、确山,西至晋、豫、陕交界的潼关,南临秦岭梅槽,北到侯马、长治,呈三角形展布。盆地具二元结构,由早期裂陷和晚期坳陷相迭加,组成完整的坳拉槽发展旋回(图 4-3)。

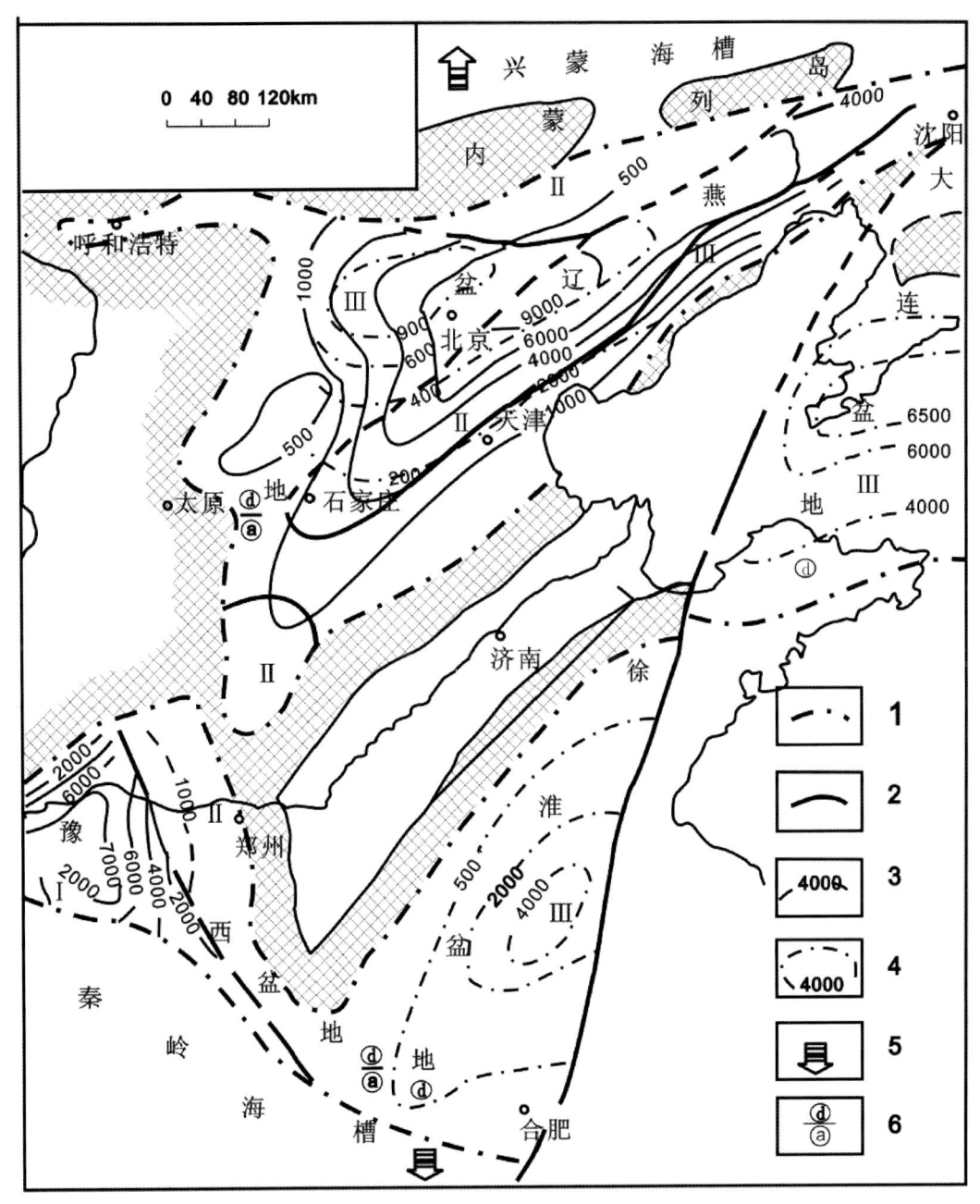

图 4-3 华北地区中新元古代原型盆地分布图
(中石化股份公司,2007)

1. 盆地边界；2. 岩石分区线（Ⅰ火山岩区 Ⅱ碎屑岩区 Ⅲ碳酸盐岩区）；3. 中元古界等厚线（m）；
4. 新元古界等厚线（m）；5. 应力方向；6. 盆地叠加关系，表示 d 克拉通坳陷叠加于 a 坳拉槽之上

一、新元古代被动大陆边缘裂谷—克拉通坳陷阶段（Pt_3）

（一）构造演化

自新元古代开始，伴随着华北陆块北部兴蒙海槽的强烈扩张，华北陆块南缘的秦岭海槽同时也强烈扩张，扬子和华北陆块之间已经形成了秦岭—大别洋，为松树沟—宽坪洋的继续发展。沿商丹断裂带发育的中新元古代松树沟蛇绿岩及宽坪蛇绿岩属小洋盆型蛇绿岩（张宗清等，1996；周鼎武等，1995），表明在秦岭中部已经出现洋盆。

青白口纪末，华北陆块受挤压，南部边缘掀斜抬升，豫西盆地沉积终止，发生构造反转，成为剥蚀区，只有徐淮及其以东区域保持大面积海水覆盖。

华北陆块与扬子陆块自晋宁运动拼合不久，在震旦纪拉张应力作用下发生裂陷和热沉降，秦岭海槽再次开裂，海水沟通，震旦系在河南境内主要分布于叶县—鲁山断裂以南及安徽境内。在徐淮及其以东区域发育了一套滨-浅海相富镁碳酸盐岩夹泥页岩沉积序列，厚3500～5000m。震旦纪晚期，华北陆块整体抬升遭受风化剥蚀，之后，于早寒武世初期在安徽的淮南、河南的确山、临妆等地形成了浊积扇粗碎屑沉积。前人认为该套沉积是山麓冰川型的冰碛岩沉积（此套沉积过去归属于震旦纪，本书认为为是早寒武世初期的产物），同时在徐淮盆地的中、北部发育了一套泥页岩-碳酸盐岩-碎屑岩的蒸发台地相沉积，表现出华北陆块南北沉积环境的明显差异。

（二）盆地类型

南华北地区大致以栾川—确山—固始—肥中断裂为界，其北的华北地区仍然保持稳定克拉通的沉积构造环境，南侧因北秦岭海槽的继续发展，逐渐演化成被动大陆边缘，华北陆块形成克拉通坳陷盆地（余和中等，2006）。南华北陆块南部发育克拉通—被动大陆边缘盆地，其内部可分为豫西台坳、徐淮台坳及周口台隆（图4-4）。分布于栾川—固始断裂以南的四岔口岩组及谢湾岩组为一套复理石杂砂岩夹基性火山岩、泥质碳酸盐岩建造，厚达3000～6000m，说明北秦岭区仍为裂谷盆地环境。新元古代北淮阳地区亦处于裂陷环境，安徽境内的新元古代—早古生代佛子岭岩群为一套绿片岩系，其下部郑堂子岩组的原岩为双峰式火山岩及碎屑岩（周鼎武等，1998）。南部边缘发育700Ma～600Ma大红口组碱性火山喷发也表明为大陆裂谷环境。

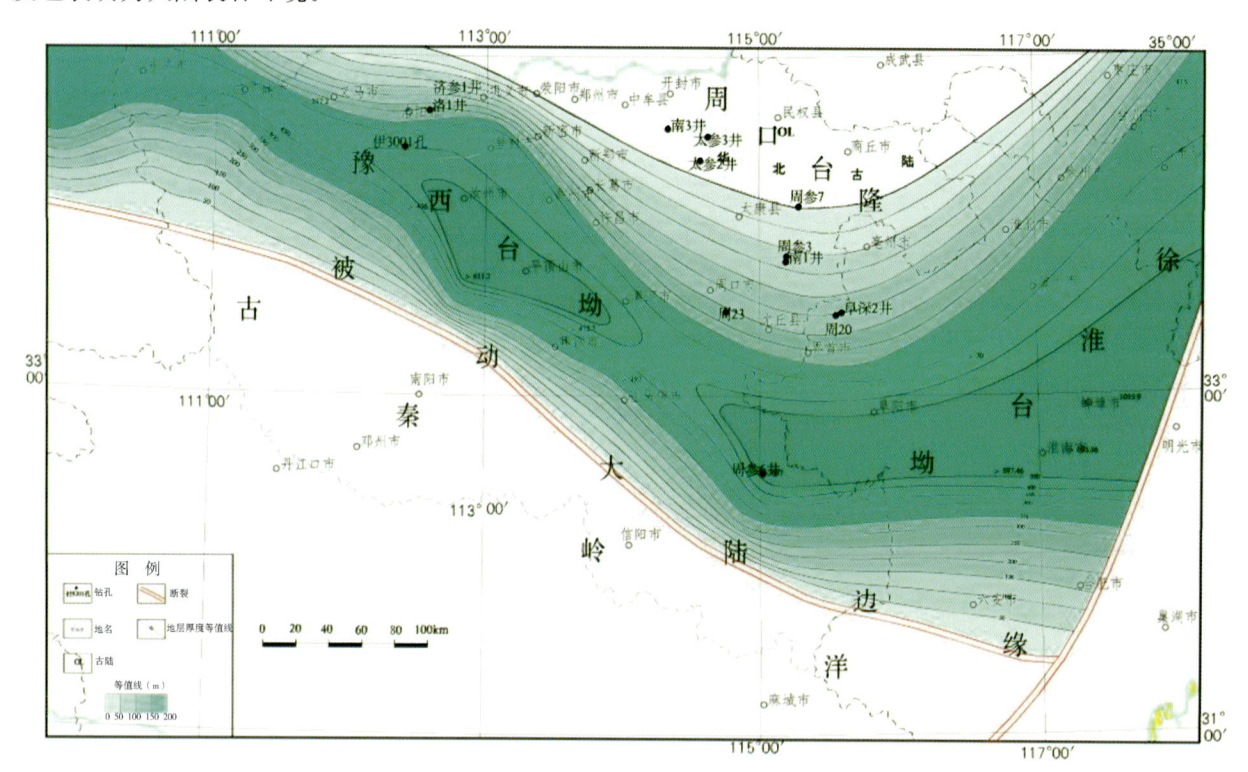

图4-4 南华北地区青白口纪原型盆地

豫西台坳：沿义马、驻马店一线呈北西向展布，北东部即为周口台隆，为碎屑岩-碳酸盐岩建造，沉积厚度最大达到700m，该台坳是克拉通盆地南部的边缘坳陷，南与古秦岭洋相连。

徐淮台坳：北东向展布，轴部位于淮南—徐州一线，与豫西台坳呈90°交角，西北侧为周口台隆。该台坳发育有青白口系八公山群，属一套陆棚相为主的沉积，以泥岩及具丘状交错层理的泥晶灰岩为主，表明海水比河南南部更深，这些沉积均属典型克拉通稳定型碎屑岩—碳酸盐岩建造，沉积厚度1200m以上。

震旦纪时，南华北地区盆地类型及沉积格局与青白口及具有继承性又有差异性。震旦纪，周口台隆范围扩大，豫西台坳趋向于消失，徐淮台坳持续发展（图4-5）。

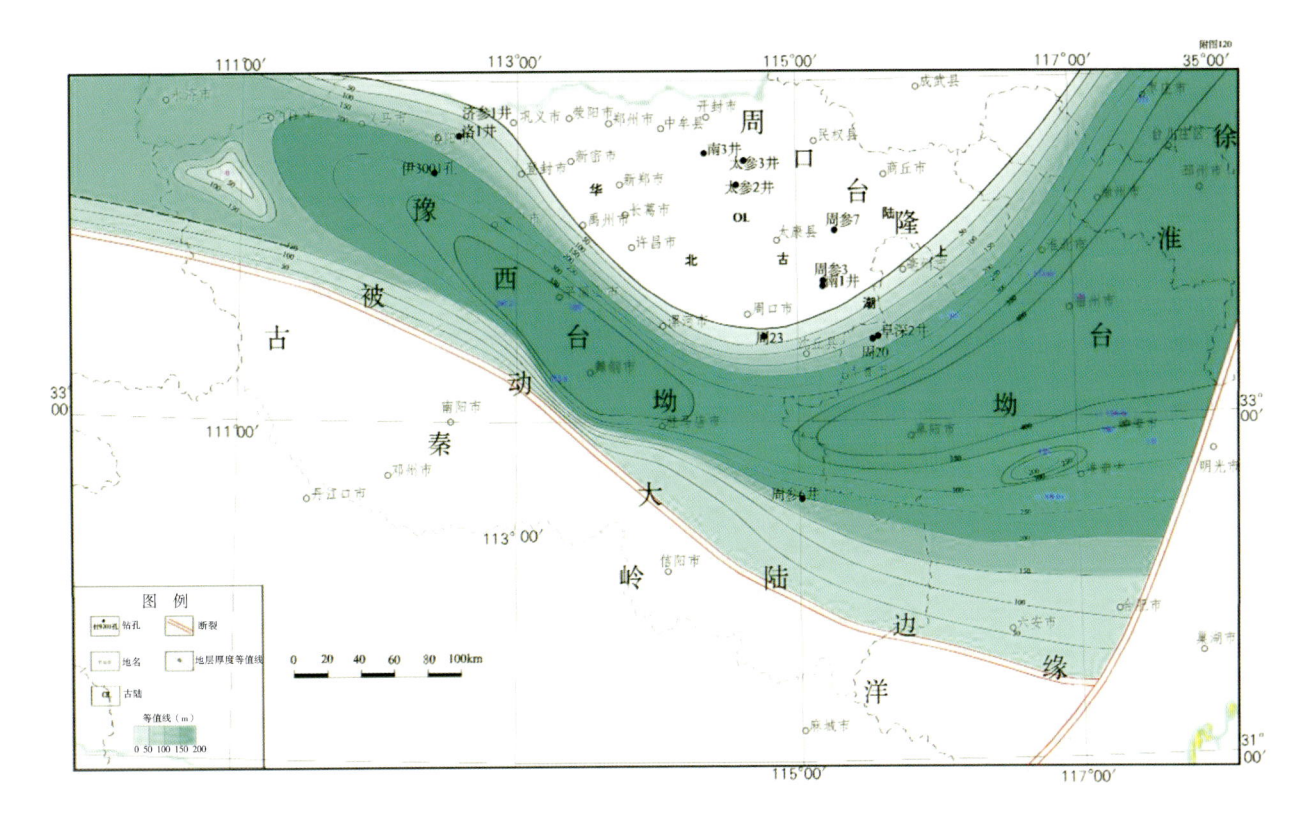

图 4-5 南华北地区震旦纪原型盆地

以前的研究认为，南华北地区早古生代克拉通盆地的构局是"一隆一坳"，即栾川—阜阳台隆，北为洛阳—宿州台坳，洛阳、登封地区厚度最大，可达1430m。通过进一步研究认为，南华北地区这种被动大陆边缘—克拉通盆地台坳及台隆构局变化较大。古生代盆地是新元古代克拉通盆地的继承和发展，早寒武世初，华北陆块整体沉降，海水由东南侵入，以克拉通坳陷的稳定沉降和碳酸盐岩夹碎屑岩沉积为特征。

二、早古生代早期被动大陆边缘—克拉通坳陷阶段（ϵ_1-ϵ_2）

（一）构造演化

早寒武世—中寒武世，华北陆块南侧继续存在的古秦岭洋持续扩张，南华北地区在前期基础上演化为成熟的被动大陆边缘—克拉通盆地，沉积环境分析显示水体总体向南加深。寒武系总体以台地相及潮坪、潟湖相白云岩、颗粒灰岩为主，夹粉细砂岩及泥岩，为典型台地型沉积。

（二）盆地类型

寒武纪辛集期，南华北地区古地势西高东低，海水由南部海槽入侵，形成漯河台坳及徐淮台坳（图4-6），其中的徐淮台坳比漯河台坳规模大。漯河台坳呈近东西向，而徐淮台坳呈近南北向，沉积了一套滨海相含磷碎屑岩建造。

寒武纪馒头期南华北地区盆地海水继续由东向西侵入，沉积范围扩大，水体加深，漯河台坳又演变成登封台隆，淮南台坳分解形成鹿邑台坳和灵璧台隆，西北及东南为登封台隆及灵璧台隆的构局（图4-7）。早期，形成杂色（以紫红色为主）的碎屑岩夹碳酸盐岩建造，发育藻丘及生屑灰岩。晚期，水体不断加深，海侵最大，主要沉积一套碳酸盐岩建造，厚204~955m。

三、早古生代中期主动大陆边缘弧后盆地—克拉通坳陷阶段（ϵ_3-O_2）

（一）构造演化

早寒武世末期，古秦岭洋壳向华北板块俯冲，导致了华北板块南缘性质发生了根本变化，由前期的被动大陆边缘转化为主动大陆边缘，南华北南缘形成了完整的沟—弧—盆体系，南华北南侧演化为弧后盆地。古生代丹凤蛇绿岩是古秦岭洋的残迹。二郎坪群代表了弧后盆地形成和扩张时期的记录（王学仁等，1995；刘国惠等，1992；李亚林等，1998）。受古秦岭洋的制约，华北陆块南部边缘先后经历了复杂的由离散边缘到会聚边缘的演化过程，早古生代晚期至晚古生代早期，由主动大陆边缘俯冲转换为碰撞，南华北地区处于隆升状态。

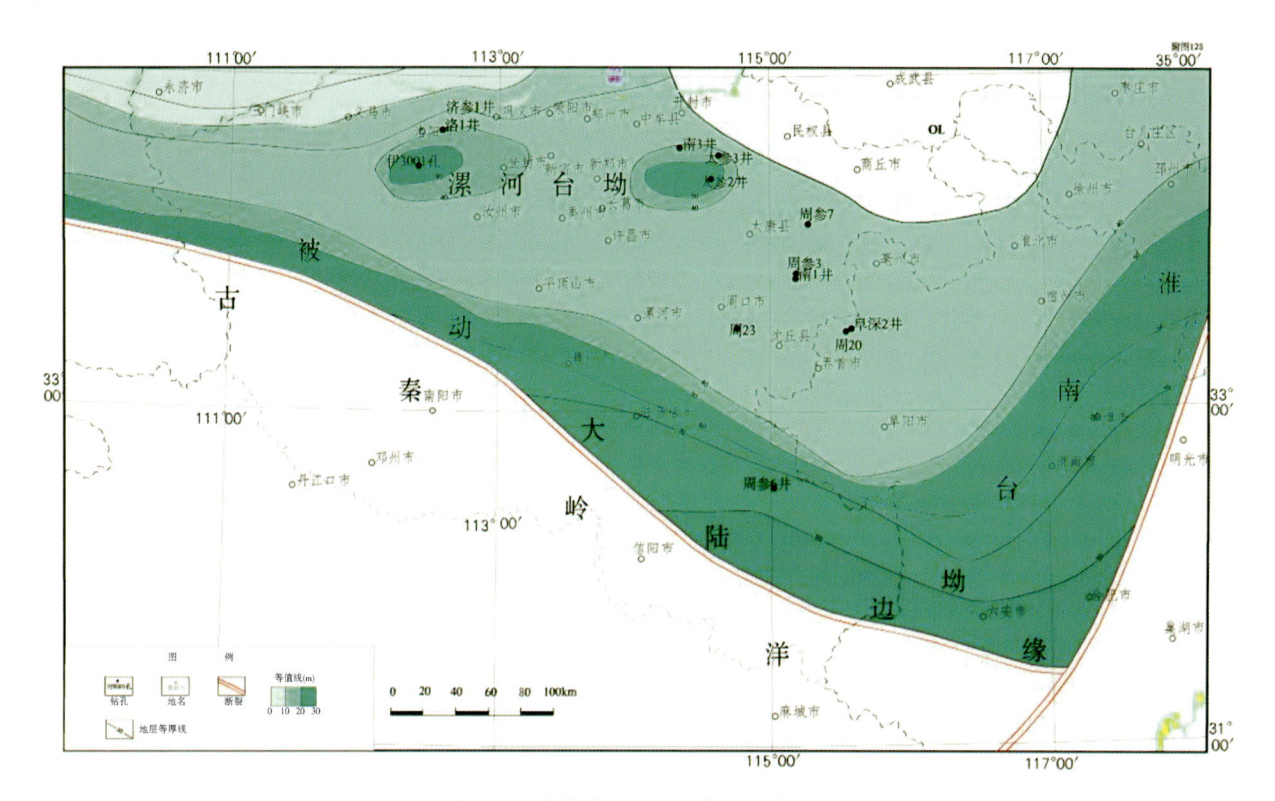

图 4-6 南华北地区辛集期原型盆地

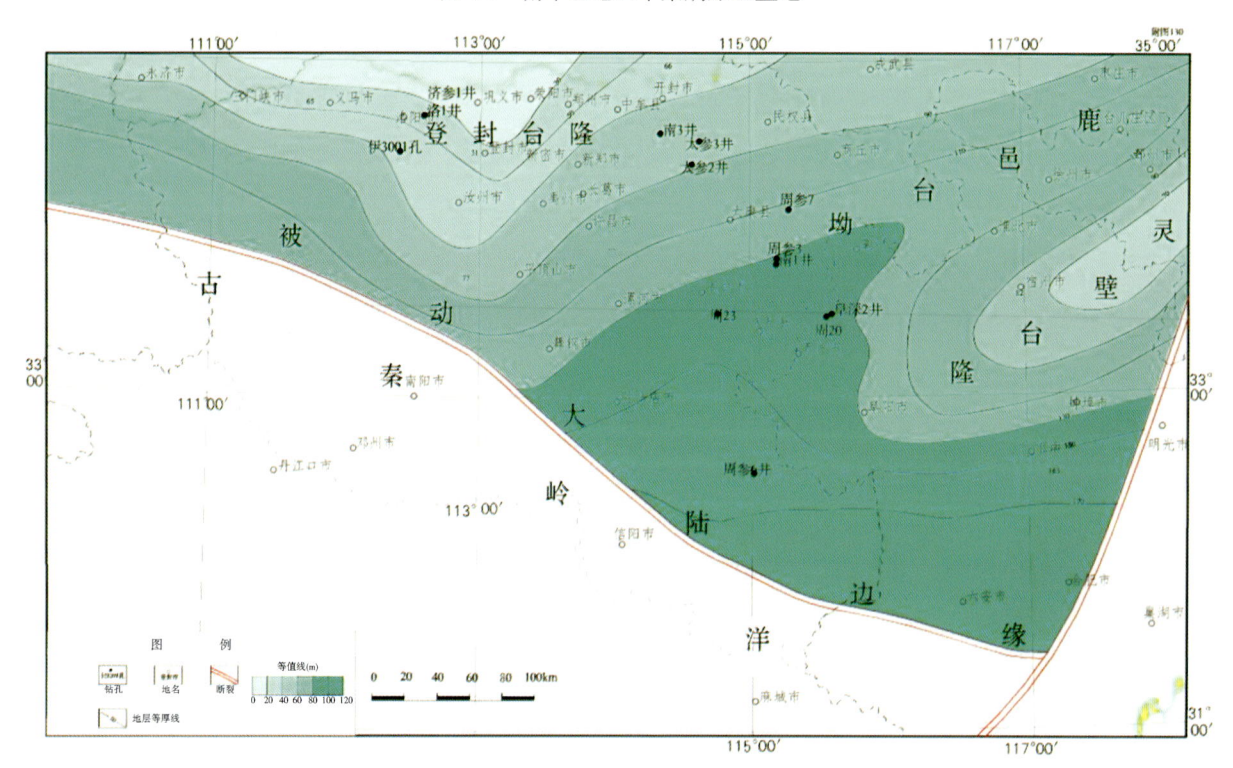

图 4-7 南华北地区馒头早期原型盆地

其中，于二郎坪群火神庙组基性熔岩中获得的全岩 Rb-Sr 年龄为（581±39）Ma（河南区调队，1994），玄武岩夹层中硅质岩获得了丰富的微体化石（王学仁等，1995），包括牙形石类 *Acodusoneotensis* 和放射虫类 *Entanctinia complanata*，其时代属早、中奥陶世。而南华北主体发展为挤压背景下的克拉通盆地，这种挤压作用使华北陆块南缘抬升，克拉通坳陷沉积向北退缩。加里东晚期整个华北板块主体因同时受其南、北两侧的板块汇聚俯冲作用的影响，表现为整体抬升剥蚀。

晚奥陶世—中泥盆世，扬子板块向华北板块继续俯冲，主俯冲带的位置可能为勉略—岳西缝合带（张国伟等，1988；董树文等，1993）。早古生代中晚期，秦岭洋消亡，华北陆块与扬子陆块对接，东秦岭—大别山与华北已经发生陆陆碰接，西秦岭仍存在残留海（任纪舜等，1991），因而造成了南华北地区缺失上奥陶统—早石炭世沉积。

沉积环境分析显示地势南高北低，水体总体向北加深。晚寒武世—中奥陶世总体以台地相及潮坪、潟湖相白云岩、颗粒灰岩为主，夹粉细砂岩及泥岩，为典型台地型沉积。

（二）盆地类型

晚寒武世南华北盆地开始发生构造反转，南缘逐渐抬升，海水向北退缩。由早古生代早期的北高南低转化为南高北低。崮山期及炒米店期沉积一套灰色灰岩、白云岩，厚100~380m，北厚南薄。由于受怀远运动的影响不仅频繁间断暴露，而且使灵璧台隆及开封台隆趋于消失，淮南隆起，淮北地区转化为坳陷，即淮北台坳（图4-8）。

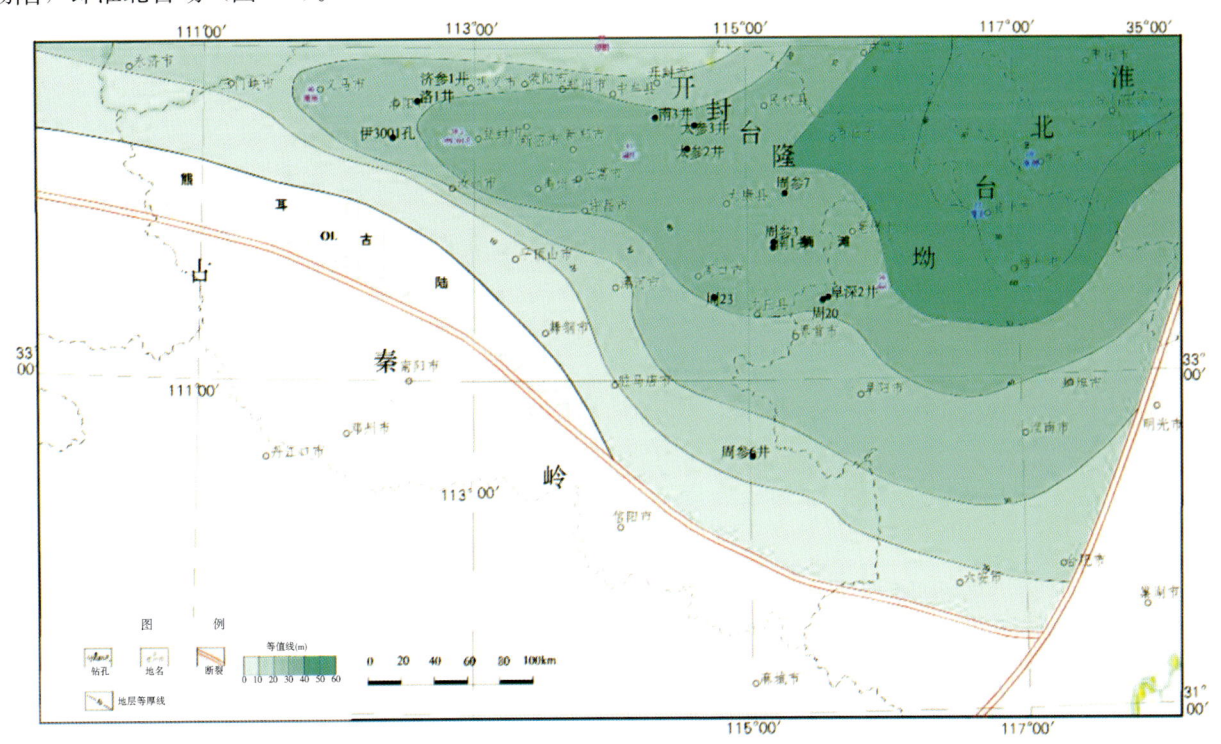

图4-8 南华北地区崮山期原型盆地

中奥陶世下马家沟期，由于华北陆块南缘抬升为陆，与秦岭海槽隔开。南华北地区海水由北向南侵进，到达三门峡—汝南一线，形成太康—周口台坳（图4-9）。此时在南华北地区沉积了一套碳酸盐岩。中奥陶世上马家沟期，地壳受挤压抬升，海水补给减少，蒸发量远大于补给量，淮北台坳向北萎缩，在徐州以北受怀远运动影响，形成近东西向展布的大型碳酸盐蒸发台地，沉积浅灰色白云岩，夹多层石膏和岩盐。中奥陶世峰峰期末，加里东运动使坳陷隆升为剥蚀区，下古生界遭受剥蚀。

四、晚古生代克拉通—陆内坳陷盆地阶段（C_2-P_3）

（一）构造演化

晚古生代，华北陆块与扬子陆块及西伯利亚陆块对接后，表现出陆块会聚拼合的继承性。早期坳陷向北倾斜，海侵来自北东方向。晚期坳陷的海侵从北东、南东双向进入，这可能与南秦岭海槽打开有关。

晚二叠世，华北、扬子地块完全焊合，强烈的陆内走滑造山作用形成北秦岭逆冲褶皱带。

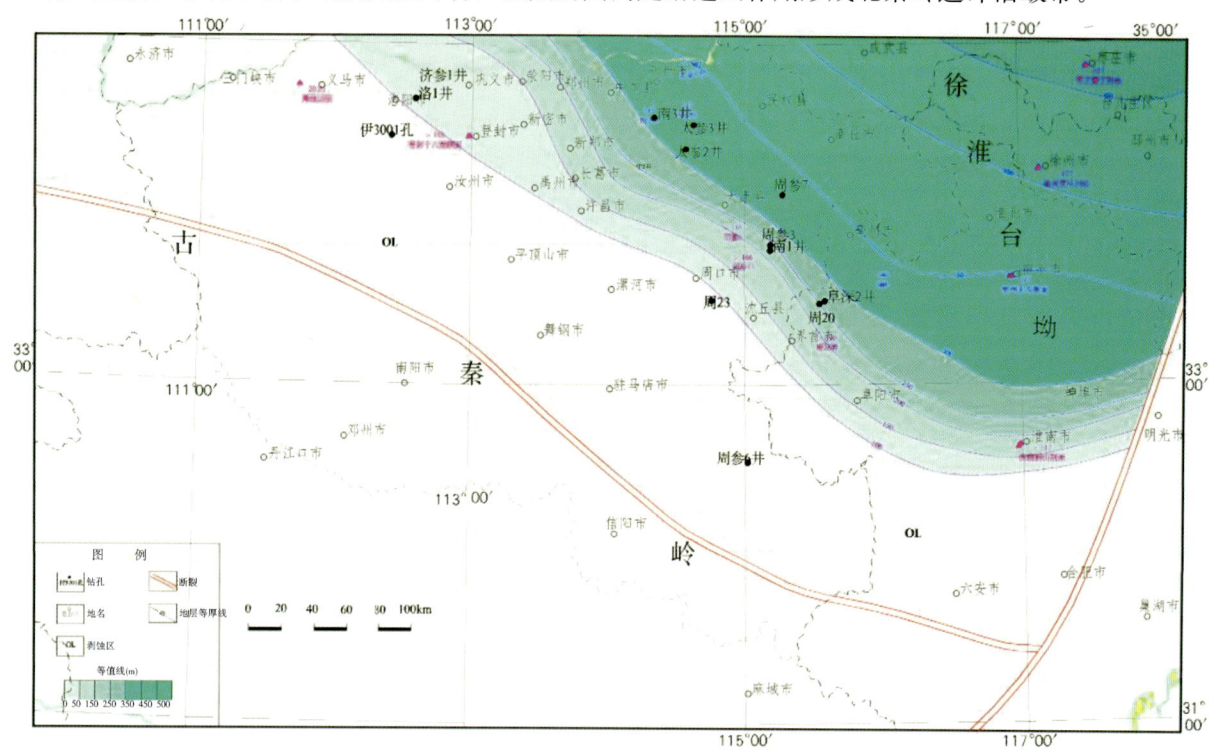

图 4-9　南华北地区奥陶纪原型盆地

（二）原型盆地

晚石炭世起，南华北地区海水从北东方向侵入并不断向西南方向扩展，晚石炭世末期海水抵达了三门峡—郑州一带，沉积了一套滨浅海沙滩相砂泥岩建造，夹灰岩和薄层煤。底部则为穿时的铁铝质风化壳层，与下伏地层呈不整合接触，厚度在20～40m。沉积中心位于开封及徐州地区，为开封—徐州台坳（图4-10）。

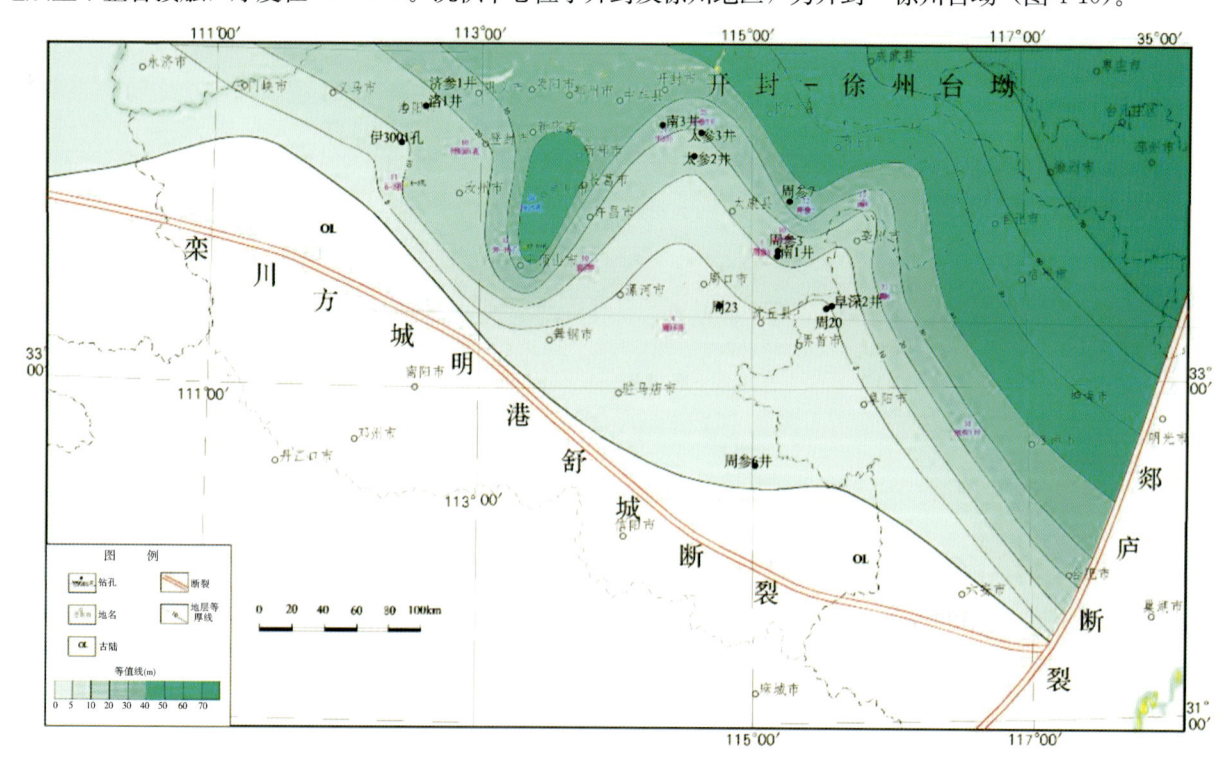

图 4-10　南华北地区晚石炭世本溪期原型盆地

· 194 ·

早二叠世太原期—山西期，由于华北板块与西伯利亚板块对接碰撞，使得华北板块古地势转变为北高南低。海水也已由早先北东方向的侵入转变为东南方向的侵入，在华北地区形成了广阔的陆表海环境，由于各种环境适宜，沉积了一套准碳酸盐台地相和三角洲-潟湖潮坪相的暗色砂泥岩、灰岩和煤层，此时古地理格局复杂，三角洲-潟湖潮坪相中容易形成煤炭资源（图 4-11）。此期为华北地区的主要成煤期之一。

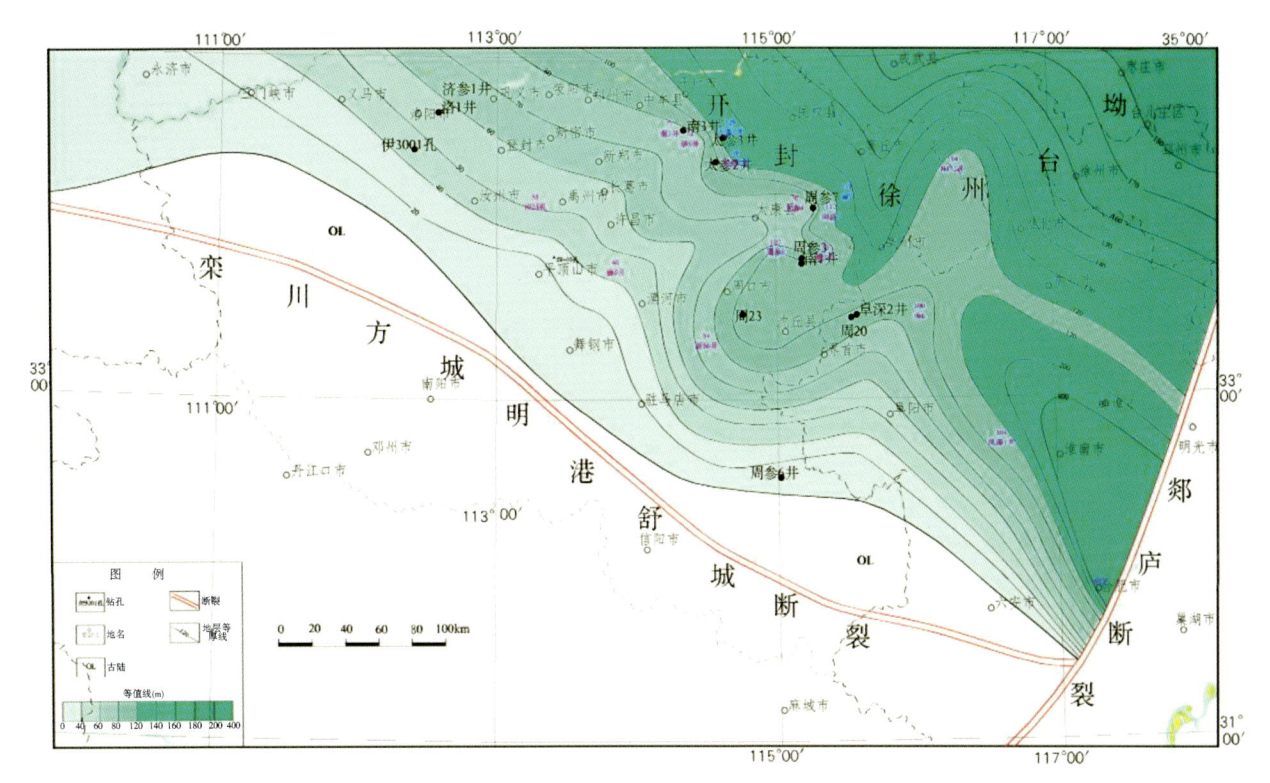

图 4-11　南华北地区早二叠世太原期原型盆地

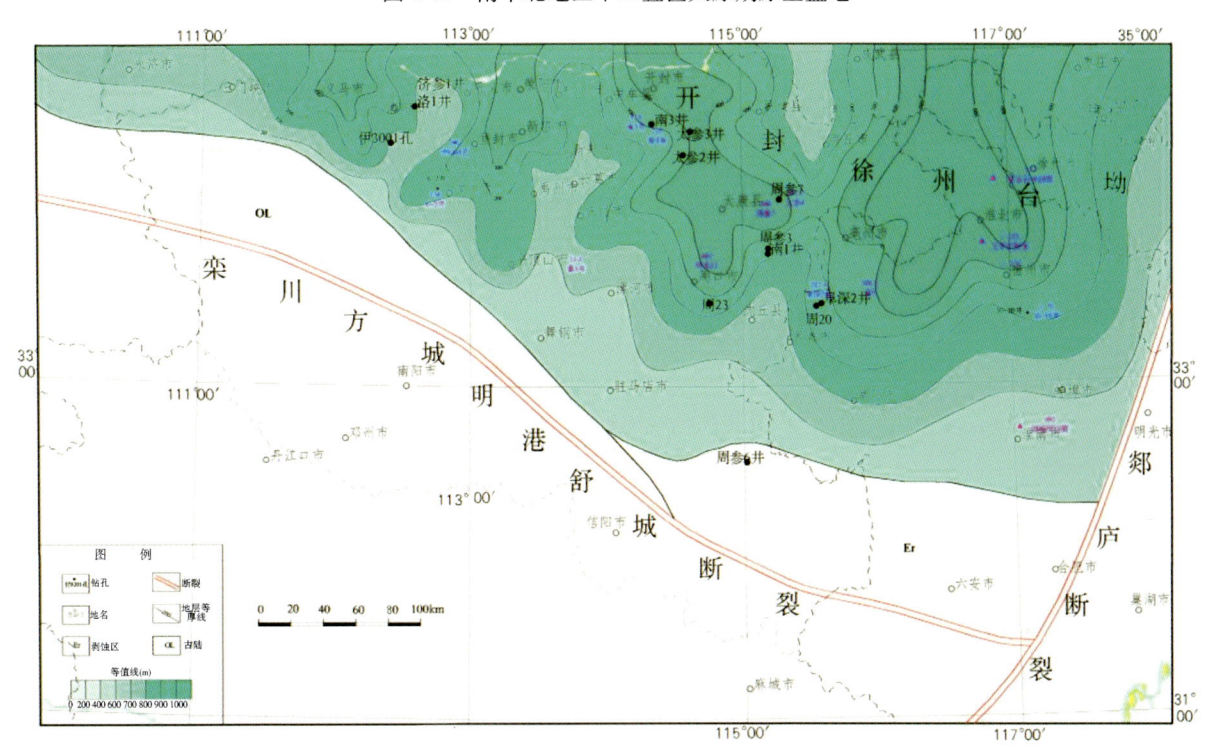

图 4-12　南华北地区晚二叠世上石盒子期原型盆地

中二叠世下石盒子期，南华北地区的沉积特征与北华北地区具有明显的差别，主要表现在南华北地区当时为适合植被生长的温湿气候环境，因而植被茂盛，沉积了一套以三角洲相带为主的黄绿、灰绿色砂泥岩含煤建造，中上部夹多层硅质海绵岩，东部含煤性较好而西部较差。硅质海绵岩的出现表明此时该地区仍为受海水影响的近海环境。

晚二叠世上石盒子期始，随着华北板块南北向挤压作用的增强，华北盆地整体抬升，海水完全退出，盆地进入陆相沉积发展阶段。华北板块北部强烈隆升，古地形北高南低，沉积物自北向南（徐辉，1987），此时的气候由温暖湿润转变为干旱炎热，沉积了一套以河流相为主的红色碎屑岩建造夹淡水灰岩及石膏（图 4-12）。

晚古生代南华北地区盆地主要为开封—徐州台坳及民权—丰县台隆。

开封—徐州台坳：位于民权—丰县台隆以南，台坳总体呈北西向，但形状不规则。太康以北地区沉积厚度最大。

民权—丰县台隆：位于开封—徐州台坳以北地区，南至商丘南，在早二叠世发育的台隆，呈南北向展布。该台隆面积较小、发育时间短。

五、早中生代陆内坳陷阶段（T_1-T_3）

（一）构造演化

晚二叠世末海水完全退出，南华北海相沉积终止。三叠纪，南华北地区演化为大型陆内坳陷盆地，形成陆相碎屑含煤建造。由南而北三叠纪地层厚度逐渐增厚，并且北部早中晚三叠世地层发育齐全，南部主要发育早三叠世地层，平顶山北坡落凫山—王家寨下三叠统刘家沟组实测地层厚度>466.72m，豫西厚550～700m，铜川和济源地区分别为沉积中心，沉积厚度达1000m以上。刘绍龙（1986）研究认为，华北三叠纪沉积中心位于地块西南部的华池—铜川—洛阳—郑州一带。

早、中三叠世，南华北盆地基本继承了二叠纪的格局，湖盆较晚古生代盆地原型略有减小，由湖泊相沉积逐渐转变为河湖相和河流相沉积，粒度明显变粗，气候变干旱、炎热，一般为红色碎屑岩建造。盆地原型属于克拉通陆内坳陷盆地（图 4-13）。

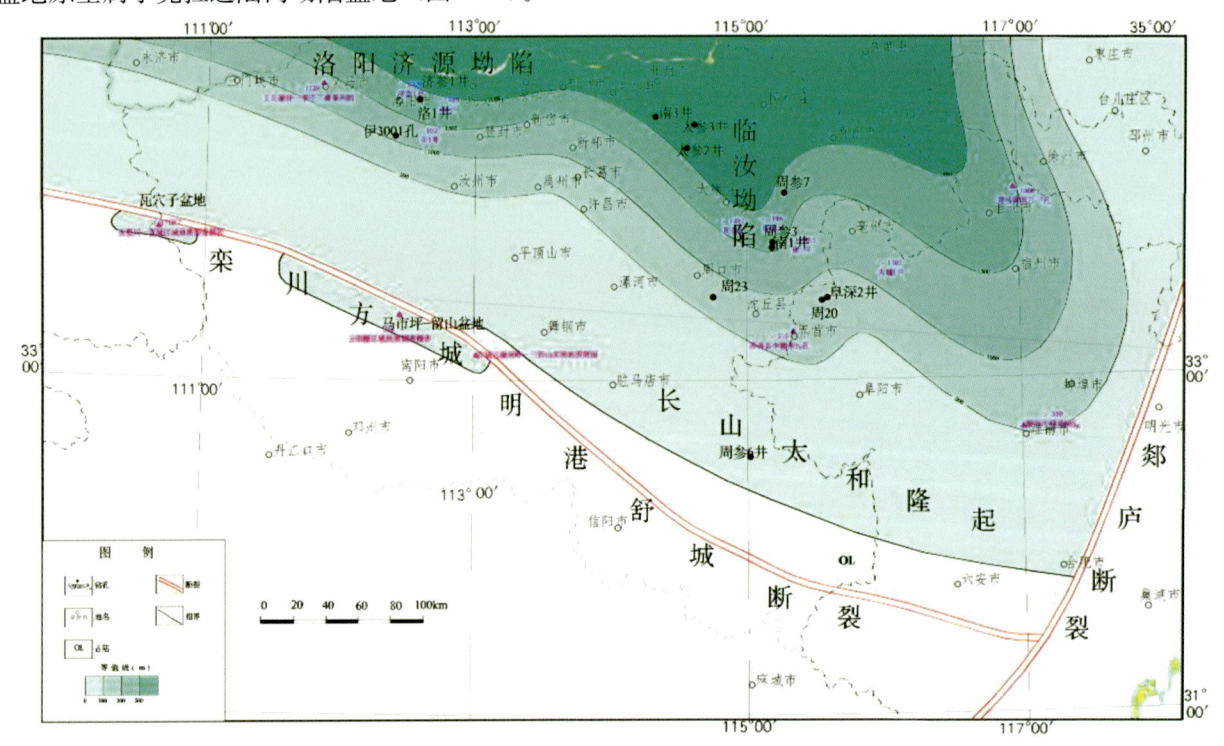

图 4-13 南华北地区三叠纪原型盆地

中三叠世末的印支早期运动后,大型内陆盆地的面貌发生了剧烈变化,表现为盆地大幅度萎缩,即中三叠纪表现为克拉通盆地萎缩阶段,构造环境为碰撞造山(挤压),造成原型盆地内三叠纪地层的大范围剥蚀,且剥蚀厚度较大,高达3000m。三叠纪末的印支运动结束了三叠纪盆地的发育,使盆地向西北进一步退缩。

北秦岭地区也有上三叠统发育,其露头主要出露于周至柳叶河、商县以东蟒岭南侧、卢氏双槐树—汤河(瓦穴子盆地地层厚1710.75m)、南召县鸭河、马市坪等地(马市坪—留山盆地地层厚942.06~681.4m)。区域上分布于栾川—固始断裂以南,呈东西向条带状展布,由于断层切割及侵蚀缺失,造成现代以隔绝的小盆地形态出露对于其沉积环境,前人多认为是山间断陷盆地。但在南召东南部发育的上三叠统以细碎屑岩沉积为主,属湖泊沼泽相沉积,表明了在北秦岭地区曾出现过较大范围的湖相沉积,根据其岩相及植物群均可与延长群对比,且未见到晚三叠世山间盆地磨拉石堆积,推测有可能它们原来与华北是连成一片的,是华北大型坳陷盆地的边缘相带沉积。该时期在秦岭—大别造山带以北可能发育有前陆盆地。

合肥盆地和信阳盆地印支期剥蚀,均缺失三叠纪沉积。由于三叠系在周口坳陷分布局限且钻井揭示不多,在此不多叙述。

(二)原型盆地

早中生代三叠纪南华北盆地主要为洛阳—济源坳陷、临汝坳陷,南部周口—六安一带尚有长山—太和隆起(图4-13)。

洛阳—济源坳陷:位于洛阳、济源一线,呈北东向展布。义马市谢洼—李庄三叠纪地层厚度最大,为2730m,其余地区地层厚度为688~874m,其中济参1井874m、洛1井688m、伊1井860m。伊川台坳演化而来。开封坳陷三叠系:包括中下三叠统和上三叠统,厚0~3500m,其中上三叠统仅发育在济源凹陷,厚1050~1750m,为灰黑、深灰色泥岩、粉砂岩和砂岩互层沉积,为中生界主要生油岩系。中下三叠统厚800~1800m,为红、褐色泥岩和暗紫色砂岩不等厚互层,横向分布差别较大。西部的济源凹陷沉积最厚,达1800m,至中牟凹陷的杜营次凹厚仅800m,民权也有中下三叠统地层。黄口、成武、鱼台则缺失中下三叠统地层。中牟、民权、黄口、成武、鱼台地区相对隆升,处于剥蚀环境,缺失上三叠统。而以西的济源地区相对沉降,发育与中三叠统连续的上三叠统。厚度除济源地区可达2000~5000m(T_3-J_2)以外,大多仅1000m以下。

周口坳陷三叠系主要分布在北部凹陷带的鹿邑凹陷以及淮阳、倪丘集凹陷,向南大部分地区缺失。残存地层为中、下三叠统,与上覆下第三系呈不整合接触。三叠系中下统在周参9井钻厚445m(全部为刘家沟组),周参13井钻厚652m,顶部产赫尔末克星孔轮藻和直轮藻未定种,属二马营组,根据地震资料解释,其下与二叠系孙家沟组之间应属刘家沟组和和尚沟组。中、下三叠统岩性主要为河流相发育的棕红色砂岩、泥岩互层夹砾岩层。

临汝坳陷:位于太康隆起北部,呈不规则状。向北到中牟、成武,三叠纪地层厚度变化较大,为390~1293m,其中周参8井钻厚1292m(其中刘家沟组厚391m,和尚沟组厚232m,二马营组厚669m),鹿1井大于1090m,南1井厚1390.5m。

六、晚中生代前陆盆地—断陷盆地阶段(J_1-K_2)

(一)构造演化

燕山阶段早期,南华北地区发生由南向北的逆冲推覆,随着陆内挤压,逆冲作用向前推进,其逆冲前锋达潼关—鲁山—淮南一线。南华北南部已为地形高差很大的剥蚀区,在栾川—确山—固始主逆冲断裂前缘形成晚三叠世—早中侏罗世前陆盆地。因此,在晚三叠世—早、中侏罗世期间,南华北地区发育了合肥盆地为代表的陆内前陆盆地,并与周口坳陷以及位于秦岭—大别褶皱带内信阳盆地组成统一的坳陷型"河淮盆地"(图4-14)。在鲁山—淮南一线以北,印支运动表现为大型的隆拗结构,晚三叠世—侏罗纪时形成复向斜的继承性坳陷盆地,如济源盆地及成武盆地。

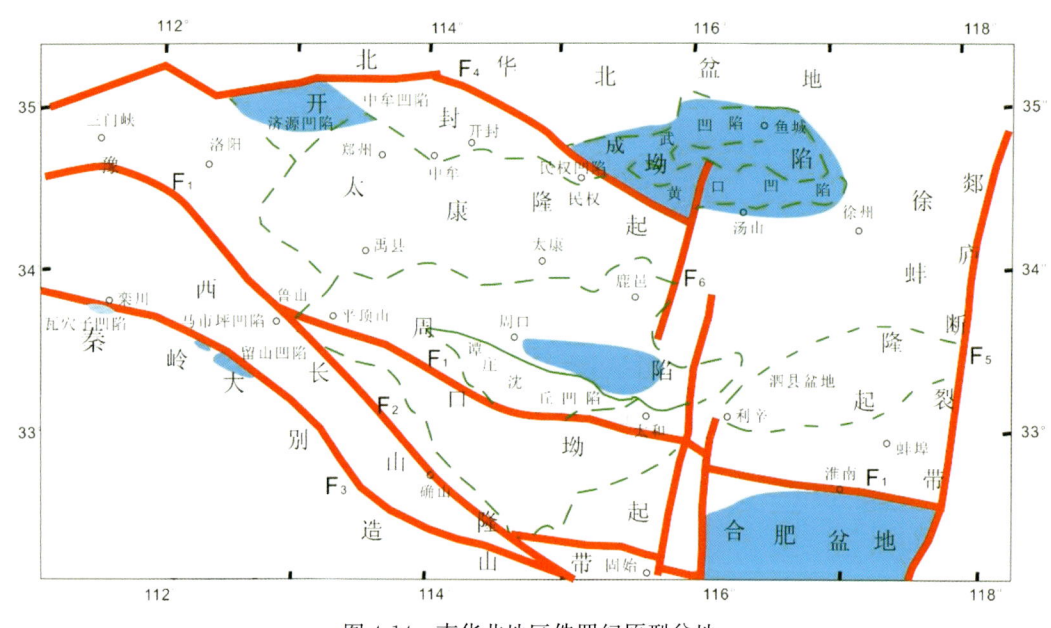

图 4-14 南华北地区侏罗纪原型盆地

其中，早侏罗世在河南渑池和安徽六安一带沉积了下侏罗统含煤层系，它们与中侏罗统之间为连续沉积。中侏罗统下段沉积后，发生一次构造运动，造成中侏罗统下段与中侏罗统上段之间的区域性不整合。中侏罗世，在河南省渑池—济源、成武—鱼台和安徽省舒城—合肥地区形成凹陷，沉积了中侏罗统河湖相含煤碎屑岩系。

(二) 原型盆地

前面已经述及，南华北地区晚中生代自北而南主要发育开封断陷、周口断陷及合肥前陆盆地。另外，在平舆—蚌埠隆起以北的泗县、南召马市坪、留山一带也发育小型断陷盆地（图 4-14）。

开封断陷：印支运动后，开封断陷在相对凹陷的地区发育了早、中侏罗世，它们一般规模不大，其分布相对独立、分散，盆地走向多为近 EW 或 NWW 向，属大陆内断陷盆地，即开封断陷早中侏罗世盆地原型为局部断陷盆地。

侏罗系中下统厚 0~850m，分布于济源、黄口、成武、鱼台凹陷，其中济源凹陷侏罗系分为下侏罗统鞍腰组和中侏罗统马凹组两个组，鞍腰组厚 300~460m，由深灰—灰黑色泥岩、粉砂质泥岩与灰色砂岩、灰质粉砂岩组成，其中深灰、灰黑色泥岩具备生烃条件；中侏罗统马凹组厚 130~280m，上部主要由褐色、深灰、灰黑色泥岩及浅灰、棕红色粉砂岩、砂岩组成，下部为一套长石石英砂岩。济参 1 井鞍腰组厚为 35m，义马组 244m，马凹组厚 160m。黄口、成武、鱼台凹陷侏罗系中下统为汶南组，厚 850m 左右，为一套紫色、灰紫色泥岩、粉砂质泥岩、含砾砂岩、砖红色中细粒砂岩。

周口断陷：晚侏罗纪—早白垩世期间，周口地区的构造环境主要受控于大别造山带核部热穹的强烈隆升和郯庐断裂带、麻城—商城—夏邑断裂带右行走滑以及复活的北西西延伸左行活动的断裂的联合作用。

周口断陷中下侏罗统较少，厚度在 200~500m 左右，主要见于周参 10 井、23 井，岩性为深灰、灰黑色泥岩与灰—浅灰色粉砂质泥岩、泥质粉砂岩、砂岩及砾岩夹少量灰黑色碳质泥岩和煤层。其中，周 23 井碳质泥厚 9m，煤厚 6m；周参 10 井碳质泥岩厚 88m，煤厚 8m。另外周 22 井、周 26 井可能存在中、下侏罗统。与上下地层角度不整合接触。周口断陷带南部东岳凹陷，周参 6 井中下侏罗统地层主要为一套红色碎屑岩沉积，厚 267.5m，在南部固始、淮滨、息县一带钻探的地质浅井也揭示了这套地层，岩性为一套紫红、暗红色泥岩与灰、灰白色泥岩互层，厚度大于 500m。

合肥盆地：合肥盆地位于华北板块的南缘，其南部边界为秦岭—大别造山带，东部以郯庐断裂带为界。三维埋藏史揭示合肥盆地的中新生代沉积演化历史受大别造山带和郯庐断裂带的共同控制，盆地沉积中心的迁移与大别造山带和郯庐断裂的活动密切相关。盆地内发育的中、新生代地层主要包括侏罗系、白垩系以及古近—新近系，目前的沉积厚度最大超过万米（王利等，2007）。侏罗纪为前陆盆地，沉积中心早期位于舒城凹陷，晚期位于郯庐断裂一侧，丁集—肥东凹陷东部的肥东一带（图4-15）。仅安参1井钻遇下侏罗统（厚1261m），安参1、合深3井两口井钻遇中上侏罗统，其中，安参1钻遇中侏罗统厚2040.5m，上侏罗统厚366.5m，合深3钻遇中上侏罗统厚约1600m。侏罗系岩性以泥岩与砂岩呈不等厚互层为主，下侏罗统岩性主要为厚层砂质泥岩、泥岩夹薄层泥质粉砂岩，主要分布于盆地的南部，沉积中心位于舒城凹陷，最厚达2500m，向北逐渐超覆尖灭，尖灭线位于合深3井至合深6井一线。中上侏罗统主要为紫红色泥岩、粉砂质泥岩与紫红色、灰色粉细砂岩组成不等厚互层，局部分别形成砂岩、泥岩富集段，合肥盆地以西的河南商城—光山地区出露的上侏罗统朱集组为一套砂砾岩粗碎屑沉积，厚度可达2000～3000m。推测这套侏罗系沉积在南华北地区南部（舞阳—合肥）属一个统一的断陷盆地，向北减薄（倪丘集凹陷现今残存侏罗系仅500余米）。其北侧为太康—蚌埠前陆隆起，推测侏罗纪时期，其缺失沉积并很可能成为其南、北侧盆地的剥蚀物源区。在以济源为沉降中心的豫西及开封—黄口地区则主要表现为一套上三叠统合肥盆地以侏罗系的稳定克拉通型陆相沉积，以砂岩、粉砂岩夹泥岩为主，总体上沉积物粒度较周口—合肥前陆盆地要细，且其成分成熟度较高，以石英质砂岩占多。

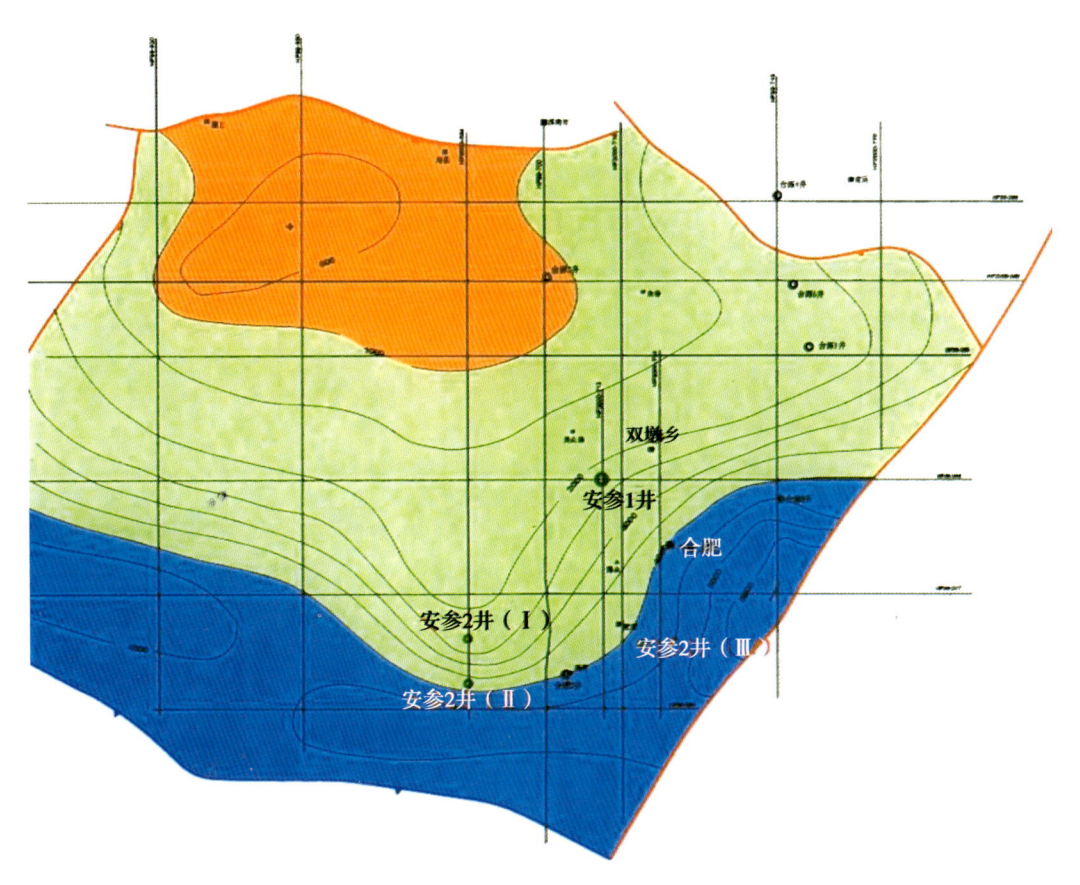

图4-15 合肥盆地中上侏罗统残余厚度图

白垩纪，大别造山带对该盆地的控制减弱不明显，而郯庐断裂带却发生了大规模的走滑拉张运动，受其影响，合肥盆地也表现为走滑-拉分盆地特征。朱巷组是郯庐断裂带挤压挠曲凹陷沉积。新生代以后，随着郯庐断裂活动性减弱，大别造山带重新成为控制合肥盆地演化的主要因素和主要物源区（王利等，2007）。

第二节 不同类型盆地的层序充填模型

青白口纪—白垩纪，南华北与广大华北地区一样经历了盆地性质由克拉通、被动大陆边缘盆地—陆内坳陷盆地、断陷盆地的演化。不同类型盆地的沉积速率、构造位置及其几何形态是不相同的，而这些因素在一定程度上也影响和控制了层序发育的其他因素，包括海、湖平面升降和沉积物供给，最终导致不同类型沉积盆地内层序的物质构成及叠置关系不同（图4-16）。

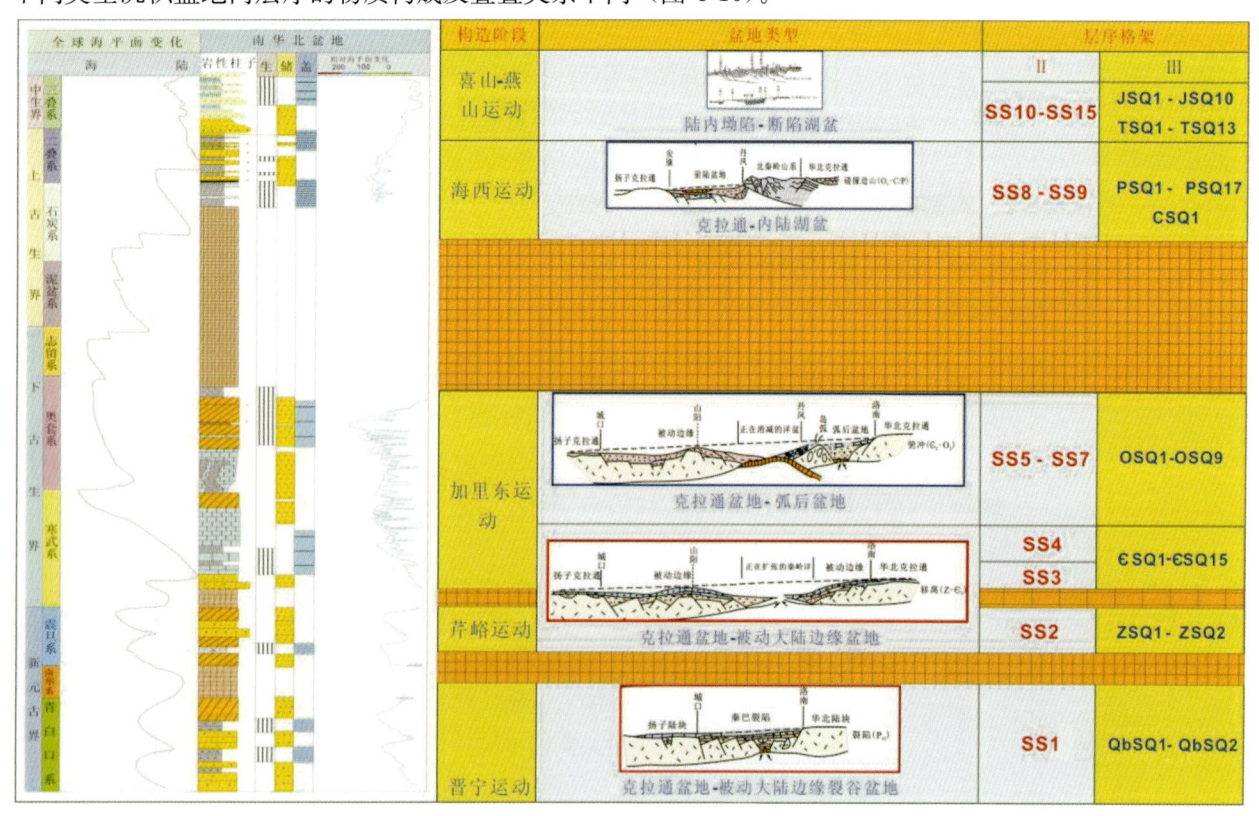

图4-16 南华北地区青白口纪—白垩纪不同演化阶段盆地类型及其充填的层序格架
（据秦德余，1997）

一、克拉通盆地层序地层模型

"克拉通"（Craton）一词最先由Shill于1936年（何登发等，1996）提出，意思是指极其稳定的、为周缘地槽所环绕的地盾（shield）。Sloss把克拉通定义为具有厚层大陆地壳的广大区域，在几百万至几千万年中，其位置保持在海平面附近的几十米范围内，任何表现为克拉通性质的地块都应当被称为克拉通。美国地质研究所出版的《地质词典》将克拉通定义为长期保持稳定或仅有微弱变形的地壳，即将克拉通限定为包括地盾和地台在内的比较稳定的大陆地壳。我国的一些学者（如杨森楠等，1985）对克拉通的定义较为严格，仅指具有前寒武纪基底的地盾和地台，因而克拉通盆地则仅指位于前寒武结晶基底之上的盆地。由此可见，克拉通盆地并不是中性的，它既可以处于伸展背景之下，如震旦—早寒武世的南华北克拉通盆地，也可以处于挤压背景下，如晚石炭—晚二叠世的南华北克拉通盆地。由于克拉通盆地处于相对稳定状态，沉积速率较小，海平面升降速率一般大于沉积速率，沉积物供给也同时受到海平面升降的控制，其层序地层特征与经典的被动边缘盆地坡折带以上部分的层序地层特征相近。按层序充填物的类型可将其分为碳酸盐岩克拉通盆地和碎屑岩克拉通盆地，现将它们的层序模型总结如下。

（一）碳酸盐克拉通盆地层序地层模型

由于南华北克拉通盆地地势宽缓，具有水体相对浅、构造稳定、基底平缓、碳酸盐自旋回作用明显等环境特点，沉积型式以宽阔的浅海沉积体系为主，并受区域与全球旋回性型式的明显控制，它们保留了不同周期尺度的旋回性全球海平面变化的内部证据。因而克拉通盆地是反映全球海平面变化的最为灵敏的示踪剂。相应的层序成因格架具有如下主要特征（图4-17和图4-18）。

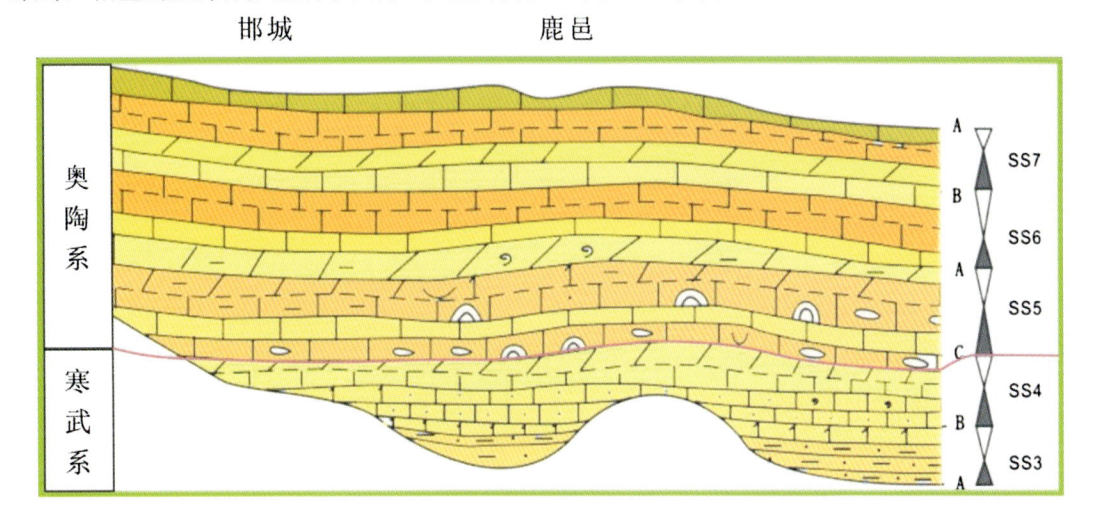

图 4-17 碳酸盐克拉通盆地层序地层模型
A. 构造不整合面；B. 海侵上超不整合面；C. 沉积间断不整合面

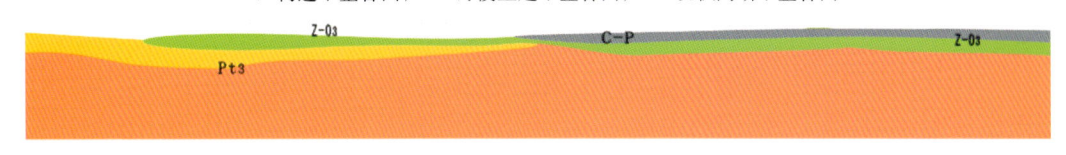

图 4-18 南华北阜阳—鹿邑震旦—奥陶系碳酸盐克拉通盆地（据地震315-b线南段解释）

（1）在层序物质构成方面，主要由碳酸盐岩构成，其次是碳酸盐岩-碎屑岩的混合沉积岩系。岩相、厚度变化相对较为简单，次级单元包括隆起区和坳陷区。

（2）不同性质层序界面上，其充填物质不同，在二级层序界面之上或三级层序的Ⅰ型界面上，通常发育碎屑岩-碳酸盐岩混合沉积，如 SS3 超层序的€SQ1、€SQ2、€SQ3、€SQ4 的层序组成都是由碎屑岩和碳酸盐岩混积而成。而在Ⅱ型界面上，通常是海侵超覆的碳酸盐岩序列。

（3）在层序内部构型方面，由于早古生代，南华北处于中国地质历史上最广泛的陆表海发育时期，克拉通内部水浅，海侵作用滞后，沉积物供给通常超过沉降速度，短期暴露、剥蚀作用相对强烈，层序通常缺失 LST 和 HST 上部，并造成 HST≤TST，在相对海平面曲线上表现为缓慢上升、迅速下降特点，如奥陶系的 OSQ2、OSQ3、OSQ7 等层序。

（4）对层序界面而言，由于在克拉通上，高幅低频的海平面升降变化，容易造成特征明显、分布稳定的层序界面标志，包括古岩溶面、冲刷侵蚀面、暴露面、区域性淡水成岩相带等，即陆上暴露不整合面，同时亦使层序遭受剥蚀，导致层序结构的不完整性和不连续性，甚至完全缺失某一层序。如奥陶系顶部的古岩溶作用面，该界面以下的 OSQ9 层序的顶部（高位体系域）多数遭受侵蚀而不完整或缺失。

（5）由于 LST 期岩溶、暴露、侵蚀作用和 TST 期海侵侵蚀改造叠加，层序多由 TST 和 HST 构成，通常缺失 LST 或 SMST。同时，克拉通盆地水浅、远离洋盆，在大多数情形下，仅见到与最大海泛面相当的浅水沉积物，很少见到理论上的凝缩层。

（6）在克拉通盆地中，由于沉积速率较小，频繁的海平面升降，容易形成清晰的层序界面，包括侵蚀、暴露、岩溶等，也容易使层序遭到剥蚀或破坏，造成层序结构的不完整、不连续，直至使部份层序缺失，对比困难。

(二) 碎屑克拉通盆地层序地层模型

南华北地区碎屑岩克拉通盆地发育于晚古生代。是晚古生代南华北克拉通结束海相沉积后的继承发展，仍处于相对稳定状态。从中二叠世开始，全部演变为碎屑岩或含煤碎屑岩成因组合，形成以碎屑岩为主的克拉通盆地。大量的陆源碎屑物的注入，致使南华北发育河湖三角洲、湖泊、海陆过渡三角洲、潮坪-潟湖相的沉积物，它们共同组成碎屑岩克拉通盆地（图4-19，图4-20）。

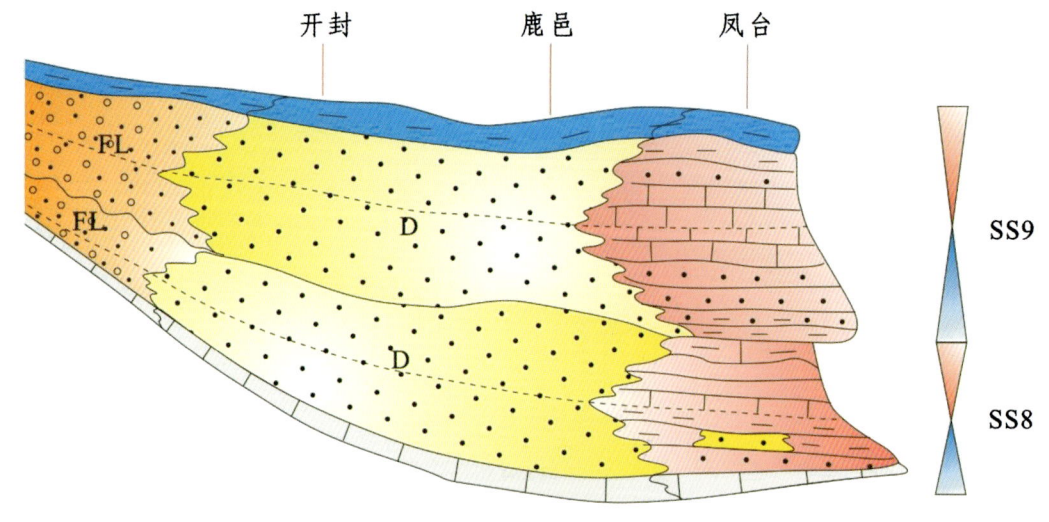

图4-19 碎屑岩克拉通层序地层模型

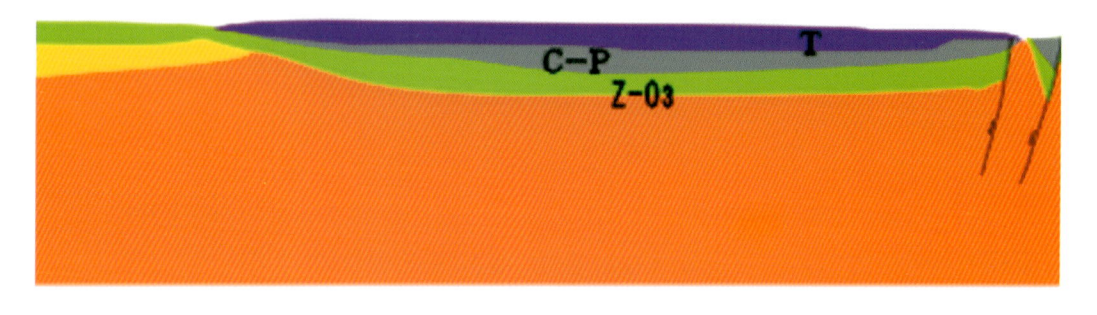

图4-20 南华北鹿邑二叠系碎屑岩克拉通盆地（据地震315-b线中段解释）

（1）在物质组成方面，主要为碎屑岩成因组合，优势相为：含煤-铝土-铁质岩建造、红色岩建造和过渡相碎屑岩建造等，属于典型的碎屑岩型克拉通盆地成因组合。

（2）从层序界面组合上讲，主要为暴露成因界面组合和陆上隆起侵蚀成因界面，Ⅰ型界面和Ⅱ型界面的主要区别是前者发育河流回春，而后者以淡水作用面为主。

（3）在层序构型方面，发育有典型的准层序或准层序组，以发育向上变浅准层序（组）为基本构型单元，并主要以准层序构型的总体向上变粗变浅和变细变深趋势为主要依据，划分高水位体系域和海侵体系域。多数情况下，仅能见到最大海泛期或凝缩期的相应浅水沉积物，而很少见到真正的凝缩层（密集层）。

（4）在层序成因格架方面，主要以高水位体系域和海侵体系域为主体，通常缺失低位体系域。不同剖面位置、成因格架略有差异，具有逐渐向陆地方向，层序自下而上，缺失逐渐增多的趋势。

（5）层序充填物的几何形态呈厚度稳定的板状。

二、陆内凹陷盆地的层序地层模型

确切地讲，"坳陷盆地"不是一个与克拉通盆地、被动大陆边缘盆地对等的盆地分类术语。这里提及到的"陆内坳陷盆地"是指印支期的南华北克拉通，因受到南北两侧板块的挤压，在板缘隆起的同时，板内挠曲变形而成的，甚至是在古生代相对凹陷的基础上发育起来的。因此，它与下伏地层呈连续或假整合接触，具有盆地面积大，沉积条件相对稳定的特点。其层序地层模型具有如下特点（图 4-21，图 4-22）：

（1）沉积类型以碎屑岩为主，特别是早中期碎屑岩占有重要的地位。

（2）地层的旋回性好，总体呈向上变细的沉积序列。层序界面通常为一些旋回界面或湖侵超覆面。

图 4-21　陆内凹陷盆地的层序地层模型

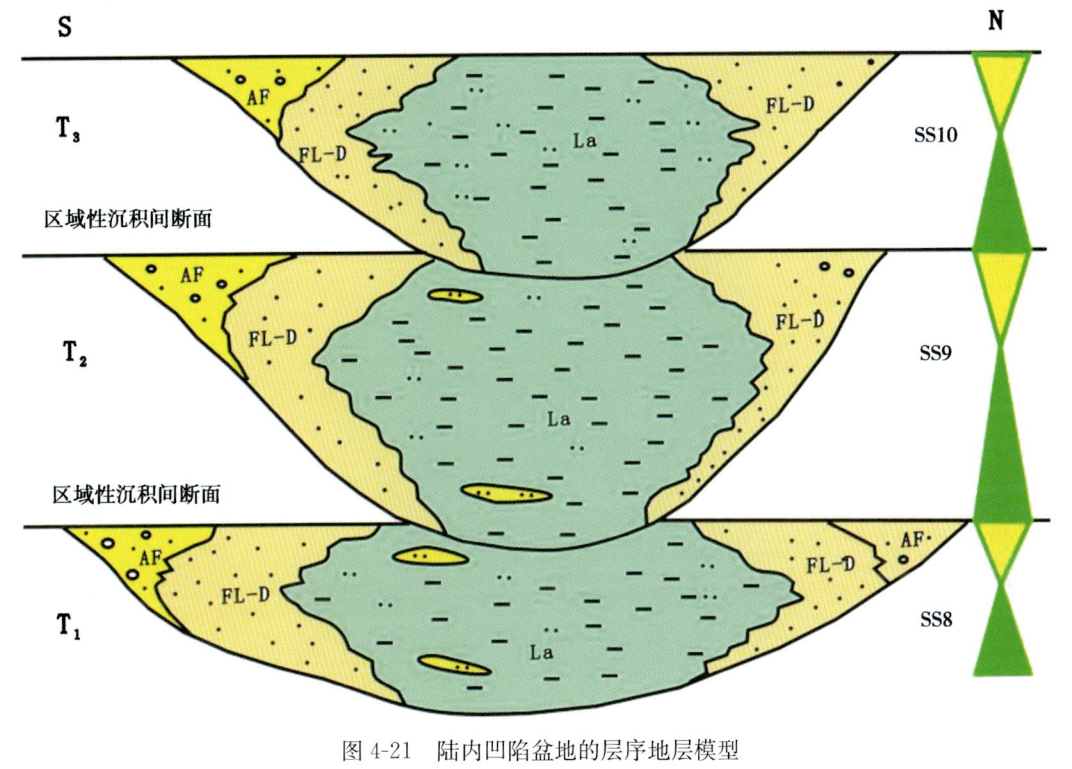

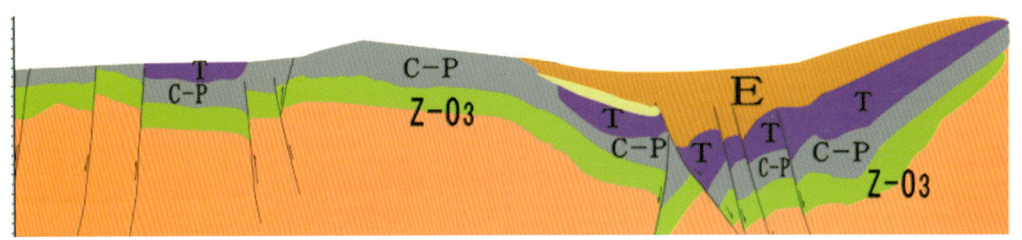

图 4-22　中牟-兰考陆内坳陷盆地（据地震 315-b 线北段解释）

三、断陷盆地的层序地层模型

$J_3-K_1^1$ 时期，中央造山带造山活动结束，在造山带的内部产生拆沉作用，而在边缘产生滑脱拆离。同时，在伊泽奈奇板块向北西俯冲作用下，郯庐断裂东侧陆块大规模向北移动（徐嘉炜等，1992），西侧也被带动向北位移，只是规模要小得多，在此双重作用下产生拆离伸展盆地。

$K_2^1-K_2$ 时期，由于伊泽奈奇板块的俯冲，南华北地区整体抬升剥蚀，早白垩世晚期（K_2^1）—晚白垩世（K_2）地层残留很少，与该时期区域性剥蚀有关。另外，冲断作用大多沿原先的断裂面发生，因此在这些逆冲断裂的上盘柔性较大的地层中产生了一些牵引褶皱，南华北地区广泛存在的古近系与白垩系或更老地层之间的角度不整合，就反映了这期冲断抬升剥蚀作用的存在。

由于伊泽奈奇板块的俯冲所带动的郯庐断裂的向北走滑，引起了板内盆地的拆离，发育了一批晚侏罗纪—白垩纪的断陷盆地，如黄口断陷、舞阳断陷盆地（图 4-23 和图 4-24）。

它们的层序地层模型具有以下特征（图 4-25）。

（1）层序充填物以陆相碎屑岩为主，间夹有火山岩或火山碎屑岩。

（2）地层的旋回性较好，层序界面多以冲刷侵蚀界面或旋回界面为主。

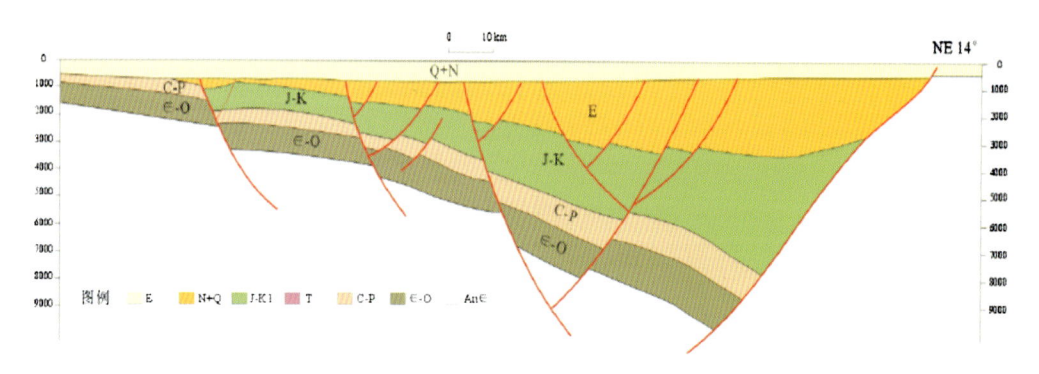

图 4-23 黄口断陷盆地北东—南西剖面（据地震 90-434 线解释）

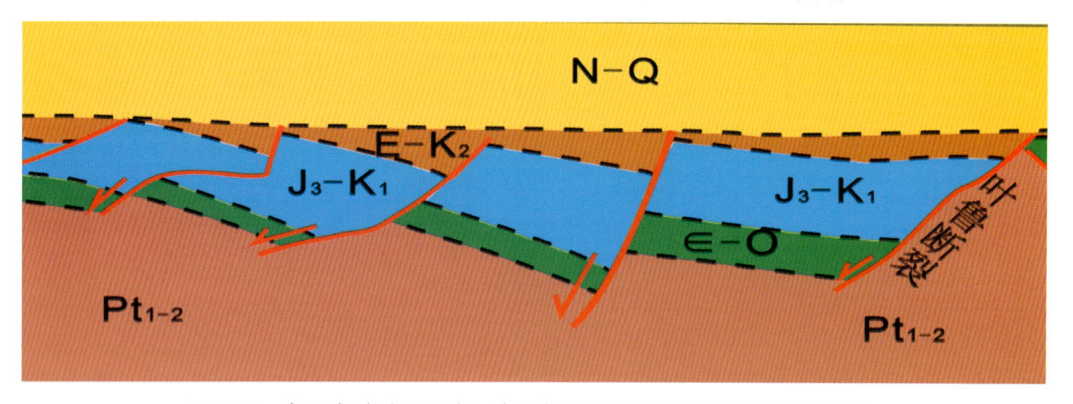

图 4-24 舞阳断陷盆地北东—南西剖面（据地震 315-b 线北段解释）

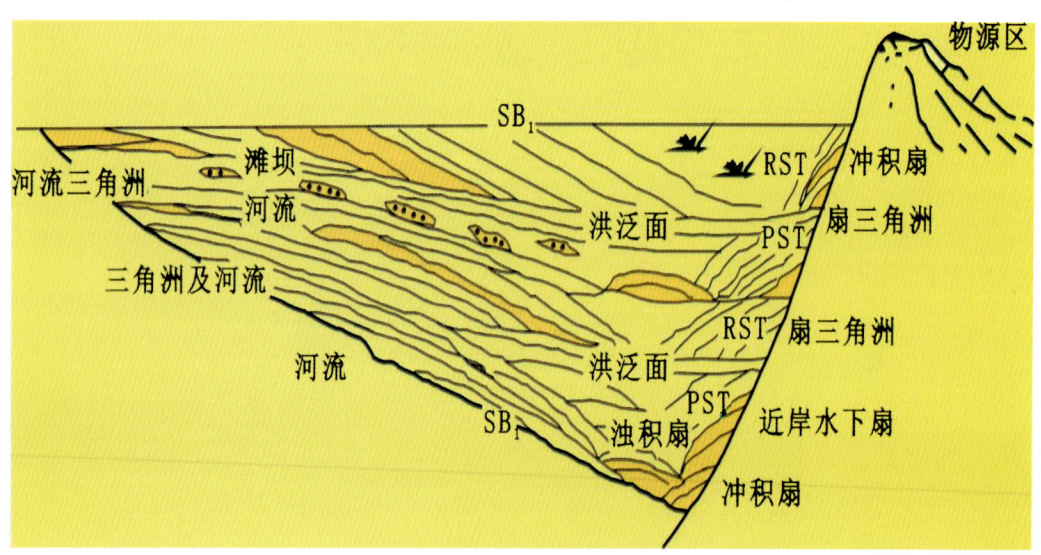

图 4-25 断陷盆地的层序地层模型

（3）断陷盆地的陡坡带和缓坡带的层序样式有较大区别，在陡坡带多发育水下扇或扇三角洲沉积体系，在缓坡带则发育河流-三角洲沉积体系。在盆地中心则可见湖底扇等沉积体系。

（4）层序充填物的形态在陡坡带和缓坡带亦各不相同，一般在陡坡带一侧以楔状或锥状为主，而在缓坡带一侧却以席状或舌状居多。

（5）层序构成一般以湖泊扩张体系域和湖泊收缩体组成，其间以最大洪泛面相分隔。考虑到进积作用和退积作用的发生不完全与基准面的升降相对应，因此，体系域的称谓改用湖泊扩张体系域和湖泊收缩体系域。

第三节 新成果、新认识小结

前人对于该地区的构造演化及盆地研究，或侧重于秦岭造山带及盆地演化，或侧重于新生代盆地性质及演化。本书既汲取了造山带对于盆地的控制作用，又重视了南华北盆地新元古代—古生代构造演化研究。系统研究了南华北地区新元古代—中生代构造演化及形成的不同类型盆地，将构造演化分为 6 个大的阶段；详细讨论了各构造演化阶段形成的盆地；总结了不同类型盆地的层序充填模型。所取得的新成果和新认识有以下几点。

(1) 经历了 6 个构造演化阶段：①新元古代被动大陆边缘裂谷—克拉通坳陷阶段（Pt_3）；②早古生代早期被动大陆边缘—克拉通坳陷阶段（$\in_1$-$\in_2$）；③早古生代中期主动大陆边缘弧后盆地—克拉通坳陷阶段（$\in_3$-O_2）；③早古生代晚期—晚古生代早期主动大陆边缘俯冲碰撞—整体隆升阶段（O_3-C_2）；④晚古生代克拉通—陆内坳陷阶段（C_3-P_3）；⑤早中生代陆内坳陷阶段（T）；⑥晚中生代前陆盆地—断陷盆地阶段（J_1-K_2）。其后又经历了新生代断陷盆地阶段（E）、坳陷-走滑盆地阶段（N-Q）两个改造阶段。

(2) 通过对大量的区域地质、地震、钻井等资料的系统研究，采用构造演化阶段论观点，详细研究了北西—南东向横贯南华北地区的 315-b 地震剖面，反演了构造历史及盆地类型。

(3) 南华北地区为两隆（太康隆起、豫西—长山隆起）两坳（开封坳陷带和周口坳陷带）和东部一隆一盆（徐州—蚌埠隆起和合肥盆地）的构造构局。可划分为豫西—长山隆起、周口坳陷、太康隆起、开封坳陷、徐州—蚌埠隆起和合肥盆地六个一级构造区。

(4) 根据地震剖面，本书分析了不同类型沉积盆地内层序的物质构成及叠置关系不同。克拉通盆地层序地层模型、陆内凹陷盆地的层序地层模型、断陷盆地的层序地层模型，其中前者又可分为碳酸盐岩层序地层模型和碎屑岩拉通盆地层序地层模型。

第五章　重点层段层序-岩相古地理特征及演化

岩相古地理研究与编图工作是一项重要的基础地质工作，是重建地质历史中海陆分布、构造背景、盆地配置和沉积演化的重要途径和手段。其目的在于通过重塑沉积环境，研究沉积作用，了解地质历史演变及构造发育史，总结各时期的海陆变迁、古气候变化、沉积区及剥蚀区的古自然地理景观特征，分析不同沉积环境下沉积物的特征及其分布规律，从而达到评价油气资源、了解油气分布规律和预测油气远景之目的。本章是在沉积体系类型、特征、岩相古地理演化（第二章）和层序划分、特征及对比（第三章）研究的基础上，对重点层段展开的新一轮岩相古地理研究。

第一节　编图思路及成图单元选择

一、层序-岩相古地理的含义

1. 构造控盆和盆地控相

地质历史上，盆地古地理的变革和沉积环境的演化，均受盆地构造性质、构造活动类型的控制。从全球沉积盆地对比的角度出发，最基本的或一级盆地构造边界当属板块边界或地块的边界（或为二级），以洋壳和不同地块间结合带为界的两侧盆地，其性质迥然有别，盆地的演化途径也各异。在同一板块或地块内部的盆地，其盆地沉积边界的构造活动类型不同，也决定盆地内不同区域沉降速率和堆积速率、沉积物的性质、沉积相的时空展布和古地理演化。因此，同一块体或不同块体盆地都遵循构造控盆、盆地控相的原则。

2. 层序-岩相古地理

盆地古地理研究和古地理复原，以板块构造理论和活动论为指导，编制新一轮的古地理图是地质学家长期的目标。古地理研究者试图反映盆地所处的构造背景、盆地的构造性质以及与全球构造的相关性，但仍在现今的地理坐标上表示其古地理单元、岩相和沉积环境。

岩相古地理研究是重建地质历史中海陆分布、构造背景、盆地配置和沉积演化的重要途径和手段。层序-岩相古地理图就是以层序地层学理论为指导，以体系域或相关界面为编图单元，所编制的具等时性、成因连续性和实用性的岩相古地理图。

本书在南华北地区层序划分和对比、板块构造格局和沉积盆地性质及演化研究的基础上，以露头层序地层学理论为指导，结合钻井和地震资料，以层序为主要成图单元，系统编制了南华北地区重点层段沉积发育时期的层序岩相古地理图，客观地反映了特定时间间隔内该地区的沉积演化史、板块构造格局、沉积盆地性质和古地理展布等，更好地揭示了不同时期沉积格局。

二、编图单元的选择和表示方法

1. 编图思路和方法

综观岩相古地理研究史，其编图指导思想和方法有：40年代，Pypuu以历史构造观简编了全球古地理图；50年代，Sloss运用生物古地理学理论和方法编制了美国概略古地理图；刘鸿允以生物地层学为基础编制了《中国古地理图集》；70年代初，岩相学派通过单因素、多因素和优势法编绘了小范围古地理图；80年代，王鸿祯等以构造活动论和发展阶段论为指导编制了《中国古地理图集》；90年代初，Christopher等通过全球构造学观点编制了《全球显生宙古地理图》，刘宝珺等以板块构造理论和盆地分析原理为指导编制了《中国南方震旦纪—三叠纪岩相古地理图集》等。上述诸方法对推动岩相古地理学的飞速发展具重要意义，但仍存在共同的不足之处：一是怎样编制反映活动论的岩相古地理图；二是在二维平面图上怎样反映特定时间间隔内某地区的四维沉积发育史；三是古地理图件如何反映沉积盆地特征及其主控因素（板块构造格架、同沉积构造活动等）；四是如何更好地紧密结合油气勘探实际，将理论和应用有机地联系起来。这些问题涉及如何恢复古海洋、古大陆的位置及其变化历程、成图单元的划分、对比和编图的思路与工作方法，其焦点是怎样选择等时地质体或等时面来编制真正等时的岩相古地理图，即层序-岩相古地理图。全球沉积对比计划和联合古陆计划的实施以及层序地层学理论的实践和应用，为重建全球古地理、追踪全球沉积记录、编制高精度等时古地理图提供了理论依据。层序及体系域不仅是年代地层段和等时地质体，且其顶底是可确定的物理界面。显然，层序-岩相古地理图更接近盆地沉积演化的真实性，以动态的变化反映盆地的充填史。

2. 编图单元的选择

不同的岩相古地理研究方法，其编图单元不同，所编出的岩相古地理图反映的内容及其真实性不同，以层序地层学理论为指导编制的层序-岩相古地理图，同样涉及编图单元的选择问题。沉积层序作为岩相古地理学研究的基本地层单位，选择编图单元的方法有二：一是以体系域为成图单元，采用体系域压缩法编制层序古地理图；二是以相关界面如层序界面、最大海泛面或体系域顶或底界作为编图单位进行编图，即瞬时编图法。其中，方法一的等时性相对较差，但所编制的层序古地理图是一个反映具体地质体的相对等时的岩相古地理图，这在油气勘探、目标评选和远景预测中具有重要意义；方法二的等时性强，但仅揭示了地史中瞬时的古地理格局，缺乏相对具体的地质体，因而其勘探意义相对受到限制。

岩相古地理图图面上的主要古地理单元：一是陆地，另一是海洋或海域。后者均以岩相和环境命名表示。古陆和陆源区的区分和陆地上古地貌单元的性质较难确定，除依据沉积区的岩石类型、物质成分外，还取决于构造活动的性质和造山过程。前人在岩相古地理图上对陆源区均是概略地分为高山、丘陵、平原或山地等，且一律以古陆命名。古陆地的地貌特征应是盆山转换过程和其演化中构造活动性质的响应，为揭示盆山转换特征，分为古陆和后期隆起剥蚀区两种类型，分别以不同的符号表示。古陆（OL）：以前寒武系变质岩地层为基底的称古陆。后期隆起剥蚀区（UA）：为沉积盆地提供碎屑物的称隆起剥蚀区。

针对研究任务和目标，南华北地区青白口系划分为1个超级层序（SS1）和2个三级层序（QbSQ1和QbSQ2），震旦系划分为1个超级层序（SS2）和2个三级层序（ZSQ1和ZSQ2），寒武系划分为2个超级层序（SS3和SS4）和15个三级层序（ϵSQ1～ϵSQ15），奥陶纪划分为3个超层序（SS5～SS7）和9个三级层序（OSQ1～OSQ9），石炭系—二叠系划分为2个超层序（SS8～SS9）和17个三级层序（CSQ1～PSQ17），三叠系划分为3个超层序（SS10～SS12）和13个三级层序（TSQ1～PSQ13），侏罗系划分为3个超层序（SS13～SS15）和10个三级层序（JSQ1～PSQ10）。本书在层序地层格架研究的基础上，以前期的传统古地理演化研究成果为背景，通过对超层序（二级）界面特征、体系域特征及其所包含的三级层序特征的研究，以重点层段的三级层序体系域为编图单元，选择重点层段系统编制了38张层序岩相古地理图，目的是揭示不同沉积演化过程中古地理格局，进而揭示沉积演化过程中的烃源岩和储集岩的时空展布规律（表5-1）。

表 5-1 重点层位层序岩相古地理图名及相对应的岩石地层单元

图序	二级层序编号	图名	岩石地层
1	SS1	南华北盆地青白口系 QbSQ2 海侵体系域层序岩相古地理图	三教堂组—四十里长山组
2		南华北盆地青白口系 QbSQ2 高位体系域层序岩相古地理图	
3	SS2	南华北盆地震旦系 ZSQ1 海侵体系域层序岩相古地理图	黄连垛组
4		南华北盆地震旦系 ZSQ1 高位体系域层序岩相古地理图	
5		南华北盆地震旦系 ZSQ2 海侵体系域层序岩相古地理图	董家组
6		南华北盆地震旦系 ZSQ2 高位体系域层序岩相古地理图	
7	SS3	南华北盆地寒武系 ∈SQ6 海侵体系域层序岩相古地理图	馒头组一段
8		南华北盆地寒武系 ∈SQ6 高位体系域层序岩相古地理图	
9		南华北盆地寒武系 ∈SQ7 海侵体系域层序岩相古地理图	馒头组二段
10		南华北盆地寒武系 ∈SQ7 高位体系域层序岩相古地理图	
11		南华北盆地寒武系 ∈SQ8 海侵体系域层序岩相古地理图	馒头组三段
12		南华北盆地寒武系 ∈SQ8 高位体系域层序岩相古地理图	
13	SS4	南华北盆地寒武系 ∈SQ9 海侵体系域层序岩相古地理图	张夏组
14		南华北盆地寒武系 ∈SQ9 高位体系域层序岩相古地理图	
15		南华北盆地寒武系 ∈SQ10 海侵体系域层序岩相古地理图	
16		南华北盆地寒武系 ∈SQ10 高位体系域层序岩相古地理图	
17		南华北盆地寒武系 ∈SQ11 海侵体系域层序岩相古地理图	崮山组
18		南华北盆地寒武系 ∈SQ11 高位体系域层序岩相古地理图	
19		南华北盆地寒武系 ∈SQ13 海侵体系域层序岩相古地理图	炒米店下段
20		南华北盆地寒武系 ∈SQ13 高位体系域层序岩相古地理图	
21		南华北盆地寒武系 ∈SQ14 海侵体系域层序岩相古地理图	炒米店中段
22		南华北盆地寒武系 ∈SQ14 高位体系域层序岩相古地理图	
23	SS8	南华北盆地二叠系 PSQ4 海侵体系域层序岩相古地理图	山西组
24		南华北盆地二叠系 PSQ4 高位体系域层序岩相古地理图	
25	SS9	南华北盆地二叠系 PSQ5 海侵体系域层序岩相古地理图	下石盒子组
26		南华北盆地二叠系 PSQ5 高位体系域层序岩相古地理图	
27		南华北盆地二叠系 PSQ9 海侵体系域层序岩相古地理图	上石盒子组
28		南华北盆地二叠系 PSQ9 高位体系域层序岩相古地理图	
29		南华北盆地二叠系 PSQ13 湖进体系域层序岩相古地理图	石千峰组
30		南华北盆地二叠系 PSQ13 湖退体系域层序岩相古地理图	
31	SS10	南华北盆地三叠系 TSQ1 湖进体系域层序岩相古地理图	刘家沟组
32		南华北盆地三叠系 TSQ1 湖退体系域层序岩相古地理图	
33	SS11	南华北盆地三叠系 TSQ7 湖进体系域层序岩相古地理图	油坊庄组
34		南华北盆地三叠系 TSQ7 湖退体系域层序岩相古地理图	
35	SS12	南华北盆地三叠系 TSQ8 湖进体系域层序岩相古地理图	椿树腰组
36		南华北盆地三叠系 TSQ8 湖退体系域层序岩相古地理图	
37	SS13	南华北盆地侏罗系 JSQ1 湖进体系域层序岩相古地理图	鞍腰组
38		南华北盆地侏罗系 JSQ1 湖退体系域层序岩相古地理图	

第二节 重点层段层序-岩相古地理特征及演化

一、青白口纪层序-岩相古地理展布及特征

Qb 在青白口纪沉积演化过程中，由于受晋宁运动的多期次构造拉张影响，南华北地区沉积盆地的性

质具有自南向北由被动大陆边缘裂谷盆地向克拉通内拗陷盆地过渡的构造背景，构造作用相对较稳定。南华北盆地南侧的北秦岭地区为裂谷环境，北侧为克拉通盆地。

1. QbSQ2 层序 TST 期岩相古地理展布

QbSQ2 层序 TST 期，相当于青白口系三教堂组、洛峪口组和四十里长山组海侵体系域（图 5-1）。以嵩县—遂平—濉溪—灵璧一线为界，以北为滨岸相沉积，主要为一套细粒石英砂岩夹砾岩，成分成熟度和结构成熟度较高，具水平层理、小型沙纹层理、楔状层理，层面有不对称波痕，属于中能海滩环境。界线以南，确山、淮南、凤台及其四十里长山地区以泥岩及具丘状交错层理的泥质泥晶灰岩沉积为主，海水水体较深，为钙泥质型陆棚相沉积。

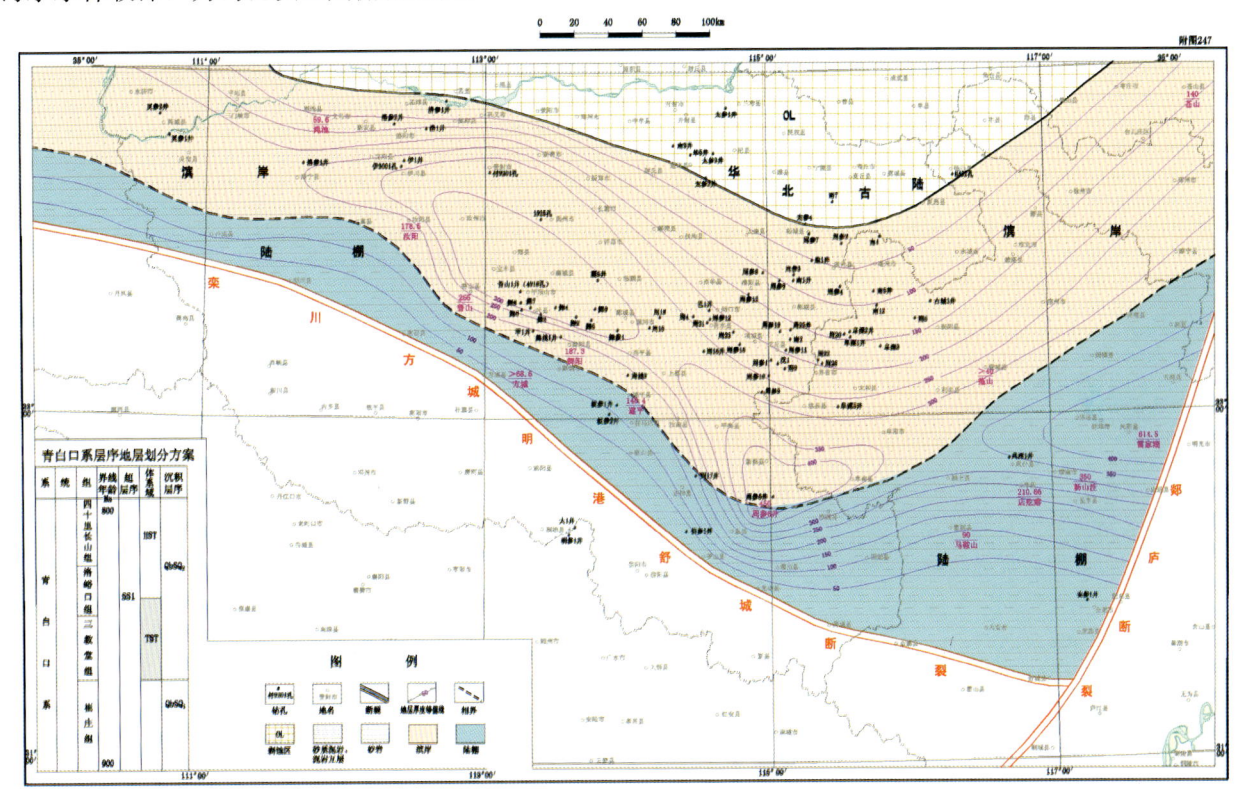

图 5-1 南华北盆地青白口系 QbSQ2 海侵体系域岩相古地理图

2. QbSQ2 层序 HST 期岩相古地理展布

QbSQ2 层序 HST 期，相当于青白口系三教堂组、洛峪口组和四十里长山组高体系域（图 5-2）。由于华北陆块受挤压掀斜抬升，相对海平面下降，卢氏—确山—固始—霍邱一线以北广大地区在前期的基础上发育，主要沉积了一套碳酸盐岩与细砂陆源碎屑岩互层的混合坪及滨岸沉积。卢氏—确山—霍邱一线以南至固始—栾川一线发育钙质泥页岩，岩石中含海绿石、电气石和丰富的藻类，为泥钙质型陆棚相沉积环境。

二、震旦纪层序-岩相古地理展布及特征

南华北地区因受加里东运动幕的影响，在震旦纪—早古生代早期沉积演化过程中，区域构造-沉积格局在前期的基础上，由被动大陆边缘裂谷环境发展演化为比较成熟的被动大陆边缘盆地，而南华北地区主体仍为稳定的克拉通沉积构造环境。南华北盆地继承了青白口纪的沉积格局，总体表现为海水逐渐变浅，范围逐渐缩小的趋势。

1. ZSQ1 层序 TST 期岩相古地理展布（图 5-3）

ZSQ1 层序 TST 期，为震旦系黄连垛组海侵体系域。海水自东南部及南部侵入，大致以卢氏—驻马店—霍邱—长丰一线为界，以北为潮上-潮间沉积，主要由粉砂质灰岩、砂质灰岩，有时夹海绿石、钙质粉砂岩、石英砂岩组成。以南主要为局限潮下沉积。其中，鲁山地区岩石类型主要为灰、灰白、淡黄色砂岩、砂粒岩、石英砂岩、含砾屑石英砂岩、少量细晶白云岩、硅质条带白云岩，为潮下浅滩沉积。

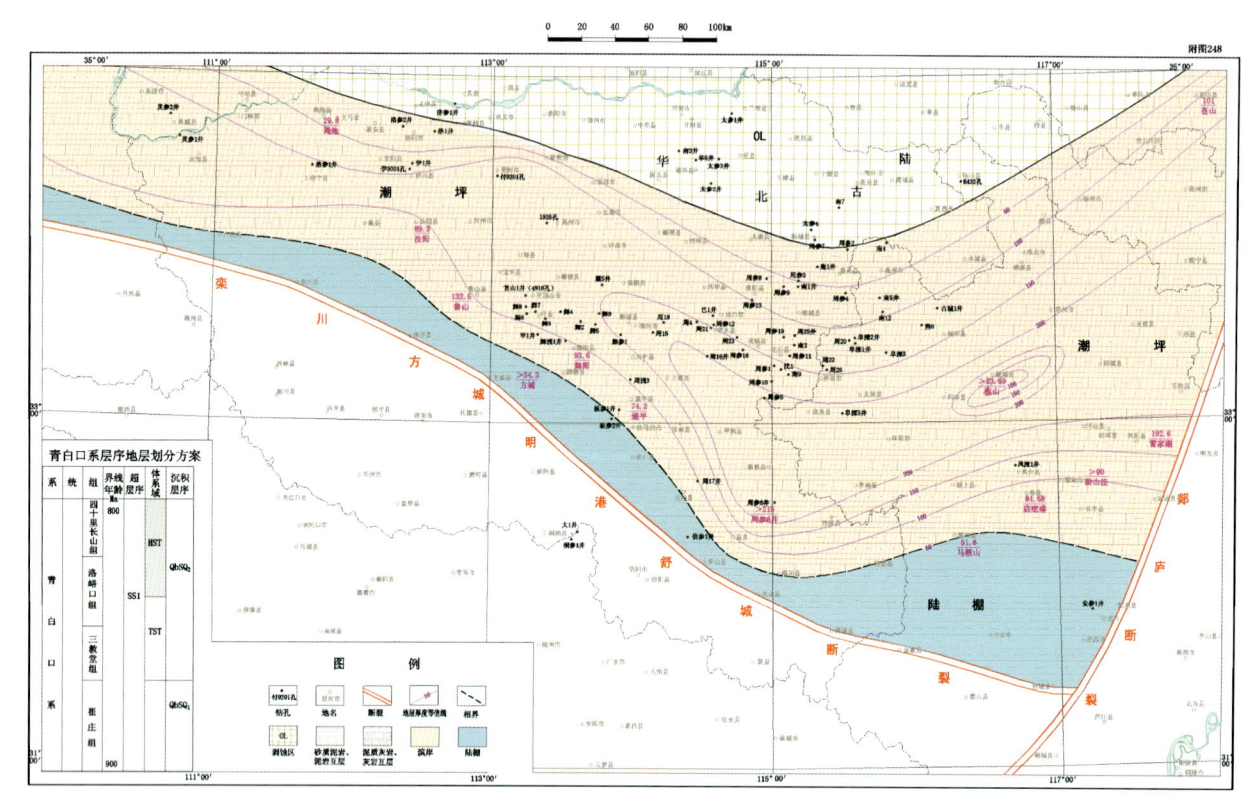

图 5-2 南华北盆地青白口系 QbSQ2 高位体系域岩相古地理图

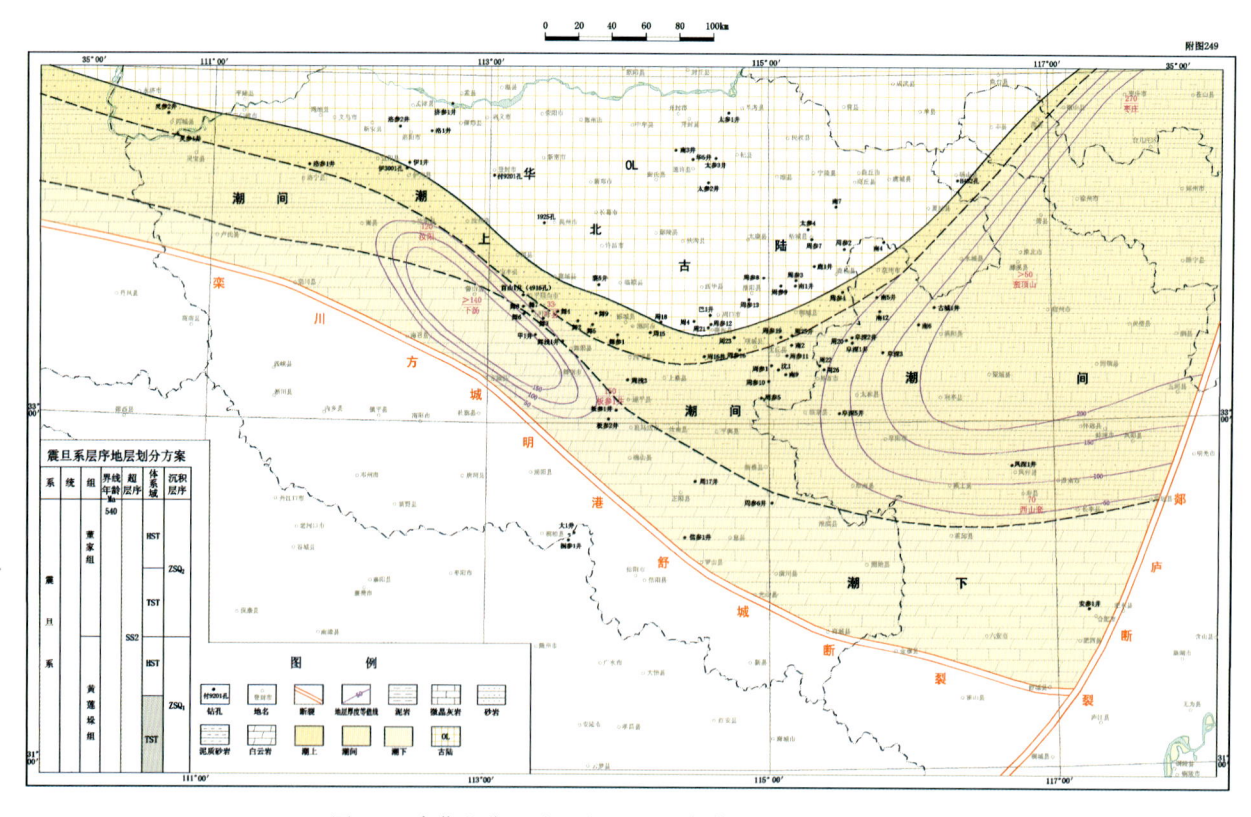

图 5-3 南华北盆地震旦系 ZSQ1 海侵体系域岩相古地理图

2. ZSQ1 层序 HST 期岩相古地理展布

ZSQ1 层序 HST 期，为震旦系黄连垛组高位体系域（图 5-4）。海平面较 TST 有明显下降，海水自东南部及南部侵入，以卢氏—鲁山—正阳一线为界，以北主要为灰、深灰色、淡红色细晶白云岩，硅质条带白云岩，泥晶白云岩，主要为潮上-潮间坪沉积，以南以碳酸岩沉积为主，畅流条件较差，主要为局限潮下沉积。

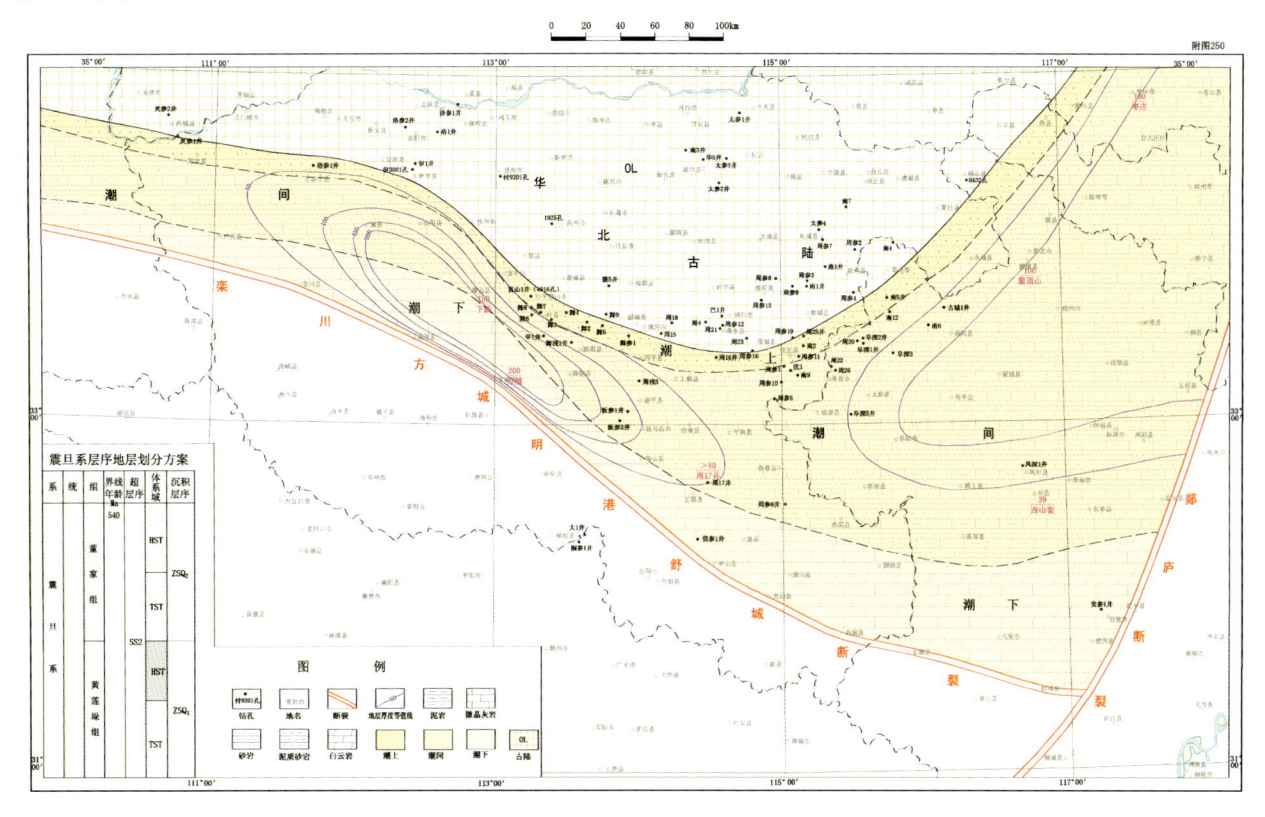

图 5-4 南华北盆地震旦系 ZSQ1 高位体系域岩相古地理图

3. ZSQ2 层序 TST 期岩相古地理展布

ZSQ2 层序 HST 期，为震旦系董家组海侵体系域（图 5-5），海平面较 SQ1 有明显下降，海水自东南部及南部侵入，驻马店—上蔡以西，包括鲁山、遂平地区主要为淡黄、黄褐、灰白、灰绿色砂砾岩，长石石英砂岩、岩屑石英砂岩，粉砂岩，为滨岸沉积。驻马店—上蔡一线以东以泥质灰岩、泥质白云质灰岩、泥晶灰岩及少量页岩组成，主要为潮坪沉积。自北向南水体逐渐加深，依次发育潮上带、潮间带和潮下带。其中六安等地以泥晶灰岩、泥灰岩、泥质条带白云岩沉积为主，主要为潮下坪沉积环境。

4. ZSQ2 层序 HST 期岩相古地理展布

ZSQ2 层序 HST 期，为震旦系董家组高位体系域（图 5-6）。海平面较 TST 有明显下降，海水自东南部及南部侵入，鲁山、西平、涡阳、淮北以北为潮上坪沉积、该界限以南至固始、霍邱等广大地区以泥灰岩夹砂砾岩沉积为主，为潮间坪沉积环境，光山、六安等南部地区以泥灰岩、泥质条带白云岩沉积为主，为潮下坪沉积。

三、寒武纪层序-岩相古地理展布及特征

寒武纪沉积期，秦岭海槽强烈扩张，以栾川—确山—固始—肥中断裂为界，南侧因北秦岭裂谷的继续发展，逐渐演化成比较成熟的被动大陆边缘；北侧南华北地区仍保持稳定克拉通的沉积-构造环境，沉积了一套厚度稳定的台地白云岩、颗粒灰岩为主，夹粉细砂岩及泥岩的克拉通陆表海沉积。

1. ∈SQ6 层序 TST 期岩相古地理展布

∈SQ6 层序 TST 期，为寒武系馒头组 I 段海侵体系域（图 5-7）。海侵范围扩大，海水基本淹没全区，隆起区明显缩小，沉积范围较之前有明显扩大。鲁山、淮阳、宿县等地岩石为泥晶灰岩、泥灰岩、白云

· 211 ·

质灰岩、膏灰岩、页岩等，颜色呈灰色、灰黄色、紫红色，并发育泥裂等暴露构造，为局限台地环境产物。绳池、登封及其以北地区主要为泥晶白云岩、藻云岩、页岩等，呈黄色、紫红色，水平纹层及波状层理发育，泥裂、鸟眼、晶洞及条带状构造常见，生物化石稀少，属潮坪环境。

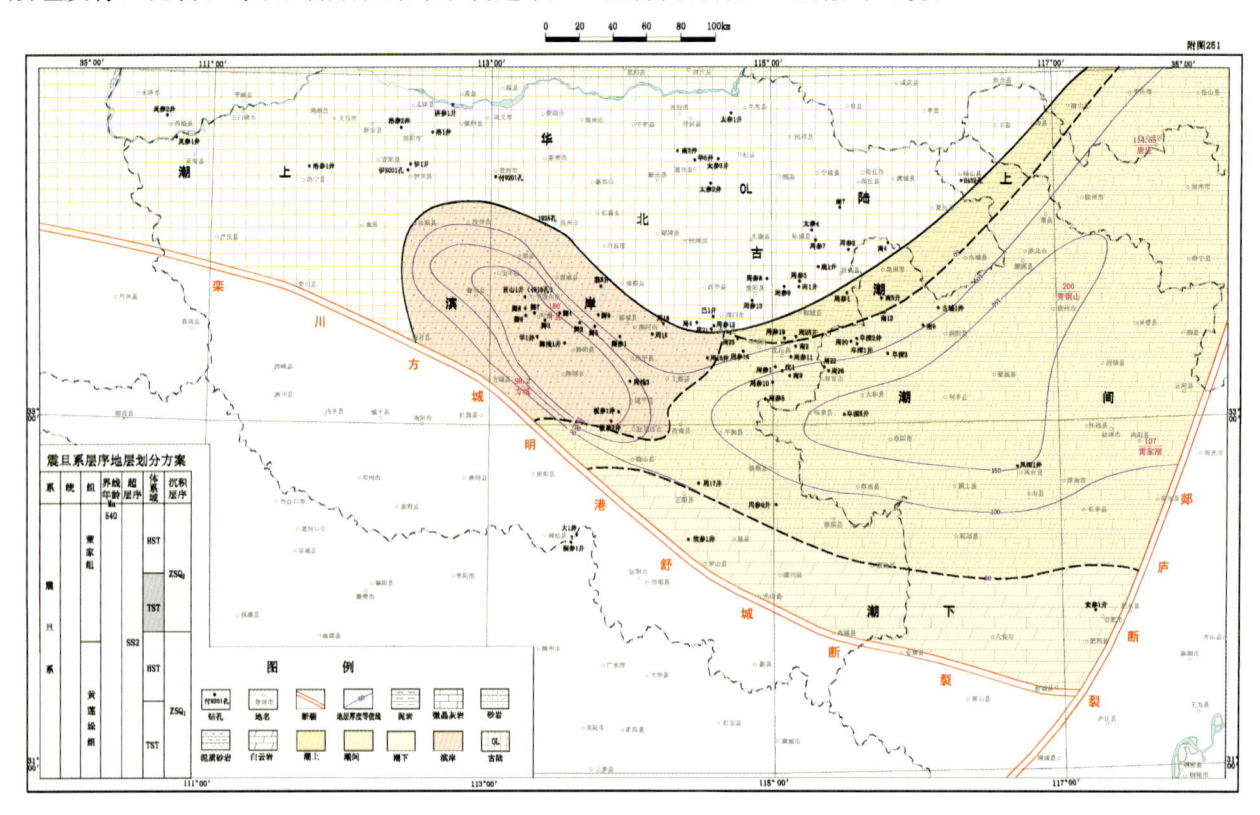

图 5-5 南华北盆地震旦系 ZSQ2 海侵体系域岩相古地理图

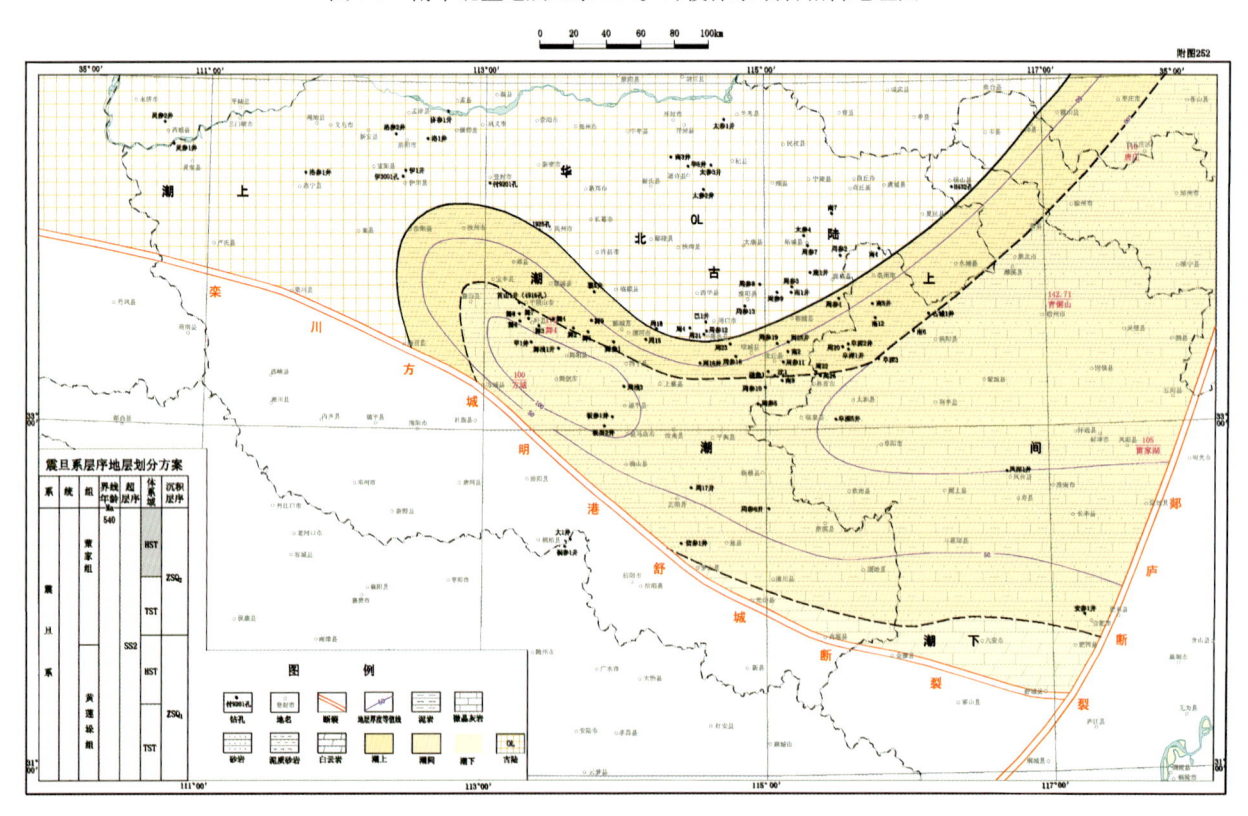

图 5-6 南华北盆地震旦系 ZSQ2 高位体系域岩相古地理图

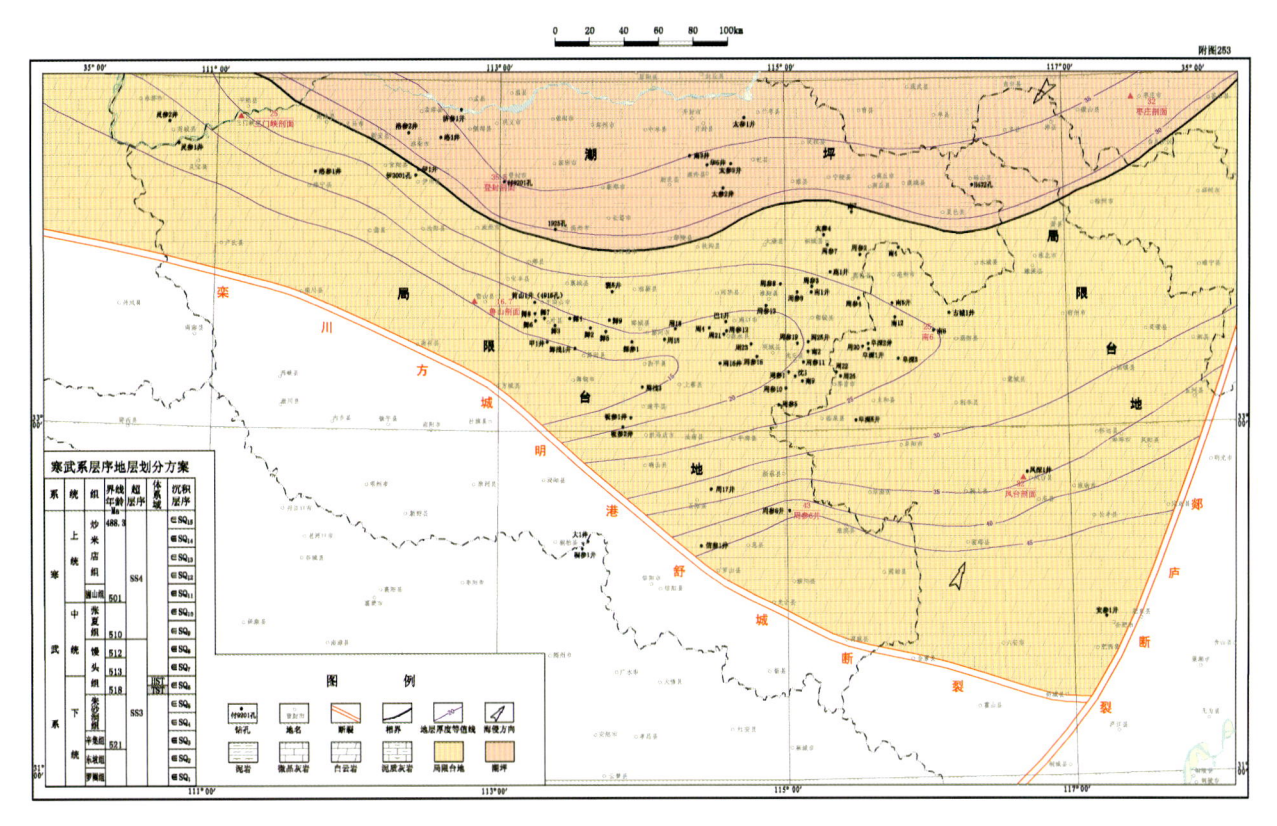

图 5-7 南华北盆地∈SQ6海侵体系域岩相古地理图

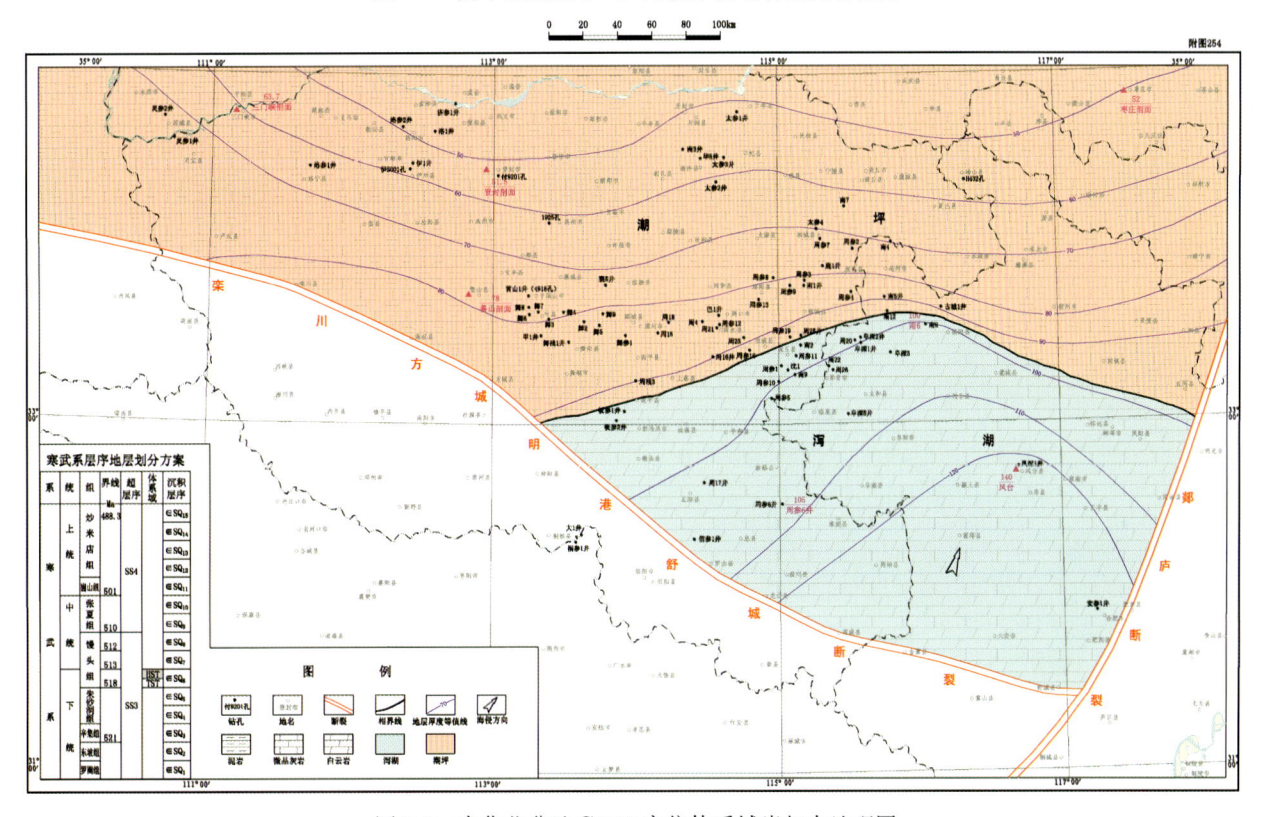

图 5-8 南华北盆地∈SQ6高位体系域岩相古地理图

2. ∈SQ6层序HST期岩相古地理展布

∈SQ6层序HST期，为寒武系馒头组一段高位体系域（图5-8）。海侵范围较TST有所减小，潮坪范围扩大，局限台地范围缩小并发展为潟湖环境，缩小至遂平—沈丘—涡阳—凤阳一线东南部，以北主要

· 213 ·

为泥晶白云岩、藻云岩、页岩等，属潮坪环境。以南主要发育灰色、灰黄色泥晶灰岩、泥灰岩、白云质灰岩、膏灰岩、页岩等，为潟湖沉积。

3. ∈SQ7层序TST期岩相古地理展布

∈SQ7层序TST期，为寒武系馒头组二段海侵体系域（图5-9）。总体格局与馒头Ⅱ期相似，由于海平面相对下降，水体变浅，陆源碎屑及颗粒灰岩含量相对增加。自南相北，水体逐渐变浅，局限台地范围缩小。确山、霍邱一带主要为泥晶灰岩、泥灰岩及泥页岩，为开阔台地沉积；方城、阜阳、寿县以北广大地区主要为泥晶白云岩、灰质白云岩、藻云岩、页岩等，为局限台地沉积环境。洛阳—淮北以北地区，包括登封等地泥质含量较高，为潮上泥坪沉积，徐州地区含较多砂岩、粉砂岩夹泥质条带鲕粒灰岩为砂坪沉积。

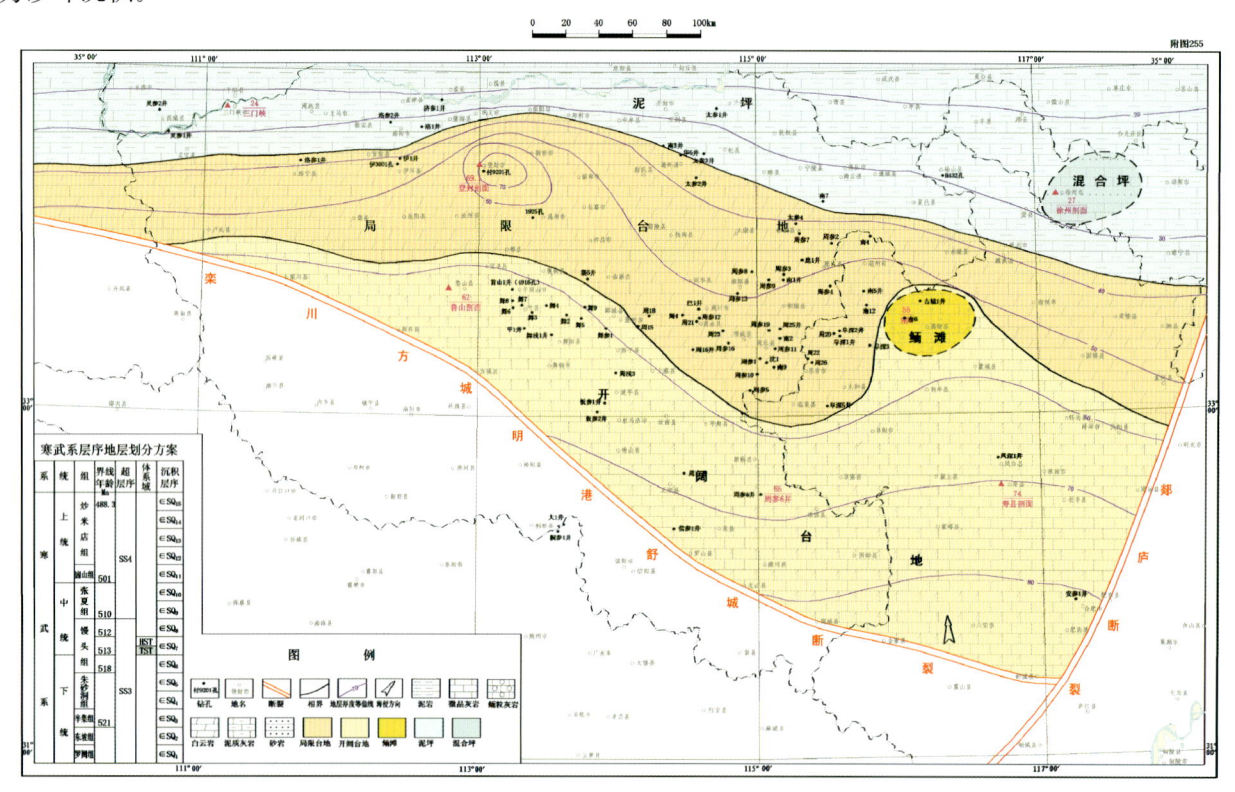

图 5-9 南华北盆地∈SQ7海侵体系域岩相古地理图

4. ∈SQ7层序HST期岩相古地理展布

∈SQ7层序HST期，为寒武系馒头组二段高位体系（图5-10）。海平面较水进体系有所下降，水体变浅。自南向北，半局限台地、局限台地、潮间、潮上相带依次平行展布。在嵩箕地区及以北至太行山一带，由紫红色页岩，粉砂岩组成，局部为鲕粒灰岩、泥晶灰岩、泥岩，泥页岩中含大量云母碎片，层面上具小型对称波痕，属安静环境下的潮坪沉积环境。安徽淮南、霍邱一带主要发育泥晶灰岩、泥灰岩及泥岩，为半局限台地沉积。

5. ∈SQ8层序TST期岩相古地理展布

∈SQ8层序TST期，为寒武系馒头组三段海侵体系域（图5-11）。海侵范围扩大，中寒武世馒头Ⅲ期，为大的海侵期，嵩县、确山、霍邱等广大地区为砂砾岩、砂岩、页岩、鲕粒灰岩、砾屑灰岩、砂屑灰岩、核形石灰岩、泥灰岩等，为黄绿色、紫红色、具交错层理，三叶虫、腕足、腹足等生物化石丰富，为开阔台地-台地滩沉积环境。潮坪及局限台地范围向北收缩，主要分布在开封—亳州—微山以北地区，周参6井以灰岩沉积为主，属于局限台地沉积。

6. ∈SQ8层序HST期岩相古地理展布

∈SQ8层序HST期，为寒武系馒头组三段高位体系域（图5-12）。由于相对海平面下降，潮坪沉积范围向南扩大，局限台地范围收缩，在平顶山—鹿邑—凤台一带发育，以薄层灰岩沉积为主；淮北—宿州以北广大南华北地区发育泥晶灰岩、泥灰岩、薄层砂岩及泥页岩，主要为潮坪沉积环境；开阔台地范围收缩，仅在南部发育。

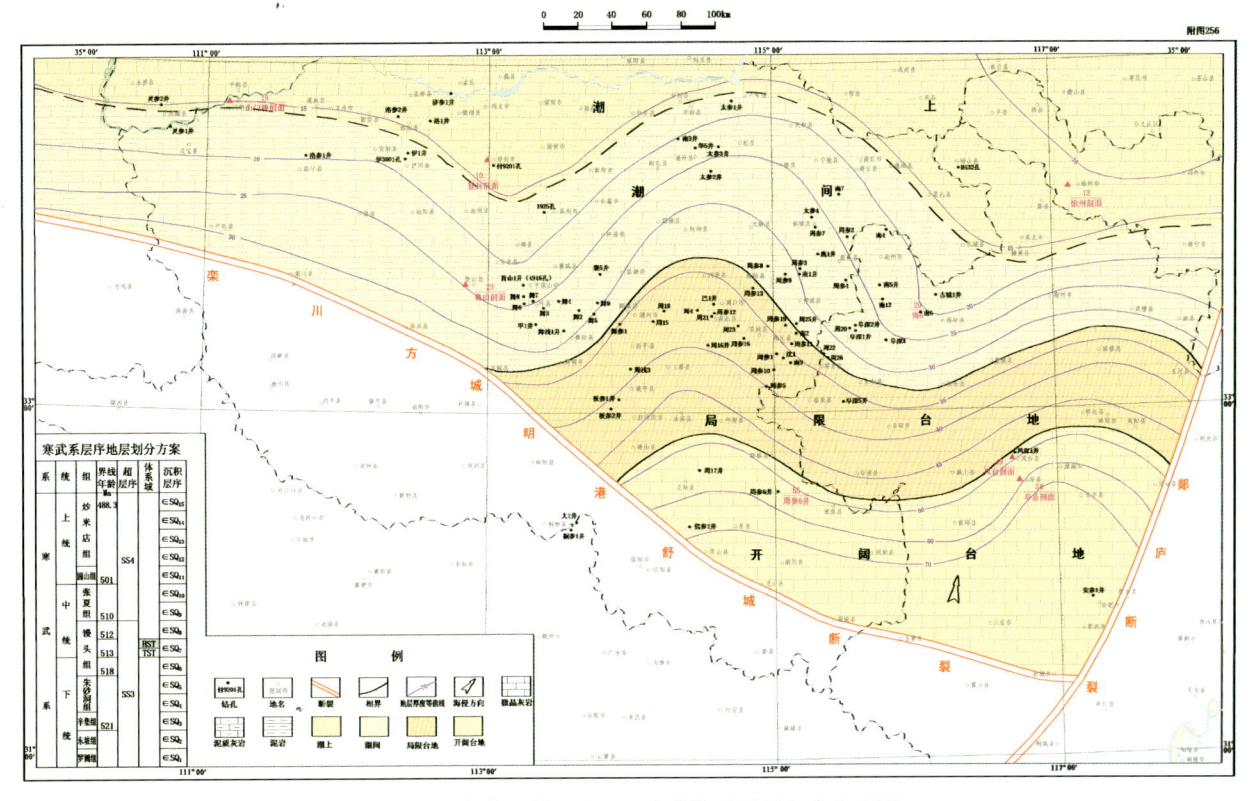

图 5-10 南华北盆地∈SQ7高位体系域岩相古地理图

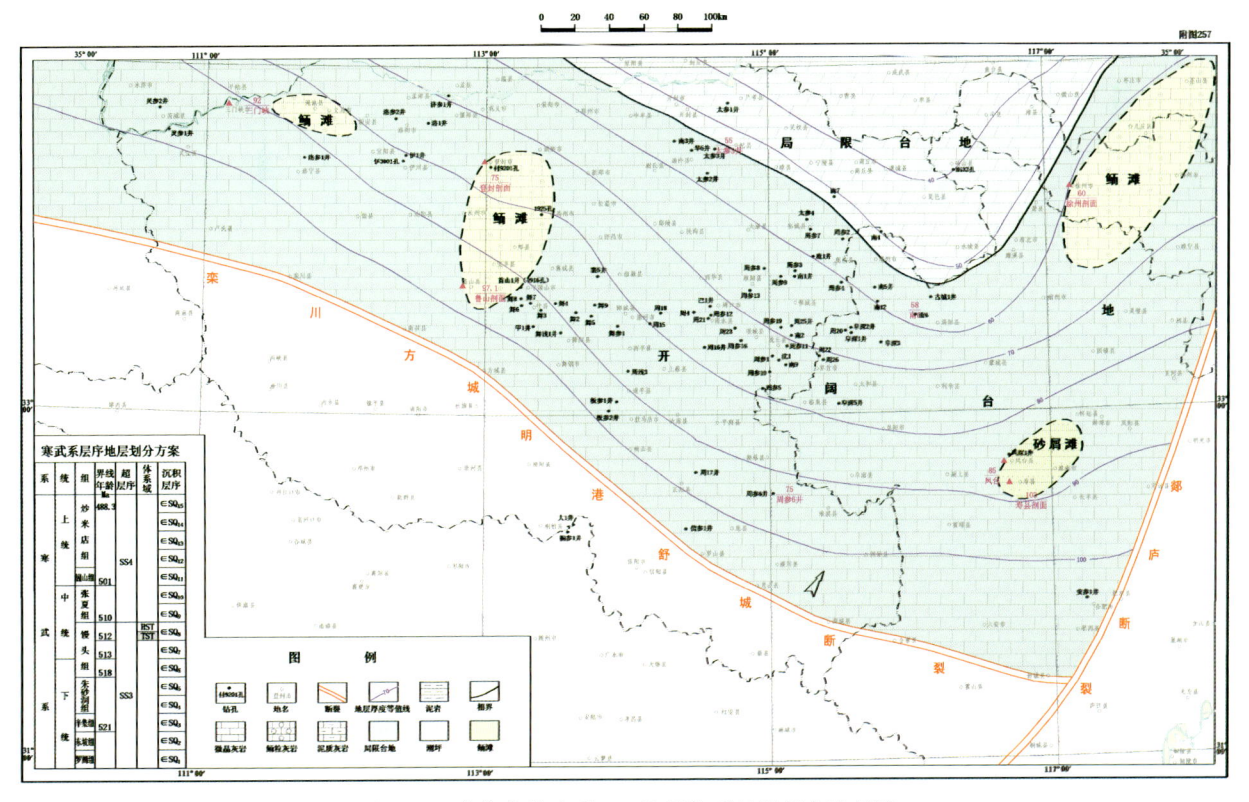

图 5-11 南华北盆地∈SQ8海侵体系域岩相古地理图

· 215 ·

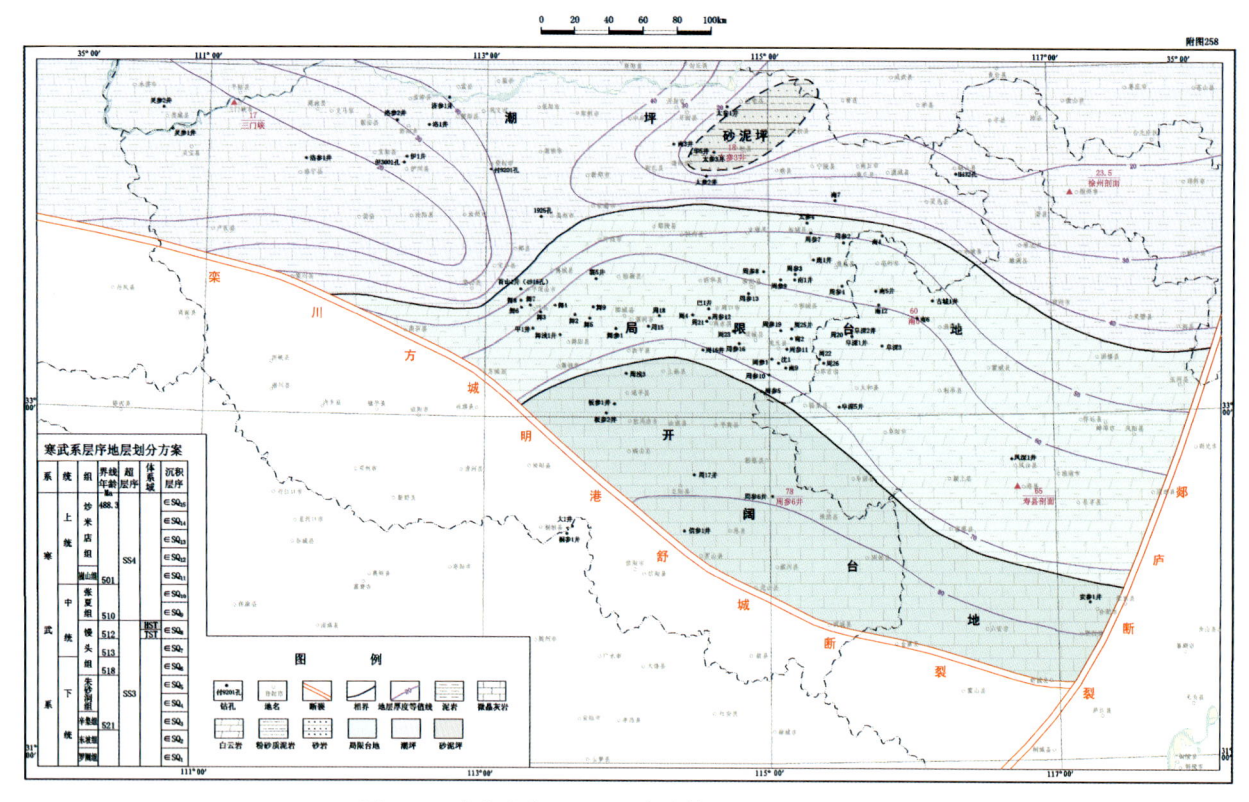

图 5-12 南华北盆地∈SQ8 高位体系域岩相古地理图

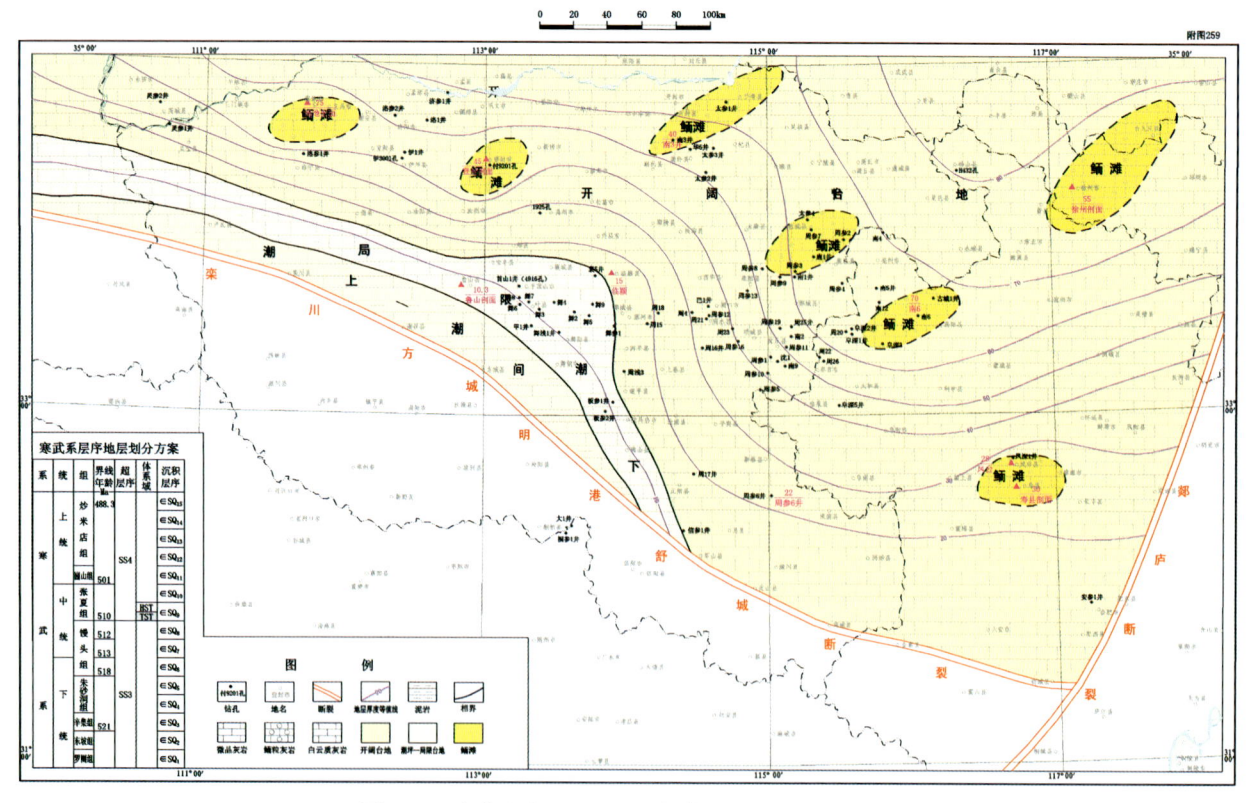

图 5-13 南华北盆地∈SQ9 海侵体系域岩相古地理图

7. ∈SQ9 层序 TST 期岩相古地理展布

∈SQ9 层序 TST 期，为寒武系张夏组下段海侵体系域（图 5-13）。由于该沉积期相对海平面大幅度上升，沉积环境开阔，水体能量高。在渑池、登封、开封、徐州、宿州形成了大量的鲕粒灰岩、砾屑灰岩、

· 216 ·

砂屑灰岩，灰岩中含大量化石，虫迹发育，为开阔台地鲕滩相沉积。局限台地沉积范围退缩至鲁山一带狭小地区，主要为砂岩夹泥灰岩沉积。

8. ∈SQ9 层序 HST 期岩相古地理展布

∈SQ9 层序 TST 期，为寒武系张夏组下段高位体系域（图 5-14）。由于相对海平面下降，海侵范围相对减小，但沉积范围仍很开阔。局限台地范围扩大至舞阳、确山一带以及三门峡地区，主要为灰质白云岩夹泥页岩沉积；但南华北盆地大部分仍为开阔台地沉积，在通许、涡阳、徐州形成大量的鲕粒灰岩、砾屑灰岩、砂屑灰岩，为开阔台地鲕滩相沉积。

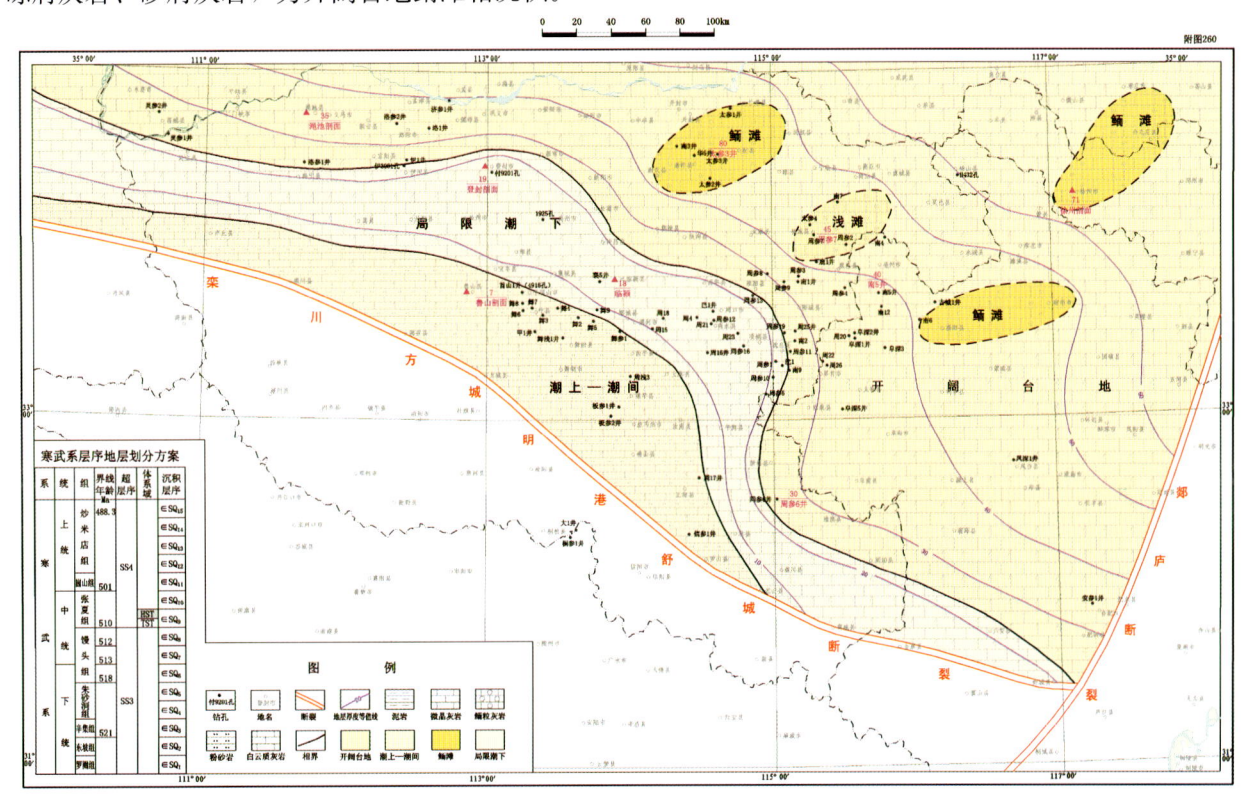

图 5-14 南华北盆地 ∈SQ9 高位体系域岩相古地理图

9. ∈SQ10 层序 TST 期岩相古地理展布

∈SQ10 层序 TST 期，为寒武系张夏组上段海侵体系域（图 5-15）。海侵范围继续扩大，局限台地范围缩小至卢氏、鲁山一带，主要为白云岩、灰岩夹砂岩及泥页岩；南华北盆地大部分仍为开阔台地沉积，在临颍、兰考、涡阳、宿州以及凤台形成大量的鲕粒灰岩、砾屑灰岩、砂屑灰岩，为开阔台地鲕滩相沉积。

10. ∈SQ10 层序 HST 期岩相古地理展布

∈SQ10 层序 HST 期，为寒武系张夏组上段高位体系域（图 5-16）。海侵范围减小，局限台地范围扩大至渑池、鲁山、确山一线以南至固始—栾川断裂，主要为白云岩、灰岩夹砂岩及泥页岩；南华北盆地大部分仍为开阔台地沉积，在兰考、涡阳、徐州以及淮南形成大量的鲕粒灰岩、砾屑灰岩、砂屑灰岩，为开阔台地鲕滩相沉积。

11. ∈SQ11 层序 TST 期岩相古地理展布

∈SQ11 层序 TST 期，为寒武系崮山组海侵体系域（图 5-17）。华北板块南缘平缓抬升和熊耳古陆的不断扩大，华北海逐渐向北退缩，西部和南部水体受到限制，白云石化强烈。嵩县、鲁山、舞阳等地以砂岩夹泥岩及薄层灰岩为主，为潮坪沉积；渑池、禹州、凤台等地主要为泥-粉晶白云岩、鲕粒白云岩、细晶白云岩，含少量燧石团块，呈灰色、灰黄色、生物化石稀少，仅见少量的三叶虫及腕足类，沉积厚度较小，为潮坪-局限台地沉积环境。仅东北部徐州、鹿邑等地以鲕粒灰岩、泥质条带灰岩、砾屑灰岩、疙瘩状白云质灰岩和少量泥晶白云岩等为主，为开阔台地沉积环境。

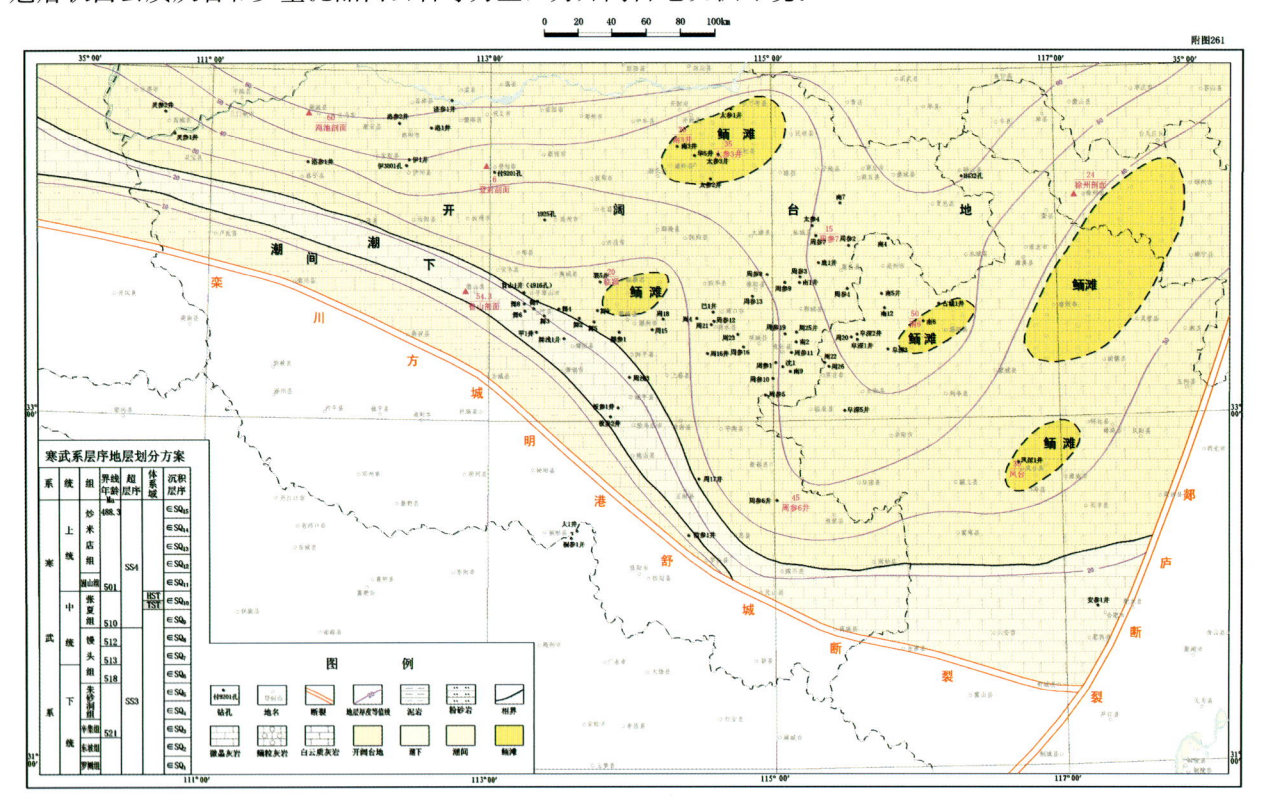

图 5-15　南华北盆地∈SQ10 海侵体系域岩相古地理图

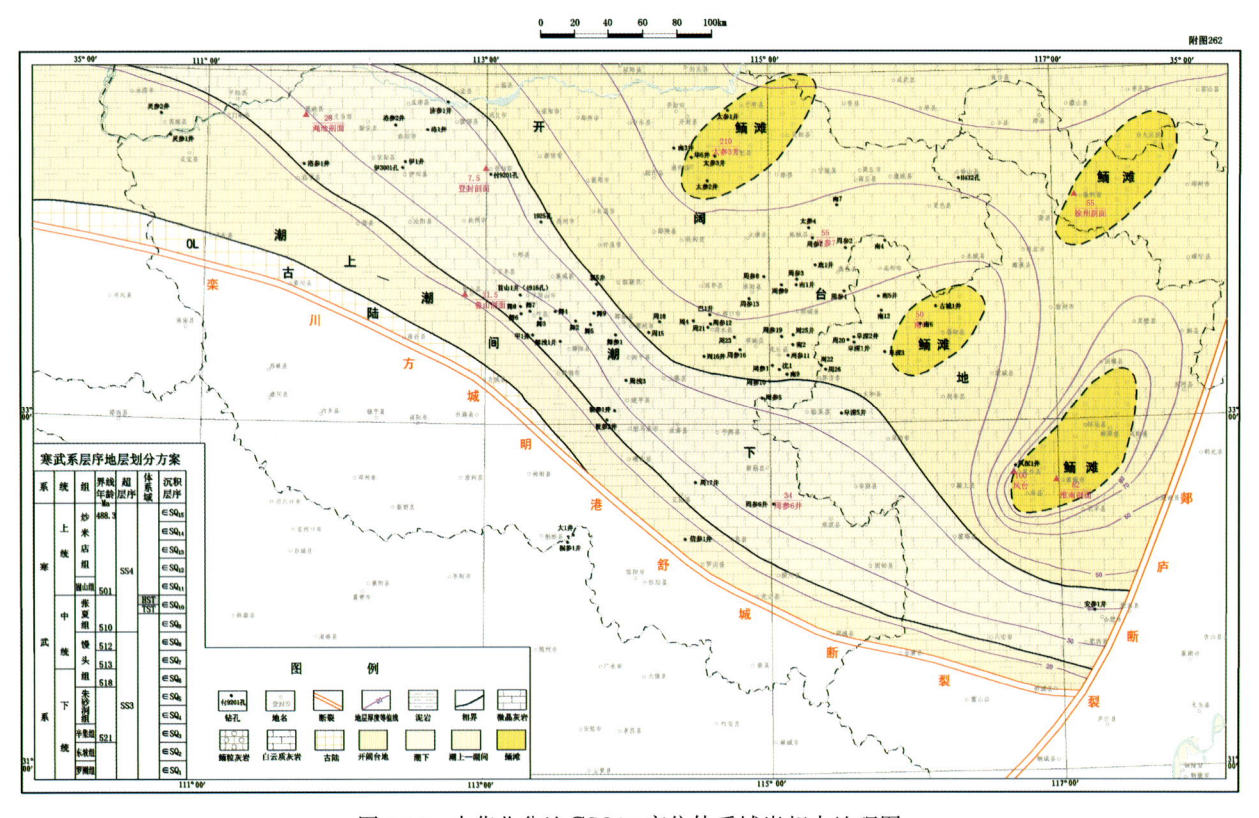

图 5-16　南华北盆地∈SQ10 高位体系域岩相古地理图

12. ∈SQ11 层序 HST 期岩相古地理展布

∈SQ11 层序 HST 期，为寒武系崮山组高位体系域（图 5-18）。海侵范围较水进体系域有所减小，西部和南

· 218 ·

部水体仍受到限制。潮坪范围扩大至灵宝—嵩县—鲁山—确山一线以南，主要为砂岩夹泥岩及薄层灰岩；登封、鹿邑、凤阳等广大南华北地区以局限台地为主，主要为泥-粉晶白云岩、鲕粒白云岩、细晶白云岩，含少量燧石团块；开阔台地范围收缩，仅在徐州、苍山一带发育，主要为鲕粒灰岩、泥质条带灰岩、砾屑灰岩及白云质灰岩沉积。

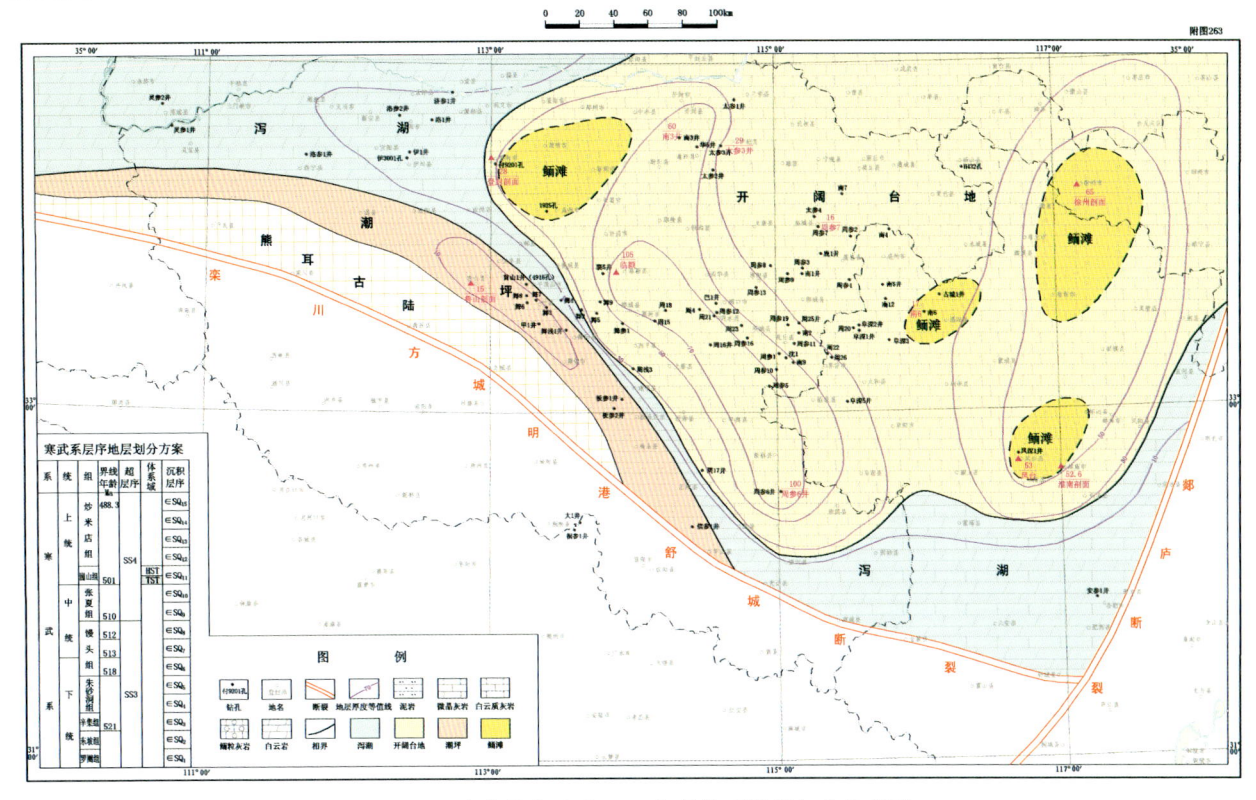

图 5-17 南华北盆地 ϵSQ11 海侵体系域岩相古地理图

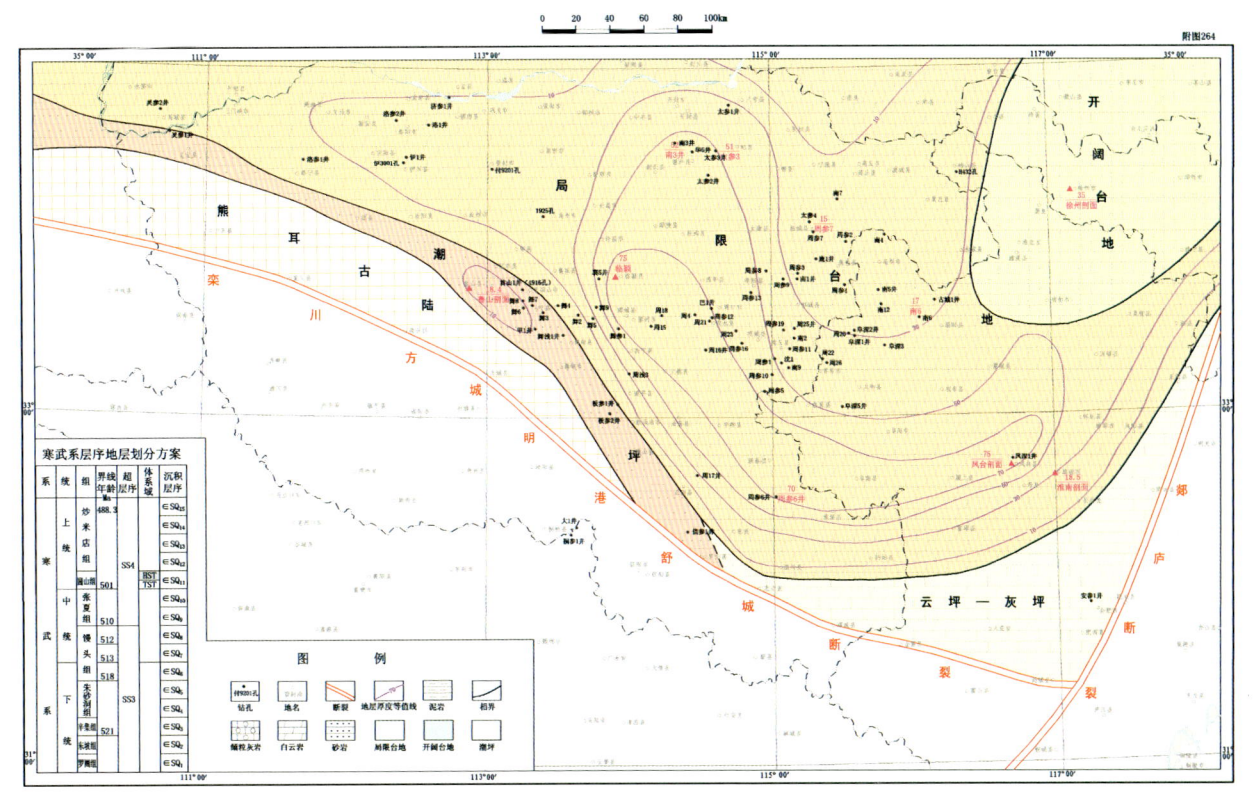

图 5-18 南华北盆地 ϵSQ11 高位体系域岩相古地理图

13. ∈SQ13 层序 TST 期岩相古地理展布

∈SQ13 层序 TST 期，为寒武系炒米店组下段海侵体系域（图 5-19）。熊耳古陆继续向北扩大，海平面相对下降，海水向北退缩，水体循环更加局限。新郑—周口一线以西，包括河南大部分地区及安徽淮南、霍邱等地，主要为泥晶白云岩、细晶白云岩，偶含燧石，呈深灰色、灰黄色，生物化石稀少，沉积厚度较小，为局限台地沉积环境。开阔台地分布在南华北盆地东北部徐州、淮北及太康等地，为鲕粒灰岩、砾屑灰岩、泥微晶灰岩及白云质灰岩沉积。

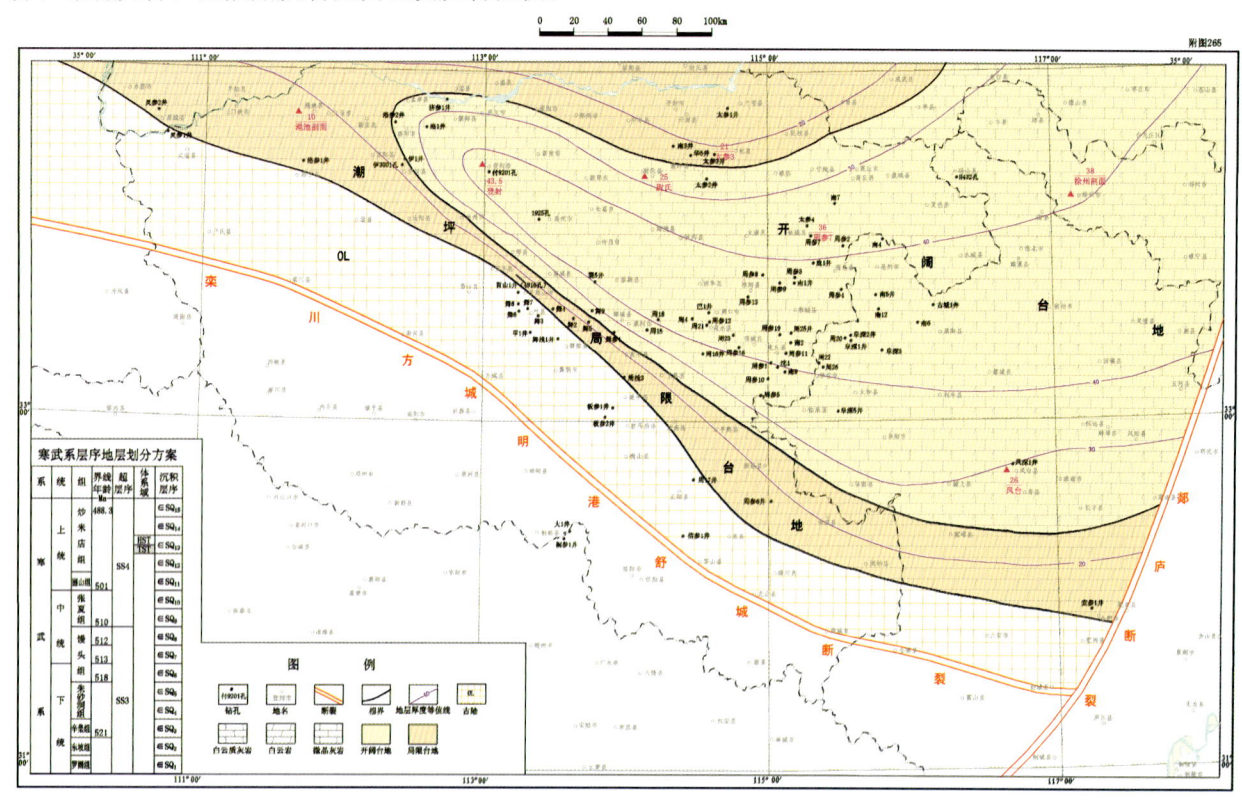

图 5-19 南华北盆地 ∈SQ13 海侵体系域岩相古地理图

14. ∈SQ13 层序 HST 期岩相古地理展布

∈SQ13 层序 HST 期，为寒武系炒米店组下段海侵体系域发育期（图 5-20）。海侵范围减小，南华北广大地区主要为泥晶白云岩、细晶白云岩，偶含燧石，呈深灰色、灰黄色，生物化石稀少，沉积厚度较小，为局限台地沉积环境。开阔台地范围收缩至东北部徐州、苍山等地，为鲕粒灰岩、砾屑灰岩、泥微晶灰岩及白云质灰岩沉积。

15. ∈SQ14 层序 TST 期岩相古地理展布

∈SQ14 层序 TST 期，为寒武系炒米店组上段海侵体系域（图 5-21）。海侵范围较前期有所增加，熊耳古陆继续向北扩大，海水向北退缩。南华北地区主要为泥晶白云岩、细晶白云岩，偶含燧石，呈深灰色、灰黄色，生物化石稀少，沉积厚度较小，为局限台地沉积环境。

16. ∈SQ14 层序 HST 期岩相古地理展布

∈SQ13 层序 HST 期，为寒武系炒米店组上段高位体系域（图 5-22）。海侵范围减小，熊耳古陆继续向北扩大，海平面相对下降，海水向北退缩，水体循环更加局限。南华北地区主要为泥晶白云岩、细晶白云岩，偶含燧石，呈深灰色、灰黄色，生物化石稀少，沉积厚度较小，为局限台地沉积环境。

四、二叠纪层序-岩相古地理展布及特征

二叠世是南华北地区沉积格局发生重大变化的时期。南华北盆地自西北向南东方向依次呈现河流—三角洲平原—三角洲前缘—潮坪—浅湖沉积。登封—开封一线以北为河流冲积平原-三角洲平原沉积，以南发育三角洲前缘沉积。主要岩石类型为石英砂岩、粉砂岩、砂质黏土岩、泥岩、炭质页岩、煤层等，

具交错层理、波状层理、水平层理等。东部皖北地区，岩石类型主要为深黑色石粉砂岩、砂质黏土岩、泥岩夹炭质页岩、煤层，属潟湖沉积环境。

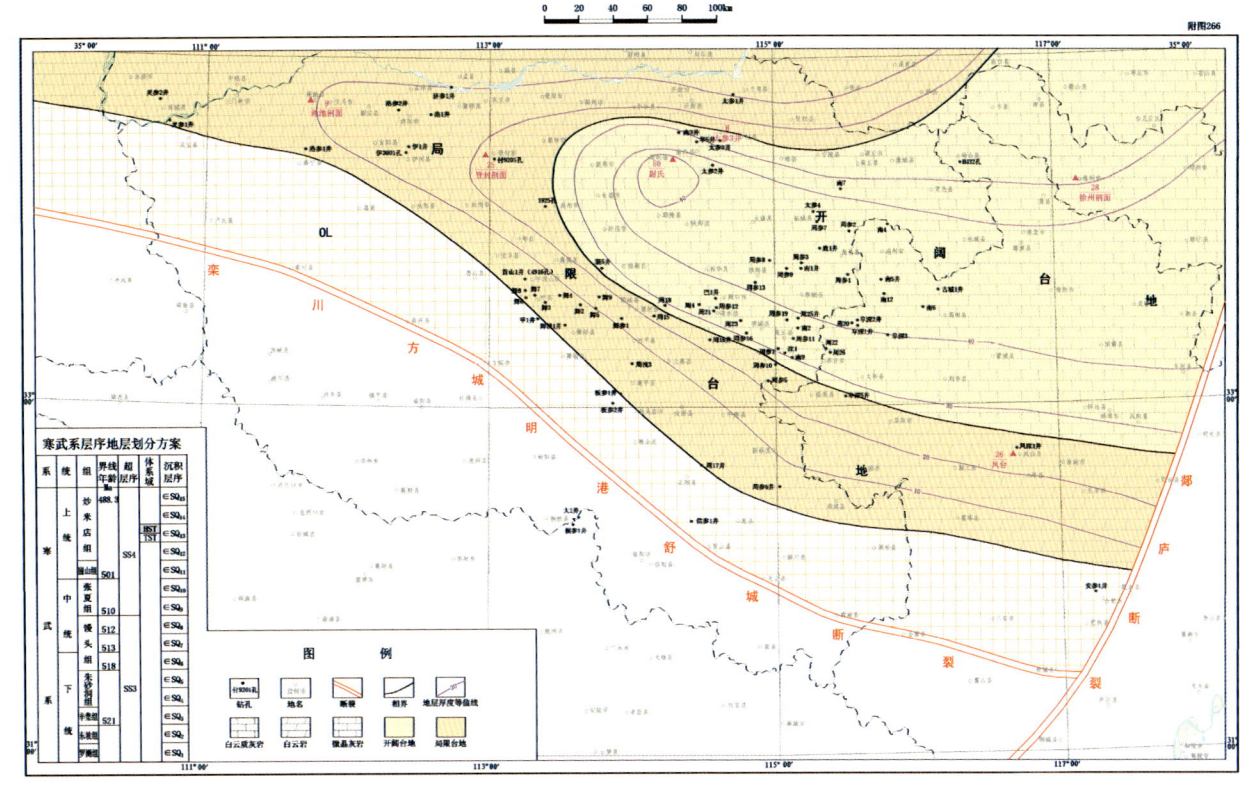

图 5-20　南华北盆地∈SQ13 高位体系域岩相古地理图

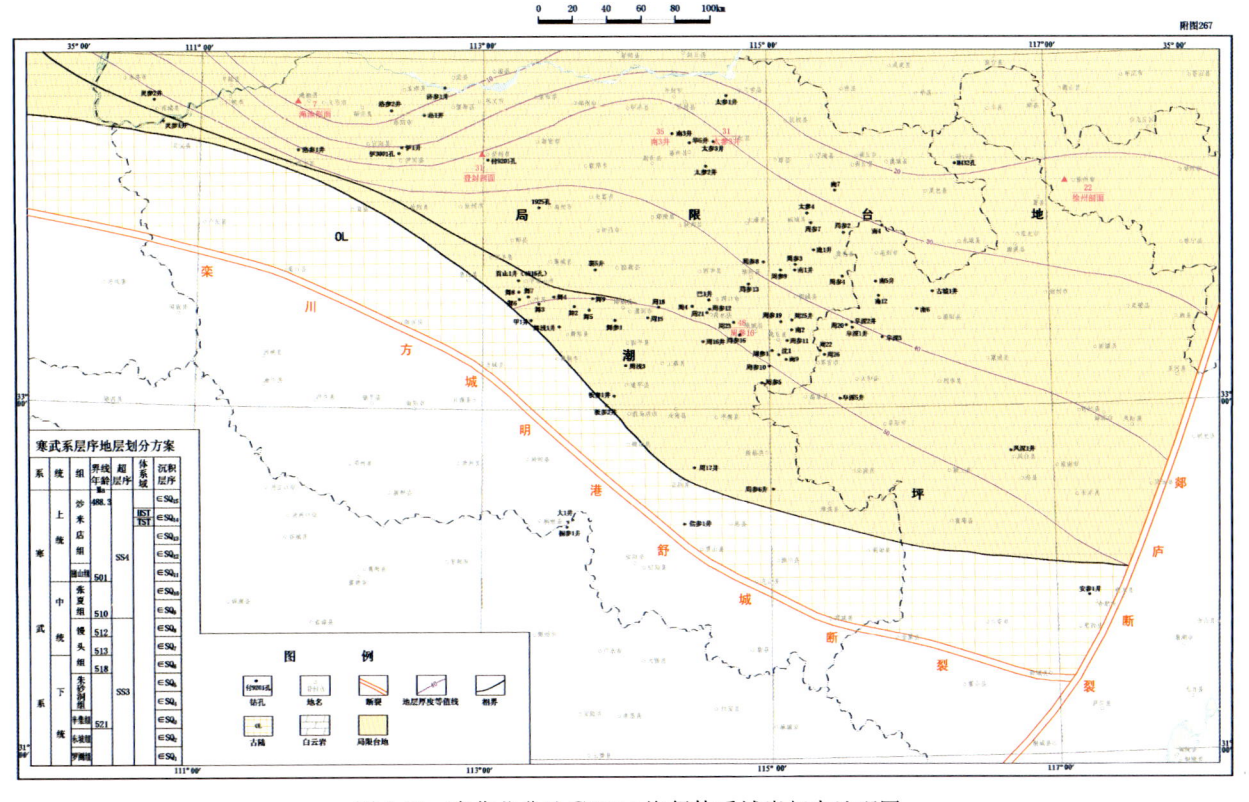

图 5-21　南华北盆地∈SQ14 海侵体系域岩相古地理图

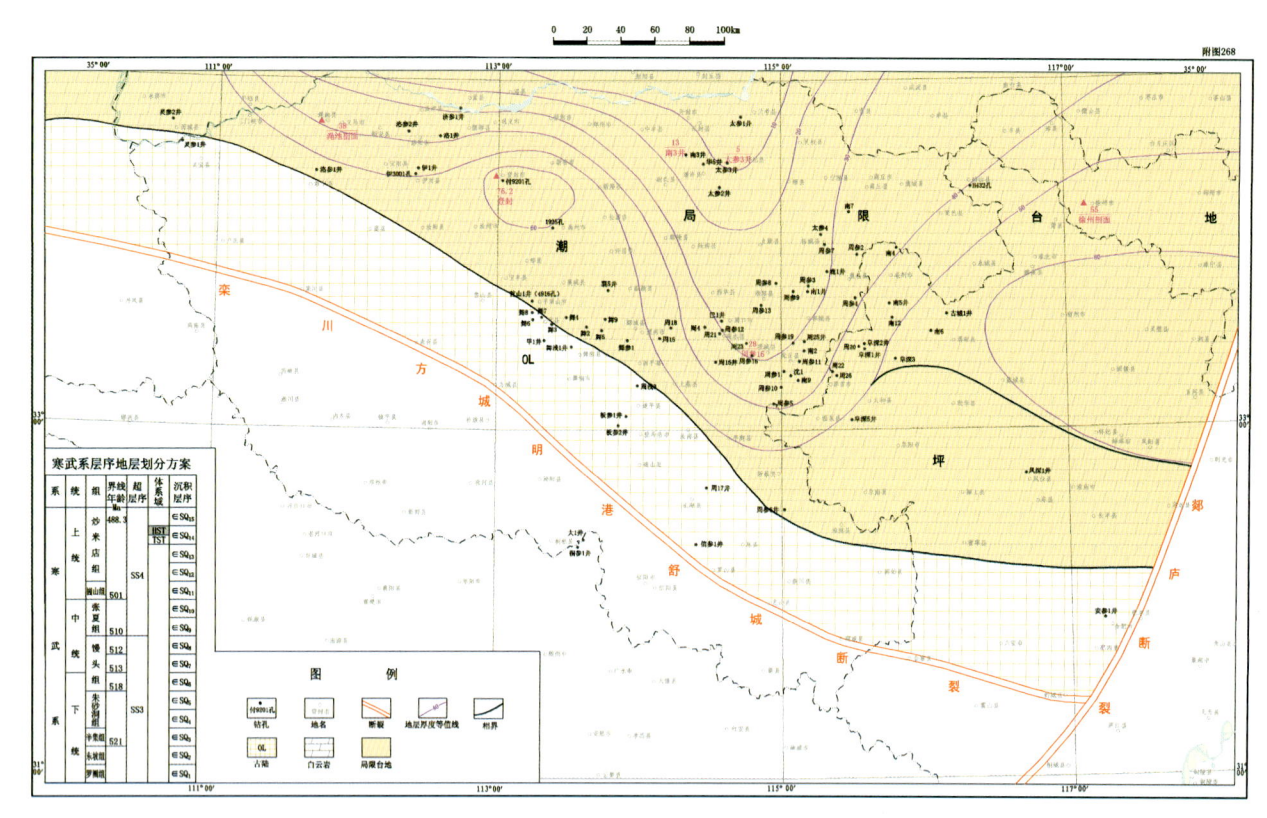

图 5-22 南华北盆地∈SQ14 高位体系域岩相古地理图

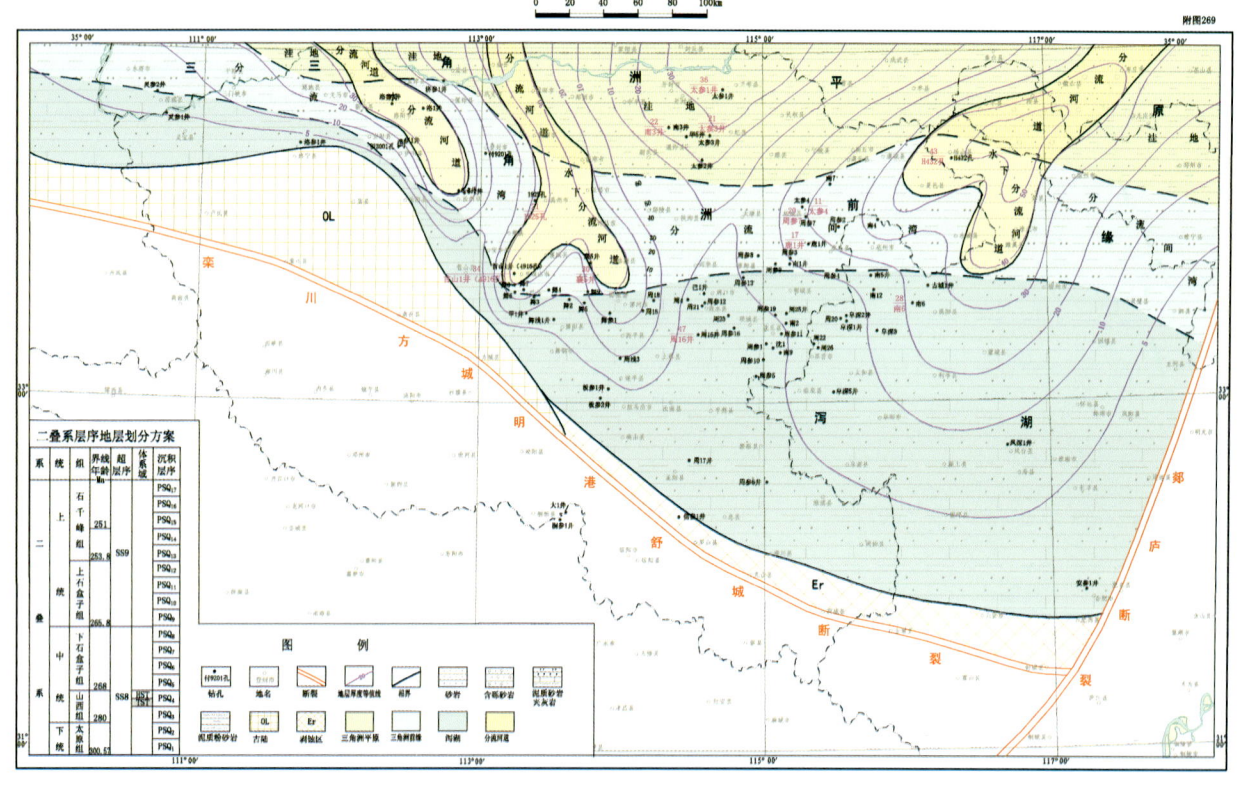

图 5-23 南华北盆地 PSQ4 海侵体系域岩相古地理图

1. PSQ4 层序 TST 期岩相古地理展布

PSQ4 层序 TST 期，为二叠系山西组二段海进体系域（图 5-23）。研究区在早二叠世太原末期陆表海海水逐渐退出的基础上形成了潮控三角洲及泥炭沼泽。该时期由北至南依次发育三角洲平原-三角洲前缘-

潟湖。三角洲体系主要发育三支河道：其一位于洛参 2 井—洛 1 井一线；其二位于新密—禹州—襄城一线；其三位于枣庄—沛县—砀山一线。三角洲平原位于巩义—新郑—商丘—徐州一线以北地区，主要由石英砂岩、粉砂岩、泥岩及煤层组成。巩义—新郑—商丘—徐州一线以南及芮城—宜阳—汝州—淮阳—宿州一线以北之间为三角洲前缘沉积区，主要由中-细粒石英砂岩、粉砂岩年和炭质泥岩组成。芮城—宜阳—汝州—淮阳—宿州一线以南地区为潟湖沉积区，主要由深灰色粉砂岩、页岩夹薄层灰色中细砂岩组成。

2. PSQ4 层序 HST 期岩相古地理展布

PSQ4 层序 HST 期，为二叠系山西组二段高位体系域（图 5-24）。海平面较前期有所下降，沉积环境仍以三角洲-潟湖为主的沉积体系。该时期亦主要发育三支河道：其一位于洛阳—登封一线；其二位于郑州—新郑—许昌一线；其三位于徐州—淮北—萧县一线。三角洲平原沉积区位于渑池—长葛—夏邑—萧县一线以北地区，主要由灰白色中粗粒砂岩、粉砂岩夹薄层泥岩组成，河道之间煤层发育。渑池—长葛—夏邑—萧县一线以南与芮城—伊川—平顶山—界首—利辛—怀远一线以北为三角洲前缘沉积区，主要由浅灰色中粗粒砂岩、粉砂岩、泥质粉砂岩和泥岩组成。芮城—伊川—平顶山—界首—利辛—怀远一线以南为潟湖沉积区，主要由深灰色泥页岩、泥质粉砂岩夹薄层细砂岩组成。

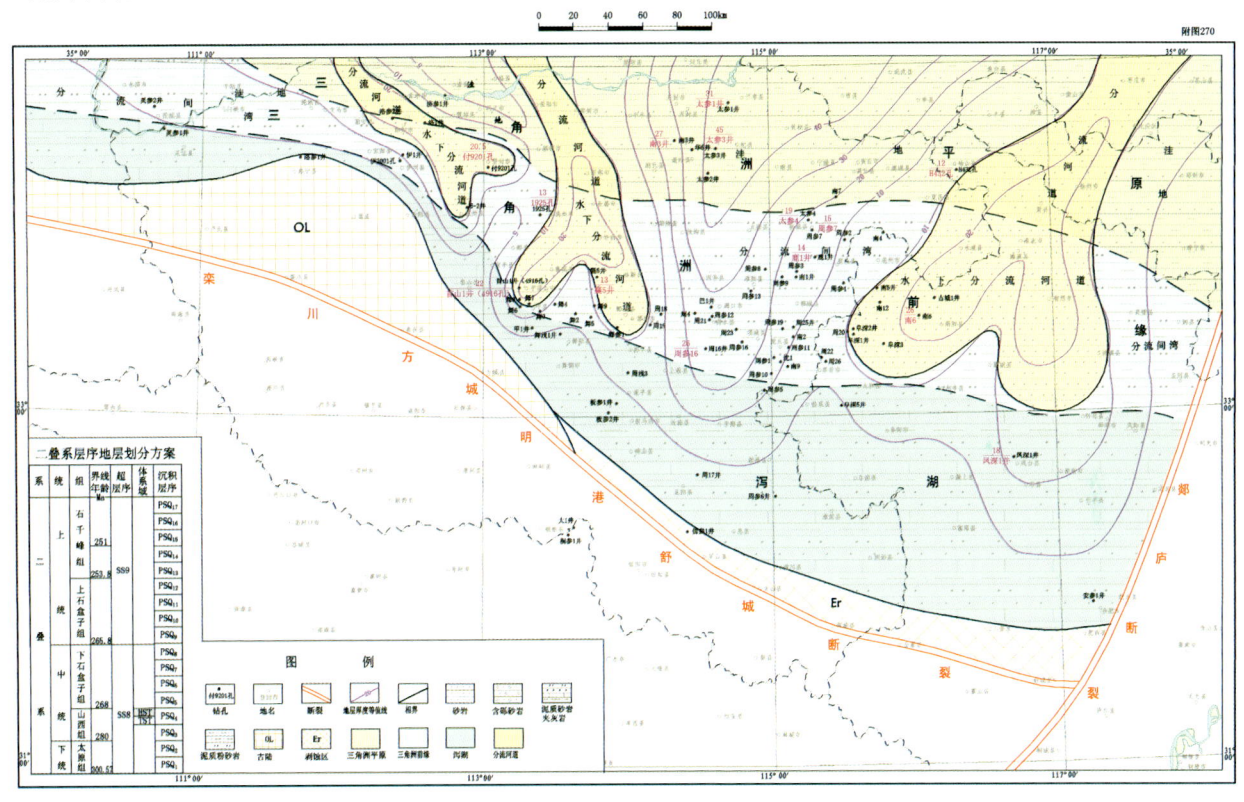

图 5-24 南华北盆地 PSQ4 高位体系域岩相古地理图

3. PSQ5 层序 TST 期岩相古地理展布

PSQ5 层序 TST 期，为二叠系下石盒子组海进体系域（图 5-25）。该时期主要发育四支河道：其一位于新安—宜阳一线；其二位于渠县—登封—襄城一线；其三位于原阳—开封—通许一线；其四位于鱼台—砀山—夏邑一线。三角洲平原沉积区位于渑池—新郑—夏邑—萧县一线以北地区，主要由灰白色中粗粒砂岩、粉砂岩、泥岩、煤层等。渑池—新郑—夏邑—萧县一线以南与芮城—伊川—宝丰—西平—太和—怀远一线以北地区为三角洲前缘沉积区，岩石类型为中细粒砂岩、粉砂岩，水下分流河道之间为泥质粉砂岩、炭质页岩等。芮城—伊川—宝丰—西平—太和—怀远一线以南地区潟湖沉积环境。

4. PSQ5 层序 HST 期岩相古地理展布

PSQ5 层序 HST 期，为二叠系下石盒子组高位体系域（图 5-26）。该时期南华北盆地自北向南依次为

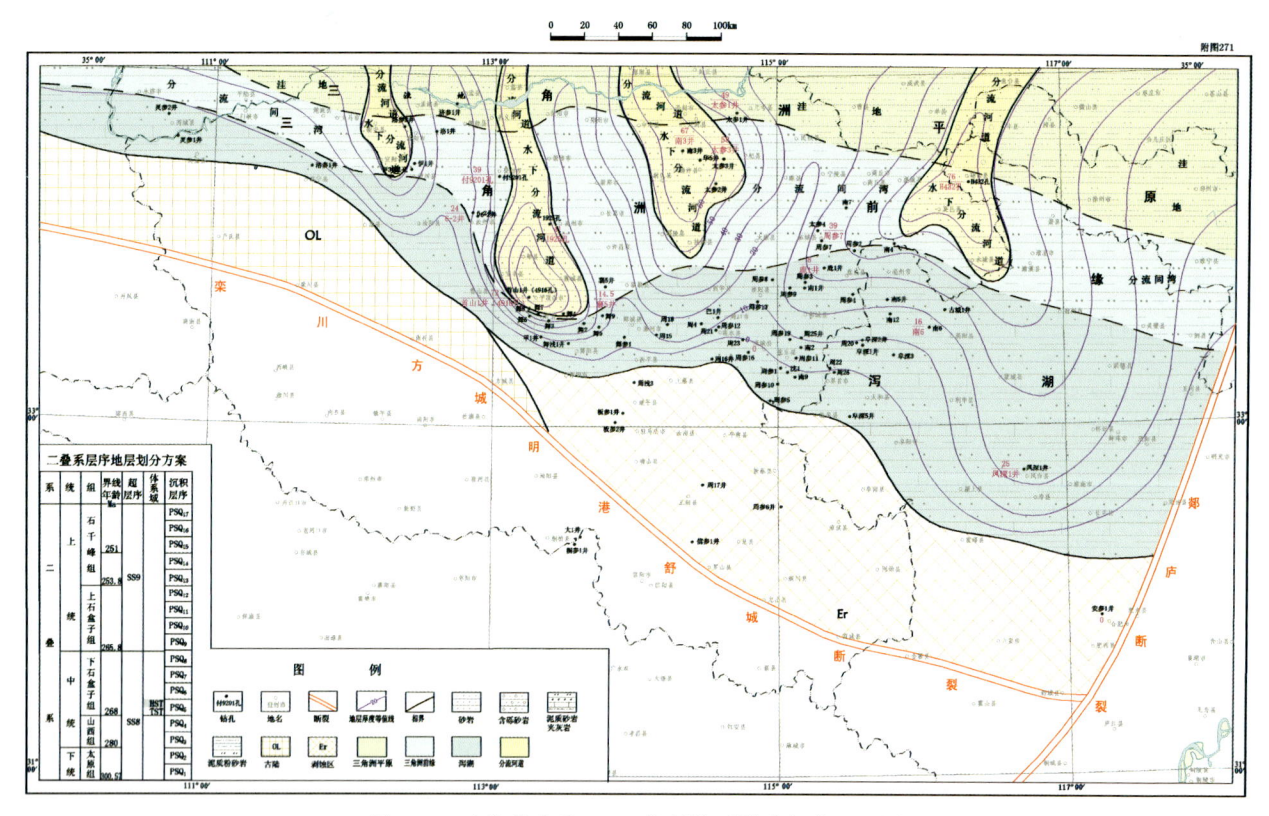

图 5-25 南华北盆地 PSQ5 海侵体系域岩相古地理图

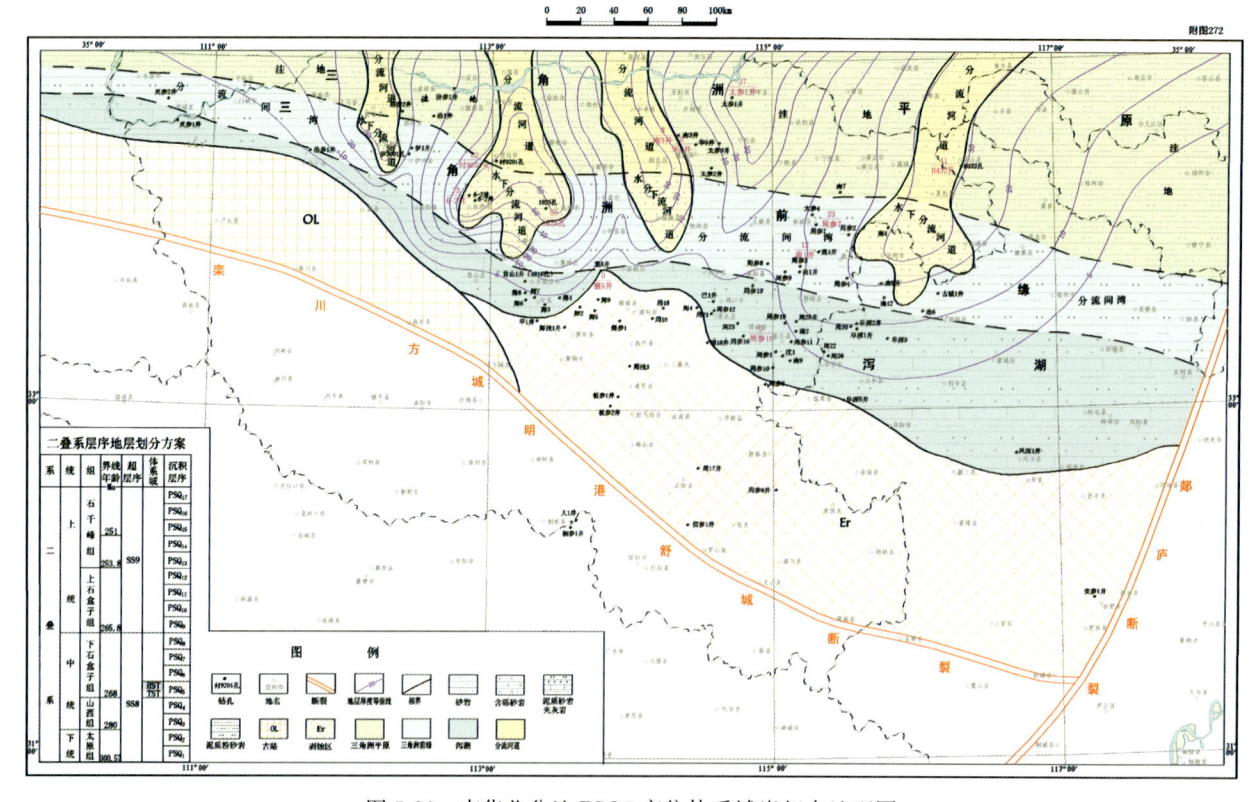

图 5-26 南华北盆地 PSQ5 高位体系域岩相古地理图

三角洲平原-三角洲前缘-潟湖沉积。主体发育四支河道：其一位于新安—宜阳一线；其二位于温县—登封—宝丰一线；其三位于中牟—魏氏—扶沟一线；其四位于鱼台—砀山—亳州一线。三角洲平原沉积区位于平陆—登封—新郑—南7井—淮北一线以北地区，主要由灰白色中粗粒砂岩、粉砂岩、及炭质泥岩、泥

· 224 ·

岩和煤层等组成。平陆—登封—新郑—南 7 井—淮北一线以南与芮城—汝阳—临颖淮阳—固镇一线以北地区为三角洲前缘沉积区，主要由浅灰色中细粒砂岩及深灰色泥质粉砂岩、炭质泥岩及泥页岩组成。芮城—汝阳—临颖淮阳—固镇一线以南地区为潟湖沉积区，主要有灰黑色泥岩夹泥质粉砂岩及细砂岩组成。

5. PSQ9 层序 TST 期岩相古地理展布

PSQ9 层序 TST 期，为二叠系上石盒子组海侵体系域（图 5-27）。南华北盆地沉积相带自北向南依次为三角洲平原-三角洲前缘-潟湖沉积。该时期主要发育四支河道：其一位于新安—宜阳一线；其二位于登封—汝州一线；其三位于开封—通许—太康一线；其四位于丰县—永城—涡阳一线。在河道之间为洼地和分流间湾沉积区。三角洲平原沉积区位于渑池—孟津—郑州—民权—砀山一线以北地区，由浅灰色中粗粒砂岩夹薄层粉砂岩及泥质粉砂岩组成。渑池—孟津—郑州—民权—砀山一线与永济—伊川—许昌—淮阳—灵璧一线以北地区为三角洲前缘沉积区。潟湖沉积区位于永济—伊川—许昌—淮阳—灵璧一线以南地区。

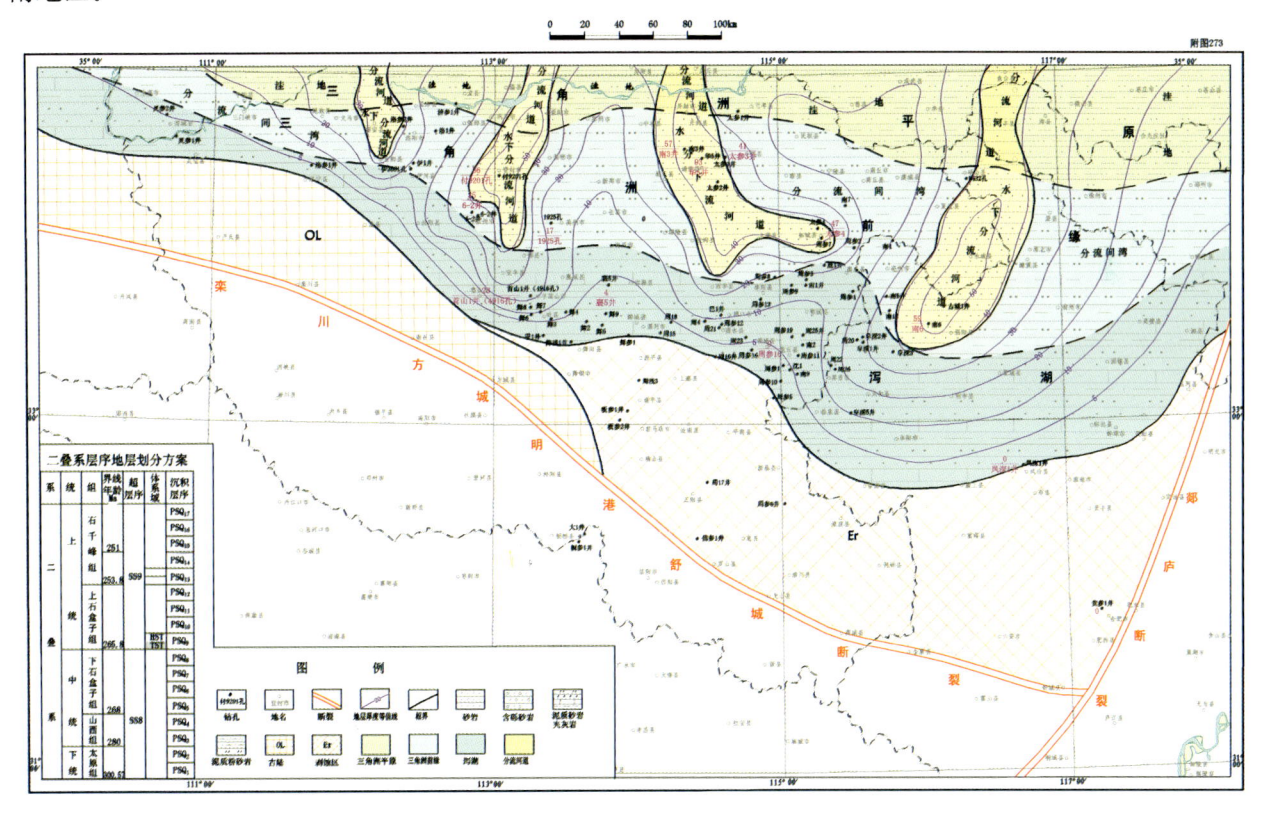

图 5-27 南华北盆地 PSQ9 海侵体系域岩相古地理图

6. PSQ9 层序 HST 期岩相古地理展布

PSQ9 层序 TST 期，为二叠系上石盒子组高位体系（图 5-28）。该时期南华北盆地由北向南具有三角洲平原-三角洲前缘-潟湖的沉积相带展布特征。该时期主体发育四支河道：其一位于新安地区；其二位于新密—禹州—宝丰一线；其三位于开封—太康一线；其四位于丰县—永城—涡阳一线。在河道之间为洼地和分流间湾沉积区。三角洲平原沉积区主要位于渑池—登封—新郑—淮北一线以北地区三角洲前缘沉积区位于渑池—登封—新郑—淮北一线以南与芮城—伊川—平顶山—淮阳—蒙城一线以北地区。芮城—伊川—平顶山—淮阳—蒙城一线以南地区为潟湖沉积区。

7. PSQ13 层序 TST 期岩相古地理展布

PSQ13 层序 TST 期，为二叠系石千峰组湖进体系域（图 5-29）。由于华北、扬子地块的局部对接，引起华北盆地南部古地理格局的重大改变，整个华北地域海水全部退出，上升为陆。西部伏牛古陆迅速隆起，伏牛和中条古陆一起成为主要物源区，河水改向北流。华北盆地南部的石千峰组整体属于滨浅湖环境，三门峡—汝阳—平顶山一带水体相对较浅，为滨湖沉积环境，岩石类型主要为细粒砂岩、粉砂岩夹泥岩，发育水平层理、平行层理及交错层理。向东、向北的两淮—徐州一带水体变深，主要为浅湖沉积，主要为粉砂质泥岩及泥岩沉积，夹薄层粉砂岩。

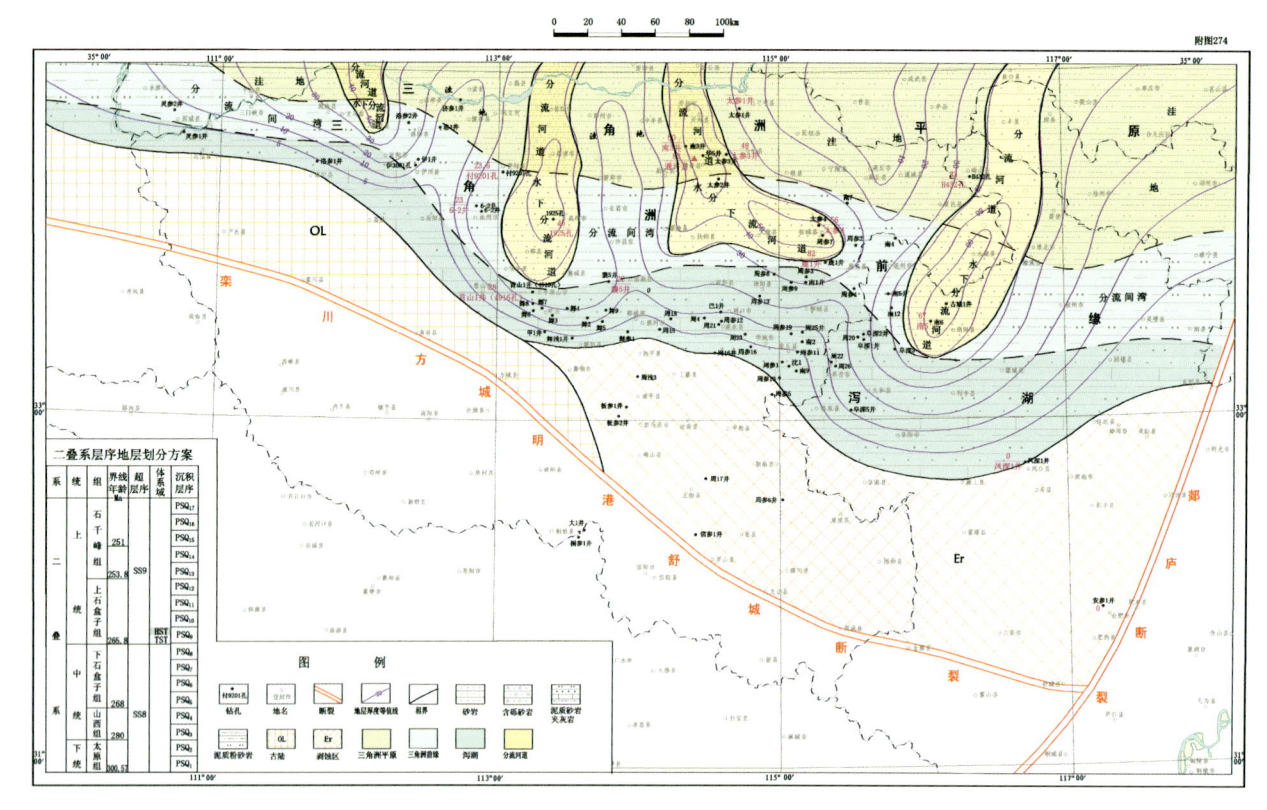

图 5-28　南华北盆地 PSQ9 高位体系域岩相古地理图

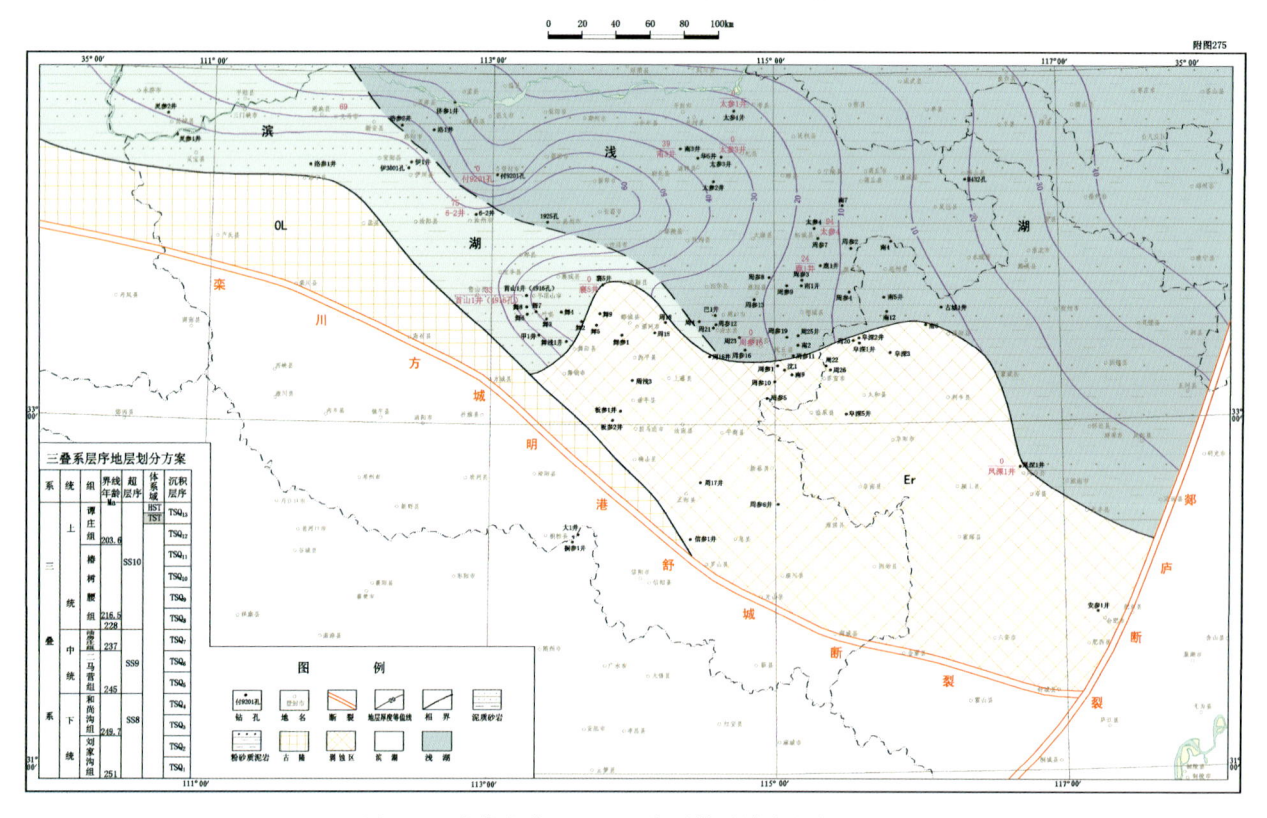

图 5-29　南华北盆地 PSQ13 湖进体系域岩相古地理图

8. PSQ13 层序 HST 期岩相古地理展布

PSQ13 层序 HST 期，为二叠系石千峰组高位体系域（图 5-30）。海平面下降，南华北盆地两淮、嵩县、周口等大部分水体退出，上升为陆。湖盆范围进一步向西北萎缩，仅分布于洛宁—淮阳—太康—开封一线西北较小的范围内，物质主要来源于南部的秦岭古隆起，水体较浅，以滨浅湖沉积为主，其中巩义—新郑—淮阳以西地区为滨湖沉积，岩石类型主要为浅灰色泥岩、粉砂岩及细粒砂岩；向东水体加深，开封—太康一带属浅湖沉积，岩性以粉砂质泥岩及泥岩为主，夹薄层粉砂岩。

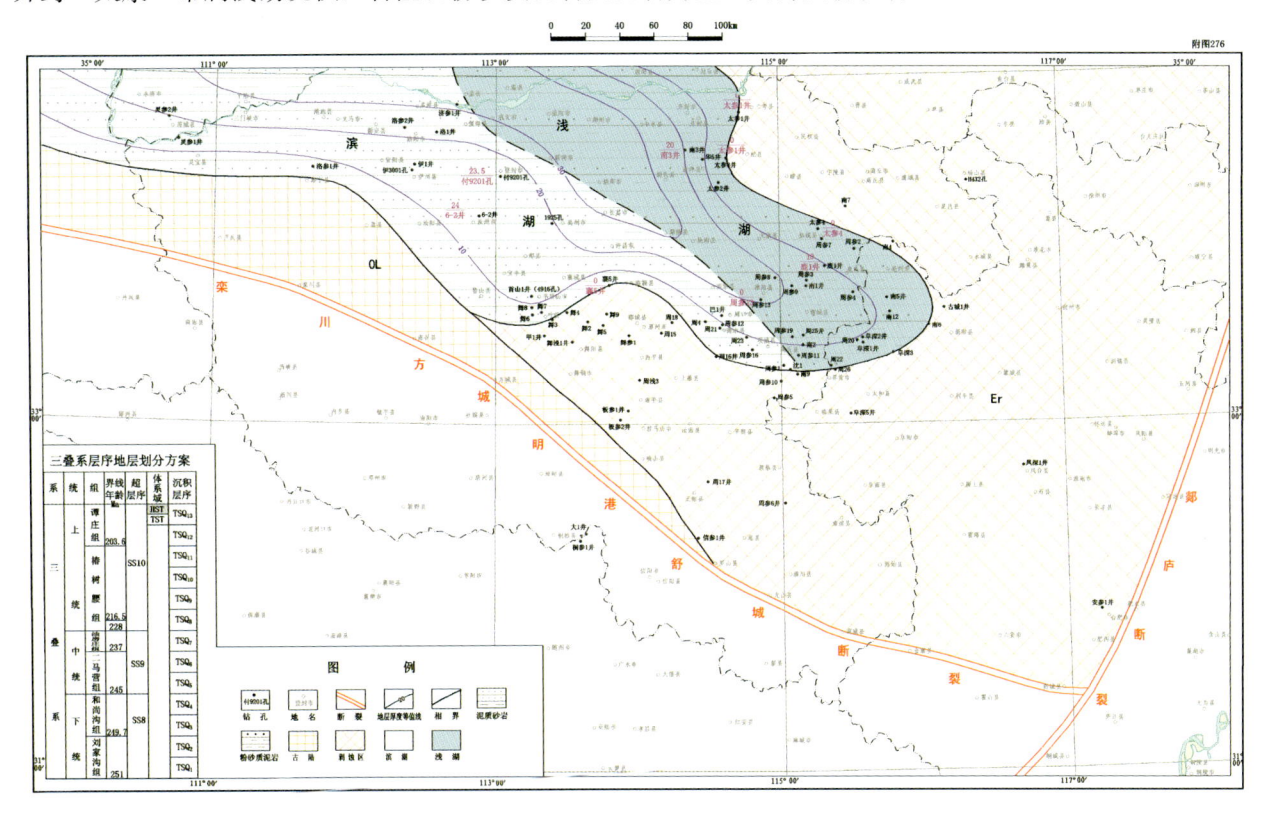

图 5-30 南华北盆地 PSQ13 湖进体系域岩相古地理图

五、三叠纪层序-岩相古地理展布及特征

早三叠世—中三叠世，随着古特提斯关闭，华北板块南缘挤压造山作用渐强，形成了 NWW 向展布的熊耳—伏牛山地。随着盆地南部的抬升，其沉积中心逐渐向北迁移，沉积了一套河湖相紫红-黄绿色砂泥岩建造，由下往上组成了多个粗→细的旋回，表明地壳活动性大大加强。从晚三叠世开始，秦岭—大别造山带强烈的造山运动使得南华北地区大规模隆升的同时，豫皖块体也发生翘曲，靠近郯庐断裂带的东部地区首先隆起并逐渐向西扩展，这种作用与区域隆升运动相结合，使得晚三叠世沉积盆地不断向西退缩，沉积中心不断向西迁移，推测晚三叠世盆地主要分布于豫西地区，大致以孟津—登封—禹州一线为界，以东为河流-三角洲沉积，以西主要为滨浅湖沉积。

1. TSQ1 层序 RST 期岩相古地理展布

TSQ1 层序 RST 期，为三叠系刘家沟组湖进体系域（图 5-31）。研究区存在向东、东南倾斜的古斜坡，伏牛古陆和中条古陆均向南华北盆地提供碎屑物质，盆地面积较小，南华北盆地全部为陆相沉积，河南大致有两个沉积中心，即济源盆地和临汝—周口盆地。在灵宝—周口—商丘以南为河流-三角洲沉积，以北主要为滨浅湖沉积，仅在渑池、义马等地沉积了一套灰紫—紫红色中细粒长石石英砂岩、钙质粉砂岩，为河流-三角洲沉积环境。

2. TSQ1 层序 PST 期岩相古地理展布

TSQ1 层序 PST 期，为三叠系刘家沟组湖退体系域（图 5-32）。海侵范围较湖进体系域有所降低，仍然存在向东、东南倾斜的古斜坡，伏牛古陆和中条古陆均向南华北盆地提供碎屑物质，盆地面积较小。在灵宝—周口—商丘以南为河流-三角洲沉积，以北主要为滨浅湖沉积，仅在渑池、义马等地沉积了一套灰紫-紫红色中细粒长石石英砂岩、钙质粉砂岩，为河流-三角洲沉积环境，略显进积。

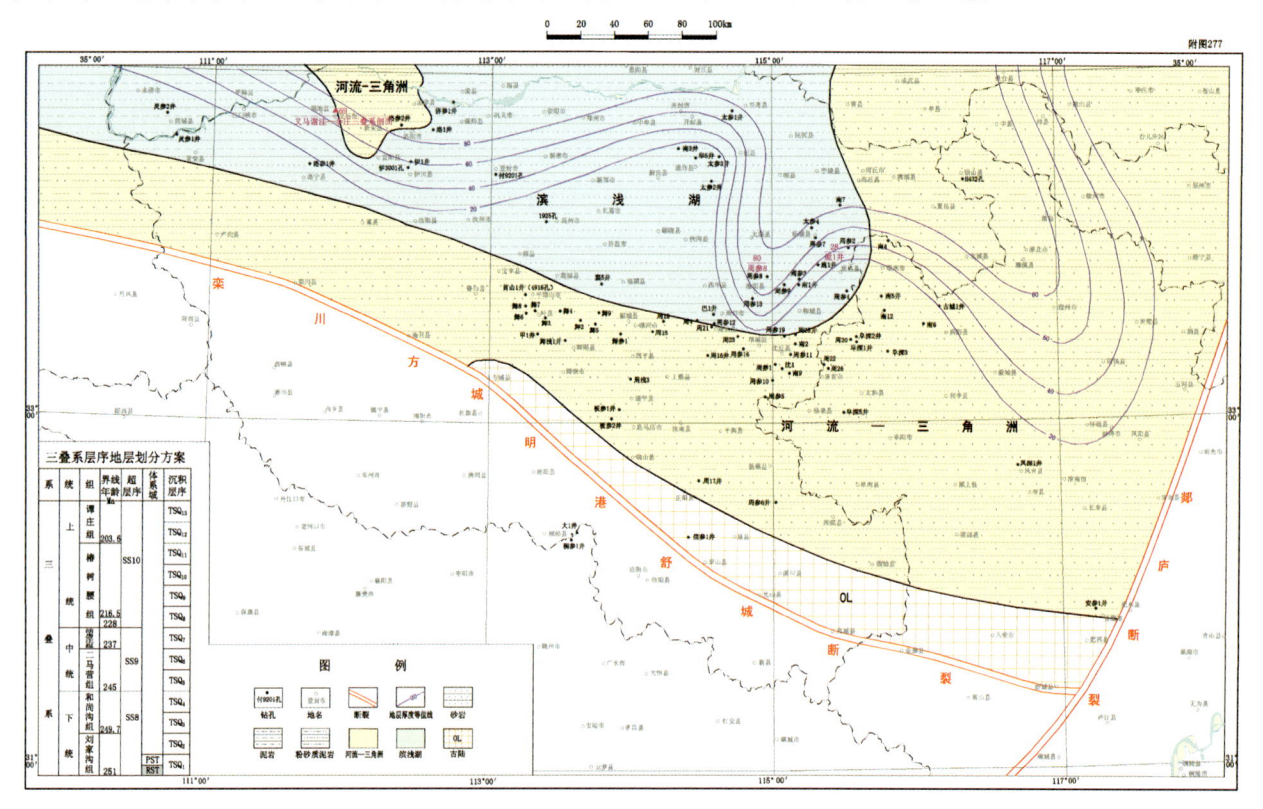

图 5-31　南华北盆地 TSQ1 湖进体系域岩相古地理图

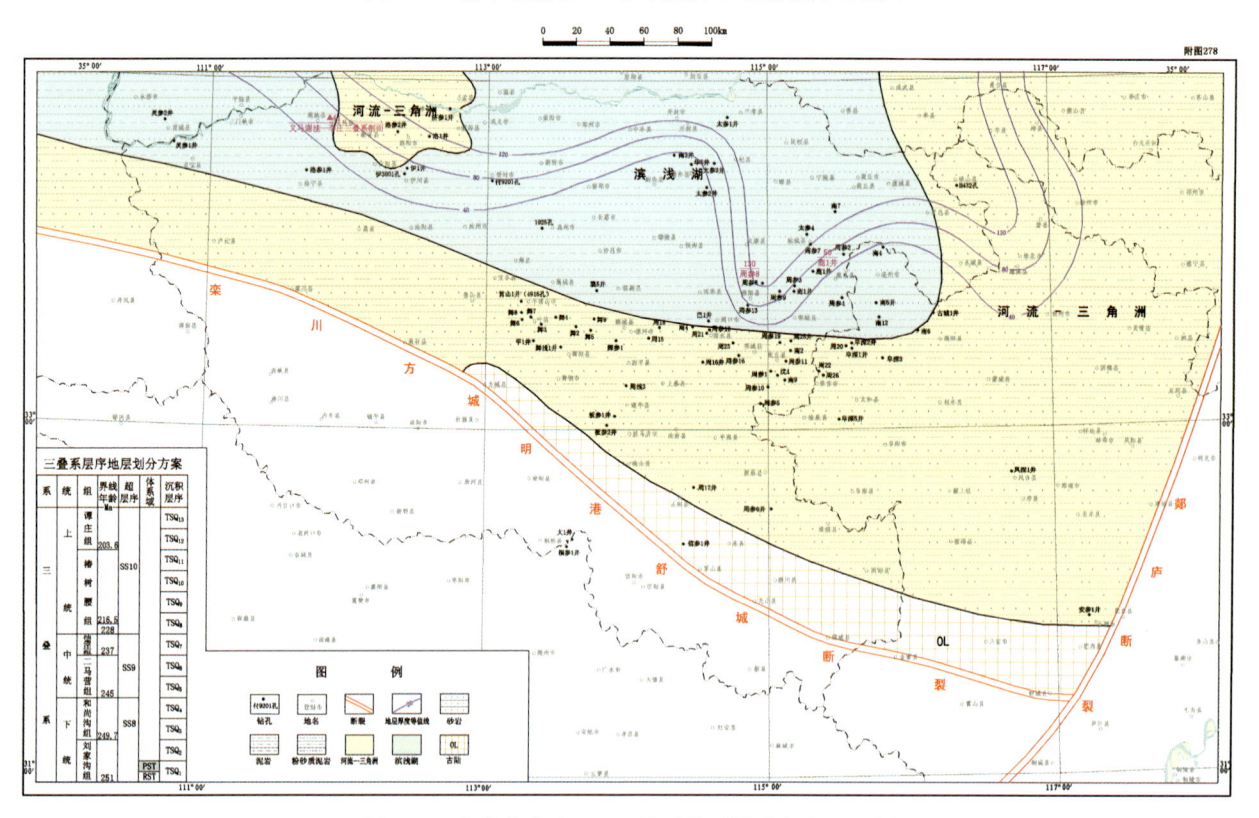

图 5-32　南华北盆地 TSQ1 湖退体系域岩相古地理图

3. TSQ7 层序 RST 期岩相古地理展布

TSQ7 层序 RST 期，为三叠系油房庄组湖进体系域（图 5-33）。早印支运动使得华北板块和扬子板块的自东向西碰撞俯冲碰撞拼合，秦岭海槽封闭，东部郯庐断裂因强烈挤压首先发生隆起，陆内造山运动彻底改变了早、中三叠世南华北盆地的沉积格局，盆地地形态势发生了变化，由原来西高东低的古地貌形态改变为东高西低的古地貌形态。沉积范围缩小，仅嵩县、太康、宿县以北接受沉积，以滨湖沉积为主，渑池、洛阳一带主要沉积了黄绿色细粒长石砂岩、紫红色黏土岩与粉砂岩的互层，主要为河流-三角洲沉积环境。

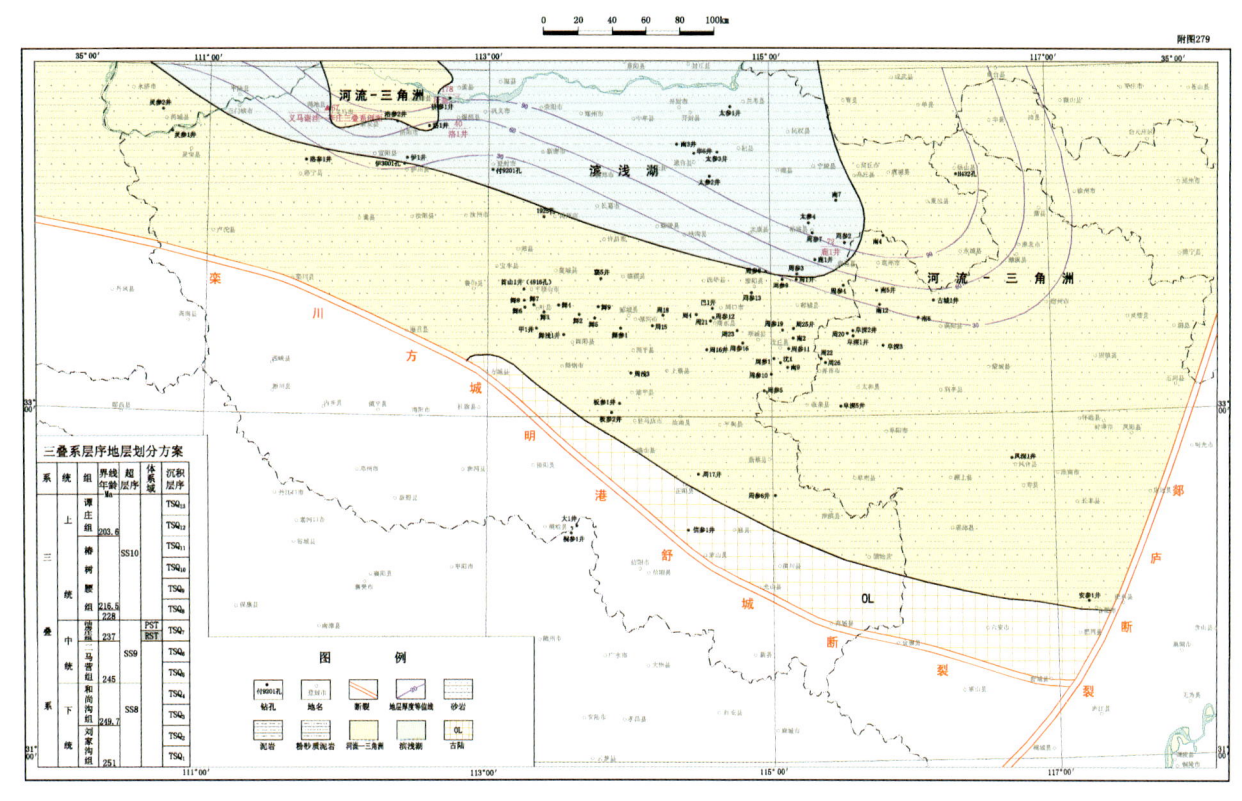

图 5-33 南华北盆地 TSQ7 湖进体系域岩相古地理图

4. TSQ7 层序 PST 期岩相古地理展布

TSQ7 层序 PST 期，为三叠系油房庄组湖退体系域（图 5-34）。海平面较前期湖进体系域有所下降。由于华北板块和扬子板块的自东向西碰撞俯冲碰撞拼合，秦岭海槽封闭，东部郯庐断裂因强烈挤压首先发生隆起，陆内造山运动彻底改变了早、中三叠世南华北盆地的沉积格局，盆地地形态势发生了变化，由原来西高东低的古地貌形态改变为东高西低的古地貌形态。沉积范围更加局限，向北萎缩，湖泊沉积为主，河流-三角洲沉积仍分布在渑池、嵩县一带，主要为细粒长石砂岩、紫红色黏土岩与粉砂岩。

5. TSQ8 层序 RST 期岩相古地理展布

TSQ8 层序 RST 期，为三叠系椿树腰组湖进体系域（图 5-35）。中朝地台进一步抬升，湖泊范围由东向西萎缩。洛阳地区北部北西西相的黄河断裂开始活动，石炭系—二叠系一度为水下隆起的岱眉寨背斜开始形成，呈现为西翘东倾，嵩山自东向西依次逐渐露出水面。沉积范围局限在灵宝—周口—夏邑以北的狭小地区。三门峡—伊川—太康—商丘以南为河流-三角洲沉积，以北主要为滨浅湖沉积，主要为泥岩夹薄层粉砂岩，仅在渑池、登封发育河流-三角洲沉积，主要为长石砂岩、紫红色黏土岩与粉砂岩。

6. TSQ8 层序 PST 期岩相古地理展布

TSQ8 层序 PST 期，为三叠系椿树腰组湖退体系域（图 5-36）。海平面较前期有所下降，湖泊范围继续由东向西萎缩。嵩山自东向西依次逐渐露出水面。沉积范围局限在灵宝—周口—夏邑以北的狭小地区，发育泥岩夹薄层粉、细砂岩，在三门峡—伊川—太康—商丘以南为河流-三角洲沉积，以北主要为滨浅湖沉积，主要为泥岩夹薄层粉砂岩，仅在渑池、登封发育河流-三角洲沉积，主要为长石砂岩、紫红色黏土岩与粉砂岩沉积。

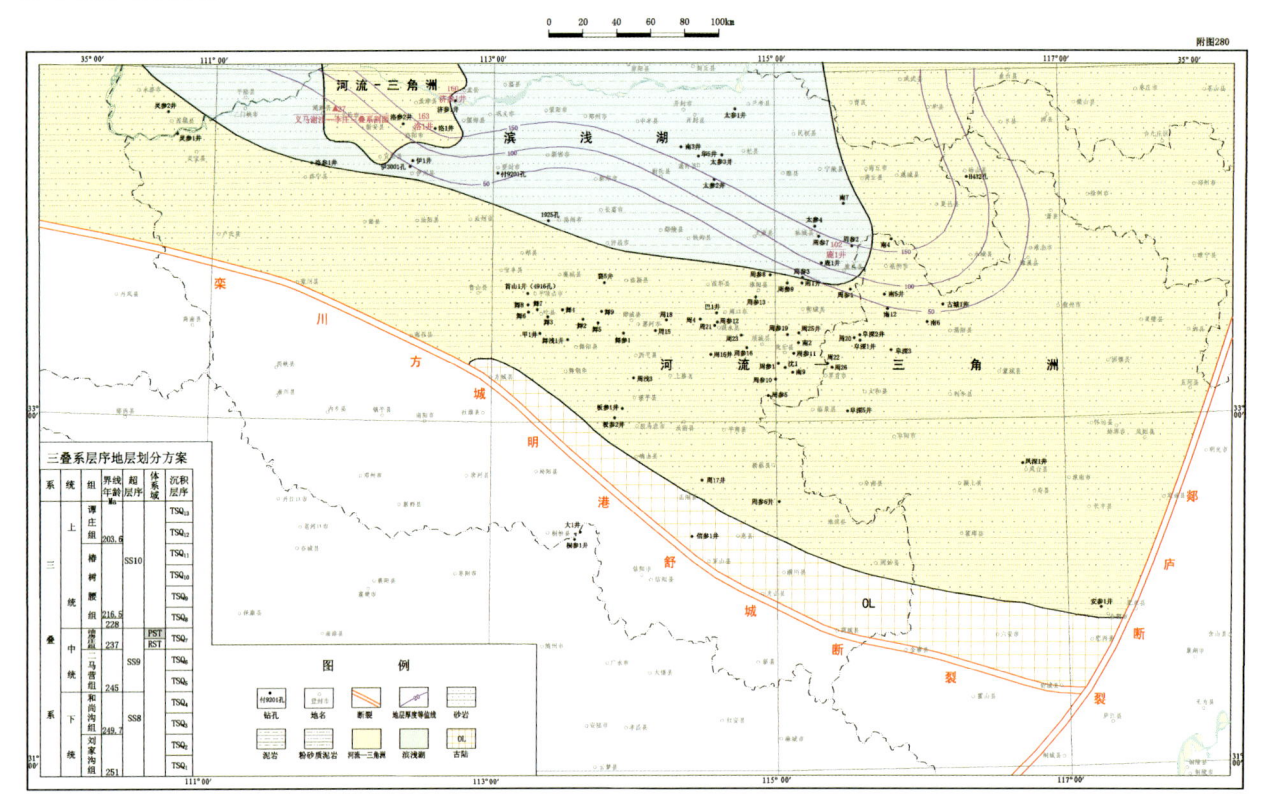

图 5-34　南华北盆地 TSQ7 湖退体系域岩相古地理图

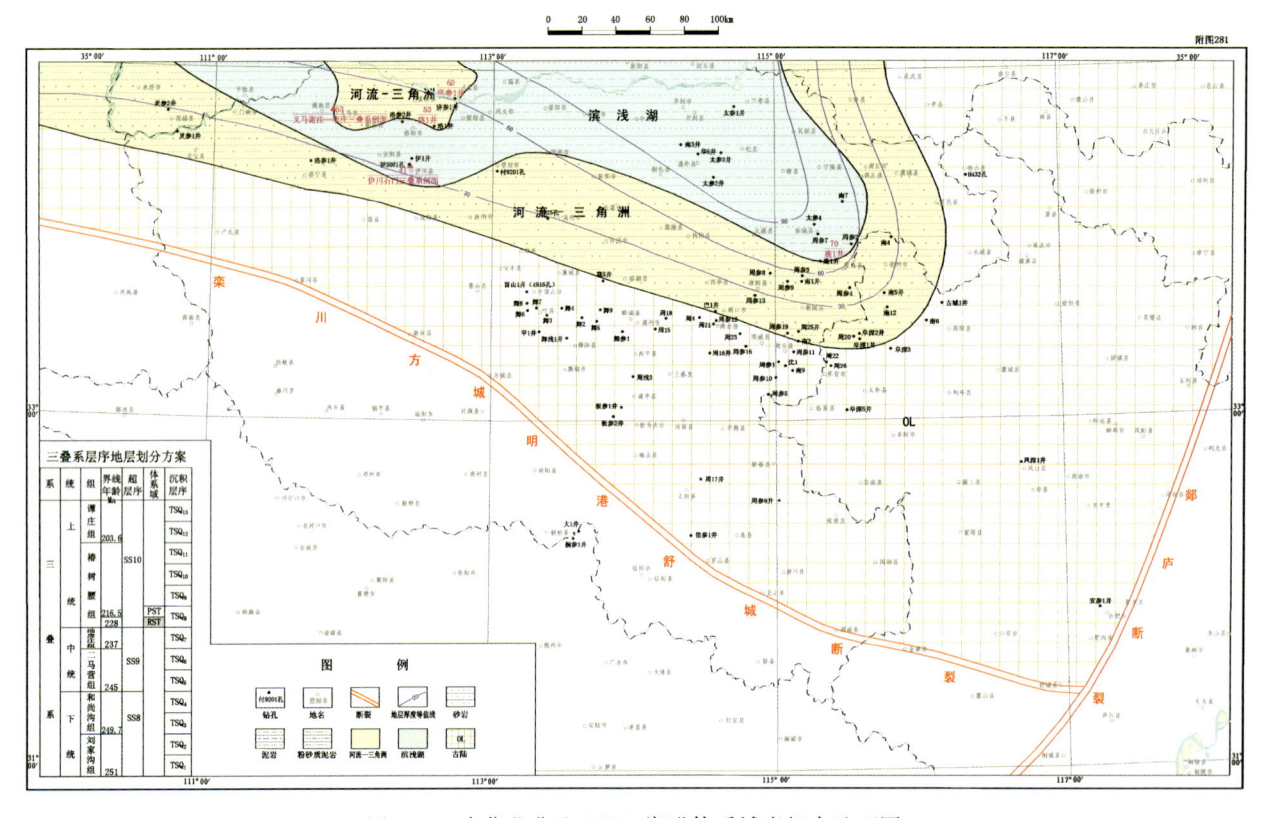

图 5-35　南华北盆地 TSQ8 湖进体系域岩相古地理图

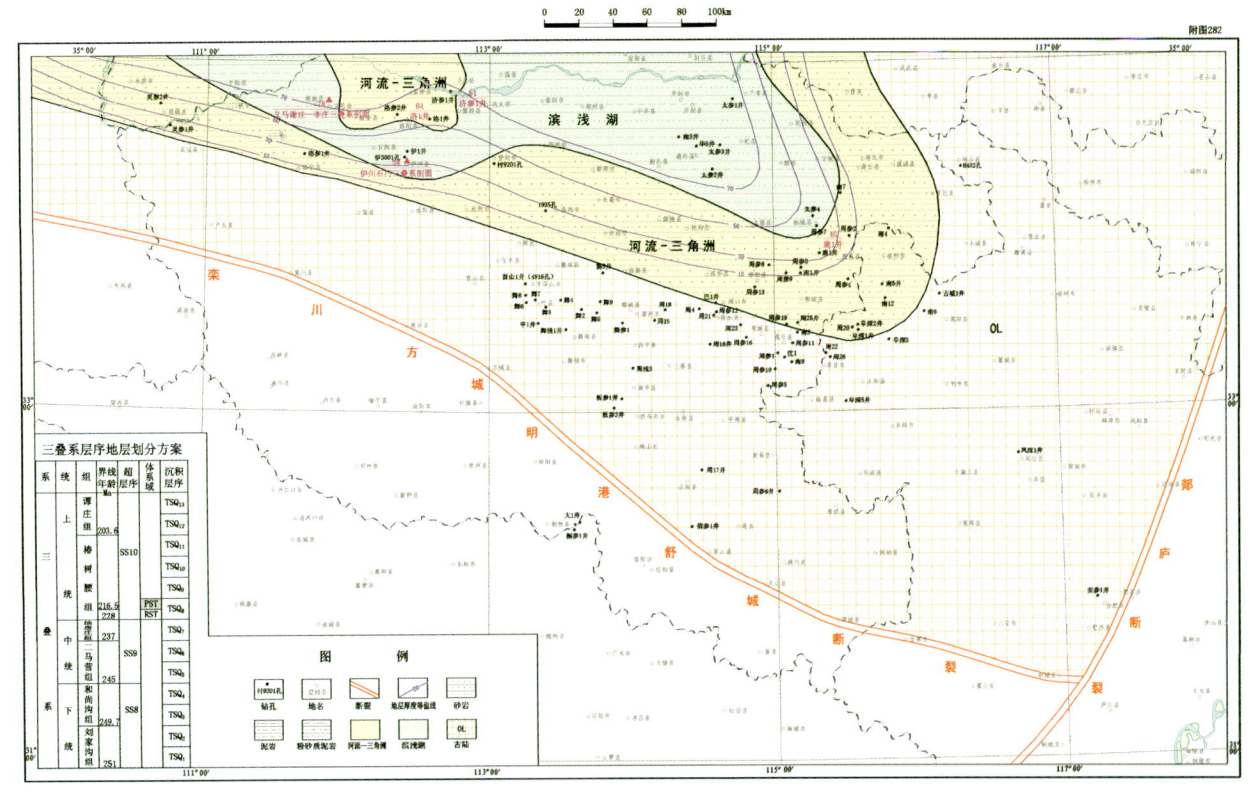

图 5-36 南华北盆地 TSQ8 湖退体系域岩相古地理图

六、侏罗纪层序-岩相古地理展布及特征

晚三叠世末，随着扬子板块与华北板块之间强烈的陆陆碰撞，南华北盆地形成了大型的陆内隆拗结构。南北间大洋呈剪刀式关闭，秦岭—大别造山带向北的反向逆冲推覆自东向西也必然存在先后关系。南华北地区的东部坳陷——商城、光山等地缺失三叠系，而存在着厚度较大的早、中侏罗世沉积，为山麓冲积扇-湖沼相沉积环境，向北沉积厚度减薄，属于南华北地区南部统一的类前陆坳陷盆地沉积；其北侧太康—蚌埠为前陆隆起，推测早、中侏罗世时期其缺失沉积并很可能成为其南、北侧盆地的剥蚀物源区。以济源为沉降中心的豫西及开封—黄口地区则主要表现为一套上三叠统—中下侏罗统的稳定克拉通型陆相沉积。晚侏罗世，由于燕山运动影响，构造应力作用方式的改变，在郯庐断裂西部产生了NWW向张裂，且由东向西发展，进入晚侏罗—早白垩沉积期。

1. JSQ1 层序 RST 期岩相古地理展布

JSQ1 层序 RST 期，为侏罗系鞍腰组湖进体系域（图 5-37）。南华北地区局部出现强烈坳陷。沉积仅局限于渑池—巩义、兰考—单县一带，沉积物为浅灰—灰白色长石石英砂岩、粉砂岩、炭质黏土岩及煤层、在盆地边部义马附近底部有砾岩，岩层内产淡水双壳类化石及植物化石碎片，属湖泊沉积环境。在光山—长丰，岩石类型主要为灰白色、灰绿色长石石英砂岩、粉细砂岩、泥岩夹煤层、炭质页岩及砾岩沉积，可见水平层理及板状、槽状交错层理，主要为滨浅湖沉积，仅六安—合肥局部发育河流-三角洲相沉积。

2. JSQ1 层序 PST 期岩相古地理展布

JSQ1 层序 PST 期，为侏罗系鞍腰组湖退体系域（图 5-38）。海平面较前期有所下降，沉积范围更加局限，沉积仅局限于孟县、曹县一带，沉积物为浅灰-灰白色长石石英砂岩、粉砂岩、炭质黏土岩及煤层、在盆地边部义马附近底部有砾岩，岩层内产淡水双壳类化石及植物化石碎片，属湖泊沉积环境。在光山—长丰，岩石类型主要为长石石英砂岩、粉砂岩、炭质黏土岩沉积主要为滨浅湖沉积，仅六安—合肥局部发育河流-三角洲相沉积。

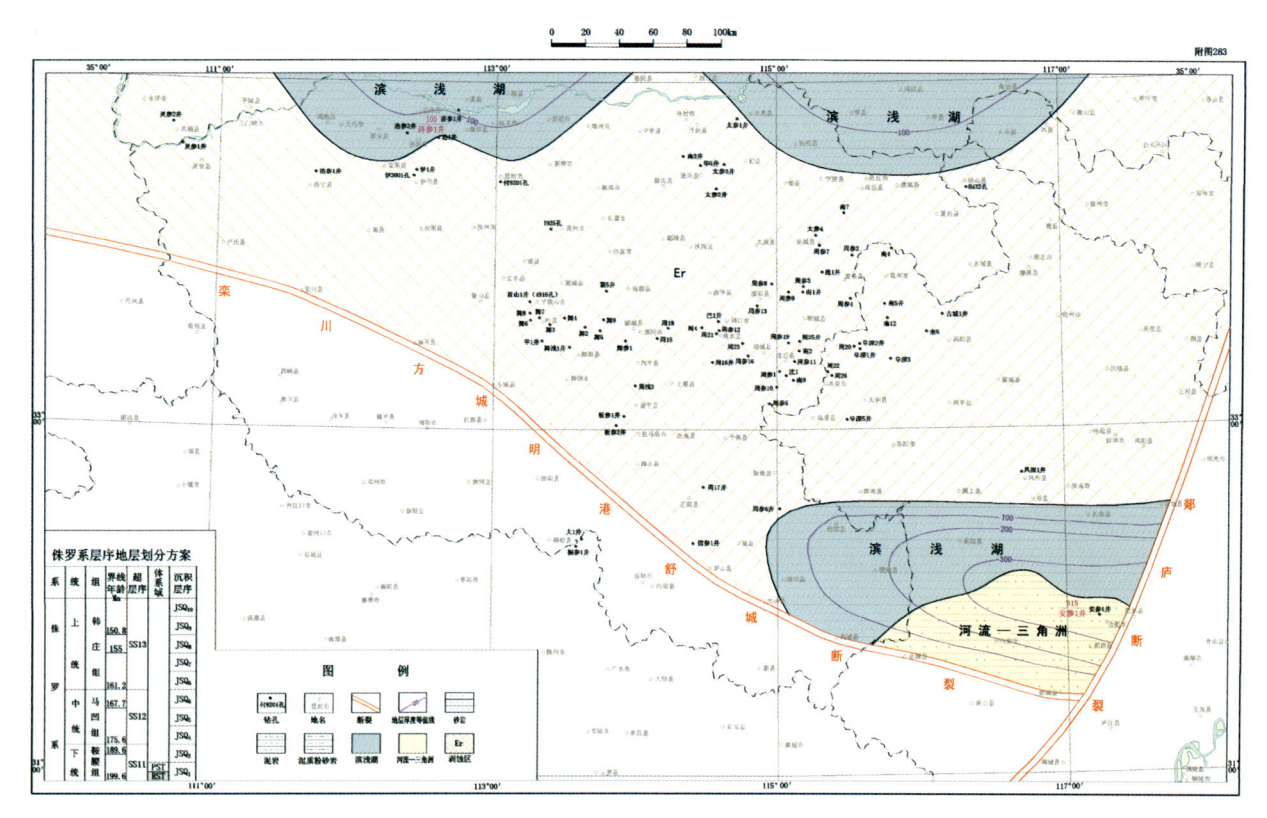

图 5-37 南华北盆地 JSQ1 湖进体系域岩相古地理图

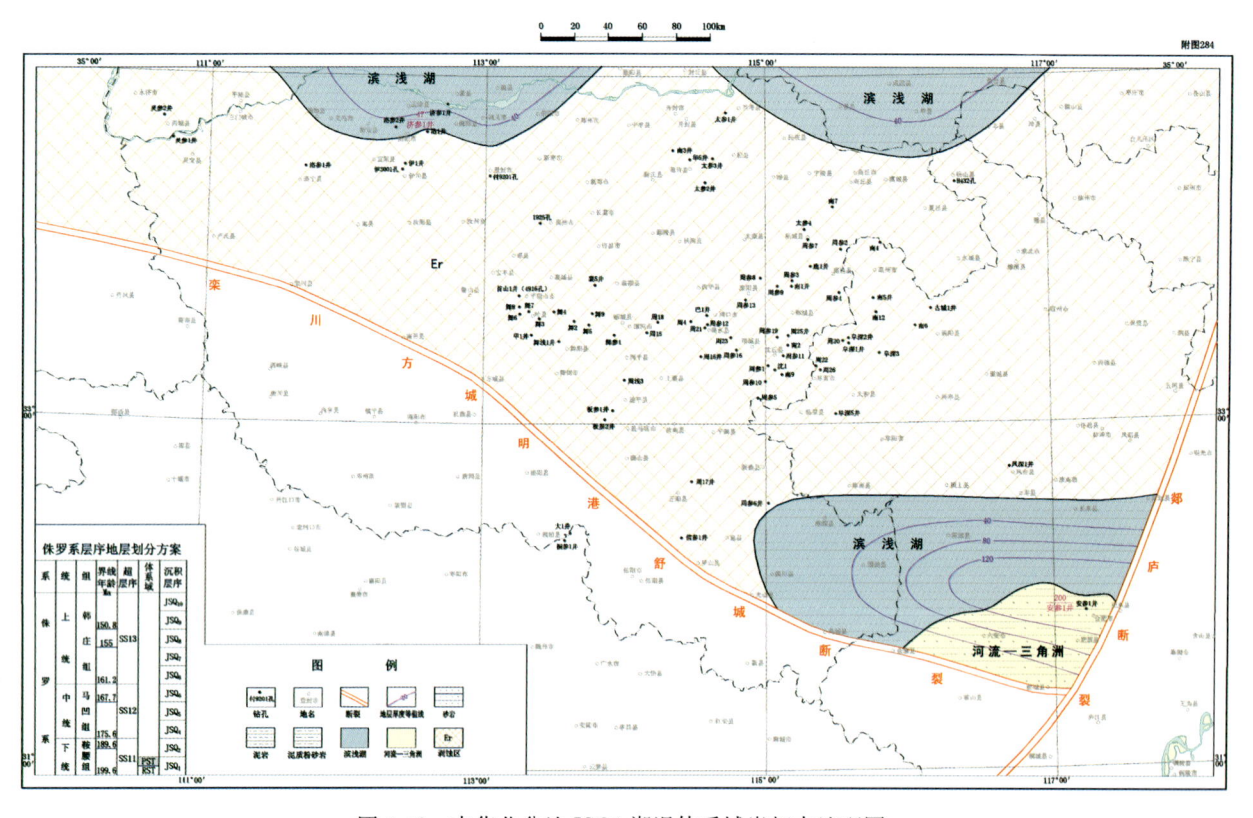

图 5-38 南华北盆地 JSQ1 湖退体系域岩相古地理图

第三节 新成果、新认识小结

本章节在传统岩相古地理特征及演化研究的基础上，紧密结合层序演化、盆地演化研究成果，首次在南华北地区选择以层序体系域为单元，系统编制了南华北地区青白口纪—侏罗纪重点层段发育时期的层序岩相古地理图 38 张，详细描述了不同体系域沉积发育期的岩相古地理及其演化特征。所取得的新成果和新认识有以下 4 点。

（1）所编制层序-岩相古地理图，更具等时性。所谓等时性，是由于层序是同一个全球海平面变化条件形成的，层序内的体系域是在同一海平面升降周期不同阶段的产物，因而，所编制层序-岩相古地理图更具等时性。很好的反映了同一层序发育过程中伴随着相对海平面的变化，不同体系发育时期的古地理面貌和格局。

（2）所编制的层序-岩相古地理图，更具成因连续性。所谓成因连续性，是由于以不同体系域为成图单元所编制的层序-岩相古地理图反映了不同海平面升降阶段内古地理格局，在时空演化上具有密切关系。

（3）所编制层序-岩相古地理图，更具实用性。所谓实用性，是由于在海平面升降不同阶段内的沉积体系域与生、储、盖组合具有良好的配置关系。所以，以体系域为成图单元所编制的层序-岩相古地理图可反映生、储、盖发育时期的古地理面貌和沉积格局，为更好地揭示烃源岩及储集体的平面分布及时空演化规律奠定了基础，同时能较有效地克服同时异相沉积难以对比等问题。

（4）层序-岩相古地理图对覆盖区相带展布及变化具更合理的预测性。由于编图单位是选择短时间间隔内的等时或近等时体，在弄清了沉积和层序发育的主控因素后，根据层序研究总结出的沉积模式和层序模式能更合理地分析和编绘未知相带及相带界线随海平面升降的变化趋势。

第六章 烃源岩的特征、在层序格架中的分布规律及其发育的主控因素

烃源岩是盆地油气生成和聚集成藏的物质基础，正确识别和确定烃源岩发育层位、岩石学特征、发育的构造背景和沉积环境，以及在层序地层格架中的时空展布和演化规律，是对沉积盆地进行油气资源评价和勘探远景预测首选和急需解决的重大基础地质问题。大量的资料证明，形成大规模油气藏必须具有雄厚的烃源岩为物质基础（表6-1）。对全球海相含油气盆地的统计分析表明，形成大中型油气田的碳酸盐烃源岩的有机质丰度（TOC）均较高（图6-1）。法国石油研究院（1987）统计的18个盆地碳酸盐岩烃源岩的有机质含量平均值（0.67%），大大高于一般碳酸盐岩。美国、澳大利亚、加拿大、沙特阿拉伯等4个重要碳酸盐岩大油气田的碳酸盐岩有机质含量为1.4%~4%，世界19个重要碳酸盐岩大油气田的炭酸盐岩有机质含量平均值为3.1%（张水昌等，2002）。

表6-1 世界元古宇—古生界大中型油气田海相源岩TOC含量

盆地	油气田	产层	烃源岩	TOC/% 平均	TOC/% 最大	资料来源
东西伯利亚	尤罗勃金	Z	Z_2泥灰岩	0.7~4	8.7	邱中建等，1997
			泥云岩、泥岩			
滨里海	田吉兹	C	D_3黑色泥页岩	2	4	邱中建等，1997
			C_3-P_1泥灰岩	1.2		
蒂曼—伯绍拉	乌克蒂尔（气田）	P	D_3页岩	0.75~1.0		CFD
西加拿大	天鹅丘、红水等	D_3	D_3钙质页岩	5~10	17	CFD
二叠	戈梅茨（气田）	O_1	C_1黑页岩	15~20		CFD
	耶茨	P	P_1钙质页岩	1~1.5	2.0	
	斯劳夫塔	P	P_1页岩	2.8	4.4	
	帕克特（气田）	O_1	O_2页岩	2~8		
密执安	利马—印地安纳	O_2	O_2页岩、灰岩	1.3	4.23	CFD
	奥尼安—斯西皮奥	O_2	O_2泥岩、页岩	0.5~1.5		
安纳达柯	俄克拉荷马城	O，C	C_2页岩	7.9	15.6	CFD
维利斯敦	卡滨溪	O_3，S	D_3页岩、泥灰岩	3.8	10.3	Meissner，1978
四川	威远（气田）	Z	$\text{\textepsilon}_1$黑色页岩	1~1.5		CFD
	五百梯（气田）	C	S黑色页岩	1.97~2.67		CFD
塔里木	和田河气田	C，O	$\text{\textepsilon}_1$-$\text{\textepsilon}_2$泥质云岩	0.8~0.9	2.43	塔指，1997
鄂尔多斯	中部大气田	O_2	C泥岩、灰岩	泥岩（2~4）	10	夏新宇，1999
				灰岩1.0	5	
			O_2灰岩	0.2	0.9	

Tissot和Welet（1984）在探讨生油岩有机碳下限时，提出碳酸盐源岩的有机质丰度下限为0.3%。

Ronov（1958）在研究了油区和非油区不同时代和不同环境约26000个样品，在油区中碳酸盐岩的有机质丰度下限定为0.2%。Palacas（1984）在研究美国南弗洛里达盆地下白垩统未成熟碳酸盐岩时，采用0.4%作为其有机质丰度下限。天口一雄（1980）通过研究曾提出碳酸盐源岩的有机质丰度下限为0.2%。碳酸盐源岩的有机质丰度下限值除了上述研究者之外，美国地化公司、法国石油研究院、挪威大陆架研究所等都曾提出过碳酸盐有机质丰度下限，范围是0.12%~0.4%。反映了碳酸盐岩型烃源岩有机质丰度的下限值至今尚无统一标准（表6-2），不同单位和学者所提出和选用的有机质丰度有机质下限值都是根据本国或本地区的实际情况靠经验确定的。

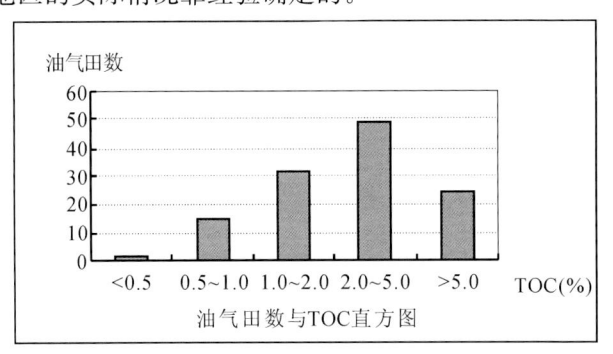

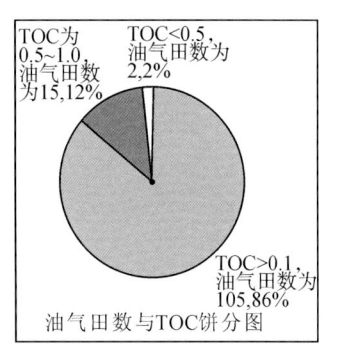

图6-1 世界122个碳酸盐岩大油气田烃源岩有机碳含量与油气田数

表6-2 不同单位及学者提出的碳酸盐岩有机质丰度下限

美国地化公司	0.12	陈丕济等	0.10
法国石油研究所	0.24	傅家谟等	0.08，0.10
罗诺尔等	0.20	郝石生	0.30
挪威大陆架研究所	0.20	大港石油管理局研究院	0.07，0.12
庞加实验室	0.25	田口一雄	0.20
亨特	0.29，0.33	帕拉卡斯	0.3，0.50
蒂索	0.30	埃勃	0.30
刘宝泉	0.05	程克明	0.043

从世界201个大油气田烃源岩发育时代统计可以看出，从前寒武系、寒武系、奥陶系、志留系、泥盆系、石炭系、二叠系、三叠系、侏罗系各时代地层中烃源岩都有发育（图6-2）。从烃源岩岩石类型来看，以泥质岩为主，其次为泥灰岩，此外还有煤岩（图6-3）；从形成环境来看主要有深水陆棚、内陆棚和湖泊（图6-4）。从海相环境看，通过对世界203个油气田烃源岩研究，烃源岩主要发育于深水陆棚和陆棚盆地内，以页岩和泥灰岩为主（图6-5）。

从南华北地区来看，在新元古代—中生代沉积演化过程中烃源岩广泛发育、类型多样。因此，本章主要从烃源岩发育的构造与盆地演化关系、形成的沉积环境和在层序地层格架中分布研究出发，对南华北地区新元古界—中生界烃源岩产出层位、岩石学特征、形成的环境及时空展布规律进行探讨，为有利远景区预测和评价提供依据。

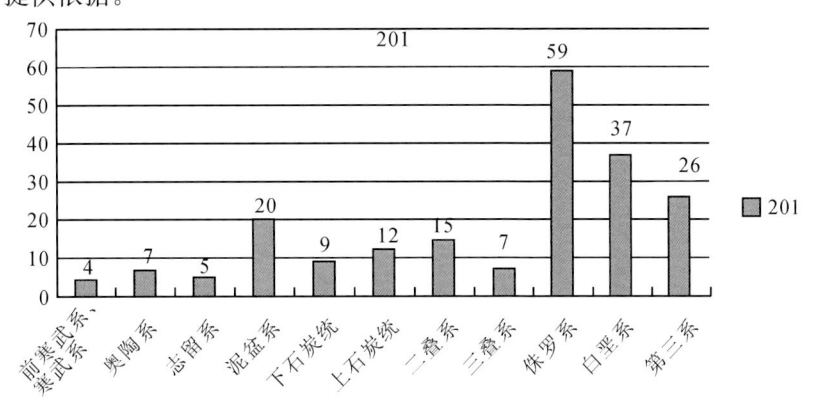

图6-2 世界201个大油气田烃源岩发育层系统计图

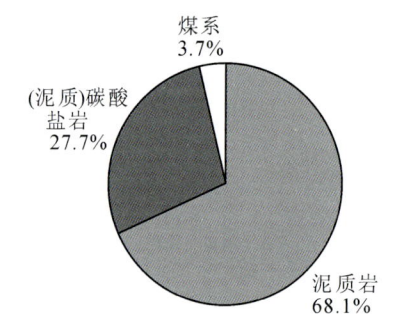

图 6-3 世界 201 个大油气田烃源岩岩石类型

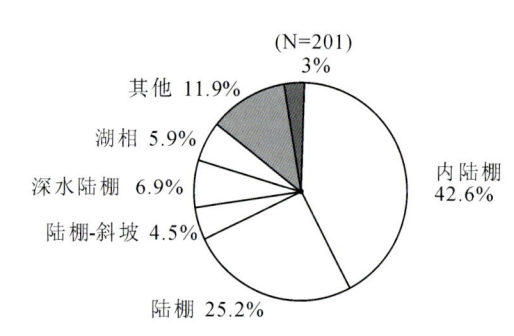

图 6-4 世界 201 个大油气田烃源岩形成环境

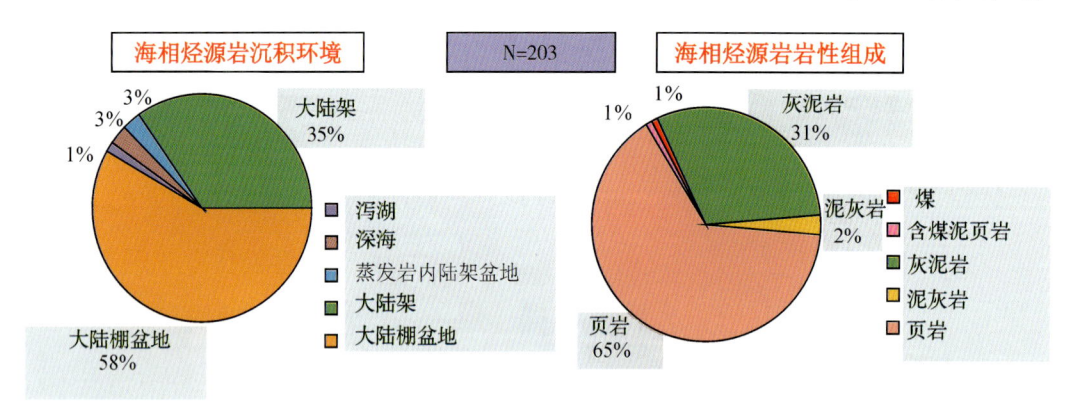

图 6-5 海相烃源岩形成环境及岩性组成

第一节 烃源岩的产出层位、形成环境及岩石类型

一、烃源岩的产出层位

通过前述的层序划分和对比研究，结合前人的研究成果，可以看出南华北地区新元古界—中生界烃源岩广泛发育（表6-3、图6-6），区域性的主力烃源岩系主要发育于青白口系崔庄组（相当于SS1超层序的TST）、震旦系董家组（相当于SS2超层序的CS沉积）、寒武系马店组及其相当层位的东坡组（相当于SS3超层序的TST）、奥陶系上马家沟组（相当于SS5超层序的TST）、石炭系—二叠系本溪组、太原组和山西组（暗色泥岩、炭质泥岩和煤层，相当于SS8、SS9超层序的TST）、三叠系及侏罗系（湖相泥岩为烃源岩，相当于SS10～SS13超层序的TST）。

表 6-3 南华北地区新元古界—中生界烃源岩发育层位简表

烃源岩发育层位			烃源岩类型	形成环境
青白口系		崔庄组刘老碑组	泥页岩	浅海-半深海
震旦系		董家组	泥岩-泥页岩	陆棚
下古生界	寒武系	东坡组 辛集组 馒头组 张夏组 崮山组 长山—凤山组	泥页岩 泥岩 泥灰岩 藻灰岩 球粒灰岩 生物屑灰岩	陆棚 潮坪 局限台地 开阔台地 深水陆棚
	奥陶系	上、下马家沟组	泥晶灰岩	开阔台地

续表

烃源岩发育层位		烃源岩类型	形成环境
上古生界	本溪组 太原组 山西组 石盒子组	泥岩 炭质泥岩 泥岩 煤及泥岩	潮坪 潟湖沼泽 海湾 浅湖-半深湖
中生界	T2 油房庄组 T3 谭庄组 T3 椿树腰组	泥岩	浅湖-半深湖

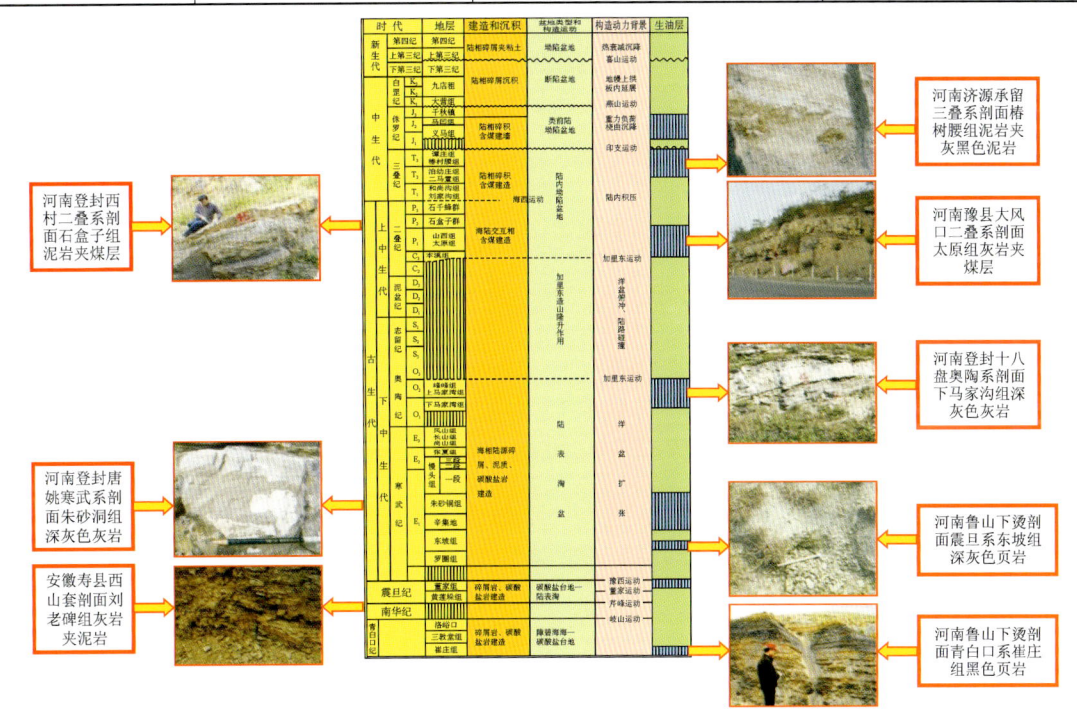

图 6-6　南华北地区青白口纪—侏罗纪沉积演化过程中烃源岩发育的层系

二、烃源岩形成环境及岩石类型

按烃源岩成因环境划分，南华北地区新元古界—中生界烃源岩包括海相烃源岩、海陆过渡烃源岩和陆相烃源岩三大类（表 6-4、图 6-7）。按岩石学特征，研究区内的烃源岩包括泥质岩和碳酸盐岩两大类型，按各类型的物质组分、岩石结构、成因特征和成岩改造强度，又可细分为 4 种亚类型和 15 种岩性。从总体上看，主力烃源岩系以泥质烃源岩占绝对优势，次为碳酸盐质烃源岩，而硅质或其他岩性的烃源岩较为少见。不同组分、结构和成因类型的烃源岩岩性差别虽然很大，但均具有成层性好、单层厚度较薄但连续沉积厚度较大、色率较暗、有机碳丰度高（TOC>0.5%）、岩石的矿物组分粒度细和岩性致密等特征，大都显示为深水低能、欠补偿和缺氧还原环境的沉积产物。需指出的是，南华北地区新元古界—中生界烃源岩的岩石类型虽然众多，但不同岩性的烃源岩在层位分布具一定的选择性，特点为海相泥质岩类烃源岩主要集中发育于 SS1 的 TST、SS2 的 TST、SS3 的 TST。海陆过渡泥质岩类烃源岩主要集中发育于 SS8 的 TST。陆相泥质烃源岩类主要集中发育于 SS9、SS10、SS11、SS12、SS13 超层序五个层位；碳酸盐质烃源岩主要发育于 SS4、SS5、SS6 三个超层序中；而以石煤为特征的烃源岩仅限于 SS3 的 TST 底部的局部层段呈薄的夹层产出。各层位中两类不同岩性的烃源岩产状和有机地化特征也存在一定差异，如以泥质岩为主的烃源岩发育层位和各项有机地化指标大都非常稳定，岩性组合也相对较单一，可占烃源岩累积厚度的 70% 以上，仅在相变带出现非泥质烃源岩的夹层数量或其所占累积厚度比例有所加大的变化。以碳酸盐岩为主的烃源岩系发育层位及岩性组合相对较复杂，通常以纯灰岩和不纯灰岩间夹泥岩的韵律互层组合为特点，较深水的相区可夹有硅质岩。从总体上看，区域上以泥质烃源岩的分布范围最宽广，其层位、厚度和岩相最稳定，有机地化指标较佳（尤以碳质页岩和石煤层为最佳，大多为优质或较好烃源岩），大多具备主力烃源岩系条件。而碳酸盐质烃源岩大多具有分布范围有限和层位不稳定，岩性岩相和厚度变化大，以及有机地化指标较差的特点，因而大多难以构成区域性的主力烃源岩系。

表 6-4　南华北地区新元古界—中生界烃源岩岩石类型及层位分布

烃源岩岩石类型			色率	沉积相类型	发育层位
大类	亚类	岩性			
泥质岩类	泥质岩	泥岩	深灰—灰黑色	浅海陆棚、浅湖-半深湖	Z、P、T、J
		灰质泥岩	灰—深灰色	混积陆棚、浅湖-半深湖	ϵ_{1m}、C-P、T-J
		粉砂质泥岩	灰色	浅海陆棚、浅湖-半深湖	ϵ_{1m}、C-P、T-J
		硅质泥岩	深灰色	次深海	ϵ_{1m}
	页岩	页岩	灰—深灰色	浅海陆棚、次深海	Qb、Z、ϵ_1
		碳质页岩	灰黑—黑色		
		硅质页岩	深灰—灰黑色		
		钙质页岩	灰—深灰色		
碳酸盐岩类	纯灰岩	泥晶灰岩	灰—深灰色	开阔台地潮下、局限台地-潟湖潮坪	ϵO
		藻灰岩	灰—深灰色	局限台地潮坪	
		含生物灰岩	灰—深灰色	开阔台地潮下、局限台地-潟湖	
	不纯灰岩	泥灰岩	灰—深灰色	混积陆棚、台盆、开阔台地潮下、局限台地潟湖潮坪	ϵO、C-P_1
		泥质灰岩	灰—深灰色		
		硅质灰岩	灰—深灰色	潟湖，滩间洼地	
石煤类			黑色	深水陆棚-半深海	ϵ_{1m}

第二节　烃源岩发育的板块构造和沉积盆地背景

南华北地区在青白口纪—侏罗纪沉积演化过程中发育多套烃源岩系。由于受板块构造活动影响，由多期次构造运动造成的南华北地区不同时期拉张或挤压变形和差异沉降特点，因而在不同地质时期不仅发育不同类型盆地，有规模较大的被动大陆边缘坳陷或裂陷盆地，同时于陆块内部由深坳陷或断陷作用，形成众多规模大小不等的克拉通内坳陷或断陷盆地，乃至与陆块碰撞和逆冲、加载和重力负荷沉降有关的前陆盆地，从而有利于多种不同构造性质的沉积盆地和生油坳陷的广泛发育和烃源岩的堆积作用，也造成了南华北地区新元古界—中生界烃源岩系在垂向剖面上发育层次多、沉积厚度较大、平面上分布广泛的特征。烃源岩区域分布明显受大地构造演化史中不同时期板块构造格局和沉积盆地性质所控制。

一、青白口纪烃源岩发育的板块构造和沉积盆地背景

在青白口纪沉积演化过程中，由于受晋宁运动构造拉张影响，南华北地区沉积盆地的性质具有自南向北由被动大陆边缘裂谷盆地向克拉通内坳陷盆地过渡的构造背景，构造作用相对较稳定。对应克拉通内坳陷盆地到被动大陆边缘裂谷盆地的转化，区域的沉积相展布有从浅水陆棚（或碳酸盐台地）相区平缓延伸到次深海-深海相区的变化，由上升洋流带入的丰富营养物质和缺氧水体不仅促进了海相低等生物的大规模繁衍，同时也有利于高生产率的有机质保存，因而无论是较深水的斜坡或深水盆地相区，抑或

较浅水的陆棚（或台地）相区，均可形成富含有机质组分的泥质或泥灰质烃源岩类的连续沉积，从而形成分布面积广和沉积厚度较大，层位稳定的青白口纪崔庄组和三教堂组及洛峪口组两套以泥页岩为主的烃源岩系，分别代表南华北地区第一和第二个烃源岩系重要发育期（图6-8、图6-9）。如安徽寿县青白口系崔庄组页岩（图6-8）；再如广泛发育于河南鲁山下汤青白口系崔庄组烃源岩系，由黑色页岩、深灰—灰黑色泥岩组成（图6-9）。此两套烃源岩系都分布于超层序的海侵体系域下部，并以直接超伏层序界面为特征（图6-10），显然为快速高幅海侵作用的产物，区域分布主要受较深水陆棚、次深海-深海相区控制，沉积厚度较稳定，而浅水（或台地）相区较薄，或烃源岩相对不发育（图6-11）。

图 6-7 南华北地区烃源岩成因类型及岩性特征

二、震旦纪—早古生代早期（ϵ_1）烃源岩发育的板块构造和沉积盆地背景

在震旦纪—早古生代早期沉积演化过程中，南华北南缘地区在前期被动大陆边缘裂谷环境的基础上发展演化成为比较成熟的被动大陆边缘盆地（图6-12），而南华北地区主体仍为稳定的克拉通沉积构造环境。此时，华北盆地南部寒武系底部发育大陆斜坡环境的黑色泥岩（雨台山组和东坡组，为典型的烃源岩）、滑塌作用丰富的砂质灰岩（猴家山组和朱砂洞组下部）以及上部的蒸发岩（猴家山组和朱砂洞组上部和馒头组）（曹高社等，2002；王德有等，1993），构成了典型被动大陆边缘沉积层序特征（漂移层序），说明板块的裂离作用已经演化到被动大陆边缘阶段。

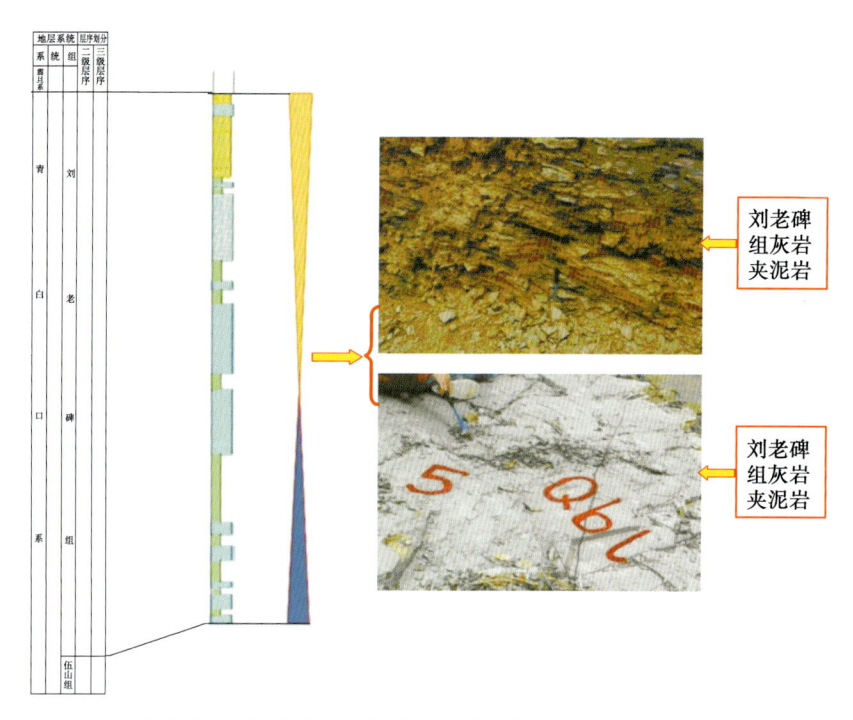

图 6-8 南华北地区刘老碑组中发育的泥岩烃源岩（淮南寿县青白口系剖面）

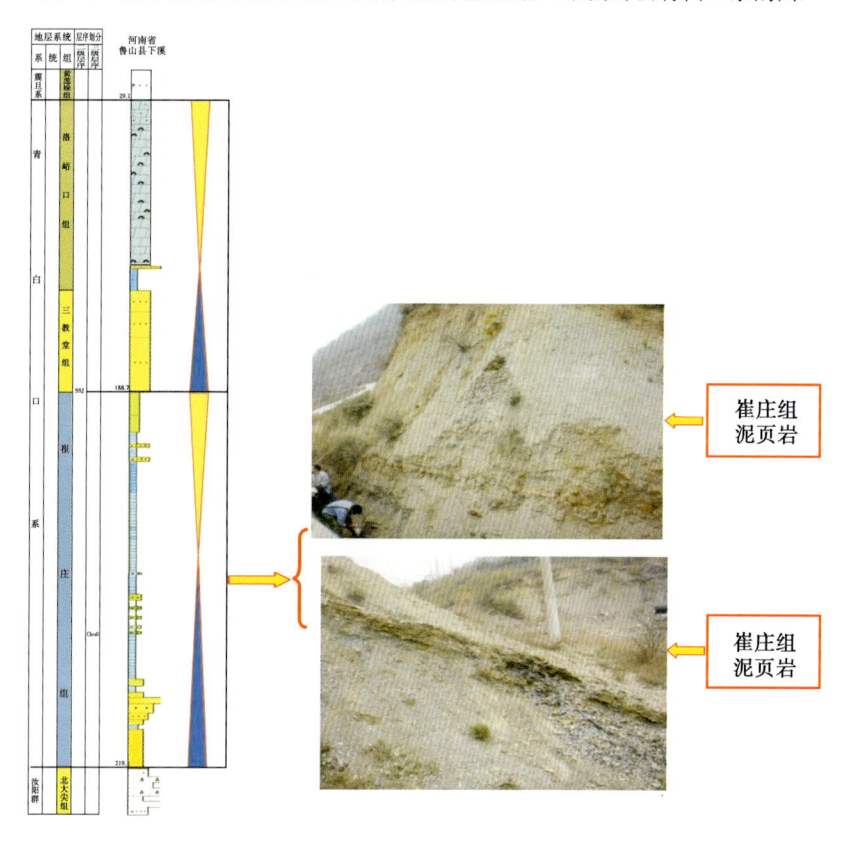

图 6-9 南华北地区崔庄组中发育的泥页岩烃源岩（河南鲁山下汤剖面）

南华北南侧北淮阳地区，张仁杰等（1998）在桐柏新集银洞沟组（或称蔡家凹大理岩）发现早寒武世高肌虫和小壳类等化石。在南华北南侧秦岭变质地层中，也存在有丰富的寒武—奥陶系。这些存在古生代化石的地层，沉积厚度巨大，碎屑沉积物中成分和结构成熟度低，常见鲍玛序列和火山岩夹层，系大陆边缘的活动类型沉积，可能作为寒武—奥陶纪盆地的边缘相沉积。并且，南华北霍邱地区寒武系底部发育滑塌构造和"风暴砾岩"，也表明这一时期基底断裂的活动仍是活跃的。

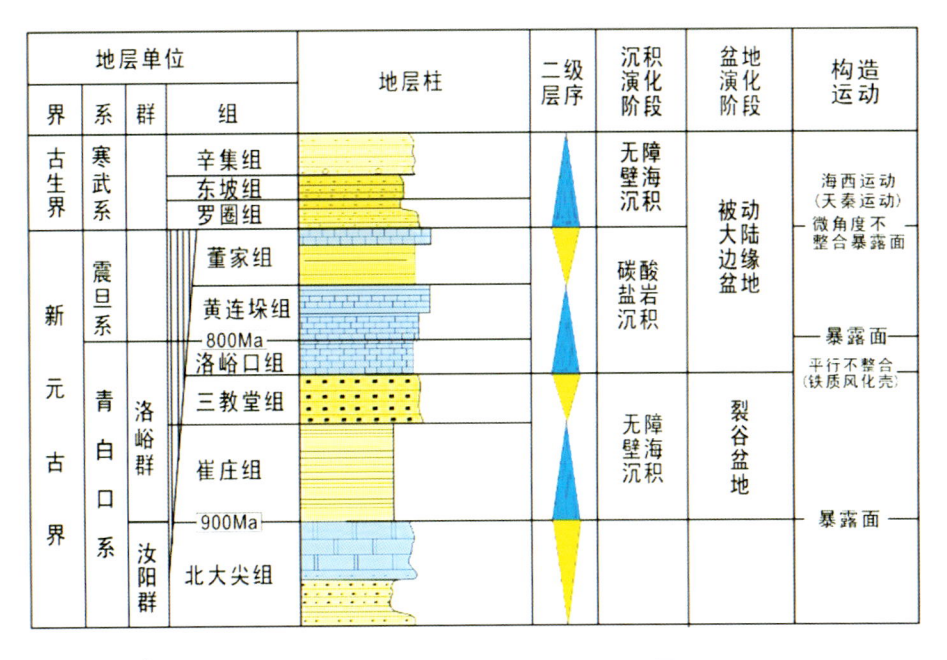

图 6-10 南华北地区青白口纪裂谷盆地发育期沉积演化

图 6-11 南华北地区青白口纪烃源岩发育的板块构造和沉积盆地背景

在此演化过程中，由于克拉通盆地受持续沉降作用影响，水体迅速变深，形成深水盆地（图 6-13、图 6-14），堆积具有代表性的烃源岩系——下寒武统底部（马店组）黑色页岩和碳质页岩。该烃源岩系厚度为数米至十数米，分布范围宽广、层位极其稳定和有机质丰度极高，岩性组合以黑色页岩和碳质页岩夹石煤层为主，局部夹透镜状灰岩。该时期为广泛分布的优质烃源岩发育期。

此外，在克拉通盆地内部形成了以开阔台地相的泥-微晶灰岩为主的烃源岩，夹少量暗色泥页岩组分。这类烃源岩有机质和氯仿沥青"A"含量高（图 6-15）。总体表现为有机质由大陆斜坡—开阔台地—局限台地逐渐降低。浅滩和潮坪最低。氯仿沥青"A"含量在开阔台地和局限台地高，其次为浅滩、大陆斜坡和潮坪。

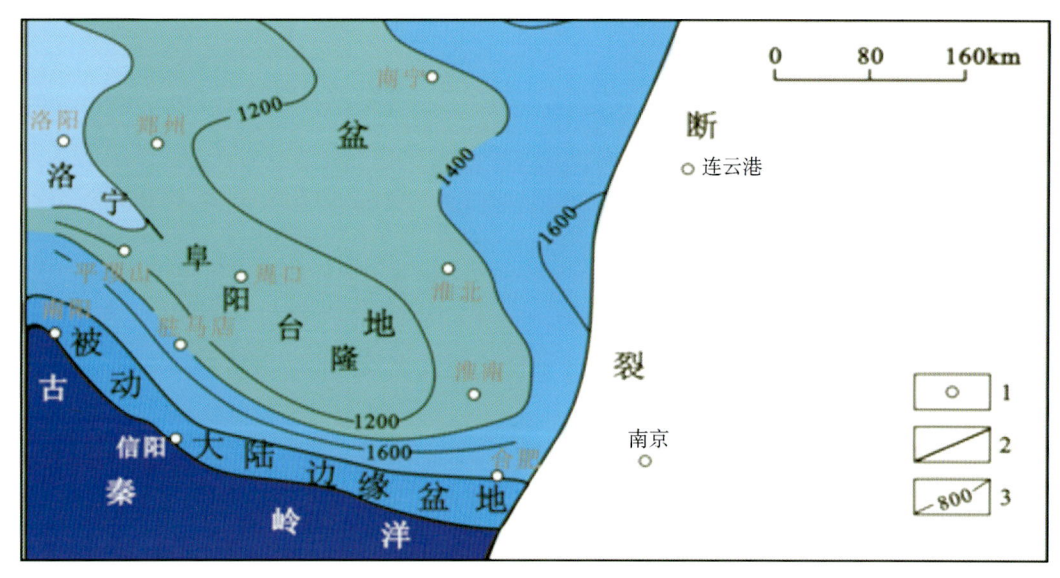

图 6-12 南华北震旦纪—早古生代早期（ϵ_1）构造格架及盆地展布图
1. 城市名；2. 盆地边界；3. 地层等厚线

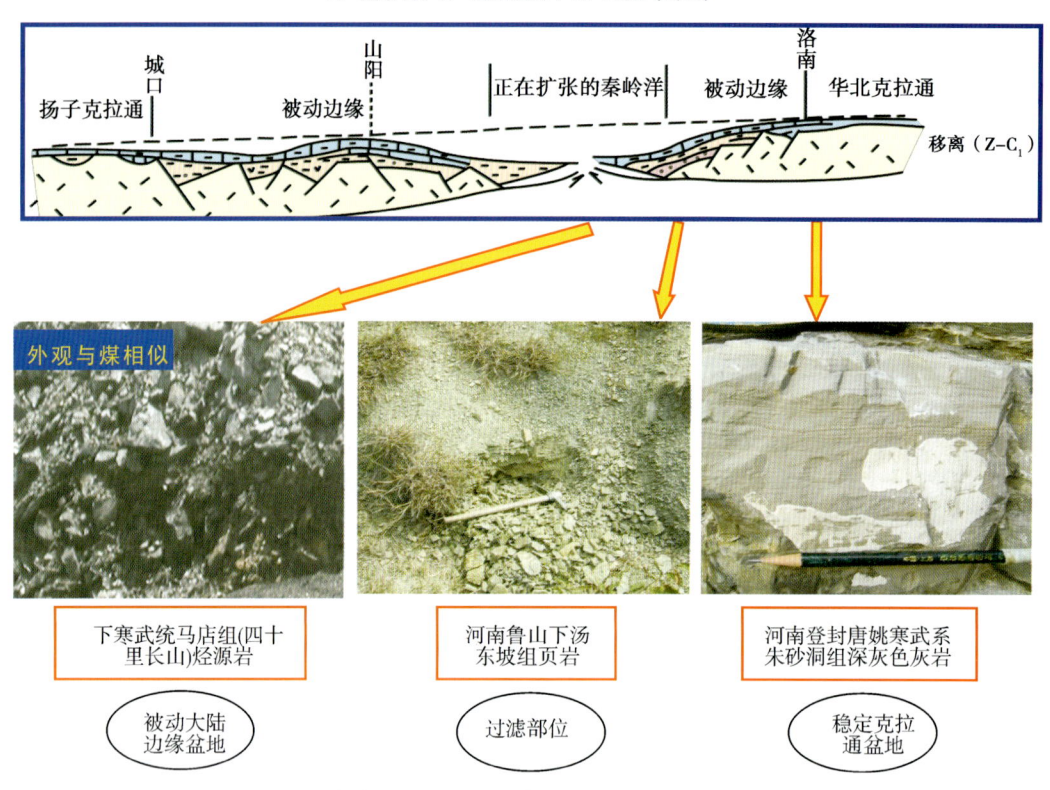

图 6-13 南华北地区被动边缘深水盆地中发育的烃源岩

三、早古生代晚期（ϵ_{1+2}-O_2）烃源岩发育的板块构造和沉积盆地背景

研究表明，北秦岭豫西地区二郎坪群代表了寒武纪—奥陶纪（王学仁等，1995；刘国惠等，1993）弧后盆地形成和扩张时期的沉积（李亚林等，1998）（图 6-16）。此期，烃源岩与早古生代早期相比以发育局限台地的泥-微晶灰岩为主（图 6-17、图 6-18）。

四、晚古生代（C_2-P_3）烃源岩发育的板块构造和沉积盆地背景

在晚古生代沉积演化过程中，南侧的古秦岭洋继续向华北板块俯冲消减，南华北南部边缘进一步褶皱成山，形成南秦岭褶皱带。早期（C_2-P_1）广大的南华北仍然保持克拉通盆地的性质。晚期广大的南华北地区演变为海陆过渡-陆相湖盆（P_2-P_3）（图 6-19）。在此过程中，发育了两套不同环境条件下所形成的

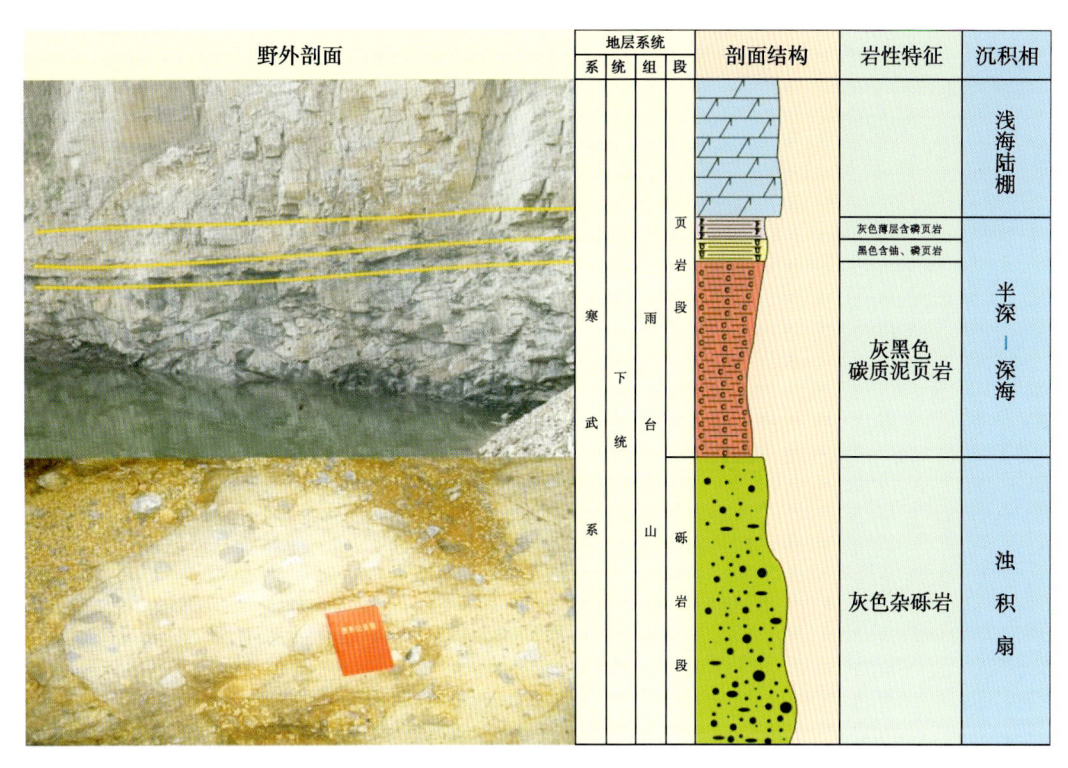

图 6-14 南华北地区深水盆地中发育的烃源岩

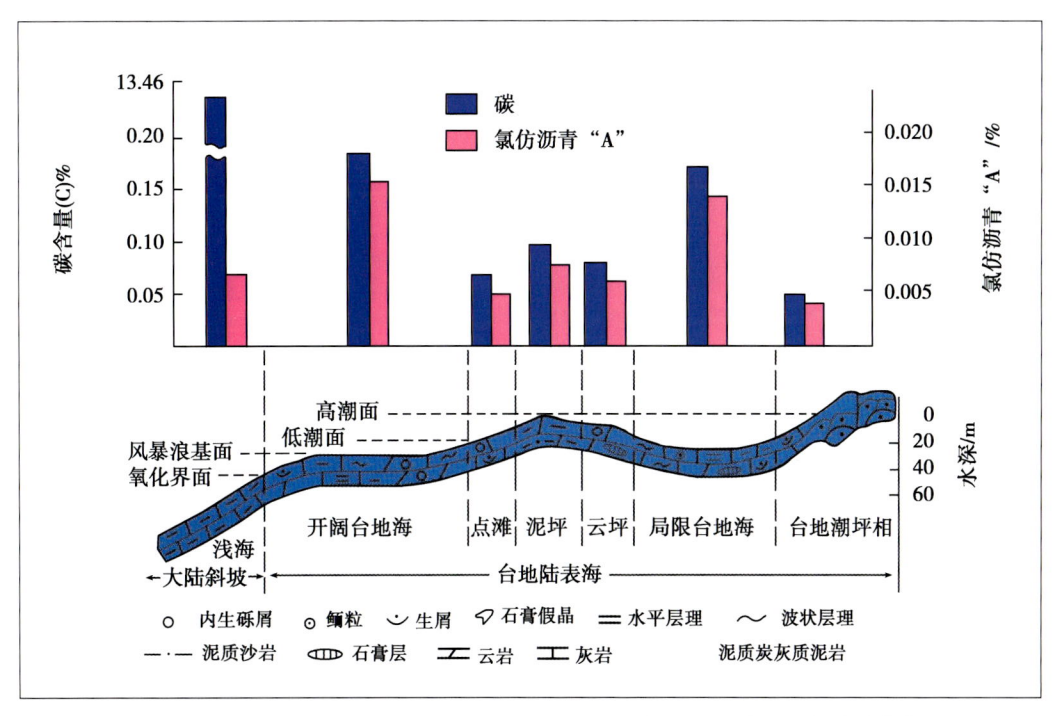

图 6-15 华北地区早古生代早期碳酸盐岩有机质丰度与沉积相关系（据许政华修改）

烃源岩（图 6-20），一为海陆过渡环境的以煤岩、泥岩为特征烃源岩，其发育于南华北地区石炭系本溪组、二叠系太原组、山西组中。煤岩为泥炭沼泽或泥炭坪产物、泥岩为前三角洲产物（图 6-21）。二为陆相湖盆烃源岩为浅湖-半深湖环境的暗色泥岩，广泛发育于石盒子组中。

五、中生代（T-J）烃源岩发育的板块构造和沉积盆地背景

中新生代是中国大陆分隔性盆地发育的重要时期。南华北地区在此演化阶段形成了一系列大小不等、性质不同的陆相湖盆。其中在南华北地区周边的鄂尔多斯盆地已成为我国一大型含油气盆地（图 6-22）。

南华北地区不同的陆相湖盆已见油气显示或工业油流。在中新生代沉积演化过程中，不同阶段陆相湖盆性质不同，也导致不同阶段烃源岩特征不同。

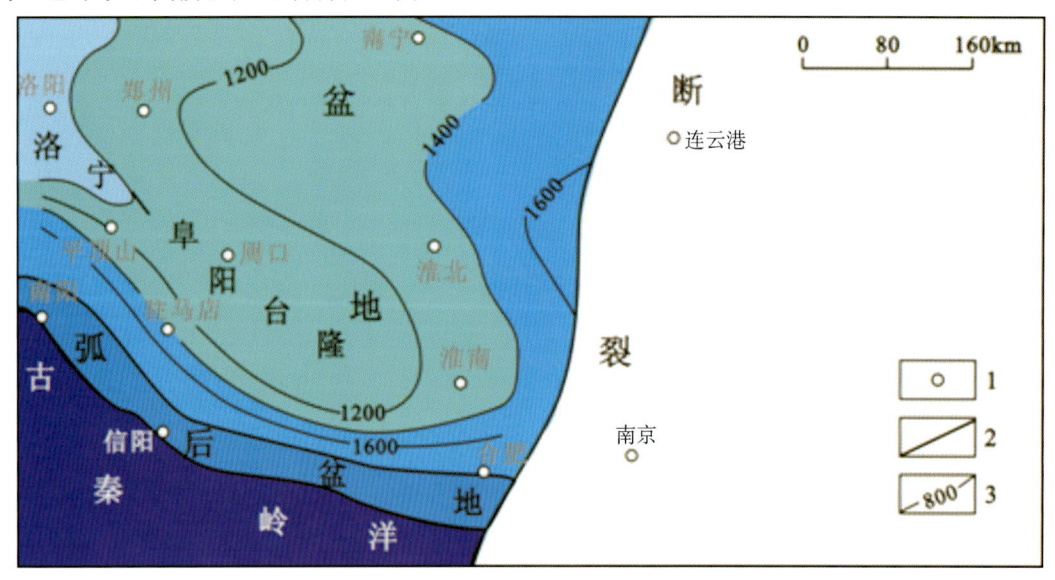

图 6-16　南华北中寒武世—中奥陶世构造格架及盆地展布图
1. 城市名；2. 盆地边界；3. 地层等厚线

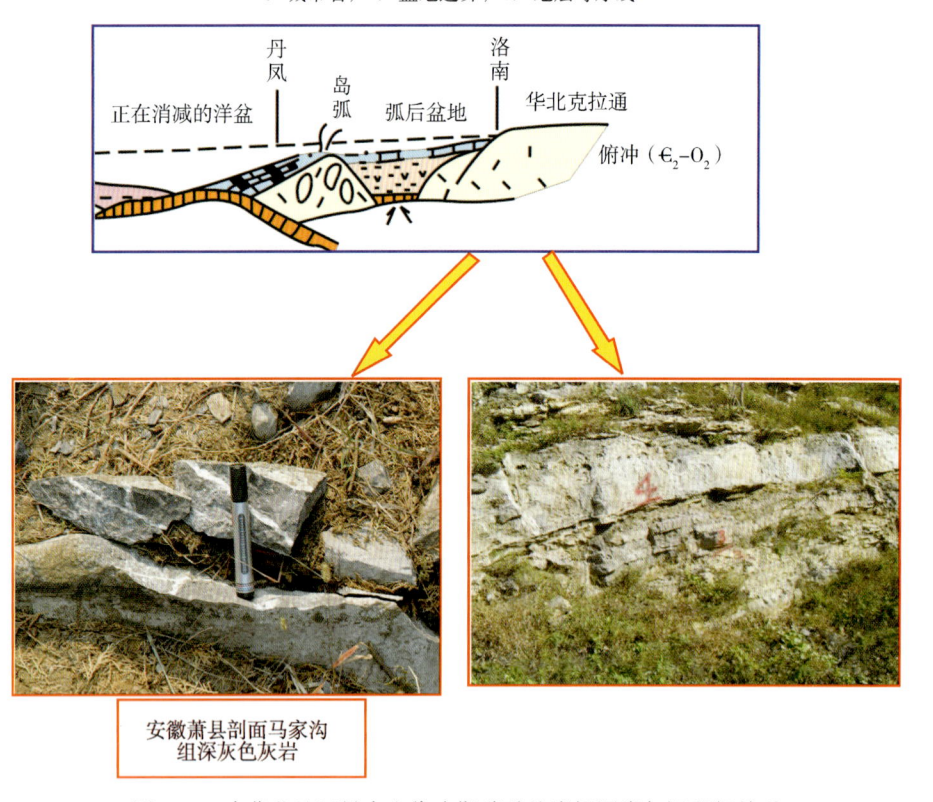

图 6-17　南华北地区早古生代晚期碳酸盐岩烃源岩与沉积相关系

三叠纪，南华北克拉通盆地进入大型陆内坳陷沉积盆地演化阶段，空间上表现为盆地内部构造分异作用明显，时间上表现为盆地的演化序列产生了多次转折。这些特点与前期盆地整体统一的、缓慢渐进的演化特征明显不同。三叠纪：印支期陆内坳陷盆地发展阶段（图 6-23）。侏罗纪—白垩纪：燕山期断陷盆地发展阶段。在此过程中南华北地区所发育的烃源岩均为陆相湖盆烃源岩，为浅湖-半深湖环境的暗色泥岩（图 6-23）。

· 244 ·

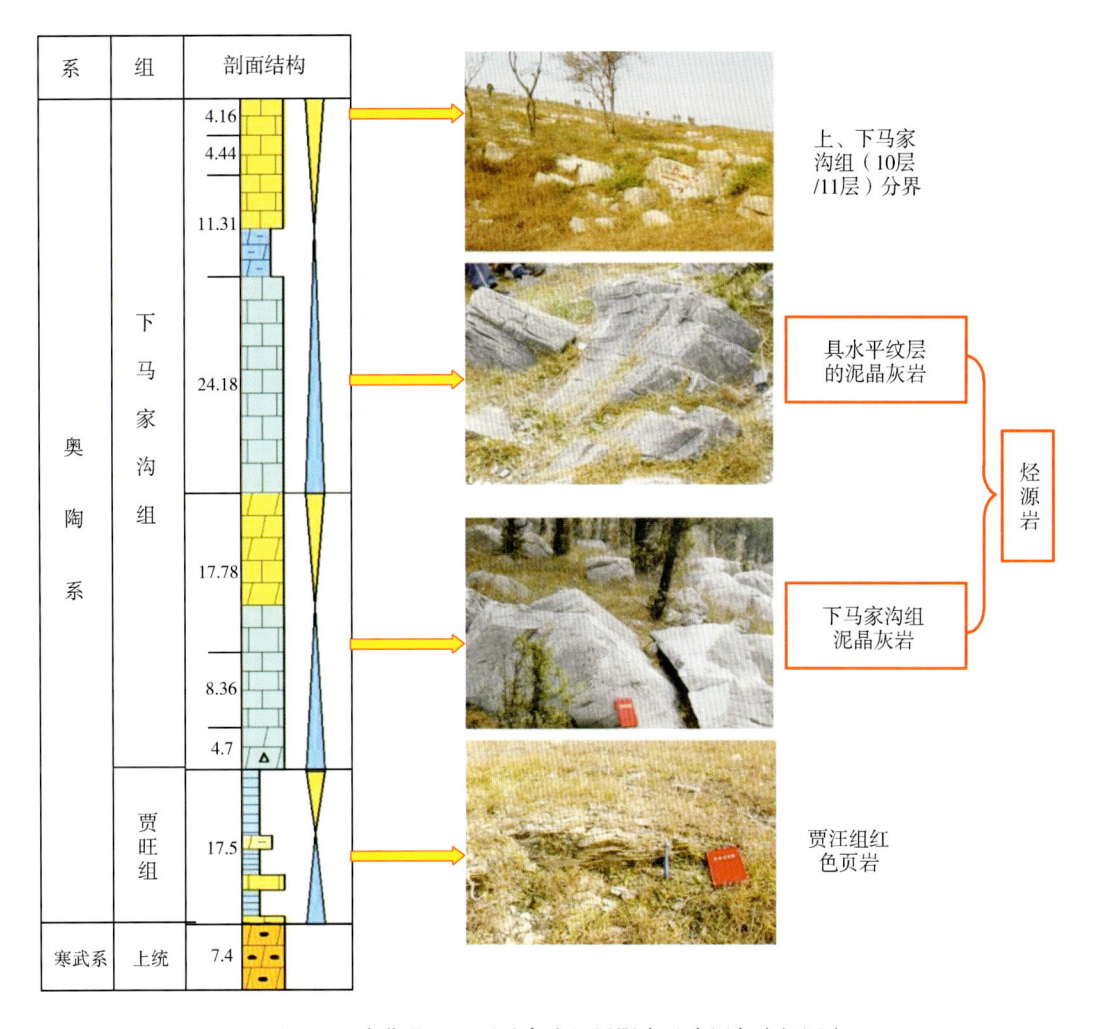

第六章 烃源岩的特征、在层序格架中的分布规律及其发育的主控因素

图 6-18 南华北地区下马家沟组局限台地中泥灰岩烃源岩

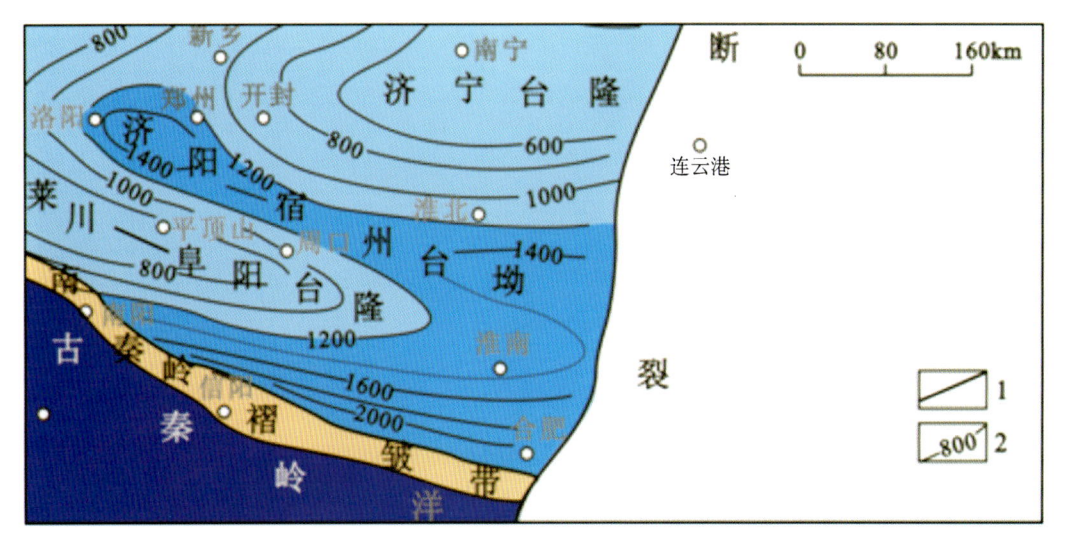

图 6-19 南华北地区晚海西期构造格架及盆地展布图（C_2-P_3）
1. 盆地边界；2. 地层等厚线（m）

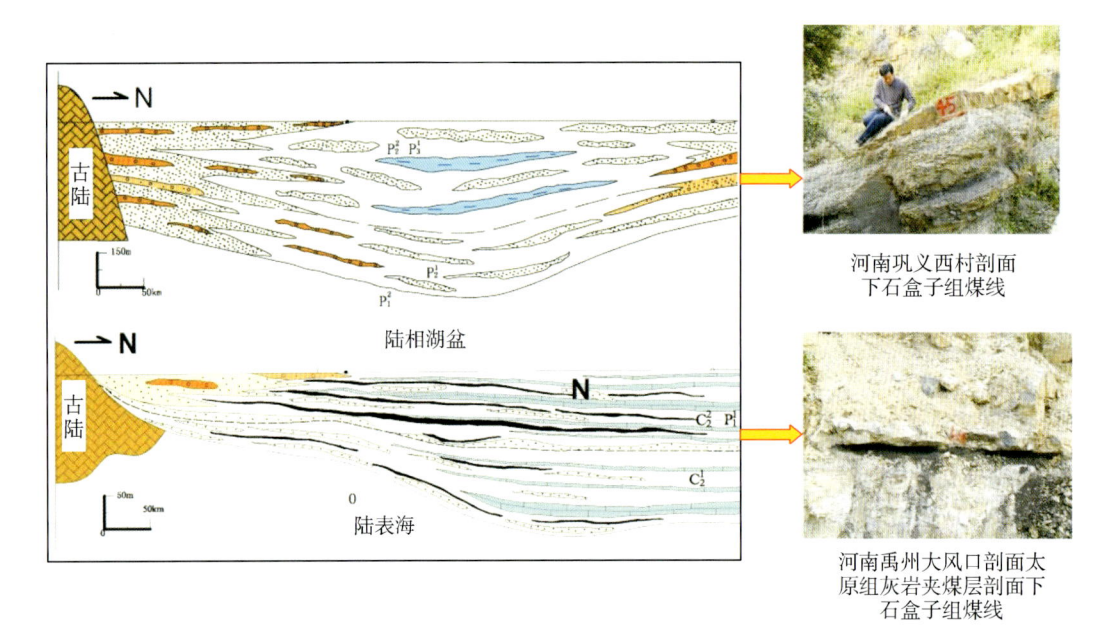

图 6-20　南华北地区陆表海及陆相湖盆中发育的烃源岩

图 6-21　南华北地区陆表海中发育的含煤岩系烃源岩

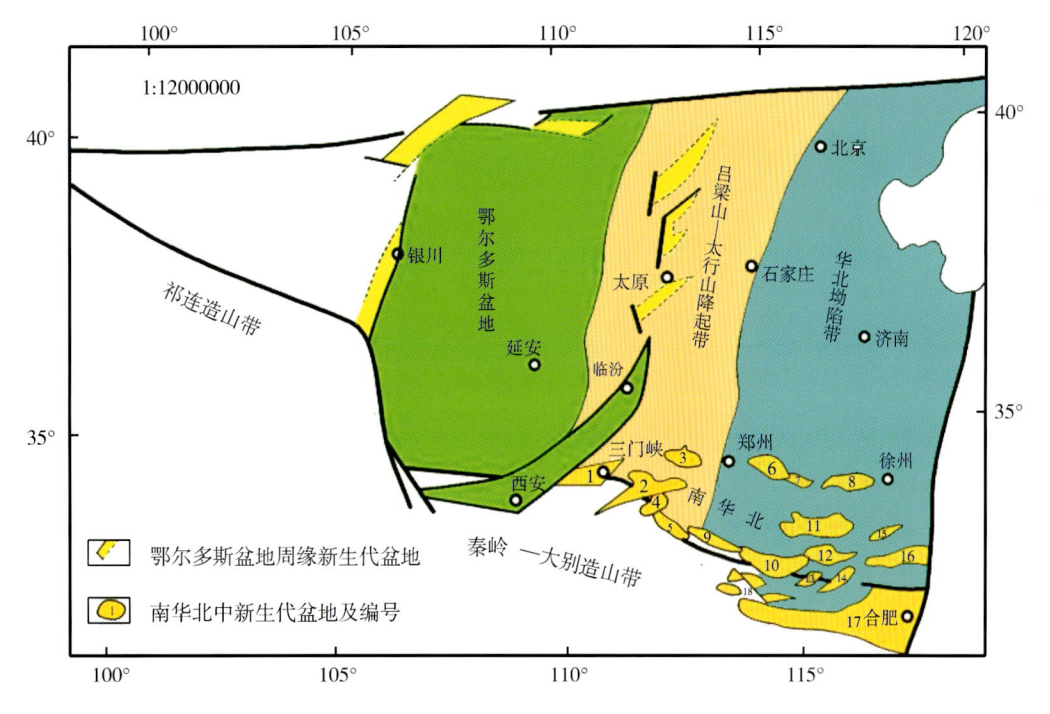

图 6-22 南华北地区及临区中新生代沉积盆地分布略图

1. 三门峡盆地；2. 洛宁—宜阳—洛阳盆地；3. 济源盆地；4. 潭头—嵩县—伊川盆地；5. 临汝盆地；6. 中牟凹陷；7. 民权凹陷；8. 黄口凹陷；9. 襄城凹陷；10. 谭庄—沈丘凹陷；11. 鹿邑凹陷；12. 倪丘集凹陷；13. 临泉凹陷；14. 阜阳凹陷；15. 嵩沟凹陷；16. 固镇凹陷；17. 信阳—合肥盆地；18. 板桥盆地、石渡口盆地、任店盆地、汝南凹陷、东岳凹陷

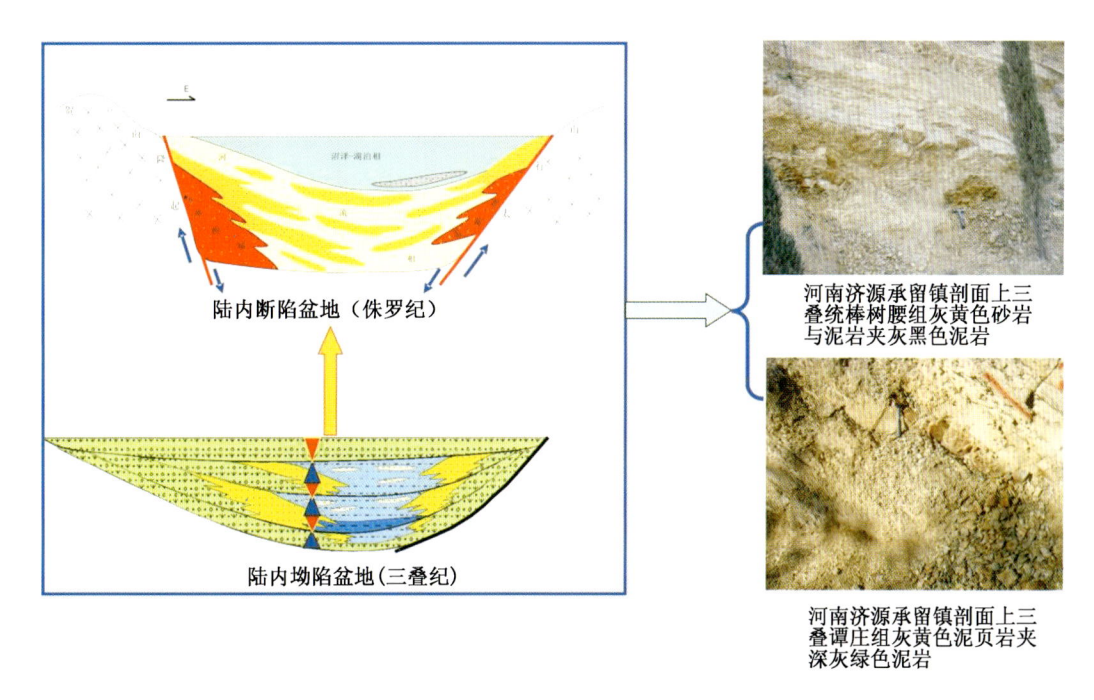

图 6-23 南华北盆地中生代（T-J）烃源岩发育的构造和沉积背景

第三节 烃源岩的沉积学特征及其在层序格架中的展布规律

由第三章的层序分析可知,南华北地区新元古界—中生界各超层序的发育,主要受区域构造运动、全球相对海平面变化、古气候变化控制,极大多数的超层序表现为低位体系域相对不发育的强制性海侵上超作用,区域性的或地区性的主力烃源岩系均产于相关超层序的 TST 和最大海泛期或最大湖侵期的沉积序列中,其中有效烃源岩段大都对应于 TST 快速海侵的早中期,并可延续到晚期的密集段。现以前述的主力烃源岩系为重点,讨论烃源岩在层序格架中的时空展布和演化的规律性。

一、青白口系崔庄组烃源岩沉积学特征和在层序格架中的展布规律

青白口系崔庄组烃源岩主要产于 SS1 二级层序 TST 中,为一套浅海-半深海沉积的黑色页岩、泥页岩。此套烃源岩有机质丰度中等,类型好,如河南鲁山下汤剖面青白口系崔庄组中段灰色、深灰色泥页岩厚 14.86m,实测有机碳含量 0.11%～1.19%,有机碳含量>0.5% 的暗色泥岩 5.8m,平均 0.73%,分布于该段的下部和上部,中部实测有机碳含量<0.5%,实测有机碳含量 0.11%～0.49%,平均 0.30%(图 6-24)。河南驻马店胡庙剖面,实测有机碳含量 0.52%～0.67%,平均 0.60%;安徽淮南寿县、凤台刘老碑组有机碳含量 0.02%～0.28%,平均 0.13%。在周参 6 井和淮南凤深 1 井中,暗色泥页岩有机碳最高 0.56%,平均 0.22%。

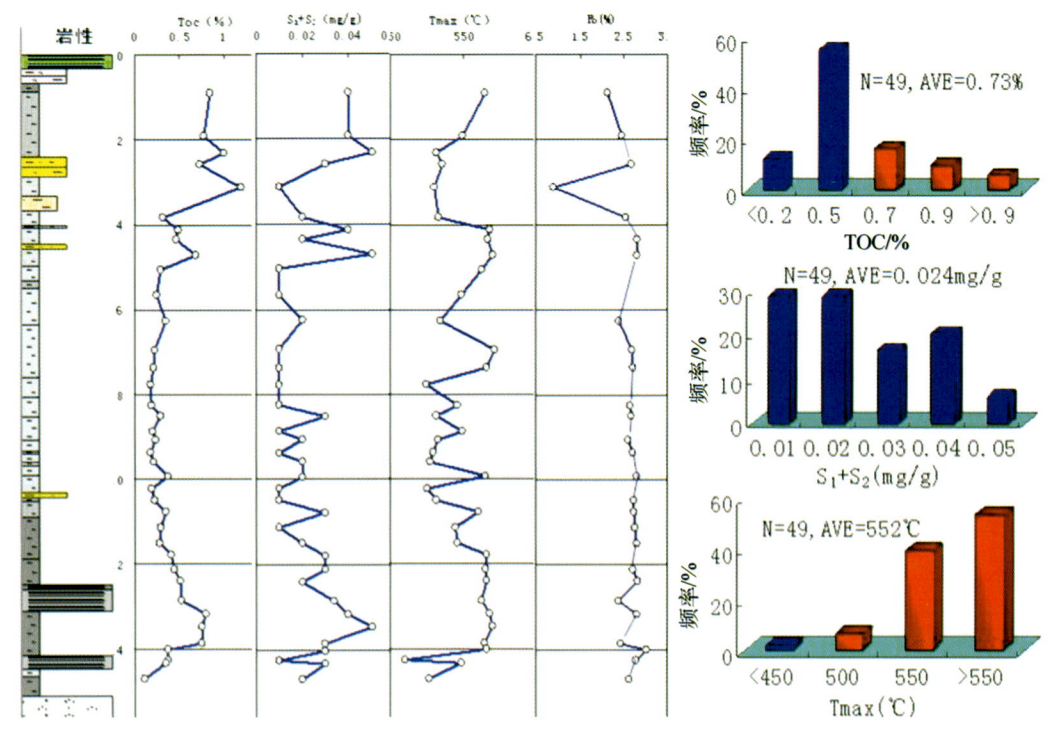

图 6-24 豫西鲁山下汤青白口系崔庄组探槽剖面暗色泥页岩及地化特征

SS1 超层序中的此套烃源岩的发育与晋宁运动的构造拉张作用所引起的大规模快速高幅海侵有关。海侵过程中,区域上自北向南出现滨岸-陆棚-半深海沉积相类型的分异和相带展布格局(图 6-25),较深水的陆棚-半深海沉积相区,以沉积泥质页岩为主,构成了 SS1 超层序中以海侵和凝缩段复合体组合为特征的烃源岩系。烃源岩在层序格架中的时空展布和演化规律有 3 个显著特点(图 6-26):

①随海侵速度加快和海平面上升,烃源岩发育位置逐渐由半深海-陆棚向滨岸带迁移,但厚度变薄;

②烃源岩系的岩性组合以泥质岩为主,且出现伴随烃源岩系向滨岸方向的迁移,2 个三级层序中的非烃源岩组分自下而上或自陆棚向滨岸方向逐渐增多;

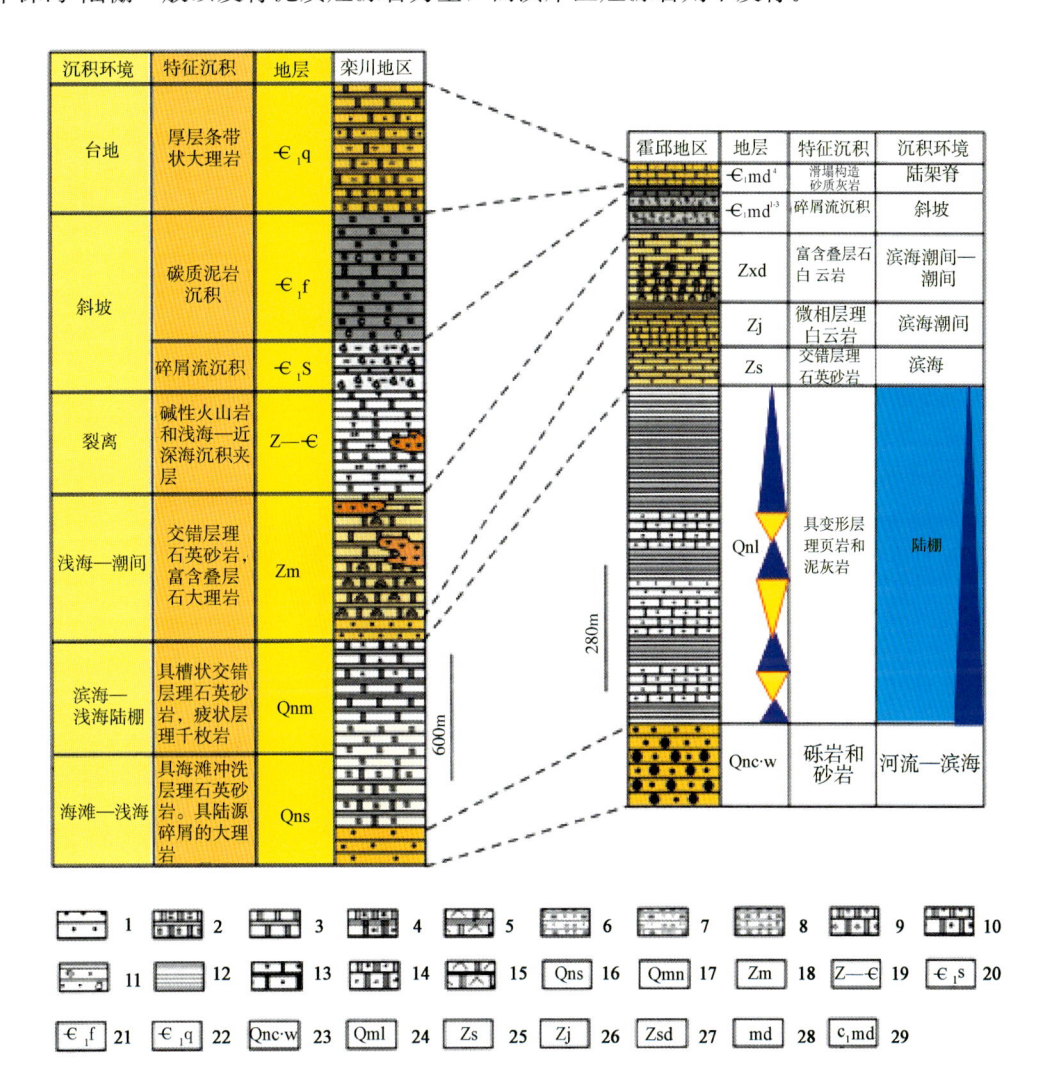

③半深海-陆棚一般以发育泥质烃源岩为主，而滨岸区烃源岩则不发育。

图 6-25 豫西与淮南四十里长山青白口纪烃源岩形成环境及其在层序格架中的分布规律

二、下寒武统烃源岩沉积学特征和在层序格架中的展布规律

下寒武统东坡组烃源岩主要产于 SS3 二级层序的 TST 中，为一套深水相泥页岩。此套烃源岩具有分布广、厚度稳定、有机质丰度高、干酪根类型好等特点（表 6-5）。安徽霍邱马店下寒武统雨台山组顶部出露灰黑色-深灰色含磷泥页岩，实测有机碳含量 3.08%～20.67%，平均 9.56%（表 6-5）。霍邱马店王八盖东山凤台组下段出露一套深灰色泥灰岩、泥页岩，有机碳含量 0.34%～0.55%，下部深灰色泥页有机碳含量 1.71%～2.34%，平均 1.98%，内碎屑层深灰色泥灰岩厚约 3～5m，有机碳含量 1.86%～1.94%，平均 1.89%，与雨台山组顶部含磷泥页岩共同构成了东南缘下寒武统的优质生烃层。河南驻马店胡庙剖面下寒武统东坡组顶部出露约 4m 的灰黑色含磷泥页岩，有机碳含量 1.52%～4.38%，平均 3.02%；东岳凹陷周参 6 井钻揭了该套灰黑色泥页岩，厚度 53m，有机碳 0.74%～3.63%，平均 2.16%，氯仿沥青"A"为 0.0059%，优质烃源岩层厚 34m，有机碳含量 1.63%～3.63%，平均 2.46%。

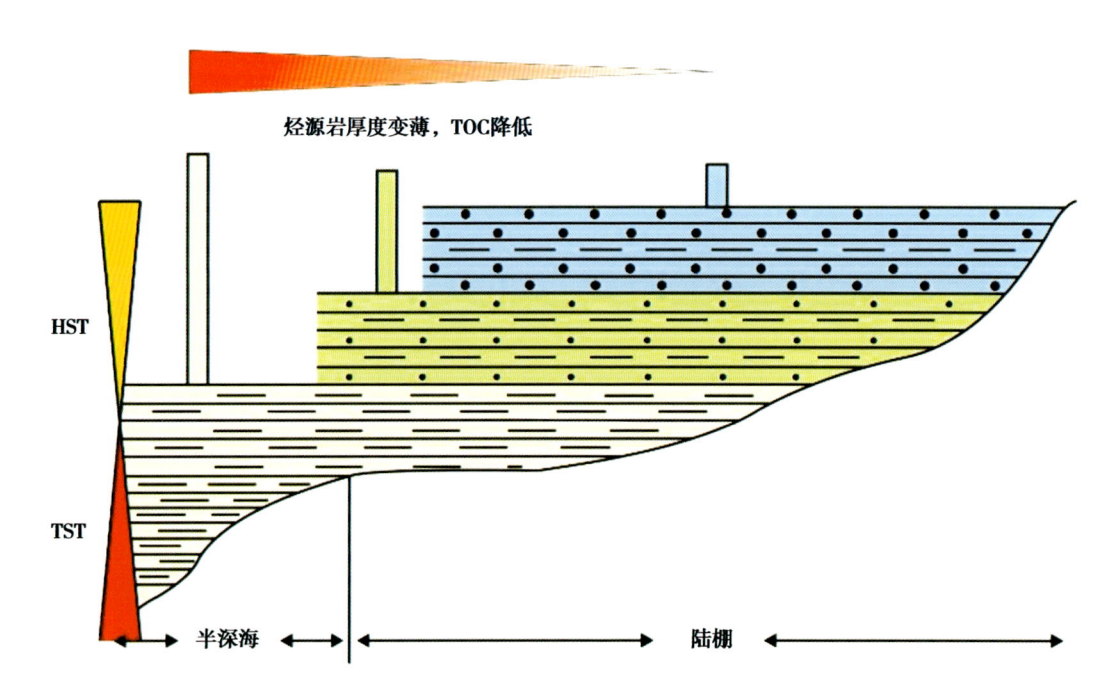

在浅海陆棚环境，伴随着海平面上升，烃源岩不断向海岸扩张，但发育在下部深水相带。从半深海-滨海相带，烃原岩厚度高依次变小，TOC依次降低。

图 6-26 南华北地区半深海-陆棚烃源岩发育模式

表 6-5 南华北地区下寒武统烃源岩有机质丰度参数表

分布地区	层位	主要岩性	厚度/m	有机碳（TOC）/% 主频范围	均值	样品数	氯仿沥青"A"/% 主频范围	均值	样品数	生烃潜量（S_1+S_2）/（mg/g） 主频范围	均值	样品数
霍邱马店	ϵ_1y 顶部	灰黑色含磷泥页岩	3.8	3.08~20.67	9.56	19	0.0033~0.0076	0.0052	18	0.01~0.24	0.07	19
霍邱马店	ϵ_1f 下部	深灰色泥页岩、泥灰岩	20	1.71~2.34	1.94	7	0.0032~0.0084	0.0048	5	0.01~0.02	0.014	7
驻马店胡庙	ϵ_1d 顶部	灰黑色含磷泥页岩	4	1.52~4.38	3.02	4	0.0039~0.0056	0.0046	4	0.02~0.04	0.03	4
周参6井	ϵ_1d 顶部	灰黑色泥页岩	34	1.63~3.63	2.46	4	/	0.0059	1	/	0.32	1

SS3超层序中的此套烃源岩的发育与加里东运动早幕晚时的构造拉张和强烈坳陷引起的大规模区域性海侵有关。伴随海平面的快速大幅度上升，上升洋流由扩张坳陷带向南华北地区上涌和带入大量富营养物质的缺氧水体，先后刺激了海相低等生物和厌氧细菌的空前繁盛及快速埋藏，从而有利于海侵期的烃源岩系普遍发育。平面上，该超层序的海侵体系域亦具有三分沉积相展布格局，毗邻华北古陆为浅水碳酸盐潮坪相区，不利于烃源岩的发育。向南广阔的豫西、淮南地区，为水深加大的陆棚相区，以沉积含磷黑色页岩、泥灰岩和硅质岩为主。淮南霍邱等地等地区则进一步加深为斜坡和次深海相区，以沉积碳质页岩夹硅质岩和石煤层为主。从总体上看，该烃源岩系以具有随海侵扩大和海平面迅速上升，有利于烃源岩发育的相带由外陆棚向斜坡逐渐迁移的变化为显著特点。在垂向上烃源岩发育于$\epsilon SQ1 \sim \epsilon SQ3$的TST。烃源岩由黑色碳质页岩夹石煤层组成，具有随海侵扩大和海平面上升，先由南向北方向逐层上超，然后再反向坳陷方向迁移的时空展布和演化特点，因而发育于$\epsilon SQ1$层序TST中的烃源岩仅限于霍邱地区，沉积厚度不大，向北上超减薄的变化极为明显。$\epsilon SQ2$层序的烃源岩层位最稳定，由半深海向陆棚广

泛分布。€SQ3 层序因海平面相对上升减弱、水深变浅的影响，转化为碳酸盐台地沉积区，促使有利烃源岩发育的位置向深水区收缩（图 6-27）导致烃源岩分布面积缩小。

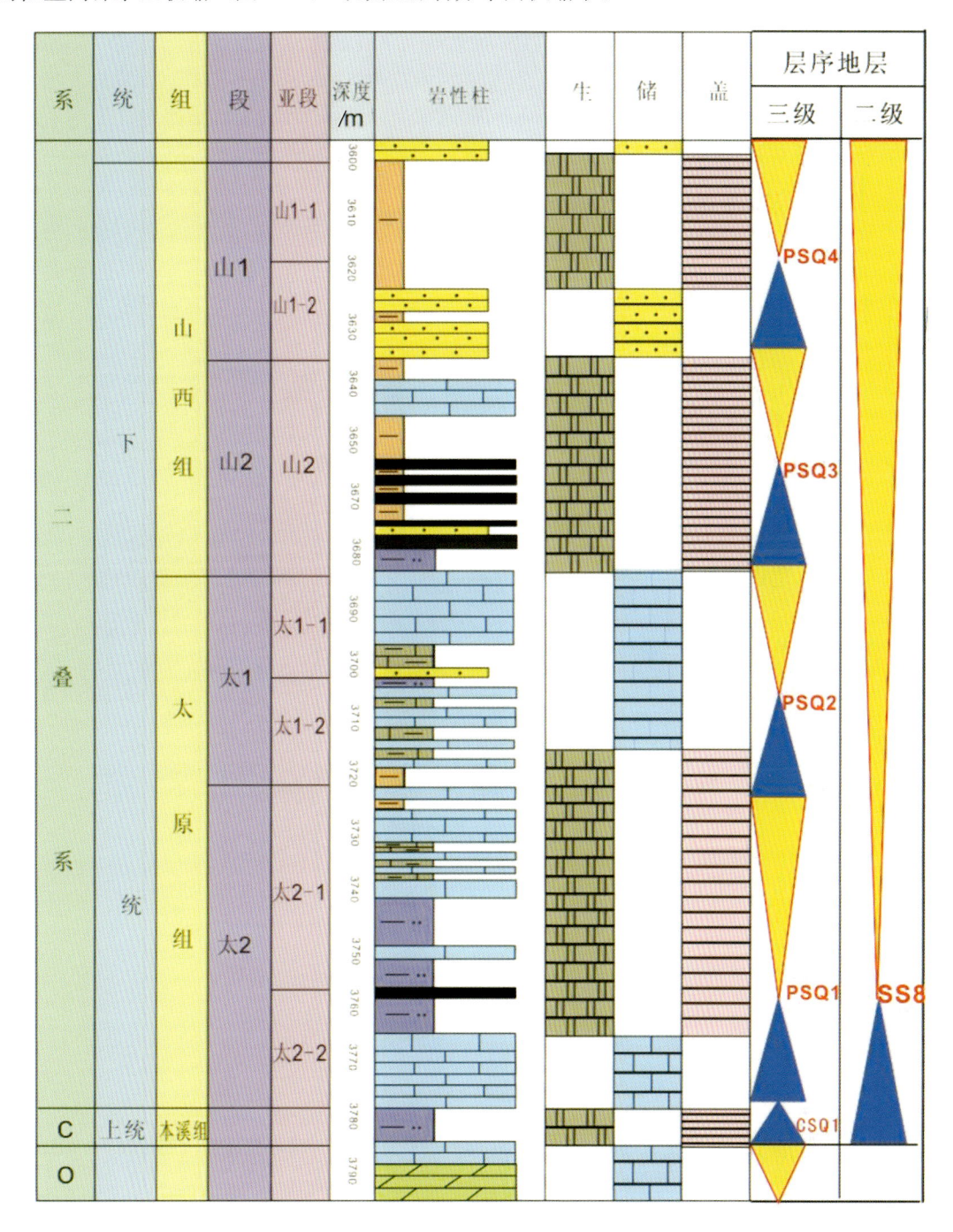

图 6-27 周参 8 井烃源岩与层序关系

三、奥陶系下马家沟组烃源岩在层序格架中的展布规律

奥陶系下马家沟组烃源岩发育于 SS6 二级层序的 TST 中，相当 OSQ3~OSQ4 二个三级层序发育期，主要为台地相泥灰岩。烃源岩的平面展布受西隆东坳构造格局控制，其中北秦岭海槽区为水体循环受限的广阔滞留陆棚，以沉积黑色碳质页岩为主，间夹薄层石煤和透镜状生物碎屑灰岩，沉积厚度薄，但层位极其稳定、有机碳丰度极高。而广大的南华北地区为碳酸盐岩沉积，沉积格局表现为从南向北水体加深，沉积相带为潮坪-局限台地-开阔台地，烃源岩主要为局限台地环境内的泥灰岩组成，且分布局限。

四、SS8 超层序中（C_2-P_1）烃源岩在层序格架中的展布规律

SS8 超层序的烃源岩主要发育于该二级层序的 TST 中，烃源岩发育于该超层序中下部 PSQ1 至 PSQ2 的 2 个三级层序中（太原组），于每次 Ⅲ 级海侵过程中均发育有厚度和品质优劣不等的泥岩和煤岩烃源岩（图 6-28）。煤是南华北地区最主要的烃源岩，其不仅厚度大、生烃潜力大，而且类型好。据南 11 井煤样（含碳质泥岩）测试结果，其有机碳含量为 6.92%～71.86%，平均 34.7%，太原组和山西组几个主要煤层有机碳含量为 54%～71%。煤烃源岩发育海陆过渡三角洲和潮坪潟湖环境中（图 6-28）。此外，暗色泥岩亦具有一定的生烃潜力。据周参 9、13、16 井和南字号 9 口井 166 个泥岩样品有机碳含量统计结果，有机碳含量 <0.5% 者高达 53%，0.5%～1.0% 者占 26%，大于 1% 者仅 21%。若剔除有机碳含量 <0.5% 的样品，统计有机碳含量 >0.5% 的样品，有机碳含量平均值为 1.54%，有机碳含量 >1.0% 的样品，有机碳含量平均值为 2.29%，按此评价烃源岩属低—中等丰度级。不同沉积环境中烃源岩的生烃能力不同（图 6-29）。

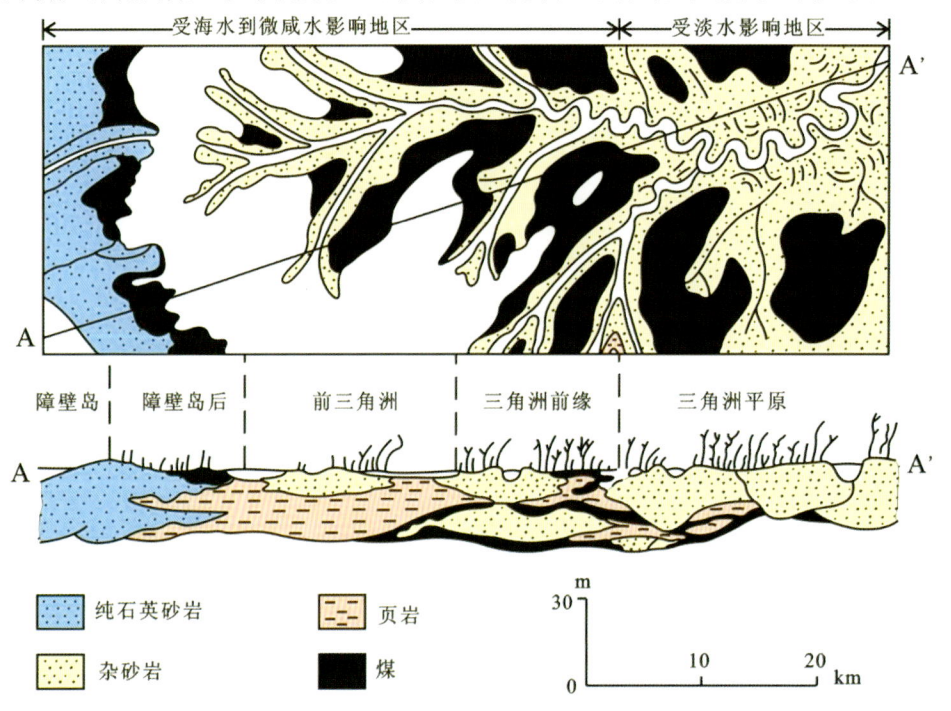

图 6-28　南华北盆地 SS8 超层序中煤烃源岩形成环境模式图

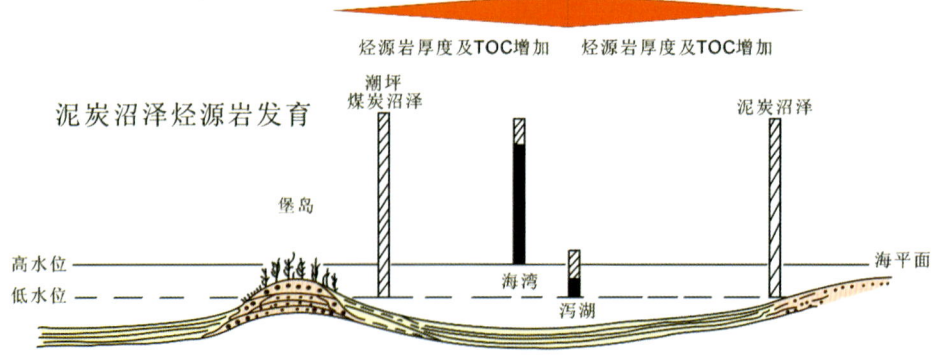

图 6-29　不同沉积环境中烃源岩的生烃能力

该超层序中于不同沉积环境中所形成的烃源岩生烃能力不同。烃源岩在空间分布上具有自南东向西北方向上超变薄的特点，自下而上伴随砂质和灰质组分增多，有机碳丰度减小，岩石的色率变浅，以深灰—灰绿色为主，说明烃源条件逐渐变差（图 6-30）。从总体上看，该超层序中发育的烃源岩虽然单层沉积厚度不大，但累计厚度大，为南华北地区重要的烃源岩。

· 252 ·

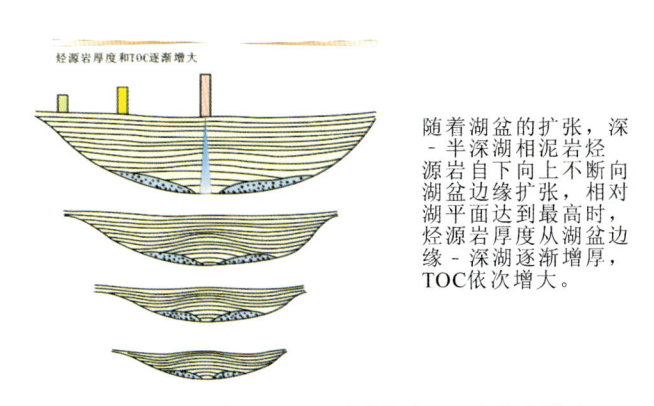

图 6-30　南华北盆地坳陷湖盆烃源岩发育模式

五、SS9-SS13 超层序烃源岩沉积学特征和在层序格架中的展布规律

南华北地区从中二叠开始到侏罗纪完全演变为陆向湖盆沉积。在每个二级层序中，烃源岩主要发育于湖盆扩张期（图 6-31），烃源岩主要为发育于半深湖-深湖相的泥岩和泥页岩。烃源岩伴随着湖盆扩张，半深湖-深湖相的泥岩和泥页岩自下而上不断向湖盆边缘扩张，但厚度变小、烃源岩质量变差（图 6-32）。

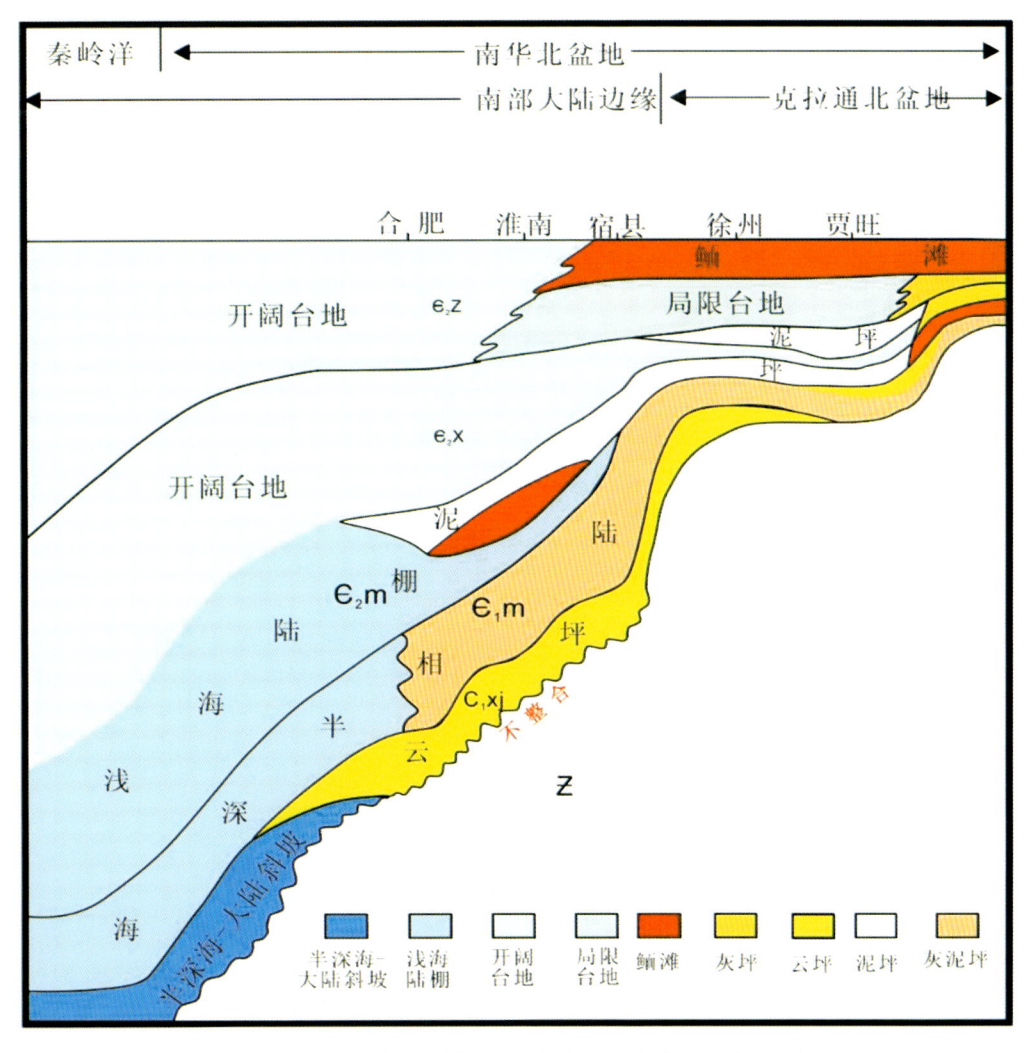

图 6-31　南华北地区早寒武世烃源岩发育的大地构造背景

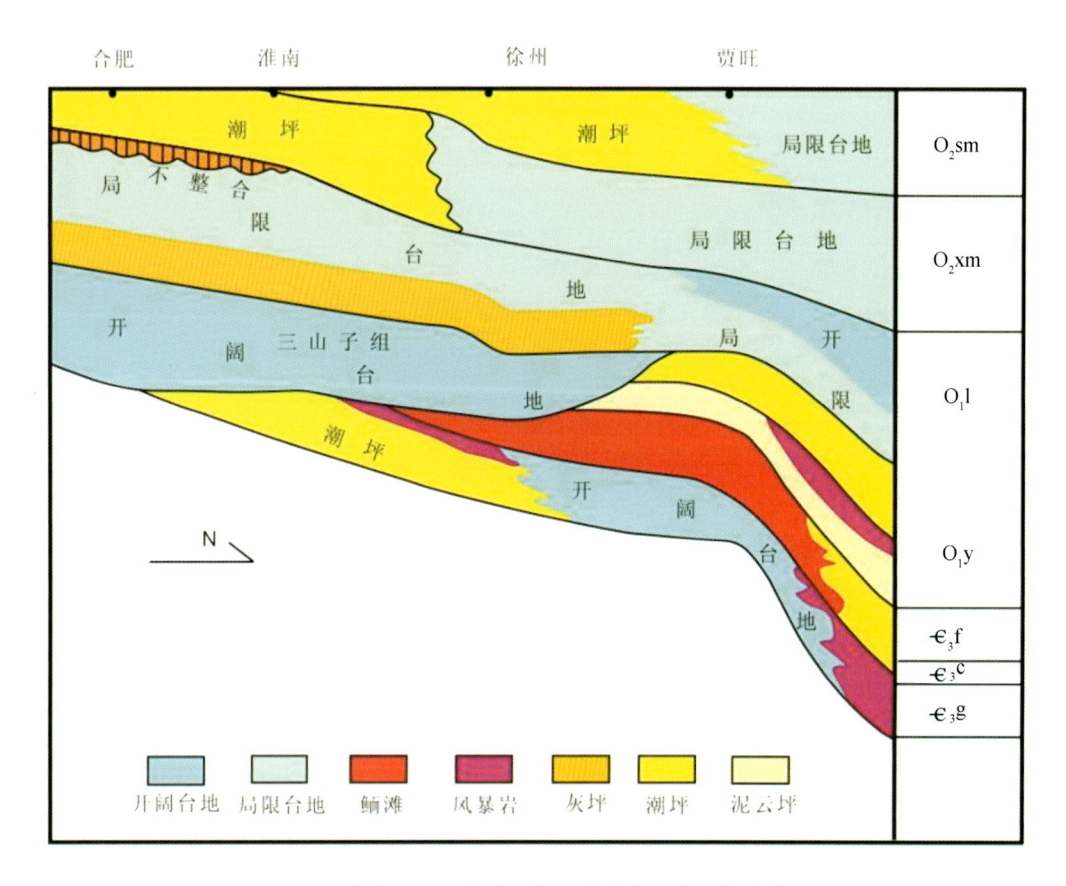

图 6-32 南华北地区奥陶纪烃源岩发育的大地构造背景

第四节 烃源岩发育的主控因素与展布特征

烃源岩发育与板块构造背景、沉积盆地性质密切相关，且不同时期烃源岩沉积学特征和层序格架中的时空展布规律不同。控制烃源岩发育的主要因素包括以下几方面。

一、板块构造演化对烃源岩发育的控制

由于沉积盆地的形成、发展和性质直接受控于板块构造环境的演化过程，因而南华北地区新元古代—中生代沉积盆地的性质和烃源岩的发育及展布规律与板块构造演化过程存在密切的对应关系，其中板块构造演化对烃源岩发育的控制主要体现在下述三点。

（1）主力烃源岩系，无论是区域性或地区性发育的主力烃源岩系，产出层位大多出现在大地构造格局或沉积盆地性质发生重大变革的转换时期，并与特定的区域构造运动界面（或超层序界面）密切相关，如青白口纪崔庄组烃源岩系发育于晋宁运动所造成的构造拉张期，烃源岩系直接超覆在晋宁运动构造不整合面上；寒武纪早期东坡组烃源岩系发育于加里东构造运动早幕晚时拉张期，底为构造抬升形成的不整合面，也为烃源岩系的沉积超覆面（图 6-31）；奥陶纪下马家沟组烃源岩系发育于怀远运动所造成的区域不整合面之上（图 6-32）。太原组烃源岩系发育于华力西早幕区域构造隆升后的华力西晚幕早时的构造拉张-坳陷期，底为构造不整合面（图 6-33）；晚二叠—侏罗纪烃源岩系形成也与局域区域构造运动有关（图 6-34）。综上可以看出，南华北地区板块构造运动的多期性和活动性质的多变性，是造成不同时代和不同性质沉积盆地多期次叠加发育、演化和相关烃源岩系多旋回和多层次发育的主要构造控制因素。

（2）不同板块构造性质的沉积盆地对烃源岩的发育特征有不同的控制，基本规律为：①有强烈裂陷或坳陷作用的被动大陆边缘盆地所发育的烃源岩系，往往具有沉积厚度较大、分布面积广、层位和岩性

岩相较为稳定的特点，烃源岩一般以有机碳丰度高的黑色泥质岩类为主。如早寒武世早期所发育的烃源岩系为次深海环境的产物，主要由黑色泥页岩组成，局部夹有机碳丰度极高的石煤层。②克拉通盆地一般不利于大面积分布的区域性主力烃源岩系发育；③陆相湖盆中，烃源岩系主要发育于半深-深湖部位，以暗色泥页岩为主，亦有较大的沉积厚度和较高的有机碳丰度，层位和岩性岩相较稳定，但向浅湖区方向厚度缓慢减薄，非烃源岩组分或夹层增多。

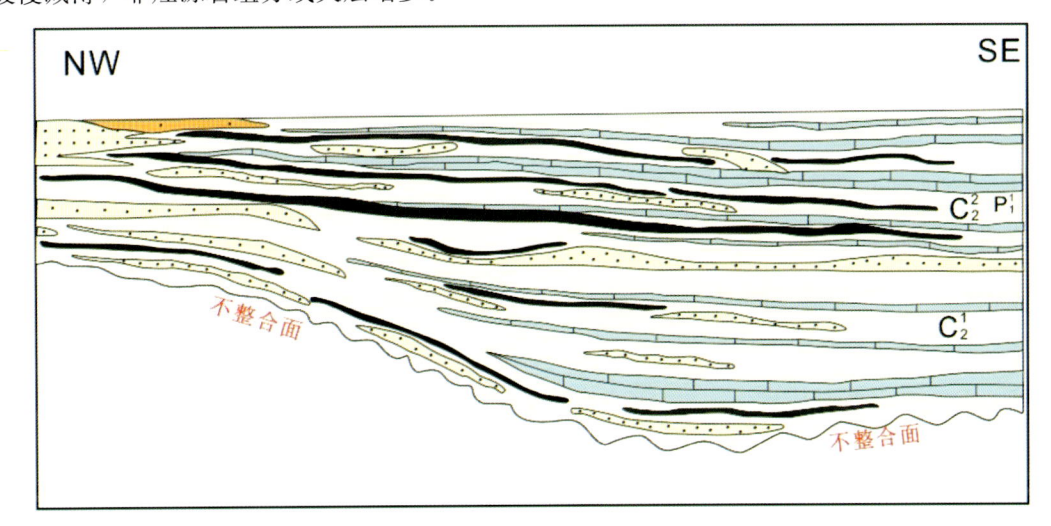

图 6-33　南华北地区晚石炭源岩发育的大地构造背景

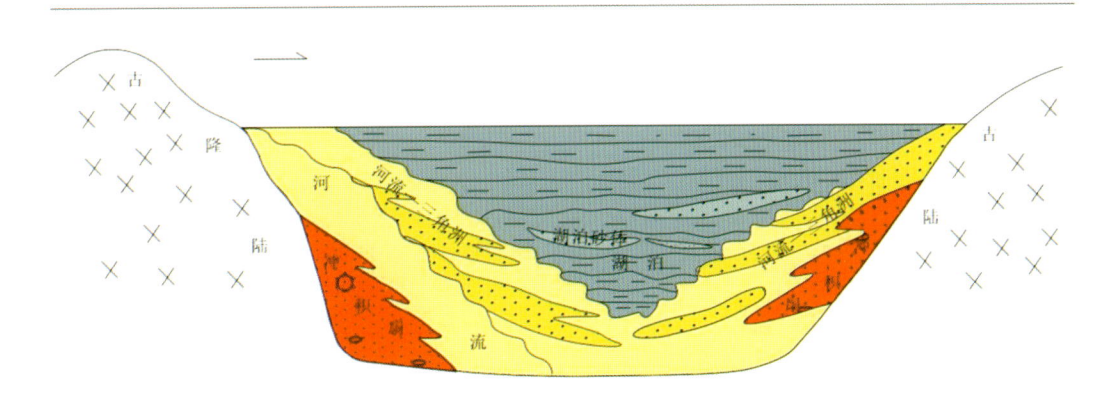

图 6-34　南华北地区陆相湖盆烃源岩发育的大地构造背景

（3）区域构造运动越活跃的部位越有利于烃源岩系的发育，如青白口—早寒武世南华北南部边缘地区紧邻南秦岭海槽地区为次深海-深海盆地（图 6-35），烃源岩系非常发育，表现为发育层次多，有机碳丰度高、分布面积广和沉积厚度大，但该部位同时也是后期构造逆转（指广泛而持续的抬升剥蚀作用、构造变形、冲断或造山作用）和岩浆侵入或溢出活动最强烈、原形盆地保存条件差的部位，烃源岩热演化程度高—极高，对油气保存不利。与之相反的是，构造运动相对稳定的克拉通盆地虽然烃源岩条件差于构造活动区，如南华北中部地区，后期构造逆转和岩浆活动相对较弱，原型盆地保存中等至局部较好，烃源岩热演化程度较高—高，油气保存条件相对较好，因而有利于油气保存。由此可见，构造演化对烃源岩和油气成藏作用的控制，不能仅着眼于烃源岩的板块构造背景、沉积盆地性质、岩相展布格局对烃源岩发育规模、品质和演化程度的控制作用，更重要的是受构造运动和作用方式所影响的油气运移、聚集和保存条件，两者为相辅相成的复合控制因素。

二、沉积盆地性质对烃源岩发育的控制

不同性质的沉积盆地对烃源岩发育有最直接的控制。按板块构造观点，南华北盆地在青白口纪—侏罗纪沉积演化过程中不同时期表现为盆地类型及性质不同，大致可划分为克拉通盆地、被动陆缘克拉通盆地、弧后盆地、陆内坳陷盆地和陆内断陷盆地等，各类盆地中都不同程度地发育有烃源岩，但区域性或地区性的主力烃源岩系主要发育于被动陆缘、大陆斜坡、克拉通和陆内坳陷盆地等构造盆地中，且不同性质的沉积盆地对烃源岩系的岩性组成、产出层位、分布范围、发育规模，以及有机地化特征有不同的控制。从表6-6可看出，各类盆地中以发育于被动大陆边缘盆地的烃源岩品质为较佳，分布范围也较广，次为克拉通盆地和海陆过渡环境中的烃源岩系。不同性质的沉积盆地和沉积环境对烃源岩系发育的控制，主要表现在岩性和岩相组合特征上，一般规律为：

（1）次深海盆地和较深水外陆棚沉积相区的烃源岩，主要为暗色泥页岩组合；

（2）克拉通盆地的烃源岩包括碳酸盐岩克拉通盆地烃源岩（主要为灰质泥岩、泥灰岩等）和碎屑岩克拉通盆地（煤岩和泥页岩）；

（3）陆相湖盆烃源岩以泥岩为主，分布于半深湖-深湖环境；

从总体上看，水深越大和水流循环越闭塞的沉积环境，越有利于烃源岩的发育，烃源岩的沉积厚度和有机碳丰度亦越高，层位越稳定。

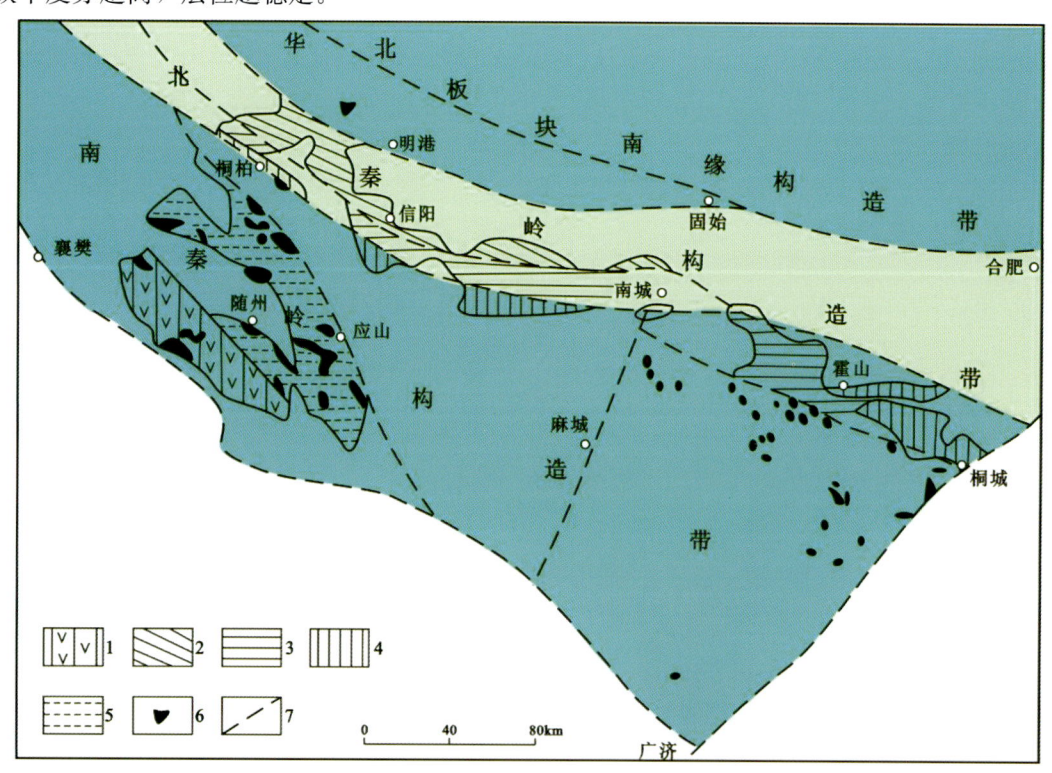

图 6-35 华北板块南缘构造分区图（郭绪杰等，2002）

1. 早古生代弧前盆地和海沟沉积；2. 早古生带边缘海盆地沉积；3. 震旦纪晚期古边缘海盆沉积；
4. 震旦纪早期古边缘海盆地沉积；5. 震旦纪弧前盆地沉积；6. 镁铁质与超镁铁质岩块；7. 断裂

表 6-6 不同性质沉积盆地的烃源岩发育状况简表

烃源岩特征 \ 盆地类型	被动大陆边缘盆地	弧后盆地	克拉通盆地	陆相盆地 陆内坳陷盆地	陆相盆地 陆内断陷盆地
沉积环境	次深海	次深海-深海	浅海	浅湖-半深湖	浅湖-半深湖伯
沉积相类型	斜坡-盆地	斜坡-盆地	陆棚或开阔台地	浅湖-半深湖	浅湖-半深湖伯
岩性组合	黑色页岩为主，偶夹硅质岩，泥灰岩，石煤	黑色页岩，偶夹硅质岩，泥灰岩	泥粉砂岩组合或为碳酸盐岩组合	泥粉砂岩，偶夹泥灰岩	硅质页岩，偶夹泥粉砂岩，灰岩
主要产出层位	Qb、Z、ϵ_1	ϵ_2、O_{1-2}	ϵ-O	P_2-T	J

续表

盆地类型 烃源岩特征	被动大陆边缘盆地	弧后盆地	克拉通盆地	陆相盆地	
				陆内坳陷盆地	陆内断陷盆地
产状特征	厚数米至数十米，层位稳定，区域分布面积大	厚数十至数百米，层位稳定，区域分布面积大	厚数不等，层位不稳定，相控快，区域分布局部限	厚数不等，较稳定，区域分布较局限	厚数米至数十米，极稳定，区域分布面积大
超层序格局中的分布位置	TST的中下部，以下部品质最好	TST的中下部，以下部品质最好	TST的中上部，以近最大海泛面的上部品质最好	湖盆扩张期	湖盆扩张期

三、层序地层演化对烃源岩发育的控制

综合前述可以看出：不同地质时代的烃源岩在层序格架中的展布与层序演化密切相关，层序地层演化对主力烃源岩系的时空展布和演化规律的控制表现如下所述。

（1）对于海相沉积，无论是区域性的还是地区性的主力烃源岩系，其发育时间段可从超层序的低位和海侵体系域连续延伸到凝缩段，局部可延伸到高位体系域早期，但主体发育于海侵体系域（图6-36）。而对于陆相沉积，烃源岩主要发育于二级层序中湖盆扩张期。

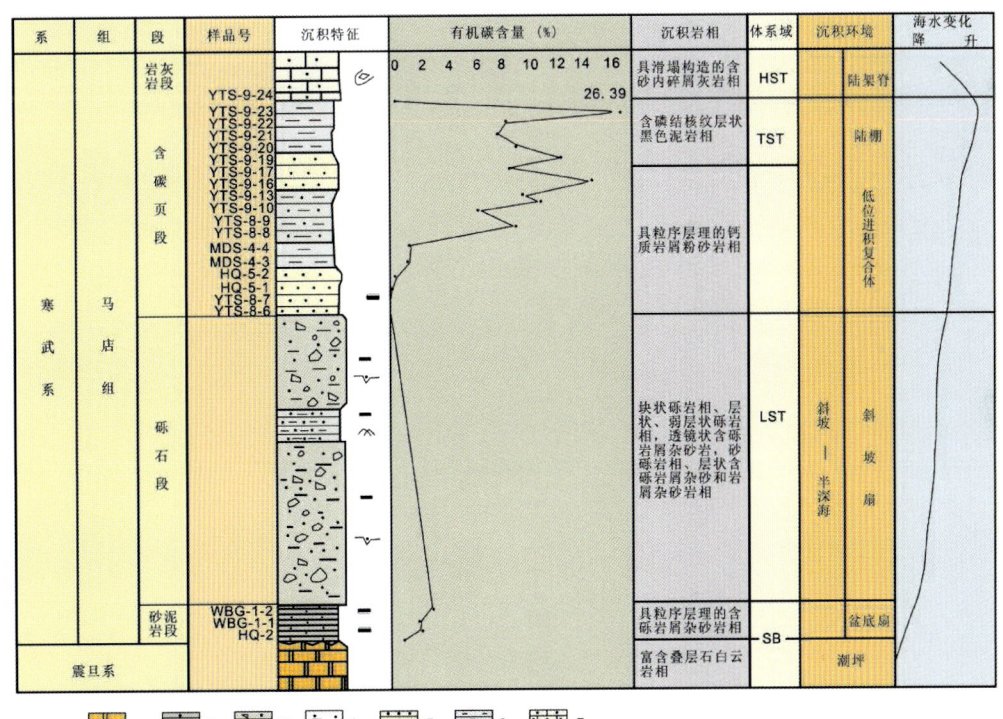

图 6-36 南华北地区层序格架中烃源岩发育特征

（2）对于海相沉积，层序地层的演化结构对烃源岩的发育位置有直接控制（图6-37），特点为：①快速海侵缓慢海退的超层序演化结构中，一般以发育于超层序海侵体系域下部的烃源岩质量较好，如青白口纪崔庄组、下寒武统马店组的烃源岩，均发育于相关超层序的海侵体系域下部；②缓慢海侵和缓慢海退的超层序演化结构中，烃源岩主要发育于海侵体系域的上部，往往包含有凝缩段沉积，甚至可延伸到高位体系域的早期，如中上寒武统中的烃源岩，主要位于相关超层序的海侵体系域中上部，以接近和处于凝缩段的烃源岩质量为较好，个别超层序中的烃源岩可从TST延续发育到高位早期（图6-43中的周参

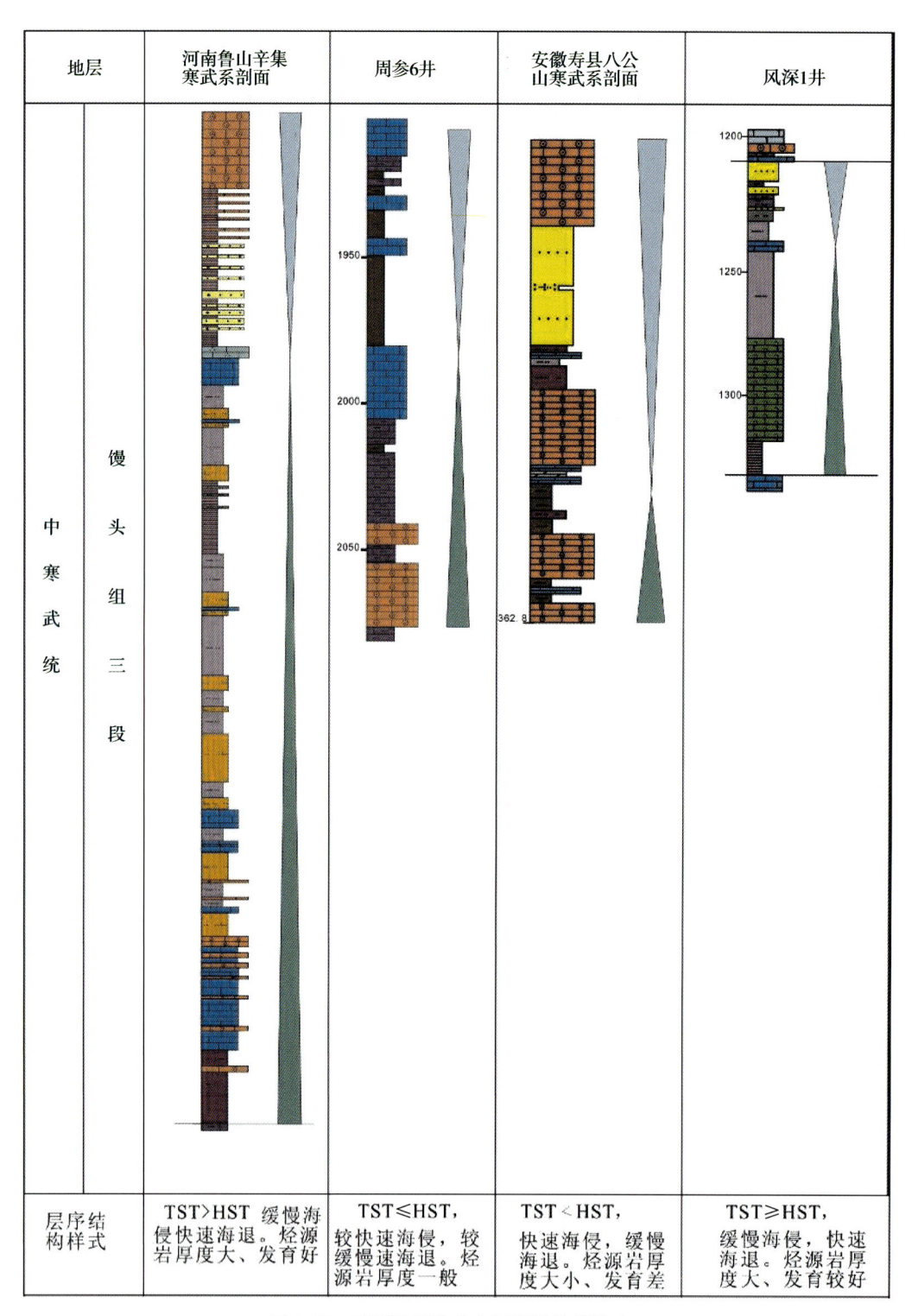

图 6-37 不同层序样式中烃源岩发育特点

6井)。究其原因,前一种情况与快速海侵和海平面大幅度迅速上升和来自大洋的缺氧水携入丰富的营养物质,强烈刺激水体中的藻类和低等浮游生物及厌氧细菌空前繁盛和迅速进入深水缺氧环境有关,因而极有利于高生产率的有机质快速埋藏和保存,并且烃源岩往往与下伏地层呈岩性或岩相突变关系为显著特点,在产出层位上,往往与全球性的缺氧事件相对应。如下寒武统马店组的烃源岩发育层位对应于早寒武世 Tommotian 全球缺氧事件,后一种情况则与水体在缓慢加深过程中,沉积环境渐趋闭塞而逐渐有利于一度空前繁盛的生物大量死亡引起的有机碳高速埋藏和闭塞缺氧环境有利于有机质保存有关,在产出层位上,往往与全球性的生物暴发和有机碳高速埋藏事件相对应。在垂向剖面上,以烃源岩的岩性和岩相均与上、下地层呈渐变关系为特征,与此相对应的是越接近最大海泛面或最大海泛面上、下两侧的位置,越有利于有机质保存,相关的烃源岩质量也就越好。需指出的是,具缓慢海侵和快速海退的超层序演化结构中,一般不发育区域性的主力烃源岩系,地区性或局部发育的烃源岩时常出现在最大海泛面两侧,以凝缩段最为重要。

(3) 在同一超层序中发育的烃源岩系,烃源岩的品质同时受到三级层序的控制,一般产于三级层序TST 上部(或凝缩段)的烃源岩大都优于下部,更明显地优于产于 HST 的烃源岩,因而由多个三级层序叠加发育组成的烃源岩系。烃源岩的品质往往是不均一的,好的或优质的烃源岩往往与较好或较差的烃源岩呈韵律性互层产出。

(4) 在陆相湖盆中,烃源岩在层序格架中的展布具有随时间推移逐步向坳陷中心迁移的变化规律,在同一个二级层序的湖盆扩张体系域中,一般以发育于下部三级层序中的烃源岩分布范围为最小,但厚度最大,而发育于上部三级层序中的烃源岩分布范围逐渐扩大,但厚度减薄(图 6-38)。而在挤压坳陷盆地中,同一个二级层序各三级层序中的烃源岩,有从坳陷部位向边缘隆起部位逐级上超和分布范围渐趋扩大的演化特点。

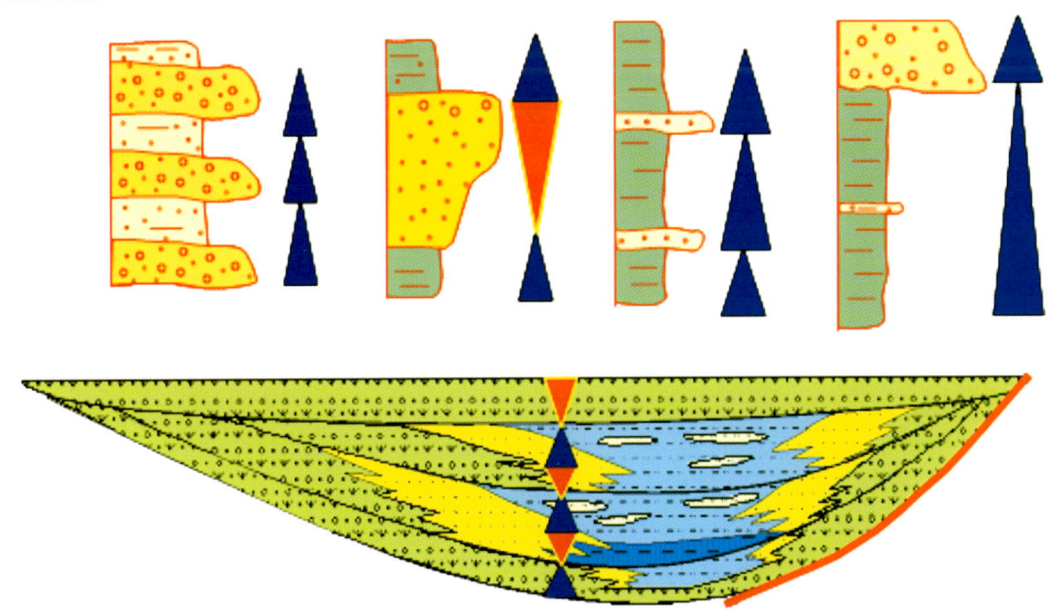

图 6-38 坳陷型湖盆烃源岩在层序格架中的分布规律

第五节 新成果、新认识小结

本章节系统研究了南华北地区青白口系—侏罗系沉积演化过程中所发育的烃源岩宏观特征及发育的控制因素。所取得的新成果和新认识有如下几点。

(1) 系统总结和研究了南华北地区青白口纪—侏罗纪烃源岩发育的层位、宏观岩石学特征及形成环境。

(2) 首次研究了主力烃源岩系发育与大地构造格局的关系。结果表明:主力烃源岩系发育层位均出现于南华北大地构造格局或沉积盆地性质发生重大变革的转换时期。在产出层位上与全球性的事件密切相关,如刘老碑组的烃源岩系、下寒武统马店组烃源岩与全球缺氧事件相对应。在产出位置上,烃源岩系发育大都与特定的区域构造运动界面(或超层序界面)密切相关,区域构造运动越活跃的部位越有利于烃源岩系的发育。南华北盆地区域构造运动的多期性,是造成烃源岩系多旋回、多层次和多区域广泛发育的主要控制因素。

（3）详细讨论了沉积盆地性质、沉积环境、层序地层等对烃源岩发育的控制作用。并建立了主力烃源岩发育的模式。

（4）通过上述研究认为：青白口纪崔庄组和刘老碑组两套以泥页岩岩为主的烃源岩系最具有勘探潜力。在晚古生代沉积演化过程中，早期（C_2-P_1）发育的海陆过渡环境的以煤岩、泥岩为特征烃源岩是南华北地区目前最重要和值得关注的烃源岩。

第七章 层序格架中储盖特征、生储盖组合及储层发育的控制因素

第一节 层序格架中的区域性储集岩特征

通过对南华北地区青白口系—侏罗系野外剖面、钻井岩心、录井资料的详细研究，根据各类测试分析，在前述沉积体系、岩相古地理及层序地层特征研究基础上，系统对南华北地区SS1～SS15超层序格架中储集岩发育特征进行了详细研究。从岩性上看，区域性储集岩包括碎屑岩和碳酸盐岩两大类。根据储层的成因类型又可进一步划分为：海相浊积岩、滨岸砂岩、潮道砂岩、海陆过渡三角洲砂岩、湖泊三角洲砂岩、河流相砂岩（心滩、边滩）、台内礁滩白云岩（灰岩）、颗粒白云岩（灰岩）、晶粒白云岩及岩溶型储层等（表7-1）。下面就南华北地区层序格架中储集岩发育特征讨论如下。

表 7-1 南华北地区青白口系—侏罗系各类储集岩分类表

环境	分类	储集岩类型	孔隙类型	代表层位	代表钻井及剖面
海相	碳酸盐岩型	岩溶	晶间孔、溶孔、缝、洞	炒米店组，上、下马家沟组	鹤壁市淇县奥陶系剖面；太参3井
		白云岩	晶间孔	峰峰组，上、下马家沟组，四顶山组，洛峪口组	登封十八盘剖面；凤深1井
		鲕粒滩	粒间孔、粒间溶孔、粒内溶孔	张夏组	登封唐窑剖面；鹤壁淇县剖面；南6井、太参3井
		叠层石生物礁	各类溶蚀孔隙	九里桥组、黄莲垛组	鲁山、叶县、九里桥剖面
	碎屑岩型	浊积岩	粒间孔	雨台山组砾岩段（凤台组）	安徽霍邱王八盖剖面
		滨岸砂岩	粒间孔、粒间溶孔、粒内溶孔	三教堂组、辛集组	河南鲁山辛集寒武系剖面
		砂坪、潮道	粒间孔、粒间溶孔、粒内溶孔	本溪组、太原组、山西组	河南禹县大风口剖面、周参7井、1925钻孔
海陆过渡	碎屑岩型	三角洲分流河道砂岩、水下分流河道砂岩、河口坝砂岩	粒间孔、粒间溶孔、粒内溶孔	山西组	河南禹县大风口剖面、周参7井

续表

环境	分类	储集岩类型	孔隙类型	代表层位	代表钻井及剖面
陆相	碎屑岩型	辫状河心滩砂岩	粒间孔、粒间溶孔、粒内溶孔	谭庄组、椿树腰组、鞍腰组	河南济源西承流剖面、河南义马、南1井
		曲流河边滩砂岩	粒间孔、粒间溶孔、粒内溶孔	谭庄组、椿树腰组、鞍腰组	
		三角洲分流河道砂岩、水下分流河道砂岩、河口坝砂岩	粒间孔、粒间溶孔、粒内溶孔	石盒子组、孙家沟组	河南义马剖面、南1井、洛1井
		滨湖砂坝砂岩	粒间孔、粒间溶孔、粒内溶孔	孙家沟组、谭庄组、椿树腰组	河南济源西承流剖面、鹿1井

一、SS1 超层序中的区域性储集岩（青白口系）

对应于超层序 SS1 的二级层序 TST，由层序 QbSQ1 和 QbSQ2 的三级 TST 构成，对应于豫西地区的崔庄组和三教堂组以及淮南地区的曹店组和伍山组。

该时期南华北地区主体为滨岸-陆棚-半深海沉积环境，主要的储集岩为滨岸相碎屑岩，储集空间类型为残余粒间孔及粒间、粒内溶孔，如河南鲁山下汤剖面青白口系三教堂组滨岸砂岩（图 7-1），主要由中厚层紫红色石英砂岩组成。砂岩中发育双向交错层理、浪成砂纹层理等，形成于较强的水动力条件下，砂岩分选、磨圆好。该类储集岩的面孔率在 5%～11%（表 7-2），为特低孔储层，但局部溶蚀作用可导致孔隙发育。滨岸砂岩为该时期南华北地区最为重要的储集岩。

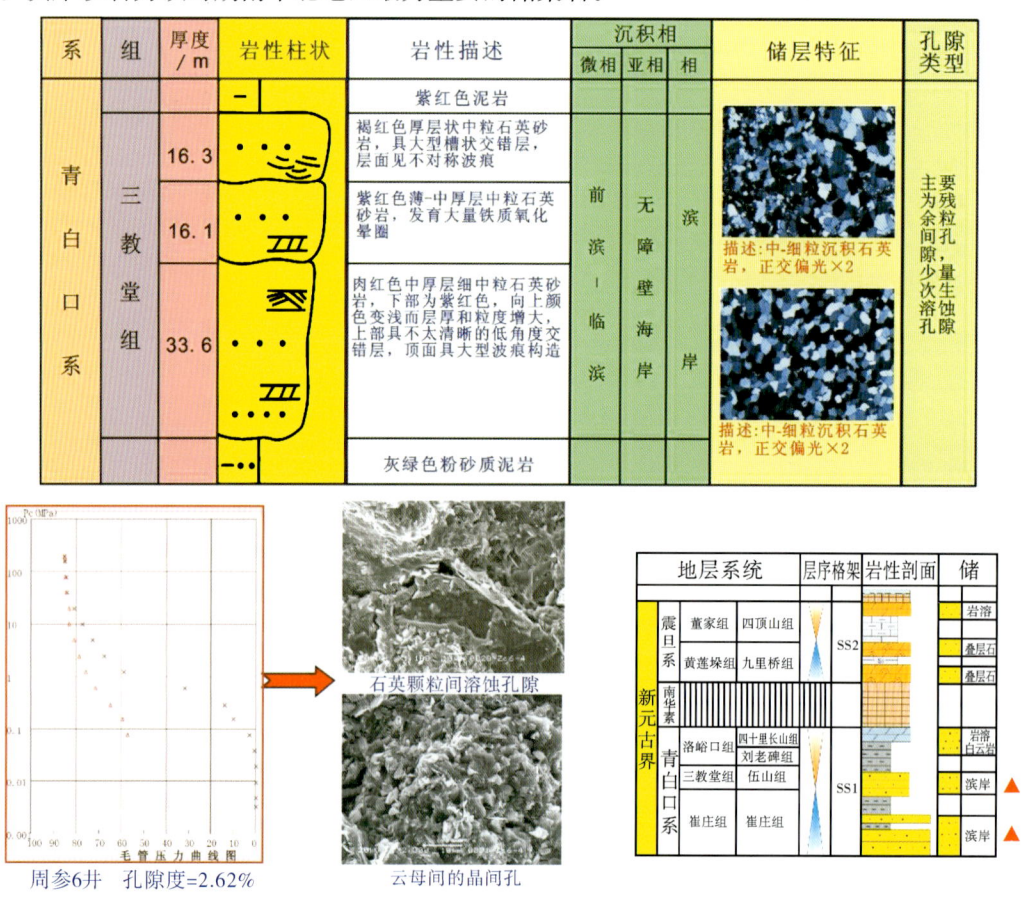

图 7-1 河南鲁山下汤剖面三教堂组滨岸相储集砂岩特征

表 7-2　南华北地区河南鲁山下汤剖面 SS1 超层序三教堂组孔隙度统计表

剖面	层位	层号	岩性	面孔率
河南鲁山下汤	三教堂组	5	石英砂岩	5%
		9	石英砂岩	11%
		16	石英砂岩	9%
		21	石英砂岩	5.96%

砂岩沿海岸线呈条带状展布，延伸远、厚度大。平面上于曹店期（崔庄期）分布于济参 1 井—许昌—周 20 井—淮北一线呈环带状展布。三教堂期（伍山期）滨岸相储集岩较曹店期（崔庄期）分布更广，主体分布于南华北地区的中部，于洛阳—汝州—周 16 井—永城—淮北一线广泛分布。曹店期与三教堂期发育的滨岸砂岩为南华北地区 SS1 超层序中重要的储集岩。

二、SS2 超层序中的区域性储集岩（震旦系）

对应于超层序 SS2 的二级 TST，由层序 ZSQ1 三级层序组成，对应于豫西地区的黄莲垛组和淮南地区的九里桥组，发育有叠层石生物礁、石英砂岩、白云岩和岩溶储集岩（图 7-2），而最重要的储集岩为叠层石生物礁。

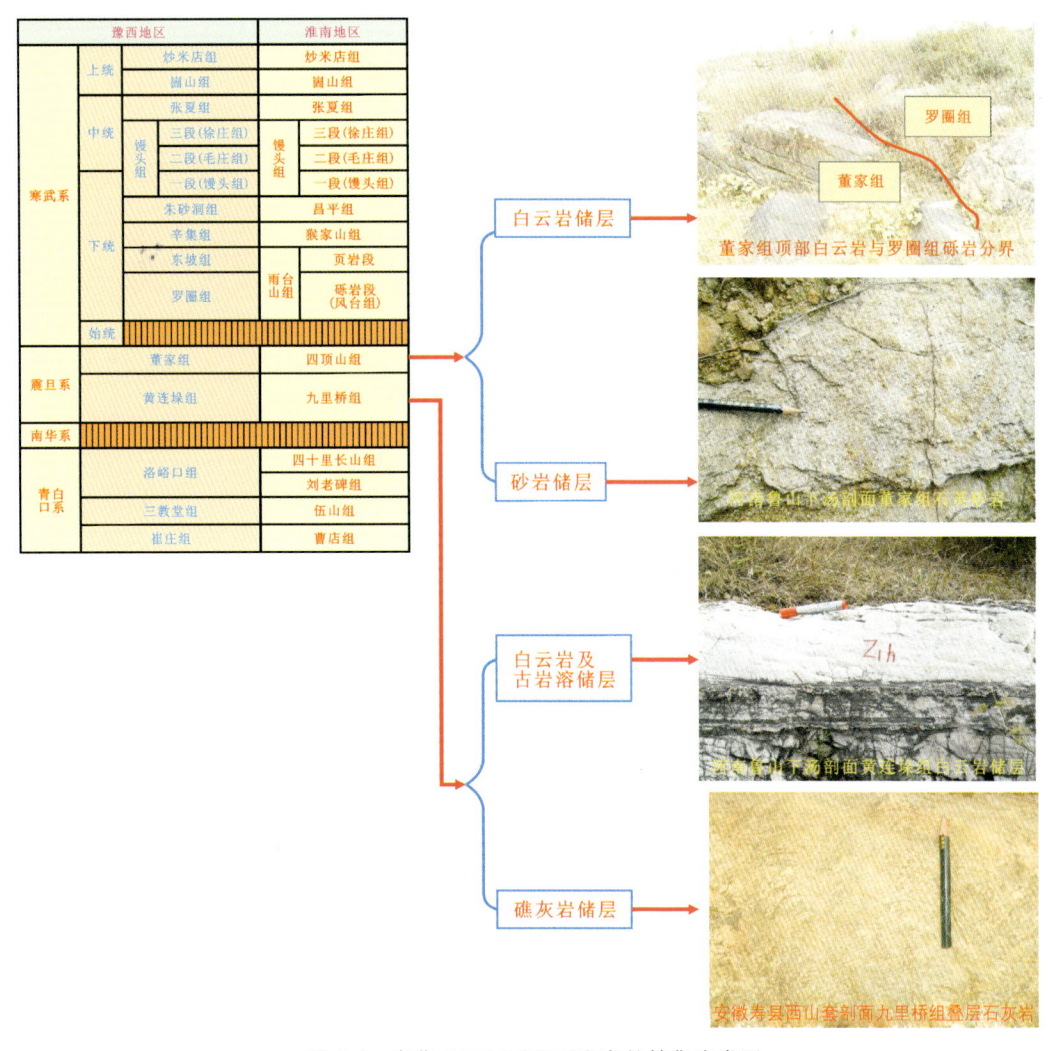

图 7-2　南华北地区震旦系发育的储集岩类型

南华北地区震旦系主要以叠层石生物礁储集岩发育为特征。通过对野外剖面沉积体系对比研究（图 7-3），表明在该超层序沉积演化过程中，黄莲垛期（九里桥期）及董家期南华北地区为潮坪-局限台地沉积环境，台地边缘沉积相带不发育。因此，研究区以发育台内潮坪环境下形成的各类点礁为特征，主要发育叠层石生物礁储集岩。九里桥组沉积期为南华北地区最主要的叠层石成礁期，叠层石主要产于该组中部，不同层位的叠层石形态及其形成的礁体具有不同特征，并具有过渡变化关系。

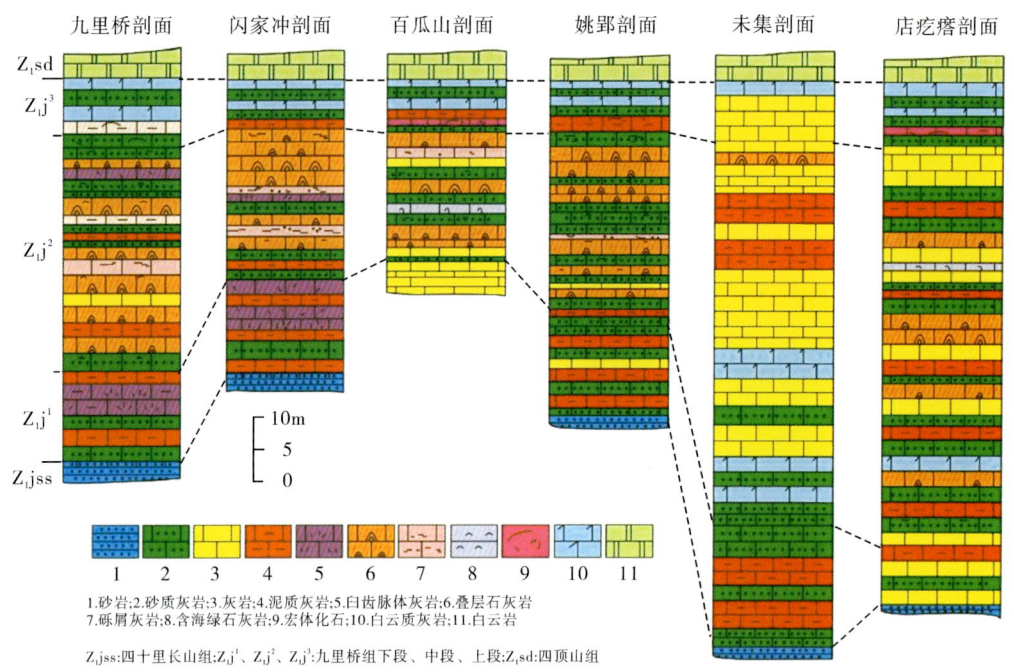

图 7-3 SS2 层序格架中发育的叠层石生物礁储集岩剖面图

研究区发育的叠层石生物礁主要在大海侵（SS2，TST）形成的潮坪浅滩及潟湖等不同水动力能量环境中。根据南华北地区礁体的产出形态，可分为散布的丘状礁体、透镜状礁体和连绵分布的大型丘状礁体。

（1）分散分布的丘状礁体。主要在九里桥组中段下部和中段上部产出。礁体底部直径一般为 2m 左右，最大可达 5m，厚度一般为 1.2~1.5m，主要由具分叉的短柱状叠层石形成。礁体的上部盖层常有砾屑层发育。

（2）连绵分布的丘状礁体。主要在九里桥组中段中部产出。这些叠层石礁可绵延数十米，礁层厚度一般为 2.0~3.0m，个别礁体厚度可达 10m 以上。在淮南闪家冲剖面可见数层叠层石礁与中薄层灰岩形成的互层；在霍邱四十里长山一带，可见厚度达 10m 的大型叠层石礁体。

（3）透镜状礁体。主要在九里桥组中段上部产出。这些礁体多产出于中薄层砂质灰岩中，透镜体长径一般 1.0~1.5m，个别可达 10m 以上。透镜状叠层石礁体一般由块茎状叠层石和短柱状分叉叠层石组成。

南华北地区发育的叠层石生物礁表明了生物礁储集岩的巨大潜力。另外黄莲垛期的鲁山剖面、叶县剖面和方城剖面黄莲垛组均有叠层石礁灰岩发育（图 7-4），平面上叠层石礁于九里桥期主要分布于寿县—淮南一线；董家期（附图 181）分布于宿州一线及淮南—寿县—长丰一线。广泛分布的叠层石礁展示了南华北地区有良好礁储层发育的情景，具有巨大的勘探潜力。

三、SS3 超层序中的区域性储集岩——下寒武统

相当于超层序 SS3 的二级 TST 下部，由层序 ϵSQ1 和 ϵSQ3 三级层序构成。主要发育两种类型的储集岩（图 7-5）：浊积岩储集岩和滨岸储集岩。浊积岩型储集岩发育于 ϵSQ1 层序中，对应于豫西地区下寒武统罗圈组和淮南地区雨台山组砾岩段（凤台组）。滨岸储集岩发育于 ϵSQ3 层序，对应于豫西地区的辛集组和淮南地区的猴家山组。下面就各类储集岩发育特征讨论如下。

（一）ϵSQ1 中的浊积岩型储集岩（雨台山组砾岩段）

根据雨台山期沉积体系及岩相古地理特征表明，该时期盆地主体处于陆棚-半深海的深水沉积环境，储集岩主要以夹于陆棚环境中的浊积岩组成。该类储集岩于霍邱王八盖剖面下寒武统雨台山组最为典型（图 7-6），主体为一套与事件作用有关的特殊沉积。该类储集岩呈透镜体产出，透镜体最长达 20m，厚

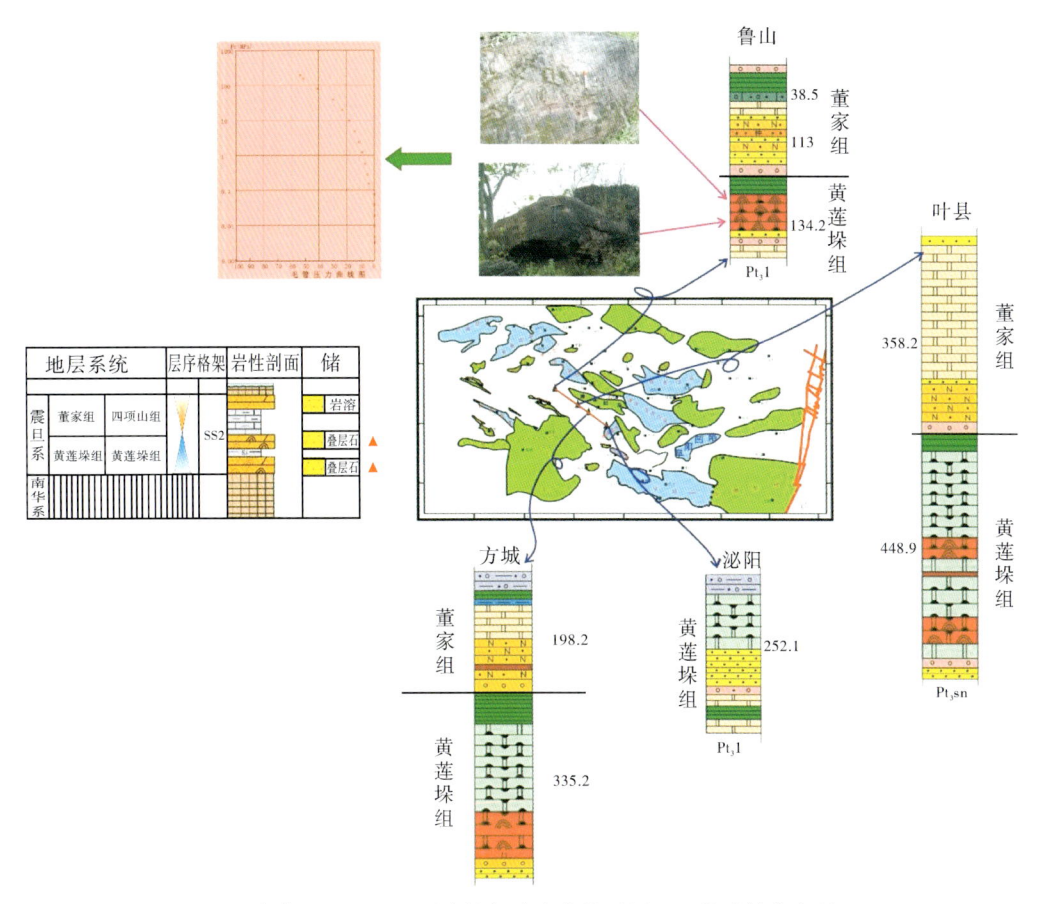

第七章 层序格架中储盖特征、生储盖组合及储层发育的控制因素

图 7-4 南华北地区 SS2 层序格架中发育的叠层石生物礁储集岩剖面图

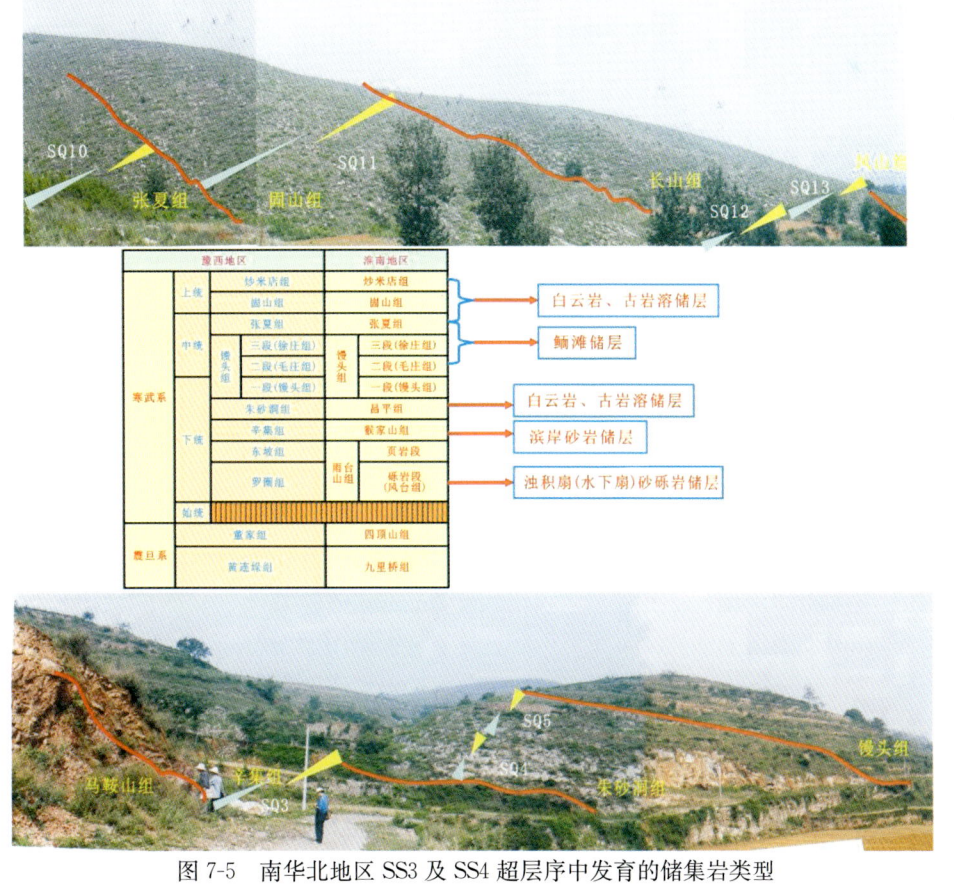

图 7-5 南华北地区 SS3 及 SS4 超层序中发育的储集岩类型

1m，有些透镜体保持了上平下凸的水道特点。砾石以次圆、次棱角为主。由于此类砂岩为重力流沉积，因此黏土杂基含量高，从而导致孔隙不发育。但此套浊积岩在垂向上与南华北南缘发现的下寒武统台缘斜坡有机质丰度高、类型好的烃源岩相互叠置，构成良好的生储组合，具有就近捕获油气的能力。因此，此套陆源碎屑浊积岩是潜在的重要储层。

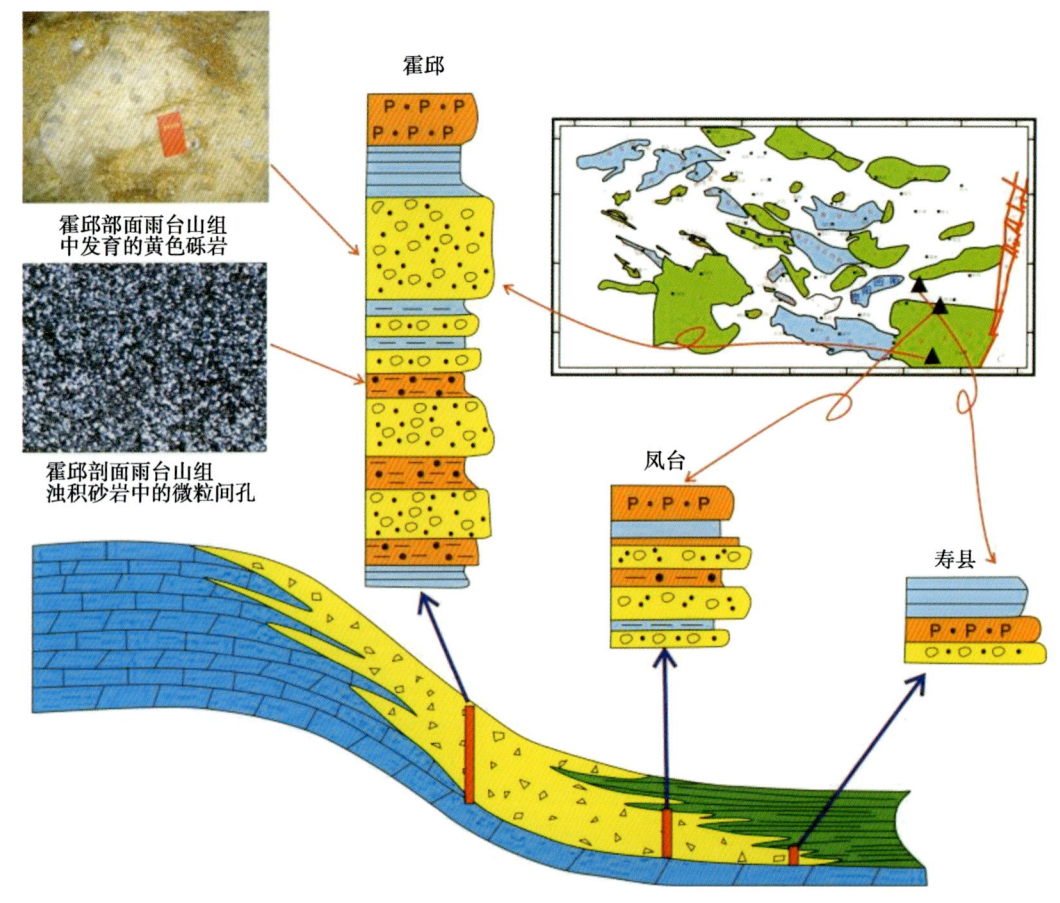

图 7-6　南华北地区 SS3 超层序中浊积岩储集岩（淮南—霍邱地区凤台砾岩）特征

浊积岩型储集岩在平面上呈孤立的扇形体分布，分别位于：涡阳—利辛—颍上—霍邱—固始一线；西平—遂平—驻马店—确山一线；伊川—汝阳—嵩县一线和平陆—三门峡—灵宝一线。

（二）ЄSQ3 中的滨岸型储集岩

滨岸砂岩型储层发育于南华北地区ЄSQ3 三级层序的海侵早期（下寒武统辛集组），为一套由海侵控制的储集岩，储集砂体由南至北逐渐超覆于下伏罗圈组和三教堂组之上。该类储集砂岩由石英砂岩组成，如河南唐窑村寒武系剖面辛集组由肉红色含砾粗砂岩、中-细粒石英砂岩和细粒长石石英砂岩组成，厚31.1m。再如河南鲁山辛集寒武系剖面辛集组滨岸相储集砂岩，主要由中厚层灰色—灰白色含磷砂岩和砖红色钙质细砂岩组成。沉积物因受波浪长期淘洗，颗粒间细粒物质少，原生粒间孔得以很好的保存。砂岩中发育大型的冲洗层理、平行层理、浪成砂纹层理等。再如鹤壁市淇县剖面下寒武统辛集组由灰白色含砾中粗粒长石石英砂岩和浅褐色细粒长石石英砂岩组成的砾质砂岩，砂岩厚度稳定，厚 18.5m，横向延伸远（图 7-7）。该类储集岩的面孔率在9%～21%，孔隙度和渗透率均较好，展示了滨岸砂岩良好的储集潜能，为该时期重要的储集岩。滨岸储集岩其底界由南向北逐渐抬高，在叶县、确山一带最厚，大于334m，向西向北明显变薄，灵宝、鲁山一带 68～141m，登封、渑池、济源一带 41～87m，焦作以北缺失，反映了辛集组沉积期海平面不断上升并向西向北超覆。平面上主要分布于三门峡—义马—登封—郑州一线和永城—淮北—萧县一线。

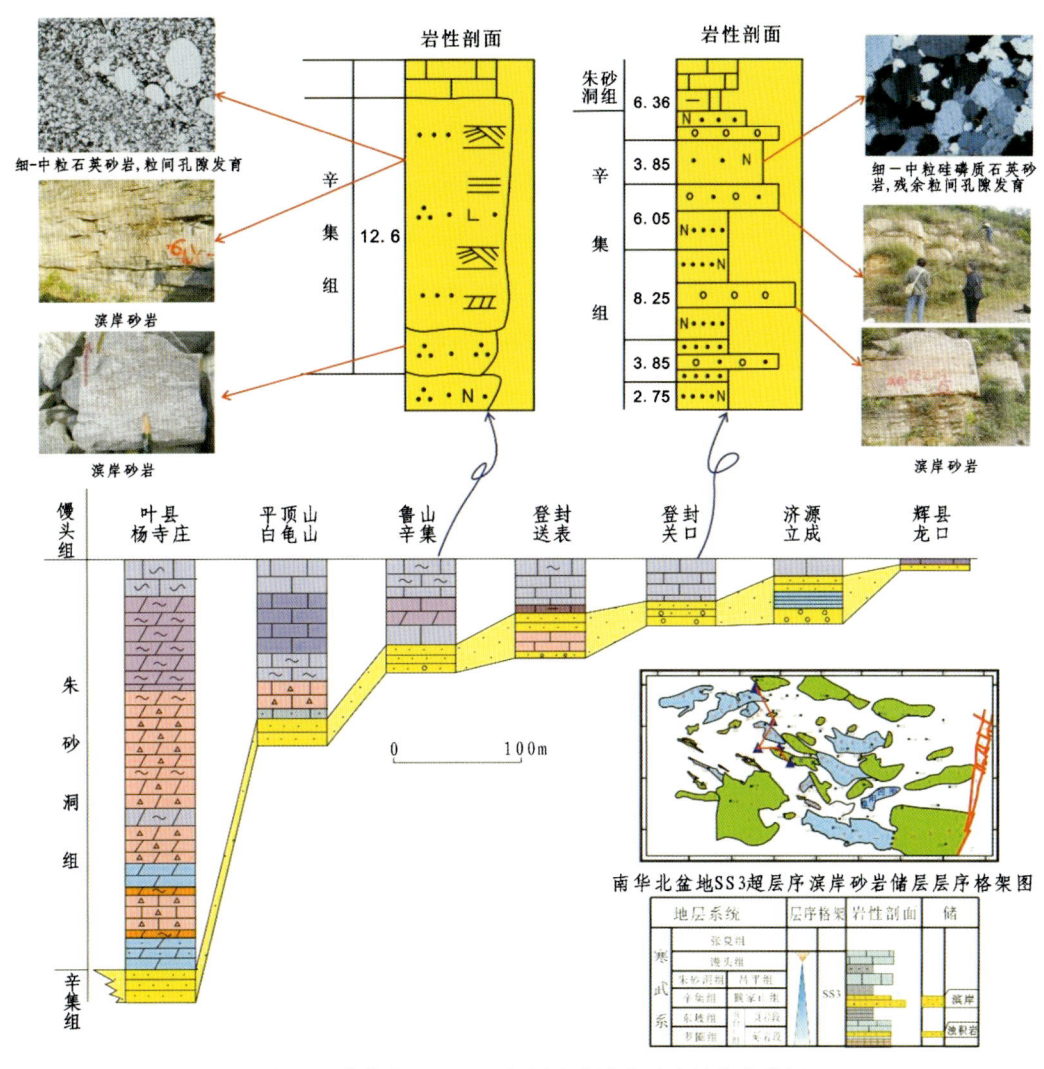

图 7-7　南华北地区 SS3 超层序中滨岸砂岩储集岩特征

四、SS4 超层序中的区域性储集岩

超层序 SS4 中主要发育三种类型的储集岩，分别为鲕粒滩储集岩、白云岩储集岩和古岩溶型储集岩，分别位于不同的层序格架中。

（一）鲕粒滩储层

南华北地区 SS4 超层序沉积演化过程中，寒武系馒头组、张夏组、崮山组和炒米店组中均有鲕粒滩发育。但南华北地区最大规模的鲕粒滩储集岩发育于中寒武统张夏组，由ЄSQ9 和ЄSQ10 构成。该时期整个南华北地区为开阔台地沉积环境，台地内鲕粒滩广泛发育，通过对南华北地区河南登封—汤姚—鲁山—安徽夹沟剖面（图 7-8、图 7-9）及盆内襄 5 井—南 3 井—太参 4 井—太参 3 井—太参 2 井—南 6 井—凤深 1 井对比研究表明（图 7-10、图 7-11），研究区鲕粒滩储层发育，主要以浅灰色鲕粒灰岩和鲕粒白云岩组成。如太参 3 井第 45 次取心，发育的浅灰色鲕粒灰岩，白云石化不明显，主要孔隙类型为残余粒间孔、粒内溶孔和粒间溶孔，面孔率在 0.625%～12.75% 之间（表 7-3）。区域上，南华北地区台内鲕粒滩广泛发育，主要呈孤立的点滩分布，其一位于渑池—洛阳—登封—禹州一线；其二位于太参 3 井—周参 7 井—周 20 井一线；其三位于淮北—宿州—涡阳一线；其四位于枣庄—台儿庄—徐州一线。

（二）白云岩储层

寒武纪沉积之后，受加里东 I 幕构造运动影响，南华北地区整体暴露，经历白云石化作用。研究区炒米店组中发育巨厚的白云岩，分布面积广，于南华北地区众多野外剖面和钻井均可见。如河南省唐窑

图 7-8　河南鲁山寒武系张夏组鲕粒灰岩储层特征

图 7-9　南华北地区太参 3 井寒武系张夏组鲕粒灰岩储层特征

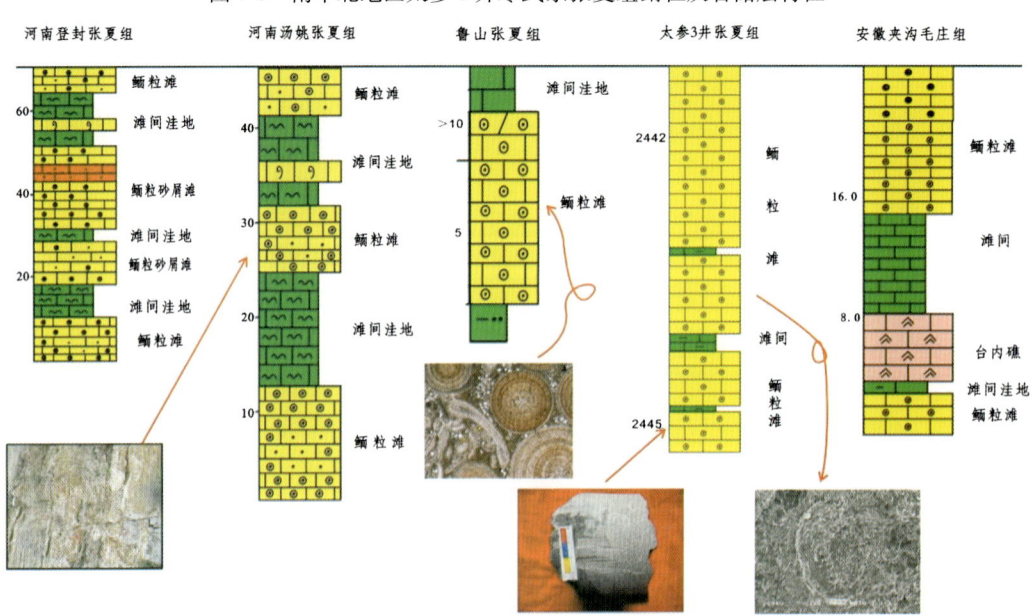

图 7-10　南华北地区 SS4 超层序鲕粒滩储集岩对比图

村剖面三山子组和炒米店组，钻井见于鹿1井炒米店组、南6井、太参3井崮山组—炒米店组（图7-12）和襄5井、周参6井崮山组。巨厚白云岩主体发育于SS4超层序的高位体系域，为海平面下降后，遭受混合水白云石化作用形成。储集类型包括两种，其一为裂缝-孔隙型；其二为孔隙-裂缝型。根据白云岩粒度大小，包括泥-粉晶白云岩和晶粒白云岩。

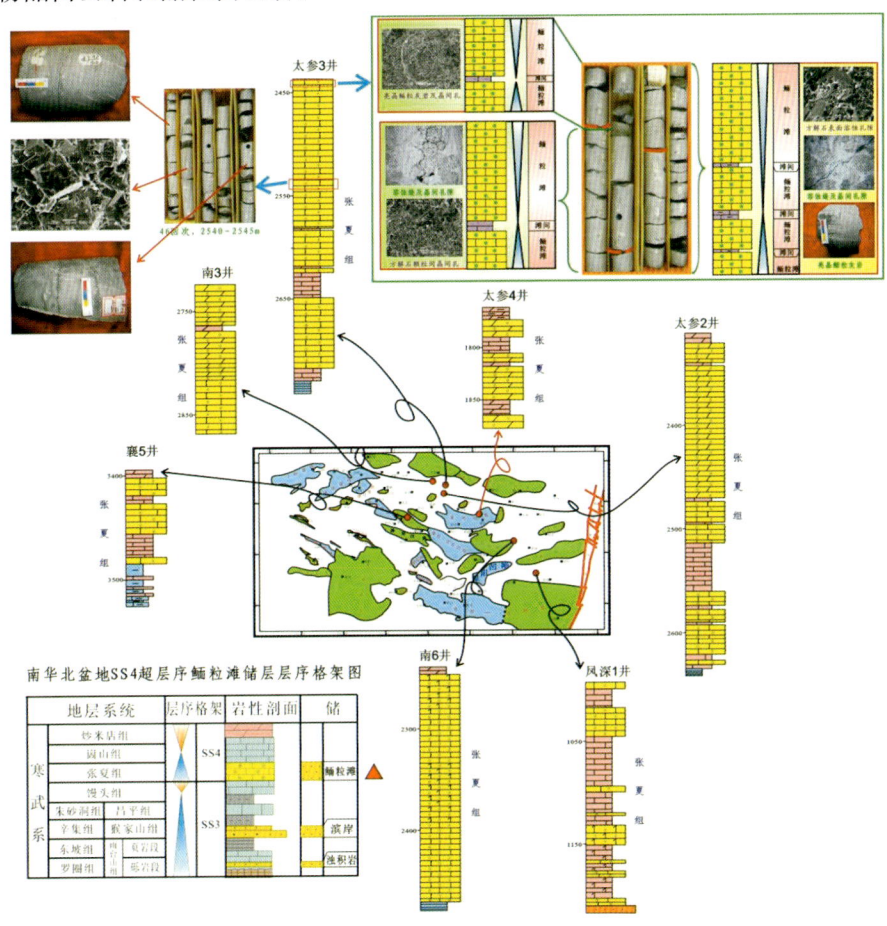

图 7-11　南华北地区 SS4 超层序鲕粒滩储集岩分布图

表 7-3　南华北地区寒武系鲕粒灰岩储层物性参数

层位	岩性	孔隙度/%	渗透率/$10^{-3}\mu m$	备注
崮山组	亮晶鲕粒灰岩	0.29	<1.0	
	亮晶鲕粒灰岩	0.625	<1.0	太参3井
	亮晶鲕粒灰岩	2.7	2.0	
	亮晶鲕粒灰岩	2.2	<1.0	
张夏组	亮晶鲕粒白云岩	2.8	<1.0	太4井
	亮晶鲕粒灰岩	3.3	0.23	宿县夹沟
	亮晶鲕粒灰岩	4.0	0.202	宿县夹沟
	亮晶鲕粒灰岩	2.7	0.201	宿县夹沟
辛集组	亮晶鲕粒灰岩	12.75	44.5	周参6井

1. 泥-粉晶白云岩

泥-粉晶白云岩主要由泥晶、粉晶白云石组成，呈土黄色、灰黄色。岩层较薄，呈薄层状，泥质含量高（5%～30%），见叠层石、石膏假晶和结核，化石少见。常见的构造有水平-微波状纹层、泥裂、鸟眼构造，于寒武系炒米店组中广泛可见。由于其晶粒粒度较细，因此为研究区次要的储集岩。

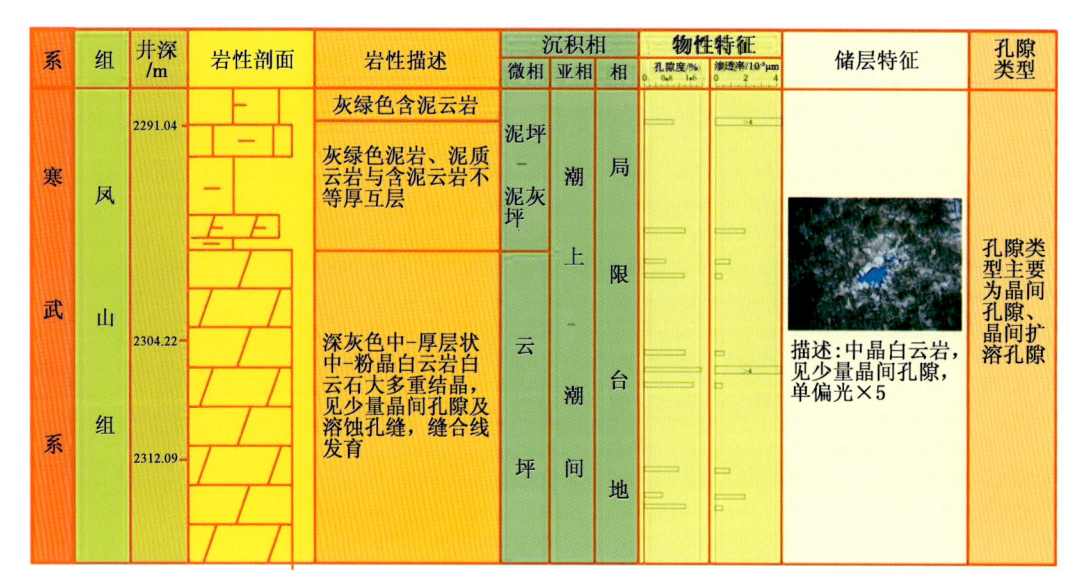

图 7-12 南华北地区太参 3 井寒武系炒米店组白云岩储集体特征

2. 晶粒白云岩

岩石多呈浅灰色、深灰色，中厚层状为主。白云石以细晶为主，晶体表面较污浊，半自形-它形，具雾心亮边。白云石一般大于 90%，泥质、方解石等一般小于 10%。细-中晶白云岩晶间孔发育、面孔率最佳，物性也最好，如唐窑村寒武系剖面炒米店组中发育的细晶白云岩，面孔率最高为 16%，孔隙度最高为 0.91%~9.32%（表 7-4），甚至超过上古生界砂岩孔隙度。因此，广泛发育晶间孔隙和晶间扩溶孔隙的晶粒白云岩，亦为研究区重要的储集岩。

表 7-4 南华北地区寒武系炒米店组白云岩储层物性参数

剖面	层位	岩性	孔隙度/%	渗透率/($10^{-3}\mu m^2$)	孔隙类型
江苏贾汪	炒米店组	粉细晶白云岩	2.7	2.0	晶间孔
河南鲁山		细晶白云岩	8.6	2.42	晶间溶孔、晶间孔
登封唐窑		细晶白云岩	1.68	0.034	晶间孔
		细晶白云岩	2.39	0.126	晶间孔
		细晶白云岩	2.36	0.049	晶间孔
太参 3 井		中粉晶白云岩	1.084	0.80	晶间溶孔、晶间孔
周参 6 井		粉晶白云岩	0.91	1.2	晶间溶孔、晶间孔
		角砾状白云岩	9.32	44	晶间溶孔、晶间孔、裂缝
太参 3 井		中粉晶白云岩	3.1	0.0406	晶间孔
		中粉晶白云岩	3.8	0.355	晶间孔

（三）岩溶储层

岩溶型储层于南华北地区主要以裂缝为主要储集空间，伴有少量的溶蚀孔隙和原生孔隙的复合型储集类型。具有孔隙度低、渗透率高的特征，钻井中有强烈的漏失，压汞曲线斜度很大，呈近竖直的直线，孔喉半径分布呈断续型的特征。下面就该超层序中各类岩溶型储集空间特征讨论如下。

1. 溶蚀孔洞

主要形成于表生期的风化淋滤条件下，即寒武纪古风化壳期的岩溶环境下，依大小可进一步划分为小于 2mm 的溶孔和大于等于 2mm 的溶洞。溶蚀孔洞于野外剖面与盆内钻井中广泛发育，如南 3 井、太参 3 井、南 6 井和凤深 1 井白云岩中发育的溶蚀孔洞（图 7-13），孔洞大小不一，以大于 2mm 的孔洞为主，除少数孔洞被方解石充填，大部分孔隙未被充填。镜下分析表明小于 2 mm 的溶孔多与沉积组构的选择性溶解作用有一定关系。溶洞的发育则与沉积组构的关系不大，多呈随机分布。

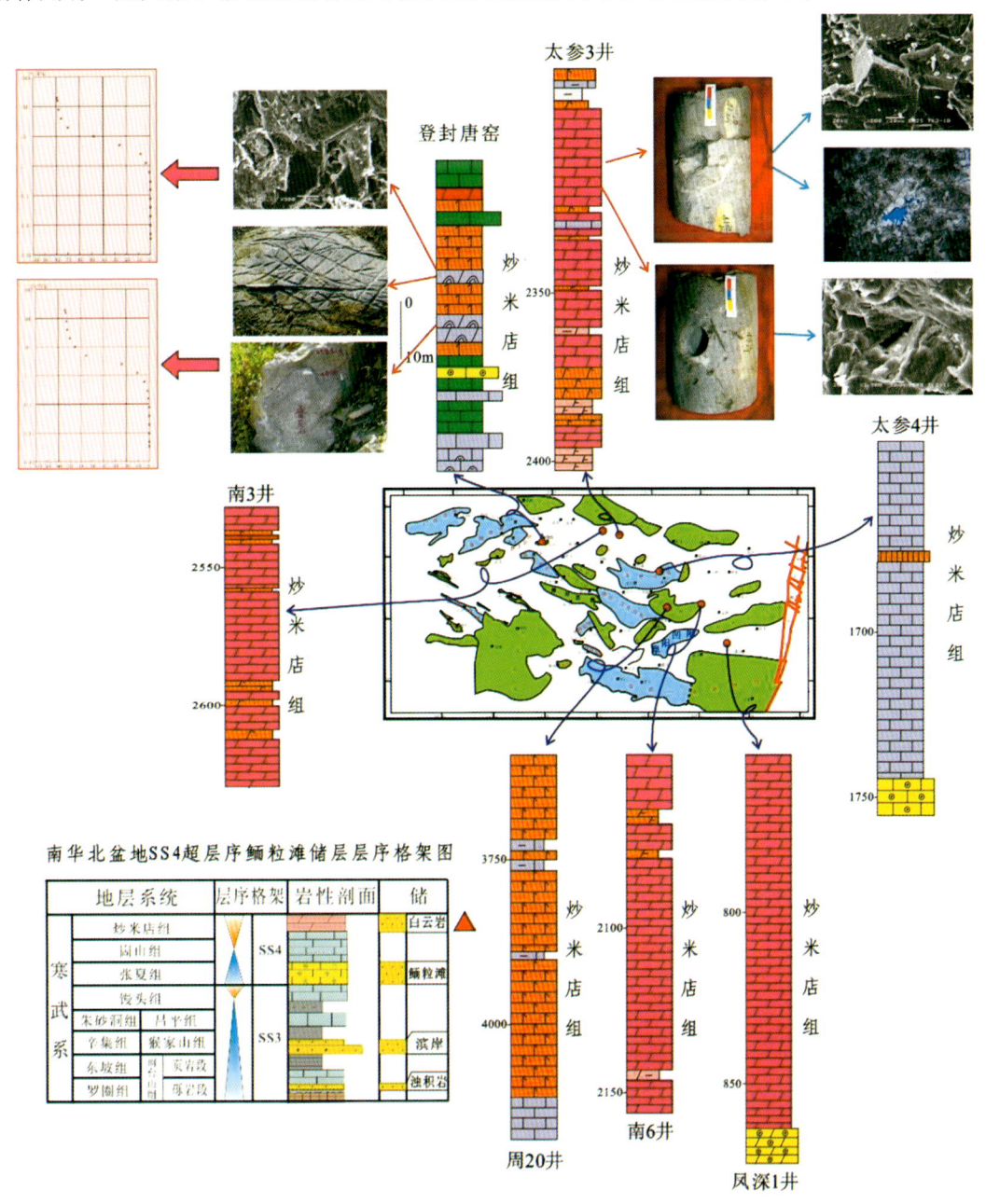

图 7-13　南华北地区 SS4 超层序中岩溶储集岩分布特征

2. 裂缝

其成因主要由加里东Ⅰ幕构造运动抬升剥蚀的风化作用和中新生代构造作用两方面因素所致。缝宽多小于0.1mm，部分为泥铁质半充填，具有较好的储集能力。裂缝-孔隙型储层于南华北地区众多钻井中广泛可见，如襄城凹陷襄5井寒武系崮山组3250～3306m井段共发生4次井漏（表7-5），共漏失泥浆128m³，测试日产水47～48m³。鹿邑凹陷周参7井寒武系炒米店组—崮山组2907.95～3301.1m井段发生3次井漏（表7-5），边漏边钻，直至完钻，电测解释为裂缝层。研究区裂缝类型多样，以构造缝最为常见，也含有一些压溶缝、节理缝等，但多被充填，意义不大。沿上述裂缝常有溶蚀扩大的溶孔、溶洞分布，对油气的聚集、运移具有重要作用，太参3井、新太参1井和南3井炒米店组—崮山组均具有上述储集特征（表7-6）。

表7-5 南华北地区SS4超层序中界钻进漏失情况统计表

井号	层位	井段/m	岩性	漏失量/m³
襄5井	€	3250～3252.55	灰岩	50
		3258～3259	白云岩	20
		3298～3300.46	白云岩	40
		3301～3306	白云岩	18
周参7井	€	2906～2907.95	方解石	169.0
		2907.95	方解石	618.4
		2907.95～2958.29	鲕状白云岩、白云岩	76

表7-6 南华北地区太参3井SS4超层序物性统计表

层位		孔隙度/%		渗透率/($10^{-3}\mu m^2$)	备注
系	组	岩心	岩屑	岩心	
寒武系	炒米店组	$\dfrac{0.64-2.25}{1.24}$(11)	$\dfrac{1.24-5.31}{2.27}$(7)	<1-89 (9)	有裂纹
		$\dfrac{1.61-3.40}{2.64}$(6)			
	崮山组		$\dfrac{2.17-2.43}{3.43}$(3)		

五、SS5～SS7超层序中的区域性储集岩——中下奥陶统

超层序SS5～SS7沉积演化过程中，由于构造运动、全球海平面升降变化导致碳酸盐岩沉积暴露地表遭受大气淡水的淋滤，结果使得先期碳酸盐沉积物首先经历混合水白云石化形成白云岩，之后形成白云岩型储层；进一步的淡水淋滤作用导致岩溶作用发生而形成古岩溶储层。特别是SS7的HST，在沉积之后，经历了加里东Ⅱ幕构造运动，长期暴露，于南华北地区缺失上奥陶统、志留系、泥盆系和下石炭统，岩溶型储层广泛发育（图7-14、7-15）。当然，除了该期规模较大的古岩溶发育外，超层序SS5～SS7沉积演化过程中还发育有多期次的小规模岩溶作用。因此SS5～SS7超层序中主要发育白云岩储层和岩溶储层。

（一）白云岩储层

从岩石类型上看，研究区白云石多以泥晶、粉晶白云石和细-中晶白云石为主；就储集岩类而言，粉晶、细-中晶白云岩面孔率高、物性最好。在16个铸体薄片中，此类岩性有12块，面孔率最高为16%。根据实测孔渗资料，孔隙度为0.5%～3.8%（表7-7）。泥-粉晶白云岩主要由泥晶、粉晶白云石组成，呈土黄色、灰黄色，呈薄层状，泥质含量高（5%～30%），见叠层石、石膏假晶和结核。该类储集岩于太参3井、太参4井、鹿1井、南6井及凤深1井等钻井上马家沟组顶部最发育，由北至南剥蚀强度增大，相应的南部较北部白云岩更为发育（图7-16）。

第七章 层序格架中储盖特征、生储盖组合及储层发育的控制因素

图 7-14 南华北地区岩溶型储集岩分布特征

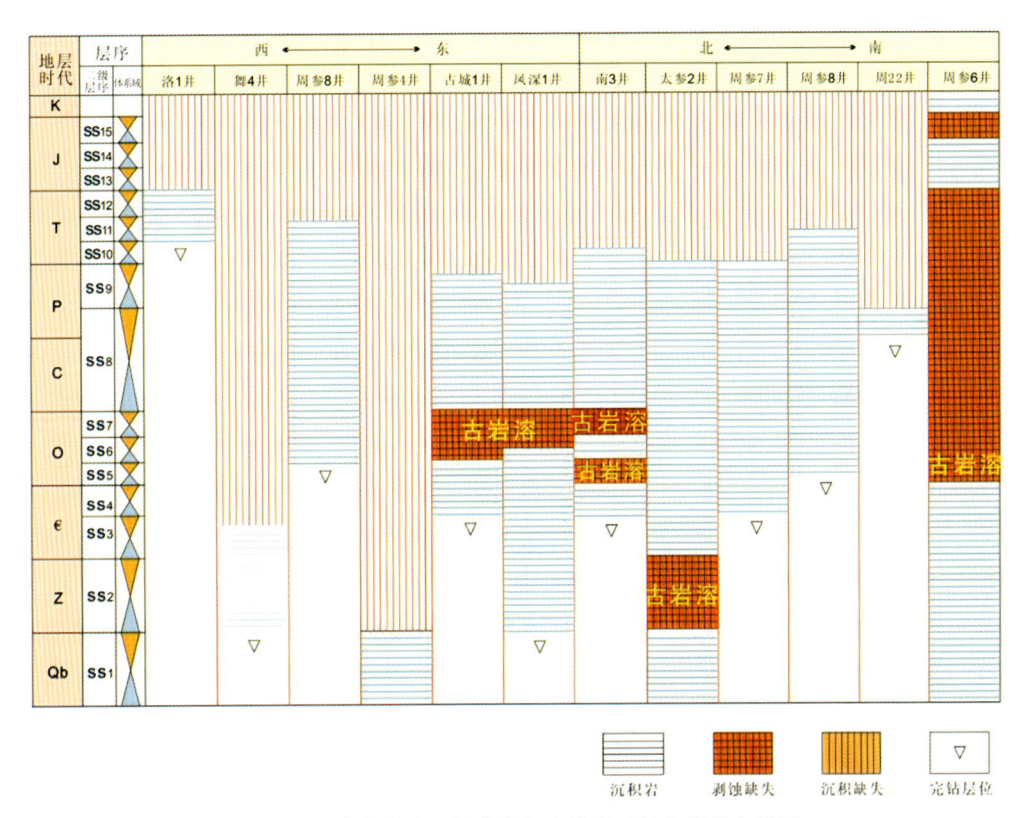

图 7-15 南华北地区层序格架中岩溶型储集岩分布特征

表 7-7 南华北地区奥陶系白云岩储层物性参数

井号	层位	井段/米	岩性	孔隙度（%）	渗透率/$(10^{-3}\mu m^2)$	孔隙类型
太参3井	$O_2m^上$	2114.36	白云岩	2.8	0.155	晶间孔
	$O_2m^下$	2271	白云岩	1.3	0.04	晶间孔
	$O_2m^下$	2291.3	白云岩	2.2	5	晶间孔及岩溶缝
宿县夹沟	$O_2m^下$		白云岩	4.4	0.119	晶间孔
	$O_2m^下$		灰岩	2.1	0.05	晶间孔
	$O_2m^下$		白云岩	3.2	0.083	晶间孔
萧县团山—老虎山	$O_2m^上$		白云岩	3.4	0.289	晶间孔
	$O_2m^上$		白云岩	3.0	0.304	晶间孔
	$O_2m^上$		白云岩	3.4	0.046	晶间孔
江苏徐州贾汪	$O_2m^上$		泥粉晶白云岩	<0.5	0.001	晶间微孔
	$O_2m^上$		粗粉晶白云岩	3.80	1.93	晶间溶孔、水平溶缝

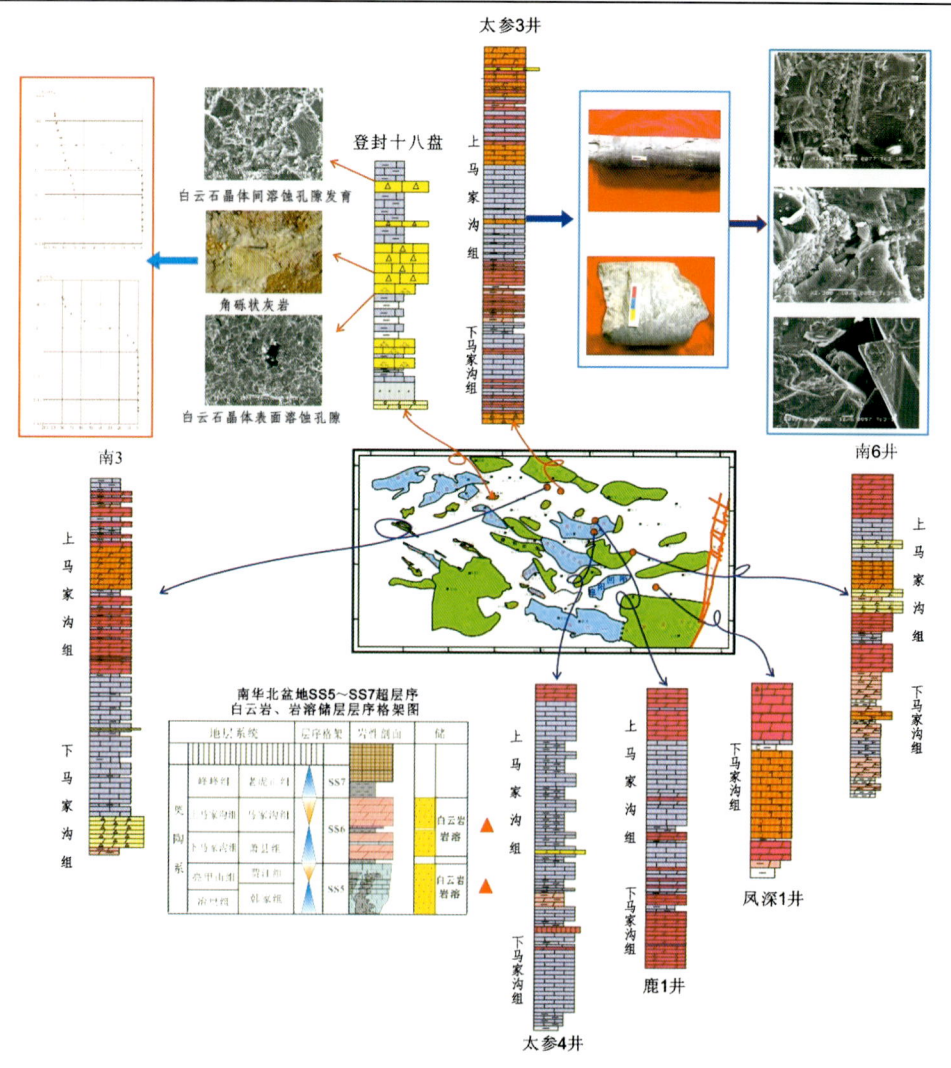

图 7-16 南华北地区 SS5～SS7 超层序白云岩和岩溶储集岩特征

（二）岩溶储层

加里东中晚期隆升使奥陶系出露地表长期风化侵蚀，其碳酸盐在前期白云石化和层间溶解基础上加剧淋滤改造，于近地表形成多孔型白云岩，裂缝-溶蚀孔洞型白云岩、灰岩、裂缝型岩溶角砾岩，并有网状风化缝、溶缝和构造缝。孔隙度平均为 3.9%～8.9%。

奥陶纪白云岩（灰岩）古岩溶储层发育有四种类型：①沉积岩溶或层间岩溶，为奥陶纪白云岩（灰岩）沉积过程中短暂暴露地表，接受大气淡水渗入淋滤而发育的岩溶（图 7-17），该岩溶属沉积期产生；②风化壳岩溶或暴露岩溶，系指奥陶纪白云岩（灰岩）在古生代，地壳整体抬升，长期暴露地表，遭受大气淡水淋滤并伴随风化壳形成而发育的岩溶；③埋藏岩溶或压释水岩溶，系指奥陶纪白云岩（灰岩）被上覆石炭、二叠系沉积物所掩埋，地层压实不断挤出压实水（主要是上覆地层的压实水，又称为压释水），压释水进入奥陶纪灰岩中并与之作用而发育的岩溶；④构造岩溶：系指奥陶纪白云岩（灰岩）在中生代强烈构造作用和岩浆活动条件下，大气淡水和深部热液通过局部奥陶纪白云岩（灰岩）露头或断裂进入奥陶纪白云岩（灰岩）中并与之作用而发育的岩溶。

图 7-17 南华北地区太参 3 井下马家沟组层间岩溶储层特征

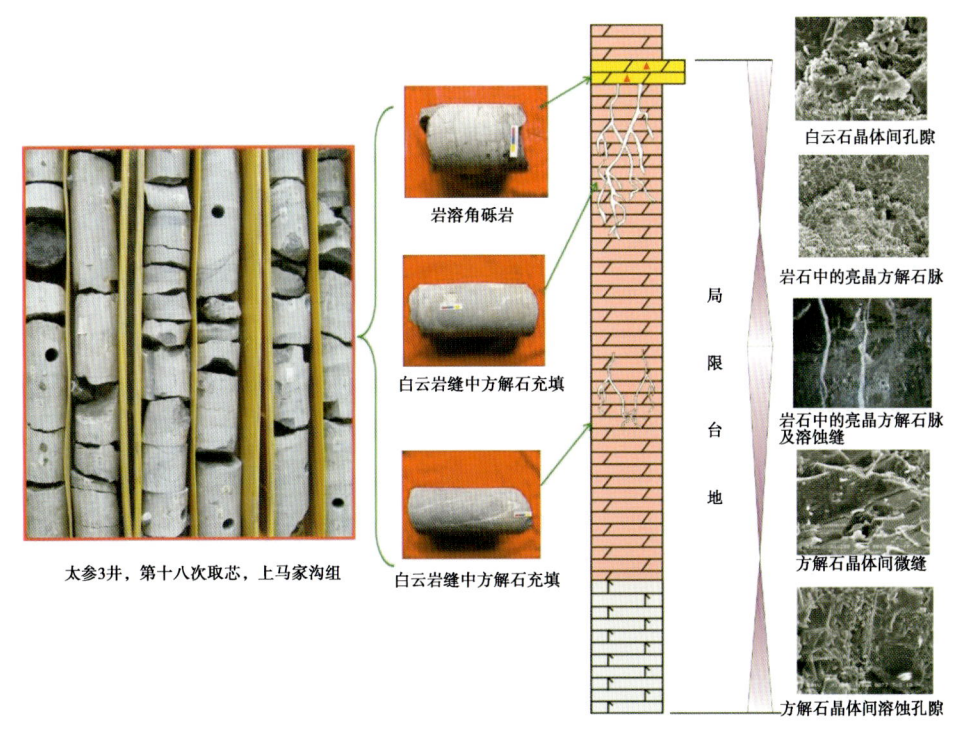

图 7-18 南华北地区太参 3 井上马家沟组岩溶储集岩特征

岩溶型储层由大型裂缝和溶洞共同组成的复合型储集类型。以溶蚀孔洞为主要储集空间，裂缝为通道，沟通部分洞穴。钻进中有放空、井漏等现象，解释有很高的孔隙度和渗透率。太参 3 井中奥陶统下马家沟组在钻探过程中多次发生放空、泥浆漏失现象，取心见溶蚀洞穴和孔洞（图 7-18）。前者形状呈近圆形，最大为 50×100mm，最小为 2×5mm，沿层面分布在某一岩性段内；后者呈椭圆形，孔洞小而密集，一般为 1×2mm，由上往下发育程度变好。孔洞型储集岩多为白云石化作用和岩溶作用叠加形成，以微晶、粉晶白云岩、藻团粒白云岩、石膏白云岩为主。孔隙度较高、渗透率较低，压汞曲线形态与砂岩相似，表现为平行横坐标延伸较长，汞饱和度较高，排驱压力较低，孔喉半径略呈正态分布。再如太参 3 井上马家沟组 1923~1931m 井段发育岩溶角砾岩和溶蚀孔缝，为研究区重要孔隙类型（表 7-8）。综上，表明裂缝-洞穴型岩溶储层是南华北地区 SS5~SS7 超层序中主要的储集空间类型之一。

表 7-8　南华北地区太参 3 井上、下马家沟组物性统计表

层位		孔隙度/%		渗透率/($10^{-3}\mu m^2$)	备注
系	组	岩心	岩屑	岩心	
奥陶系	上马家沟组	$\frac{0.37-8.92}{3.80}$(3)	$\frac{0.37-8.92}{3.58}$(20)	<1 (4)	
	下马家沟组	$\frac{0.77-2.25}{1.54}$(3)	$\frac{0.45-2.83}{1.44}$(6)	1-<1	
	合计	$\frac{0.37-8.92}{1.24}$(6)	$\frac{0.45-8.92}{3.09}$(26)		

注：孔隙度计算方程为 $\frac{最小值-最大值}{平均值}$（样品数）。

同时，奥陶系顶面发育的风化壳，缝洞及碳酸盐岩成岩后期的岩石重结晶和白云石化作用，形成的晶间孔、解理缝和多期构造作用时发育的构造裂隙，为较好的流体运移通道与储集空间。如南 4 井中奥陶统下马家沟组 3499.5~3601.67m 井段，为一套碳酸盐岩沉积，发育大量裂缝，局部见溶孔、溶洞，为良好储层。南 11 井在下奥陶统下马家沟组风化壳中见气显示。南 14 井奥陶系上马家沟组 2505.0~2564.08m 井段，为灰色白云岩裂缝、溶洞发育，钻至 2538.1~2538.5m 井段钻具放空 0.4m，并发生严重井漏；钻至 2564.08m，再次发生井漏，地层测试折算日产水 1458.5m³，结论为高产水层。太康隆起新太参 1 井奥陶系 2147.21~2148.53m 井段也发生了严重井漏，漏失清水 1147m³，漏速为 13.214m³/h。南 3 井钻遇中奥陶统上马家沟组顶面风化壳发生井漏（表 7-9）。凤深 1 井钻遇该层时不仅发生井漏，还发现裂隙中含原油。综上，均表明了南华北地区 SS5~SS7 超层序中裂缝-洞穴型为重要的储集类型。

表 7-9　南华北地区 SS4 超层序上、下马家沟组钻进漏失情况统计表

井号	层位	井段/m	岩性	漏失量/m³	测试
太参 3 井	$O_2m^上$	1973.05~1576.05	灰岩	103+6598.52	
新太参 1	$O_1m^上$	2147.21~2148.93	灰岩	1147	
南 3 井	$O_1m^上$	2339~2342	白云岩	发生严重井漏	
南 13 井	O_1m	2312~2320	灰岩	少量	
南 14	O_1m	2538.1~2538.5 放空 0.4m	灰岩	50	测试折算日产水 1458.5m³，结论高产水层

六、SS8 超层序中的区域性储集岩

相当于超层序 SS8 的二级 HST，由 PSQ2、PSQ3 和 PSQ4 构成，对应于太原组上段和山西组。主要储集岩为 PSQ2 三级 TST 中的胡石砂岩和 PSQ3 三级层序 TST 中的大占砂岩。下面就各储集砂岩的储集性讨论如下。

（一）PSQ2 层序中的储集岩——太原组胡石砂岩

该层序中主要储集岩包括两种类型：障壁砂坝砂岩和潮道砂岩（图 7-19、图 7-20）。

障壁岛储集岩砂体厚度一般不大，延伸范围较小，在平面上呈长条状。砂体之上常为沼泽相黑色泥

岩和薄煤线。砂体岩性以细粒石英砂岩和长石石英砂岩为主（图7-19），由于受到海浪的淘洗，杂基含量较低，分选磨圆度好，接触式或孔隙式胶结，胶结物以硅质和碳酸盐胶结为主。该类储集岩以残余粒间孔隙发育为特征。鉴于其良好的储集性，并位于具生烃能力的暗色泥岩中，具有就近捕获油气的能力，因此，障壁岛储集砂体为南华北地区重要的储集岩类型之一。

图 7-19　河南禹县大风口剖面太原组障壁砂坝储集砂体特征

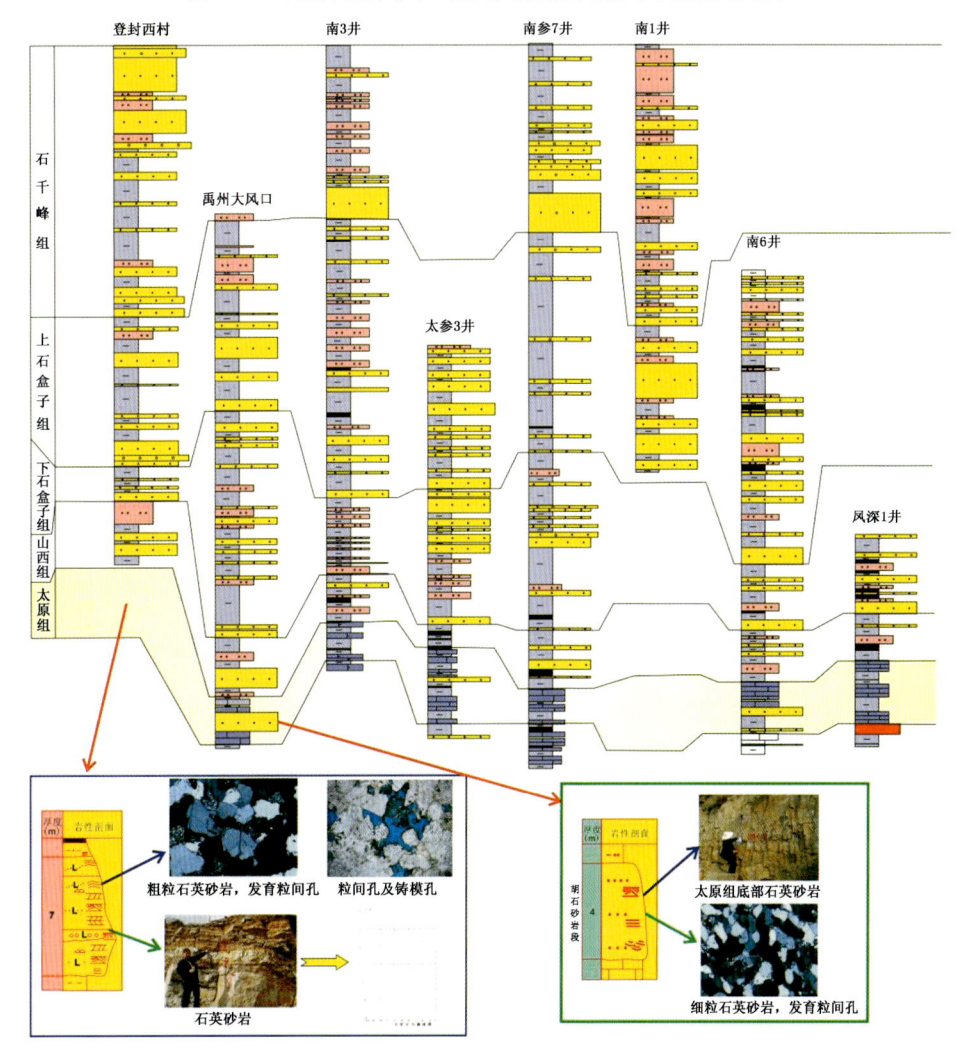

图 7-20　南华北地区 PSQ2 太原组胡石砂岩储集岩特征

潮道储集砂岩：主要分布在 PSQ2 的 TST 中（太原组中上部）。厚度较大，呈长条状展布，与砂泥混合坪上的细碎屑岩互相过渡。砂体底部含有石英砾的粗砂岩，向上渐变为中细粒砂岩，岩性以长石石英砂岩及岩屑石英砂岩为主，石英含量较高，为 85%~90%，反复地受到海水潮汐作用改造，杂基含量较潮汐砂体杂基含量略低，分选性差，但石英磨圆度较好，残余粒间孔隙能较好的保存。潮道储集砂岩亦为该超层序中最重要的砂岩储集层。

PSQ2 层序中的储集岩（太原组胡石砂岩）受海浪的作用，成分成熟度和结构成熟度均较高，多以石英砂岩为主，包括纯石英砂岩、长石石英砂岩和岩屑石英砂岩。其中石英含量一般为 71%~93%，平均为 87%，包括单晶石英和燧石。长石含量一般为 0%~12%，平均为 3%。岩屑含量一般为 5%~10%，平均为 7%。

碎屑颗粒主要粒径为 0.15~0.40mm，最大粒径为 0.55mm，属中-细粒砂岩，分选性中等—好，次棱角状，孔隙式胶结，部分石英颗粒发育次生加大边，颗粒为点-线式接触。PSQ2 的 TST 中的胡石砂岩主要以残余粒间孔和各种溶蚀孔隙为主要储集空间。从孔隙度直方图上可以看出，孔隙度呈双峰形态分布，其一位于 0~1%，其二为 5%~6%（图7-21）。如南 6 井、南 7 井和周 16 井孔隙度分别为 6.0%、6.11% 和 5.43%。根据测井解释，孔隙度 3%~9%，平均 5%；渗透率为 $0.009\times10^{-3}\sim0.210\times10^{-3}$ μm^2，平均为 $0.040\times10^{-3}\mu m^2$（表7-10）。

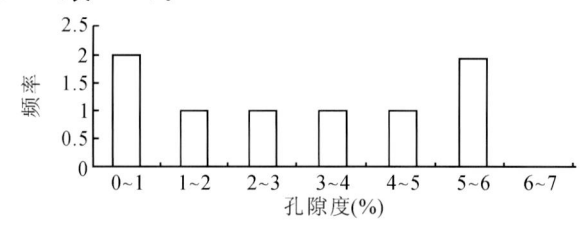

图7-21 南华北地区太原组砂岩储层孔隙度分布频率直方图

表7-10 南华北地区太原组胡石砂岩实测孔隙度、渗透率统计表

构造单元	井号	层位	深度/m	基质孔隙度/%	基质渗透率/$(10^{-2}\mu m^2)$	裂缝孔隙度/%	裂缝渗透率/$(10^{-2}\mu m^2)$
太康隆起	太参3井	太原组	1749.3~1751.6	0.87	7.1	0.1	0
			1756.6~1768.3	0.47	8.0	0.4	0.02
			1779.4~1784.6	0.98	8	0.4	0.02
			1798.8~1800.9	1.22	0.8	0.2	0
			1841~1849	1.07	1.0	0	0
			1864.5~1866.4	2.26	4.7	0	0
鹿邑凹陷	周参7井		2286~2295	2.66	0.9	2.4	16.8
			2344~2358	1.89	12.7	0	0
			2346~2358	2.66	0.7	0	0
	南7井			6.11			
襄城凹陷	襄5井		3174~3180	2.72	0.6	0.5	0.05
			3198~3202	3.26	0.6	0.8	0.5
谭庄沈丘凹陷	周16井		2546~2572	5.43	0.6	1.8	11.2
	南6井			6.09			
平均				2.69	3.81	0.55	2.38

（二）PSQ3 层序中的储集岩——山西组大占砂岩

大占砂岩主要位于 PSQ3 层序的 TST 中，该类储集岩广泛见于盆地众多野外剖面和钻井中。沉积相类型属于三角洲平原的分流河道、三角洲前缘的水下分流河道和河口坝微相，如河南禹县大风口剖 PSQ3 中发育的大占砂岩储集岩为三角洲平原的分流河道砂体（图7-22）。

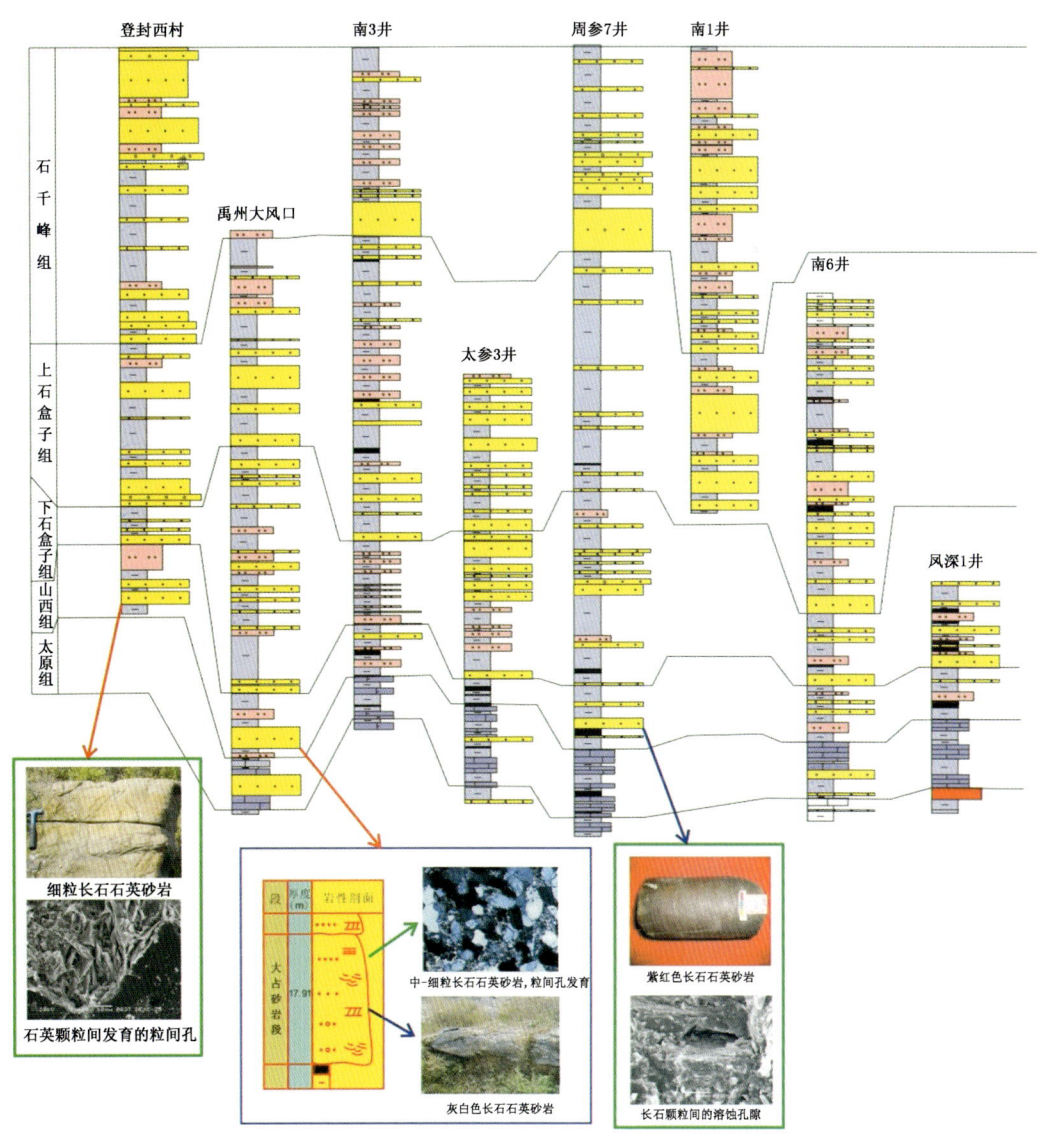

图 7-22　南华北地区 PSQ3 山西组大占砂岩储集岩特征

该类砂岩岩石类型主要是岩屑砂岩、岩屑石英砂岩。其中石英含量一般为为 35%～94%，平均为 75%，包括单晶石英和燧石。长石含量一般为 0～32%，平均为 10%。岩屑含量一般 1%～25%，平均 12%。颗粒主要粒径为 0.10～0.30mm，以中-细粒砂岩为主，最大粒径为 0.5m，分选性中等—好，次棱角状，基底-孔隙式及孔隙式胶结，颗粒为点-线式接触，储集空间主要由各类粒间孔隙和粒内溶孔组成。

PSQ3 层序中大占砂岩储层孔隙度呈双峰态，其一分布于 1%～2%，其二分布于 5%～6%（图 7-23）。孔隙度一般为 1%～13.3%，平均为 3.95%。测井解释孔隙度一般为 1.0%～6.6%，平均为 2.7%。测井解释渗透率一般为 $0.008 \times 10^{-3} \sim 33.6 \times 10^{-3} \mu m^2$，平均为 $2.25 \times 10^{-3} \mu m^2$（表 7-11）。

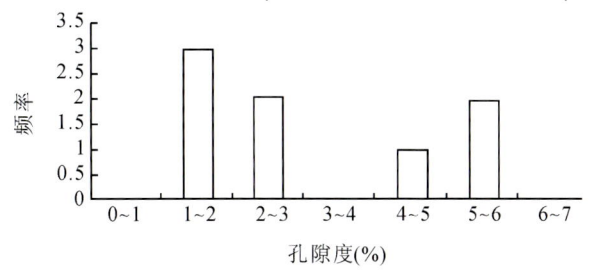

图 7-23　南华北地区山西组砂岩储层孔隙度分布直方图

表 7-11　南华北地区山西组大占砂岩实测孔隙度、渗透率统计表

构造单元	井号	层位	深度	孔隙度/%	渗透率/($10^{-2}\mu m^2$)	裂缝孔隙度/%	裂缝渗透率/($10^{-2}\mu m^2$)
太康隆起	太参 3 井	山西组	1676.6~1678.3	5.24	8.5	0	0
襄城凹陷	襄 5 井	山西组	3118~3122	13.3	0.7	0	0
襄城凹陷	平顶山	山西组		1.73	0.1		
谭庄沈丘凹陷	周 16 井	山西组	2502~2512	3.16	0.7	1.0	0.3
谭庄沈丘凹陷	南 6 井	山西组		1.9	0.1		
济源盆地	巩县	山西组		1.74	0.1		
鹿邑凹陷	南 7 井	山西组		2.39	0.1		
鹿邑凹陷	周参 7	山西组		1.0	0.24		
鹿邑凹陷	周参 8	山西组		3.24	1.0		
	徐州	山西组		5.8	0.1		
平均值				3.95	1.164		

七、SS9 超层序中的区域性储集岩

（一）PSQ5 层序中的储集岩——下石盒子组中的砂锅窑砂岩

该类储集岩位于 PSQ5 三级层序 TST 中，为下石盒子组砂锅窑砂岩。砂岩岩石类型主要为粗-细粒岩屑砂岩、岩屑长石砂岩及岩屑石英砂岩，底部见砾状长石岩屑砂岩。属于三角洲平原的分流河道和三角洲前缘的水下分流河道与河口坝微相（图 7-24、图 7-25）。

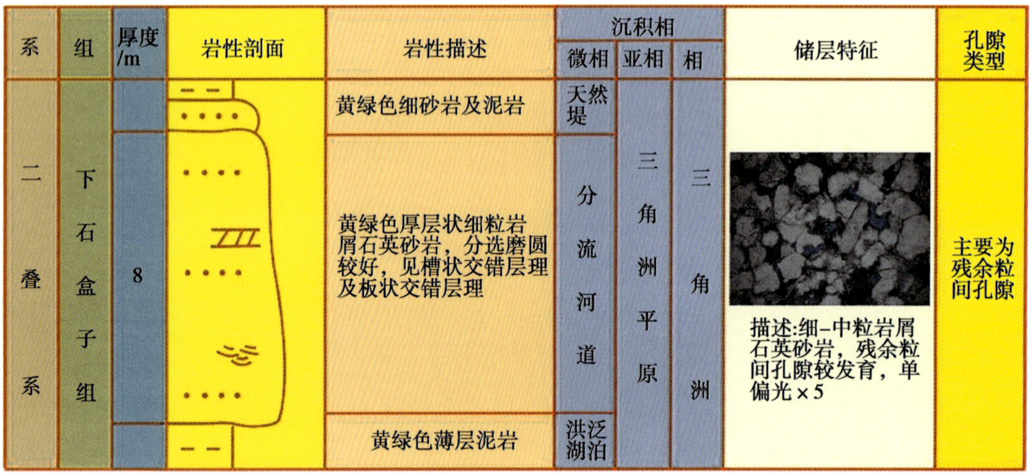

图 7-24　河南西村二叠系剖面下石盒子组砂锅窑砂岩（分流河道）储集砂体特征

碎屑颗粒包括石英、长石和岩屑。其中石英含量一般为 43%~76%，平均 63%，包括单晶石英和燧石。长石含量一般为 13%~32%，平均 18%。岩屑含量一般为 7%~18%，平均 14%。碎屑颗粒主要粒径为 0.10~0.30mm，属中-细粒砂岩，分选性中等—好，棱角-次棱角状，孔隙式胶结，部分为次生加大-孔隙式及薄膜-孔隙式，颗粒为点-线式接触，主要由各类粒间孔隙组成有力的储集空间。

PSQ5 的 TST 中的砂锅窑砂岩孔隙度频率分布总体呈现出双峰态特征，分别位于 1%~2% 和 4%~5%（图 7-26）。储层实测孔隙度一般为 0.38%~13.7%，平均为 7.89%。测井解释孔隙度一般为 2.4%~6.7%，平均 5.1%；渗透率为 0.003×10^{-3}~$0.360\times10^{-3}\mu m^2$，平均 $0.091\times10^{-3}\mu m^2$（表 7-12）。

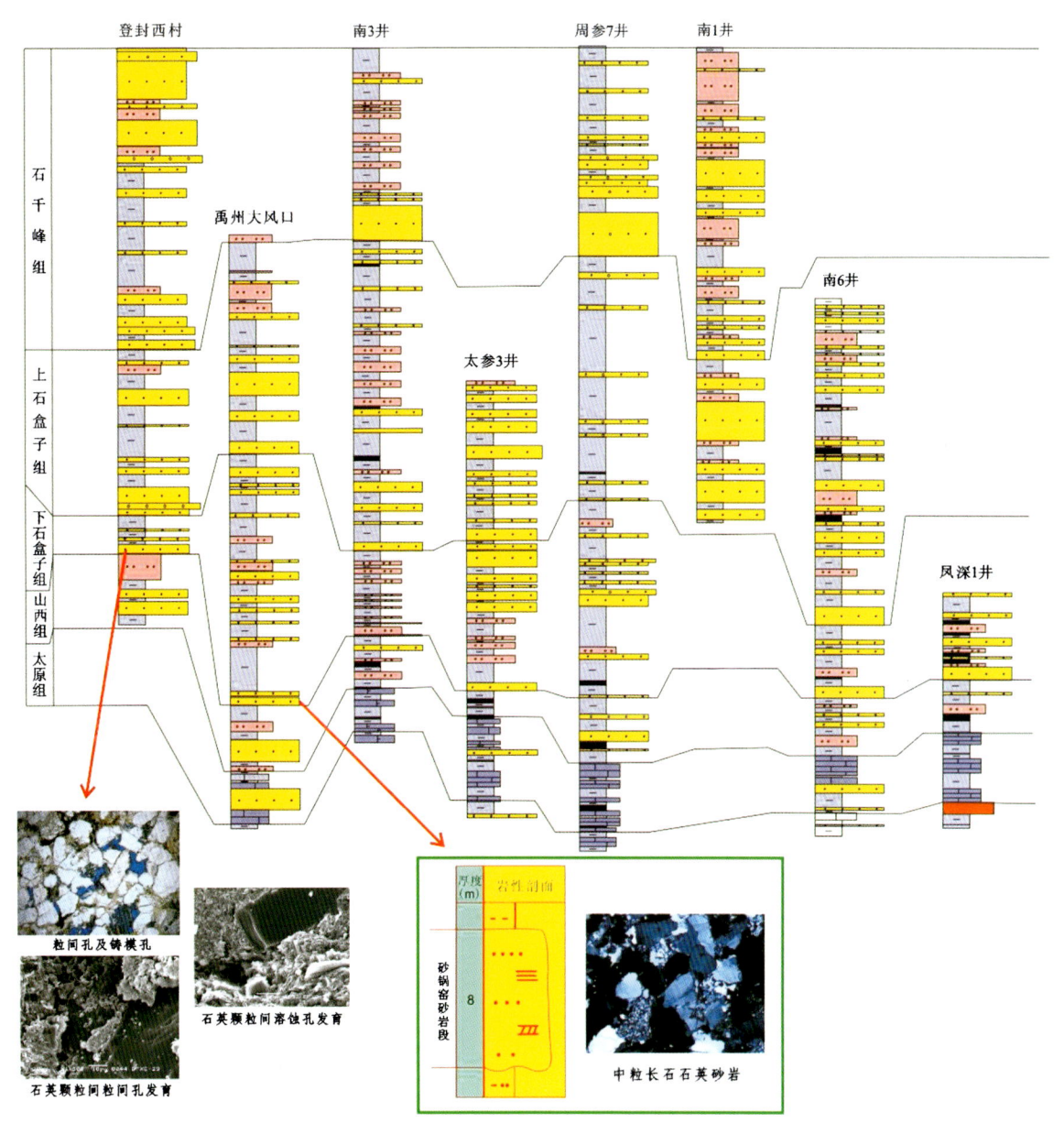

图 7-25　南华北地区 PSQ5 下石盒子组砂锅窑砂岩储集岩特征

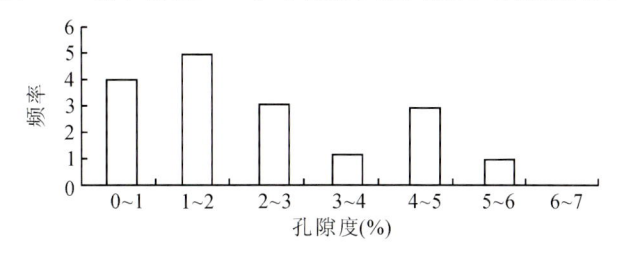

图 7-26　南华北地区下石盒子组砂岩储层孔隙度分布直方图

（二）PSQ9 层序中的储集岩——上石盒子组田家沟砂岩

位于 PSQ9 三级层序 TST 的下部，对应于上石盒子组田家沟砂岩。砂岩储集层厚度 115.5m，占该组地层 25.1%，最大单层厚度 9.2m，一般 1.0~7.8m。岩石类型主要包括粗-细粒岩屑砂岩、岩屑石英砂岩、长石岩屑砂岩和石英砂岩等。储集砂体类型属于三角洲平原的分流河道和三角洲前缘的水下分流河道与河口坝微相（图 7-27、图 7-28）。

表 7-12 南华北地区下石盒子组砂锅窑砂岩实测孔隙度、渗透率统计表

构造单元	井号	层位	深度	基质孔隙度/%	基质渗透率/($10^{-2}\mu m^2$)	裂缝孔隙度/%	裂缝渗透率/($10^{-2}\mu m^2$)
鹿邑凹陷	周参 13 井	下石盒子组	3051～3054	8.52	0.8	14	9.8
	南 7 井			0.38	0.1		
	南 6 井			4.52	0.69		
	周参 7 井			1.56	0.24		
襄城凹陷	襄 5 井		2972～2975	5.68	0.8	0	0
			2998～3000	13.3	9.6	0	0
			3043.8～3052	7.25	0.7	4.2	1099.1
	平顶山			2.16	<0.1		
谭庄沈丘凹陷	周 16 井		2162～2171	13.3	33.0	20.0	20000
			2173.8～2176	12.3	0.6	0	0
			2243.8～2247	13.3	0.6	0	0
			2300.2～2302.4	8.52	0.6	0	0
			2352.6～2356	7.58	1.5	3.8	586.1
			2374～2395	13.3	33.9	20	20000
			2430～2443	13.3	0.6	0	0
			2494.6～2498	13.7	0.6	0.7	0.5
济源盆地	巩县			2.66	<0.1		
	徐州			5.8	<0.1		
合肥盆地	淮南			6.08	<0.1		
平均值				7.89	5.28		

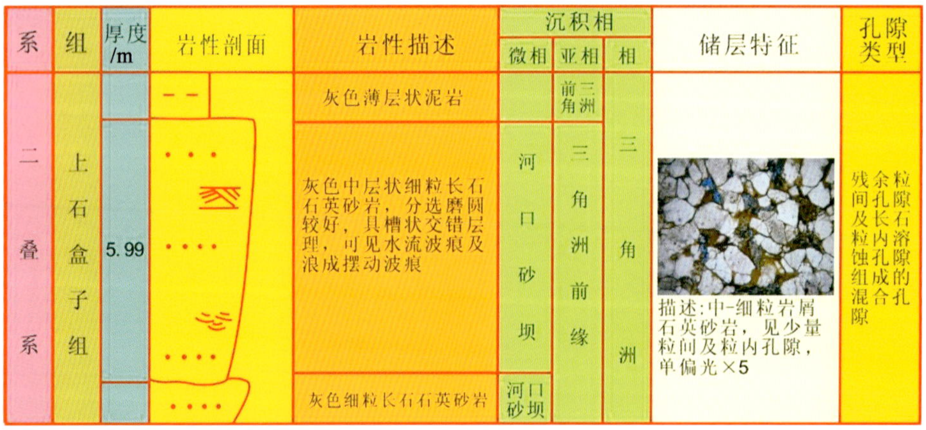

图 7-27 河南西村二叠系剖面上石盒子组田家沟砂岩（河口坝）储集砂体特征

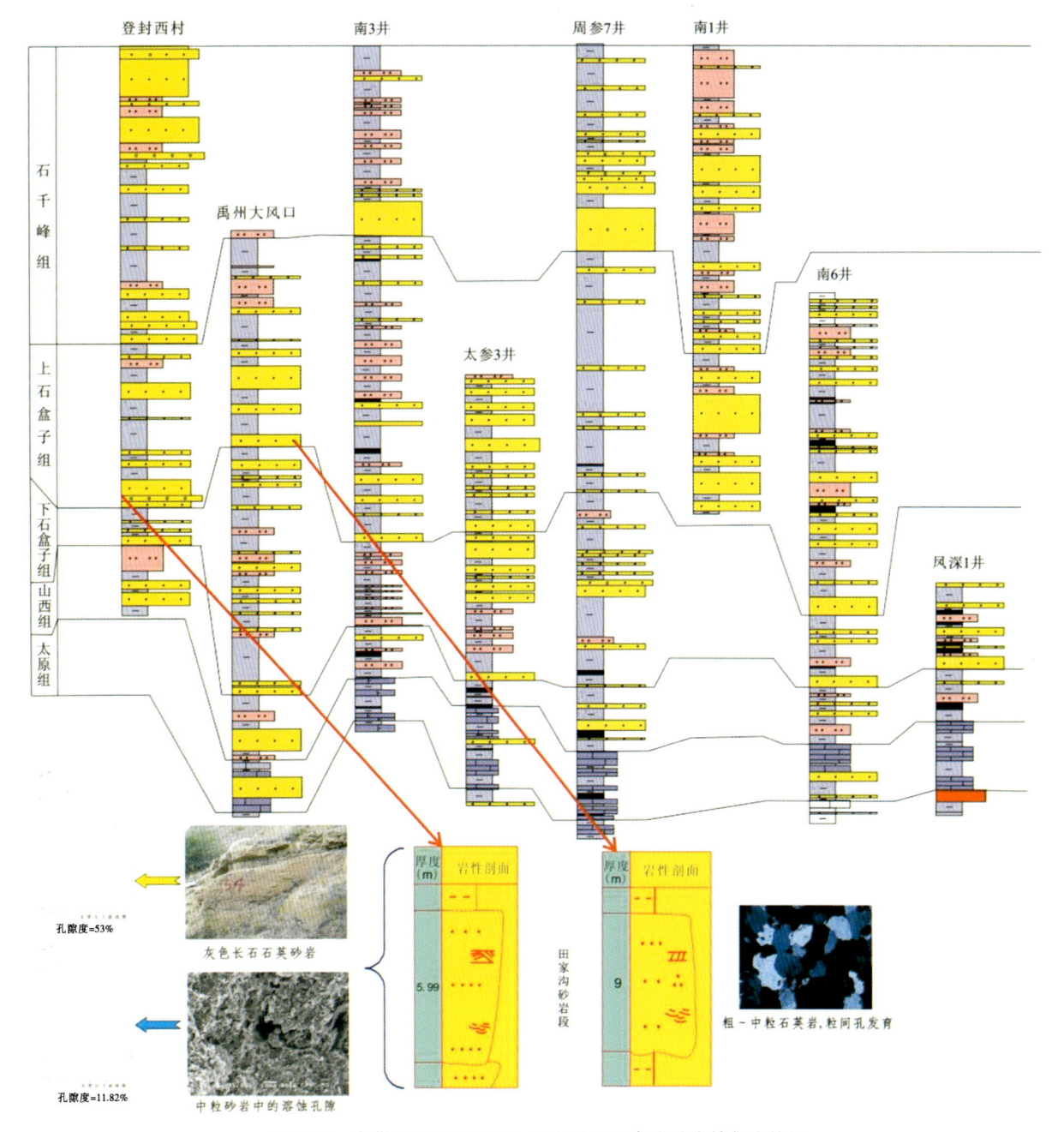

图 7-28 南华北地区 PSQ9 上石盒子组田家沟砂岩储集岩特征

碎屑颗粒包括石英、长石和岩屑。其中石英含量一般为 35%～85%，平均 69%，包括单晶石英和燧石。长石含量一般为 0～10%，平均 3%。岩屑含量一般为 9%～37%，平均 16%。

碎屑颗粒主要粒径为 0.15～0.35mm，最大粒径约 0.5mm，分选性中等，棱角-次棱角状，孔隙式胶结，颗粒为点-线或线-点接触。孔隙类型为各类粒间溶孔和粒内溶孔。

田家沟砂岩储层孔隙度频率分布特征，呈明显的单峰态特征，主要分布小于 1%，其次分布于 1%～2%（图 7-29）。储层实测孔隙度一般为 4.04%～14%，平均为 7.72%；储层测井解释孔隙度 1.5%～11%，平均 5.4%；渗透率 0.001×10^{-3}～$0.370 \times 10^{-3} \mu m^2$，平均 $0.0607 \times 10^{-3} \mu m^2$（表 7-13）。

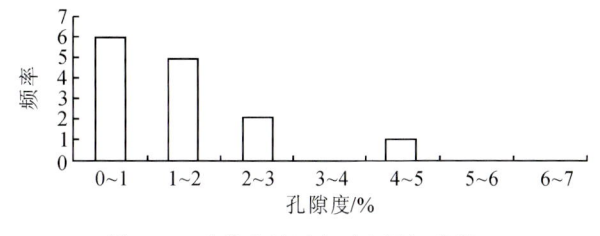

图 7-29 南华北地区上石盒子组砂岩储层孔隙度分布直方图

表 7-13 南华北地区上石盒子组田家沟砂岩实测孔隙度、渗透率统计表

构造单元	井号	层位	深度	基质孔隙度/%	基质渗透率/($10^{-2}\mu m^2$)	裂缝孔隙度/%	裂缝渗透率/($10^{-2}\mu m^2$)
鹿邑凹陷	周参13井	上石盒子组	2951~2956	9.47	0.7	14	9.3
	周参7井		1766~1784	5.32	0.9	2.8	50.7
			1953~1958	12.2	0.7	4.9	1169
			2011.6~2015	14	1.1	8.1	2747.1
	南7井			6.21	2.11		
	徐州			7.26	0.99		
谭庄沈丘凹陷	南6井			4.04	0.32		
合肥盆地	淮南			5.48	<0.1		
襄城凹陷	平顶山			5.47	<0.1		
平均值				7.72	0.97		

（三）PSQ13 层序中的储集岩——孙家沟组平顶山砂岩

位于 PSQ13 三级层序 TST 的下部，对应于孙家沟组平顶山砂岩。岩石类型为灰白色细粒岩屑长石砂岩，致密坚硬，胶结物硅质含量高，泥质含量低，单层厚度大，一般 80~110m，区域分布稳定，是南华北区域性标准层（图 7-30）。

碎屑颗粒包括石英、长石和岩屑。其中石英含量一般为 41%~60%，平均 49%。长石含量一般 31%~44%，平均 39%。岩屑含量一般 2%~14%，平均 11%。

碎屑颗粒常具定向性，主要粒径为 0.10~0.25mm，最大粒径为 0.38mm，分选性中等—好，少数较差，次棱角状，孔隙、压嵌、孔隙-压嵌式胶结，石英次生加大现象较为常见，颗粒接触关系以点、线、点-线式为主，偶见凹凸接触。

该层序中平顶山砂岩储层孔隙度频率分布主要呈现为单峰态特征，主要分布于 1%~2%。砂管储层主要由粒间孔隙构成有利的储集空间。

储层孔隙度一般为 1.3%~2.0%，平均为 1.6%，砂岩渗透率一般为 0.014×10^{-3}~$0.02\times 10^{-3} \mu m^2$，平均为 $0.017\times 10^{-3} \mu m^2$；测井解释孔隙度 1.7%~11%，平均 6.9%；渗透率 0.004×10^{-3}~$0.090\times 10^{-3} \mu m^2$，平均 $0.0455\times 10^{-3} \mu m^2$（表 7-14）。

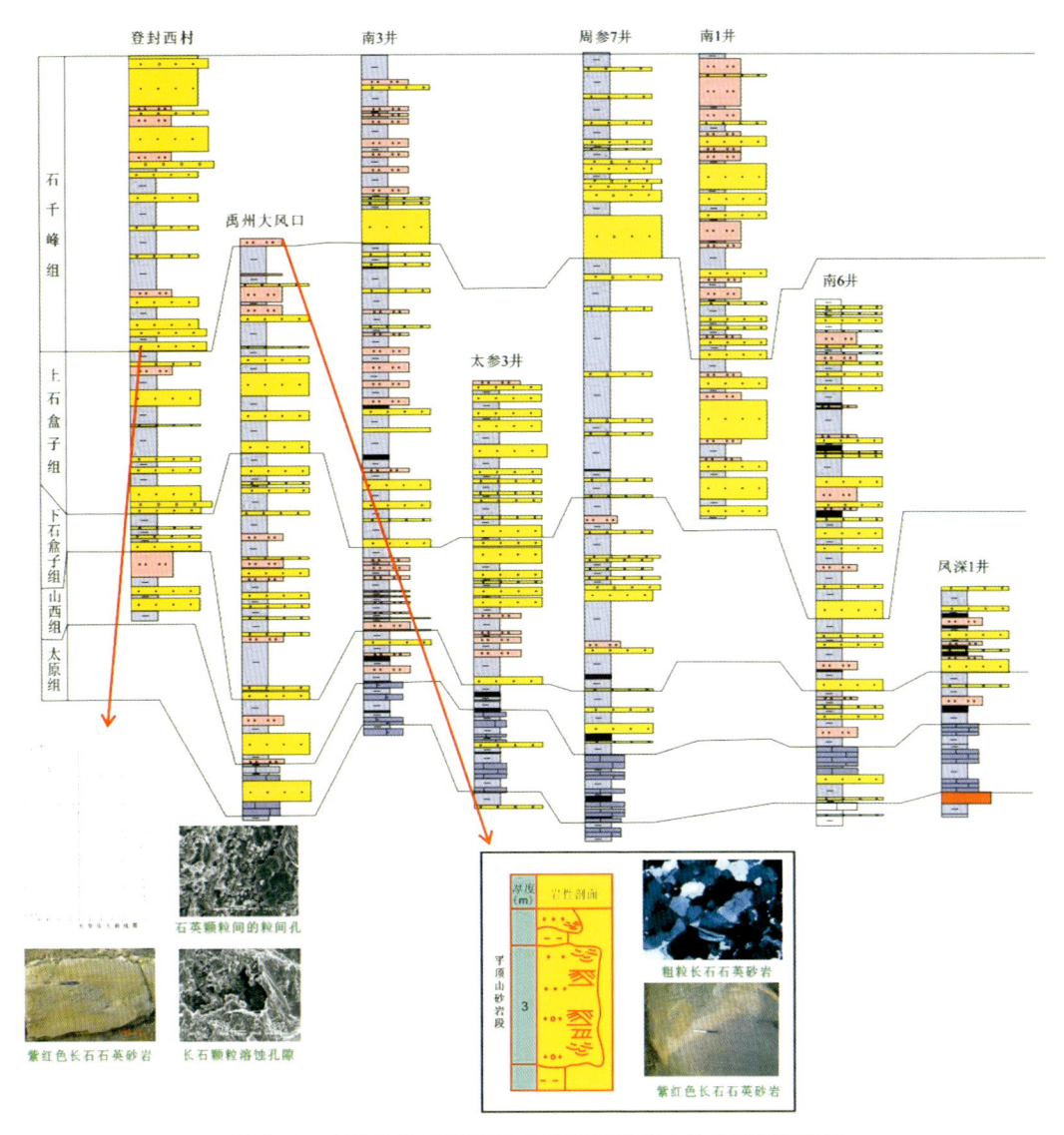

图 7-30　南华北地区 PSQ13 孙家沟组平顶山砂岩储集岩特征

表 7-14　南华北地区孙家沟组平顶山砂岩实测孔隙度、渗透率统计表

构造	井号	层位	深度/m	平均孔隙度	平均渗透率/md
鹿邑凹陷	周参 7 井	孙家沟组	1080.00～1097.50	6.1	0.060
			1223.50～1224.50	3.0	0.004
			1286.00～1291.50	4.5	0.037
			1319.00～1322.00	4.8	0.030
			1353.50～1379.00	5.8	0.060
			1389.00～1417.60	5.4	0.068
	周参 9 井		2730.00～2731.00	0.065	0.035
			2759.88～2761.88	0.070	0.045
			2762.00～2763.25	0.077	0.063
			2910.00～2917.00	0.078	0.060
			2918.50～2934.60	0.076	0.058
襄城凹陷	平顶山			4.0	
	颖阳王堂村			1.5	

八、SS12 超层序中的区域性储集岩——三叠系储层

对应于超层序 SS12，包括刘家沟组、椿树腰组和谭庄组。根据详细的沉积体系研究表明，主要沉积相类型包括河流、三角洲和湖泊，而储层发育的有利储集砂体为河流相河道（心滩和边滩）砂体、三角洲平原分流河道、三角洲前缘的水下分流河道、河口砂坝和浅湖砂坝砂体（图 7-31、图 7-32、图 7-33）。

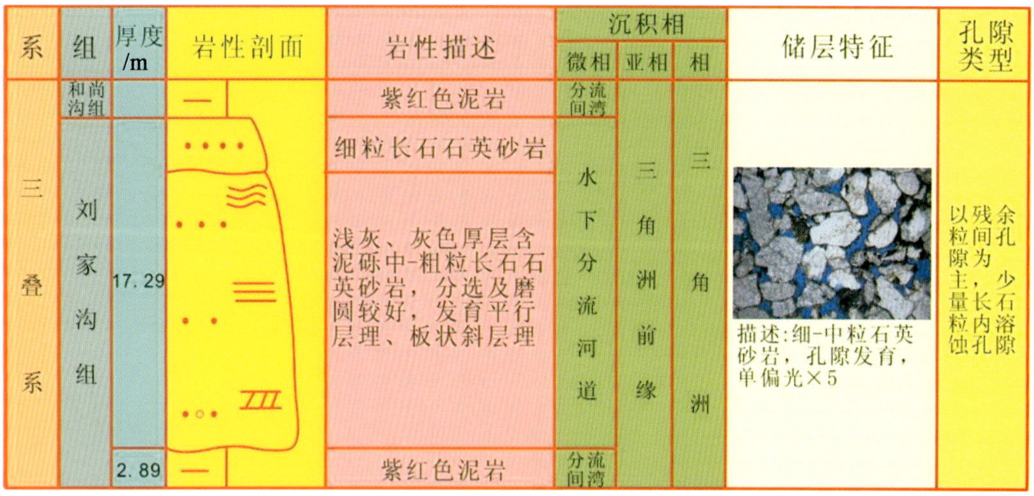

图 7-31　河南义马三叠系刘家沟组三角洲前缘的水下分流河道储集砂体特征

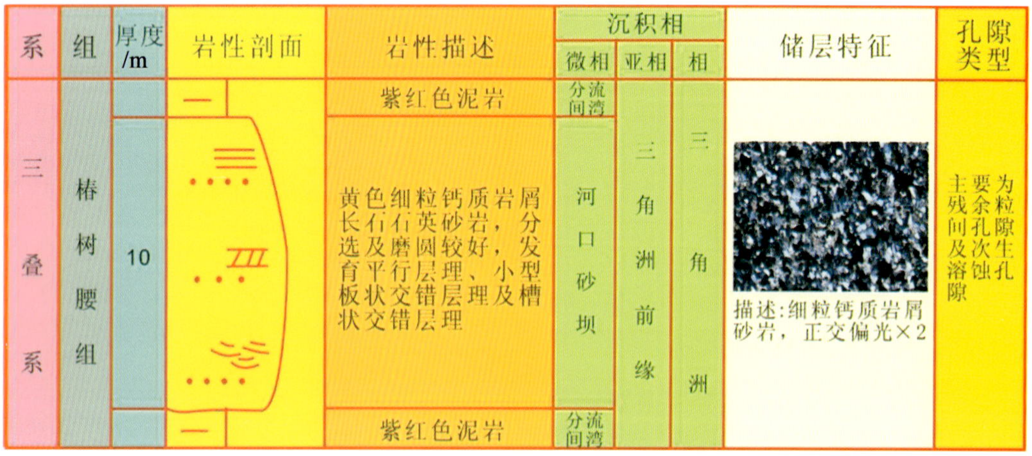

图 7-32　河南义马三叠系椿树腰组三角洲前缘河口坝储集砂体特征

根据研究区实测样品物性分析，并结合各类测试分析成果（表 7-15），可以看出：储集层孔隙度普遍较低，为 3.19%～16.03%；渗透率范围变化较大，变化范围为 0.036×10^{-3}～$23.487\times10^{-3}\mu m^{-2}$，显示较强的非均质性，大多数样品水平渗透率小于 $0.1\times10^{-3}\mu m^{-2}$ 为特低渗透储集层，局部可能由于裂隙的原因而显示较高的渗透性。铸体薄片分析亦表明，岩石普遍胶结致密，主要孔隙类型为次生孔隙，以粒间溶孔和粒内溶孔为主，少量胶结物溶蚀孔隙及少量原生孔隙，局部层位渗透率较大可能是因为存在裂隙。

九、SS13 超层序中的区域性储集岩——侏罗系储层

对应于超层序 SS13 的 TST，地层上对应于鞍腰组下部，层序上对应于 JSQ1。受中生代构造演化和盆地类型控制，平面上分布范围局限。JSQ1 层序中储集岩主要以河流心滩或边滩砂岩、含砾砂岩及三角洲砂砾岩为储层。

层序中储集岩以中粒、中粗粒为主，次为含砾砂岩或砂砾岩。砂层发育，一般单层厚度为 1～20m，砂层一般占地层厚度的 60% 以上。砂岩分选、磨圆度差，成份成熟度和杂基含量高，以岩屑砂岩为主，次为岩屑长石砂岩。其中杂基含量高的砂岩以基底式胶结为主，杂基含量低的砂岩以孔隙式或镶嵌式胶结为主。

表 7-15 南华北地区上三叠统物性分析数据表

剖面	地层	样品	孔隙度/%	平均渗透率/($\times 10^{-3} \mu m^2$)
济源	谭庄组上段		7.4	4
	谭庄组下段	J145	9.19	1.571
	椿树腰组上段	J194	3.19	0.2719
		J190	5.02	0.1963
		J200	4.18	3.506
		J201	6.34	23.487
	椿树腰组下段	J208	6.38	0.216
		J205-1	6.36	0.2069
		J205-2	5.77	0.4424
		J210	9.06	0.4208
		J212—12	16.03	11.869
伊川	谭庄组下段	D3	10.64	8.08
		D22	6.96	0.7726
		D30	7.91	0.136
		D37	5.21	0.2427
		D47	3.71	0.0362
义马	谭庄组下段	Y119	4.21	0.0701
	椿树腰组		14.7	7.13
洛 1 井	椿树腰组		7.59	1.0
3001 井	谭庄组上段	208 $\frac{8}{9}$	6.34	0.0457
		209 $\frac{1}{11}$	5.38	0.0671
		209 $\frac{3}{11}$	5.28	0.0415
石门沟	T	SMY-2	11.3	2.87
	T	SMY-4	6.8	0.084

物性分析表明，侏罗系砂岩孔隙度<10%，渗透率除个别样品大于 $1\times 10^{-3}\mu m^2$ 外，绝大多数小于 $0.1\times 10^{-3}\mu m^2$，基本上属于低孔隙、微渗透率、微-细喉道型，但局部存在优质储层。总体上，侏罗系由老至新，砂岩储集物性依次变好；合肥盆地北部砂岩物性较南部好，合深 3 井孔隙度平均 8.29%，渗透率平均 $0.164\times 10^{-3}\mu m^2$，而合肥盆地南部的肥 8 井孔隙度平均只有 2.86%。

根据压汞分析资料，深层砂岩孔喉分布具有分选差、歪度偏细的特点，表现在毛管压力曲线上排替压力 Pd、中值压力 P50 和最小非饱和孔隙体积大，随毛管压力增大，曲线靠紧坐标右侧攀升，退汞效率低。

侏罗系中-细长石岩屑砂岩铸体薄片图象分析揭示了该套砂岩孔隙结构的特征。该样品面孔率平均值为 2.31%，最小值为 0.27%，最大值为 6.46%（表 7-16）。最小孔隙直径为 1.6μm，最大为 239.3μm，方差为 435.9；最大孔隙直径平均值为 26.6μm，最小仅 5.9μm，最大可达 373.734μm，方差为 1095.35；孔隙等效圆直径平均为 13.9948μm，最小值 4.8941μm，最大可达 200.436μm，标准偏差为 19.0316；孔隙面积平均为 411.084μm^2，最小值为 18.8μm^2，最大值为 30150.3μm^2，标准偏差 1812.33。根据该样品孔隙等效圆直径判断，该砂岩属于微孔隙类型。

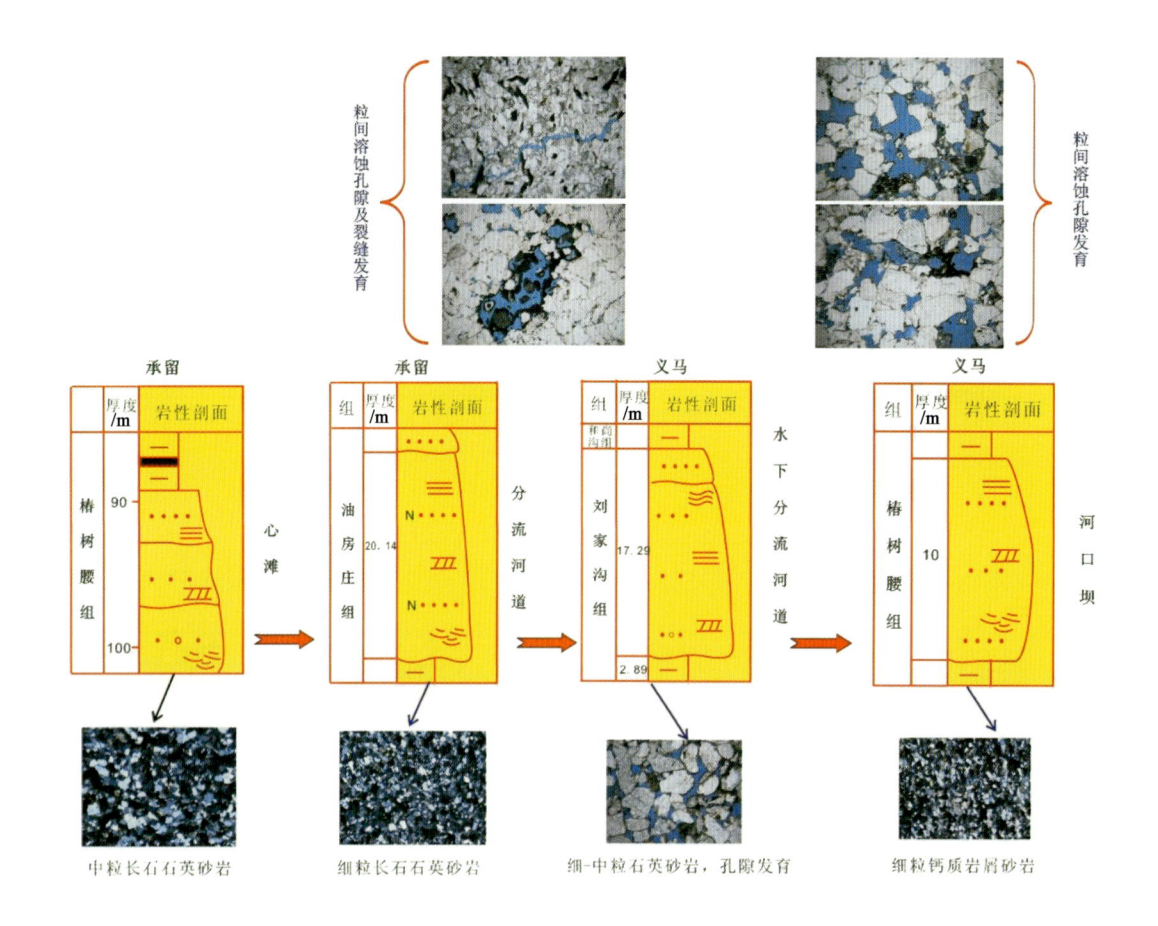

图 7-33 南华北地区 SS12 超层序砂岩储集岩特征

表 7-16 南华北地区阜阳地区砂岩储层物性统计表

层位	样品数/个	孔隙度/%			渗透率/($10^{-3}\mu m^2$)		
		最大	最小	平均	最大	最小	平均
侏罗系	29	6.46	0.27	2.31	2.89	<0.01	0.17

第二节 层序格架中的区域性盖层

盖层是相对于储层而言的，即阻挡油气往上溢散的岩层。盖层的存在与否以及封闭性好坏，直接影响着油气藏的形成。岩层能否作为盖层，取决于它的致密程度。衡量岩层封盖能力的主要参数是它的排替压力和孔渗性。当岩层的排替压力大于地层压力（或油气运移动力）时，即可成为盖层，否则盖层条件消失。

岩性对盖层封盖能力影响很大，不同岩性的毛细管封闭能力明显不同。毛细管封闭能力最强的是岩性细而塑性强的膏盐岩和泥岩。粉砂质泥岩和泥质粉砂岩、生物灰岩等也有一定的毛细管封闭能力，但较膏盐岩和泥岩的毛细管封闭能力要弱，只能成为较差的油气封盖层。因此，作为大中型油气田盖层的最好岩性是膏盐岩和泥岩。

因此，本书主要采用排替压力和渗透率，并考虑其他影响因素，依据盖层所发育的岩石类型，对南华北地区盖层的封闭能力进行评价研究。研究表明：南华北地区在其沉积演化过程中，盖层发育、岩性多样，分布于盆地不同超层序中。这些盖层分别为：SS1 超层序的洛峪口组的泥页岩；SS3 超层序朱砂洞组膏盐盖层和馒头组中的泥页岩盖层，SS5 超层序下奥陶统中的贾旺页岩；SS6 超层序中发育下奥陶统的致密灰岩；SS8 超层序上石炭统本溪组中的铝土岩；SS9 超层序石盒子组中的泥岩；SS13 超层序下侏罗统鞍腰组中发育的泥岩。南华北地区垂向演化上，共发育 8 套盖层，岩性上以膏盐岩、铝土岩、泥岩、页岩、泥晶灰岩封盖性最佳。下面就层序格架中区域性盖层发育特征讨论如下。

一、SS1 超层序中的区域盖层——洛峪口组泥页岩

南华北地区 SS1 超层序中区域性盖层主要发育于洛峪口组，如鲁山县下汤镇剖面、周参 6 井和凤深 1 井中发育的泥页岩。其中，鲁山县下汤镇剖面洛峪口组一段主要由灰绿色页岩夹紫红色页岩组成，厚 18.6m。凤深 1 井刘老碑组主要由灰色厚层状页岩组成，厚约 300m，周参 6 井洛峪口组泥页岩累计厚度大于 150m。洛峪口组（刘老碑组）中发育的泥页岩厚度大，区域上分布稳定，具有由北西往南东泥页岩厚度增厚的趋势，封盖性最稳定的地区位于周参 16 井—凤台—淮南一线（图 7-34）。

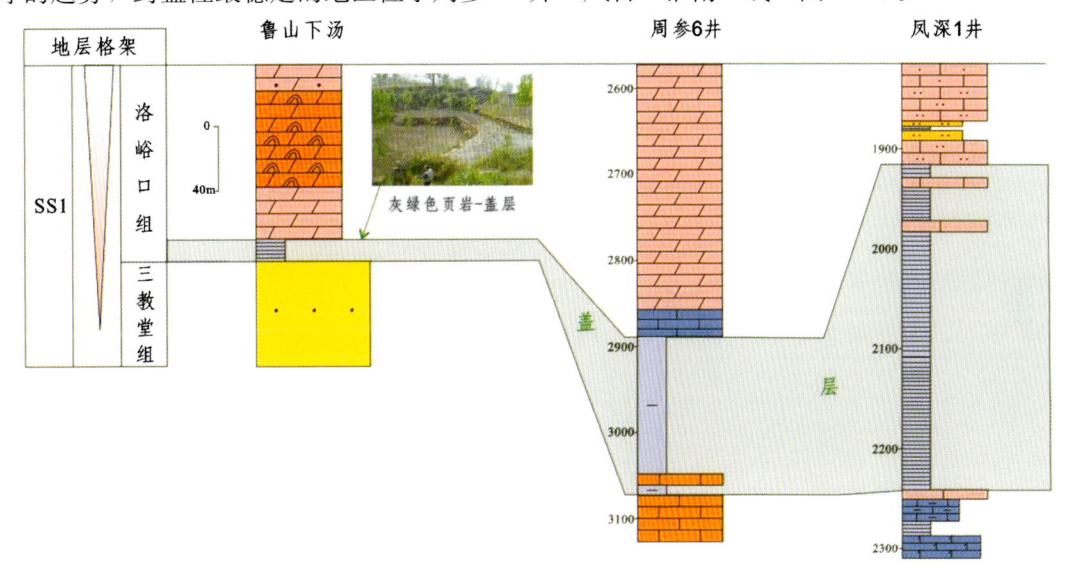

图 7-34 南华北地区 SS1 超层序洛峪口组泥页岩区域性盖层特征

二、SS3 超层序中的区域盖层

（一）∈SQ4～∈SQ5 层序中的盖层——朱砂洞组膏盐盖层

许多大气田都是由膏岩、盐岩封盖。膏岩和盐岩多呈互层状产出，并且盐岩具有地下流动性，可以愈合膏岩中的裂缝。因此，膏、盐岩混合盖层具有极强的封盖性。

∈SQ4～∈SQ5 层序朱砂洞期含盐岩系多呈灰白—灰色，部分为黄褐、紫红色。由石膏-硬石膏层、白云质硬石膏岩、含膏白云岩及白云岩组成；地表及浅部为膏盐层的次生岩石-盐溶角砾岩和次生灰岩。该段层序由蒸发岩相岩石组成，硫酸盐特别发育，与白云岩交互成层。岩层具水平层理、波状层理，纹层和干裂角砾发育，有波痕、冲刷面和小型交错层理，具条带状、鸟眼、肠状和瘤状构造。

该套膏盐岩平面上主要分布于汝州—郏县以南的宝丰、鲁山、平顶山、叶县、舞阳和确山一线（图 7-35），厚 40～120m，最大厚度 217m，汝州—郏县往北，含盐层次发育，厚数米至十余米，最厚 35m，为下寒武统稳定的区域性盖层。

（二）∈SQ6～∈SQ8 层序中的盖层——馒头组泥页岩

南华北地区 SS3 超层序中馒头组主要由孔渗性低的泥岩、页岩和泥晶灰岩组成。由于地表难以取到完整的岩样，大多数钻井又未钻遇，或钻遇了馒头组但未取心，因此，该套盖层的评价主要依据鄂尔多斯盆地馒头组中的泥岩测试成果。馒头组泥岩渗透率极低，一般小于 $10^{-10}\mu m^2$，饱和空气时突破压力在 7.0Mpa 以上，饱和煤油时突破压力一般大于 13Mpa，饱和水在实验条件下（30Mpa）均不能突破。根据上述排替压力和孔渗性，表明与鄂尔多斯盆地相邻的南华北地区馒头组泥页岩和泥晶灰岩同样具有极强的封盖能力，为盆地极好的区域性盖层。

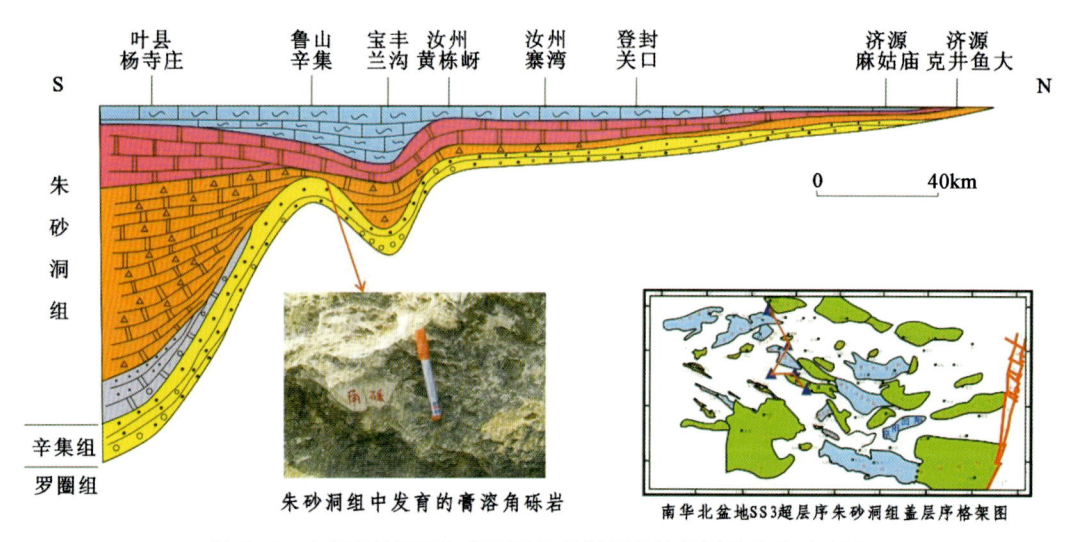

图 7-35　南华北地区 SS3 超层序朱砂洞组膏盐盖层分布及对比图

南华北地区 SS3 超层序格架中，馒头组盖层厚度巨大，区域上盖层厚度最大位于太康隆起，如太参 2 井，页岩累计厚度为 175m。往襄城和淮南泥页岩厚度逐渐减薄，周参 6 井泥页岩和泥晶灰岩累计厚度为 100m，淮南的凤深 1 井泥页岩累计厚度为 125m。根据馒头组泥页岩厚度对比表明，该层序格架中的盖层厚度大，全区分布稳定，是寒武系及下伏地层理想的区域盖层（图 7-36）。

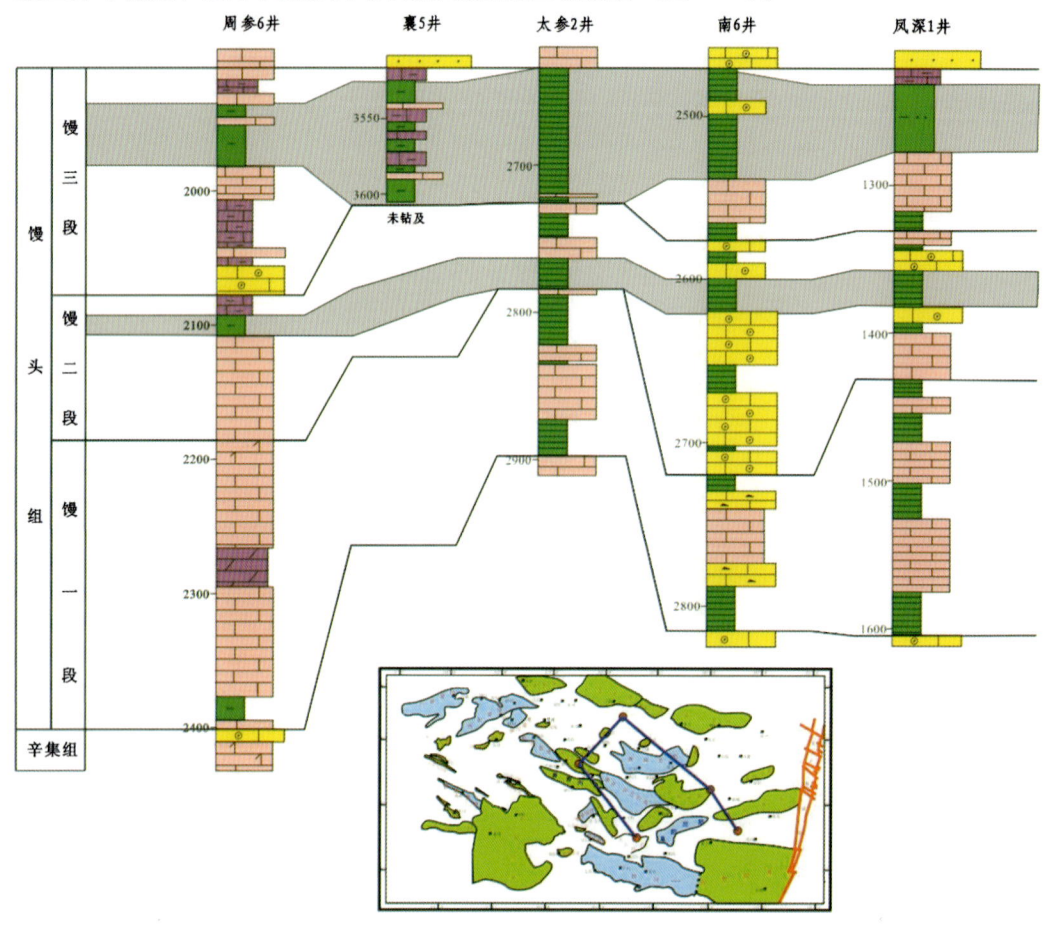

图 7-36　南华北地区 SS3 超层序周参 6 井—凤深 1 井馒头组泥页岩盖层对比图

三、SS5 超层序中的区域盖层——下奥陶统"贾旺页岩"

南华北地区 SS5 超层序格架中区域盖层主要为灰黄色薄层粉晶白云岩、黄绿色页岩，底部常有一层厚约几厘米至几十厘米的砂砾岩或含砂白云岩，由北向南不整合超覆于寒武系之上，其上部在登封、巩县可见一层黄色疙瘩状白云岩或泥灰岩，成层性差，厚 20 多米。太参 3 井所见的"贾汪页岩"为云质泥岩，伴有较厚的角砾状含泥云岩，厚 24m，盖层条件相对较差，但可形成较好的局部盖层。

四、SS6 超层序中的区域盖层——下奥陶统致密灰岩

SS6 超层序中，主要由泥微晶灰岩及泥灰岩组成，当其裂隙溶孔不发育时，可以充当油气藏的盖层。实验表明，碳酸盐岩的封盖能力与岩石的结晶程度及内碎屑颗粒的含量有关，研究区下奥陶统中广泛发育的泥晶灰岩具有较强的封盖能力。

研究区上、下马家沟组泥晶灰岩盖层具体包括下马家沟组底部泥灰岩盖层和上马家沟组底部泥灰岩盖层（图 7-37）。如太参 3 井 1872.09m 井段发育的泥晶灰岩，常规渗透率为 $1.91 \times 10^{-8} \mu m^2$，地层条件下渗透率为 $6.4 \times 10^{-9} \mu m^2$。饱和煤油和水之后，在 15.5Mpa 和 16Mpa 下 24 小时不能突破，样品孔隙度 0.15%，岩石密度 $2.7 g/cm^3$，属于好的盖层。下面就下马家沟组和上马家沟组盖层发育特征分述如下。

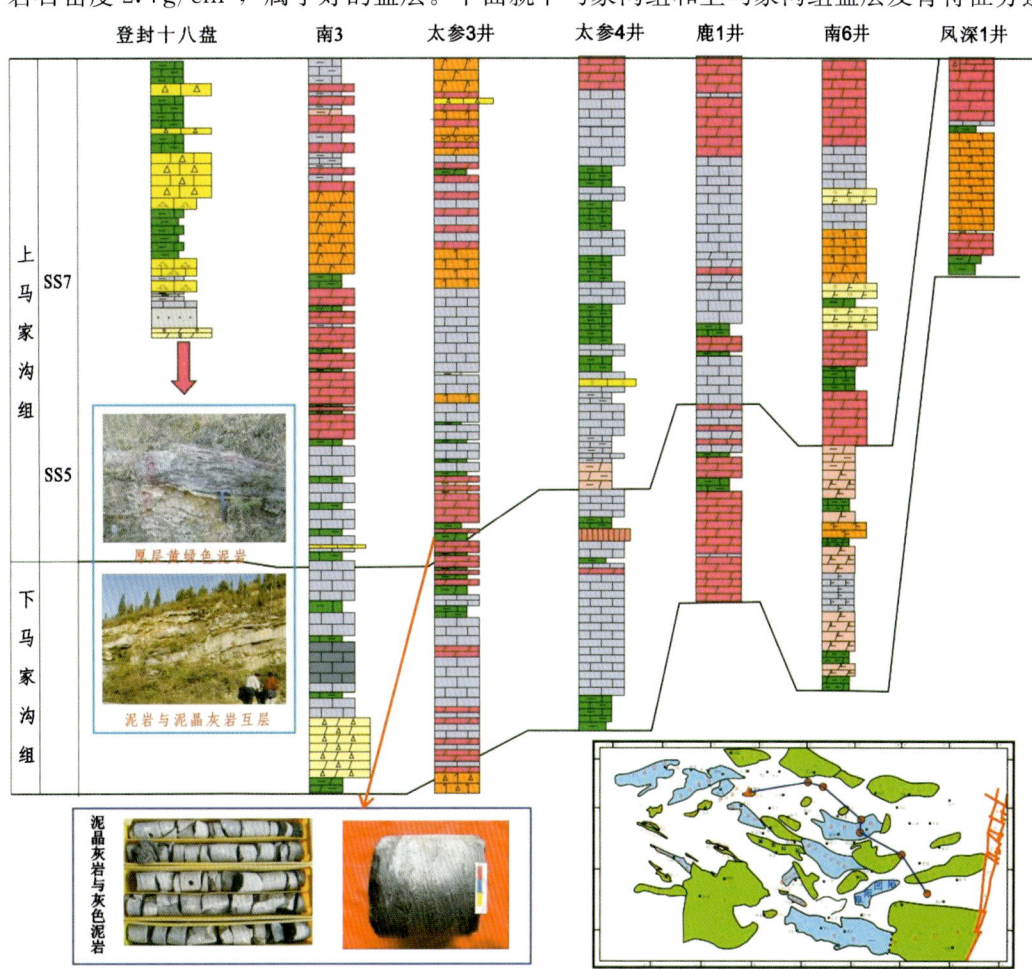

图 7-37 南华北地区 SS6 超层序上马家沟组盖层对比图

（1）下马家沟组底部泥灰岩盖层：岩性主要为含泥云灰岩、泥质岩，厚 23.0～30.0m，它是寒武系风化壳储集层的直接盖层。由于区内钻井揭示泥质岩厚 5m（太参 2 井），有些地区相变为角砾状含泥云灰岩（太参 3 井），该套地层在太康隆起区广泛分布。同时，该套盖层于凤台的凤深 1 井亦有发育，如凤深 1 井灰绿色泥岩厚度为 4m。根据区域资料表明，下马家沟组底部亦为研究区重要的盖层。

（2）上马家沟组底部泥灰岩盖层：由含泥灰岩、泥质灰岩、泥质白云岩及灰质泥岩组成，电性上自然伽玛呈密集的尖峰状，厚度达 28～80m，分布稳定，较易识别。如太参 3 井 2122～2194m 井段，主要由泥岩和泥晶灰岩组成，盖层厚度大；再如太参 4 井上马家沟组底部亦有厚度巨大的泥灰岩发育；另外于

周参8井亦有发育。根据钻井资料表明，上马家沟组泥灰岩不仅是下马家沟组碳酸盐岩储集层的直接盖层，也可作为寒武系风化壳储集层的间接盖层。该套盖层为地区性的或局部性盖层。

五、SS8 超层序中的区域盖层——下石炭统本溪组铝土岩

（一）CSQ1（下石炭统本溪组）中的铝土岩

该盖层岩性由海相泥岩、铝土质泥岩、粉砂质泥岩及铝土岩组成，发育于本溪组底部，对应于CSQ1三级层序的TST早期。该套铝土岩于全区分布广泛，层位稳定。它位于奥陶系古风化面上，其底部凹凸不平，厚度受基底风化壳厚度的控制，单层最厚可达17m，累计厚4~43.6m（图7-38）。该套铝土岩以质纯细腻为特点，是下古生界风化壳储层良好的封盖层，因此该套盖层亦是区内盖层质量最好、封盖能力最强的一套区域性盖层。

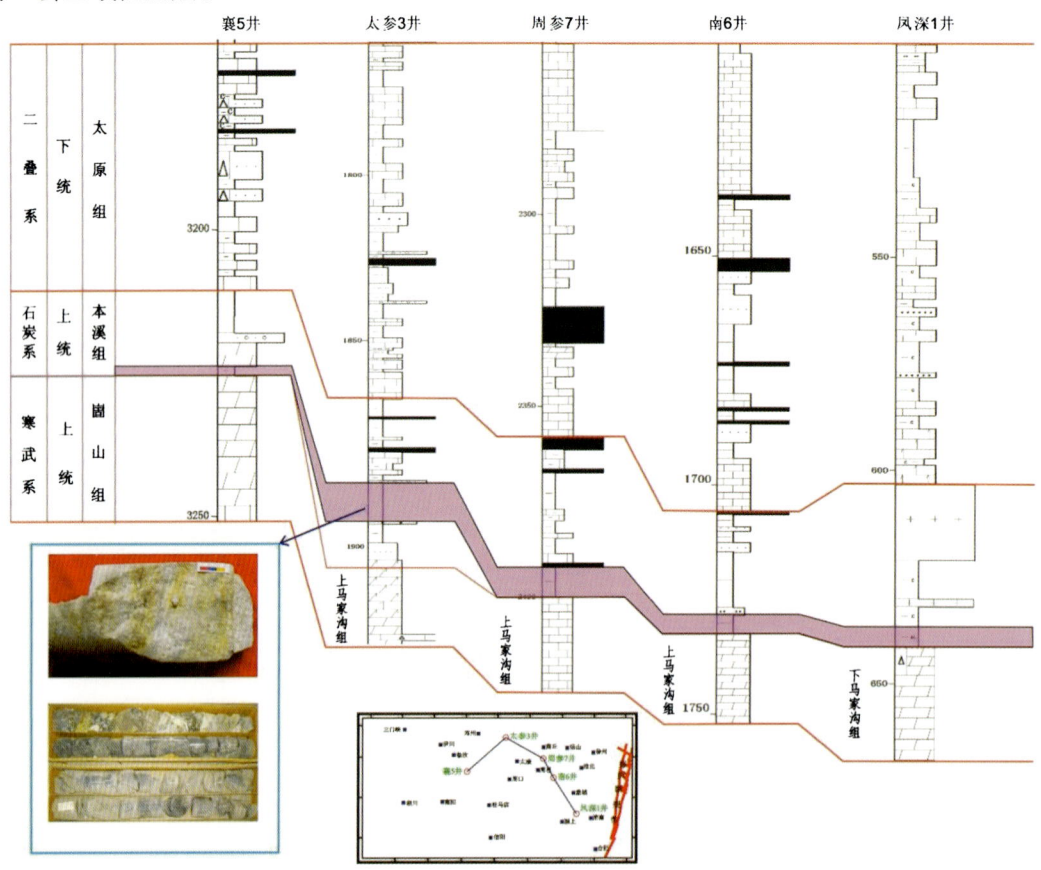

图7-38 南华北地区东西向襄5井—凤深1井铝土岩盖层对比图

研究区铝土岩是奥陶系古风化壳气藏的直接盖层，它们由菱形、团块状三水铝石组成，堆积于奥陶系风化面上。铝土岩为碳酸盐岩经风化再与陆源沉积物混合而成，不仅结构致密，具有很强的封盖能力，加上后期的压实成岩作用，使岩石更加致密。同时，铝土岩具有较高的膨胀性，并常与泥质岩共生，成岩过程中不易产生裂缝，是理想的油气藏盖层。

根据巩县和渑池野外剖面铝土岩的封盖测试分析（表7-17）表明，其垂直渗透率为 $2.06 \times 10^{-7} \mu m^2$ ~ $20.7 \times 10^{-7} \mu m^2$，饱和水后的突破压力为12~16Mpa。在太参3井1858.27m的铝土岩测试分析表明，试验压力从1Mpa一次上加，在5Mpa下1h气体突破，静围压为15~16Mpa，测得常规渗透率 $9.5 \times 10^{-8} \mu m^2$。饱和煤油压力从5Mpa依次上升到16Mpa时24小时未突破，饱和水后在16Mpa下27h未突破。该样品孔隙度为0.56%，岩石比重2.64g/cm³，评价为极好的盖层。从岩性上分析，太参3井本溪组铝土岩共发育四层，累计厚度10.18m。

由此可见，铝土岩既有高的排替压力、低的渗透性，同时区域上分布稳定、厚度大，具有较好的封盖能力，是南华北地区奥陶系古风化壳储层上直接的区域性盖层。

（二）PSQ1～PSQ4 太原组—山西组中的泥岩盖层

南华北地区太原组—山西组主体为潮坪-潟湖沉积，泥岩发育，横向分布稳定，泥岩单层厚度多为5～10m，少数大于15m。根据南华北地区阜阳地区南6井和南11井4个泥岩样品测试分析，当样品饱和盐水时，突破压力均高达14MPa，突破时间均大于24h。饱和煤油时，突破压力大于14MPa，突破时间大于4h，就其封盖性及泥岩发育程度，具备非常高的遮挡能力（表7-17），表明了南华北地区PSQ1～PSQ4太原组—山西组泥岩为一套良好的区域盖层。

表 7-17 南华北地区太原组—山西组泥岩盖层突破压力数据表

井号	样品位置/m	层位	孔隙度/%	饱和煤油 突破压力/MPa	突破时间/h	渗透率/($10^{-3}\mu m^2$)	饱和盐水 突破压力/MPa	突破时间/h	渗透率/($10^{-3}\mu m^2$)	遮挡系数/(1/K)
南6	1216.73	P_3s	2.75	0.9	10	0.002	14	>30		>5×10⁴
南6	1420.32	P_3s	1.75	14	14	0.00053	14	>24		>19×10⁴
南7	2047.90	P_2x	0.96	14	4.5	0.0019	14	>24		>52×10⁴
南11	4065.21	P_1s	1.62	14	4	0.000023	14	20	2×10⁻¹²	5×10¹²
南6	1617.20	P_1s	0.24	14	18	0.00032	14	>24		>31×10⁴

六、SS9 超层序中的区域盖层——石盒子组中上部泥岩

SS9超层序中盖层岩性主要为泥岩及泥质粉砂岩。泥岩厚91.3～460.5m，占地层总厚度的47%，单层厚度大于10m的泥岩一般为1～18层，厚11.3～287.5m，横向分布稳定。该段泥岩不但单层及累计厚度均较大，且在全区稳定分布（图7-39）。饱和气时突破压力为5.88～9.8 MPa，饱和煤油时突破压力为13.72～14.11MPa，渗透率分别为$1\times10^{-8}\mu m^2$和$1\times10^{-9}\mu m^2$。表明该泥岩和泥质粉砂岩对天然气具有很高的封闭能力，因此是区内较好的区域性盖层。

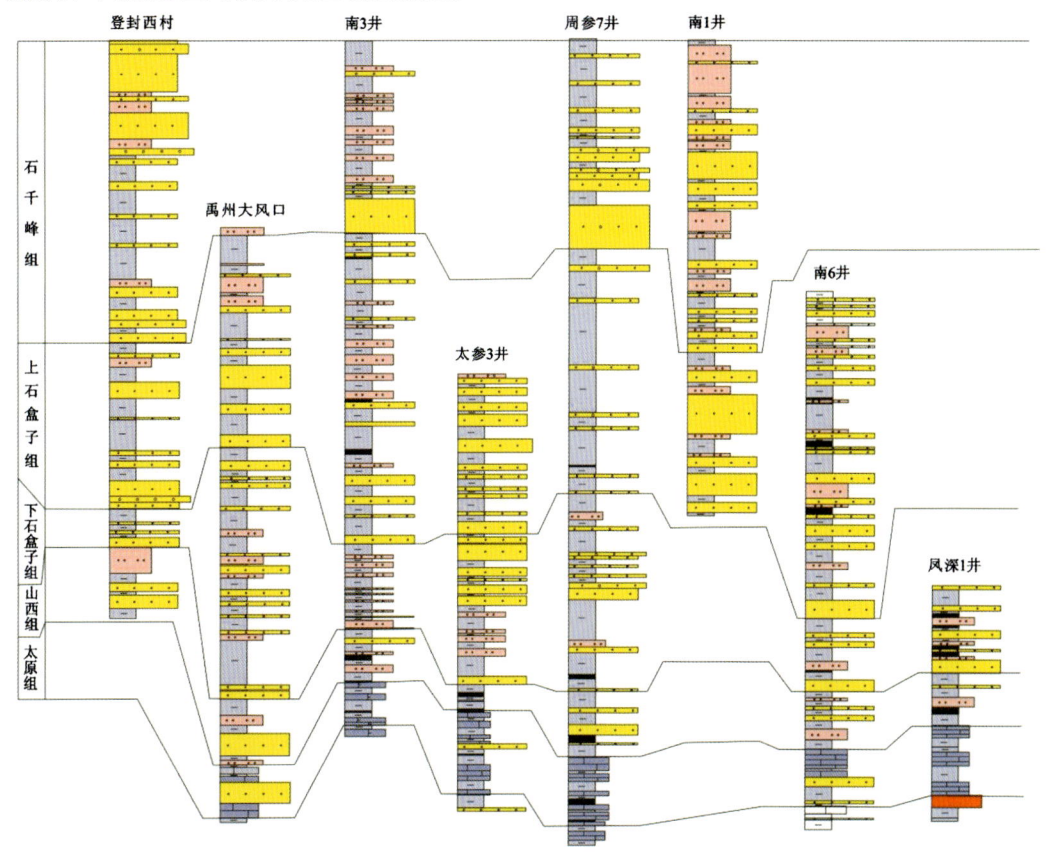

图 7-39 南华北地区 SS8 超层序二叠系泥岩盖层对比图

二叠系的四煤段和六—七煤段泥质岩发育，横向分布稳定，单层厚度大。周参 7 井四—七煤段单层厚度大于 10m 的泥岩有 7 层（113.5m）。四煤段和六—七煤段是煤系烃源岩的区域性盖层。该层系泥岩、粉砂质泥岩都具有很强的天然气封闭能力。试验样品在饱和空气情况下，气体突破时的有效渗透率为 $1 \times 10^{-9} \sim 1 \times 10^{-10} \mu m^2$，封闭能力高—极高。因此，二叠系泥岩盖层条件较好。此外，鹿 1 井二叠系上石盒子组三个泥岩样品的突破压力（饱和煤油突破压力），3258.95m 处排替压力为 12Mpa；3418.9m 处排替压力为 15Mpa；3471.6m 处排替压力为 10Mpa。表明该超层序中泥岩具有较高的突破压力，具有较好的封盖能力。

七、SS13 超层序中的区域盖层——下侏罗统鞍腰组

该超层序（下侏罗统鞍腰组）盖层主要岩性为泥岩，如安参 1 井钻遇 80m 的暗色泥岩，在 2780～3015m 以浅-半深湖泥岩及粉砂质泥岩为主，这套以暗色泥岩及粉砂质泥岩为主的沉积既是一套潜在的烃源岩，也是较好的区域盖层。根据肥西剖面鞍腰组露头泥岩样的排替压力为 8.2MPa，表明该套泥岩具较好的封盖能力。沉积相及地震相研究表明，其分布面积达 1500km^2；滨-浅湖相粉砂岩及粉砂质泥岩的分布面积更大，可达 8000km^2，也具有一定的油气封盖能力。综合分析，该套地层对油气具备了一般—较好的封盖能力。

第三节　层序格架中的生储盖组合特征

南华北地区新元古纪—侏罗纪时期，经历了 9 次二级周期区域性海平面旋回和 6 次二级周期湖盆的扩张和萎缩；盆地类型由海相碳酸盐岩—陆表海盆地—海陆过渡—陆相盆地演化，理论上应该形成相应的 15 套二级区域性生储盖组合，但由于后期构造等因素的影响，所保存的二级区域性生储盖组合没有理论上的那么多。根据上述超层序格架中区域性烃源层、储层及盖层分布规律的研究结果，结合南华北地区现今勘探成果，表明南华北地区青白口系—侏罗系框架内，发育 8 套区域性生储盖组合（图 7-40）。

第一区域性生储盖组合：青白口系（崔庄组烃源岩；三教堂组和崔庄组滨岸砂岩——储层；洛峪口组——盖层）。

第二区域性生储盖组合：震旦系（董家组页岩及其下伏地层中的崔庄组页岩——烃源岩；董家组滨岸砂岩、黄莲垛组、董家组白云岩——储层；黄莲垛组及董家组白云岩——盖层）。

第三区域性生储盖组合：下寒武统（雨台山组和辛集组——烃源岩；雨台山组浊积岩和辛集组滨岸砂岩——储层；朱砂洞组和馒头组——盖层）。

第四区域性生储盖组合：张夏组——烃源岩；张夏组鲕粒灰岩和炒米店组白云岩、岩溶——储层；下马家沟组和贾汪页岩——盖）。

第五区域性生储盖组合：上马家沟组和石炭系—二叠系——烃源岩；上马家沟组白云岩和岩溶——储层；本溪组铝土岩——盖层。

第六区域性生储盖组合：石炭—二叠系内部生储盖。

第七区域性生储盖组合：谭庄组和石炭系—二叠系——烃源岩；谭庄组和椿树腰组砂岩——储层；谭庄组和椿树腰组——盖层。

第八区域性生储盖组合：石炭系—二叠系——烃源岩；鞍腰组砂岩——储层；鞍腰组的泥岩——盖层。

一、第一区域性生储盖组合

该组合以青白口系崔庄组和洛峪口组黑色、深灰色泥岩和钙质泥岩为区域性烃源层。如鲁山县下汤镇剖面、周参 6 井、凤深 1 井，烃源岩厚度大且分布稳定。洛峪口组中发育的泥页岩为区域性盖层。崔庄组和三教堂组中的滨岸砂岩为区域性储层，在区域上形成了一套自生、自储、自盖的生储盖组合（图 7-41）。

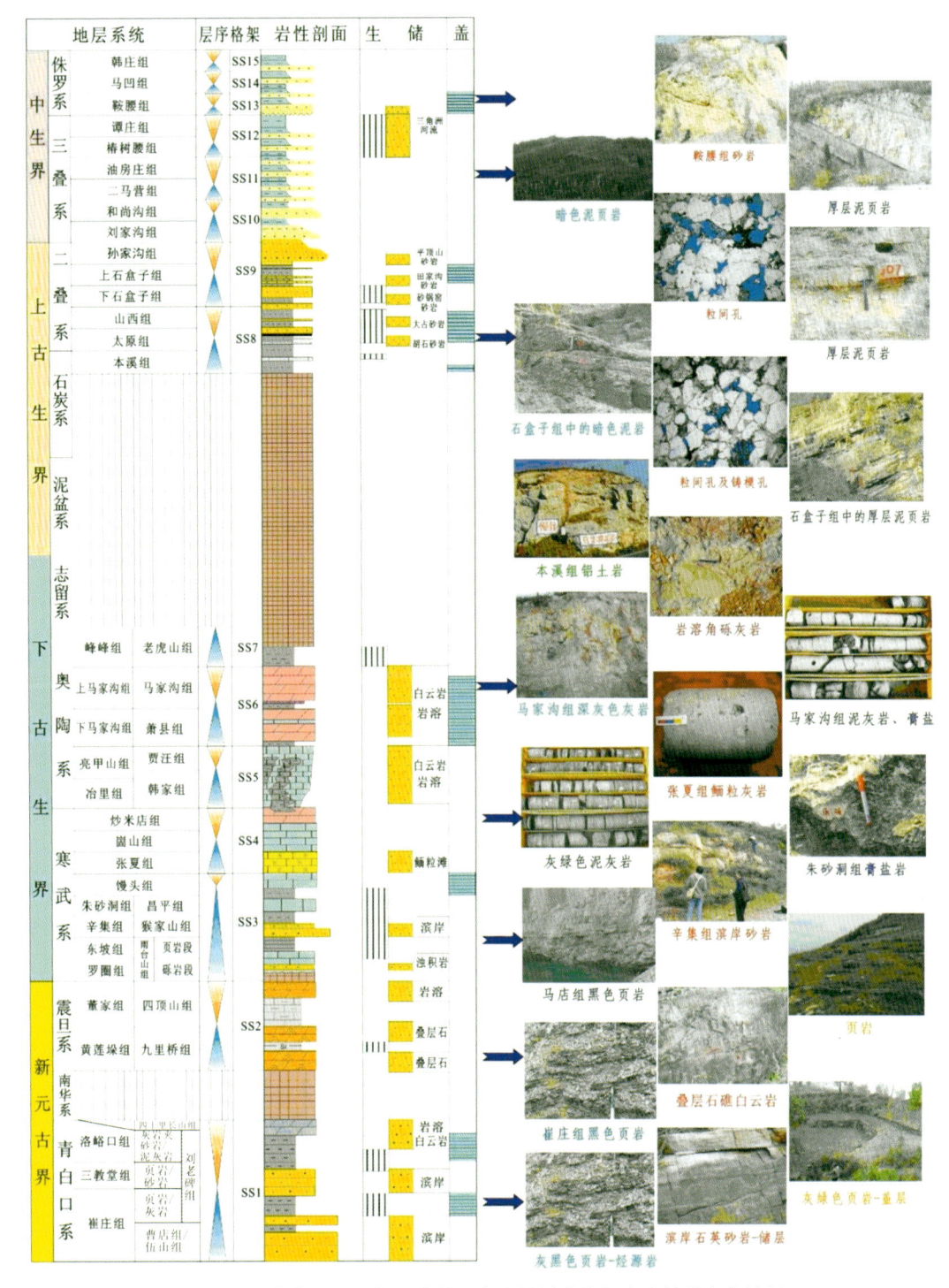

图 7-40 南华北地区新元古界—中生界层序格架中生储盖发育特征

二、第二区域性生储盖组合

在该组合中自身烃源岩为董家组页岩及其下伏地层中的崔庄组页岩及其相当层位。储集岩为黄莲垛组、九里桥组叠层石礁白云岩。盖层为黄莲垛组及董家组白云岩（图 7-42）。

三、第三区域性生储盖组合

该组合以下寒武统凤台组、东坡—雨台山组、辛集组和朱砂洞组的暗色泥岩和泥晶灰岩为区域性烃源层。烃源岩有机质类型好，如河南固始四十里长山一带，在下寒武统底部发现较好烃源岩，有机碳含量 0.28%~6.02%，最高可达 11.18%，平均 2.66%，有机质丰度可达较好—最好的烃源岩标准。凤台组浊积岩和辛集组海侵型滨岸砂岩为区域储层。朱砂洞组膏层、白云质（硬）石膏岩、含膏微晶白云岩互层与馒头组泥页岩和泥晶灰岩为区域性盖层（图7-43）。

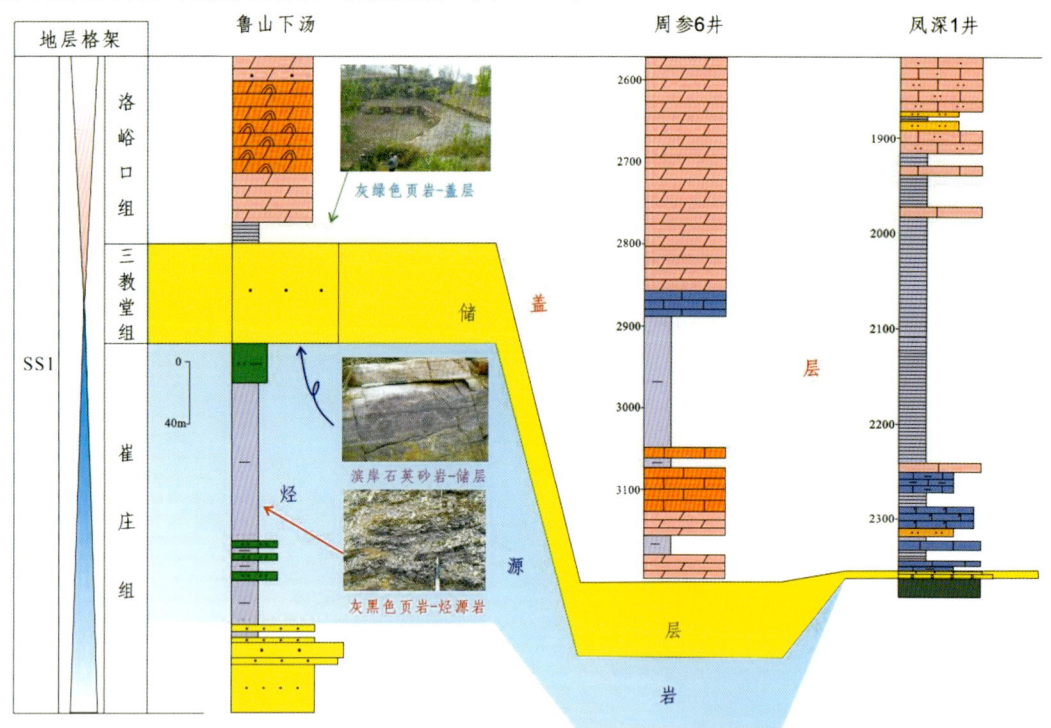

图7-41 南华北地区青白口系生储盖组合

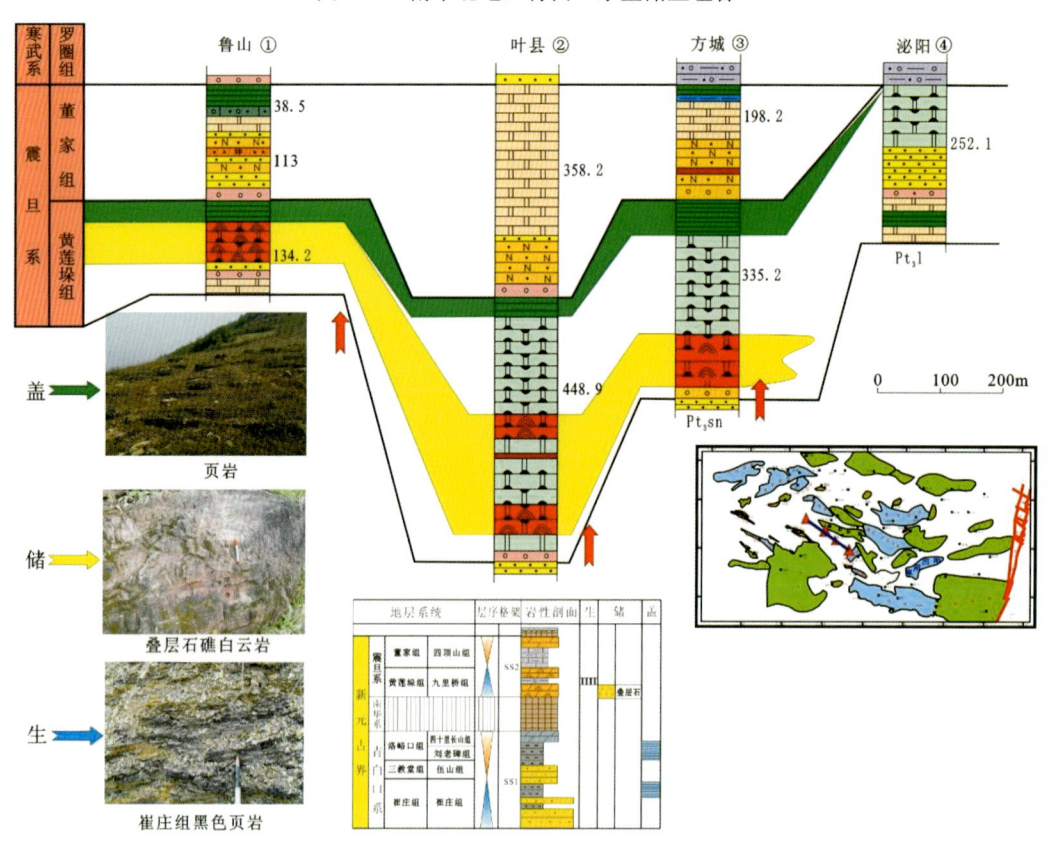

图7-42 南华北地区第二区域性生储盖组合

· 296 ·

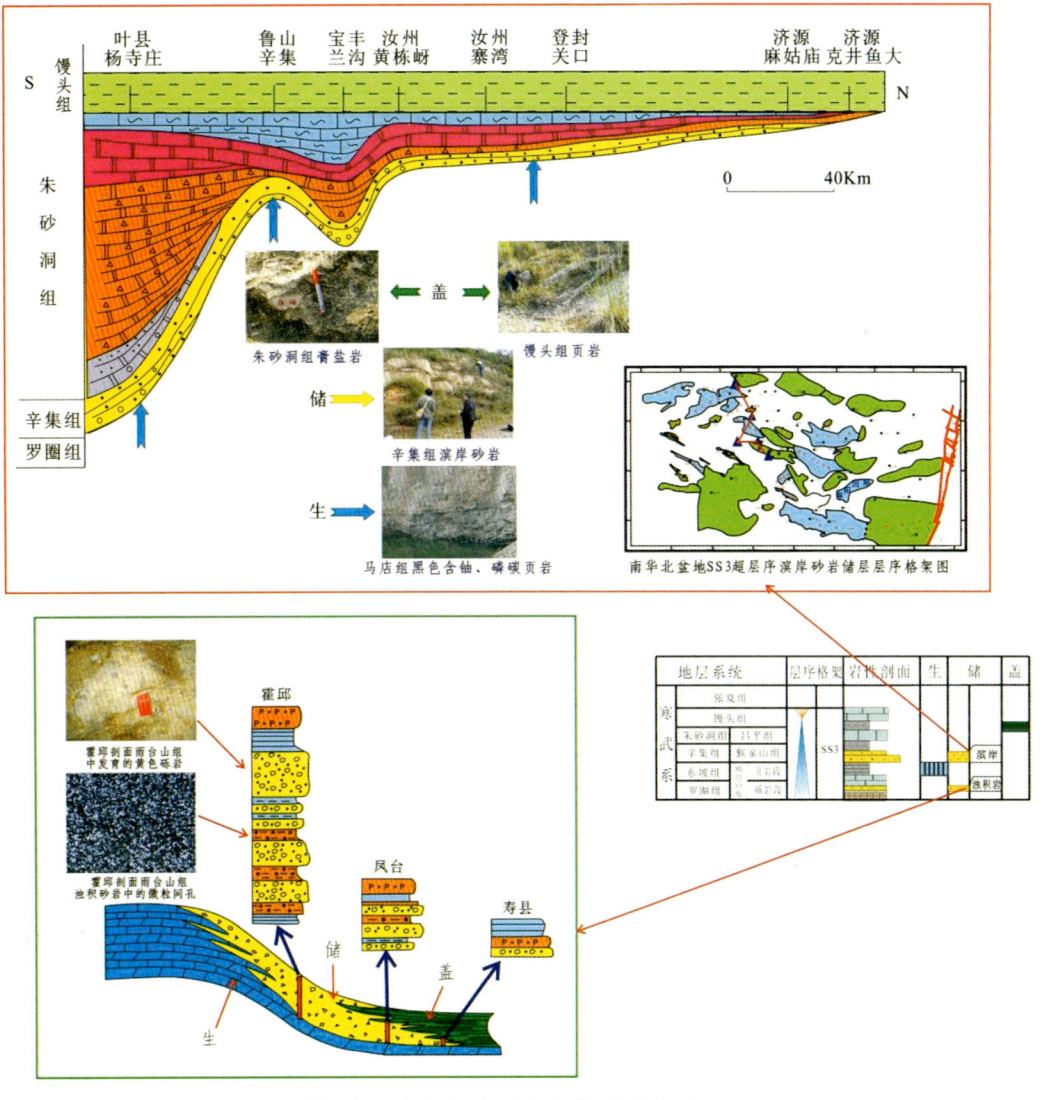

图 7-43 南华北地区第三区域性生储盖组合

四、第四区域性生储盖组合

该组合以张夏组灰绿色泥灰岩和叠层石灰岩为区域性烃源岩，如河南登封剖面寒武张夏组灰绿色泥灰岩，江苏徐州贾汪大南庄剖面寒武张夏组灰岩。张夏组鲕粒灰岩、炒米店组白云岩、岩溶为区域性储层。下马家沟组的泥灰岩、膏盐和"贾汪页岩"为区域性盖层（图 7-44）。

五、第五区域性生储盖组合

该组合以石炭系—二叠系本溪组、太原组和山西组的暗色泥岩、炭质泥岩和煤层为区域性主力烃源层，烃源岩有机质类型好，以Ⅲ型干酪根生气为主，丰度高，厚度大且分布稳定，是区内最好的烃源岩层，上寒武统和奥陶系碳酸盐岩为区域储层。其区域性盖层为石炭系本溪组的铝土岩和二叠系上石盒子组的泥岩。下奥陶统冶里—亮甲山组裂缝型储层和下奥陶统上、下马家沟组岩溶型、白云岩储层。石炭系本溪组底部的铝土岩为区域性盖层（图 7-45）。

六、第六区域性生储盖组合

该组合以石炭—二叠系的暗色泥岩、煤层及炭质泥岩为烃源岩，该套烃源岩分布范围广、厚度稳定；太原组的胡石砂岩、山西组的大占砂岩、下石盒子组的砂锅窑砂岩、上石盒子组的田家沟砂岩和孙家沟组的平顶山砂岩为储层；石盒子组中上部及孙家沟组的泥岩为区域盖层，为自生自储式生储盖组合。

· 297 ·

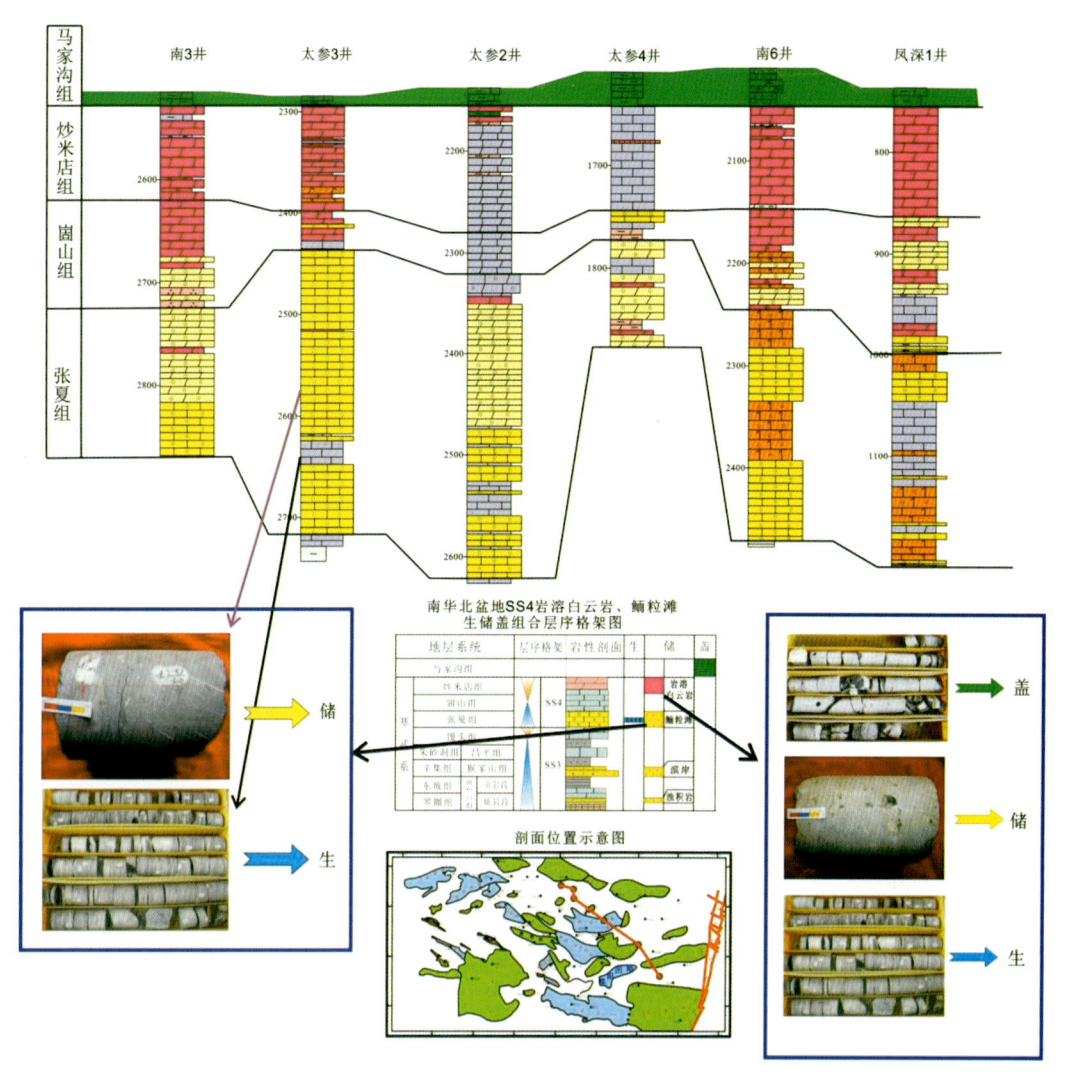

图 7-44　南华北地区第四区域性生储盖组合

（一）上古生界下部组合

太原组—下石盒子组下部，在全区基本上都赋存可采煤层，煤层分布广、厚度大，一般厚 4.56～31m，是煤系中煤层集中发育的层段。其中三角洲相或与海相沉积有关的暗色泥岩为深灰—灰黑色，有机质丰富，平均有机碳 1.24%～0.086%，总烃 107×10^{-6}～173×10^{-6}，是上古生界生油气条件最好的层段。

研究区发育三角洲砂体、障壁砂坝、潮道等高能砂体，砂体分选、磨圆较好，物性会有提高。另一方面，大占砂岩、砂锅窑砂岩和老君堂砂岩等标志砂岩和灰岩受构造运动的影响，均易形成裂隙和缝洞，它们会大大改善砂岩的储集条件。砂岩一般厚 77～180.5m。

山西组大占砂岩以下层段，下石盒子组中部泥岩连续发育，横向分布稳定，为区域性盖层。

该组合有机质最丰富，残存厚度大于 400m 的地区均保存完好，面积达 4 万余平方千米，是区内较好的又一套区域性的自生自储组合（图 7-46）。

（二）上古生界上部组合

本组合以鹿邑、淮南含煤最好，一般厚 6.5～34.1m。南部泥岩有机质丰度较高，平均有机碳约 0.55%～0.98%，氯仿沥青"A"约 0.001%～0.0116%，总烃约 32×10^{-6}～173×10^{-6}。

砂岩储层厚度大，约为 186.5～357m，以三角洲砂岩为主。区域性盖层为顶部煤层和孙家沟组上段泥岩。

综上所述，南华北地区以大占砂岩、砂锅窑砂岩、田家沟砂岩、平顶山砂岩为储集体，形成多套生

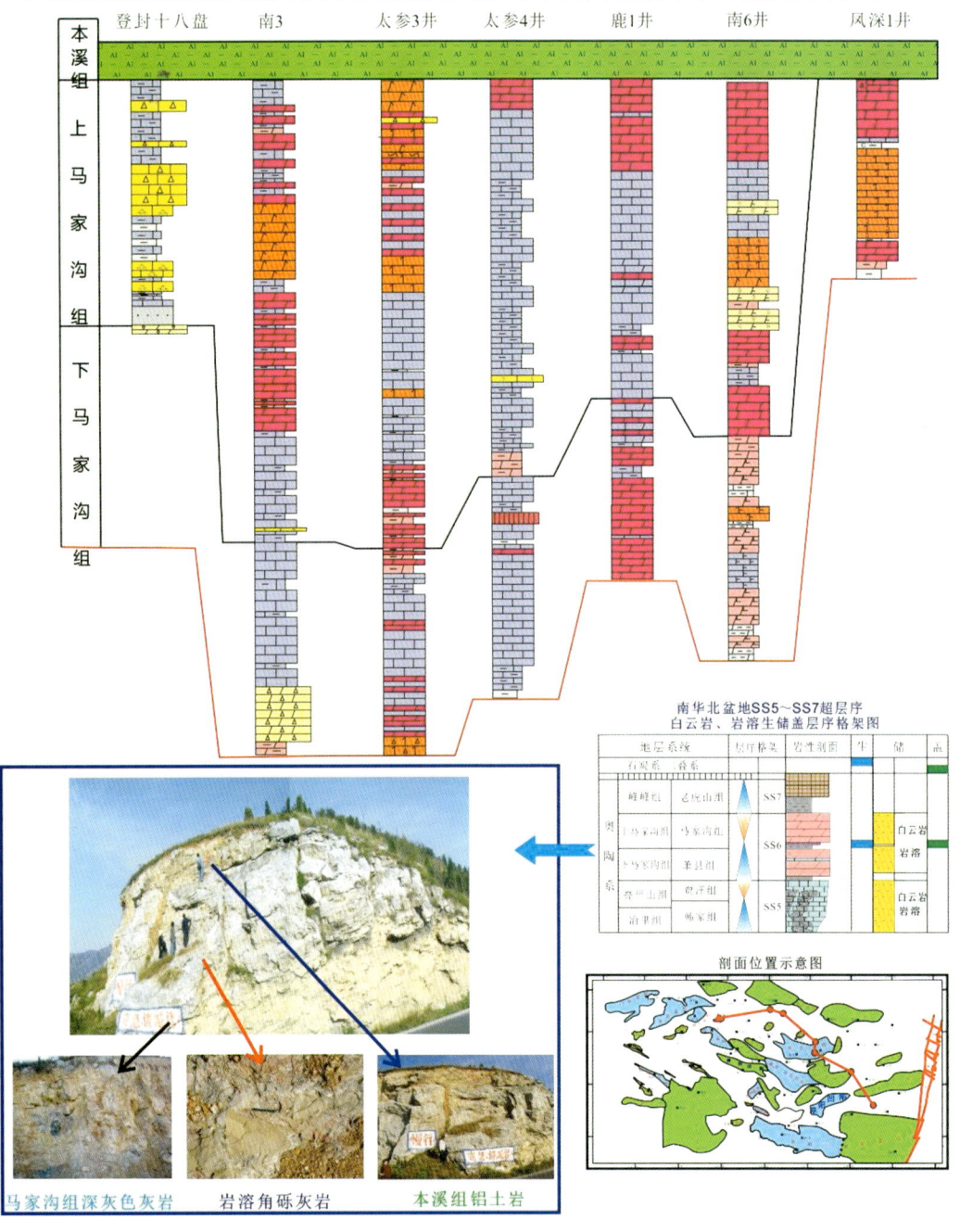

储盖组合，多套生储盖组合的同盆共存为上古生界天然气的聚集提供了充足的储集空间（图7-46）。

图7-45 南华北地区第五区域性生储盖组合

七、第七区域性生储盖组合

该组合具有石炭系—二叠系、三叠系谭庄组泥页岩为烃源岩。上古生界石炭系—二叠系煤成气可以直接向上运移。以刘家沟组、椿树腰组、谭庄组河流-三角洲相的含砾砂岩、砂岩为储层，储层储集空间以构造裂缝和溶蚀性孔隙为主，储层的发育受构造活动和成岩作用控制，在断裂带特别是张性断裂带可产生裂缝性储层。由于印支—燕山运动期间，中生界地层经历了多次断裂作用，产生了很多断层和裂缝，从而形成了最主要的储集空间和油气运移通道。谭庄组和椿树腰组的湖相泥岩可作为直接盖层（图7-47）。

八、第八区域性生储盖组合

该组合具有石炭系—二叠系、三叠系谭庄组为烃源岩。下侏罗统鞍腰组河流-三角洲相的含砾砂岩、砂岩为储层，储层储集空间以构造裂缝和溶蚀性孔隙为主，其中发育的断层和裂缝，成为最主要的储集空间和油气运移通道。下侏罗统鞍腰组和马凹组滨浅湖相的泥岩可作为直接盖层。

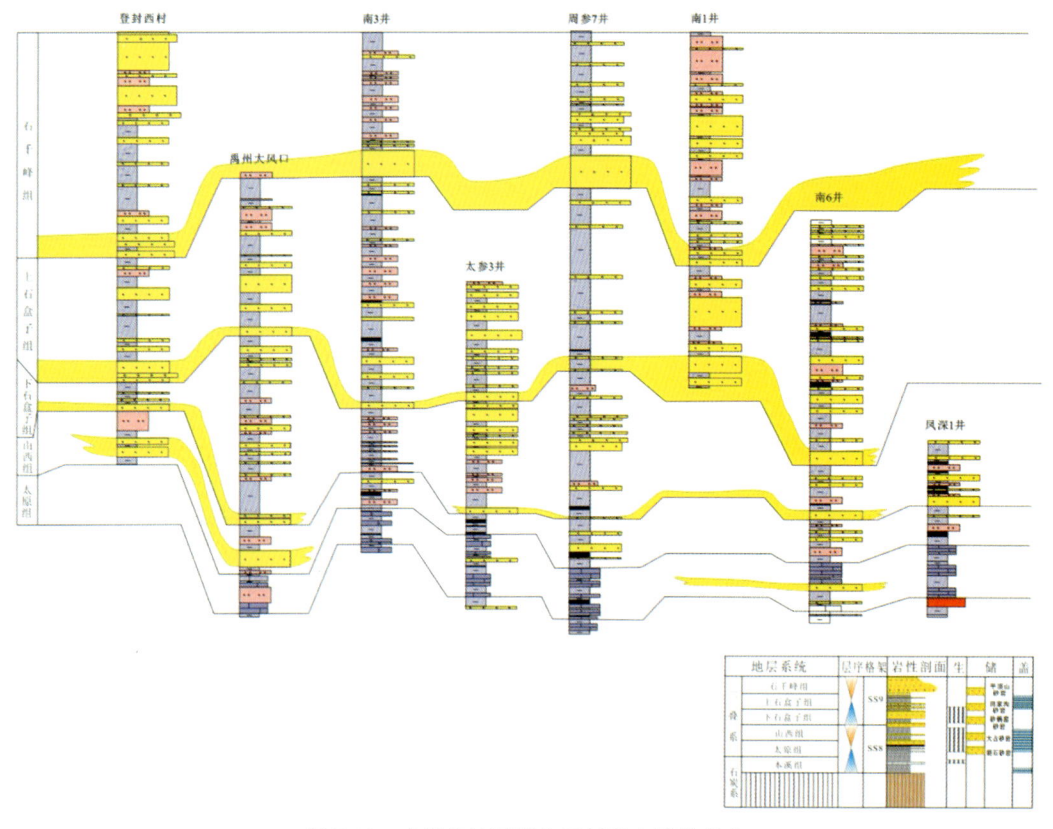

图 7-46　南华北地区第六区域性生储盖组合

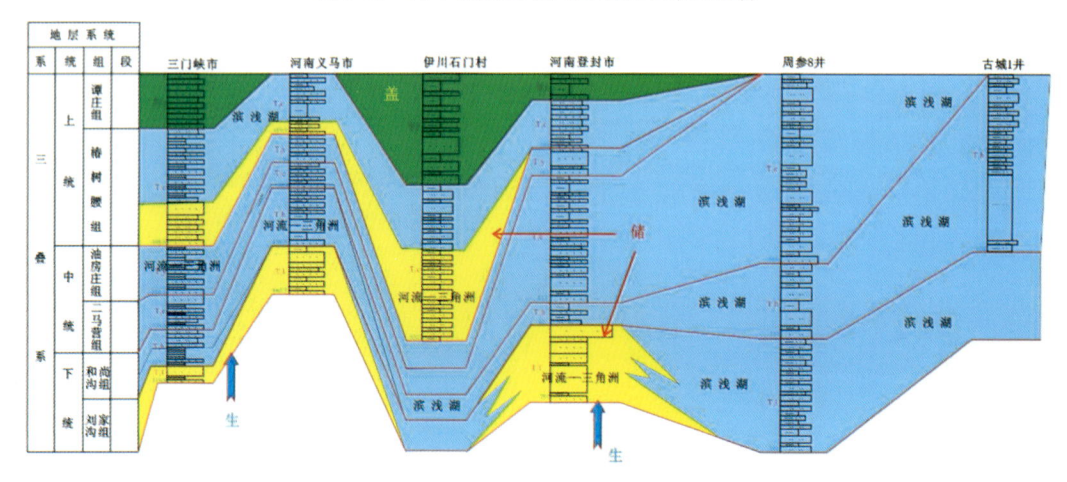

图 7-47　南华北地区第七区域性生储盖组合特征

第四节　层序格架中储层发育的控制因素

储层的形成受沉积作用、成岩作用和构造作用的多重影响，它们是相互联系的。其中，沉积作用是基础，它不仅在一定程度上决定了储层岩石的原始组分和岩石结构，在宏观上控制储层分布范围，而且影响后期的成岩作用类型和强度；成岩作用是关键，它影响储集空间的演化过程和储层孔隙结构特征，并最终决定储层物性的好坏。构造作用是结果，最终决定储层能否成藏等。

一、沉积作用对储层的影响

（一）控制储集体的成因类型

如前所述，在南华北地区青白口纪—侏罗纪沉积演化过程中，在层序格架内发育碎屑岩和碳酸盐岩两大类储层。根据储层的成因类型又可进一步划分为：海相浊积岩、滨岸砂岩、海陆过渡三角洲砂岩、湖泊三角洲砂岩、河流相砂岩（心滩、边滩）、台内礁滩白云岩（灰岩）、颗粒白云岩（灰岩）、晶粒白云岩及岩溶型储层等（表7-1）。

（二）控制储集岩的原始物质组分

1. 碎屑岩

在南华北地区青白口纪—侏罗纪沉积演化过程中，既有碎屑岩又有碳酸盐岩储层。由于不同的水动力条件、古地理背景，不同的沉积环境由不同的沉积物组成。例如，对于水动力较强的滨岸环境，受到波浪的反复簸选作用，碎屑颗粒中的不稳定组分（长石、岩屑）被磨蚀，并且细粒的杂基等细粒物质被波浪带走，使得沉积物的原始组分以具刚性特征的石英为主，在成岩过程中具有强的抗压实能力，颗粒间杂基等填隙物少，使得原生粒间孔得以更好的保存。所以，碎屑岩的颗粒组分与储集性能密切相关，其石英、长石与岩屑和岩石的储集性密切相关。表现为下述特征。

（1）石英含量高抗压实能力强，使得颗粒间的原生粒间孔得以更好的保存。

（2）储集砂岩颗粒的岩屑含量越多，储层孔隙度越小。因为岩屑越多，岩石抗压实作用越弱，同时由于研究区含有较多的泥页岩屑、灰岩岩屑、云母碎屑等塑性岩屑，受压实作用影响，这些岩屑很容易挤入邻近的孔隙空间，形成假杂基，从而占据孔隙位置。根据投点分析，岩屑含量大于30%时，储层孔隙度一般在5%以下。

（3）南华北地区主要发育微斜长石、斜长石等，由于研究区碎屑颗粒中被溶组分主要是长石，其含量越高，溶蚀强度就越大，溶蚀孔隙就越发育。

（4）碎屑颗粒间杂基含量越多，储层物性越差，杂基含量多，意味着沉积物沉积时水动力能量较弱，或堆积速度过快，造成杂基充填于碎屑颗粒之间，致使孔隙度变差。当杂基含量大于5%时，储层面孔率一般小于5%。

2. 碳酸盐岩

对于碳酸盐储集岩沉积物组分亦受沉积作用控制。如，处于较强水动力条件的开阔台地浅滩环境，受较强的水动力控制，储集岩为颗粒结构，主要由鲕粒组成，颗粒间的灰泥基质少，且多以亮晶胶结物为主。沉积作用控制了储集岩以颗粒支撑为特征，且颗粒间的灰泥等细粒填隙物少，使得颗粒间的原生孔隙得以更好的保留，并且颗粒中的亮晶胶结物受后期溶蚀，可形成粒间溶孔。

（三）影响储集体的结构及分选性

沉积作用不仅控制了储集岩的物质组分，同时亦控制了储集岩的结构特征和分选性。碎屑储集岩主要由各种成因类型的砂砾岩组成，就其粒径大小，主要由粉砂、细砂、中砂、粗砂及砾岩，对南华北地区碎屑型储集岩来说，主要的储集岩为中-细砂岩。由前述分析可知，其原因在于，压实作用是造成区内储集砂岩原生孔隙降低的主要原因，粒度较粗的砂岩相对于细粒砂岩来说，具有较强的抗压实能力，从而保留了较多的原生孔隙，这为以后砂岩储集空间的进一步改造创造了比细粒砂岩更为有利条件。对于碳酸盐岩类储集岩来说，也具有相似的特征，具生物骨架和颗粒结构特征的碳酸盐岩储层，具有较强的抗压能力，使原生的粒间孔得以保存。主要由于颗粒大小趋于一致，颗粒间保留的孔隙越大。颗粒分选越好，孔隙度越大。

（四）影响储集体的形态

沉积作用不仅控制储集岩类型，同时也控制了储集岩的平面和空间分布特征，不同的沉积相类型，具有不同的形态特征。在南华北地区青白口系—奥陶系主要为碳酸盐岩台地沉积体系，主要的储集岩为各类礁白云岩（灰岩）、颗粒白云岩（灰岩）、晶粒白云岩，就各类颗粒白云岩（灰岩）储层主要呈点状孤立的分布，如南华北地区鲕粒灰岩最为发育的张夏组，呈孤立的点状分布。再如，辛集组中发育的滨岸砂岩，沿着滨岸带呈长条状分布。石炭系—侏罗系中发育的储集岩，主要由障壁岛砂岩、潮道砂岩、河流砂岩、三角洲砂岩等组成，河道储集岩由于河道的往复迁移，在平面上呈带状展布。三角洲砂体在平面上呈朵状展布。

二、成岩作用对储层的影响

（一）碳酸盐岩成岩作用的类型

岩石的成岩作用是在沉积作用之后，沉积物所发生的一系列物理、化学、物理化学和生物的作用，这些作用会形成岩石的结构、构造、成分及物理化学性质的变化，从而影响储层的储集性能。南华北地区在新元古界—下古生界沉积演化过程中，发育了广泛分布的海相碳酸盐岩，并具有油气生成、运移、聚集的基本石油地质条件，且岩溶型、礁滩型、白云岩型储层具发育。这些储层均经历了复杂的成岩作用改造，系统深入研究成岩作用类型及特征具有重要的理论意义和实际价值。南华北地区新元古界—下古生界主要发育各种类型的碳酸盐岩和膏岩，具体有泥晶灰岩、鲕粒灰岩、含生屑泥晶灰岩、细晶灰岩、泥晶白云岩、细晶白云岩、云斑泥晶灰岩、白云岩化泥晶灰岩、含白云质膏岩、含灰质膏岩、含石膏质白云岩、含石膏质灰岩等。由于新元古界—下古生界碳酸盐岩埋深大、埋藏时间久、上覆地层压力大、地层流体活跃，因此岩石的成岩作用比较强烈，各种成岩现象丰富多样，主要有压实作用及压溶作用、胶结充填作用、溶蚀作用、重结晶作用、交代作用、破裂作用等。

1. 压实作用和压溶作用

压实作用和压溶作用是造成孔隙度降低的重要因素。南华北地区下古生界碳酸盐岩压实作用产生于第一期方解石胶结物形成之后，表现为基质与颗粒间紧密堆积，颗粒间呈点、线、凹凸甚至镶嵌接触，以及颗粒变形、压塌、压断等，在泥晶灰岩、泥晶白云岩中由于不均匀压实产生微裂缝，后期被方解石充填。

早期的物理压实作用使沉积物排出粒间孔隙水，孔隙体积骤减，松散的沉积物进一步固结。随着埋深加大和温度压力的升高，发生了化学压实作用-压溶作用，微观上表现为方解石晶粒或沉积物颗粒发育点、线和凸凹接触，而颗粒压溶残留现象亦很常见，无论在显微镜下还是岩心观察中都见到缝合线广泛发育。压溶作用发生于第二期胶结物形成之后的埋藏环境中，在上覆压力的作用下，在颗粒、晶体和岩层之间的接触点上，产生弹性应变，化学势能不断增加，压溶作用使应变矿物的溶解度提高，导致在接触处发生局部溶解，常见的压溶构造有缝合线，这是压实和压溶作用的典型证据。据岩心和薄片的观察，缝合线多呈水平状或缓倾斜状，大致与层面或不同岩性响应单元的界面平行，也见与层理垂直、斜交并切割水平缝合线的，局部还见缝合线互相交织成网状。这说明该地区的压溶作用具有多期次和多方向应力的特点。缝合线锯齿状，频率与幅度大多较高，局部起伏很大。它可以切割岩石中的颗粒如鲕粒等，也常切割早期的成岩收缩缝、及不同时期的裂缝。缝合线常常被扩溶，可见串珠溶孔发育，充填物主要为泥质、沥青、原油、黄铁矿和白云石等。

2. 胶结充填作用

胶结充填作用是碳酸盐颗粒之间或者岩石的微裂缝中发生胶结物晶体生长，并将碳酸盐矿物颗粒胶结起来固结成岩的作用。方解石、白云石、泥质和石膏的胶结充填作用是导致南华北地区下古生界碳酸盐岩储层储渗性能变差的最主要因素之一。南华北地区下古生界最发育的充填胶结物是方解石，不仅分布最广泛，而且发育的期次最多，根据胶结物的晶形、结构等特点，可以分辨出三期。

（1）第一期胶结物。第一期方解石胶结物主要有泥晶方解石，这种方解石可直接发育在颗粒表面，也可围绕在先前发育的泥晶套上，围绕颗粒形成一个等厚的包壳，在镜下呈暗线状薄膜出现。这种方解石胶结物含量不大，约 $1\%\sim2\%$。尤其是鲕粒灰岩的粒间胶结物中见泥晶方解石的胶结物存在，反映了一种低能的滩相的环境，其分布往往反映出海底沉积环境，与黏土矿物的吸附有关。

（2）第二期胶结物。第二期方解石胶结物主要有纤状方解石或放射纤维状方解石，胶结类型常为纤状环边胶结，这种方解石胶结物主要发育在中高能滩相的亮晶颗粒灰岩中，并且围绕颗粒呈栉壳状略等厚的环边。这种纤状等厚环边方解石被认为是早期的海底胶结物，形成于孔隙水仍与正常海水密切交换的海底潜流带中。

（3）第三期胶结物。第三期方解石胶结物主要是晶体明亮粗大，主要为细-粗粒亮晶方解石，这一期方解石多见于中高能的颗粒灰岩中。粒径一般大于 0.1mm，以单晶、连晶或嵌晶形式充填于孔隙或孔洞的中心部位，与第一期、第二期方解石呈胶结不整合接触，或直接与颗粒或洞壁接触。

白云石胶结物主要胶结砂屑白云岩，多呈亮晶结构；石膏可以胶结泥晶白云岩和泥晶灰岩或鲕粒灰岩，也可以充填成岩收缩缝和构造缝等各种微裂缝；泥质往往存在于重结晶的微晶白云岩和细晶白云岩的晶间孔中。

3. 溶蚀作用

溶蚀作用是由于碳酸盐沉积物或碳酸盐岩中孔隙水的性质发生了变化，从而引起碳酸盐矿物成分发生溶解的作用。它可以在各个成岩阶段多次发生，同生期和成岩早期的溶解作用常具有选择性，而在成岩作用晚期的溶解作用多不具有选择性，这时的水溶液沿节理、裂缝和原生的孔隙流动并将其扩大，形成溶孔、溶缝、溶沟和溶洞。

溶蚀作用是扩大和增加岩石孔隙度和渗透率改善储层储渗性的作用，形成的新孔隙系统往往又是油气渗滤和储集的有效空间，这些孔洞在后期的成岩作用过程中会不同程度地经受充填、压实及再溶解等成岩作用的改造。南华北地区的下古生界碳酸盐岩的溶蚀作用是比较强烈的，本应形成良好的储层，但是岩心观察和显微镜下观察，都发现后期强烈的充填作用对溶蚀孔洞起到强烈破坏作用，部分达到100%的充填率，因此不难看出本区储层较差与后期的充填作用密切相关。

4. 重结晶作用

重结晶作用主要是矿物的晶体形状和大小发生变化而主要矿物成分不发生改变，常见的是进变新生变形作用，即晶粒由小变大。南华北地区常见的鲕粒灰岩的重结晶有三种：①胶结物重结晶成亮晶方解石，鲕粒没有重结晶或仅有少量重结晶；②鲕粒全部重结晶，胶结物基本没有重结晶；③鲕粒和胶结物都经过强烈的重结晶。

泥晶白云岩可见重结晶作用而形成，微晶白云岩、细晶白云岩、中晶白云岩甚至粗晶白云岩，其晶粒可以变化很大，半自形—自形，呈镶嵌状接触，产生部分晶间孔，常见雾心亮边构造。有的微晶白云岩隐约可见残余的砂屑轮廓，细晶白云岩、微晶白云岩及泥晶白云岩的白云石晶体之间晶间孔较发育，有趣的是鲕粒灰岩的颗粒常常是先交代再重结晶，而砂屑灰岩和砂屑白云岩的颗粒常常沿颗粒边缘发生重结晶，可能是砂屑结构致密，边缘与孔隙水接触多更易发生重结晶作用。

泥晶灰岩重结晶成微晶灰岩、细晶灰岩，其粒状方解石呈镶嵌状，隐约可见残余的平行纹层，有的可见原来的残余砂屑结构。细晶白云岩由泥晶的白云石重结晶而成，其晶粒为细粒、中粒的镶嵌状白云石组成，雾心亮边结构常见。

5. 交代作用

交代作用是碳酸盐岩中，原来的矿物和组分被新矿物取代的作用，南华北地区下古生界的碳酸盐中常见的交代作用有白云岩化、去白云岩化、石膏化、去石膏化和硅化作用等。南华北地区的白云岩化、去石膏化及硅化作用是比较强烈的，这是本区冶里组和亮甲山组白云岩比较发育的原因之一。

白云岩化就是白云石交代方解石的作用，本区的白云岩化可以分为准同生白云岩及成岩白云岩化。准同生白云岩就是具有泥晶结构的白云岩和含大量泥质的泥晶白云岩；成岩白云岩，就是先前形成的碳酸盐沉积物在成岩的过程中，富镁孔隙水对其进行交代而成。成云白云岩依据交代进行的程度，可以形成三种结构：①自形微晶白云石，不均匀分布于灰岩中，形成斑块结构，即云斑泥晶灰岩；②在泥晶或微晶的方解石中均匀地分布着自形的白云石小晶体；③交代彻底，结构较细小或较粗，呈微晶、细晶镶嵌结构，称为结晶白云岩，可以是微晶、细晶、中晶甚至粗晶结构，它经历了交代、调整、重结晶等多种成岩作用的结果。在鲕粒灰岩中，白云岩化作用也很强烈，大部分的主要交代鲕粒，也有先交代胶结物后交代鲕粒的，在薄片中见到碳酸盐矿物交代的顺序是：白云石交代方解石，晚期的铁方解石又交代白云石。

去白云岩化是方解石交代白云石的作用，该作用主要是在富含硫酸盐的地下水作用下进行的，硫酸盐离子能从白云石中吸取镁形成硫酸镁和方解石。其反应式如下：

$$CaMg(CO_3)_2 + CaSO_4 \cdot 2H_2O \rightarrow 2CaCO_3 + MgSO_4 + 2H_2O$$

反应的产物为粗大的次生方解石，多呈不规则状，本区未见到去白云岩化完全的次生方解石，但是泥晶白云石及微晶白云石多发生一定程度的去白云岩化。

去石膏化是石膏和硬石膏晶体被碳酸盐矿物交代的作用，它常与地表淡水和细菌的作用有关，还原硫细菌与硫酸盐产生下列反应：

$$6CaSO_4 + 4H_2O + 6CO_2 \rightarrow 6CaCO_3 + 4H_2S + 11O_2 + 2S$$

因此，地表淡水的白云岩化作用可同时伴生去石膏化作用，交代的碳酸盐矿物常保留石膏及硬石膏的晶体外形，本区下古生界的去石膏化作用很常见。

硅化作用是二氧化硅交代碳酸盐矿物的作用，它可以发生在同生、成岩和后生的各个作用时期，其反应式为：

$$CaCO_3 + H_2O + CO_2 + H_4SiO_4 = SiO_2 + Ca^{2+} + 2HCO_3^- + 2H_2O$$

硅化作用主要受 pH 及温度的控制。在本区的碳酸盐岩中经常见到零星的硅化现象，但一般不发育，值得一提的是在徐庄组的砂岩中，虽然方解石胶结比较强烈，但石英次生加大边非常发育，分析认为是岩石经过多期次的胶结和硅化作用的结果。

6. 破裂作用

破裂作用是指脆性较大的岩石在受力不均衡的条件下导致岩石的破裂，它可以有效地沟通孔隙和喉道，很大程度地改善储层的储渗特性。南华北地区发育的破裂作用主要形成的裂缝有构造裂缝、成岩收缩缝以及溶蚀缝。

（1）构造破裂缝。构造破裂缝与区内主要构造运动和断层活动相对应，在宏观岩心和微观薄片上观察到多期微裂缝呈彼此交切状。显微镜下亦可见多期次的构造破裂缝规则、平直，相互穿插切割，形成网络状、棋盘状，常有一定的组合关系，如雁行式排列或者相交呈"X"型等，其宽度一般为 0.2～2mm，部分可以达到几厘米宽，既有高角度缝也有低角度斜交缝，水平缝和网状缝。构造破裂缝经过多期充填，有的见前期充填晶体的溶蚀现象，说明这种构造缝中的流体活动是很活跃的，如果是后期的开启性裂缝则成为油气运移的主要通道和裂缝性储层的主要储集空间。本区微裂缝主要形成于印支—喜山期，局部见到一定的扩溶现象，常被方解石、白云石和石膏半充填或未充填，对储层的储渗性起到一定的改善作用，但由于后期的充填作用比较强烈，储渗意义不大。

（2）成岩收缩缝。南华北地区成岩收缩缝非常发育，但是充填严重。成岩收缩缝是在成岩早期因干缩、脱水而形成的裂缝，多呈"V"字形、棱形、须状，一般垂直层面分布。沿着缝合线和裂缝，常常发育一系列的收缩缝，常被方解石、白云石和石膏充填而失去储渗意义。

（3）溶蚀缝。溶蚀缝是在原有构造缝和其他裂缝的基础上，地层流体沿着一定方向发生的溶蚀现象，它可以一定程度地改善储层的储渗性能。本区的溶蚀缝经常可见，但是规模有限，往往又有后期泥质和白云石的充填。

（二）成岩作用序列与成岩阶段划分

1. 成岩作用序列

岩石的成岩作用序列是一个非常复杂的物理化学过程，受到多种因素的控制，多种成岩作用往往是交叉进行的，这只是复杂成岩作用史的一个大致的概括。根据南华北地区各井的地温梯度、井温、镜质体反射率、孔隙类型、自生矿物的特征等资料，可以确定本区的成岩作用序列（图 7-48），依据中国石油天然气行业标准《碳酸盐岩成岩阶段划分规范》，本区岩石的成岩作用具有以下规律。

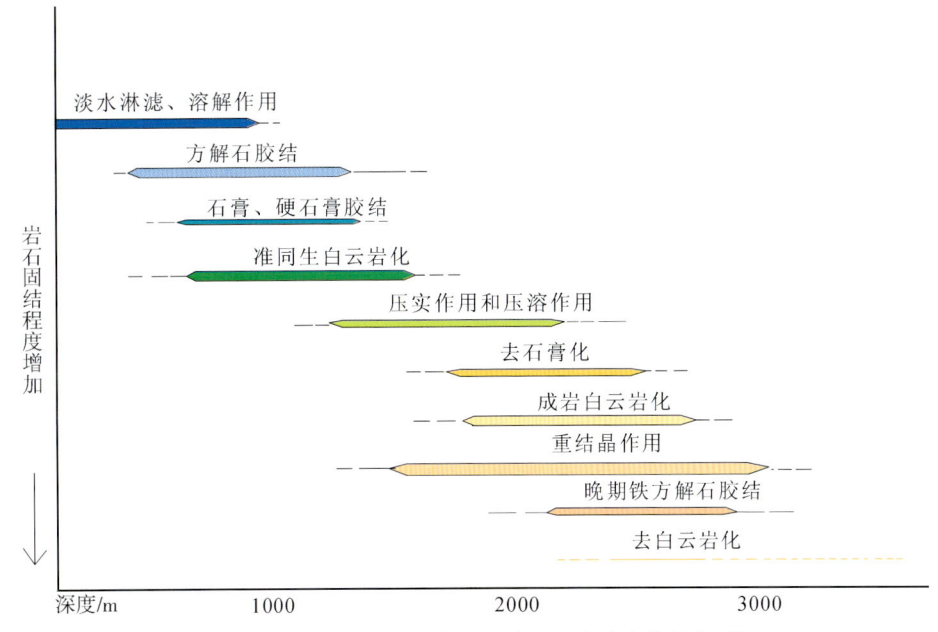

图 7-48 南华北地区下古生界碳酸盐岩成岩作用序列图

南华北地区的成岩演化程度横向上不均一，具有太康隆起带地温高、成岩演化程度高，而周缘地区地温低、成岩演化程度低的规律，南部地区比北部地区演化程度高，可能与南部地区存在较多期次的火山活动有关。南华北地区下古生界地层中大部分都达到晚成岩B期，Ro 为 1.3%～2.0%。碳酸盐岩都已进入晚成岩期，大部分的奥陶系、寒武系碳酸盐岩处于晚成岩的晚期（图 7-49、图 7-50）。

图 7-49 南华北地区三山子组碳酸盐岩成岩作用序列及孔隙演化图

2. 成岩阶段划分及特征

广义的成岩作用泛指沉积物形成以后至沉积岩的风化作用和变质作用以前这一演化阶段的所有变化和作用。将研究区下古生界碳酸盐岩的成岩作用分为 5 个阶段：同生-准同生阶段、成岩作用阶段、后生作用阶段、退后生作用阶段和进后生作用阶段（表 7-18）。下古生界的储集条件一定程度上取决于各时期不同类型的有利成岩作用，成岩早期暴露及退后生阶段的溶蚀淋滤作用、成岩晚期深埋藏期重结晶作用、成岩晚期到深埋藏期的白云化作用、后生到深埋藏构造破裂作用和重结晶等作用都是孔隙的有利发育阶段。

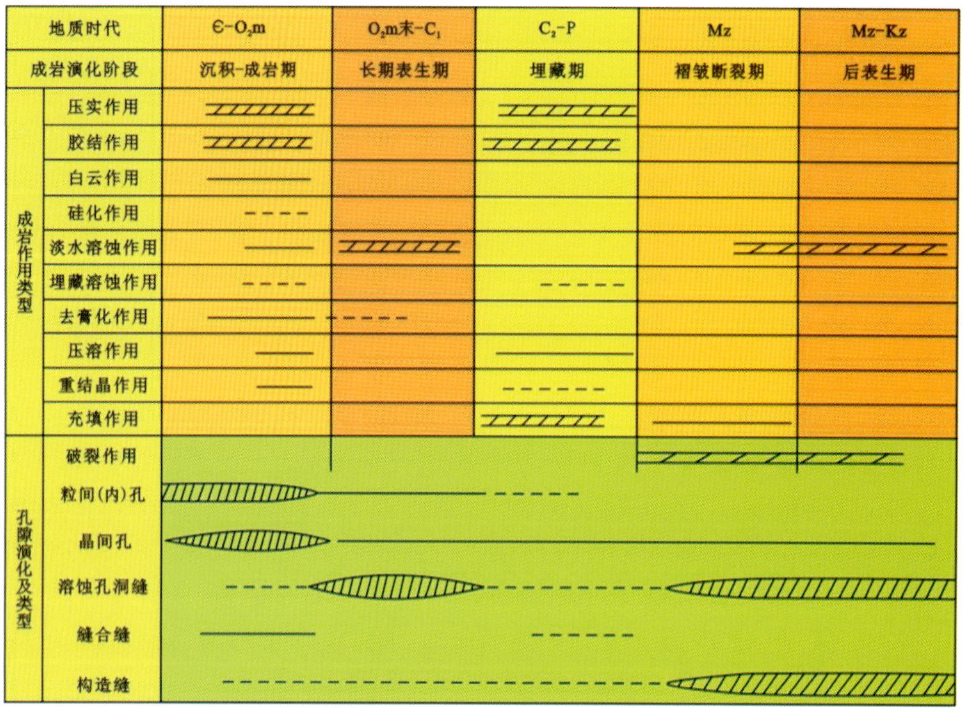

图 7-50　南华北地区奥陶系上、下马家沟组成岩作用序列及孔隙演化图

表 7-18　南华北地区下古生界成岩作用阶段及其特征

成岩环境	作用阶段		主要成岩作用	产物
地表蒸发海底暴露	（准）同生期		泥晶化 白云石化（Ⅰ） 自生盐类矿物 生物活动 滑塌	泥晶方解石，文石和高镁方解石等泥晶白云石（Ⅰ期白云石）石膏（针状、板状），石盐
地表近地表或浅埋藏	成岩期	早期	胶结作用 白云石化（Ⅱ） 溶解作用 自生矿物 生物活动 压溶作用	纤状-马牙状方解石胶结物（Ⅰ期方解石或世代胶结物）星散状（微-粉晶）白云石化，混合水白云石化，砾屑局部（一般以核心）白云石化（泥-微晶白云石），顺纹层白云石化，沿生物潜穴白云石化（统称Ⅱ期白云石化）粒溶孔，铸模孔，溶蚀斑块板状石膏，硬石膏，细粒分散状黄铁矿（Ⅰ期）粒屑外藻包壳泥晶化边平微缝合线
中埋藏		晚期	胶结作用 白云石化（Ⅲ） 重结晶作用 新生变形作用 排烃和运移	粒状方解石（Ⅱ期方解石或 2～3 世代亮晶胶结物），块状（细晶粒）白云石化（Ⅲ期白云石），部分斑块状白云石，环带状白云石，选择性白云石化粉-细晶白云石和方石边生晶（方解石较脏暗，有泥晶方解石残余）有机充填及残余
深埋藏		后生期	硅化（Ⅰ） 白云石化（Ⅳ） 重结晶作用 构造破碎及充填作用（Ⅰ） 自生矿物形成压溶作用	微-粉晶分散和状石英（Ⅰ），无选择性白云石化（块状细-中晶白云石），构造白云石（沿构造破碎带的细-中晶自形白云石）Ⅳ期白云石连生方解石粗晶，细-粗晶白云石（立，斜，平及交，X型）裂隙（缝）及充填（各种脉-Ⅲ期方解石）（细-粗晶）重晶石，天青石，萤石，粗晶自形黄铁矿（Ⅱ），板状硬石膏，微-粉晶自生石英晶间孔充填，压溶缝合线

续表

成岩环境	作用阶段	主要成岩作用	产物
地表近地表	退后生期	岩溶及充填硅化（Ⅱ、Ⅲ）去膏化去云化去重晶石化白云石化（Ⅴ）	缝、洞、孔（粒内，粒间）充填（Ⅳ期方解石），岩溶角砾岩麦粒状粉晶石英（去云化），麦粒状-板状粉晶石英（去膏化）-Ⅱ期石英，中粗晶石英（脉）（Ⅲ期石英），斑块状正玉髓与上述硅化伴随中晶石英集合体（具重晶石假象）白云石脉
深埋藏	进后生期	重结晶白云石化（Ⅵ）自生矿物压溶作用	硅质，方解石，白云石，重晶石，黄铁矿等，重结晶细晶自云石（深埋白云石化-内有石英包体）重晶石，粗大黄铁矿（Ⅲ期交代重晶石），硬石膏缝合线

（1）同生-准同生阶段。同生阶段多有海绿石、细分散黄铁矿、石膏及生物潜穴（蠕虫构造）、生物扰动及同生变形构造（包卷、滑塌、变形层理）的形成等。准同生阶段主要产生准同生白云石化作用，还可有石膏（结核或薄层）形成，可见虫孔、潜穴、生物扰动、干裂等构造。

（2）成岩阶段可分为成岩早期阶段和成岩晚期阶段。

成岩早期阶段：是指松散沉积物变成半固结岩石的作用阶段。发生的作用及产物有粒屑碳酸盐沉积物的第一世代亮晶方解石胶结物的形成、粒屑的白云石化、顺纹层泥晶白云石化、细分散黄铁矿的形成、沿生物潜穴白云石化、粒屑外藻包壳或泥晶化边的形成。若水体盐度较高，也可形成原生白云石和石膏、硬石膏沉淀；若早期沉积物有暴露，则可发生淡水溶蚀作用，产生粒内溶孔、混合水白云石化、溶蚀斑块及早期去膏化等。

成岩晚期阶段：是指半固结的岩石变成固结岩石的阶段。其作用有粒屑碳酸盐岩粒间第二世代亮晶方解石胶结物的形成、微-粉晶白云石化、方解石重结晶、环带状白云石、较粗粒的黄铁矿形成、微缝合线、选择粒屑白云石化等。白云石晶体较大时，可破坏原岩的结构构造，沿生物潜穴白云石化而形成白云岩、灰云岩等。这个时期还是有机物（生物）转变成石油、天然气，即排气和运移时期。

（3）后生阶段。泛指沉积岩形成后到其受风化作用和变质作用以前这一漫长阶段中沉积岩所受到的一切变化和作用。这个阶段因沉积岩埋深较大，所处温度、压力较高，可受外来地下水或深部的热水影响，而产生多种后生变化，如强的重结晶，细-粗晶白云石形成（一般无环带构造），粗晶连生方解石形成，重晶石、天青石、萤石等较高温矿物形成，直立、斜或平缝合线的形成及充填作用，沿缝合线白云石化及充填作用等等。

（4）退后生阶段。主要是岩溶作用，产生岩溶角砾岩、膏溶角砾岩及盐溶角砾岩、岩溶缝洞、斑块，伴有去白云化、去膏化、硅化作用，也可有充填作用。这个时期可很长，也可多期（如 T_2 末、R、Q）进行，这对形成孔洞缝和岩溶储层、古潜山油气藏有利。

（5）进后生阶段。指沉积岩层形成以后至变质作用以前，随着地壳继续下降，上覆沉积岩沉积层加厚，温压升高，埋深加大；当深度达 6~8km 以后，沉积岩层进一步可进入变质作用阶段，但变质作用之前的这个时期称为深埋藏后生阶段，或深部岩层的后生阶段。常受深部热液的作用，形成异形白云石、铁方解石、粗大黄铁矿晶体、天青石、重晶石；导致更宽大缝合线切穿原岩溶缝、原构造缝；产生硅化和强重结晶，也有再次形成构造缝，切穿原岩溶缝、构造缝、破裂及断层角砾。有的地区有埋藏岩溶（与有机质有关）、埋藏白云石化作用等。

（三）碳酸盐岩成岩作用对储集空间的影响

成岩作用对储层的储集空间具有以下三种影响：第一种是建设性的作用，如岩溶作用、白云岩化作用、破裂作用等；第二种是破坏性的作用，如胶结充填作用、压实作用、硅化作用等；第三种是具有双重性的作用，既可以改善储层的储集性又可以降低储层的储集性，如压溶作用、重结晶作用等。

1. 建设性的成岩作用

（1）岩溶作用。南华北地区的岩溶作用是比较发育的，在炒米店组，张夏组和上、下马家沟组都见到广泛发育的岩溶作用，本区识别的岩溶作用有同生期岩溶、风化壳岩溶和深埋藏岩溶，无论是何种岩溶作用都可以形成粒内溶孔、铸模孔和粒间溶孔，又可发生非选择性溶蚀作用，形成溶缝和溶洞，大大改善储层物性。

埋藏岩溶作用指碳酸盐岩在中—深埋藏阶段，主要与有机质成岩作用相联系的溶蚀作用现象及过程。在南华北地区发育这种埋藏溶蚀作用，具体表现主要是沿晚期构造缝和已有的孔洞缝扩大溶蚀，形成溶蚀扩大构造缝、溶缝、小型孔洞、串珠状孔洞。这些孔隙多数未被充填，充填率低，保存完好，尽管规模不大，仍是现今的有效储集空间。

（2）白云岩化作用。在南华北地区的多个组内都比较发育，尤以冶里组和亮甲山组最为发育。能够识别的白云岩化作用有准同生白云岩化、混合水白云岩化和深埋藏白云岩化。主要分布在本区的北部和东部，南部也有一定的分布。准同生白云岩主要是一些晶粒非常细小的泥晶白云岩，还有一定量的泥质。混合水白云岩及深埋藏白云岩，在灰岩变为白云岩的过程中伴随着体积的缩小，因此白云岩的孔隙度和渗透率一般都比灰岩大，如果全部变为白云岩，其孔隙种往往被泥质充填，孔隙度反而减小了。

（3）破裂作用。南华北地区灰岩和白云岩的破裂作用是比较发育的，既有手里不均衡长生的构造裂缝，也有岩石成岩过程种产生的收缩缝，往往被灰质、石膏、白云质和泥质充填，破裂作用虽然改善了储集性，但由于后期强烈的充填作用而抵消了。

2. 破坏性成岩作用

南华北地区的破坏性成岩作用主要是压实作用和胶结充填作用，由于这两种强烈的作用自始至终都在起作用，因此本区岩石的孔隙度和渗透率都比较差，局部地区受到强烈的溶蚀改造、构造运动和白云岩化，才发育一些良好储层。

3. 双重性成岩作用

压溶作用在上覆岩石的压力作用下，发生溶解，形成缝合线，可以沟通岩石的孔隙和喉道；重结晶作用是矿物晶体由小变大，可以节省许多空间，增加孔隙度，但是在结晶的过程中，一些泥质等杂基会析出堵塞晶间孔，导致孔隙度减小，渗透率降低。

（四）碎屑岩成岩作用的类型

在南华北新元古界—中生界沉积演化过程中，发育了多种类型陆源碎屑岩储集岩，从时代上看：从晚元古代—中生代均有发育，其中以晚古生代—中生代最为发育。从成因类型上看，包括：海相碎屑浊积岩、滨岸砂岩、海陆过渡三角洲砂岩、湖泊三角洲砂岩及河流相砂岩。这些碎屑岩储集体形成过程中同样受到了多种类型的成岩作用改造。主要成岩作用类型及特征如下。

1. 机械压实作用

机械压实作用是指沉积物被埋藏后，在上覆重力的作用下，使沉积物水分排出，碎屑颗粒紧密排列，软组分挤入孔隙，使孔隙体积缩小，孔隙度降低，渗透率变差的作用。机械压实作用与埋藏深度关系最为密切，埋深越大，地静压力越大，压实作用越强，这是总的趋势。在沉积物固结之前，机械压实作用表现特别明显；在成岩阶段，岩石要进一步压实需要更大的应力，多表现出压溶现象，本区压溶作用不太强烈。机械压实作用与胶结作用一样，是构成原生孔隙减小的主要原因。机械压实作用造成原始孔隙度减小，除受埋深这一外界因素的影响外，还与颗粒结构（圆度、球度、形状、粒度及分选等）有关，即碎屑的结构成熟度愈高，受压作用影响越小；随着泥质含量增加，分选变差，粒度变细，受压实作用影响越大。本区的压实作用使原生粒间孔隙度损失率一般是60%～70%，最高可达100%，孔隙度的损失量一般是25%～30%，保留下来的原生粒间孔隙度一般为8%～13%。损失孔隙量数据的具体测算方法是用原生胶结物标定法，采用下面的公式计算区内砂岩因机械压实而损失的原生孔隙度：

$$压实损失孔隙度 = 初始孔隙度 - 压实后的原生孔隙度$$

其中初始孔隙度采取粗砂为38%，中-细砂42%；压实后的原生孔隙度采用薄片中测得的粒间原生胶结物含量及原生粒间孔、剩余原生粒间孔的面孔率之和。据统计，区内石炭—二叠系砂岩因机械压实作用损失的孔隙度为20%～38%，局部层段甚至被完全压实，形成无缝、无孔和无胶结物的压实致密层。按照常用的压实强度分级方案（表7-19），区内石炭—二叠系砂岩为中等-强压实强度。

表 7-19 机械压实作用强度分级方案　　　　　　　　　　　　　　　　　　　　单位:%

压实参数	弱压实	中等压实	强压实
压实率	<30	30~70	>70
压实后损失孔隙度	<10	10~25	25

机械压实的微观现象有:

①塑性岩屑的挤压变形,压实作用可使泥质岩屑、云母、碳酸盐岩压弯变形,压实作用强烈时,可使之挤入孔隙中形成假杂基;

②软矿物颗粒破碎、弯曲进而发生成分变化,如云母弯曲变形,水化变成黏土矿物等;

③刚性碎屑矿物压碎或压裂,在阴极发光中,常见到石英颗粒破裂,而后又重新愈合的现象,这说明石英曾经被压裂。

2. 胶结作用

胶结作用是指在同生、成岩阶段,孔隙水在沉积颗粒之间形成的化学沉淀,从而使松散的沉积物固结成坚硬岩石的作用。砂岩储集体中的填隙物主要是碳酸盐、硅质、铁质和淀黏土胶结物以及泥质杂基等。

据研究,在较年青地层中的砂岩中多为碳酸盐质胶结,在较老地层中的砂岩中多为硅质胶结。而在研究得克萨斯州威尔科克斯组砂岩时发现,埋深小于 2500m 时,胶结物多为方解石,大于 2500m 时即被白云石交代。

(1) 碳酸盐胶结物。本区砂岩中的碳酸盐胶结物以方解石为主,白云石、铁白云石和菱铁矿较少,据鉴定的 162 个片薄片统计,本区砂岩中碳酸盐胶结物含量范围为 0~10% 其特征如下所述。

①碳酸盐胶结物多呈粒间显晶质胶结,有的重结晶呈连生胶结,泥晶方解石较少,说明重结晶作用强。

②凡碳酸盐胶结物多的砂岩或砂岩的某一部分,有效孔隙就小,反之有效孔隙就大。特别是地表剖面,可能有一部分碳酸盐胶结物是次生充填孔隙成因的。

③各个剖面从下到上碳酸盐胶结物的含量和特征不一样。

④碳酸盐胶结物常有交代碎屑的现象。

⑤碳酸盐胶结物也可变为填隙物充填孔隙。

⑥在碳酸盐胶结物含量高的岩石中,常有碳酸盐内碎屑如灰质砂屑、白云质砂屑、白云石晶屑等,说明这是一种富含碳酸盐的湖泊沉积盆地,所以碎屑间的碳酸盐胶结物也多。说明碳酸盐胶结物不全是次生的(晚期成岩—后生—表生阶段形成的胶结物,属次生胶结物)的产物,也有原生(同生—成岩阶段)的产物。

⑦早期原生碳酸盐沉淀与岩石结构有一定的关系:砂岩结构成熟度高的相带(浅湖砂坝、河口砂坝),碳酸盐岩发育,可形成油气运移的遮挡层;晚期(次生)碳酸盐常以结晶状充填或呈交代其它碎屑的形式出现。这种碳酸盐胶结物对孔隙的影响大,它可充填残余原生孔隙和次生孔隙,甚至可充填所有的孔隙;同时,它又为形成更深层的次生孔隙提供可溶物质。

本区砂岩中碳酸盐胶结物有原生的,也有次生的。碳酸盐胶结物含量有的层较高,为在深部形成次生孔隙提供了一定的条件。

(2) 硅质胶结物。氧化硅(SiO_2)胶结物可以呈晶质和非晶质两种形态出现:非晶质的有蛋白石(蛋白石-A,蛋白石-CT);晶质的有玉髓和石英。但蛋白石质的少见,因它不稳定,易溶解和转化,仅多见于新地层中。

硅质胶结物的形式多呈次生石英加大形式出现,有的加大边在一般显微镜下不明显,但在阴极发光显微镜下可明显看出,碎屑石英与加大边石英发光颜色不一样:碎屑石英发桔黄色光,加大边发橙红色光。

硅质胶结中硅质的来源有:①硅质生物骨骼的溶解;②火山玻璃的蚀变;③黏土矿物(如蒙脱石转化为伊利石);④硅酸盐矿物(如长石)的溶解;⑤压溶作用等均可放出 SiO_2 而成硅质胶结物。

本区石英次生加大较多，对次生加大边和碎屑石英有溶蚀、交代作用有关。石英次生加大作用不仅减少了储层的孔隙空间，也改变了储层的孔隙结构，它可使粒间管状喉道变为"片状"或缝合状喉道，严重影响流体的渗流，从而大大降低储层的渗透率。

(3) 黏土矿物胶结物及黏土杂基填隙物。黏土矿物是砂岩中的又一种重要填隙物，把化学沉淀的填隙物称为黏土矿物胶结物，如淀绿泥石，而高岭石、水云母多半是重结晶形成的。而把机成因细小的陆源泥质，因其矿物成分一般难确定，称为泥质杂基或黏土杂基，这种杂基在砂岩中大量存在。自生黏土矿物与成岩后生阶段的环境有关，而黏土杂基主要与沉积环境、水动力条件有关。

自生黏土矿物胶结物的特征有四点。①在成分上，自生矿物较纯，表现其组成、颜色及结构的一致性以及良好的透明度。②在外观上，自生矿物呈结晶习性。③在结构上，自生矿物结晶好且结晶体较粗，如书页状高岭石，宽2～10μm，长可达2500μm；自生淀绿泥石，呈玫瑰状、片状，长宽1～10μm，有时可达150μm；而大多数它生黏土杂基颗粒宽度小于5μm。④在分布上，自生黏土矿物在颗粒表面成薄膜或呈分散状的孔洞充填物的形式出现。

自生黏土矿物的种类取决于砂岩中原生矿物成分及孔隙水溶液的成分、温度、压力和氢离子的浓度。一般规律是：石英砂岩中以高岭石为主，长石砂岩中以伊利石、高岭石为主，岩屑砂岩及杂砂岩中以伊利石为主，火山碎屑岩屑砂岩中以蒙脱石为主。但黏土矿物细小，易转化，当孔隙水的pH增加，同时又有钾离子（K^+）时，高岭石会变为伊利石（又称水云母）；蒙脱石与K^+反应释放层间水，也会形成伊利石；高岭石、伊利石在pH为7以上，氧化电位低（即成岩阶段介质处于还原环境），Fe^{2+}多，而Mg^{2+}、Fe^{3+}及SiO_2很少的介质条件下可转化为绿泥石，故本区可常见淀绿泥石但未见沸石类黏土矿物。

(4) 铁质胶结物。本区砂岩中见到铁质胶结物有次生的Fe^{3+}矿物——赤铁矿、褐铁矿（地表岩石），也有原生Fe^{2+}铁矿物——黄铁矿（FeS_2）、菱铁矿（$FeCO_3$）（钻井岩心）。

次生铁质胶结物在岩石或岩石薄片中分布不均匀，呈斑块状分布或分布于淀绿泥石外边，它显然为绿泥石风化而来，或呈网脉状，真正的原生Fe^{2+}质胶结物少见，黄铁矿多呈细分散状，而菱铁矿成结核状产出。

3. 交代作用

交代作用是矿物边溶解边被新的矿物沉淀充填置换，形成的新矿物与被溶原矿物没有相同的化学组分，如方解石交代石英、长石等。交代矿物可以交代颗粒的边缘，将颗粒溶蚀成锯齿状或鸡冠状等不规则的边缘，也可以完全交代碎屑颗粒，从而成为它的假象。晚期交代矿物可以交代早期的胶结物或交代矿物。根据矿物的交代关系，可以确定交代矿物形成的顺序。交代作用的明显证据有：

①矿物假象，交代矿物具有被交代矿物的假象，矿物的原始组分被交代，但仍保持原来的晶体形态；

②幻影假象，矿物颗粒受到强烈的交代作用，原有的颗粒只留下模糊的轮廓叫幻影，如硅化鲕粒、白云石化碎屑等；

③交叉切割现象，矿物或颗粒被自形矿物晶体、镶嵌结构的矿物晶体或结核所切割，被切割的颗粒是被交代的；

④ 残留的矿物包体，中间被包的矿物为被交代的矿物。

本区常见的交代作用是碳酸盐化（以方解石化为主，菱铁矿、白云石化少见），还有黏土矿物交代岩屑、石英和长石等，此外，还可见黄铁矿结核、菱铁矿结核的形成，它们也是成岩期的一种交代作用。表生阶段的交代作用有次生铁质胶结物——铁质脉和斑块的形成、黄铁矿的褐铁矿化、黑云母的铁泥化等。

4. 重结晶作用

重结晶作用主要发生在碎屑岩的填隙物中，特别是胶结物中。其主要特征是小晶体重新组合或结晶成大晶体。本区岩石中的重结晶主要有：碳酸盐矿物、硅质矿物和黏土矿物。碳酸盐矿物的重结晶作用常使砂岩中的钙质胶结物形成嵌晶或连生晶体胶结，在重结晶过程中，包裹体或残留物一般仍保留在重结晶体内，这是识别重结晶作用的重要标志。

碎屑石英外的硅质次生加大边也是一种重结晶现象。黏土矿物的重结晶也常见，它可以是淀杂基，也可以是碎屑泥质杂基的重结晶。重结晶形成的黏土矿物晶体常较粗大、透明、干净。一般的重结晶作用属于破坏性的成岩作用，它严重影响砂岩的储集性能，使孔隙性和连通性变差，但高岭石等黏土矿物的重结晶也可造成丰富的微孔隙。

5. 溶蚀作用

前已叙及，溶蚀作用是一种建设性的成岩作用，它是产生次生孔缝的重要原因。在本区见到的孔缝或多或少与溶蚀作用有关。溶蚀作用可发生在多个阶段：①同生阶段（即沉积物成岩早期暴露、淋滤、溶蚀），这在碳酸盐岩最重要，在碎屑岩中也有；②表生阶段，即沉积岩形成后，地壳抬升到地表或近地表，受地表或地下水的溶蚀、溶解作用；③成岩阶段，地层中所含的有机质，在成岩过程中由于干酪根的热裂解形成大量的 CO_2，降低了地层水的 pH，使其成为酸性水，这种酸性水随泥岩的压实而进入相邻的砂体中，使砂体中的某些组分产生溶蚀而形成次生孔隙，这点对深部次生孔隙带的形成有重要意义；④这种作用也可多期发生，因构造运动是多期的，因此各种缝也是多期的。

被溶蚀的矿物有长石、黑云母、岩屑、黏土及碳酸盐矿物等。

6. 破裂作用

随着深度增加，压实作用增强，使岩石失去可塑性，受成岩和构造应力的影响，而产生裂缝。成岩作用产生的成岩缝一般无方向性，缝细，延伸范围小；而构造缝受构造应力控制，裂缝组系明显，平整延伸，切割力强。

（五）成岩阶段划分及成岩演化

1. 成岩阶段划分方案

由于研究对象及解决问题的不同，不同学者所采用的成岩阶段的划分方案有所不同（表 7-20）。本书从石油地质的角度出发，并给合有机和无机成岩密切相关的理论，采用石油天然气总公司碎屑岩成岩作用阶段划分标准（1990）（表 7-21）。本书选用原石油天然气总公司制定的中国石油天然气行业标准 SY/T5477－92《碎屑岩成岩阶段划分规范中的划分方案》（表 7-21）。该方案将成岩阶段划分为早成岩期（包括 A、B 两个亚期）、晚成岩期（包括 A、B、C 三个亚期）。

表 7-20　成岩阶段划分对比表

石油天然气公司（1990）		刘宝珺（1980）	Schmidt（1977）		郑浚茂（1987）	应凤祥（1989）			张长俊（1986）
同生阶段		同生作用			阶段	有机质	I/S混合黏土矿物软化带		沉积物的表生成岩作用
早期成岩阶段	A	成岩作用	早期成岩作用		早成岩期	成岩	未成熟	蒙皂石带	成岩早期
	B			未成熟阶段					
晚期成岩阶段	A₁	后生作用	中期成岩作用	半成熟阶段	中成岩期	早	半成熟	渐变带	成岩晚期
	A₂			成熟阶段 A		后生 中	低成熟	第Ⅰ迅速转变带	后生期
	B			成熟阶段 B			成熟	第Ⅱ迅速转变带	
							高成熟	第Ⅲ迅速转变带	
	C			超成熟阶段	晚成岩期	晚	过成熟	混层消失、代表性矿物为伊利石、绿泥石	进后生期
表生		表生作用	晚期成岩作用			表生			沉积岩的表生作用（退后生）

2. 成岩阶段划分依据

综合分析华北盆地南部古生界砂岩储层的各项指标，根据压实作用、粒间自生矿物的充填作用和自生矿物对颗粒的交代及溶解作用等各种成岩作用特征，参考泥岩中黏土矿物演化特征和泥岩有机质热演化特征等因素，对该区砂岩进行了成岩阶段划分。划分结果表明，研究区砂岩的成岩作用普遍已达到晚成岩作用阶段的 B 期和 C 期，划分依据主要如下。

（1）自生矿物组合、分布及形成顺序（表 7-22）。自生矿物指标能指示岩石的形成与发展过程。石英的次生加大作用随着成岩作用的加深而增强，一般情况下，早成岩 A 期很少见到石英加大，早成岩 B 期可见到 I 级加大，晚成岩 A 期可见到 II 级加大，晚成岩 B 期可见到 III 级加大，晚成岩 C 期可见到级 IV 加大。研究区石炭—二叠系砂岩普遍见到 I、II 及 III 级石英次生加大。这充分说明研究区砂岩成岩作用已进入到晚成岩阶段。砂岩中碳酸盐胶结物主要为方解石、铁方解石、白云石、铁白云石和菱铁矿，除部分方解石以外，以含铁碳酸盐矿物多见，而菱铁矿更是普遍存在且含量相度较高，由此也可以看出其成岩阶段主要为晚成岩期 B 亚期和晚成岩期 C 亚期。

表 7-21 碎屑岩成岩阶段划分规范

表 7-22 成岩阶段划分及自生矿物分布表（据裴亦楠，2003）

成岩阶段划分		石英和长石加大	孔隙带	碳酸盐胶结物	自生泥质矿物
早成岩	A	石英一般未见加大，长石溶解也较多	岩石疏松，尚未固结，原生粒间孔隙发育	有的见早期碳酸盐胶结	砂岩中可见少量自生高岭石，伊利石多为它生
	B	开始出现石英次生加大，属 1 级加大，加大边窄或有自形晶面，扫描电镜下可见石英小锥晶，呈零星或相连成不完整晶面	半固结-固结，原生孔隙仍发育，可见少量次生孔隙。	岩石有的被碳酸盐胶结	自生高岭石较普遍，伊利石仍以它生为主

续表

成岩阶段划分		石英和长石加大	孔隙带	碳酸盐胶结物	自生泥质矿物
晚成岩	A	砂层中石英次生加大属2级,在薄片下观察,大部分石英和部分长石具次生加大,自形晶面发育。有的见石英小晶体。有的自生晶体向孔隙空间生长堵塞孔隙	长石等碎屑颗粒及碳酸盐胶结物常被溶蚀,可见溶蚀残余,次生孔隙发育	可见晚期含碳酸盐类胶结物,特别是铁白云石,常以交代、加大或胶结形式出现	砂岩中的黏土矿物可见自生高岭石和I/S混层矿物,其它自生矿物有时可见钠长石、浊沸石,钠长石化明显
	B	砂岩中石英次生加大为3级,薄片下几乎所有石英和长石具加大且边宽。多呈镶嵌状	岩石已较致密,有裂缝发育	有的含有铁碳酸盐类矿物	高岭石含量明显减少或缺失,可见浊沸石,钠长石化明显
	C	石英加大属4级。颗粒间呈缝合状接触。自形晶面消失	岩石极致密,孔隙极少但裂缝发育	砂岩中可见晚期碳酸盐类矿物	砂岩和泥岩中华表黏土矿物为伊利石及绿泥石,为伊利石-绿泥石带

（2）镜质体反射率（Ro）是温度和时间的函数,并具不可逆性,可指示有机质曾遭受过的古地温。根据对煤镜质组反射率的测试,本区石炭—二叠系的砂岩成岩作用阶段绝大部分已达到晚成岩阶段,其中倪丘集凹陷 $Ro=0.62\%\sim2\%$,相当于晚成岩阶段A及B期;鹿邑凹陷 $Ro=0.82\%\sim2.54\%$,也属于晚成岩阶段,甚至到了晚成岩阶段的C期;襄城凹陷 $Ro=1.07\%\sim1.24\%$,相当于晚成岩阶段A2亚期及B期;太康隆起 $Ro=2.18\%\sim3.39\%$,全部达到了晚成岩阶段的C期。

（3）最大热解峰温 Tmax（℃）

通过烃源岩热解分析仪测定泥岩中干酪根最大热解峰温 Tmax（℃）,结果表明,本区石炭—二叠系地层干酪根最大热解峰温 Tmax（℃）普遍达到了435℃以上,所有样品分析结果都已达到晚成岩阶段。

（4）黏土矿物的成岩演化

本区伊/蒙混层黏土矿物中蒙脱石层含量在35%~20%之间,属于蒙脱石第二迅速转化带,相当于晚成岩阶段A期。

据周参7井、周参6井、伊川盆地伊3001和襄5井,获取的岩心主要为谭庄组、山西组以及石盒子组（表7-23）。这4口井砂岩胶结作用强烈,碳酸盐胶结作用普遍。主要的黏土矿物为伊利石、伊/蒙混层矿物和高岭石,其中含量最多为绿泥石,其次为伊/蒙混层矿物和伊利石。依据4口井8个样品数据点X__衍射分析结果,伊利石含量总体较高,伊/蒙混层中S含量为20%,显示了较高的演化程度,处于成熟—高成熟阶段。表明石炭—二叠系砂岩处于晚成岩阶段。

表7-23 南华北地区钻井黏土矿物X__衍射分析数据表

样品号	井号	层位	高岭石(K)	绿泥石(Ch)	伊利石(I)	伊/蒙间层(I/S)	间层比(S)/%
	伊川3001	谭庄组	10.1	11.9	34.2	43.8	20
ZC7-3	周参7井	山西组	15	40	30	15	10
ZC7-5	周参7井	下石盒子组	25	45	30		
ZC6-3	周参6井	下石盒子组	29	44	29	17	15
ZC7-6	周参6井	下石盒子组	22	50	28		
ZC7-4	周参7井	山西组	13	41	29	17	10
ZC7-7	周参7井	上石盒子组	2	4	85	9	55
X5-1	襄5井	上石盒子组	18	47	20	15	
X5-2	襄5井	上石盒子组	22	39	21	18	

(5) 流体包裹体测温。南华北地区部分探井石炭—二叠系砂岩中的块砂岩样品流体包裹体均一温度测量及分析结果表明（图7-51），不同样品的均一温度分布十分集中，基本上集中在130~170℃，尤其是在140~160℃，充分可以证明本区石炭—二叠系砂岩已达到晚成岩阶段的B期和C期。

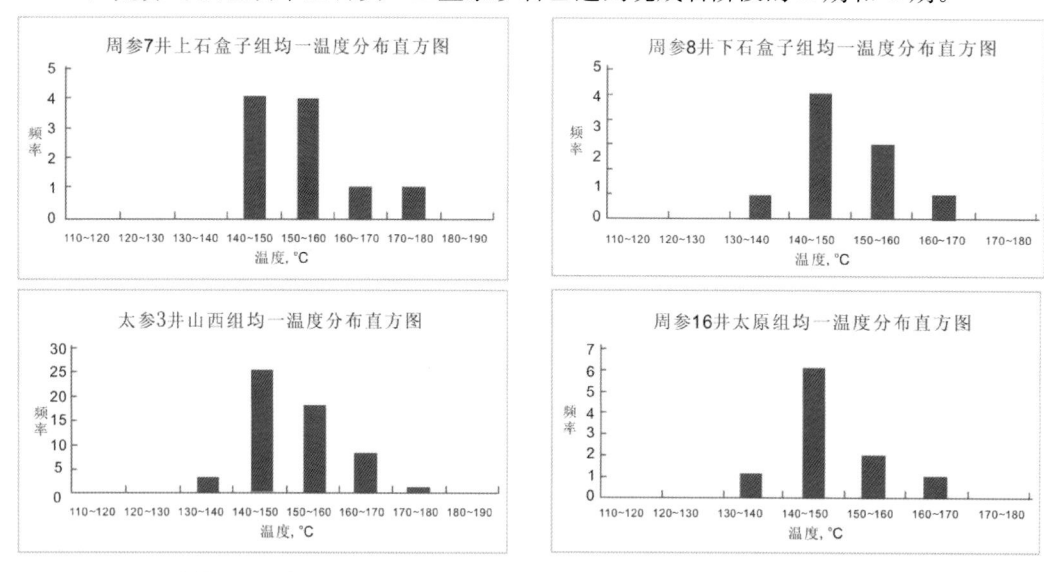

图7-51 南华北地区部分探井石炭—二叠系砂岩中的块砂岩样品流体包裹体均一温度测量

（六）成岩作用阶段划分（图7-52）

1. 同生阶段

指沉积物堆积后，与上覆水体尚未脱离接触，在其表层发生变化的阶段，即沉积物沉积后至浅埋藏前所发生变化的时期。主要表现为同生钙质结核的形成以及分部于粒间和颗粒表面的泥晶碳酸盐胶结物，有时见纤维状或微粒状方解石。

图7-52 南华北地区晚古生代—中生代碎屑岩成岩作用阶段划分与成岩作用类型

2. 早成岩阶段 I 期

埋藏深度小于1950m，地温低于70℃，Ro小于0.4%，相当于有机质演化的未成熟期。黏土矿物脱水经历渐变带的第一迅速转化带，混层黏土矿物中蒙脱石含量大于50%，此带以机械压实作用为主和原生孔隙迅速减小为特征。砂岩层间孔隙流体为酸性至弱酸性，形成第一次石英次生加大。早期有黏土矿物包壳沉淀于颗粒表面，晚期有少量方解石析出。

3. 表生阶段

指处于成岩阶段弱固结或固结的沉积岩，因构造抬升而暴露或接近地表，受到大气淡水的淋滤、溶蚀作用所发生变化的时期。主要表现为黄铁矿被氧化、黑云母绿泥石化及淡水溶蚀后的溶蚀沟、缝和溶蚀孔隙，或者充填有淡水方解石等自生矿物。同时由于风化淋滤剥蚀作用，不但存在着沉积间断，而使地层保存不完整。

4. 早成岩阶段Ⅱ期

埋藏深度1950~2500m，地温70~90℃，镜质体反射率为0.4%~0.5%，相当于有机质演化的半成熟期。I/S混层黏土矿物中蒙脱石的含量大于35%，底部出现第二个迅速转化带，蒙脱石含量降至20%，此带孔隙水为弱碱性、碱性，主要证据是高岭石含量迅速降低。方解石是该阶段的主要成岩矿物，晚期出现方解石沉淀。该阶段晚期有机质接近成熟，产生CO_2和各种有机酸，使砂岩中的流体变成酸性，常导致长石颗粒和不稳定组分的溶蚀作用，同时析出晶形良好的书面页状高岭石。该阶段常由于碳酸盐岩胶结作用强烈，致使孔隙度迅速降低。

在不同成岩演化阶段由于所处的成岩环境不同，导致发生的成岩作用类型不同，因而所形成的产物及特征不同。如南华北豫西地区上三叠统在成岩过程中不同成岩阶段所对应的成岩作用类型及产物见表7-24。

表7-24 豫西上三叠统成岩作用类型及产物

成岩环境	成岩阶段		主要成岩作用	产物及主要特征
湖底-(近)地表	同生期		泥晶化作用 胶结作用	泥晶方解石（胶结物） 隐晶淀黏土矿物
浅埋藏 (<1950m)	成岩期	早成岩期 （Ⅰ）	机械压实作用 胶结作用 溶蚀作用	游离型→支架型→部分凹凸接触或不接触→点接触→部分线接触；塑性岩屑、软矿物轻度弯曲变形；粒内溶孔等，显微粒方解石、泥晶方解石（少）、晶粒白云石、菱铁矿、淀黏土矿物等
近地表-地表		表生期 （Ⅱ）	风化剥蚀作用 溶蚀作用 充填作用	岩层遭受风化剥蚀，淡水淋滤溶蚀形成粒间、粒内溶孔，及溶蚀石英质、方解石、泥质物充填部分孔缝
中埋藏 (1950~2500m)		早成岩期 （Ⅲ）	机械压实作用 压溶作用 胶结作用 重结晶作用 交代作用	凹凹→镶嵌或线-面-缝合线型颗粒接触；塑性岩屑、软矿物强烈变形，假杂基形成，刚性碎裂，压溶缝形成，粗粒方解石、次生石英加大，连生胶结，幻影假像
深埋藏 (>2500m)		晚成岩期 （AB）	压实作用 压溶作用 自生矿物充填作用 有机酸溶蚀 重结晶作用	线状-缝合线状接触，少量裂缝，自生矿物形成、充填孔隙、有机酸溶蚀形成次生溶孔并残留沥青等有机质，胶结物重结晶
深埋藏-抬升		晚成岩期 （C）	重结晶作用 溶蚀作用 构造破裂作用 充填作用	碳酸盐矿物重结晶、黏土矿物胶结物重结晶，少许溶蚀生成，裂缝发育，各类孔缝及其充填

（七）成岩作用的影响因素

1. 埋深的影响

埋深决定沉积物、沉积岩所处地下的温度和压力，不同的温度和压力环境形成不同的成岩矿物。对我国东部新近系的研究，成岩作用强度与深度关系密切：2500m 以上，以压实作用为主，成岩作用弱，原生孔隙发育，可形成高孔渗储层；2500～5000m，成岩强度中—强，该层以次生孔隙为主，仅形成低渗和致密储层；埋深大于 5000m，成岩作用强度达到原生孔隙和次生孔隙均不可压缩的程度。国外也有相似的研究结果。由此可见，相同类型的岩体，不同的埋深，其储集性可有明显的差别。

2. 砂岩的成分、结构和构造的影响

砂岩的成分不同对成岩作用的影响也不同，如石英砂岩中石英次生加大发育（本区常见），长石石英砂岩中次生孔隙发育，致使长石石英砂岩成为主要的储集岩，本区砂岩多为长石石英砂岩，储集性能也好。

砂岩中的杂基含量对成岩作用也有重要影响，一般情况是杂基含量大于 50% 的杂砂岩孔渗差，孔隙度与黏土杂基含量成负相关关系（本区砂岩也显示此特点）。原因有两方面，一方面杂基支撑结构的砂岩有利于机械压实作用的进行，使原始孔隙迅速减小；另一方面黏土杂基的存在抑制了地下酸性流体的流动，不利于对储层的改造；而含泥少的砂岩与之相反，利于形成次生孔隙；含泥少于 5% 的净砂岩，原始孔隙度高，是地下流体活动的良好通道，可出现早期的碳酸盐和二氧化硅胶结物，也可抑制后期的压实压溶作用继续进行，为形成次生孔隙提供了物质基础，往往形成次生孔隙发育的储层。但在某些层段，常形成嵌晶式或连生式碳酸盐胶结物，堵死了孔隙喉道，不利于地下酸性流体的流动和对储层的改造，而变成致密非储层。本区砂岩大多具有这个特点，即钙质胶结物多的岩石，孔隙度就低，反之则高，在前面已作分析。

砂岩的粒度和分选性也是影响成岩的因素之一，分选系数与其孔渗性呈负相关关系，而粒度中值与孔渗性呈正相关关系。

沉积构造对成岩作用的影响更明显：次生孔隙发育的细砂岩多具块状层理、平行层理或斜层理；而具波状层理、砂纹层理的极细砂岩、粉砂岩，次生孔隙不发育。其原因是块状层理、平行层理砂岩分选可较好，杂基可较少，颗粒支撑，有利于原生孔隙的保存，也有利于次生孔隙的形成，而极细砂岩、粉砂岩具波状层理、砂纹层理及变形层理，纹层是弯曲的，给地下流体的流动增加了困难，不利于次生孔隙的发育和油气的进入，难成储层。

3. 沉积环境、沉积相的影响

总观本区孔隙度好的砂岩多属三角洲前缘亚相中的水下分支河道砂、河口砂坝砂、三角洲平原河道砂及浅湖浅滩砂，和三角洲前缘亚相中的远砂坝砂和滨湖、浅湖中所夹的砂体孔隙度稍低，故沉积相直接控制了成岩作用和孔隙度分布。

4. 生物扰动构造的影响

从伊 3001 井的岩心看，生物扰动构造强烈的部位，孔隙差，含油性不好，致密坚硬，反应胶结作用强。具生物扰动部分的岩石胶结物含量高，孔隙少。

5. 有机质演化的影响

从前面介绍的成岩阶段划分可知，在晚期成岩阶段的 A1 期，生油岩中的有机质在向烃类转化过程中会释放大量 CO_2，使孔隙流体变成酸性，同时泥岩中的干酪根在热作用下会脱出含氧官能团（羧基及酚等），从而形成大量的有机溶剂（如草酸、醋酸和酚等），这些有机酸与 Al^{3+} 可形成络合物，增加了 Al^{3+} 的浓度，促使硅酸盐矿物（如长石）的溶解，同时有机酸对溶液的 pH 有缓冲作用，把 pH 控制在 5～6 的酸性状态，这种酸性溶液又促使了对方解石的溶解。

6. 构造位置和断裂活动的影响

有利的圈闭是油气聚集的场所，是油气二次运移的载体——地层水的运动方向，在中浅层（3200m）

有机质演化产生的酸性流体向构造高部位运移，造成构造高部位易产生溶蚀作用，形成好的次生孔隙带，此时流体的主要运动方式为热对流，因为热对流需要大的地层倾角，溶蚀作用也可发生在构造翼部，这种溶蚀作用是很局部的，溶蚀量也小，但这种成岩作用机制对形成岩圈闭有意义。

（八）成岩演化史

本区碎屑岩经历的成岩演化经历了复杂的过程（图7-53），不同成岩阶段发生不同成岩作用，并对碎屑岩储集孔隙形成具有明显控制作用（图7-54），具体表现如下。

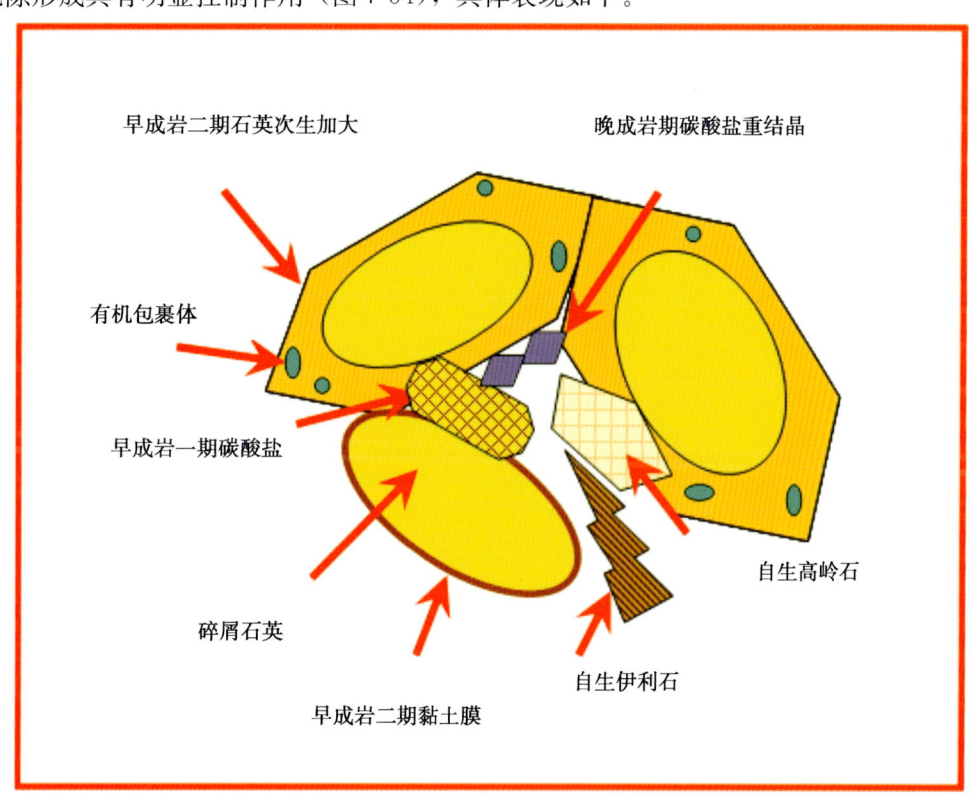

图7-53 南华北地区碎屑岩成岩演化史

（1）同生期。软泥及砂质沉积物经过生物钻孔、扰动和滑移作用而形成虫孔、潜穴及变形层理和初步的压实作用。

（2）早成岩Ⅰ期。沉积物由软泥变成半固结状态，发生物理的化学的变化，如变形构造、泄水构造形成，压实作用明显。细分散黄铁矿的形成，第一世代碳酸盐胶结物的形成。

（3）早成岩Ⅱ期。压实作用继续进行，淀绿泥石析出及石英次生加大边的形成，二世代碳酸盐胶结物的形成及重结晶等。

（4）晚成岩A期。石英次生加大边继续形成，碳酸盐胶结物重结晶，发生建设性成岩作用——长石、岩屑的溶解，沿构造缝的溶蚀扩大，产生次生孔隙。

（5）晚成岩B期。石英次生加大继续，次生碳酸盐胶结物形成，重结晶，深埋次生孔隙形成。

（6）晚成岩C期。强烈的重结晶、压实、压溶作用及次生碳酸盐胶结物继续形成以及重结晶作用、有机质脱羧基作用，也有利于形成次生孔隙。

（7）表生期。表现为风化淋滤作用，黄铁矿氧化成褐铁矿、黑云母铁泥化以及近地表岩石的溶蚀作用等。

（九）碎屑岩成岩作用对储集空间的影响

综合本书和对本区上古生界已有资料的统计结果表明，本区上古生界砂岩储层存在孔隙型及裂隙型两种类型的储集空间，其按成因分类可分为原生孔隙、次生孔隙和微裂缝三种成因类型，包括缩小粒间孔、粒间溶孔、粒内溶孔、铸模孔、晶间微孔及颗粒微裂隙种孔隙类型。绝大多数碎屑岩储层都处于晚

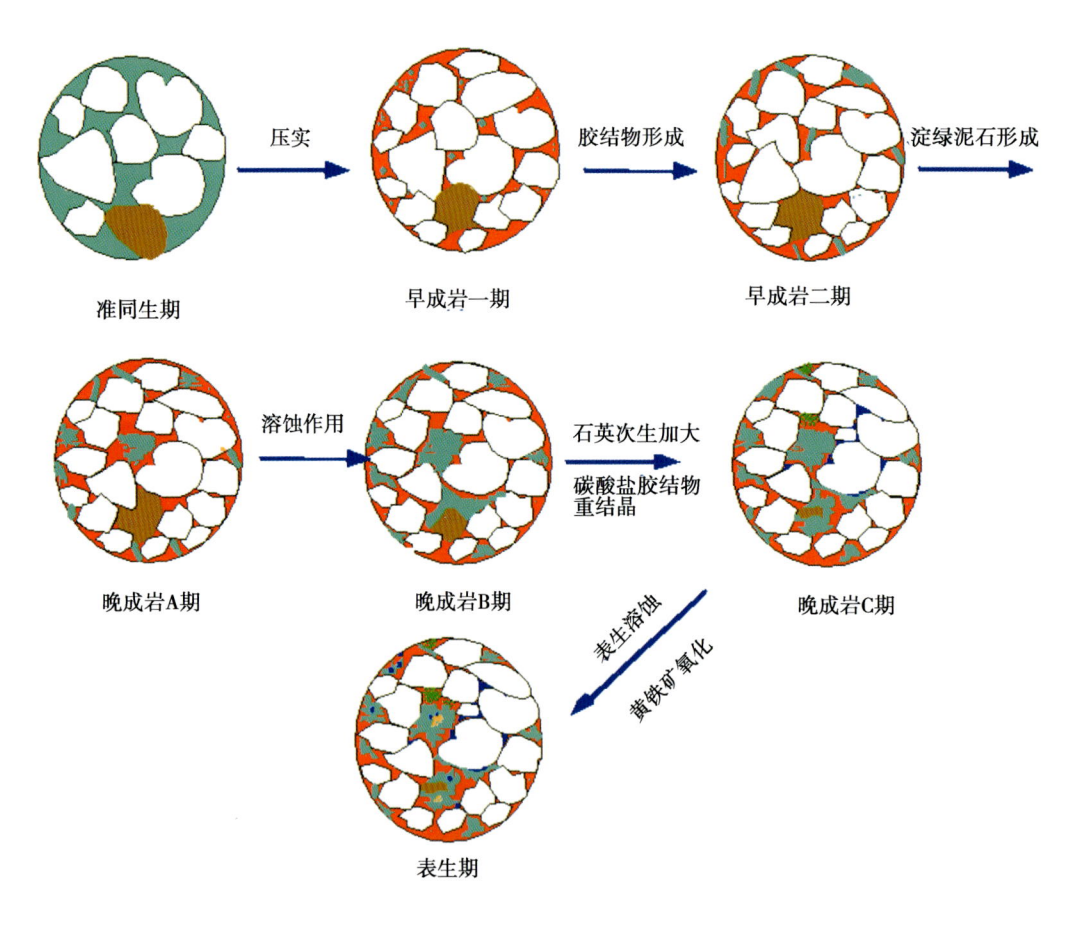

图 7-54　碎屑岩成岩演化过程与储集孔隙演化模式

成岩阶段期和期，成岩作用极强，砂岩致密，物性普遍较差。除强烈的机械压实对原生孔隙的破坏作用较大外，另一重要原因是胶结作用较强，包括泥质胶结、硅质胶结和碳酸盐胶结，胶结物对原生孔隙起着堵塞作用，主要成岩作用对碎屑岩储层的影响主要表现在以下方面。

1. 压实作用对储层孔隙发育的控制

压实作用是造成沉积物体积收缩，孔隙度减少，使岩石向着致密化方向发展的主要因素之一。由于埋藏较深，强烈的机械压实作用对研究区石炭—二叠系砂岩储层的破坏作用很大。机械压实作用主要是缩小、减少砂岩储层中的原生粒间孔隙。研究区最强的压实作用可使原生粒间孔隙减少为零，形成压实型致密层。本区的压实作用使原生粒间孔隙度损失率一般是60%～70%，最高可达100%，孔隙度的损失量一般是25%～30%，保留下来的原生粒间孔隙度一般为8%～13%。据统计，区内石炭—二叠系砂岩因机械压实作用损失的孔隙度在20%～38%之间，局部层段甚至被完全压实，形成无缝、无孔和无胶结物的压实致密层。按照常用的压实强度分级方案，区内石炭—二叠系砂岩为中等—强压实强度。

在岩石学特征上，在岩石薄片中观察到的颗粒接触关系是反映机械压实作用的重要指标。在压力作用下，研究区石炭—二叠系砂岩碎屑颗粒之间以线接触为主，山西组和太原组甚至还见到有凹凸接触和缝合线接触关系。此外，塑性岩屑（板岩、千枚岩）或矿物（如云母）因压实作用常常发生变形，石英、长石等刚性颗粒则常发生破裂甚至错断，有时刚性碎屑（石英、硅质岩屑等）被嵌入到塑性碎屑中。强压实的砂岩中，有时因塑性碎屑较多，杂基含量较高，流体无缝隙进入砂层，从而会形成一些无溶蚀、无蚀变的致密砂岩层。区内上古生界砂岩总体压实作用较强，受流体改造作用较弱，形成的储层亦主要是低孔、低渗型，孔隙类型属微孔型。不过，区内有些层段的砂岩压实后的原生孔隙度还是很高，可高达30%～40%，主要是因为这些砂岩中早期方解石亮晶胶结物充填特别发育，从而抑制了压实作用，其碎屑颗粒往往呈点式接触甚至呈悬浮状。但总体来说，区内上古生界砂岩经历的机械压实作用较强，砂岩原生粒间孔隙大部分已经消失，对砂岩层物性的改造总的来说是起破坏作用的。

此外，后期的胶结充填作用可造成原生粒间孔逐渐减少至消失，除了埋深这个外界因素外，沉积物本身所含塑性碎屑组分的多少往往对机械压实作用的强度也有较大的影响。同时，碎屑颗粒和填隙物矿物成分及二者的相对含量对机械压实作用起着一定的控制作用。

2. 胶结作用对储层孔隙发育的控制

本区上古生界砂岩中的胶结作用主要包括各类碳酸盐矿物的充填作用和交代作用、自生黏土矿物的充填作用和交代作用及石英颗粒次生加大等硅质矿物的充填作用。

（1）碳酸盐矿物的充填作用。本区各层段砂岩中，碳酸盐胶结物发育广泛，但无论在层位上或在层内分布都不均匀，局部集中，多数平均含量<10%，多者达20%，个别层位高达40%。主要的碳酸盐胶结矿物有方解石、白云石、铁方解石、铁白云石和菱铁矿。从方解石及铁方解石在岩石中的产出特征来看，存在有两期，以早期的为主，晚期居次。早期方解石多呈亮晶状，包围碎屑颗粒或充填粒间孔隙，有时交代长石及岩屑颗粒或交代硅质胶结物。晚期方解石多充填孔洞及裂隙，其对砂岩储层的不利影响更大。在自生石英之后也有方解石以连晶方式充填于碎屑颗粒间，填塞原生残余孔隙，但这种方解石含量很少，仅占2%~5%，多见于研究区上石盒子组上部。白云石及铁白云石常伴生出现，形成较晚，含量多于铁方解石，多以交代各种碎屑颗粒及方解石和铁方解石胶结物的形式出现，呈形态完好的菱形自形晶，有时起着堵塞次生溶孔及构造裂缝的作用，从而也使岩石结构更加致密，少量被溶蚀时可形成次生溶孔。在成岩过程中一般含铁碳酸盐的形成略晚于不含铁的碳酸盐矿物。

菱铁矿形成最晚，以晶粒状、花瓣状、团块状及不规则粒状集合体出现，主要是交代碎屑颗粒和其他胶结物，为后生作用晚期产物，起着堵塞孔隙的作用。在煤系砂岩中菱铁矿特别发育，尤其是靠下部的层段。对于碳酸盐胶结物的来源，除原生沉积环境介质条件的因素外，后期含碳酸盐地下水沿构造裂隙或顺层侵入也应该考虑。

（2）黏土矿物充填作用。自生黏土矿物主要为高岭石和伊利石。高岭石以充填孔隙为主，其次为交代长石等颗粒。伊利石充填孔隙或沿颗粒边缘分布。自生黏土常和泥质杂基混杂，而且分布较普遍，二者含量最高可达15%，平均1.6%~10.2%。这些自生黏土矿物和泥质杂基占据孔隙空间，堵塞连通喉道，对储层的破坏影响较明显。

自生黏土矿物在煤系砂岩中所占比例远比平顶山砂岩多。在成岩作用早期，酸性的地下水有利于高岭石的形成，随埋深加大转入碱性环境，产生伊利石，更晚期则以绢云母为主。少有时可见到碎屑颗粒周围有黏土矿物包壳的现象，这与碱性介质环境下黏土矿物（特别是蒙脱石）易被吸附的特性有关，其成分在成岩过程中可转化为伊利石和绢云母。晚期形成的自生黏土矿物，常充填在被石英、方解石和铁方解石已堵塞了原生孔隙的颗粒之间，以交代长石碎屑颗粒和石英的自生加大边的形式存在。长石的各种次生变化如高岭石化、伊利石化和绢云母化较彻底，时常与颗粒间的自生黏土矿物连成一片，难以严格区分。黏土矿物晶间发育微孔隙，但只能在电镜下见到。

（3）石英颗粒次生加大及自生石英胶结物。在华北盆地南部各探井中，石炭—二叠系砂岩硅质胶结作用较为普遍，主要表现为多见石英颗粒的次生加大和自生石英呈隐晶质充填于碎屑颗粒之间。次生加大石英与原生石英颗粒之间边界清晰，镜下常以黏土薄膜加以区分。石英次生加大边一般发育不完全，很少见到环边状，有时加大边可呈现较规则的晶形有时则由于被碳酸盐矿物交代而显得很不规则。硅质胶结物对于砂岩储层的物性破坏较大，当自生石英胶结物含量达到4.5%~5%时，砂岩的有效孔隙度即降至3%以下，成为非储层。平顶山段砂岩胶结物中的石英含量一般变化在5%~10%之间，大多以自生加大形式出现在石英颗粒周围，堵塞了孔隙。而且由于沉积环境的限制，地表河水为氧化的酸性水，在成岩过程中很难见到石英被溶蚀的现象，次生孔隙极不发育。

按照邢顺全等提出的石英次生加大划分标准（表7-25），研究区石炭—二叠系砂岩中的石英颗粒次生加大多属Ⅰ或Ⅱ级，个别样品中可达到Ⅲ级。

表 7-25　石英次生加大与自生胶结程度关系表（据邢顺全等）

石英具次生加大与再胶结程度	薄片岩性特征
Ⅰ	偶见个别石英具次生加大或石英略具次生加大
Ⅱ	少数石英具次生加大
Ⅲ	大部分石英具次生加大，部分呈再生胶结
Ⅳ	石英普遍具次生加大呈再生胶结，其它次生胶结类型以其它胶结物为主
Ⅴ	石英普遍具次生加大与再生胶结，以石英再生胶结为主
Ⅵ	石英、长石具次生加大，颗粒外形不规则，界线不清，颗粒间呈紧密镶嵌状，泥质已绢云母化，与颗粒界限不清

（4）交代作用对储层孔隙发育的控制。交代作用是一种矿物替代另一种矿物的作用，其对储层孔隙的发育影响不是很大。研究区上古生界砂岩中多见胶结物对碎屑颗粒的交代作用和不同胶结物之间的交代作用。硅质胶结物与碳酸盐胶结物交代碎屑颗粒，程度由较弱至强烈均有，主要交代石英、长石颗粒，沿其边缘及裂隙进行交代。在多数情况下，可见到充填于粒间孔隙中的碳酸盐胶结物沿着碎屑颗粒边缘进行交代，使大部分颗粒交代界限呈现出不同程度的锯齿状、蚕食状或港湾状，特别是对长石和石英颗粒交代作用最为明显，可使部分颗粒呈残骸状和幻影状，少数颗粒甚至孤立地漂浮在胶结物之中。此外沿长石双晶缝、晶间缝、碎屑颗粒的粒内交代现象也可见到。薄片中还见到隐晶质硅质胶结物及有些石英颗粒次生加大后又方解石所交代，说明加大边形成于碳酸盐交代石英颗粒作用之前。此外，黏土矿物对碎屑颗粒也有交代交代作用，程度相对于碳酸盐矿物交代作用来说要弱得多，正交镜下可见到黏土物质与被交代颗粒间相互穿插，模糊不清。

不同胶结物之间也可发生交代作用，主要有：①方解石交代早期胶结的石英次生加大边及隐晶质石英胶结物；②在碳酸盐胶结物内部，可见到铁白云石交代白云石及白云石交代方解石；③碳酸盐胶结物也可交代自生黏土矿物，交代的结果是形成交代矿物的晶间孔；④可见到隐晶质石英胶结物交代亮晶方解石胶结物的现象。

（5）溶蚀作用对储层孔隙发育的控制。溶蚀作用在改善砂岩储层储集物性方面起着建设性作用，可分为碎屑颗粒溶蚀和填隙物溶蚀，其机理为大气淡水或有机质演化产生的酸性流体作用于颗粒和填隙物，包括最稳定的石英和硅质胶结物，都能在一定条件下发生不同程度的溶蚀。

研究区上古生界砂岩的溶蚀作用主要发生在长石和岩屑颗粒中，溶蚀作用的结果，使砂岩产生各种溶蚀孔隙，如粒间溶蚀孔隙、粒内溶蚀孔隙及晶间溶蚀孔隙。其中，长石颗粒的溶蚀作用最为明显，分布也较广泛，主要是沿长石的解理或裂缝发生溶蚀，使长石被溶蚀成蜂窝状或残骸状等不规则状，其溶蚀方式主要为选择性溶蚀和部分溶蚀。石英颗粒边部也常被溶蚀成港湾状，但其溶蚀程度远较长石低。胶结物的溶蚀主要是碳酸盐矿物（方解石、白云石）的溶蚀，对次生孔隙的形成贡献较大。有时胶结物可能部分或全部溶解，但后来又被别的胶结物沉淀，或胶结物再被交代。电镜下可见到颗粒溶蚀孔隙部分被方解石胶结物充填的现象，说明胶结、交代及溶蚀反复作用造成了溶蚀作用不均匀分布的成岩特征。

溶解产生次生孔隙的作用主要发生在两种情况下煤层上下的砂岩及含有机质较高的厚泥岩所夹的砂岩中，由于有机质脱羧基作用使泥岩及煤层附近成岩环境呈酸性，长石、黑云母及已形成的碳酸盐发生溶解，产生次生孔隙，故其孔隙度远比离煤层的砂层要高。构造运动的抬升作用使砂岩受地表水淋滤，介质呈酸性，在这种情况下碳酸盐和长石易被溶解形成次生孔隙。因此，对于南华北地区这样一个晚古生代大型聚煤盆地及其多阶段的构造抬升历史，为在该区普遍发育致密砂岩的背景下寻找次生孔隙发育带的"甜点区"带来了希望，也指明了勘探研究方向。

三、构造演化对储层的影响

（一）构造演化控制盆地形成、演化过程中的不同成因类型储集体

在南华北地区青白口纪—侏罗纪沉积演化过程中，不同构造演化阶段导致沉积盆地类型及性质不同，

从而也导致不同阶段储集体的成因类型不同。如早古生代南华北大部地区为碳酸盐岩克拉通盆地发育期，此时盆地内发育的储集体为碳酸盐岩储集体，包括滩相、白云岩及岩溶储层发育。而到了晚古生代，南华北大部地区演变为碎屑克拉通盆地发育期，此时盆地内发育的储集体为陆源碎屑岩砂体，包括海陆过渡三角洲砂体、潮坪砂体、河流湖泊三角洲砂体等。

（二）对圈闭的控制作用

南华北地区在不同成盆期，盆地经历了多期次和多作用构造作用的改造与叠加，最终形成了伸展、挤压、反转以及垂直等多种类型的构造样式。其中与伸展构造相关的滚动背斜、翘倾断块以及与挤压构造相关的挤压背斜、挤压断鼻和倒转褶皱等构造，为最终油气的聚集提供了场所，为圈闭的形成创造了条件。如南华北地区的伊川盆地西部地区，该区位于石门逆冲断层上盘东部，地层剥蚀严重，东部的伊川开阔背斜位于石门断层的下盘，石炭—二叠—三叠系保存最好，并在3001和4001井见到油迹显示。因此，是具有油气资源潜力的有利勘探区块。

洛阳盆地是本区中新生代沉积盆地发育面积最大，石炭—二叠—三叠系保存好，上覆新生界厚大，构造相对简单，具备二次生烃基本地质条件的首选勘探有利区块。特别是盆地北部近东西向分布的翟镇背斜带，该背斜构造北侧为堰师同沉积断层，南侧发育逆冲断层，与褶皱和断层相关的节理、裂隙发育，可改善储集性能，是油气运移的指向区。另外，如果断层具有较好的封堵性，伊川盆地中翘倾断块顶部也可成为油气勘探的有利区块。

第五节　新成果、新认识小结

本章节系统研究了南华北地区青白口纪—侏罗系沉积演化过程中发育的储集岩类型、特征；深入讨论了不同超层序中盖层类型、特征；总结了层序格架中所发育的8套区域性生储盖组合。本章节对南华北地区影响储集岩性能因素进行了研究，其中深入系统研究了成岩作用类型及特征，所取得的新成果和新认识如下所述。

（1）对以往没有引起足够重视的南华北地区震旦系叠层石生物礁储集岩特征进行了深入研究。通过对野外剖面沉积体系对比研究，研究区发育的叠层石生物礁主要发育于海侵体系域（SS2，TST），为在海侵背景下形成于潮坪浅滩及潟湖等不同水动力能量环境中。根据南华北地区礁体的产出形态，可分为散布的丘状礁体、透镜状礁体和连绵分布的大型丘状礁体。

（2）深入研究了$\epsilon SQ1$中的浊积岩型储集岩（雨台山组砾岩段）特征。该类储集岩于霍邱王八盖剖面下寒武统雨台山组最为典型，呈透镜体产出，在垂向上与南华北南缘发现的下寒武统台缘斜坡有机质丰度高、类型好的烃源岩相互叠置，构成良好的生储组合，具有就近捕获油气的能力。因此，此套陆源碎屑浊积岩是潜在的重要储层。

（3）分别对寒武纪—奥陶纪程及演化过程中鲕粒滩储集岩、白云岩储集岩和古岩溶储层特征进行了系统研究（图7-55）。其中，古岩溶储层在奥陶系最为发育，第一期发生于亮甲山沉积期末，是由于怀远运动所造成（图7-56），随着全球性海面下降（可能与冰期有关），先期碳酸盐沉积物首先经历混合水白云石化形成白云岩，进一步的淡水作用在该白云岩上形成淋滤侵蚀面。结果导致亮甲山组和冶里组遭受不同程度剥蚀。在剥蚀面之下发育岩溶带，岩溶洞缝发育。据统计在南华北的通许、鹿邑、沈丘洞缝钻遇率达18.3%。第二期加里东末期抬升，该抬升所造成的界面是盆地性质转换界面，这次构造运动使整个华北板块早古生代台地或缓坡盆地相的碳酸盐岩建造（ϵO_2）转化为晚古生代的海陆交互含煤建造（C_{2-3}），其间经历了至少1.3亿年的地层间断。上下地层在区域上表现为角度不整合关系。在此漫长的风化剥蚀过程中，大气淡水对微细晶灰岩或白云质灰岩的淋滤和溶蚀作用广泛发育，从而形成了广泛分布的古岩溶储层（图7-57）。

图 7-55 河南登封唐姚寒武系凤山组白云岩储层发育于层序关系

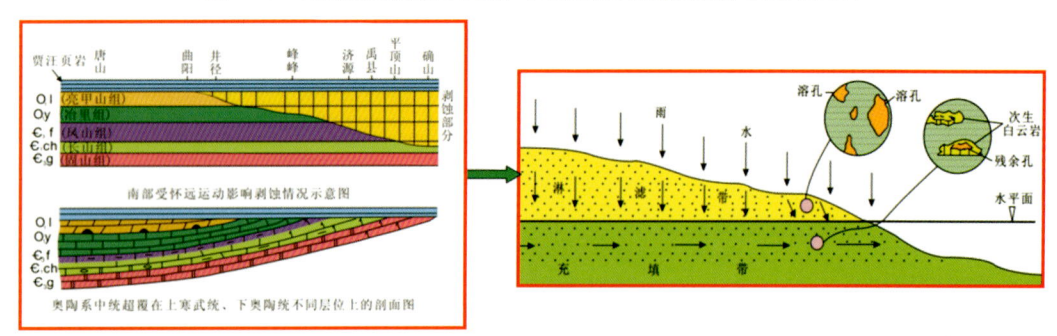

图 7-56 怀远运动造成的古岩溶作用示意图

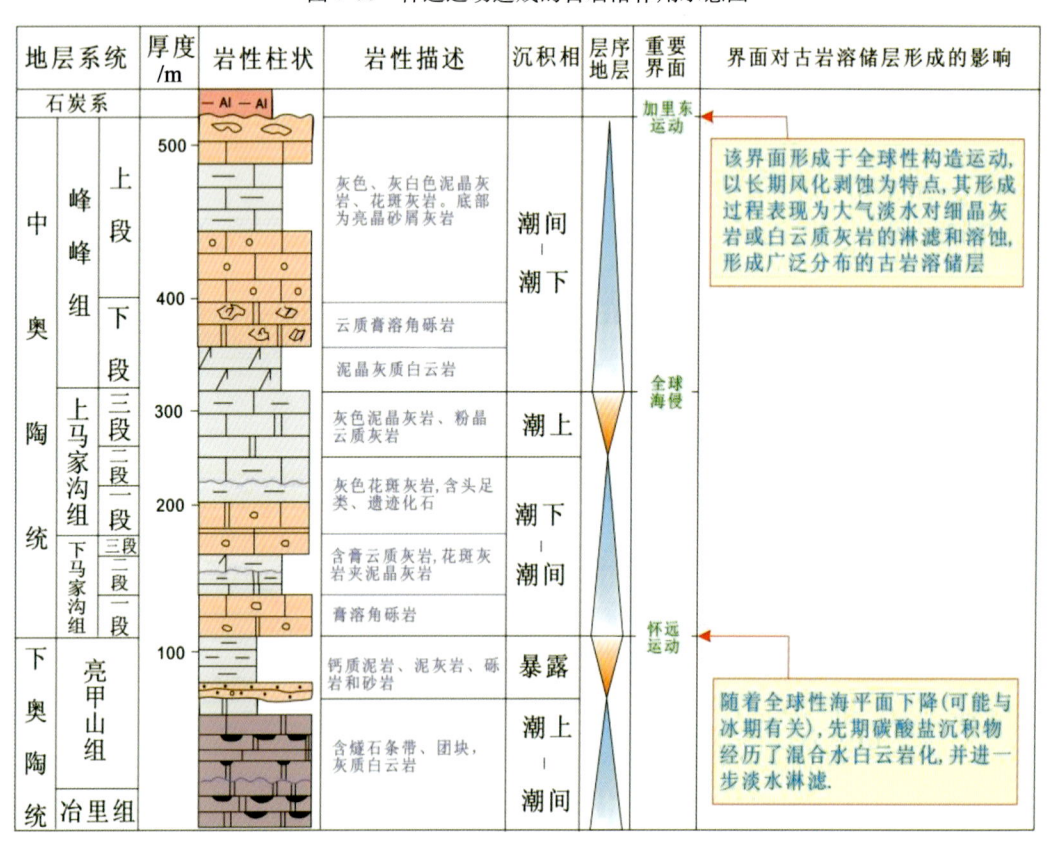

图 7-57 南华北地区奥陶系古岩溶发育层位及成因

（4）系统总结了在南华北地区青白口系—侏罗系层序地层框架内所发育的 8 套区域性生储盖组合特征。其中第一套、第三套生储盖组合是最值得关注和最具有潜力的组合。近期最具有勘探前景和最有望突破的是第五区域性生储盖组合和第六区域性生储盖组合。

（5）对南华北地区影响储集岩性能因素进行了研究，其中深入系统研究了成岩作用类型及特征。下古生界的储集条件一定程度上取决于各时期不同类型的有利成岩作用，成岩早期暴露及退后生阶段的溶蚀淋滤作用、成岩晚期深埋藏期重结晶作用、成岩晚期到深埋藏期的白云化作用、后生到深埋藏构造破裂作用和重结晶等作用都是孔隙的有利发育阶段。碎屑岩储层都处于晚成岩阶段，机械压实对原生孔隙的破坏作用较大，另一重要原因是胶结作用较强，包括泥质胶结、硅质胶结和碳酸盐胶结，胶结物对原生孔隙起着堵塞作用。

参 考 文 献

安徽省地质矿产局. 1987. 安徽省区域地质志. 北京：地质出版社.
曹高社，等. 2002. 合肥盆地寒武系底部烃源岩沉积环境和地球化学特征. 石油实验地质，24（3）：273—278.
陈建平，等. 2003. 合肥盆地中、新生代沉积相初步研究. 沉积与特提斯地质，23（2）：48—53.
陈丕基. 2000. 中国陆相侏罗、白垩系划分对比述评. 地层学杂志，24（2）：114—119.
陈荣坤，孟祥化. 1993. 华北地台早古生代沉积建设继台地演化. 岩相古地理，13（4）：46—54.
陈瑞银，等. 2002. 周口鹿邑凹陷埋藏演化史恢复及油气远景评价. 滇黔桂油气，15（1）：30—33.
陈世悦，刘焕杰. 1999. 华北石炭—二叠纪层序地层格架及其特征. 沉积学报，17（1）：63—70.
陈世悦. 2000. 华北地块南部晚古生代至三叠纪沉积构造演化. 中国矿业大学学报，29（5）：536—540.
戴金星，等. 1997. 中国大中型天然气田形成条件与分布规律. 北京：地质出版社.
戴金星，刘德良，曹高社. 2002. 华北石油天然气烃源岩的确认及其地质矿产意义. 地质通报，21（6）：345—347.
邓宏文，钱凯. 1993. 沉积地球化学与环境分析. 兰州：甘肃科学技术出版社.
丁丽荣，等. 2002. 合肥盆地演化及构造样式. 石油实验地质，24（3）：204—208.
丁祖国，等. 1992. 江汉油田原油和生油岩有机抽提物中过渡族微量元素特征及其石油地球化学意义. 沉积学报，10（1）：108—116.
董树文，等. 1993. 大别山碰撞造山带基本结构. 科学通报. 38（6）：542—545.
董树文，何大林，石永红. 1993. 安徽董岭花岗岩类的构造特征及侵位机制. 地质科学，28（1）：10—21.
董宇，兰昌益，曾庆平. 1994. 两淮晚石炭世至晚二叠世初期几宕相古地理. 煤田地质与勘探，22（6）：9—12.
杜旭东，等. 1999. 华北地台东部及邻区中生代（J—K）原型盆地分布及成盆模式探讨. 石油勘探与开发，22（4）：5—9.
杜振川，金瞰昆. 2001. 含煤岩系高分辨率层序地层格架及特征研究以河北石炭—二叠纪为例. 中国矿业大学学报，30（4）：407—411.
房尚明. 1994. 华北地台东南部二叠纪岩相古地理. 华北地质矿产杂志，9（1）：97—104.
冯增昭，陈继新，吴胜和. 1989. 华北地台早古生代岩相古地理. 沉积学报，7（4）：1.
葛铭，等. 1995. 海绿石质凝缩层—克拉通盆地层序底层划分对比的关键——寒武系凝缩层的特征和含义. 沉积学报，13（4）：1—15.
龚再升，杨甲明. 1999. 油气成藏动力学及油气运移模型. 中国海上油气（地质），13（4）：235—239.
谷峰，冯少南，张淼. 二叠系. 见：汪啸风，陈孝红. 2005. 中国各地质时代地层划分与对比. 北京：地质出版社.
桂学智. 1993. 河东煤田晚古生代聚煤规律与煤炭资源评价. 太原：山西科学技术出版社.
韩树芬. 1990. 两淮地区成煤地质条件及成煤预测. 北京：地质出版社.
韩树荣，等. 1994. 安徽北部中、新生代沉积盆地分析. 安徽地质，4（3）：27—35.
何登发. 1996. 克拉通盆地的油气地质理论与实践. 勘探家，1（1）：18—24.
何明喜，等. 1994. 洛阳盆地含油气地质特征及资源评价. 内部报告.
何明喜，等. 1995a. 东秦岭（河南部分）新生代拉伸造山作用与盆岭伸展构造. 西安：西北大学出版社.
何明喜，等. 1995b. 伊川盆地上三叠统油气成藏条件及类型. 河南石油，9（3）：17—23.
何明喜，等. 2000. 河南老区外围盆地油气勘探前景评价. 内部报告.
河南煤田地质公司. 1991. 河南省晚古生代聚煤规律. 武汉：中国地质大学出版社.
河南石油勘探局. 1989. 周口坳陷天然气聚集条件及资源预测. 内部报告.
河南石油勘探开发公司. 1985. 周口坳陷中、新生界油气资源评价. 内部报告.
河南油田分公司. 2000. 河南探区油气资源评价研究. 内部报告.

河南油田研究院. 1987. 谭庄—沈丘坳陷构造特征及含油性探讨. 内部报告.

河南油田研究院. 1999. 河南老区外围盆地油气勘探现状简介. 内部报告.

胡以铿. 1991. 地球化学中的多元分析. 武汉：中国地质大学出版社.

华北石油管理局研究院. 1997. 华北古生界含油气综合评价. 内部报告.

贾红义, 等. 2001. 合肥盆地形成机制与油气勘探前景. 安徽地质, 11 (1)：9－10.

贾振远. 1997. 层序与旋回. 中国地质大学学报, 22 (5)：449－455.

金福全. 1987. 对梅山群的研究. 合肥工业大学学报, 9 (8)：69－74.

金福全, 张廷秀. 1993. 大别山北麓的胡油坊组及其形成环境. 安徽地质, 3 (4)：1420.

金玉玕, 等. 1998. 国际二叠纪年代地层划分新方案. 地质论评, 44 (5)：478－488.

金玉玕, 等. 1999. 中国二叠纪年代地层划分和对比. 地质学报, 73 (2)：99－108.

金之钧, 汤良杰, 杨明慧. 2004. 陆缘和陆内前陆盆地主要特征及含油气性研究. 石油学报, 25 (1)：8－12.

李宝芳, 等. 1985. 华北南部晚古生代陆表海的沉积充填、聚煤特征和构造演化. 地球科学, 14 (4)：367－378.

李世红, 等. 2000. 华北地台新元古代古地磁研究新成果及其古地理意义. 中国科学（D辑：地球科学），（增刊）：138－147.

李守军. 1998. 山东侏罗—白垩纪地层划分与对比. 石油大学学报（自然科学版），22 (1)：1－4.

李思田. 1995a. 沉积盆地的动力学分析. 地学前缘, 2 (3)：1－8.

李思田. 1995b. 沉积盆地的动力学分析——盆地研究领域的主要趋向. 地学前缘, 2 (3－4)：1－8.

李武, 程志纯. 1997. 合肥盆地油气勘探前景分析. 安徽地质, 7 (3)：56－61.

李秀新, 等. 1992. 中国东部华北板块与扬子板块的分界问题. 见：李继亮主编. 中国东南海陆岩石圈结构与演化研究. 北京：中国科学技术出版社.

李亚林, 张国伟, 宋传中. 1998. 东秦岭二郎坪弧后盆地双向式俯冲特征. 高校地质学报, 4 (3)：286－293.

李亚玉. 1989. 周口坳陷的中部凹陷带石油天然气聚集保存条件与圈闭条件. 内部报告.

李玉发, 等. 1997. 安徽省岩石地层—全国地层多重划分对比研究. 武汉：中国地质大学出版社.

李增学, 等. 1996. 华北南部晚古生代陆表海盆地层序地层. 岩相古地理, 16 (5)：1－11.

刘宝珺, 等. 1980. 初论层状菱铁矿矿床的沉积环境和形成作用. 地质与勘探, 6.

刘宝珺, 曾允孚. 1985. 岩相古地理基础和工作方法. 北京：地质出版社.

刘宝珺. 1995. 中国南方震旦纪—三叠纪岩相古地理图集. 北京：科学出版社.

刘波, 王英华, 许书梅. 1997. 晋中南沁水盆地早古生代海平面变化及其对碳酸盐岩储层的制约—以中阳城关剖面为例. 地球学报, 18 (4)：429－437.

刘长安, 单际彩. 1979. 试谈蒙古—鄂霍茨古海带古板块构造的基本特征. 长春地质学院学报,（2)：1－13.

刘池阳. 1986. 后期改造强烈——中国沉积盆地的重要特点之一. 石油与天然气地质, 17 (4)：255－261.

刘国惠, 张寿广. 1992. 秦岭造山带变质地层研究获得丰硕成果. 中国地质科学院地质研究所所刊, 158－161.

刘鸿允. 1955. 中国古地理图集. 北京：地质出版社.

刘孟慧, 赵澄林. 1993. 碎屑岩储层成岩演化模式. 北京：石油工业出版社.

刘绍龙. 1986. 华北地区大型三叠纪原始沉积盆地的存在. 地质学报, 60 (2)：128－138.

刘小平, 等. 2000. 南华北盆地黄口凹陷构造形成演化及油气勘探前景. 石油勘探与开发, 27 (5)：8－11.

刘志武, 王崇礼. 2007. 南祁连党河南山花岗岩类地球化学及其金铜矿化. 地质与勘探, 43 (1)：64－73.

毛德民. 1997. 合肥坳陷构造形成机制分析. 石油勘探与开发, 24 (2)：33－36.

梅冥相. 1993. 碳酸盐岩米级旋回层序的成因类型及形成机制. 岩相古地理, 13 (6)：34－43.

梅冥相, 马永生. 2003. 华北地台晚寒武世层序地层及其与北美地台海平面变化的对比. 沉积与特提斯地质, 23 (4)：14－25.

孟祥化. 1993. 华北地台早古生代沉积建造及台地演化. 岩相古地理, 13 (4)：46－55.

牟保垒. 1999. 元素地球化学. 北京：北京大学出版社.

彭善池, 等. 2000. 寒武纪年代地层研究现状和研究方向. 地层学杂志, 24 (1)：8－17.

彭善池, Babcock L E. 2005. 全球寒武系年代地层再划分的新建议. 地层学杂志, 29 (1)：92，93，96.

彭善池. 2006. 全球寒武系四统划分框架正式确立. 地层学杂志, 30 (2)：147－148.

彭善池. 2009. 华南新的寒武纪生物地层序列和年代地层系统. 科学通报, 18：2691－2698.

齐永安，施振生. 2000. 河南奥陶系层序地层学研究. 焦作工学院学报，21（1）：29－32.

乔秀夫，高林志. 1990. 北京西山寒武系层序地层. 中国地质科学院地质研究所所刊，22：1－7.

邱连贵，等. 2002. 安参 1 井中生界沉积相及储层特征研究. 石油实验地质，24（3）：228－231.

曲新国. 1995. 太康隆起奥陶系研究新进展. 河南石油，9（1）：1－6.

任纪舜. 1991. 论中国大陆岩石圈构造的基本特征. 中国区域地质，（4）：289－293.

尚冠雄. 1995. 华北晚古生代聚煤盆造盆构造述略. 中国煤田地质，7（2）：1－6.

沈光隆，许敬龙. 1982. 南山剖面第四植物化石层的时代问题. 兰州大学学报，（4）.

沈修志，等. 1995. 华北南部盆地构造与天然气关系. 合肥：中国科学技术大学出版社：60－65.

史晓颖，陈建强，梅仕龙. 1997. 华北地台东部寒武系层序地层年代格架. 地学前缘，4（3－4）：161－172.

史晓颖，雷振宇，阴家润. 1996. 珠穆朗玛峰北坡下侏罗统层序地层及沉积相研究. 地质学报，1：73－83.

宋明水，等. 2002. 大别山造山带对合肥盆地的构造控制. 石油实验地质，24（3）：209－215.

孙乘云，杜森官，王有生. 2008. 安徽省黄山地区唐家坞组生物地层. 地层学杂志，32（3）：290－294.

孙家振，等. 1995. 周口坳陷形成机制及其与大别造山带的耦合关系. 地学前缘，2（3－4）：248.

孙自明. 1996. 太康隆起构造演化史与勘探远景. 石油勘探与开发，23（5）：6－10.

孙自明，等. 1999. 周口拗陷的逆冲推覆构造特征. 石油勘探与开发，26（3）：22－24.

王大锐，等. 2002. 华北北部中、上元古界生烃潜力及有机质碳同位素组成特征研究. 石油勘探与开发，29（5）：13－15.

王德有，阎国顺，张恩惠. 1993. 河南省（华北型）早寒武世沉积环境演化及其痕迹化石组合. 岩相古地理，13（3）：18－32.

王鸿祯. 1985. 中国古地理图集. 北京：地质出版社.

王鸿祯，刘本培. 1981. 中国中元古代以来古地理发展的轮廓. 地层学杂志，5（2）：77－89.

王鸿祯，史晓颖. 1998. 沉积层序及海平面旋回的分类级别—旋回周期的成因讨论. 现代地质，12（11）：1－16.

王鸿祯，等. 2000. 中国层序地层研究. 广东：广东科技出版社.

王利，周祖翼，朱毅杰. 2007. 合肥盆地中新生代三维埋藏史分析. 高校地质学报，13（1）：105－111.

王仁农，王泽，欧阳舒. 1994. 大别山北麓石炭系研究新进展. 地层学杂志，18（1）：1723.

王向东，金玉玕. 2000. 石炭纪年代地层学研究概况. 地层学杂志，24（2）：89－99.

王学仁，华洪，孙勇. 1995. 河南西峡湾潭地区二郎坪群微体化石研究. 西北大学学报（自然科学版），25（4）：353－358.

王学仁，华洪，孙勇. 1998. 桐柏—大别造山带苏家河群早奥陶世微体化石及其意义. 微体古生物学报，15（2）：126－133.

魏怀习. 2001. 华北晚古生代煤系古地理演化. 中国煤田地质，13（4）：14－15.

邬金华，余素玉. 1996. 一个湖泊—三角洲沉积总体中泥质岩成因地层元素统计分析. 沉积学报，14（1）：59－68.

吴崇云，薛叔浩. 1992. 中国含油气盆地沉积学. 北京：石油工业出版社.

武法东，等. 1994. 华北晚古生代含煤盆地层序地层初探. 中国煤田地质，6（1）：11－18.

武法东，等. 1995. 华北石炭二叠纪的海侵作用. 现代地质，9（3）：284－291.

夏邦栋. 1984. 普通地质学. 北京：地质出版社.

徐春华，等. 2002. 合肥盆地沉积构造样式与大别造山带的演化历史. 沉积与特提斯地质，22（2）：91－98.

徐汉林，等. 2003a. 南华北盆地构造格架及构造样式. 地球学报，24（1）：27－33.

徐汉林，等. 2003b. 南华北盆地黄口凹陷构造演化与油气勘探方向. 中国矿业大学学报，32（5）：590－595.

徐辉. 1987. 华北地区石炭二叠系陆源物质及来源分析. 石油实验地质，9（1）：57－64.

徐嘉炜，马国锋. 1992. 郯庐断裂带研究的十年回顾. 地质论评，38（4）：316－324.

徐世庸. 1985. 华北盆地南部石炭—二叠系煤成气形成条件系远景评价. 河南南阳：中国石油化工股份有限公司河南油田分公司.

徐树桐，等. 1987. 徐—淮推覆体. 科学通报，321（4）：1091－1095.

徐佑德，等. 2002. 合肥盆地安参 1 井中生代地层特征. 石油实验地质，24（3）：223－227.

许效松. 1997. 层序地层学在油储勘查研究中的新思维. 海相油气地质，2：16－21.

许效松. 1998. 盆山转换和当代盆地分析中的新问题. 岩相古地理，18（6）：1－10.

薛叔浩，等．2002．湖盆沉积地质与油气勘探（上）．北京：石油工业出版社．

杨恩秀，等．2001．枣庄地区寒武纪—早奥陶世层序地层特征．山东地质，17（3—4）：30—37．

杨关秀．2006．中国豫西二叠纪华夏植物群—禹州植物群．北京：地质出版社．

杨敬之，陆麟黄．1982．江苏北部沿海地区第四纪苔藓虫．古生物学报，21（1）：108—118．

杨坤光，等．1999．北淮阳构造带与大别造山带的差异性隆升．中国科学（D辑地球科学），29（2）：97—103．

杨起．1997．河南禹县晚古生代煤系沉积环境与聚煤特征．北京：地质出版社．

杨森楠．1985．秦岭古生代陆间裂谷系的演化．地球科学，10（4）：53—62．

叶连俊，孙枢．1980．沉积盆地的分类．石油学报，1（3）：1—6．

殷鸿福，彭元桥．1995b．秦岭显生宙古海洋演化．地球科学，20（6）：605—611．

余和中，等．2006．华北板块东南缘原型沉积盆地类型与构造演化．石油与天然气地质，27（2）：244—251．

余梦珍．1988．周口盆地谭庄地区构造划分及评价．内部报告．

袁剑英，等．2000．残余盆地构造分析与油气地质评价．石油与天然气地质，21（1）：15—18．

袁政文，等．2003．周口残留盆地油气勘探前景分析．石油实验地质，25（6）：679—684．

张朝军，田在艺．1998．塔里木盆地库车坳陷第三系盐构造与油气．石油学报，19（1）：6—10．

张东，等．1999．峰峰仙庄寒武系层序地层分析．山东矿业学院学报（自然科学版），18（3）：6—9．

张功成，吕锡敏，王定一．1998．南华北中、新生代盆地构造特征及其石油地质意义．断块油气田，5（6）：1—9．

张国伟．1988．华北地块南部早前寒武纪地壳的组成及其演化和秦岭造山带的形成及其演化．西北大学学报（自然科学版），18（1）：21—23．

张国伟，李曙光．1993．秦岭造山带的蛇绿岩．中国地质科学院地质研究所文集，（26）：13—23．

张国伟，等．1988．秦岭造山带形成及其演化．西安：西北大学出版社．

张国伟，等．1995．秦岭造山带的结构构造．中国科学（B辑），25（9）：994—1003．

张国伟，等．1996．寿县－大冶基干剖面地

张惠良．1995．大别山北麓石炭系沉积体系及其构造涵义．北京：中国地质大学．

张仁杰，陈孝红．1998．桐柏—大别造山带苏家河群早奥陶世微体化石及其意义．微体古生物学报，2：125—133．

张寿广，刘国惠．1993．秦岭造山带变质地层研究获得丰硕成果．中国地质科学院地质研究所文集，（25）：539．

张水昌，梁狄刚，张大江．2002．关于古生界烃源岩有机质丰度的评价标准．石油勘探与开发，29（2）：8—12．

张长俊．1986．碳酸盐沉积物的胶结作用．成都地质学院学报，4．

张宗清，等．1996．秦岭蛇绿岩的年龄：同位素年代学和古生物证据，矛盾及其理解．蛇绿岩与地球动力学研讨会议文集，146—149．

赵重远，杨治林．1994．济源—黄口地区油气勘探前景分析．断块油气田，1（4）：14—29．

赵重远，周立发．2000．成盆期后改造与中国含油气盆地地质特征．石油与天然气地质，21（1）：7—10．

赵宗举，等．2001．合肥盆地构造演化及油气系统分析．石油勘探与开发，28（4）：8—13．

赵宗举，等．2003．合肥盆地与大别—张八岭造山带的耦合关系．石油实验地质，25（6）：670—678．

郑浚茂，庞明．1987．华北某些地区石炭—二叠系成岩作用及成岩阶段的研究．现代地质，Z1．

质地球物理综合解释研究报告．内部报告．

中国含油气区构造特征编委会．1989．中国含油气区构造特征．北京：石油工业出版社．

中国石油地质志编辑委员会．1991，1992．中国石油地质志（卷八、九、十一）．北京：石油工业出版社．

中国石油天然气总公司勘探局．1997．全国新区油气勘探部署图集．内部报告．

中原石油勘探局勘探开发研究院、西北大学地质研究所．1991．济源—黄口地区岩相研究报告．内部报告．

周鼎武，等．1995．东秦岭商南松树沟元古宙蛇绿岩片的地质地球化学特征．岩石学报，11（增刊）：154—163．

周鼎武，张成立，华洪．1998．南秦岭中、新元古代地层划分对比新认识．高校地质学报，4（3）：357—358．

周洪瑞，王自强．1999．华北大陆边缘中、新元古代大陆边缘性质及构造古地理演化．现代地质，13（3）：261—266．

周进高，赵宗举，邓红婴．1999．合肥盆地构造演化及其含油气性分析．地质学报，73（1）：15—23．

朱光，等．2001．郯庐断裂带的伸展活动及其动力学背景．地质科学，36（3）：269—278．

朱光，等．2002．郯庐断裂带晚第三纪以来的浅部挤压活动与深部过程．地震地质，24（2）：265—277．

祝厚勤，朱煜，尹玲．2003．周口盆地东部（阜阳地区）石炭—二叠系煤成烃勘探潜力研究．天然气地球科学，14（5）：408—411．

朱兆玲，等. 2005. 华北上寒武统崮山阶研究新进展. 地层学杂志，29（增刊）：462—466.

Allen P A, et al. 1991. The inception and early evolution of the North Alpine foreland Basin. Switzerland. Basin Research，3：143—163.

Angelier J. 1994. Fault slip analysis and palaeostress reconstruction//Hancock P L, et al. Continental.

Bachu S and Underschultz J R. 1993. Hydrogeology of formation waters, Northeastern Alberta Basin. AAPG Bulletin，77（10）：1745—1768.

Badescu D. 1997. Tectono-thermal regimes and lithosphere behaviour in the External Dacides in the Upper Triassic and Jurassic Tethyan opening (Romanian Carpathians). Tectonophysics，282：167—188.

Blair T C and Bilodeau W L. 1988. Development of tectonic cyclothems in rift, pull-apart, and foreland basins：sedimentary response to eposodic tectonism. Geology，16（6）：517—520.

Bor-ming J, et al. 1999. Crust - mantle interaction induced by deep subduction of the continental crust：geochemical and Sr-Nd isotopic evidence from post-collisional mafic-ultramafic intrusions of the northern Dabie complex. central China. Chemical Geol，157：119—146.

Bowring, et al. 1998. Pb zircon geochronology and tempo of the end-permian mass extinction. Science (New York, N. Y.)，280（5366）：1039—1045.

Brett C E, et al. 1990. Sequence, cycle, and basin dynamics in the Silurian of the Appalachian foreland basin. Sedimentary Geology，69（3—4）：191—244.

Brown D and Phillips J. 2000. 1crust decoupling by flexure of continental lithosphere. Journal of Geophysical Reseach，(abstract).

Castle J W. 2001. Foreland-basin sequence response to collisional tectonism. GSA Bulletin，113：801—812.

Catuneanu O, sweet A R and Miall A D. 2000. Reciprocal stratigraphy of the Campanian-Paleocene Western Interior of North America. Sedimentary Geology，134（3—4）：235—255.

Cederbom C. 2001. Phanerozoic, pre-Cretaceous thermotectonic events in southern Sweden revealed by fission track thermochronolopgy. Earth and Planetary Science Leters，188（1—2）：199—209.

Clayton R N and Degens E T. 1959. AAPG，43（4）：89—897.

Cloetingh S, et al. 1993. Basin analysis and dynamics of sedimentary basin evolution. Sediment Geol，86：1—201.

Cloetingh S, et al. 1996. Dynamics of extensional basins and inversion tectonics. Tectonophysics，266：1—523.

Cloetingh S, et al. 1997. Structural controlson sedimentary basin evolution：introduction. Tectonophysics，282：10—18.

Dewey J F. 1989. Kinematics and dynamics of Basin inversion (abstract). In：Cooper M A, Williams G D ed. Inversion Tectonics, Spec Publs Geol Soc London，44：352.

Dickinson W, et al. 1997. The Dynamics of Sedimentary Basins. USGC, Washington D. C.：National A-cademy of Sciences，43.

Eide E, Mc Williams MO and Liou J G. 1994. 40Ar/39Ar geochronology and exhumation of high-pressure to ultrahigh-pressure metamorphic rocks in east-central China. Geology，22：601—604.

Epstein S and Mayeda T K. 1953. Geochim. Cosmochim. Acta，4：213.

Fisher A G, 1975. Origin and Growth of Basin, in：A. G., Fisher and S. Judson, Petroleum and Global Tectonics, Princeton University Press, Princeton and London，47—79.

Flemings P B and Jordan T E. 1990. Stratigraphic modeling of forland basin：Interpreting thrust deformation and lithosphere rheology. GeoLo-gy，18.

Gasse F. 1987. Diatoms for reconstructing palaeoenvironments and paleohydrology in tropical semi-arid zones?. Hydrobiologia，154（1）：127—163.

Geyer G and Shergold J. 2000. The quest for internationally recognized divisions of Cambrian time. Episodes，23：188—195.

Grimmer J C, et al. 2002. Cretaceous - Cenozoic history of thouthern Tan-Lu fault zone apatite fission-track and structural constraints from the Dabie ShaN (eastern China). Tectonophysics，359：225—253.

Harding T P. 1985. Seismic characteristics and identification of negative flower Structures, positive flower structures, and positive structural inversion. Bulletin of the American Association of Petroleum Geology's, 69: 582—600.

Heller P L, et al. 1988. Two-phase stratigraphic model of foreland-basin sequence. Geology, 16: 501—504.

Hirajimat, et al. 1990. Coesite from Meng Zh ong eclogite at Donghai county north eastern Jiangsu province. China Mineralogical Magazine, 54: 579—583.

Hsu J K, et al. 1987. Tectonic evolution of Qinling Mountains, China. Eclogae Geologicae Helvetiae, 80 (3): 735—752.

Ingersoll R V and Busby C J. 1995. Tectonic of sedimentary basins. In: C J Busby and R V Ingersoll, eds. Tectonics of Sedimentary Basins. Cambridge: Blackwell Science, 1—51.

Jordan T E, et al. 1988. Dating thrust-fault activity by use of forland basin strata. In K L Kleimsphehn, etal (eds). New Perpective in BasinAnalysis, Springer-Verlag.

Keith M L and Weber J N. 1964. Geoeh. etCosmoeh. Aeta, 28: 1786—1816.

Landing E L, Bowring S A and Davidek K L. et al. 1998. Duration of the Early Cambrian: U-Pb ages of volcano ashes from Avalon and Gondwana. Canadian Journal of Earth Sciences, 35 (4): 329—338.

Maruyama S, Liou J G and Zhang R. 1994. Tectonic evolution of the ultrahigh-pressure and high-pressure metamorphic belts from central China. The Island Arc, (3): 112—121.

Mascle A, et al. 1999. Cenozoic Foreland Basins of Western Europe. GeologicaL Society, lon-don, Special Publication London: Geological Society Publishing House.

Mckenzie D P. 1978. Some remarks on the Development of sedimentary basins: Earth and Planetary Sci. Letters, 40: 25—32.

Palacas J G. 1984. Petroleum Geochemistry and Source Rock Potential of Carbonate rock. Tulsa: AAPG studies in Geology 18.

Pearce J A and Deng Wanming. 1988. The ophiolites of the Tibet Geotra verse, Lhasato Golmvd (1985) and Lhasa-toKathmandv (1986). Chang C, et al. The Geological Evolution of Tibet. London: The Royal Society.

Pelletier B and Stephan J F. 1986. Middle mioceneobdvction and late Miocene beginning of collision registeredin the Hengchvn Peninsvla: geodynamicimplications for the evolvtion of Taiwan. Tectonophysics, 125: 133—160.

Peng Shanchi. 2003. Chronostratigraphic Subdivision of the Cambrian of China. Geologica Acta, 1 (1): 135—144.

Peng Shanchi, et al. 2004a. Potential Global Stratotype Sections and Points in China for defining Cambrian stages and series. Geobios, 37: 253—258.

Peng Shanchi, et al. 2004b. Potential Global Stratotype Sections and Points in China for defining Cambrian stages and series. Geobios, 37: 253—258.

Peng Shanchi, et al. 2004c. Potential Global Stratotype Sections and Points in China for defining Cambrian stages and series. Geobios, 37: 253—258.

Person M and Garven C. 1992. Hydrologic constraints on Petroleum generation within continental rift basins: Theory and application to the Rhine Graben. AAPG Bulletin, 76 (4): 468—488.

Pettijohn F J. 1957. Sedimentary Rocks. 2nded. New York: Harper, 718.

Reading H G. 沉积环境和相. 1978. 周明鉴, 等译. 北京: 科学出版社.

Renne P R, et al. 1995. Synchrony and causal relations between permian-triassic boundary crises and siberian flood volcanism. Science (New York, N. Y.), 269 (5229): 1413—1416.

Ronov A B. 1958. Organic carbon in sedimentary rocks (in relation to the presence of petroleum). Geochemistry, 5: 497—509.

Sinclair H D et al. 1991. Simulation of foreland basin stratigraphy using a diffusion model of mountain belt uplift and erosion: An example from the central Alps, Switzerland. Tectonics, 10: 599—620.

Sloss L L and Ingersoll R. 1995. Tectonics of sedimentary basins. Oxford: Blackwell Science.

Steel R J. 1988. Coarsening-upward and skewed fan bodies: sympotems of strike-slip and transfer fault movement in sedimentary basins. in: Fan deltas: sedimentology and tectonic settings, 75—83.

Tissot B P and Welte D H. 1984. Petroleum formation and occurrence, New York: Springer-Verlag.

Toth J. 1987. Petroleum hydrogeology: a new basic in exploration. World Oil, 49: 8—50.

van der, et al. 1994. Mechanisms of extensional basin formation and vertical motions at rift flanks: constraints from tectonic modeLing and fission track thermochronology. Earth Planet Sci Lett, 121: 417—433.

van Wagoner J C, et al. 1990. Siliciclastic Sequence Stratigraphy in Well Logs, Cores and Outcrops: Concepts for High Resolution Correlation of Time and Facies. AAPG Methods in Exploration Series, Tulsa.

Vauchez and Nicolas A. 1991. A mountain building: strike-paralle motion and mantle anisotropy. Techtonophys, Vauchez, 185: 183—201

Verweij J M. 1993. Hydrocarbon migration systems analysis. Elsevier Science Publishers, 23—78.

Vilotte J P, et al. 1993. Lithosphere geology and sedimentary basins. Tectonophysics, 226: 89—95.

Waterhouse J B. 1976. world correlations for maine Perm Jan faunas. queensland University Department of Geology Papers, 232.

索　引

A

坳陷盆地阶段（N-Q），9
奥陶系，12
奥陶系层序地层特征，164
奥陶系层序对比，177
奥陶系下马家沟组烃源岩，251
奥陶系岩相古地理演化，75

B

白云岩储层，272
白云岩储集岩，267
白云岩化作用，308
板块构造和沉积盆地背景，238
被动大陆边缘克拉通坳陷阶段，191
被动大陆边缘裂谷－克拉通坳陷阶段，189
本溪组铝土岩，292
变质结晶底形成阶段，4
滨岸沉积体系，47
滨岸砂岩，261
不整合面，125

C

层序充填模型，200
层序划分方案，138
层序界面，125
层序－岩相古地理，206
超覆面，125
潮道砂岩，261
潮控三角洲沉积体系，84
重结晶作用，303
沉积体系分析，23
沉积体系类型，36
沉积岩溶或层间岩溶，275
沉积作用，300
成岩阶段划分，305
成岩阶段划分方案，311
成岩演化史，317
成岩作用，300
成岩作用对储层的影响，302
成岩作用对储集空间的影响，317

成岩作用阶段划分，314
成岩作用序列，304
冲断抬升剥蚀阶段（K_2-K_{12}），9
冲积扇沉积体系，103
冲刷侵蚀面，125
储盖特征，261

D

地震事件沉积，49
叠层石生物礁，263
断陷盆地的层序地层模型，203

E

鲕粒滩储集岩，267
二叠纪，220
二叠系，17
二叠系三分问题，15

F

分布规律，234
分流河道，280
分流河道砂体，278
风化壳岩溶或暴露岩溶，275
阜阳凹陷，149

G

盖层，288
膏岩沉积，65
膏盐岩，288
构造格局，185
构造岩溶，275
构造演化，185
构造演化对储层的影响，320
构造演化阶段，4
构造作用，300
古喀斯特作用面，125
古岩溶型储集岩，267
硅质海绵岩，89

H

海陆过渡三角洲砂岩，261
海陆过渡烃源岩，237
海侵和凝缩段复合体组合，248

海相烃源岩，237
海相浊积岩，261
寒武纪，211
寒武系－奥陶系沉积模式，78
寒武系层序特征，156
寒武系四分方案，10
寒武系岩相古地理演化，67
河控三角洲沉积体系，80
河口坝，280
河流沉积体系，79
河流冲刷侵蚀面，125
河流相砂岩，261
河流心滩或边滩砂岩，286
湖泊沉积体系，83
湖泊风暴沉积，124
湖泊风暴事件沉积，92
湖泊三角洲沉积体系，107
湖泊三角洲砂岩，261

J

机械压实作用，308
交代作用，303
交代作用，310
胶结充填作用，302
胶结作用，309
晶粒白云岩及岩溶型储层，261
局限台地沉积体系，48

K

开封凹陷，154
开阔台地沉积体系，49
颗粒白云岩，261
克拉通－（弧后）前陆盆地阶段（D_3-T_1），6
克拉通－被动大陆边缘盆地阶段（Z-ϵ_1），6
克拉通－裂谷盆地阶段（中元古代蓟县纪－新元古代青白口纪），5
克拉通－陆内坳陷盆地阶段，193
克拉通盆地层序地层模型，200

· 331 ·

控制因素，261

L

类前陆盆地阶段（T_3-J_2），7
裂陷盆地阶段（E），9
陆内凹陷盆地的层序地层模型，202
陆内坳陷阶段，196
陆相烃源岩，237
鹿邑凹陷，153
洛峪口组泥页岩，289

M

埋藏岩溶或压释水岩溶，275
馒头组泥页岩，289

N

南华北地区，1
南华北盆地，1
南华北盆地群，2
泥岩，288
倪丘集凹陷，151

O

拗拉槽－裂谷盆地阶段，4

P

盆地类型，185
盆地演化史，4
破裂作用，304
破裂作用，308
破裂作用，311

Q

前陆盆地－断陷盆地阶段，197
浅海陆棚沉积体系，40
浅海陆棚沉积体系，63
青白口纪，208
青白口纪烃源岩，238
青白口系，9
青白口系层序对比，174
青白口系层序特征，155
青白口系岩相古地理演化，43

R

溶蚀作用，303

S

三叠纪，227
三叠系，18

三叠系层序特征，171
三叠系岩相古地理演化，111
三叠系－侏罗系沉积模式，121
三角洲砂砾岩，286
上石炭统，17
深水相泥页岩，249
深水重力流事件沉积，64
沈丘凹陷，151
生储盖组合，261
生储盖组合特征，294
石盒子组中上部泥岩，293
石炭系－二叠系层序地层特征，168
石炭系－二叠系层序对比，177
石炭系－二叠系沉积模式，101
石炭系二分问题，15
水进冲刷侵蚀面，125
水下分流河道，280
碎屑岩潮坪沉积体系，38

T

台地边缘沉积体系，62
台内礁滩白云岩，261
谭庄凹陷，150
碳酸盐潮坪沉积体系，39
碳酸盐风暴流事件沉积，40
烃源岩，234
烃源岩的产出层位，236
烃源岩的沉积学特征，248
烃源岩形成环境及岩石类型，237

W

晚古生代（C_2-P_3）烃源岩，242
午阳凹陷，148

X

下奥陶统"贾旺页岩"，290
下奥陶统致密灰岩，291
下寒武统，264
下寒武统烃源岩，249
下侏罗统鞍腰组，294
相标志，23
襄城凹陷，150

Y

压扭背景下的挤压冲断－走滑拉分盆地阶段

（J_3-K_1^1），7
压实作用，318
压实作用和压溶作用，302
岩溶储层，272
岩溶作用，307
岩石的类型，24
岩相古地理格局及演化，124
岩相古地理演化，37
印支运动阶段（T_2-T_3），7
约代尔旋回，87

Z

早古生代晚期（ϵ_{1+2}-O_2）烃源岩，242
渣状层，125
展布规律，248
障壁砂坝砂岩，276
震旦纪，209
震旦纪－早古生代早期（ϵ_1）烃源岩，239
震旦系层序对比，175
震旦系层序特征，155
震旦系沉积模式，54
震旦系岩相古地理演化，51
震积岩，124
整体隆升－弧后盆地阶段（ϵ_2-D_2），6
中国寒武系四分方案，11
中生代（T-J）烃源岩，243
中下奥陶统，272
重力流，124
朱砂洞组膏盐盖层，289
侏罗纪，231
侏罗系，20
侏罗系岩相古地理演化，118
主动大陆边缘弧后盆地－克拉通坳陷阶
段，191
主控因素，234
主力烃源岩系，254
浊积岩储集岩和滨岸储集岩，264
最大海泛面，125
最大湖泛面，125

其他

（C_2-P_1）烃源岩，252
8套区域性生储盖组合，294